中国国家标准汇编

2012年修订-16

中国标准出版社　编

中国标准出版社
北　京

图书在版编目(CIP)数据

中国国家标准汇编:2012年修订.16/中国标准出版社编.—北京:中国标准出版社,2013.9
ISBN 978-7-5066-7248-1

Ⅰ.①中… Ⅱ.①中… Ⅲ.①国家标准-汇编-中国-2012 Ⅳ.①T-652.1

中国版本图书馆CIP数据核字(2013)第186461号

中国标准出版社出版发行
北京市朝阳区和平里西街甲2号(100013)
北京市西城区三里河北街16号(100045)

网址 www.spc.net.cn
总编室:(010)64275323 发行中心:(010)51780235
读者服务部:(010)68523946
中国标准出版社秦皇岛印刷厂印刷
各地新华书店经销

*

开本 880×1230 1/16 印张 38.25 字数 1185千字
2013年9月第一版 2013年9月第一次印刷

*

定价 220.00 元

出 版 说 明

1.《中国国家标准汇编》是一部大型综合性国家标准全集。自1983年起，按国家标准顺序号以精装本、平装本两种装帧形式陆续分册汇编出版。它在一定程度上反映了我国建国以来标准化事业发展的基本情况和主要成就，是各级标准化管理机构，工矿企事业单位，农林牧副渔系统，科研、设计、教学等部门必不可少的工具书。

2.《中国国家标准汇编》收入我国每年正式发布的全部国家标准，分为"制定"卷和"修订"卷两种编辑版本。

"制定"卷收入上一年度我国发布的、新制定的国家标准，顺延前年度标准编号分成若干分册，封面和书脊上注明"20××年制定"字样及分册号，分册号一直连续。各分册中的标准是按照标准编号顺序连续排列的，如有标准顺序号缺号的，除特殊情况注明外，暂为空号。

"修订"卷收入上一年度我国发布的、被修订的国家标准，视篇幅分设若干分册，但与"制定"卷分册号无关联，仅在封面和书脊上注明"20××年修订-1，-2，-3，……"字样。"修订"卷各分册中的标准，仍按标准编号顺序排列(但不连续)；如有遗漏的，均在当年最后一分册中补齐。需提请读者注意的是，个别非顺延前年度标准编号的新制定的国家标准没有收入在"制定"卷中，而是收入在"修订"卷中。

读者配套购买《中国国家标准汇编》"制定"卷和"修订"卷则可收齐由我社出版的上一年度我国制定和修订的全部国家标准。

3. 由于读者需求的变化，自1996年起，《中国国家标准汇编》仅出版精装本。

4. 2012年我国制修订国家标准共2 101项。本分册为"2012年修订-16"，收入新制修订的国家标准30项。

中国标准出版社

2013年7月

目　　录

ICS 35.040
L 80

中华人民共和国国家标准

GB/T 15852.2—2012

信息技术　安全技术　消息鉴别码　第2部分：采用专用杂凑函数的机制

Information technology—Security techniques—Message Authentication Codes (MACs)—Part 2: Mechanisms using a dedicated hash-function

(ISO/IEC 9797-2:2002, MOD)

2012-12-31 发布　　　　2013-06-01 实施

中华人民共和国国家质量监督检验检疫总局
中国国家标准化管理委员会　发布

前　言

GB/T 15852《信息技术　安全技术　消息鉴别码》由如下部分组成：

——第1部分：采用分组密码的机制；

——第2部分：采用专用杂凑函数的机制。

本部分是GB/T 15852的第2部分。

本部分按照GB/T 1.1—2009给出的规则起草。

本部分修改采用ISO/IEC 9797-2：2002《信息技术　安全技术　消息鉴别码　第2部分：采用专用杂凑函数的机制》。增加了基于专用杂凑函数WHIRLPOOL的MAC生成方法及例子，更新了附录和参考文献，并将ISO/IEC 9797-2：2002中计算常数的6.3条调整到本部分的第9章。

本部分由全国信息安全标准化技术委员会(SAC/TC 260)提出并归口。

本部分起草单位：中国科学院软件研究所、信息安全国家重点实验室。

本部分主要起草人：吴文玲、张立廷、王鹏、吴双、张文涛、陈华、眭晗。

引　言

本部分规定的第一个 MAC 算法通常被称作 MDx-MAC。它调用一次完整的杂凑函数,但是对其中的轮函数做了细微的修改,把一个密钥加到了轮函数的附加常数上。第二个 MAC 算法通常被称作 HMAC,它调用两次完整的杂凑函数。第三个 MAC 算法是 MDx-MAC 的一个变种,它限制输入长度不大于 256 比特。在只处理较短输入的情况下,它有更好的性能。

本部分规定的三种 MAC 算法采用四种专用杂凑函数;其中,专用杂凑函数 1、2、3 和 4 分别是 ISO/IEC 10118-3:2004 中规定的专用杂凑函数 1、2、3 和 7。使用的专用杂凑函数也可以为国家密码管理部门批准的相应专用杂凑函数。

信息技术 安全技术 消息鉴别码 第2部分:采用专用杂凑函数的机制

1 范围

GB/T 15852的本部分规定了三种采用专用杂凑函数的消息鉴别码算法。这些消息鉴别码算法可用作数据完整性检验,检验数据是否被非授权地改变。同样这些消息鉴别码算法也可用作消息鉴别,保证消息源的合法性。数据完整性和消息鉴别的强度依赖于密钥的长度及其保密性、杂凑函数的算法强度及其输出长度、消息鉴别码的长度和具体的消息鉴别码算法。

本部分适用于任何安全体系结构、进程或应用的安全服务。

2 规范性引用文件

下列文件对于本文件的应用是必不可少的。凡是注日期的引用文件,仅注日期的版本适用于本文件。凡是不注日期的引用文件,其最新版本(包括所有的修改单)适用于本文件。

GB/T 1988—1998 信息技术 信息交换用七位编码字符集(eqv ISO/IEC 646:1991)

ISO/IEC 10118-3:2004 信息技术 安全技术 杂凑函数 第3部分:专用杂凑函数(Information technology—Security techniques—Hash-functions—Part 3:Dedicated hash-functions)

3 术语和定义

下列术语和定义适用于本文件。

3.1

消息鉴别码 message authentication code;MAC

利用对称密码技术,以密钥为参数,由消息导出的数据项。任何持有这一密钥的实体,都可利用消息鉴别码检查消息的完整性和始发者。

3.2

消息鉴别码(MAC)算法密钥 MAC algorithm key

一种用于控制消息鉴别码算法运算的密钥。

3.3

消息鉴别码算法 message authentication code algorithm

消息鉴别码算法简称MAC算法,其输入为密钥和消息,输出为一个固定长度的比特串,满足下面两个性质:

——对于任何密钥和消息,MAC算法都能够快速地计算。

——对于任何固定的密钥,攻击者在没有获得密钥信息的情况下,即使获得了一些(消息,MAC)对,对任何新的消息预测其MAC在计算上是不可行的。

注:一个MAC算法有时被称作一个密码校验函数。计算不可行性依赖于使用者具体的安全要求及其环境。

3.4

输出变换 output transformation

应用在算法中,对迭代操作的输出所进行的变换。

3.5

抗碰撞杂凑函数　collision-resistant hash-function

满足如下性质的杂凑函数：

——寻找两个不同的输入，使得它们的输出相同，在计算上是不可行的。

3.6

消息比特串（数据）　data string（data）

杂凑函数的输入比特串。

3.7

杂凑值　hash-code

杂凑函数的输出比特串。

3.8

杂凑函数　hash-function

将任意长消息比特串映射到定长比特串的函数，并且满足如下两个性质：

——对于任何输出，找到它所对应的输入在计算上是不可行的。

——对于任何输入，找到区别于它且和它具有相同输出的输入在计算上是不可行的。

3.9

初始值　initializing value

杂凑函数开始工作时用到的值。

3.10

填充　padding

在消息比特串后面附加额外比特串的操作。

3.11

分组　block

一种定义了长度的比特串。

3.12

轮函数　round-function

将两个长度为 L_1 和 L_2 的比特串映射到一个长度为 L_2 的比特串的函数 $\phi(\cdot,\cdot)$。

注：它被反复地用在杂凑函数中，将长度为 L_1 的比特串和前面长度为 L_2 的输出值相合并。

3.13

字　word

长度为 32 位的比特串。

4　符号和记法

下列符号和记法适用于本部分。

D、D'	将要被输入到 MAC 算法的消息比特串
m	MAC 值的比特长度
q	经过填充和分割操作后，消息比特串 D 的分组个数
$MSB_j(X)$	比特串 X 最左边的 j 比特
$X \oplus Y$	比特串 X 和 Y 的异或值
$X \parallel Y$	按顺序将比特串 X 和 Y 连接所构成的比特串
$:=$	MAC 算法定义中使用的赋值符号
$\overline{D}$	经过填充的消息比特串
h	杂凑函数

h'	被修改了常数和初始值的杂凑函数 h
$\overline{h}$	简化的杂凑函数 h，没有数据填充和长度附加
H'、H''	长度为 L_2 比特串，在 MAC 算法计算中被用来存储临时结果
IV、IV'、IV_1、IV_2	初始值
k	MAC 算法密钥的比特长度
K	MAC 算法的密钥
K'、K_0、K_1、K_2	MAC 算法 1 和 3 中的导出密钥
$\overline{K}$、$\overline{K_1}$、$\overline{K_2}$	MAC 算法 2 中的导出密钥
$\widetilde{L}$	MAC 算法 3 中表示消息长度的比特串
$OPAD$、$IPAD$	MAC 算法 2 中使用的常数比特串
R、S_0、S_1、S_2	MAC 算法 1 和 3 中，用来导出一系列常数的常数比特串
T_0、T_1、T_2	MAC 算法 1 和 3 中，用来导出子密钥的 128 比特常数
U_0、U_1、U_2	MAC 算法 1 和 3 中，用来导出子密钥的 768 比特常数
ϕ'	使用修改后常数的轮函数
$K_1[i]$	128 比特串 K_1 的第 i 个字，即：$K_1=K_1[0]\parallel K_1[1]\parallel K_1[2]\parallel K_1[3]$
H	杂凑值
L_X	比特串 X 的比特长度
C_i、C_i'	轮函数中用到的常数字
CC_i	专用杂凑函数 4 中用到的常数矩阵
L_1	输入到轮函数 ϕ 的两个比特串中，第一个比特串的比特长度
L_2	输入到轮函数 ϕ 的两个比特串中，第二个比特串的比特长度；轮函数 ϕ 输出值的比特长度；初始值 IV 的比特长度
ϕ	轮函数，即：若 X 和 Y 分别表示长度为 L_1 和 L_2 的比特串，则 $\phi(X,Y)$ 表示将 ϕ 作用到 X 和 Y 所得到的比特串
$+_{32}$	模 2^{32} 加法操作，即：若 A 和 B 是字，那么把 A 和 B 看作是整数的 2 进制表示，计算它们的和再模 2^{32}，所得到的结果在 0 和 $2^{32}-1$ 之间，把它看作为字，记作 $A+_{32}B$

注：$\overline{h}$ 只能被用来处理长度为 L_1 整数倍的输入比特串。

5 要求

采用本部分 MAC 算法的使用者应当选择：

1） 从第 6、7、8 章中选取一种 MAC 算法；

2） 从 ISO/IEC 10118-3:2004 中的专用杂凑函数 1、2、3 和 7 中选取一个杂凑函数；

3） MAC 的长度 m。

对于 MAC 算法 1 和 2，MAC 的长度 m 应该是一个正整数并且不大于杂凑值长度 L_H。对于 MAC 算法 3，MAC 的长度 m 应该是一个正整数并且不大于杂凑值长度的二分之一，即 $m\leqslant L_H/2$。

对于 MAC 算法 1 和 2，消息比特串 D 的比特长度不大于 $2^{64}-1$；对于 MAC 算法 3，消息比特串 D 的比特长度不大于 256。

对一个具体 MAC 算法、专用杂凑函数、m 值的选择超出了本部分所规定的范围。

注：上述选择将影响 MAC 算法的安全强度，具体请参考附录 B。

生成 MAC 和验证 MAC 应当使用同样的密钥。

6 MAC 算法 1

MAC 算法 1 计算 MAC 值要求调用一次杂凑函数，而且要求修改其中的轮函数常数。

杂凑函数应当从 ISO/IEC 10118-3:2004 中的专用杂凑函数 1、2、3 和 7 中选取。

密钥长度 k 不大于 128 比特。

注：本条款包括 MDx-MAC 的描述[5]。具体来讲，若采用专用杂凑函数 1，MAC 算法 1 也被称作 RIPEMD-160-MAC；若采用专用杂凑函数 2，MAC 算法 1 也被称作 RIPEMD-128-MAC；若采用专用杂凑函数 3，MAC 算法 1 也被称作 SHA-1-MAC；若采用专用杂凑函数 4，MAC 算法 1 也被称作 WHIRLPOOL-MAC。

6.1 MAC 算法 1 的描述

MAC 算法 1 要求如下五步操作：密钥扩展、修改常数和初始值、杂凑操作、输出变换和截断操作。

6.1.1 密钥扩展

若 K 长度小于 128 比特，那么将 K 重复足够多次数，从连接起来的比特串中选取最左边 128 比特作为 128 比特密钥 K'（若 K 的长度恰好为 128 比特，则 $K':=K$），即：

$$K':=MSB_{128}(K \| K \| \cdots \| K)$$

按照如下操作计算子密钥 K_0、K_1 和 K_2：

$$K_0:=\bar{h}(K' \| U_0 \| K')$$

$$K_1:=MSB_{128}(\bar{h}(K' \| U_1 \| K'))$$

$$K_2:=MSB_{128}(\bar{h}(K' \| U_2 \| K'))$$

其中，U_0、U_1 和 U_2 是 768 比特的常数，在第 9 章中有定义。$\bar{h}$ 表示简化的杂凑函数 h，即没有数据填充和长度附加。

注：数据填充和长度附加可以被省略，是因为在这里输入比特串的长度总是 $2L_1$ 比特。

导出的密钥 K_1 被分割成四个字，表示为 $K_1[i](0\leqslant i\leqslant 3)$，即：$K_1=K_1[0] \| K_1[1] \| K_1[2] \| K_1[3]$。

从比特串到字的转换，需要规定字节的排列顺序。在这里的转换中，采用 ISO/IEC 10118-3:2004 中对所有专用杂凑函数规定的字节排列顺序。

6.1.2 修改常数和初始值

轮函数中采用的附加常数，被修改为它与 K_1 四个字中的一个进行模 2^{32} 加的结果，比如说：

$$C_0:=C_0+_{32}K_1[0]$$

在条款 9 中具体规定了 K_1 中的哪个字与哪个常数相加。用 $IV':=K_0$ 取代杂凑函数的初始值 IV，所得的杂凑函数记作 h'，其中的轮函数记作 ϕ'。

6.1.3 杂凑操作

用 D 表示输入到被修改的杂凑函数 h' 中的比特串，即：

$$H':=h'(D)$$

6.1.4 输出变换

再一次应用被修改的轮函数 ϕ'，其中输入的第一个参数为 $K_2 \| (K_2\oplus T_0) \| (K_2\oplus T_1) \| (K_2\oplus T_2)$，第二个参数为 H'（杂凑操作的结果），即：

$$H'' := \phi'(K_2 \| (K_2 \oplus T_0) \| (K_2 \oplus T_1) \| (K_2 \oplus T_2), H')$$

这里 T_0、T_1 和 T_2 都是长度为 128 的比特串，在条款 9 中对所有专用杂凑函数均有定义。

注：输出变换对应于处理一个额外的数据分组，这个额外的数据分组是在数据填充和长度附加操作之后，由 K_2 导出。

6.1.5 截断操作

取比特串 H'' 最左边 m 比特，作为 MAC 值，即：

$$MAC := MSB_m(H'')$$

6.2 MAC 算法 1 的效率

假定填充后的消息比特串包括 q 个分组(这里填充方法由具体的杂凑函数决定)，那么 MAC 算法 1 调用轮函数 $q+7$ 次。

通过预计算 K_0、K_1 和 K_2，并且在杂凑函数的应用中用 IV' 取代 IV，MAC 算法 1 调用轮函数的次数可以降低到 $q+1$ 次。

处理长的消息比特串时，MAC 算法 1 和相应杂凑函数的性能相当。

7 MAC 算法 2

MAC 算法 2 计算 MAC 值要求调用两次杂凑函数。

杂凑函数应当从 ISO/IEC 10118-3:2004 中的专用杂凑函数 1、2、3 和 7 中选取，并且要求 L_1 是 8 的正整数倍，$L_2 \leqslant L_1$。

注：ISO/IEC 10118-3:2004 中的杂凑函数 1、2、3 和 7 满足这些条件。

密钥长度 k 不小于 L_2 比特(L_2 是杂凑值的比特长度)，不大于 L_1 比特(L_1 为输入到轮函数的比特串的比特长度)，即：$L_2 \leqslant k \leqslant L_1$。

7.1 MAC 算法 2 的描述

MAC 算法 2 要求如下四步操作：密钥扩展、杂凑操作、输出变换和截断操作。

7.1.1 密钥扩展

在密钥 K 的右侧填充 L_1-k 个 0，所得的长度为 L_1 的比特串记作 $\overline{K}$。

按照如下的方法，将 $\overline{K}$ 扩展为两个子密钥 $\overline{K_1}$ 和 $\overline{K_2}$：

- 将 16 进制的值"36"(二进制表示为"00110110")重复 $L_1/8$ 次连接起来，所得比特串记作 $IPAD$。然后将 $\overline{K}$ 和比特串 $IPAD$ 相异或，记作 $\overline{K_1}$。即：

$$\overline{K_1} := \overline{K} \oplus IPAD$$

- 将 16 进制的值"5C"(二进制表示为"01011100")重复 $L_1/8$ 次连接起来，所得比特串记作 $OPAD$。然后将 $\overline{K}$ 和比特串 $OPAD$ 相异或，记作 $\overline{K_2}$。即：

$$\overline{K_2} := \overline{K} \oplus OPAD$$

7.1.2 杂凑操作

将 $\overline{K_1}$ 和 D 相连接，作为输入到杂凑函数的比特串，即：

$$H' := h(\overline{K_1} \| D)$$

7.1.3 输出变换

将$\overline{K_2}$和H'相连接，作为输入到杂凑函数的比特串，即：

$$H'' := h(\overline{K_2} \parallel H')。$$

7.1.4 截断操作

取比特串H''最左边m比特，作为MAC值，即：

$$MAC := MSB_m(H'')。$$

7.2 MAC算法2的效率

假定填充后的消息比特串包括q个分组(这里填充方法由具体的杂凑函数决定)，那么采用专用杂凑函数1、2和3时，MAC算法2调用轮函数$q+3$次；采用专用杂凑函数4时，MAC算法2调用轮函数$q+4$次。

通过修改杂凑函数代码，MAC算法2调用轮函数的次数可以降低2次。

使用者可以预计算$IV_1 := \phi(\overline{K_1}, IV)$和$IV_2 := \phi(\overline{K_2}, IV)$，并且在第一次调用杂凑函数时用$IV_1$取代$IV$，在输出变换中(第二次调用杂凑函数)用$IV_2$取代$IV$。同时，这也要求对填充方法进行修改。事实上，对杂凑函数实际输入的比特长度少了L_1，这样必须把L_1的值加到L_D上。

处理长的消息比特串时，MAC算法2和相应杂凑函数的性能相当。

8 MAC算法3

注：本条款包括MAC算法1的一个变种，对短的输入(不大于256比特)做了优化。

MAC算法3计算MAC值，要求调用7次简化的轮函数；但是通过预计算，可以降低到调用一次简化的轮函数。

杂凑函数应当从ISO/IEC 10118-3:2004中的专用杂凑函数1、2、3和7中选取。

密钥长度k不大于128比特，MAC值长度m不大于$L_H/2$比特。

8.1 MAC算法3的描述

MAC算法3要求如下五步操作：密钥扩展、修改轮函数的常数、数据填充、应用轮函数和截断操作。

8.1.1 密钥扩展

若K长度小于128比特，那么将K重复足够多次数，从连接起来的比特串中选取最左边128比特作为128比特密钥K'(若K的长度恰好为128比特，则$K' := K$)，即：

$$K' := MSB_{128}(K \parallel K \parallel \cdots \parallel K)$$

按照如下操作计算子密钥K_0、K_1和K_2：

$$K_0 := \overline{h}(K' \parallel U_0 \parallel K')$$

$$K_1 := MSB_{128}(\overline{h}(K' \parallel U_1 \parallel K'))$$

$$K_2 := MSB_{128}(\overline{h}(K' \parallel U_2 \parallel K'))$$

其中，U_0、U_1和U_2是768比特的常数，在条款9中有定义。$\overline{h}$表示简化的杂凑函数h，即没有数据填充和长度附加。

注：数据填充和长度附加可以被省略，是因为在这里输入比特串的长度总是$2L_1$比特。

导出的密钥 K_1 被分割成四个字，表示为 $K_1[i](0\leqslant i\leqslant 3)$，即：$K_1=K_1[0]\|K_1[1]\|K_1[2]\|K_1[3]$。

从比特串到字的转换，需要规定字节的排列顺序。在这里的转换中，采用 ISO/IEC 10118-3：2004 中对所有专用杂凑函数规定的字节排列顺序。

8.1.2 修改轮函数的常数

轮函数中采用的附加常数，被修改为它与 K_1 四个字中的一个进行模 2^{32} 加的结果，比如说：

$$C_0 :=C_0+_{32}K_1[0]$$

在第 9 章中具体规定了 K_1 中的哪个字与哪个常数相加。用 $IV' :=K_0$ 取代杂凑函数的初始值 IV，所得的轮函数记作 ϕ'。

8.1.3 数据填充

对原始消息填充的比特串只用来计算 MAC，所以这些填充比特串（如果有）不必随原始消息存储或发送。MAC 的验证者应当知道填充比特串是否已经被存储或发送。

对要输入到 MAC 算法的消息比特串 D，在其右侧填充尽可能少（可能没有）的“0”以使得填充后比特串 $\overline{D}$ 的长度是 256 比特。

注：如果消息比特串 D 是空串，那么规定填充后的比特串 $\overline{D}$ 为 256 个“0”。

8.1.4 应用轮函数

消息比特串 D 的长度记作 L_D，其二进制表示记作 $\widetilde{L}$。在 $\widetilde{L}$ 最左边填充足够少的“0”使得 $\widetilde{L}$ 的长度为 128 比特，$\widetilde{L}$ 最右边的比特和 L_D 最低位相对应。

将 K_2、$\overline{D}$ 和 K_2 与 $\widetilde{L}$ 的异或值相连接，作为轮函数 ϕ'（使用修改过的常数）的输入，即：

$$H' :=\phi'(K_2\|\overline{D}\|(K_2\oplus\widetilde{L}),IV')。$$

8.1.5 截断操作

取比特串 H' 最左边 m 比特，作为 MAC 值，即：

$$\text{MAC} :=MSB_m(H')。$$

8.2 MAC 算法 3 的效率

MAC 算法 3 需要调用 7 次轮函数，通过预计算 K_0、K_1 和 K_2，可以降低到一次。

9 常数的计算

本条款中规定的常数，将被用在 MAC 算法 1 和条款 8 的 MAC 算法 3 中。

比特串 T_i 和 U_i 是 MAC 算法中固定的元素，它们通过杂凑函数计算得到（只计算一次），并且在四个专用杂凑函数中各不相同。

128 比特的 T_i 和 768 比特的 U_i 按照如下的方法定义：

$$T_i :=MSB_{128}(\overline{h}(S_i\|R)),\qquad i=0,1,2$$

$$U_i :=T_i\|T_{i+1}\|T_{i+2}\|T_i\|T_{i+1}\|T_{i+2},\qquad i=0,1,2$$

其中下标的加法是模 3 加。$R=$"$ab\cdots yzAB\cdots YZ01\cdots 89$"是 496 比特的常数，$S_0$、$S_1$ 和 S_2 都是 16 比特的常数，其中 S_i 通过重复两次数字 i 的 16 进制 ASCII 编码得到（比如说，S_1 的表示为 3131）。R 和 S_i 都采用 ASCII 编码，ASCII 编码等同于 GB/T 1988—1998 所使用的编码。

对于所有的常数 C_i、C'_i和所有的字 $K_1[i]$，最高位和最左边的比特相对应。常数 C_i 和 C'_i用 16 进制表示。

9.1 专用杂凑函数 1

专用杂凑函数 1 中的 128 比特常数 T_i 定义如下：(用 16 进制表示)

T_0 = 1CC7086A046AFA22353AE88F3D3DACEB

T_1 = E3FA02710E491D851151CC34E4718D41

T_2 = 93987557C07B8102BA592949EB638F37

专用杂凑函数 1 的轮函数中用到两个常数字序列 $C_0, C_1, \cdots, C_{79}$ 和 $C'_0, C'_1, \cdots, C'_{79}$，它们定义如下：

$C_i = K_1[0] +_{32} 00000000, (0 \leqslant i \leqslant 15)$,

$C_i = K_1[1] +_{32} 5A827999, (16 \leqslant i \leqslant 31)$,

$C_i = K_1[2] +_{32} 6ED9EBA1, (32 \leqslant i \leqslant 47)$,

$C_i = K_1[3] +_{32} 8F1BBCDC, (48 \leqslant i \leqslant 63)$,

$C_i = K_1[0] +_{32} A953FD4E, (64 \leqslant i \leqslant 79)$,

$C'_i = K_1[1] +_{32} 50A28BE6, (0 \leqslant i \leqslant 15)$,

$C'_i = K_1[2] +_{32} 5C4DD124, (16 \leqslant i \leqslant 31)$,

$C'_i = K_1[3] +_{32} 6D703EF3, (32 \leqslant i \leqslant 47)$,

$C'_i = K_1[0] +_{32} 7A6D76E9, (48 \leqslant i \leqslant 63)$,

$C'_i = K_1[1] +_{32} 00000000, (64 \leqslant i \leqslant 79)$

9.2 专用杂凑函数 2

专用杂凑函数 2 中的 128 比特常数 T_i 定义如下：(用 16 进制表示)

T_0 = FD7EC18964C36D53FC18C31B72112AAC

T_1 = 2538B78EC0E273949EE4C4457A77525C

T_2 = F5C93ED85BD65F609A7EB182A85BA181

专用杂凑函数 2 的轮函数中用到两个常数字序列 $C_0, C_1, \cdots, C_{63}$ 和 $C'_0, C'_1, \cdots, C'_{63}$，它们定义如下：

$C_i = K_1[0] +_{32} 00000000, (0 \leqslant i \leqslant 15)$,

$C_i = K_1[1] +_{32} 5A827999, (16 \leqslant i \leqslant 31)$,

$C_i = K_1[2] +_{32} 6ED9EBA1, (32 \leqslant i \leqslant 47)$,

$C_i = K_1[3] +_{32} 8F1BBCDC, (48 \leqslant i \leqslant 63)$,

$C'_i = K_1[0] +_{32} 50A28BE6, (0 \leqslant i \leqslant 15)$,

$C'_i = K_1[1] +_{32} 5C4DD124, (16 \leqslant i \leqslant 31)$,

$C'_i = K_1[2] +_{32} 6D703EF3, (32 \leqslant i \leqslant 47)$,

$C'_i = K_1[3] +_{32} 00000000, (48 \leqslant i \leqslant 63)$

9.3 专用杂凑函数 3

专用杂凑函数 3 中的 128 比特常数 T_i 定义如下：(用 16 进制表示)

T_0 = 1D4CA39FA40417E2AE5A77B49067BBCC

T_1 = 9318AFEF5D5A5B46EFCA6BEC0E138940

T_2 = 4544209656E14F97005DAC76868E97A3

专用杂凑函数 3 的轮函数中用到一个常数字序列 $C_0, C_1, \cdots, C_{79}$，它定义如下：

$C_i = K_1[0] +_{32} 5A827999, (0 \leqslant i \leqslant 19)$,

$C_i = K_1[1] +_{32} 6ED9EBA1, (20 \leqslant i \leqslant 39)$,

$$C_i = K_1[2] +_{32} \mathrm{8F1BBCDC}, (40 \leqslant i \leqslant 59),$$
$$C_i = K_1[3] +_{32} \mathrm{CA62C1D6}, (60 \leqslant i \leqslant 79)$$

9.4 专用杂凑函数 4

专用杂凑函数 4 中的 128 比特常数 T_i 定义如下：(用 16 进制表示)

$$T_0 = \mathrm{36129D71469F205824E118E1F922295A}$$
$$T_1 = \mathrm{19A934B16952C37951C31AA9699FD5A4}$$
$$T_2 = \mathrm{313D9B56799988C1A3639FB2BDFEF274}$$

专用杂凑函数 4 的轮函数中用到一个常数矩阵序列 $CC_1, CC_2, \cdots, CC_{10}$，它们定义如下：

$$CC_1 = \begin{bmatrix} \mathrm{1823C6E8} & \mathrm{87B8014F} \\ K_1[0] & 00000000 \\ 00000000 & 00000000 \\ 00000000 & 00000000 \\ 00000000 & 00000000 \\ 00000000 & 00000000 \\ 00000000 & 00000000 \\ 00000000 & 00000000 \end{bmatrix}, CC_2 = \begin{bmatrix} \mathrm{36A6D2F5} & \mathrm{796F9152} \\ 00000000 & 00000000 \\ 00000000 & 00000000 \\ 00000000 & 00000000 \\ 00000000 & 00000000 \\ K_1[1] & 00000000 \\ 00000000 & 00000000 \\ 00000000 & 00000000 \end{bmatrix},$$

$$CC_3 = \begin{bmatrix} \mathrm{60BC9B8E} & \mathrm{A30C7B35} \\ K_1[2] & 00000000 \\ 00000000 & 00000000 \\ 00000000 & 00000000 \\ 00000000 & 00000000 \\ 00000000 & 00000000 \\ 00000000 & 00000000 \\ 00000000 & 00000000 \end{bmatrix}, CC_4 = \begin{bmatrix} \mathrm{1DE0D7C2} & \mathrm{2E4BFE57} \\ 00000000 & 00000000 \\ 00000000 & 00000000 \\ 00000000 & 00000000 \\ 00000000 & 00000000 \\ K_1[3] & 00000000 \\ 00000000 & 00000000 \\ 00000000 & 00000000 \end{bmatrix},$$

$$CC_5 = \begin{bmatrix} \mathrm{157737E5} & \mathrm{9FF04ADA} \\ K_1[0] & 00000000 \\ 00000000 & 00000000 \\ 00000000 & 00000000 \\ 00000000 & 00000000 \\ 00000000 & 00000000 \\ 00000000 & 00000000 \\ 00000000 & 00000000 \end{bmatrix}, CC_6 = \begin{bmatrix} \mathrm{58C9290A} & \mathrm{B1A06B85} \\ 00000000 & 00000000 \\ 00000000 & 00000000 \\ 00000000 & 00000000 \\ 00000000 & 00000000 \\ K_1[1] & 00000000 \\ 00000000 & 00000000 \\ 00000000 & 00000000 \end{bmatrix},$$

$$CC_7 = \begin{bmatrix} \mathrm{BD5D10F4} & \mathrm{CB3E0567} \\ K_1[2] & 00000000 \\ 00000000 & 00000000 \\ 00000000 & 00000000 \\ 00000000 & 00000000 \\ 00000000 & 00000000 \\ 00000000 & 00000000 \\ 00000000 & 00000000 \end{bmatrix}, CC_8 = \begin{bmatrix} \mathrm{E427418B} & \mathrm{A77D95D8} \\ 00000000 & 00000000 \\ 00000000 & 00000000 \\ 00000000 & 00000000 \\ 00000000 & 00000000 \\ K_1[3] & 00000000 \\ 00000000 & 00000000 \\ 00000000 & 00000000 \end{bmatrix},$$

$$CC_9=\begin{bmatrix} \text{FBEE7C66} & \text{DD17479E} \\ K_1[0] & 00000000 \\ 00000000 & 00000000 \\ 00000000 & 00000000 \\ 00000000 & 00000000 \\ 00000000 & 00000000 \\ 00000000 & 00000000 \\ 00000000 & 00000000 \end{bmatrix},CC_{10}=\begin{bmatrix} \text{CA2DBF07} & \text{AD2A8333} \\ 00000000 & 00000000 \\ 00000000 & 00000000 \\ 00000000 & 00000000 \\ 00000000 & 00000000 \\ K_1[1] & 00000000 \\ 00000000 & 00000000 \\ 00000000 & 00000000 \end{bmatrix}。$$

附 录 A
（资料性附录）
使用 MAC 算法生成 MAC 的示例

A.1 概述

本附录提供了使用 MAC 算法 1、2 和 3 生成 MAC 的过程示例，采用四种专用杂凑函数。其中，专用杂凑函数 1、2、3 和 4 分别是 ISO/IEC 10118-3:2004 中规定的专用杂凑函数 1、2、3 和 7。每个杂凑函数值的计算有九个示例。表 A.1 包含了序号为 1 至 9 的输入比特串。在整个附录中，对消息比特串采用 ASCII 编码，ASCII 编码等同于 GB/T 1988—1998 所使用的编码。

两个 128 比特的密钥如下：

密钥 1＝00112233445566778899AABBCCDDEEFF

密钥 2＝0123456789ABCDEFFEDCBA9876543210

表 A.1 用于测试的输入数据

序号	输入比特串
1	“”(空比特串)
2	“a”
3	“abc”
4	“message digest”
5	“abcdefghijklmnopqrstuvwxyz”
6	“abcdbcdecdefdefgefghfghighijhijkijkljklmklmnlmnomnopnopq”
7	“ABCDEFGHIJKLMNOPQRSTUVWXYZ abcdefghijklmnopqrstuvwxyz0123456789”
8	“1234567890”重复 8 次所得的长为 80 的字符串
9	“a”重复 1 000 000 次得到 1 兆长的字符串

A.2 MAC 算法 1

在这一部分的示例中，选取 $m=L_2/2$。具体来讲，在专用杂凑函数 1 和 3 中，$m=80$；在专用杂凑函数 2 中，$m=64$；在专用杂凑函数 4 中，$m=256$。

A.2.1 专用杂凑函数 1

密钥 1:00112233445566778899AABBCCDDEEFF	
序号	MAC 值
1	B7F4508111EB8C3B5229C6AED406DE9ECA640133
2	BC78F55933BCEB1EE85A906F9E18374F23E310F9
3	6300DC20E97A5AA29DB9C7D607D23D126FA36863

表（续）

密钥 1:00112233445566778899AABBCCDDEEFF	
序号	MAC 值
4	3A2AC89B78EEAB8759F5112BCAD4CD405EEB5D35
5	16DC174925BBC27E0C93D426C346846F97F8BC69
6	E062210BA5C9C94737BF3A6E85B3B5664FBD1D4E
7	9B462D5CBDAE1485FFE10BC001EF9E3AF6D128B5
8	88E73A01A1DE36C92D6F9E41F7278D407B4A4CCD
9	E7B128E4A1842B750F1E61A486C867C4887A4B21

密钥 2:0123456789ABCDEFFEDCBA9876543210	
序号	MAC 值
1	B45D6CA84CFB9020E0D5ABA2A7609D3D81F3F57F
2	8844375992037D1BCD0D118EE548D70C3F19CBBB
3	917C59B8AC7FC19DC25BEF82766412FA16BBC6A7
4	E0737CC7976D8F424390CB8798D623D751AFE15A
5	D57FAE83687-718EFA4BD4A5F2F322A179A8735E
6	42B20D4C8FD5E8672760CF83C0478D7BF8021404
7	42B20D4C8FD5E8672760CF83C0478D7BF8021404
8	10441DF4F68CE8815818DC0FB370ABF87BCA4464
9	E06AD21D2AF04DD4217AB03B1A578F036997D01A

A.2.2 专用杂凑函数 2

密钥 1:00112233445566778899AABBCCDDEEFF	
序号	MAC 值
1	A47A64E9EDE0741B3FDDE33E5C1C6D78
2	51355051852FDC79FB228EAC905633AD
3	D83940DAFFBD4CBBE6BA30A6F9E63F5F
4	1A7CFE2BB26E973E213C1CB96FA4C2EF
5	798AEAC6046B31907C197BD68E59D376
6	0B8E1D4A571F32657189322A1F2F4A53
7	B814730F482300C6E474FD255A66D680
8	9060A30758EBE3368D939AC168F1A9FD
9	20763FDEDF01E56FF5756954302C7DE0

密钥 2:0123456789ABCDEFFEDCBA9876543210	
序号	MAC 值
1	35FA3AC39F50F2A4E3FFC7AF5776B4EB
2	A89E25E6796747B630A2A00B802EA53E
3	66339027A36608EBD932DD551616E7B2
4	1F8779BAD84B50373931211A2761EAD3
5	31BF5B5B7ABAC2567DC0E02F1C3A25D7
6	B5B8BA3B8EA895FBC83CB7588FBD2656
7	8D27BBEC257C848D5CF375EB5EDA4CC7
8	B40B5BF6727DE90B26F770850F059C89
9	76C7BC831B0BCE593DFD44E8E054A373

A.2.3 专用杂凑函数 3

密钥 1:00112233445566778899AABBCCDDEEFF	
序号	MAC 值
1	C8A8B3C75E6CE7C6C4F79CC19853CCD54ABCB079
2	8DD9AE643BF10BBB7B978EF13EE6C0F480618FB0
3	A738B26A8BD318184E76707A99CAE14C670B9711
4	1EBFE413E55D6B288A2BD01D294A21FD8D4B20BF
5	0CE7BF40A73D977AB4999CF3A9BD1C5B3DC442E9
6	12A6823CC181294F95109073A6AA0C8961B14386
7	9369EE4A043AF1CA6E078D0B8A9CE5C1545440BA
8	B00D37D70A84B762FC0A8A9BC1B15F0E517B5EDF
9	DDDF44613E8559D12C150D022D5FE33F9E0FBACE

密钥 2:0123456789ABCDEFFEDCBA9876543210	
序号	MAC 值
1	C3A5ECD1E715C7272CFE78BC278086587B040422
2	D5D50FFA7EFDF1B17E96E2EC14DBC4412F7B771F
3	01BFDD568008D412158F5B0C90AE2730DCFB77FB
4	9982E0EE91DB89AE7E7618AD1D649BA43406DBDD
5	ACD04E1004FCE53DECA9EE7AB95DAF97B7C44AA8
6	FADF62DCE789E86E60756AA819EF62C8E5C25E94
7	46DB9A49FB4976D007B14B1574843D019CA99445
8	4EF5BED3E816C530B23F491583C038596BB76FDB
9	BAC6BE6BE6153FECE2891F9DA03824DD4D535D19

A.2.4 专用杂凑函数 4

密钥 1:00112233445566778899AABBCCDDEEFF	
序号	MAC 值
1	064F757F9F4A5E84CC0A859CD5A3658C3B0BD0C2E8FC8955724E3E0022DF1F05
2	05AF97181F1C367FD8A4D0B7803A79C96EA8EB64829CAF8CBB68CA6302342CDE
3	A7D9D03F712C5942FBA478B7CA18FA567E506E60A5B121520BDE1D22E7C0993B
4	40C93B6C941A84EB4589EBAF0EF3EB68D056DA8D854795ACE567D5A7C6FD52C7
5	6893767C115A21DCA5828BC3F9640DE7473E22C2572657EF47327E9C238FE0C5
6	3F3A93D580FBCE562DE0AD7AF321E5ED7B8E81816C300B7F5FC21DF80EEE7F71
7	5FC693ED3C3763AF071FA3A02B79E0D5D35041C709D9ECA95662AF2DCC9A0090
8	D4E2D986D5BC4CFFDAF05C6D1C0E433910C867C06D47A5A9B2736E8AAB490150
9	E155B811AAD52FA647452BAC9F97F9B6134634605920C23CBE0E843C931BA2DA

密钥 2:0123456789ABCDEFFEDCBA9876543210	
序号	MAC 值
1	AC20EA6E726BD180EB0BA5DFF9761F459AFB67F803496172FFDC6D1482D7E3FB
2	A583B2B736F7450FF3E83CDA1A12647D4A44DBA64FECCBE7A05F526AA63BCC6C
3	E0B2DE807F2506A2FA5F6E6AEDEDF348690BF6A4B58EAA4767D7EFD871051912
4	46C4DF153EBA0BD231919EC2D26F611B66B635836F5235AAA8D2BB240329F657
5	2D174A353C4FD84177E43F67B3CD685D3549BD038EEFD5A496F3855F73110CEC
6	06B49ABF5003661379881 5119D94A37B26B975C53D8A753037FBABF6F6774422
7	FD74C324D3C4D5001797ACD458995FEB4C50F3D5502D778895EE4E6353BF3586
8	00BB8AB26F991C10EBD0789467C67EC4988E51ED78A9A9596C36E9817D63B7C1
9	B5B781DC131DF455727A5DDADA1F4BC3402E74865D28917D0B31E9AF61D0CE07

A.3 MAC 算法 2

在这一部分的示例中，选取 $m=L_2/2$。具体来讲，在专用杂凑函数 1 和 3 中，$m=80$；在专用杂凑函数 2 中，$m=64$；在专用杂凑函数 4 中，$m=256$。

A.3.1 专用杂凑函数 1

密钥 1:00112233445566778899AABBCCDDEEFF	
序号	MAC 值
1	9EBEA41FBC24CD90BF2ECFD5B8C8CC8181D3FCAE
2	75CB722C50024C0E8A7A0DBA7D5C36B86D9D1DD5
3	5B48C1749DDED71EDFE0ADE2B944E808E4A65820
4	F9033064567F541235C3944EE95CB476055985D1
5	B37885405B71E025AF0CB574021A562A62733628
6	5C6429B982C8054B5B3348A0D7D2CE24D7032BC1
7	B0A4A451D0926855E52428E16D1FEAA241C4DD9B
8	1CCEEC5122F08A76EBCD8E3DE88610D942D8A5F6
9	45D61908BFF6039E6DE3C037FDCE6191F19F6410

密钥 2:0123456789ABCDEFFEDCBA9876543210	
序号	MAC 值
1	2FDE5DAF7050D14E6D7ACD2254D17FA3A8CBFCDD
2	239C4020610429A8662BF81A2CAAEA47F8EA0A44
3	89EFFB9F5A6BCEAE3C65D0C9803F3464E5E9E349
4	F5FC87FD5702F5D4E7BB634DA4CB4B41CD505B6C
5	5686C00F69E6C868732C67402AA107CEAB513439
6	525EC4893A221EFD9B6DD351059B40C05B4CE2D3
7	B975ED3893FC8D535376EF49211E2E6B1BB30B90
8	BC201FFA581357C271DAE25104167F3DCC97BADC
9	95A875A1D64D55E677D8E4455E1445E7E940F758

A.3.2 专用杂凑函数 2

密钥 1:00112233445566778899AABBCCDDEEFF	
序号	MAC 值
1	AD9DB2C1E22AF9AB5CA9DBE5A86F67DC
2	3BF448C762DE00BCFA0310B11C0BDE4C
3	F34EC0945F02B70B8603F89E1CE4C78C
4	E8503Q8AEC2289D82AA0D8D445A06BDD
5	EE880B735CE3126065DE1699CC136199
6	794DAF2E3BDEEA2538638A5CED154434
7	3A06EEF165B23625247800BE23E232B6
8	9A4F0159C0952DA43A8D466D46B0AF58
9	19B1B3AF333B894DD86D09427116D0AD

密钥 2:0123456789ABCDEFFEDCBA9876543210	
序号	MAC 值
1	8931EEEE56A6B257FD1AB5418183D826
2	DBBCF169EA7419D5BA7BD8EB3673FF2D
3	2C4CD07D3162D6A0E338004D6B6FBC9A
4	75BFB25888F4BB77C77AE83AD0817447
5	B1B5DC0FCB7258758855DD1840FCDCE4
6	670D0F7A697B18F1A8AB7D2A2A00DBC1
7	54E315FDB34A61C0475392E5C7852998
8	AD04354D8AA2A623E72E3594EE3535C0
9	6F9B1C0FC06753618D6DB4B007733795

A.3.3 专用杂凑函数 3

密钥 1:00112233445566778899AABBCCDDEEFF	
序号	MAC 值
1	86C2962E58B3498A2608935AF7726311F2BFB538
2	0497FF21DAE3251DA0ED2F47F5A3B74ABA6B2560
3	6EE2A25F943E3F3EC05225FBB86BA73E2E5D51D2
4	CD4C0D1328DC4A8DC2801001B129AEFC6E0CF9CE
5	89ECE303FAD1E4313950CC3B008CB239B5B85844
6	9DF741057D075D3C4E1533E38A5FF469647194B4
7	188A58390A6EF9827035B81CDF1B5049211F0EE5
8	98A98D6A81FD361030856D2C19742AD8DBC468E7
9	D2986310BA18A78786534882F9C6BCBF06CCE9E3

密钥 2:0123456789ABCDEFFEDCBA9876543210	
序号	MAC 值
1	2739B6BE63F539EB70FE250346F6382A2DFA345F
2	A0C2711A6B1DA4CD8F85EF1E6FF7BF70B412B477
3	18F570E864FF903D2773D53C2E114E1A62152953
4	A80845A89BA15E941A2457084BC431F3E47759E1
5	14143EA1057B02D20C0157216190A006E30F3D41
6	DAB4B41BA639B4715889406FE18E0C037017E063
7	AEAEA5415B4F266CB15CBEB844E56AEC2DABAD6D
8	3DBA11471EB4FCCF21BAEB0BFF7E20150132C6CF
9	3BB917B8BD8560E89FF9054FBE096CBACA109D5F

A.3.4 专用杂凑函数 4

密钥 1:00112233445566778899AABBCCDDEEFF	
序号	MAC 值
1	5A77B599D2DB9B6B8C8E5112DD5F0B88719D60A4866688C2DFF624A6EA4ADB62
2	177B98F9F215046E640B8EFE3E723C4E7233C5E745B72DE9381D6A3F47E30F95
3	F92ECF9FB82E39ECB2D3EC8CFEF76317A8C4E6F835BD4994D4D156B68F640D37
4	078067C14C1E393011BFE58E1E94F03F9062DA01378760A65F7BE1FF041B8087
5	05411A95D2A5CDA0CB4A7339A70E62FF790D945F25963F1595E39486BAD88B2F
6	8E2A8C15E9611E575BF67165B38B04259A30C8C15F9DE72997391B32575D9C78
7	9A7D93D28BA451CDE57570C1CC41E943D288F3FD112C7E3222185F2163AE9328
8	A3676A07D9E79CABDAA1DA6EAB3FBAD128114F4D7E00050AB7167400203585B6
9	521EA57548F1068EC0364330ABEEAC859E008D976323B1BA13ECFB405E0909EB

密钥 2:0123456789ABCDEFFEDCBA9876543210	
序号	MAC 值
1	FDB6120AFEDAEB87A4DDC952FE02C1ECB17DDD6647D0FAB67194CAA506EED1DB
2	8B738011A43BD81363C38B941E81975BC2562EC9185B70B5503D34FEA89B0E3B
3	C97109474261CEDB4FE524CE8319BD1E4FAD2DCA5434840030238EB26812644D
4	A320497D440E9452846B80EFD4578628ACD969D64A6EC42EF350F05BE6F604E8
5	E1C734A8E6301FD270655F5E6DACCE5115083D3DA974D41182C219F74F357E48
6	66E060BF156AEC454058E4D4A88A0DA88FAD6D118D5B731060FA0BB68B673DDB
7	608FB970FD10D1BBCEAEE1FA02E44C062F1711A214E2594BE57A71FCC419042F
8	D3B314AD10D07CC45708D35526B165A89B5AE596D24ABEACFCD3C0EF2DCCF196
9	024F0B3B7A403417B8191F8383DFFE55F23F5B1A29E3FC24BB29097E294FE798

A.4 MAC 算法 3

在这一部分的示例中，选取 $m=L_2/2$。具体来讲，在专用杂凑函数 1 和 3 中，$m=80$；在专用杂凑函数 2 中，$m=64$；在专用杂凑函数 4 中，$m=256$。

A.4.1 专用杂凑函数 1

密钥 1:00112233445566778899AABBCCDDEEFF	
序号	MAC 值
1	6606EF2D3BBD010F516C65372C3CF0ACF111B3F7
2	F0BC0C81307E17A71F4C40AE0B2AC39FCB23CE12
3	7720FD23925B854F963E8812573CD86EBA61EB66
4	2683D6CE053BA0420E76130EAE2367734B7D2D53
5	DE532D156CB312464BB6147E99470C471D91F1C6

密钥 2:0123456789ABCDEFFEDCBA9876543210	
序号	MAC 值
1	4BD390E9EC460AD4866CCB32D091AFBF73E5B6DA
2	CD2847BAB4636C9BCEADCF3D187122A9199DA670
3	15C3910C42638E5EE6DEBD506BD8C4DB94713A3A
4	04148DCB47728E3E57B836A66043D5145879796E
5	829A24010704DBD0EE34A6D607F7B34829E04E95

A.4.2 专用杂凑函数 2

密钥 1:00112233445566778899AABBCCDDEEFF	
序号	MAC 值
1	AEB2C45F13C0C6F5F10BE2F1E3E9C322
2	16874D0E17E4F1C290DD749CCEFF7834
3	A289AA06AEB8FC99B989C377BAADD9D4
4	0D80DB68BBF99442DC3D6B83D038DEF3
5	11DC4A6BD375C64F78BB78AD265ED7CD

密钥 2:0123456789ABCDEFFEDCBA9876543210	
序号	MAC 值
1	7248481816B8D3AF29F5C002FF769EA5
2	DFE1E36CE9792476E0889F1BECEF18A9
3	9B4F1D21320F4A327F023947554BFC3B
4	3D2D658D0196E4EE9F42ADA50DFCFA6F
5	0A34452D9DA70C70183DFFDDB8EEC056

A.4.3 专用杂凑函数 3

密钥 1:00112233445566778899AABBCCDDEEFF	
序号	MAC 值
1	708F4A226CDE708820643CBEEFDCBE6CB36FB269
2	EAB87BE709D1E5CB62C7489C2B1407130B772760
3	C1BD6F9C908132FEF5187CBE681B42A8C785FBF6
4	F34DEB241D46C6448D67ACE6B8CD4DF00DA23EBC
5	669DED2BD6A1AE0BCFF7D3B74494C1D8161FA0D8

密钥 2:0123456789ABCDEFFEDCBA9876543210	
序号	MAC 值
1	EAF6F9DDBAFD299320FF0FC8E02E2BE62879F341
2	2AAE9DE0A555E7CD7383C27506A467B8DF4E3A33
3	FE6031710329D12090F73F55CFFCC6215F9BEAE9
4	0CCDD9DAB6B0126800EC1CC7A02656E12EDEA42C
5	ABDBC8AAAE4A8CE734432188740A149BDF2D215F

A.4.4 专用杂凑函数 4

密钥 1:00112233445566778899AABBCCDDEEFF	
序号	MAC 值
1	35E68BCFCD5548A09F6A1615B84BEE9AAE35D286BD948BFD7EC1132A8D462C88
2	72E8DA475B0F5C97F71D7A98FB3E0D4E1032AF8080F3BD793EC034B06E619067
3	45AD62CA5A90E3AFD20B645AAC8D77614DB847790867F348D1732BB9BA816C1E
4	039731A1305C30B2F443D403F40B55C6B3B16B5B1B20B60B5942B01E16D0ADEA
5	7F2E3B78CAB48C93E6E7C33BD52B2911C3FBB5BB3F9D40242BB5861D70C1D29C

密钥 2:0123456789ABCDEFFEDCBA9876543210	
序号	MAC 值
1	BB52A0272197E3C112A502A994A12B20CB257C7C4F00D134E9B85E92CD280907
2	DB4C2DC7512E00D835FAF9680F855EAE1379B6A380A8C53F2507F5A5AF0A447C
3	3D75654FC093B5318C05455A212416FD3A4C82F58468C3327C5C8109F7973FBA
4	BE3D19D1E4D6A0F644742A6EAB9D371447D77B8BAE26AE63D4797C5CBBB10E71
5	84EE551EF07D23E2E043061E2C1E6D9ACBADDDAFAF8FD6FC98A384F6FEEB2B0E

附 录 B
（资料性附录）
MAC算法的安全性分析

本附录讨论了本部分中MAC算法的安全强度。它的目标是协助本部分的使用者选择合适的MAC算法。

本附录中，$MAC_K(D)$表示用密钥为K的MAC算法对消息D进行计算所得到的MAC。

为了确定MAC算法的安全强度，本附录考虑了如下两种攻击策略：

1） 伪造攻击：这种攻击是在没有密钥K的情况下，对消息D预测$MAC_K(D)$。如果攻击者能够对一个消息成功预测其MAC，那么称他有能力“伪造”。实际的攻击经常要求一个伪造是可验证的，也就是说，事先以接近于1的概率确认伪造的MAC是正确的。而且，在许多应用中，消息有特定的格式，这就意味着对消息D有额外限制。

2） 密钥恢复攻击：这种攻击根据大量的（消息，MAC）对找到MAC算法的密钥K。密钥恢复攻击比伪造攻击更强大，因为它一旦成功就可以进行任意地伪造。

一个攻击的可行性依赖于攻击者已知和选择的（消息，MAC）对数目以及离线加密的次数。

对MAC算法可能的攻击描述如下，但是这里并不保证列举了所有的攻击。前两种攻击是一般性的，也就是说，它们对任何MAC算法都有效。第三种适用于任何迭代的MAC算法（更多信息请参阅[5]）。

- **猜测MAC**。这种伪造是不可验证的，成功概率为$\max(1/2^m,1/2^k)$。这种攻击适用于所有的MAC算法，只有合适地选择m和k才能够抵抗这种攻击。
- **密钥穷搜索**。这种攻击需要运行平均2^{k-1}次MAC算法，并且需要k/m对（消息，MAC）以唯一确定密钥。同样这种攻击适用于所有MAC算法，合适地选择k能够抵抗这种攻击。另外，MAC算法使用者也可以阻止攻击者获得k/m对（消息，MAC）以抵抗这种攻击。比如说，若$k=128$，$m=64$，那么对于给定的（消息，MAC）对，大约有2^{64}个密钥和其对应；如果每次使用MAC算法后都改变密钥，那么密钥穷搜索攻击并不比猜测MAC攻击更有效。
- **生日攻击**[5]。如果攻击者获得足够数目的（消息，MAC）对，他就能够找到这样两个消息D和D'满足：$MAC_K(D)=MAC_K(D')$并且两次输出变换的输入值在两次MAC计算中是相等的；这被称作内部碰撞。如果消息D和D'构成内部碰撞，那么对任意的比特串Y都有$MAC_K(D\parallel Y)=MAC_K(D'\parallel Y)$。这就构成了一种伪造，当攻击者得到比特串$D\parallel Y$的MAC时，就能够预测比特串$D'\parallel Y$的MAC。这种伪造依赖于消息的特殊格式，可能对许多应用没有威胁；但是，这种攻击的扩展版本在消息格式方面有更大的灵活性。这种攻击需要选择一个消息比特串，收集大约$2^{n/2}$对已知（消息，MAC）和2^{n-m}对选择（消息，MAC），其中n是中间状态的比特长度。

通过以下方式可以避免生日攻击：在要处理的消息前面加上一个序列号消息块，使得MAC算法是带状态的。这就要求在MAC算法实现中要保证在一个密钥周期内，每个序列号在MAC计算过程中只用一次。这种要求并不是在所有环境下都可行。

- **捷径密钥恢复**。基于内部碰撞的密钥恢复攻击适用于某些MAC算法，但目前还没有关于本部分中MAC算法的捷径密钥恢复攻击。
- **侧信道攻击**。针对RIPEMD-160和SHA-1算法中异或、模加和模乘运算的特点，可以使用差分能量分析的方法恢复MAC算法2的全部密钥[6]。

安全证明

若如下的假定成立，那么MAC算法1被证明是安全的[4]：

- 使用密钥为初始值 IV 和附加常数的轮函数 ϕ 是一个伪随机函数。

注：一个伪随机函数使用一个密钥，对于不知道密钥的敌手，它的表现和一个随机函数相仿（也就是说，伪随机函数和随机函数很难区别）。

若如下的假定成立，那么MAC算法2被证明是安全的[3]：

- 当 IV 保密的时候，杂凑函数 h 是抗碰撞的。
- 使用密钥为初始值 IV 的轮函数 ϕ 是一个强MAC算法（也就是说，很难预测它的输出）。
- 密钥 $\overline{K_1}$、$\overline{K_2}$ 和随机密钥不可区分；相当于要求使用密钥 IV 的轮函数 ϕ 是"弱"伪随机函数（"弱"源于敌手不能直接得到 $\overline{K_1}$ 和 $\overline{K_2}$）。

进一步的证明指出，只要轮函数 ϕ 是伪随机函数，即可保证MAC算法2是伪随机函数[7]。另外，当轮函数 ϕ 具备不可延展和不可预测性质的时候，MAC算法2被证明是不可伪造的[8]。

其他研究表明，当采用弱的杂凑函数的时候，MAC算法2的安全性有所降低[9~13]。

MAC算法3的安全性假设和MAC算法1和2中对轮函数 ϕ 的假设相似。

参 考 文 献

［1］ ISO 16609:2004 Banking-Requirements for message authentication using symmetric techniques.

［2］ ISO/IEC 10181-6:1996 Information technology-Open Systems Interconnection-Security frameworks for open systems:Integrity framework.

［3］ M. Bellare,R. Canetti,H. Krawczyk,"Keying hash functions for message authencication," Advances in Cryptology,Proceedings Crypto'96,LNCS 1109,N. Koblitz,Ed. ,Springer-Verlag,1996, pp. 1-15.

［4］ M. Bellare,R. Canetti,H. Krawczyk,"Pseudorandom functions revisited:The cascade construction and its concrete security,"Proc. 37th Annual Symposium on the Foundations of Computer Science,IEEE,1996,pp. 514-523. Full version via http://www-cse. ucsd. edu/users/mihir.

［5］ B. Preneel,P. C. van Oorschot,"MDx-MAC and building fast MACs from hash functions," Advances in Cryptology,Proceedings Crypto'95,LNCS 963,D. Coppersimith,Ed. ,Springer-Verlag, 1995,pp. 1-14.

［6］ K. Lemke,K. Schramm,C. Paar,"DPA on n-bit sized boolean and arithmetic operations and its application to IDEA,RC6,and the HMAC-construction,"Proceedings CHES'04,LNCS 3156,M. Joye and J. J. Quisquater Eds. ,Springer-Verlag,2004,pp. 205-219.

［7］ M. Bellare,"New proofs for NMAC and HMAC:security without collision-resistance,"Advances in Cryptology,Proceedings Crypto"06,LNCS 4117,Dwork Ed. ,Springer-Verlag,2006,pp. 602-619.

［8］ M. Fischlin"Security of NMAC and HMAC based on non-malleability,"Proceedings CT-RSA'08,LNCS 4964,T. Malkin,Ed,Springer-Verlag,2008,pp. 138-154.

［9］ S. Contini,Yiqun Lisa Yin"Forgery and Partial Key-Recovery Attacks on HMAC and NMAC Using Hash Collisions,"Proceedings ASIACRYPT'08,LNCS 4284,X. Lai and K. Chen,Eds, Springer-Verlag,2006,pp. 37-53.

［10］ J. Kim,A. Biryukov,B. Preneel,S. Hong"On the Security of HMAC and NMAC Based on HAVAL,MD4,MD5,SHA-0 and SHA-1,"Proceedings SCN'06,LNCS 4116,R. De Prisco and M. Yung,Eds,Springer-Verlag,2006,pp. 242-256.

［11］ P. Fouque,G. Leurent,P. Q. Nguyen"Full Key-Recovery Attacks on HMAC/NMAC-MD4 and NMAC-MD5,"Proceedings CRYPTO'07,LNCS 4622,A. Menezes,Ed,Springer-Verlag,2007,pp. 13-30.

［12］ L. Wang,K. Ohta,N. Kunihiro"New Key-Recovery Attacks on HMAC/NMAC-MD4 and NMAC-MD5,"Proceedings EUROCRYPT'08,LNCS 4965,N. Smart,Ed,Springer-Verlag,2008,pp. 237-253.

［13］ X. Wang,H. Yu,W. Wang,H. Zhang,T. Zhan"Cryptanalysis on HMAC/NMAC-MD5 and MD5-MAC,"Proceedings EUROCRYPT'09,LNCS 5479,A. Joux,Ed,Springer-Verlag,2009,pp. 121-133.

ICS 31-550
L 97

中华人民共和国国家标准

GB/T 15861—2012
代替 GB/T 15861—1995

离子束蚀刻机通用规范

General specification of ion beam etching system

2012-11-05 发布　　2013-02-15 实施

中华人民共和国国家质量监督检验检疫总局
中国国家标准化管理委员会　发布

前　言

本标准按照 GB/T 1.1—2009 给出的规则起草。

本标准代替 GB/T 15861—1995《离子束蚀刻机通用技术条件》。

本标准与 GB/T 15861—1995 相比主要变化如下：

——GBn 193—1983 由 GB/T 13384—1992 代替，SJ 2573—1985 由 SJ/T 10674—1995 代替；

——环境温度调整为 20 ℃±10 ℃[见 5.1a)]；

——束能量范围调整为 0～2 000 eV，可调(见 5.4.1)；

——表 1 中束流密度 0.5 mA/cm^2 调整为≥0.3 mA/cm^2，1 mA/cm^2 调整为 0.8 mA/cm^2(见表 1)；增加束能量为 2 000 eV 时束流密度≥1 mA/cm^2(见表 1)；

——有效束径规格增加了 ϕ50 和 ϕ100 两种，去掉了 ϕ60(见 5.4.4)；

——中和方式增加了“电子源中和器”(见 5.4)；

——对束流密度检测方法进行了更清楚的表述(见 6.4.2)；

——“膜厚均匀性为±5%的蚀刻样片”改为“膜厚均匀性优于±2%、厚度 2 μm、制备了掩膜图案的蚀刻样片”(见 6.4.10)；

——检验规则去掉例行检验项(见 7)；

——增加包装前检查的条款(见 8.2.1)。

本标准由中华人民共和国工业和信息化部提出。

本标准由中国电子技术标准化研究所归口。

本标准起草单位：中国电子科技集团公司第四十八研究所。

本标准主要起草人：陈特超、周大良。

本标准所代替标准的历次版本发布情况为：

——GB/T 15861—1995。

离子束蚀刻机通用规范

1 范围

本标准规定了离子束蚀刻机的术语、产品分类、技术要求、试验方法、检验规则以及包装、运输、贮存。

本标准适用于物理溅射腐蚀作用的通用离子束蚀刻机。其他专用离子束蚀刻机亦可参照执行。

2 规范性引用文件

下列文件对于本文件的应用是必不可少的。凡是注日期的引用文件，仅注日期的版本适用于本文件。凡是不注日期的引用文件，其最新版本(包括所有的修改单)适用于本文件。

GB/T 191 包装储运图示标志

GB/T 4857.7—2005 包装 运输包装件基本试验 第7部分：正弦定频振动试验方法

GB/T 5080.7—1986 设备可靠性试验 恒定失效率假设下的失效率与平均无故障时间的验证试验方案

GB/T 6388—1986 运输包装收发货标志

GB/T 13384—1992 机电产品包装通用技术条件

SJ/T 142 电子工业专用设备通用规范

SJ/T 1276 金属镀层和化学处理层质量检验技术要求

SJ/T 10674 涂料涂覆通用技术条件

3 术语和定义

下列术语和定义适用于本文件。

3.1

束能量 beam energy

表征离子束中离子的动能。

注：单位为电子伏特(eV)。

3.2

束流密度 beam current density

离子束某一指定截面上单位面积所通过的电流强度。

3.3

有效束径 effective beam diameter

打到靶上的束流密度均匀性在要求值(不低于±5%)以内的束直径范围。

3.4

束流均匀性 uniformity of beam current

离子束某一指定截面上任意测试点间有效束径范围内束流密度变化的最大与最小值之差与其之和的比的百分率。

3.5

束流稳定性　stability of beam current

规定时间内束流强度变化的均方根值与其平均值之比。

3.6

蚀刻均匀性　etch uniformity

被蚀刻材料表层不同点上的蚀刻深度的不一致性。

3.7

中和器　neutralizer

产生中和离子束中正电荷的电子发射源。

4　产品分类

按加工工件置放方式分：

a)　立式离子束蚀刻机(工件水平放置)；

b)　卧式离子束蚀刻机(工件竖直放置)。

5　技术要求

5.1　工作条件

a)　环境温度：20 ℃±10 ℃；

b)　相对湿度：<60%；

c)　具有空调，一般净化房间；

d)　电压：三相五线制，交流电压 380 V±10%；频率：50 Hz±1%；

e)　氩气，氧气纯度为 99.999%，氮气为 99.99%，气体压力不大于 0.2 MPa；

f)　进水压力及流量：0.2 MPa～0.4 MPa，流量 30 L/min；

g)　进水温度：10 ℃～26 ℃；

h)　室内应设置排出废气地沟的标准尺寸接口；

i)　室内应设置排出冷却水地沟接口；

j)　室内应安装有接地电阻小于 4 Ω 的接线端子；

k)　离子源供电接地参考点和主机接地点应一点接地；

l)　机柜保护接地应与离子源供电参考点接地分开；

m)　不能用电网电源的零线作接地地点。

5.2　外观要求

5.2.1　设备的外观布置应整齐、美观、平整，表面不应有明显的凸起、凹陷、粗糙不平、划伤、锈蚀等缺陷，符合 SJ/T 142 的要求。标牌安装牢固、字迹清晰、标注与内容一致。

5.2.2　油漆涂覆的零部件，其漆层应平整清洁、牢固光滑、色泽一致，不得有流挂、起泡、划痕等缺陷，符合 SJ/T 10674 的要求。

5.2.3　电镀及化学涂覆的零件，其表面应光滑细致、无斑点、锈蚀、起泡、烧痕等缺陷，符合 SJ/T 1276 的规定。

5.2.4　紧固件连接牢固、无松动现象。

5.3 安全要求

5.3.1 设备应具有过载、短路、停电、停水等安全防护装置或报警装置。

5.3.2 离子源供电接线端子的绝缘电阻应大于 20 MΩ。端子备有防护装置。

5.3.3 设备应设有避免误操作的安全联锁装置。

5.4 主要性能要求

5.4.1 束能量

束能量值可调，调节范围在(0～2 000)eV 内。在具体产品规范中规定。

5.4.2 束流密度

束流密度的大小按照表 1 的规定在具体产品规范中提出。

表 1

束能量/eV	束流密度/(mA/cm^2)
500	≥0.3
1 000	≥0.8
2 000	≥1

5.4.3 束流均匀性

在产品规范中给出束流均匀性指标，其指标值应为±5%。

5.4.4 有效束径

蚀刻机的有效束径应在具体产品规范中规定。其误差为±2%。有效束径优选规格为 ϕ50、ϕ80、ϕ100、ϕ150 。

5.4.5 束流稳定性

束流稳定性指标值：

a) 在 1 h 内为±1%；

b) 在 4 h 内为±2%。

5.4.6 真空度

a) 蚀刻机工作室的极限压力为 6.7×10^{-4} Pa；

b) 蚀刻机工作室的工作压力为 4×10^{-2} Pa。

5.4.7 恢复真空时间

当蚀刻机工作室暴露大气不超过 20 min 时，设备从开高压阀抽到大气压值变为 5×10^{-3} Pa，所需时间不大于 20 min。

5.4.8 蚀刻台

蚀刻台可连续旋转，转速 5 r/min～10 r/min 可调。

5.4.9 工作温升

蚀刻机加工工件时，工件表面的温升不大于 80 ℃。

5.4.10 蚀刻均匀性

蚀刻均匀性为±5%(有效束径范围内)。

5.4.11 离子束中和方式

蚀刻机的离子束采用热灯丝中和器或电子源中和器。

5.5 可靠性要求

产品平均失效间工作时间 MTBF≥70 h，平均维修时间 MTTR<3 h。

5.6 成套性要求

设备交付用户时，应包括主机、附件、易损件和随机技术文件及合同规定的其他要求。

附件、易损件和随机技术文件的种类、规格和数量应在具体产品规范及产品说明书中明确规定和说明。

5.7 包装运输要求

离子束蚀刻机设备的包装箱，在运输过程中不能损坏和变形，应能保证设备完好。

6 试验方法

6.1 试验用的计量器具经专业计量机构检定，并在检定合格有效期内。

6.2 外观要求检测

目测外观外形和油漆、电镀、化学涂覆质量。

6.3 安全要求检查

6.3.1 分别将屏栅电源、阳极电源、加速栅电源输出端人为瞬间为短路，观察过载保护装置是否动作。

6.3.2 采用 1.5 级、2 500 V 兆欧表，测量离子源接线端子对地绝缘电阻。

6.3.3 检查机械泵、分子泵操作顺序的联锁装置。检查冷却水与分子泵和设备其他冷却部件的联锁和报警装置。

6.4 主要性能检测

6.4.1 束能量检测

将屏栅电源正端与阳极电源负端相连，使用精度不低于千分之一的数字电压表，分别测出屏栅电源，阳极电源电压，用式(1)计算：

$$E_b = \mathrm{e}(V_s + V_A + V_{pc}) \qquad \cdots\cdots(1)$$

式中：

E_b ——表征束能量，单位为电子伏(eV)；

e ——电子电荷量；

V_s ——离子源屏栅电源电压，单位为伏(V)；

V_A ——离子源阳极电源电压，单位为伏(V)；

V_{pc}——离子源中等离子体鞘层电位，理论值约 5 V。

6.4.2 束流密度检测

根据选配的离子源，在如下测试条件下，即 V_A=50 V、V_s=500 V、V_a=−70 V(加速栅电源)、不开中和器、法拉第筒探头面积为 1 cm^2、靶到离子源出口距离为 d，按图 1 所示方法测试。探头置于束轴线上，用 1.5 级 3 mA 的毫安表测出的示值，即为最大束流密度。

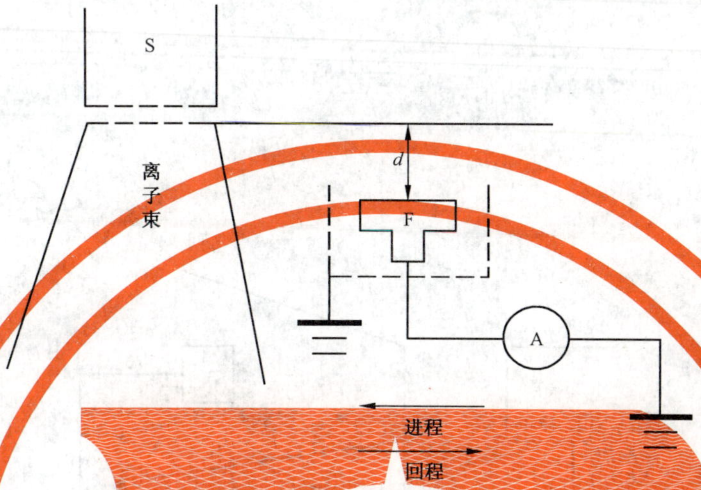

说明：

S——离子源；

F——法拉第筒；

A——毫安表；

d——靶到离子源出口的距离。

图 1 束流密度测试方法示意图

6.4.3 束流均匀性检测

按照 6.4.2 选定的测试条件，设备运行 15 min 预热。按图 1 所示方法。法拉第筒沿束径向方向，进程、回程各测三次。每次 0.2 cm 等距移动，测出对应点相应束流，分别计算出进、回程各点 3 次测试值平均值。然后，由进程算术平均值和回程算术平均值求出进、回程各点的算术平均值。从该平均值中确定最大和最小束流密度值，代入式(2)计算：

$$\Delta I = \pm \frac{I_{max} - I_{min}}{I_{max} + I_{min}} \times 100\% \qquad \cdots\cdots (2)$$

式中：

ΔI ——束流密度均匀性；

I_{max}——进程和回程平均值中的最大束流密度值；

I_{min} ——进程和回程平均值中的最小束流密度值。

6.4.4 有效束径检测

根据 6.4.3 测出的数据，按照式(2)计算，求出满足±5%束流密度均匀性的最大束径范围。

6.4.5 束流稳定性检测

采用图 2 所示方法，从总束流经过精度为万分之一的精密电阻取样，由精度千分之一的数字电压表读数，每 3 min 读数一次。测 1 h 和 4 h 所得数据，分别代入式(3)计算。即

$$I_0=\pm\frac{\sqrt{\dfrac{\sum\limits_{i=1}^{n}(I_i-I)^2}{n-1}}}{I} \qquad \cdots\cdots(3)$$

式中：

I_0——束流稳定性；

n——读数次数；

I——测量次数内的束流算术平均值，$I=\frac{\sum\limits_{i=1}^{n}I_i}{n}(i=1,2,\cdots n)$；

I_i——第 i 次测量值。

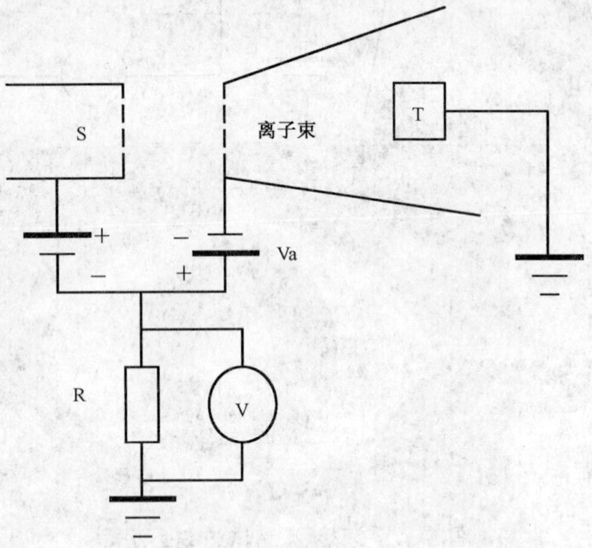

说明：

S——离子源；

T——靶；

Va——加速栅电源；

Vs——屏栅电源；

V——数字电压表；

R——线绕电阻。

图 2 束流稳定性测试示意图

6.4.6 真空度测试

采用随机配置的真空计进行测量。

a) 对真空室不限时连续排气，真空计测量值不再明显变化时，记录真空计读数，该值即为极限压力；

b) 选定阳极电压 50 V，控制送气系统，使压强从 4×10^{-2} Pa 开始降低，调整灯丝电源，测出能产生稳定放电的最高压力。

6.4.7 恢复真空时间测试

用计时器测量，设备从开高阀抽到 5×10^{-3} Pa 时所需时间。

6.4.8 蚀刻台检查

调节调速器，用目测法检查蚀刻台的旋转速度是否在变化，并记录每分钟的旋转圈数。

6.4.9 工件温升检查

在束功率（即束流与屏栅电压的乘积）小于 0.5 W 条件下，用热电偶测工件温度与时间关系曲线，曲线饱和部分对应的温度减去室温即蚀刻台工件的最高温升。

6.4.10 蚀刻均匀性检测

取一膜厚均匀性优于±2%、厚度 2 μm、制备了掩膜图案的蚀刻样片。用规定的参数进行刻蚀，在样品没有完全刻穿的条件下，选取通过中心的一条直线上均布的 5 个测试点。用干涉显微镜或台阶测试仪测得各点的蚀刻深度，将测得的数据按式(4)计算。

$$\Delta h = \pm \frac{h_{max} - h_{min}}{h_{max} + h_{min}} \times 100\% \quad \cdots\cdots(4)$$

式中：

Δh ——蚀刻均匀性；

h_{max}——最大蚀刻深度；

h_{min}——最小蚀刻深度。

6.4.11 离子束中和方式检查

直观检查中和器装置。

6.5 可靠性检测

采用 GB/T 5080.7—1986 中 4.2 规定的截尾序贯试验方案 4∶7 概率比进行验证。

6.6 成套性检查

按使用说明书、供货合同，检查产品成套性。

6.7 包装运输试验

按 GB/T 4857.7—2005 中 3.3 的规定，将离子束蚀刻机的包装件固定于振动试验台上，振动频率 4 Hz，振幅 0.35 mm，持续时间 60 min，试验结束后，检验包装箱应完好无损，开机测试产品是否符合技术要求。

7 检验规则

7.1 检验分类

离子束蚀刻机的检验分定型检验、交收检验。

7.2 定型检验

7.2.1 定型检验由生产单位质量检验部门负责实施。

7.2.2 有下列情况之一进行定型检验：

a) 新品研制；

b) 改进设计或主要工艺，或更换主要元器件及材料时；

c) 交收检验结果与前次定型检验有较大差别时。

7.2.3 定型检验项目见表 2。

7.2.4 检验中任一项出现故障时，应停止检验，查出故障原因，排除故障后，重新进行定型检验。重新检验中若再次出现故障，则该机判为不合格，但允许进行一次返修后，再次交验。

表 2

序号	检验项目	技术要求章条号	试验方法章条号	定型检验	交收检验
1	外观要求	5.2	6.1	○	○
2	安全要求	5.3	6.2	○	○
3	束能量	5.4.1	6.4.1	○	○
4	束流密度	5.4.2	6.4.2	○	○
5	束流均匀性	5.4.3	6.4.3	○	○
6	有效束径	5.4.4	6.4.4	○	○
7	束流稳定性	5.4.5	6.4.5	○	○
8	真空度	5.4.6	6.4.6	○	○
9	恢复真空时间	5.4.7	6.4.7	○	○
10	蚀刻台	5.4.8	6.4.8	○	○
11	工作温升	5.4.9	6.4.9	○	○
12	蚀刻均匀性	5.4.10	6.4.10	○	○
13	离子束中和方式	5.4.11	6.4.11	○	○
14	可靠性要求	5.5	6.5	○	
15	成套性要求	5.6	6.6	○	○
16	包装运输试验	5.7	6.7	○	
注："○"表示在该类检验中应进行的检验项目。					

7.3 交收检验

7.3.1 交收检验在用户现场安装调试完成后由供方代表与需方的质量部门共同组织实施。

7.3.2 交收检验项目见表 2。

7.3.3 交收检验合格后，供需双方签署合格证书。

8 标志、包装、运输、贮存

8.1 标志

8.1.1 离子束蚀刻机应有字迹清晰的标牌，标牌应固定在明显的部位。

8.1.2 标牌应有下列内容：

a) 名称；

b) 型号；

c) 制造单位；

d) 出厂编号；

e) 电源要求及额定功率；

f) 制造日期。

8.1.3 运输包装收发货应按 GB/T 6388—1986 中第 2 章的规定，至少有下列标志：

a) 商品分类图示标志；

b) 品名规格;

c) 数量;

d) 重量;

e) 体积:长×宽×高(mm);

f) 收货地点和单位;

g) 发货单位。

8.1.4 包装运输作业标志:

按 GB/T 191 的规定,在包装箱的明显部位上注明“易碎物品”、“怕雨”、“向上”、“重心”、“由此吊起”等标志。

8.2 包装

8.2.1 包装前检查:

a) 确认设备冷却水排空;

b) 确认工艺气体排净。

8.2.2 离子束蚀刻机按主机、电源柜、电源部件、离子源、附件等分箱包装。先用塑料袋包装,再装入包装箱内,箱内用硬塑料泡沫牢靠固定。木质包装箱应有防雨措施。包装应符合 GB/T 13384—1992 中 5.1“箱装”,5.5.2“防潮包装”及 5.5.5“防震包装”等标志。

8.2.3 包装箱内应有随机文件:产品合格证书、使用说明书、装箱清单、备件等。

8.2.4 包装必须牢固可靠,包装箱牢固封闭,边角用扎带紧固,防止开裂。

8.3 运输

包装好的产品能适应各类工具装车运输。装车和运输过程中应有防止跌落的紧固措施。

8.4 贮存

离子束蚀刻机设备的所有包装箱应集中存放在防晒、防淋、防潮、温度 −5 ℃～40 ℃,相对湿度不大于 75%的清洁、通风良好的库房内。

ICS 31-550
L 97

中华人民共和国国家标准

GB/T 15862—2012
代替 GB/T 15862—1995

离子注入机通用规范

General specification of ion implantation equipment

2012-11-05 发布　　2013-02-15 实施

中华人民共和国国家质量监督检验检疫总局
中国国家标准化管理委员会　发布

前 言

本标准按照 GB/T 1.1—2009 给出的规则起草。

本标准代替 GB/T 15862—1995《离子注入机通用技术条件》。

本标准与 GB/T 15862—1995 相比主要变化如下：

——GBn 193—1983 由 GB/T 13384—1992 代替；

——增加术语“注入角度”(见 3.6)、“最大晶片传输效率”(见 3.7)，并在性能指标及测试方法中做相应要求(见 6.4.6)；

——环境温度调整为 23 ℃±2 ℃；相对湿度规定范围 30%～50%(见 5.1.3)；

——安全要求中增加“警示标识”的条款(见 6.3.1)；

——去掉表 3、表 4；

——均匀性测量增加了热波探针法测量条件和方法(见 6.4.4.1b))；

——重复性测量增加了批间重复性测量方法(见 6.4.5.2)；

——检验规则去掉例行检验项。

本标准由中华人民共和国工业和信息化部提出。

本标准由中国电子技术标准化研究所归口。

本标准起草单位：中国电子科技集团公司第四十八研究所。

本标准主要起草人：郭健辉、彭立波、罗宏洋。

本标准所代替标准的历次版本发布情况为：

——GB/T 15862—1995。

离子注入机通用规范

1 范围

本标准规定了离子注入机的术语、产品分类、技术要求、试验、检验规则和标志、包装、运输、贮存。

本标准适用于半导体工艺用电能离子注入机。其他离子注入机亦可参照使用。

2 规范性引用文件

下列文件对于本文件的应用是必不可少的。凡是注日期的引用文件,仅注日期的版本适用于本文件。凡是不注日期的引用文件,其最新版本(包括所有的修改单)适用于本文件。

GB/T 191 包装储运图示标志

GB/T 4857.7—2005 包装 运输包装件基本试验 第7部分:正弦定频振动试验方法

GB/T 5080.7—1986 设备可靠性试验 恒定失效率假设下的失效率与平均无故障时间的验证试验方案

GB/T 6388—1986 运输包装收发货标志

GB/T 13384—1992 机电产品包装通用技术条件

GB 18209.1 机械安全 指示、标志和操作 第1部分:关于视觉、听觉和触觉信号的要求

SJ/T 142 电子工业专用设备通用规范

SJ/T 1276 金属镀层和化学处理层质量检验技术要求

SJ/T 10674 涂料涂覆通用技术条件

3 术语

下列术语和定义适用于本文件。

3.1

束能量 beam energy

到达靶上离子所具有的动能。

注:单位为电子伏特(eV)。

3.2

着靶束流 beam current on target

单位时间内靶上接收到的离子束电荷量。

注:单位为安培(A)。

3.3

均匀性 uniformity

表征注入离子剂量不均匀的程度。用相对标准偏差表示。

3.4

重复性 repeatability

表征片间(或批间)在相同条件下注入离子剂量不重复的程度,用相对标准偏差表示。

3.5

真空度　vacuum

不引束条件下，离子注入机真空室所能达到的最低压强。

3.6

注入角度　implant angle

离子束方向与晶片被注入表面法线方向之间的夹角。

3.7

最大晶片传输效率　mechanical throughput

在单位时间内，设备传输晶片的最大数量(不包含注入过程)。

4　产品分类

4.1　离子注入机按能量高低分为：

a)　低能离子注入机；

b)　中能离子注入机；

c)　高能离子注入机；

d)　兆伏离子注入机。

4.2　离子注入机按束流大小分为：

a)　小束流离子注入机；

b)　中束流离子注入机；

c)　强流离子注入机；

d)　超强流离子注入机。

5　技术要求

5.1　工作条件

5.1.1　气压：86 kPa～106 kPa；

5.1.2　环境温度：23 ℃±2 ℃；

5.1.3　相对湿度：30%～50%；

5.1.4　净化间：洁净度由具体产品标准规定；

5.1.5　供电电压：三相五线制，交流电压 380 V±10%；频率 50 Hz±1%；

5.1.6　接地电阻：<4 Ω。

5.2　一般要求

离子注入机的控制方式、主要装置、任选件、备件，应在具体产品标准和说明书中明确规定和说明。

5.3　外观要求

5.3.1　设备的外观布置应整齐、美观、平整，表面不应有明显的凸起、凹陷、粗糙不平、划伤、锈蚀等缺陷，符合 SJ/T 142 的要求。

5.3.2　标牌安装牢固、字迹清晰。

5.3.3　油漆涂覆的零部件，其漆层应平整清洁、牢固光滑、色泽一致，不得有流挂、起泡、划痕等缺陷，符合 SJ/T 10674 的要求。

5.3.4　电镀及化学涂覆的零件，其表面应光滑细致、无斑点、锈蚀、起泡、烧痕等缺陷，符合 SJ/T 1276

的规定。

5.3.5 紧固件连接牢固、无松动现象。

5.4 安全要求

5.4.1 设备上应对“高压、毒害、运动部件”等做警示标识，符合 GB 18209.1 的要求。

5.4.2 设备应有良好的射线防护设施，在距机器外表面 50 mm 处检测射线剂量应小于 0.06 mR/h。

5.4.3 在离子源送气管路，气源瓶柜，真空排气部分等机柜上方要设有标准尺寸的排风口，以便与用户厂房内的排气设施相连接。离子源送气管路活动连接采用耐腐蚀不锈钢材料的金属密封，气体管路和控制元件能适应低压气瓶(SDS 气体)使用。设备如果采用有毒有害工艺气体，用户应在气柜和气体管路区间设置对应的气体泄漏检测报警装置。

5.4.4 高压区应隔离，进入高压区的门上应有安全联锁装置和自动放电装置。

5.4.5 设备应有保障人身安全和设备安全的高压放电、过载、短路、停电、停水、停气等故障的防护装置和报警联锁装置，在操作区设置必要的紧急开关。

5.4.6 设备的三相电源入线口与机壳之间应耐 1 500 V 的交流电压、1 min 不被击穿和不产生放电，其漏电流不大于 1.0 mA。

5.4.7 设备应有全面的地线布置，并有一点接地，而且应有明显的接地标志。

5.5 主要性能要求

5.5.1 束能量

束能量范围应按表 1 规定的范围在具体产品标准中给出，能量按单电荷计算。

表 1

类　别	能量范围/keV
低能离子注入机	<100
中能离子注入机	100～300
高能离子注入机	>300～1 000
兆伏离子注入机	>1 000

5.5.2 着靶束流

着靶束流大小按表 2 规定的范围在具体产品标准中给出。束流稳定性应不大于 10%/h。

表 2

类　别	束流范围
小束流离子注入机	100 nA～100 μA
中束流离子注入机	100 μA～2 000 μA
强流离子注入机	2 mA～30 mA
超强流离子注入机	>30 mA

5.5.3 注入元素

注入元素的种类和质量应在具体产品标准中给出。

5.5.4 均匀性

在具体产品标准中应给出均匀性指标。

5.5.5 重复性

在具体产品标准中应规定重复性指标。

5.5.6 最大晶片传输效率

在具体产品标准中应规定最大晶片传输效率指标。

5.5.7 真空度

真空室真空度应优于 8×10^{-4} Pa。

5.5.8 注入角度

对具有可控注入角度的产品,应规定注入角度的范围和角度控制的精度。

5.5.9 可靠性

设备平均失效间工作时间 MTBF≥100 h,平均维修时间 MTTR≤4 h。

5.6 包装运输要求

离子注入机部件的包装箱,在运输过程中不能损坏和变形,应能保证设备完好。

6 试验方法

6.1 一般要求检查

按具体产品标准规定的要求检查。

6.2 外观要求检查

用目视法检查离子注入机外观和外表面。

6.3 安全要求试验

6.3.1 检查设备的警示标识

6.3.2 射线剂量

测试仪器:X 射线剂量仪,经专业计量机构检定,并在检定合格有效期内。
测试条件:在离子注入机工作范围内最大能量和最大束流下进行。
测试方法:用 X 射线剂量仪探头在距离子注入机的外表面 50 mm 处,测量 X 射线剂量。

6.3.3 排气设施

目视检查排气设施。

6.3.4 安全联锁

检查高压区门的安全联锁装置。进行相应的联锁试验。

6.3.5 防护和报警装置

高压放电、过载、停电、停水、停气等试验、检查防护装置和报警装置。

6.3.6 耐压装置

用自动击穿装置测试耐压性能，三相电源的入线口与机壳之间在 1 500 V 的交流电压下，1 min 内是否被击穿与存在放电现象，并从自动击穿装置上读出漏电流大小。

6.3.7 接地测试

目视检查接地标志是否明显。

6.4 主要性能测试

6.4.1 束能量

低能、中能离子注入机采用 0.5 级静电高压表，其量程应适用于离子注入机的加速电压。把静电高压表的一端接离子源，另一端接大地。把注入机上的束能量（即电压）指示数值与静电高压表指示值比较，其误差应小于 1%，然后用注入机上的束能量（即电压）指示器测试束能量。

高能和兆伏离子注入机能量采用核反应方法测试。

6.4.2 着靶束流

离子注入机上的束流指示表头，采用 0.5 级精密电流表校准，其精度优于 1 级。离子注入机的靶上接收束流，用束流指示表头测量其数值；对于用积分累积方式计算着靶束流的机型，检查机器的积分累积算法，采用 0.5 级精密电流表对机器束流测量装置进行校准，最终测试以机器自测的束流指标为准。不同机型都规定要求测出 1 h 靶束流的稳定性。

在测束流过程中，应排除二次电子的影响。即从小到大调节二次电子抑制电压，束流读数应由大变小，当抑制电压调到某一值后，束流不再跟随变化，此时测得的束流即是不计二次电子影响的真正离子束流。

6.4.3 注入元素

按图 1 接好线路，由小到大调节磁分析器电流，在 X-Y 函数记录仪上画出质谱图。并读出质谱图上各峰所对应的磁分析器电流。由磁场强度与磁分析器电流的关系曲线，查出质谱图上各峰所对应的磁场强度。按式(1)计算出质谱图上各峰所对应的质量数，由质量数确定注入元素。

图 1

$$m=\frac{Q(HR/144)^2}{V} \quad \cdots\cdots(1)$$

式中：

m ——离子的质量数；

Q ——离子的电荷量，单位为库(C)；

H ——磁场强度，单位为安每米(A/m)；

R ——磁分析器的偏转半径，单位为厘米(cm)；

V ——离子的加速电压，单位为伏(V)。

假定某元素单电荷的峰值位置是 I1，则该元素多电荷的位置由表 3 确定。

表 3

电荷个数	1	2	3	4
多电荷位置	I1	0.707I1	0.577I1	0.500I1

6.4.4 均匀性

6.4.4.1 测量条件

a) 薄层方块电阻法测量条件：

硅片： (100)晶向；

硅片电阻率： P-型(1～100)Ω·cm；

硅片尺寸： 机器指标规定的最大晶片尺寸；

离子种类： $P^{+}{}_{31}$；

能量： 机器能量指标的 3/4 值；

剂量： $2\times10^{14}\ cm^{-2}$；

注入角： 7°；

退火条件： 高温退火 950 ℃，充氮保护，30 min；

测量方法： 薄层方块电阻法；

测量手段： 四探针，相对标准偏差±0.2%；

每片测试点数： 不少于 49 个点，距周边 5 mm～10 mm，均布。

b) 热波探针法测量条件：

硅片： (100)晶向；

硅片电阻率： P-型(1～100)Ω·cm；

硅片尺寸： 机器指标规定的最大晶片尺寸；

离子种类： $P^{+}{}_{31}$；

能量： 机器能量指标的 3/4 值；

剂量： $2\times10^{12}\ cm^{-2}$；

测试时间： 注入后 30 min 内；

测量方法： 热波探针法；

测量手段： 热波探针，相对标准偏差±0.1%；

每片测试点数： 不少于 49 个点，距周边 5 mm～10 mm，均布。

6.4.4.2 测量方法

用标准的 P 型硅片，在标定的剂量、能量、注入角下注入$P^{+}{}_{31}$然后在选定测试条件下完成注入和测试。对具有自动计算均匀性指标的测试仪器，可直接采用仪器的计算结果，对于手动测试，则按式(2)计算出 σ 值。

$$\sigma=\pm\frac{\{1/(N_W-1)\sum_{i=1}^{N_W}[(R_s)_i-\overline{R_s}]^2\}^{1/2}}{\overline{R_s}}\times 100\% \qquad \cdots\cdots(2)$$

式中：

σ ——相对标准偏差；

$(R_s)_i$——第 i 个点测得的薄层电阻率，单位为欧厘米（Ω·cm）；

$\overline{R_s}$ —— N_W 个点测得薄层电阻率的平均值，单位为欧厘米（Ω·cm），$\overline{R_s}=\frac{1}{N_W}\sum_{i=1}^{N_W}(R_s)_i$；

N_W ——剔除奇异点后所保留的测量点数。不剔除奇异点的计算，可计为 3σ 值。

采用热波探针测试方法，则用热波探针值(TW)代替相应的 R_s 计算。

6.4.5 重复性测量

6.4.5.1 片间重复性测量：测量条件同 6.4.4。

测量方法：用参数一致的硅片 10 片，在同一时间段和同一次引束调试条件下，完成 10 片硅片的注入，然后再遵循相同测试条件完成对每片硅片的测试，然后按式(3)算出 σ 值。当采用热波探针法时，用热波探针值代替 R_s 值计算。

$$\sigma=\pm\frac{\{1/(N-1)\sum_{i=1}^{N}[(\overline{R_s})_i-\overline{\overline{R_s}}]^2\}^{1/2}}{\overline{\overline{R_s}}}\times 100\% \qquad \cdots\cdots(3)$$

式中：

$(\overline{R_s})_i$ ——第 i 片（或批）的薄层电阻率测量平均值，单位为欧厘米（Ω·cm）；

$\overline{\overline{R_s}}$ —— N 片（批）测得薄层电阻率的平均值，单位为欧厘米（Ω·cm），$\overline{\overline{R_s}}=\frac{1}{N}\sum_{i=1}^{N}(\overline{R_s})_i$；

N ——片数。

6.4.5.2 批间重复性测量：测量条件同 6.4.4。

测量方法：用参数一致的硅片 10 片，在不同时间段和非同次引束调试条件下，每次注入一片硅片，再遵循相同测试条件完成对硅片的测试。依次完成 10 片硅片的注入和测试，然后按式(3)算出 σ 值。当采用热波探针法时，用热波探针值代替 R_s 值计算。

6.4.6 最大晶片传输效率

按具体产品标准规定的参数，测定 1 h 内，设备传输的晶片数量。

6.4.7 真空度

用设备本身配置的高真空计现场测试。

6.4.8 注入角度

用设备本身配置的角度检测装置直接读数；无此配置时，注入角度测量可以转换为测量注入平面的角度，然后换算为注入角度值，需提供实测角度和注入角度的换算算法。使用角度测量仪器多次测量求平均值。

6.4.9 可靠性验证

采用 GB/T 5080.7—1986 中 4.2 条规定的截尾序贯试验方案 4∶7 概率比进行验证，其结果应符合5.5.9 的要求。

6.5 包装运输试验

按 GB/T 4857.7—2005 中 3.3 的规定，将离子注入机固定于振动试验台上，振动频率 4 Hz，振幅 0.35 mm，持续时间 60 min，试验结束后，检验包装箱应完好无损，开机测试产品是否符合技术要求。

7 检验规则

7.1 检验分类

离子注入机的检验分定型检验、交收检验。

7.2 定型检验

7.2.1 定型检验由生产单位质量检验部门负责实施。

7.2.2 有下列情况之一进行定型检验：

a) 新品研制；

b) 改进设计或主要工艺，或更换主要元器件及材料时；

c) 交收检验结果与前次定型检验有较大差别时。

7.2.3 定型检验项目见表 4。

7.2.4 检验中任一项出现故障时，应停止检验，查出故障原因，排除故障后，重新进行定型检验。重新检验中若再次出现故障，则该机判为不合格，但允许进行一次返修后，再次交验。

表 4

序号	试验项目	技术要求章条号	测试方法章条号	定型检验	交收检验
1	一般要求	5.2	6.1	o	o
2	外观要求	5.3	6.2	o	o
3	安全要求	5.4	6.3	o	o
4	束能量	5.5.1	6.4.1	o	o
5	着靶束流	5.5.2	6.4.2	o	o
6	注入元素	5.5.3	6.4.3	o	o
7	均匀性	5.5.4	6.4.4	o	o
8	重复性	5.5.5	6.4.5	o	o
9	最大晶片传输效率	5.5.6	6.4.6	o	o
10	真空度	5.5.7	6.4.7	o	o
11	注入角度	5.5.8	6.4.8	o	o
12	可靠性	5.5.9	6.4.9	o	
13	包装运输	5.6	6.5	o	
注：“o”表示在该类检验中应进行的检验项目。					

7.3 交收检验

7.3.1 交收检验在用户现场安装调试完成后由供方代表与需方的质量部门共同组织实施。

7.3.2 交收检验项目见表4。

7.3.3 交收检验合格后，供需双方签署合格证书。

8 标志、包装、运输、贮存

8.1 标志

8.1.1 离子注入机应有字迹清晰的标牌，标牌应固定在明显的部位。

8.1.2 标牌应有下列内容：

a) 名称；

b) 型号；

c) 制造单位；

d) 出厂编号；

e) 电源要求及额定功率；

f) 制造日期。

8.1.3 运输包装收发货应按GB/T 6388—1986中第2章的规定，至少有下列标志：

a) 商品分类图示标志；

b) 品名规格；

c) 数量；

d) 重量；

e) 体积：长×宽×高(mm)；

f) 收货地点和单位；

g) 发货单位。

8.1.4 包装运输作业标志

按GB/T 191的规定，在包装箱的明显部位上注明“易碎物品”、“怕雨”、“向上”、“重心”、“由此吊起”等标志。

8.2 包装

8.2.1 离子注入机一般部件采用净化防尘包装，关键部件采用净化防尘及真空包装。木制包装箱应有防雨措施。包装应符合GB/T 13384—1992中5.1“箱装”，5.5.2“防潮包装”及5.5.5“防震包装”等标志。

8.2.2 包装箱内应有随机文件：产品合格证书、使用说明书、装箱清单和备件等。

8.2.3 包装必须牢固可靠，包装箱牢固封闭，边角用扎带坚固，防止开裂。

8.3 运输

包装好的产品能适应各类工具装车运输。装车和运输过程中应有防止跌落的紧固措施。

8.4 贮存

离子注入机设备的所有包装箱应集中存放在防晒、防淋、防潮、环境温度−5 ℃～40 ℃，相对湿度不大于75%的清洁、通风良好的库房内。

ICS 71.100.40
G 72

中华人民共和国国家标准

GB/T 15916—2012
代替 GB/T 15916—1995

表面活性剂 螯合剂含量的测定 滴定法

Surface active agents—Determination of chelating agent content—Titrimetric method

ISO 4325:1990,Soaps and detergents—Determination of chelating agent content—Titrimetric method,MOD)

2012-12-31 发布 2013-08-01 实施

中华人民共和国国家质量监督检验检疫总局
中国国家标准化管理委员会 发布

前　言

本标准按照 GB/T 1.1—2009 给出的规则起草。

本标准代替 GB/T 15916—1995《表面活性剂　螯合剂含量的测定　滴定法》，与 GB/T 15916—1995 相比，主要变化如下：

——增加了前言；

——增加资料性附录 A。

本标准使用重新起草法修改采用国际标准 ISO 4325:1990《肥皂和洗涤剂　螯合剂含量的测定　滴定法》。

本标准与 ISO 4325:1990 相比在结构上有较多调整，附录 A 列出了本标准与 ISO 4325:1990 的章条编号对照一览表。

本标准与 ISO 4325:1990 的技术性差异及其原因如下：

——关于规范性引用文件，本标准做了具有技术性差异的调整，以适应我国的技术条件，调整的情况集中反映在第 2 章“规范性引用文件”中，具体调整如下：

- 用等同采用国际标准的 GB/T 6372—2006 代替了 ISO 607:1980(见第 6 章)；
- 用修改采用国际标准的 GB/T 6682—2008 代替了 ISO 3696:1987(见 4.1)；
- 增加引用了 GB/T 622—2006(见 4.2)；
- 增加引用了 GB/T 6368—2008(见第 7 章)；
- 删除了 ISO 385.1:1984。

——增加 5.3，因为第 7 章中试验条件有加热搅拌的步骤。

本标准由中国石油和化学工业联合会提出。

本标准由全国化学标准化技术委员会(特种)界面活性剂分技术委员会(SAC/TC 63/SC 8)归口。

本标准起草单位：上海天坛助剂有限公司、浙江皇马科技股份有限公司。

本标准主要起草人：傅瑞芳、钟仁标、庄永斌、唐福伟。

本标准所代替标准的历次版本发布情况为：

——GB/T 15916—1995。

表面活性剂　螯合剂含量的测定
滴定法

1　范围

本标准规定了测定表面活性剂中螯合剂含量的方法，螯合剂含量不超过2%（质量分数）。

本标准适用于表面活性剂中乙二胺四乙酸（EDTA）及其盐类含量的测定，在测定其他螯合剂含量、或测定存在其他螯合剂时的乙二胺四乙酸含量之前，应确认本方法的适用性。

2　规范性引用文件

下列文件对于本文件的应用是必不可少的。凡是注日期的引用文件，仅注日期的版本适用于本文件。凡是不注日期的引用文件，其最新版本（包括所有的修改单）适用于本文件。

GB/T 622—2006　化学试剂　盐酸

GB/T 6368—2008　表面活性剂　水溶液pH值的测定　电位法（ISO 4316:1977，IDT）

GB/T 6372—2006　表面活性剂和洗涤剂　样品分样法（ISO 607:1980，IDT）

GB/T 6682—2008　分析实验室用水规格和试验方法（ISO 3696:1987，MOD）

3　原理

将试样溶解于水，调节溶液pH值至4.6，以1-(2-吡啶偶氮)-2-萘酚作为指示剂，用硫酸铜标准滴定溶液滴定。

4　试剂和材料

4.1　试验用水

符合GB/T 6682—2008中规定的三级水要求。

4.2　盐酸溶液

符合GB/T 622—2006的技术要求，$c(HCl)=5$ mol/L。

4.3　乙酸缓冲溶液

pH=4.6，将$c(CH_3COOH)=0.4$ mol/L的乙酸溶液和$c(NaOH)=0.2$ mol/L的氢氧化钠溶液等体积混合配制。

4.4　硫酸铜（$CuSO_4 \cdot 5H_2O$）标准滴定溶液

$c(CuSO_4)=0.010\ 0$ mol/L，称取纯度为99%（质量分数）的硫酸铜五水合物（$CuSO_4 \cdot 5H_2O$）2.522 g，精确至0.001 g，溶解于水，稀释至1 000 mL，混匀。

4.5 PAN[1-(2-吡啶偶氮)-2-萘酚]指示剂溶液

乙醇溶液,质量分数为0.1%,储存期不超过7 d。

5 仪器

5.1 滴定管

容量为50 mL的酸式滴定管。

5.2 pH计

配有复合电极或者玻璃电极和甘汞/氯化钾参考电极。

5.3 具有加热的磁力搅拌器

6 采样

按GB/T 6372—2006规定采样、制备和储存试样。

7 测定

称取试样10 g,精确至0.1 g,置于烧杯或锥形瓶中,加入100 mL水,于室温或加热下搅拌,使其溶解,选择溶液时的温度根据其溶解难易情况而定,若试样加热至60 ℃仍有不溶物时,可予滤去。按GB/T 6368—2008的规定测定溶液的pH值,用盐酸溶液调节pH值至4.6±0.05,提起电极,用少许水冲洗,移出电极。

加入5 mL乙酸缓冲溶液和0.4 mL PAN指示剂溶液,于60 ℃左右以硫酸铜标准滴定溶液滴定,当溶液由黄色转为酒红色,即为终点。

注:酒红色应至少维持1 min,终点褪色表明有其他螯合剂存在。

8 结果的表示

8.1 计算

螯合剂含量以EDTA质量分数w表示,按式(1)计算:

$$w=\frac{cV\times 0.292}{m}\times 100\% \qquad \cdots\cdots(1)$$

式中:

c ——所用硫酸铜标准滴定溶液的实际浓度,单位为摩尔每升(mol/L);

V ——滴定消耗的硫酸铜标准溶液的体积,单位为毫升(mL);

0.292——与1.00 mL硫酸铜标准滴定溶液[$c(CuSO_4 \cdot 5H_2O)=1.000$ mol/L]相当的以克表示的乙二胺四乙酸的质量;

m ——试样的质量,单位为克(g)。

注:取2次平行测定结果的算术平均值为测定结果。

8.2 精密度

8.2.1 重复性

对相同样品由同一分析人员操作，使用同一仪器进行快速相继测定。对于EDTA含量高至2%（质量分数）的试样，两次测定结果之差不大于0.01%（质量分数）。

8.2.2 再现性

对相同样品在两个不同实验室中测定，对于EDTA含量高至2%（质量分数）的试样，两次测定结果之差不大于0.04%（质量分数）。

9 试验报告

试验报告应包括下列各项：

——完全鉴别样品所需的全部资料；

——采用的方法（包括本标准中的引用标准）；

——结果及其表示方式；

——本标准或引用标准中未规定的或任选的操作细节，以及会影响结果的情况。

附 录 A
（资料性附录）
本标准与 ISO 4325:1990 相比的结构变化情况

本标准与 ISO 4325:1990 相比在结构上有较多调整，具体章条编号对照情况见表 A.1。

表 A.1 本标准与 ISO 4325:1990 的章条编号对照情况

本标准章条编号	对应的 ISO 章条编号
4.1	第 4 章的悬置段
4.2	4.1
4.3	4.2
4.5	4.3
5.1	5.2
5.2	5.1
5.3	—
7	7.1、7.2

ICS 11.080
C 59

中华人民共和国国家标准

GB 15982—2012
代替 GB 15982—1995

医院消毒卫生标准

Hygienic standard for disinfection in hospitals

2012-06-29 发布 2012-11-01 实施

中华人民共和国国家质量监督检验检疫总局
中国国家标准化管理委员会 发布

前　言

本标准的全部技术内容为强制性。

本标准代替 GB 15982—1995《医院消毒卫生标准》。本标准与 GB 15982—1995 比较，主要变化如下：

——修改了标准的适用范围(见第 1 章，1995 年版的第 1 章)；

——修改了规范性引用文件(见第 2 章，1995 年版的第 2 章)；

——修改了术语，增加了消毒产品，医疗器材和高度、中度、低度危险性器材，灭菌和高水平、中水平、低水平消毒，多重耐药菌的定义(见第 3 章，1995 年版的第 3 章)；

——修改了各类环境空气、物体表面、医护人员手卫生标准(见 4.1 和 4.2，1995 年版的 4.1)；

——修改了医疗用品卫生标准(见 4.3，1995 年版的 4.2)；

——修改了使用中消毒液卫生标准(见 4.6，1995 年版的 4.3)；

——删除了无菌器械保存液卫生标准(见 1995 年版的 4.3.2)；

——增加了治疗用水、防护用品、消毒剂和消毒器械、疫点(区)消毒的卫生要求(见 4.4、4.5、4.6、4.7 和 4.9)；

——修改了污物处理卫生标准和污水排放标准(见 4.8，1995 年版的 4.4 和 4.5)；

——增加了医院消毒管理要求(见第 5 章)；

——修改了原附录 A“采样及检查方法”(见附录 A，1995 年版的附录 A)；

——修改了空气采样及检查方法(见 A.2，1995 年版的 A.1)；

——修改了医疗用品采样及检查方法(见 A.5，1995 年版的 A.5)；

——增加了治疗用水、紫外线灯、消毒器械、医院污水检查方法、疫点(区)消毒效果检测方法和大肠菌群检查方法(见 A.7、A.8、A.9、A.10、A.11、A.12)；

——删除了原附录 B“本标准用词说明”(见 1995 年版的附录 B)；

——增加了新附录 B“试剂和培养基”(见附录 B)。

本标准由中华人民共和国卫生部提出并归口。

本标准起草单位：浙江省疾病预防控制中心、北京市疾病预防控制中心、中国疾病预防控制中心、北京大学第一医院、北京长江脉医药科技有限公司、杭州朗索医用消毒剂有限公司、上海利康消毒高科技有限公司、强生(上海)医疗器材有限公司、上海九誉生物科技有限公司、北京创新世纪生化科技发展有限公司、卫生部卫生监督中心、上海市疾病预防控制中心、江苏省疾病预防控制中心、武汉市疾病预防控制中心、福建省疾病预防控制中心、浙江兴昌风机有限公司。

本标准主要起草人：胡国庆、邓小虹、张流波、李六亿、乔宏、戴彦臻、孙建生、卞雪莲、谷京宇、沈伟、徐燕、梁建生、林立旺、陈楚晖、任银萍、王志、张一鸣。

本标准所代替标准的历次版本发布情况为：

——GB 15982—1995。

医院消毒卫生标准

1 范围

本标准规定了医院消毒卫生标准、医院消毒管理要求以及检查方法。

本标准适用于各级各类医疗机构。各级疾病预防控制机构和采供血机构按照执行。

2 规范性引用文件

下列文件对于本标准的应用是必不可少的。凡是注日期的引用文件，仅注日期的版本适用于本文件。凡是不注日期的引用文件，其最新版本(包括所有的修改单)适用于本文件。

GB 4789.3 食品微生物学检验 大肠菌群计数

GB 4789.4 食品微生物学检验 沙门氏菌检验

GB/T 4789.11 食品卫生微生物学检验 溶血性链球菌检验

GB 5749 生活饮用水卫生标准

GB 7918.4 化妆品微生物标准检验方法 绿脓杆菌

GB 7918.5 化妆品微生物标准检验方法 金黄色葡萄球菌

GB 18466 医疗机构水污染物排放标准

GB 19082 医用一次性防护服技术要求

GB 19083 医用防护口罩技术要求

GB 19193 疫源地消毒总则

GB 19258 紫外线杀菌灯

GB 50333 医院洁净手术部建筑技术规范

WS 310.1 医院消毒供应中心 第1部分:管理规范

WS 310.2 医院消毒供应中心 第2部分:清洗消毒及灭菌技术操作规范

WS 310.3 医院消毒供应中心 第3部分:清洗消毒及灭菌效果监测标准

WS/T 311 医院隔离技术规范

WS/T 313 医务人员手卫生规范

YY 0469 医用外科口罩技术要求

YY 0572 血液透析和相关治疗用水

消毒技术规范 卫生部

医院污水处理技术指南 国家环境保护总局

中华人民共和国药典 卫生部

医疗卫生机构医疗废物管理办法 卫生部

3 术语和定义

下列术语和定义适用于本文件。

3.1

消毒产品 disinfection product

纳入卫生部《消毒产品分类目录》，用于医院消毒的消毒剂、消毒器械和卫生用品。

3.2

医疗器材 medical device/health care product

用于诊断、治疗、护理、支持、替代的器械、器具和物品的总称。根据使用中造成感染的危险程度，分高度危险性医疗器材、中度危险性医疗器材和低度危险性医疗器材。

3.2.1

高度危险性医疗器材 critical device/items

进入正常无菌组织、脉管系统或有无菌体液(如血液)流过，一旦被微生物污染将导致极高感染危险的器材。

3.2.2

中度危险性医疗器材 semi-critical device/items

直接或间接接触黏膜的器材。

3.2.3

低度危险性医疗器材 no-critical device/items

仅与完整皮肤接触而不与黏膜接触的器材。

3.3

灭菌 sterilization

杀灭或清除医疗器材上一切微生物的处理。灭菌的无菌保证水平应达到 10^{-6}。

3.4

高水平消毒 high-level disinfection

杀灭各种细菌繁殖体、病毒、真菌及其孢子和绝大多数细菌芽孢的消毒处理。

3.5

中水平消毒 intermediate-level disinfection

杀灭除细菌芽孢以外的各种病原微生物的消毒处理。

3.6

低水平消毒 low-level disinfection

仅能杀灭细菌繁殖体(分枝杆菌除外)和亲脂性病毒的消毒处理。

3.7

多重耐药菌 multidrug-resistant organism;MDRO

对临床使用的三类或三类以上抗菌药物同时呈现耐药的细菌。常见多重耐药菌包括耐甲氧西林金黄色葡萄球菌(MRSA)、耐万古霉素肠球菌(VRE)、产超广谱β-内酰胺酶(ESBLs)细菌、耐碳青霉烯类抗菌药物肠杆菌科细菌(CRE)(如产Ⅰ型新德里金属β-内酰胺酶[NDM-1]或产碳青霉烯酶[KPC]的肠杆菌科细菌)、耐碳青霉烯类抗菌药物鲍曼不动杆菌(CR-AB)、多重耐药/泛耐药铜绿假单胞菌(MDR/PDR-PA)和多重耐药结核分枝杆菌等。

4 医院消毒卫生要求

4.1 各类环境空气、物体表面

4.1.1 菌落总数应符合表1要求。

Ⅰ类环境为采用空气洁净技术的诊疗场所，分洁净手术部和其他洁净场所。Ⅱ类环境为非洁净手术部(室)；产房；导管室；血液病病区、烧伤病区等保护性隔离病区；重症监护病区；新生儿室等。Ⅲ类环境为母婴同室；消毒供应中心的检查包装灭菌区和无菌物品存放区；血液透析中心(室)；其他普通住院病区等。Ⅳ类环境为普通门(急)诊及其检查、治疗室；感染性疾病科门诊和病区。

表 1　各类环境空气、物体表面菌落总数卫生标准

环境类别		空气平均菌落数[a]		物体表面平均菌落数
		CFU/皿	CFU/m³	CFU/cm²
Ⅰ类环境	洁净手术部	符合 GB 50333 要求	≤150	≤5.0
	其他洁净场所	≤4.0(30 min)[b]		
Ⅱ类环境		≤4.0(15 min)	—	≤5.0
Ⅲ类环境		≤4.0(5 min)	—	≤10.0
Ⅳ类环境		≤4.0(5 min)	—	≤10.0

[a] CFU/皿为平板暴露法,CFU/m³ 为空气采样器法。

[b] 平板暴露法检测时的平板暴露时间。

4.1.2　怀疑医院感染暴发或疑似暴发与医院环境有关时,应进行目标微生物检测。

4.2　医务人员手

4.2.1　卫生手消毒后医务人员手表面的菌落总数应≤10 CFU/cm²。

4.2.2　外科手消毒后医务人员手表面的菌落总数应≤ 5 CFU/cm²。

4.3　医疗器材

4.3.1　高度危险性医疗器材应无菌。

4.3.2　中度危险性医疗器材的菌落总数应≤20 CFU/件(CFU/g 或 CFU/100 cm²),不得检出致病性微生物。

4.3.3　低度危险性医疗器材的菌落总数应≤200 CFU/件(CFU/g 或 CFU/100 cm²),不得检出致病性微生物。

4.4　治疗用水

血液透析相关治疗用水应符合 YY 0572 要求;其他治疗用水应符合相应卫生标准。

4.5　防护用品

医用防护口罩、外科口罩和一次性防护服等防护用品应符合 GB 19083、YY 0469 和 GB 19082 要求。

4.6　消毒剂

4.6.1　灭菌剂、皮肤黏膜消毒剂应使用符合《中华人民共和国药典》的纯化水或无菌水配制,其他消毒剂的配制用水应符合 GB 5749 要求。

4.6.2　使用中消毒液的有效浓度应符合使用要求;连续使用的消毒液每天使用前应进行有效浓度的监测。

4.6.3　灭菌用消毒液的菌落总数应为 0 CFU/mL;皮肤黏膜消毒液的菌落总数应符合相应标准要求;其他使用中消毒液的菌落总数应≤100 CFU/mL,不得检出致病性微生物。

4.7　消毒器械

4.7.1　使用中消毒器械的杀菌因子强度应符合使用要求。紫外线灯应符合 GB 19258 要求,使用中紫外线灯(30 W)的辐射照度值应≥70 μW/cm²。

4.7.2 工作环境中消毒器械产生的有害物浓度(强度)应符合相关规定。产生臭氧的消毒器械的工作环境的臭氧浓度应<0.16 mg/m³。环氧乙烷灭菌器工作环境的环氧乙烷浓度应<2 mg/m³。

4.8 污水处理

污水排放应符合 GB 18466 要求。

4.9 疫点(区)消毒

消毒效果应符合 GB 19193 要求。

5 医院消毒管理要求

5.1 建筑布局和消毒隔离设施

5.1.1 建筑设计和工作流程应符合传染病防控和医院感染控制需要,消毒隔离设施配置应符合 WS/T 311 和《消毒技术规范》有关规定。

5.1.2 感染性疾病科、消毒供应中心(室)、手术部(室)、重症监护病区、血液透析中心(室)、新生儿室、内镜中心(室)和口腔科等重点部门的建筑布局和消毒隔离应符合相关规定。

5.1.3 洁净场所的设计、验收参照 GB 50333 要求,竣工全性能监测应由有资质的第三方单位完成。

5.1.4 Ⅱ类环境和门(急)诊、病区等诊疗场所应按 WS/T 313 要求,配置合适的手卫生设施,提供满足需要的洗手清洁剂、手消毒剂以及干手设施等。

5.2 消毒产品使用管理

5.2.1 使用的消毒产品应符合国家有关法规、标准和规范等管理规定,并按照批准或规定的范围和方法使用。

5.2.2 含氯消毒液、过氧化氢消毒液等易挥发的消毒剂应现配现用;过氧乙酸、二氧化氯等二元、多元包装的消毒液活化后应立即使用。采用化学消毒、灭菌的医疗器材,使用前应用无菌水(高水平消毒的内镜可使用经过滤的生活饮用水)充分冲洗以去除残留。不应使用过期、失效的消毒剂。不应采用甲醛自然熏蒸方法消毒医疗器材。不应采用戊二醛熏蒸方法消毒、灭菌管腔类医疗器材。

5.2.3 灭菌器如需进行灭菌效果验证,应由省级以上卫生行政部门认定的消毒鉴定实验室进行检测。灭菌物品的无菌检查应按《中华人民共和国药典》"无菌检查法"要求进行。使用消毒器械灭菌的消毒员应经培训合格后方可上岗。

5.3 重复使用医疗器材的清洗

清洗程序应按 WS 310.2 执行。有特殊要求的传染病病原体污染的医疗器材应先消毒再清洗。

5.4 消毒灭菌方法选择原则

5.4.1 高度危险性医疗器材使用前应灭菌。中度危险性医疗器材使用前应选择高水平消毒或中水平消毒。低度危险性器材使用前可选择中、低水平消毒或保持清洁。

5.4.2 耐湿、耐热的医疗器材应首选压力蒸汽灭菌;带管腔和(或)带阀门的器材应采用经灭菌过程验证装置(PCD)确认的灭菌程序或外来器械供应商提供的灭菌方法。

5.4.3 玻璃器材、油剂和干粉类物品等应首选干热灭菌;其他方法应符合《消毒技术规范》规定。

5.4.4 不耐热、不耐湿的医疗器材应选择经国家卫生行政部门批准的低温灭菌方法。

5.4.5 重复使用的氧气湿化瓶、吸引瓶、婴儿暖箱水瓶以及加温加湿罐等宜采用高水平消毒。

5.5 环境、物体表面消毒

5.5.1 环境、物体表面应保持清洁;当受到肉眼可见污染时应及时清洁、消毒。

5.5.2 对治疗车、床栏、床头柜、门把手、灯开关、水龙头等频繁接触的物体表面应每天清洁、消毒。

5.5.3 被病人血液、呕吐物、排泄物或病原微生物污染时,应根据具体情况,选择中水平以上消毒方法。对于少量(<10 mL)的溅污,可先清洁再消毒;对于大量(>10 mL)血液或体液的溅污,应先用吸湿材料去除可见的污染,然后再清洁和消毒。

5.5.4 人员流动频繁、拥挤的诊疗场所应每天在工作结束后进行清洁、消毒。感染性疾病科、重症监护病区、保护性隔离病区(如血液病病区、烧伤病区)、耐药菌及多重耐药菌污染的诊疗场所应做好随时消毒和终末消毒。

5.5.5 拖布(头)和抹布宜清洗、消毒,干燥后备用。推荐使用脱卸式拖头。

5.6 通风换气和空气消毒

5.6.1 应采用自然通风和(或)机械通风保证诊疗场所的空气流通和换气次数;采用机械通风时,重症监护病房等重点部门宜采用"顶送风、下侧回风",建立合理的气流组织。

5.6.2 呼吸道发热门诊及其隔离留观病室(区)、呼吸道传染病收治病区如采用集中空调通风系统的,应在通风系统安装空气消毒装置。未采用空气洁净技术的手术室、重症监护病区、保护性隔离病区(如血液病病区、烧伤病区)等场所宜在通风系统安装空气消毒装置。

5.6.3 空气消毒方法应遵循《消毒技术规范》规定。不宜常规采用化学喷雾进行空气消毒。

5.7 消毒供应中心(室)的管理

消毒供应中心(室)的建筑布局以及清洗、消毒灭菌和效果监测应执行 WS 310 要求。

5.8 污水污物处理

5.8.1 医院污水处理设施的设计、建设和管理应符合 GB 18466 和《医院污水处理技术指南》要求。

5.8.2 医疗废物的管理应符合《医疗废物管理条例》、《医疗卫生机构医疗废物管理办法》的要求。

5.9 疫点(区)消毒

应符合 GB 19193 要求。

附 录 A
（规范性附录）
采样及检查方法

A.1 采样和检查原则

A.1.1 采样后应尽快对样品进行相应指标的检测，送检时间不得超过 4 h；若样品保存于 0 ℃～4 ℃时，送检时间不得超过 24 h。

A.1.2 不推荐医院常规开展灭菌物品的无菌检查，当流行病学调查怀疑医院感染事件与灭菌物品有关时，进行相应物品的无菌检查。常规监督检查可不进行致病性微生物检测，涉及疑似医院感染暴发、医院感染暴发调查或工作中怀疑微生物污染时，应进行目标微生物的检测。

A.1.3 可使用经验证的现场快速检测仪器进行环境、物体表面等微生物污染情况和医疗器材清洁度的监督筛查；也可用于医院清洗效果检查和清洗程序的评价和验证。

A.2 空气微生物污染检查方法

A.2.1 采样时间

Ⅰ类环境在洁净系统自净后与从事医疗活动前采样；Ⅱ、Ⅲ、Ⅳ类环境在消毒或规定的通风换气后与从事医疗活动前采样。

A.2.2 检测方法

A.2.2.1 Ⅰ类环境可选择平板暴露法和空气采样器法，参照 GB 50333《医院洁净手术部建筑技术规范》要求进行检测。空气采样器法可选择六级撞击式空气采样器或其他经验证的空气采样器。检测时将采样器置于室内中央 0.8 m～1.5 m 高度，按采样器使用说明书操作，每次采样时间不应超过 30 min。房间大于 10 m^2 者，每增加 10 m^2 增设一个采样点。

A.2.2.2 Ⅱ、Ⅲ、Ⅳ类环境采用平板暴露法。室内面积≤30 m^2，设内、中、外对角线 3 点，内、外点应距墙壁 1 m 处；室内面积＞30 m^2，设 4 角及中央 5 点，4 角的布点部位应距墙壁 1 m 处。将普通营养琼脂平皿（ϕ90 mm）放置各采样点，采样高度为距地面 0.8 m～1.5 m；采样时将平皿盖打开，扣放于平皿旁，暴露规定时间（Ⅱ类环境暴露 15 min，Ⅲ、Ⅳ类环境暴露 5 min）后盖上平皿盖及时送检。

A.2.2.3 将送检平皿置 36 ℃±1 ℃恒温箱培养 48 h，计数菌落数，必要时分离致病性微生物。

A.2.3 结果计算

A.2.3.1 平板暴露法按平均每皿的菌落数报告：CFU/（皿·暴露时间）。

A.2.3.2 式(1)为空气采样器法计算公式：

$$\text{空气中菌落总数}(\mathrm{CFU/m^3})=\frac{\text{采样器各平皿菌落数之和}(\mathrm{CFU})}{\text{采样速率}(\mathrm{L/min})\times\text{采样时间}(\mathrm{min})}\times 1\,000 \quad\cdots\cdots(\mathrm{A.1})$$

A.3 物体表面微生物污染检查方法

A.3.1 采样时间

潜在污染区、污染区消毒后采样。清洁区根据现场情况确定。

A.3.2 采样面积

被采表面<100 cm²，取全部表面；被采表面≥100 cm²，取 100 cm²。

A.3.3 采样方法

用 5 cm×5 cm 灭菌规格板放在被检物体表面，用浸有无菌 0.03 mol/L 磷酸盐缓冲液或生理盐水采样液的棉拭子 1 支，在规格板内横竖往返各涂抹 5 次，并随之转动棉拭子，连续采样 1～4 个规格板面积，剪去手接触部分，将棉拭子放入装有 10 mL 采样液的试管中送检。门把手等小型物体则采用棉拭子直接涂抹物体采样。若采样物体表面有消毒剂残留时，采样液应含相应中和剂。

A.3.4 检测方法

把采样管充分振荡后，取不同稀释倍数的洗脱液 1.0 mL 接种平皿，将冷至 40 ℃～45 ℃的熔化营养琼脂培养基每皿倾注 15 mL～20 mL，36 ℃±1 ℃恒温箱培养 48 h，计数菌落数，必要时分离致病性微生物。

A.3.5 结果计算[如式(A.2)]

$$\text{物体表面菌落总数}(\text{CFU/cm}^2)=\frac{\text{平均每皿菌落数}\times\text{采样液稀释倍数}}{\text{采样面积}(\text{cm}^2)} \qquad \cdots\cdots(\text{A.2})$$

A.4 医务人员手卫生检查方法

A.4.1 采样时间

采取手卫生后，在接触病人或从事医疗活动前采样。

A.4.2 采样方法

将浸有无菌 0.03 mol/L 磷酸盐缓冲液或生理盐水采样液的棉拭子一支在双手指曲面从指跟到指端来回涂擦各两次(一只手涂擦面积约 30 cm²)，并随之转动采样棉拭子，剪去手接触部位，将棉拭子放入装有 10 mL 采样液的试管内送检。采样面积按平方厘米(cm²)计算。若采样时手上有消毒剂残留，采样液应含相应中和剂。

A.4.3 检测方法

把采样管充分振荡后，取不同稀释倍数的洗脱液 1.0 mL 接种平皿，将冷至 40 ℃～45 ℃的熔化营养琼脂培养基每皿倾注 15 mL～20 mL，36 ℃±1 ℃恒温箱培养 48 h，计数菌落数，必要时分离致病性微生物。

A.4.4 结果计算[如式(A.3)]

$$\text{医务人员手菌落总数}(\text{CFU/m}^2)=\frac{\text{平均每皿菌落数}\times\text{采样液稀释倍数}}{30\times 2} \qquad \cdots\cdots(\text{A.3})$$

A.5 医疗器材检查方法

A.5.1 采样时间

在消毒或灭菌处理后，存放有效期内采样。

A.5.2 灭菌医疗器材的检查方法

A.5.2.1 可用破坏性方法取样的，如一次性输液（血）器、注射器和注射针等按照《中华人民共和国药典》中“无菌检查法”进行。对不能用破坏性方法取样的医疗器材，应在环境洁净度 10 000 级下的局部洁净度 100 级的单向流空气区域内或隔离系统中，用浸有无菌生理盐水采样液的棉拭子在被检物体表面涂抹，采样取全部表面或不少于 100 cm^2；然后将除去手接触部分的棉拭子进行无菌检查。

A.5.2.2 牙科手机：应在环境洁净度 10 000 级下的局部洁净度 100 级的单向流空气区域内或隔离系统中，将每支手机分别置于含 20 mL～25 mL 采样液的无菌大试管（内径 25 mm）中，液面高度应大于 4.0 cm，于旋涡混合器上洗涤震荡 30 s 以上，取洗脱液进行无菌检查。

A.5.3 消毒医疗器材的检查方法

A.5.3.1 可整件放入无菌试管的，用洗脱液浸没后震荡 30 s 以上，取洗脱液 1.0 mL 接种平皿，将冷至 40 ℃～45 ℃的熔化营养琼脂培养基每皿倾注 15 mL～20 mL，36 ℃±1 ℃恒温箱培养 48 h，计数菌落数（CFU/件），必要时分离致病性微生物。

A.5.3.2 可用破坏性方法取样的，在 100 级超净工作台称取 1 g～10 g 样品，放入装有 10 mL 采样液的试管内进行洗脱，取洗脱液 1.0 mL 接种平皿，计数菌落数（CFU/g），必要时分离致病性微生物。对不能用破坏性方法取样的医疗器材，在 100 级超净工作台，用浸有无菌生理盐水采样液的棉拭子在被检物体表面涂抹采样，被采表面＜100 cm^2，取全部表面，被采表面≥100 cm^2，取 100 cm^2，然后将除去手接触部分的棉拭子进行洗脱，取洗脱液 1.0 mL 接种平皿，将冷至 40 ℃～45 ℃的熔化营养琼脂培养基每皿倾注 15 mL～20 mL，36 ℃±1 ℃恒温箱培养 48 h，计数菌落数（CFU/cm^2），必要时分离致病性微生物。

A.5.3.3 消毒后内镜：取清洗消毒后内镜，采用无菌注射器抽取 50 mL 含相应中和剂的洗脱液，从活检口注入冲洗内镜管路，并全量收集（可使用蠕动泵）送检。将洗脱液充分混匀，取洗脱液 1.0 mL 接种平皿，将冷至 40 ℃～45 ℃的熔化营养琼脂培养基每皿倾注 15 mL～20 mL，36 ℃±1 ℃恒温箱培养 48 h，计数菌落数（CFU/件）。将剩余洗脱液在无菌条件下采用滤膜（0.45 μm）过滤浓缩，将滤膜接种于凝固的营养琼脂平板上（注意不要产生气泡），置 36 ℃±1 ℃温箱培养 48 h，计数菌落数。

当滤膜法不可计数时：

$$\text{菌落总数(CFU/件)} = m\text{(CFU/平板)} \times 50 \quad \cdots\cdots\cdots\cdots(\text{A.4})$$

式中：

m——两平行平板的平均菌落数。

当滤膜法可计数时：

$$\text{菌落总数(CFU/件)} = m\text{(CFU/平板)} + m_f\text{(CFU/滤膜)} \quad \cdots\cdots\cdots\cdots(\text{A.5})$$

式中：

m ——两平行平板的平均菌落数；

m_f——滤膜上菌落数。

A.6 消毒剂检查方法

A.6.1 消毒剂采样

采样分库存消毒剂和使用中消毒液。

A.6.2 消毒剂有效成分含量检查方法

库存消毒剂的有效成分含量应依照《消毒技术规范》或产品企业标准进行检测；使用中消毒液的有

效浓度测定可用前述方法,也可使用经国家卫生行政部门批准的消毒剂浓度试纸(卡)进行监测。

A.6.3 使用中消毒液染菌量检查方法

A.6.3.1 用无菌吸管按无菌操作方法吸取 1.0 mL 被检消毒液,加入 9 mL 中和剂中混匀。醇类与酚类消毒剂用普通营养肉汤中和,含氯消毒剂、含碘消毒剂和过氧化物消毒剂用含 0.1%硫代硫酸钠中和剂,洗必泰、季铵盐类消毒剂用含 0.3%吐温 80 和 0.3%卵磷脂中和剂,醛类消毒剂用含 0.3%甘氨酸中和剂,含有表面活性剂的各种复方消毒剂可在中和剂中加入吐温 80 至 3%;也可使用该消毒剂消毒效果检测的中和剂鉴定试验确定的中和剂。

A.6.3.2 用无菌吸管吸取一定稀释比例的中和后混合液 1.0 mL 接种平皿,将冷至 40 ℃～45 ℃的熔化营养琼脂培养基每皿倾注 15 mL～20 mL,36 ℃±1 ℃恒温箱培养 72 h,计数菌落数;必要时分离致病性微生物。

$$消毒液染菌量(CFU/mL)=平均每皿菌落数\times 10\times 稀释倍数 \quad\cdots\cdots\cdots\cdots(A.6)$$

A.7 治疗用水检查方法

血液透析相关治疗用水按 YY 0572 进行检测。其他治疗用水按照相关标准执行。

A.8 紫外线灯检查方法

A.8.1 紫外线灯采样

采样分库存紫外线灯和使用中紫外线灯。

A.8.2 库存(新启用)紫外线灯辐射照度值检查方法

按照 GB 19258 进行。

A.8.3 使用中紫外线灯辐射照度值检查方法

A.8.3.1 仪器法。开启紫外线灯 5 min 后,将测定波长为 253.7 nm 的紫外线辐照计探头置于被检紫外线灯下垂直距离 1 m 的中央处,待仪表稳定后,所示数据即为该紫外线灯的辐射照度值。

A.8.3.2 指示卡法。开启紫外线灯 5 min 后,将指示卡置紫外灯下垂直距离 1 m 处,有图案一面朝上,照射 1 min,观察指示卡色块的颜色,将其与标准色块比较。

A.8.4 注意事项

紫外线辐照计应在计量部门检定的有效期内使用;紫外线监测指示卡应取得国家卫生行政部门的许可批件,并在产品有效期内使用。

A.9 消毒器械检查方法

A.9.1 杀菌因子强度测定:按《消毒技术规范》或企业标准规定的方法进行检测。

A.9.2 工作环境有害物浓度(强度)测定:按《消毒技术规范》或相关标准规定的方法进行检测。

A.10 医院污水检查方法

按 GB 18466 规定进行检测。

A.11 疫点(区)消毒效果检测方法

按 GB 19193 规定进行检测。

A.12 大肠菌群检查方法

按照 GB 4789.3 进行检测。

A.13 沙门菌检查方法

按照 GB 4789.4 进行检测。

A.14 乙型溶血性链球菌检查方法

按照 GB/T 4789.11 进行检测。

A.15 铜绿假单胞菌检查方法

按照 GB 7918.4 进行检测。

A.16 金黄色葡萄球菌检查方法

按照 GB 7918.5 进行检测。

A.17 其他目标微生物检查方法

按照相关检测方法进行。

附　录　B
（规范性附录）
试剂和培养基

B.1　0.03 mol/L 磷酸盐缓冲液（0.03 mol/L PBS）

称取磷酸氢二钠 2.84 g，磷酸二氢钾 1.36 g，加入到 1 000 mL 蒸馏水中，待完全溶解后，调 pH 至 7.2～7.4，于 121 ℃压力蒸汽灭菌 20 min。

B.2　洗脱液

称取蛋白胨 10.00 g，氯化钠 8.50 g，吐温-80 1.0 mL，加入到 1 000 mL 0.03 mol/L 磷酸盐缓冲液中，加热溶解后调 pH 至 7.2～7.4，于 121 ℃压力蒸汽灭菌 20 min。

B.3　生理盐水

称取氯化钠 8.50 g，溶解于 1 000 mL 蒸馏水中，于 121 ℃压力蒸汽灭菌 20 min。

B.4　革兰染色液及染色方法

B.4.1　结晶紫染色液：称取结晶紫 1.00 g，溶解于 20 mL 95%酒精中，然后与 80 mL 1%草酸铵水溶液混合。

B.4.2　革兰碘液：称取碘 1.00 g，碘化钾 2.00 g，混合后加入蒸馏水少许，充分振摇，待完全溶解后，再加蒸馏水至 300 mL，混匀。

B.4.3　沙黄复染液：称取沙黄 0.25 g，溶解于 10 mL 95%酒精溶液中，然后加入 90 mL 蒸馏水，混匀。

B.4.4　染色方法如下：

a)　将涂片在火焰上固定。
b)　滴加结晶紫染色液，作用 1 min，水洗。
c)　滴加革兰碘液，作用 1 min，水洗。
d)　酒精脱色 30 s；或将酒精滴满整个涂片，立即倾去，再用酒精滴满整个涂片，脱色 10 s。
e)　水洗，滴沙黄复染液，作用 1 min，水洗。
f)　待干镜检。

B.5　人（兔）血浆

取灭菌 3.8%柠檬酸钠 1 份，加人（兔）全血 4 份，混匀静置，3 000 r/min 离心 5 min，取上清，弃血球。

B.6　普通营养琼脂培养基

B.6.1　成分：蛋白胨 10 g、牛肉膏 5 g、氯化钠 5 g、琼脂 15 g、蒸馏水 1 000 mL。

B.6.2 制作方法：除琼脂外其他成分溶解于蒸馏水中，调 pH 至 7.2～7.4，加入琼脂，加热溶解，分装于 121 ℃压力蒸汽灭菌 20 min。

B.7 血琼脂培养基

B.7.1 成分：营养琼脂 100 mL、脱纤维羊血（或兔血）10 mL。

B.7.2 制作方法：将营养琼脂加热熔化待冷至 50 ℃左右，以无菌操作将 10 mL 脱纤维血加入后摇匀，倾注平皿，置冰箱备用。

B.8 需-厌氧菌培养基

B.8.1 成分：酪胨（胰酶水解）15 g、牛肉膏 3 g、葡萄糖 5 g、氯化钠 2.5 g、L-胱氨酸 0.5 g、硫乙醇酸钠 0.5 g、酵母浸出粉 5 g、新鲜配制的 0.1%刃天青溶液 1.0 mL 或新配制的 0.2%亚甲蓝溶液 0.5 mL、琼脂 0.5 g～0.7g、蒸馏水 1 000 mL。

B.8.2 制作方法：除葡萄糖和刃天青溶液外，取上述成分加入蒸馏水中，微温溶解后，调 pH 至弱碱性，煮沸、滤清，加入葡萄糖和刃天青溶液，摇匀，调 pH 至 6.9～7.3，分装后 115 ℃压力蒸汽灭菌 30 min。

B.9 SCDLP 液体培养基

B.9.1 成分：酪蛋白胨 17 g、大豆蛋白胨 3 g、葡萄糖 2.5 g、氯化钠 5 g、磷酸氢二钾 2.5 g、卵磷脂 1 g、吐温-80 7 g、蒸馏水 1 000 mL。

B.9.2 制作方法：将各种成分混合（如无酪蛋白胨和大豆蛋白胨可用日本多胨代替），加热溶解后，调 pH 至 7.2～7.3，分装于 121 ℃压力蒸汽灭菌 20 min，摇匀，冷至 25 ℃使用。

B.10 伊红美蓝培养基

B.10.1 成分：蛋白胨 10 g、乳糖 10 g、磷酸二氢钾 2 g、2%伊红溶液 2 mL、0.65%美蓝溶液 1 mL、琼脂 17 g、蒸馏水 1 000 mL。

B.10.2 制作方法：将蛋白胨、磷酸盐和琼脂溶解于蒸馏水中，调 pH 至 7.1，分装后 121 ℃压力蒸汽灭菌 20 min。临用时，以无菌操作加入乳糖并加热溶化琼脂，冷至 50 ℃时，加入伊红和美蓝溶液摇匀，倾注平皿，置 4 ℃冰箱备用。

B.11 0.5%葡萄糖肉汤培养基

B.11.1 成分：胨 10 g、氯化钠 5 g、葡萄糖 5 g、肉浸液 1 000 mL。

B.11.2 制作方法：取胨与氯化钠加入肉浸液内，微温溶解后，调 pH 至弱碱性，煮沸，加入葡萄糖溶解后，摇匀，滤清，调 pH 至 7.0～7.4，分装，于 115 ℃压力蒸汽灭菌 30 min。

B.12 甘露醇培养基

B.12.1 成分：蛋白胨 10 g、牛肉膏 5 g、氯化钠 5 g、甘露醇 10 g、0.2%溴麝香草酚蓝溶液 12 mL、蒸馏水 1 000 mL。

B.12.2 将蛋白胨、氯化钠、牛肉膏加入蒸馏水中，加热溶解，调 pH 至 7.4，加入甘露醇和溴麝香草酚蓝混匀后，分装，于 115 ℃压力蒸汽灭菌 20 min。

B.13 乳糖胆盐发酵管

B.13.1 成分：蛋白胨 20 g、猪胆盐（或牛，羊胆盐）5 g、乳糖 10 g、0.04％溴甲酚紫水溶液 25 mL、蒸馏水 1 000mL。

B.13.2 制作方法：将蛋白胨、胆盐及乳糖溶解于蒸馏水中，调 pH 至 7.4，加入 0.04％溴甲酚紫水溶液，分装（每管 10 mL），并放入一个发酵管，于 115 ℃压力蒸汽灭菌 15 min。

B.14 乳糖发酵管

B.14.1 成分：蛋白胨 20 g、乳糖 10 g、0.04％溴甲酚紫水溶液 25mL、蒸馏水 1 000 mL。

B.14.2 制作方法：将蛋白胨及乳糖溶解于蒸馏水中，调 pH 至 7.4，加入 0.04％溴甲酚紫水溶液，分装（每管 10 mL），并放入一个发酵管，于 115 ℃压力蒸汽灭菌 15 min。

B.15 溴甲酚紫葡萄糖蛋白胨水培养基

B.15.1 成分：蛋白胨 10 g、葡萄糖 5 g、2％溴甲酚紫酒精溶液 0.6 mL、蒸馏水 1 000 mL。

B.15.2 制作方法：将蛋白胨、葡萄糖溶解于蒸馏水中，调 pH 至 7.0～7.2，加入 2％溴甲酚紫酒精溶液，摇匀后，分装（每管 5 mL），并放入一个发酵管，于 115 ℃压力蒸汽灭菌 30 min。置 4 ℃冰箱备用。

B.16 绿脓菌素测定用培养基

B.16.1 胨 20 g、氯化镁（无水）1.4 g、硫酸钾 10 g、甘油 10 mL、琼脂 18 g～20 g、蒸馏水 1 000 mL。

B.16.2 制作方法：取胨、氯化镁、硫酸钾加入水中，微温使溶解，调节 pH 使灭菌后为 7.2～7.4，分装于小试管，灭菌。

B.17 明胶培养基

B.17.1 胨 5 g、明胶 120 g、牛肉浸出粉 3 g、蒸馏水 1 000 mL。

B.17.2 取上述各成分加入水中，浸泡约 20 min，随时搅拌，加热使溶解，调节 pH 值使灭菌后为 7.2～7.4，分装于小试管，灭菌。

B.18 注意事项

B.18.1 双料乳糖胆盐发酵管除蒸馏水外，其他成分为乳糖胆盐发酵管的 2 倍；3 倍浓缩乳糖胆盐发酵管除蒸馏水外，其他成分为乳糖胆盐发酵管的 3 倍。

B.18.2 培养基用的试管口和三角烧瓶口应用棉塞或硅胶制成的塞子，再用牛皮纸包好。

B.18.3 试剂与培养基配制好后应置清洁处保存，常温下不超过 1 个月。培养基推荐 4 ℃冷藏保存。

ICS 13.060
C 51

中华人民共和国国家标准

GB/T 16125—2012
代替 GB/T 16125—1995

大型溞急性毒性实验方法

Method for acute toxicity test of daphnia magna straus

(ISO 6341-1996 Water quality—Determination of the inhibition of the mobility of Daphnia magna Straus(Cladocera,Crustacea)—Acute toxicity test,NEQ)

2012-11-20 发布　　2013-05-01 实施

中华人民共和国卫生部
中国国家标准化管理委员会　发布

前　言

本标准按照 GB/T 1.1—2009 给出的规则起草。

本标准代替 GB/T 16125—1995《大型水蚤测试标准方法》，与 GB/T 16125—1995 相比主要技术变化如下：

—— 将原标准名称《大型水蚤测试标准方法》修改为《大型溞急性毒性实验方法》；

——将原标准的主题内容与适用范围修改为范围，并删除大型溞生长及繁殖实验方法（慢性效应）；

——依据 GB/T 1.1—2009 调整了结构，增补了“规范性引用文件”、“术语和定义”；

——本标准 4.2 增加了标准稀释水的定义和配制方法；

——本标准 6.1 增加了样品采集与保存方法；

——本标准 7.1 增加了限度实验的内容和方法；

——本标准增加了质量控制和质量保证的内容和方法；

——将原标准附录 A 调整为附录 A“大型溞的培养繁殖方法”和附录 B“斜生栅藻的培养技术”。

本标准使用重新起草参考 ISO 6341:1996《水质—大型溞（甲壳纲、枝角目）活动抑制的测定》编制，与 ISO 6341:1996 的一致性程度为非等效。

本标准由中华人民共和国卫生部提出并归口。

本标准起草单位：中国疾病预防控制中心环境与健康相关产品安全所。

本标准主要起草人：刘凡、潘力军、高世荣、王俊起。

大型溞急性毒性实验方法

1 范围

本标准规定了大型溞急性毒性实验方法。

本标准适用于评价可溶性化学物质的毒性、工业废水及固体废弃物浸出液的综合毒性、废水的处理效果、地表水、地下水及水中沉积物的毒性。

2 规范性引用文件

下列文件对于本文件的应用是必不可少的。凡是注日期的引用文件，仅注日期的版本适用于本文件。凡是不注日期的引用文件，其最新版本(包括所有的修改单)适用于本文件。

GB/T 6682 分析实验室用水规格和实验方法

GB 12997 水质 采样方案设计技术规定

GB 12998 水质 采样技术指导

GB 12999 水质采样 样品的保存和管理技术规定

3 术语和定义

下列术语和定义适用于本文件。

3.1

半数有效浓度 median effective concentration

EC_{50}

在 24 h 或 48 h 内 50%暴露在实验液中大型溞活动受抑制(包括死亡)的浓度。

3.2

活动抑制 immobilization

轻轻摇动实验容器，若 15 s 之内大型溞不能游动，认为其运动能力受到抑制，即使其触角仍能活动，也应算做活动受抑制的个体。

4 实验原理

本标准用大型溞为实验生物，将大型溞置于一系列浓度的实验溶液中，计数 24 h 和 48 h 大型溞活动能力受到抑制(包括死亡)的数量，计算 24 h 和 48 h 半数有效浓度(24 h EC_{50}和 48 h EC_{50})，判断实验溶液的毒性程度。实验分为两个阶段:预实验和正式实验。

5 试剂和材料

5.1 一般要求

本标准所用试剂均为符合国家标准的分析纯化学试剂，实验用水要求参照 GB/T 6682。

5.2 实验生物

大型溞(*Daphnia magna* Straus)(甲壳纲,枝角亚目)62Dm 纯品系生物株为实验溞种。实验用溞取同龄同母体后代,培养1代~3代、出生6 h~24 h的幼蚤。实验用大型溞培养繁殖方法参见附录A。

5.3 标准稀释水

5.3.1 配制的标准稀释水 pH 为7.8±0.2;硬度为250 mg/L±25 mg/L(以 $CaCO_3$ 计),Ca/Mg 比例接近4∶1;溶解氧浓度在空气饱和值的80%以上;不应含有任何对大型溞有毒的物质。

5.3.2 标准稀释水用电导率小于10 μS/cm 的纯净水按下述方法配制:

氯化钙溶液:将11.76 g 氯化钙($CaCl_2 \cdot 2H_2O$)溶于水中稀释至1 L;

硫酸镁溶液:将4.93 g 硫酸镁($MgSO_4 \cdot 7H_2O$)溶于水中稀释至1 L;

碳酸氢钠溶液:将2.59 g 碳酸氢钠($NaHCO_3$)溶于水中稀释至1 L;

氯化钾溶液:将0.25 g 氯化钾(KCl)溶于水中稀释至1 L;

各取以上四种溶液25 mL 混合,稀释至1 L。调节 pH,使其稳定在7.8±0.2。标准稀释水应容许大型溞在其中生存至少48 h。

5.4 稀释水

可采用未被有毒物质污染的天然水(地面水或地下水)及自来水(自然曝气的),其 pH 为7.0~8.5,溶解氧4 mg/L 以上,水的硬度为250 mg/L±22 mg/L(以 $CaCO_3$ 表示)。

6 仪器和设备

6.1 可采用小烧杯等玻璃制品,或者依据化合物的性质选择合适的实验容器,实验容器上加盖表面皿。为防止玻璃容器对实验物质的吸附,实验前可用低浓度实验溶液浸泡容器(空白对照组除外)1 d。

6.2 量筒、容量瓶、移液管、滴管、玻璃缸、尼龙筛网。

溶解氧测定仪、水质硬度计、pH 计、温度计、电导仪、体视显微镜。

7 样品

7.1 样品的采集与保存

7.1.1 按照 GB 12997、GB 12998、GB 12999 的规定。采集废水样品时,应将采样瓶充满水样,不留空气。采集水质不稳定的工业废水,应在24 h之内,每隔6 h采样一次,分别测定每个样品,求得其最大毒性。

7.1.2 样品采集后应立即进行实验。如果样品采集后6 h之内不能进行实验,宜将水样冷藏保存(0 ℃~4 ℃);超过6 h,宜将水样冷冻保存(−18 ℃),保存时间不超过2个月。

7.2 样品的制备

7.2.1 受试物可以是可溶于水的固体、液体或气体,但要求组分一定,具有代表性、重复性。

7.2.2 易溶于水的实验物质可直接加到稀释水中,也可以溶解在蒸馏水中配成贮备液加入到稀释水中配成实验液。贮备液应低温保存。难溶于水的物质,可使用超声波装置及其他低毒助溶剂增溶的方法,将其溶解和分散。如果使用助溶剂,助溶剂在实验液中的浓度不应超过0.5 mg/L。

7.2.3 工业废水原水样为实验原液,作为100%,用稀释水按百分数(百分率)配制成各实验浓度。

7.2.4 固体废弃物或水中沉积物。首先磨碎,按固液1∶10比例加入蒸馏水,摇匀后浸泡24 h,滤纸过滤,滤过液为被测工业固体废物或水中沉积物的浸出原液(100%),再用稀释水按百分数配制成各浓度。

8 实验程序

8.1 限度实验

以受试物在实验液中的最大溶解度作为限度实验浓度(若该物质的最大溶解度大于 100 mg/L,则以 100 mg/L 作为实验浓度),实验结束时,如果大型溞的活动抑制率低于 10%,则不需进行下一步实验,否则应按照实验程序进行完整实验。

8.2 预实验

8.2.1 正式实验之前,为确定实验浓度范围,应进行预实验,除非有可参考的毒性数据。先将大型溞暴露于范围较广的浓度系列(如 0.1 mg/L、1 mg/L、10 mg/L 或 1 mg/L、0.1 mg/L、0.01 mg/L)中 24 h,每个浓度至少放 5 个幼蚤,通过预实验找出被测物使大型溞全部存活(或无活动抑制)的浓度以及全部死亡(或不动)的浓度,然后在此范围内设计出正式实验中各组的浓度。

8.2.2 应了解毒物的稳定性,在稀释水中是否会出现沉淀、pH 等理化性质的改变,以便确定正式实验是否需要采取流水或更换实验液及改变稀释水 pH 等措施。

8.3 正式实验

8.3.1 实验浓度设计。根据预实验的结果确定正式实验的浓度范围,按几何级数的浓度系列(等比级数间距)设计 5 个～7 个浓度。实验浓度要设计合理(等比级系数不超过 2.2,如 1、2、4、8、16 等比级系数为 2),最高浓度处理组大型溞全部死亡(或不动),最低浓度处理组大型溞全部存活(或无活动抑制),系列浓度中以能出现一个大型溞活动抑制率在 40%～60%的浓度最为理想。

8.3.2 每个实验浓度置大型溞 5 个,平均每个大型溞的实验液不少于 2 mL。每个实验浓度设 3 个平行。以不添加受试样品的实验组为空白对照组,内装与处理组相等体积的稀释水。如使用助溶剂,则应设置溶剂空白对照组。实验前要用化学方法测定实验液的初始浓度。实验开始及结束时测定实验液的 pH、水温和溶解氧(DO)。对不稳定性实验液采用定时更换的措施,实验期间大型溞不喂食。

8.3.3 实验开始后应于 24 h 及 48 h 定时进行观察,记录每个容器中仍能活动的大型溞数,测定 0%～100%大型溞活动抑制或死亡的浓度范围,并记录它们任何不正常的行为。

9 质量控制和质量保证

9.1 检查大型溞的敏感性及实验操作步骤的一致性,定期测定重铬酸钾的 24 h EC_{50},20 ℃时重铬酸钾的 24 h EC_{50}应在 0.5 mg/L～2.0 mg/L 之间。

9.2 对照组(包括空白对照组和溶剂对照组)大型溞的受抑制率不能超过 10%。

9.3 应经检测证明受试物浓度保持于实验全过程(至少应为计划配制浓度的 80%)。如果浓度偏差>20%,应以测试浓度结果为准。

9.4 实验开始和结束时,对照和处理组的实验用液 pH 变化范围不超过 1.5;实验前的培养温度应与实验温度一致,实验可在 18 ℃～22 ℃下进行,但同次实验温度的变化不超过±1 ℃。实验应在没有对大型溞有害的气体、粉尘的大气条件下进行。实验结束时,所有对照组和实验组溶解氧浓度应大于或等于 2 mg/L。实验在自然光照(避免阳光直射)或光照周期(光暗比)为 16∶8,光照强度<1 000 lx。

9.5 实验期间,应保持实验室条件正常,若出现停电、停水等情况而影响实验的,应及时停止实验,待实验室条件恢复正常后重新进行实验。

10 数据与报告

10.1 数据

10.1.1 结果的计算

计算 24 h 和 48 h 对照组和各处理组实验溞活动受抑制数及百分率。以 24 h 和 48 h 抑制百分率与受试物浓度做剂量-效应曲线，选择合适的统计方法（如概率单位法或寇氏修正法）计算 24 h EC_{50} 和 48 h EC_{50} 及其 95％的置信区间。

10.1.2 结果的表示

以 24 h EC_{50} 或 48 h EC_{50} 表示受试物质在相应时间内对大型溞运动能力抑制的程度。当浓度间距过近仍不能获得足够数据时，可采用使 100％大型溞活动受抑制（包括死亡）的最低浓度和大型溞活动不受抑制（包括死亡）的最高浓度来表示毒性影响的结果。

检测化学物质样品时，以 mg/L 表示，计算结果保留 3 位有效数字。

检测废水样品、固体废弃物或水中沉积物浸出液时，以百分数或 mL/L 表示，计算结果保留 3 位有效数字。

10.2 实验报告

实验报告要求包括以下几个方面：

——实验用溞的种名、来源、数目、溞龄、饵料、重铬酸钾的 24 h EC_{50}；

——对照组是否发生死亡；

——实验条件下大型溞的任何不正常行为、中毒症状；

——受试物的名称、化学性质、来源、样品的保存方法、保存时间及前处理方法；

——实验环境条件，实验用稀释水的性质，如水温、pH 、溶解氧、电导率等情况；

——实验结果、数据处理、结论；

——方法依据及参考文献。

附 录 A
（资料性附录）
大型溞的培养繁殖方法

A.1 实验溞的选育

实验用大型溞（*Daphnia magna* Straus）可以从其他实验室已有的纯培养系中挑取引种，也可以从野外采集。野外采集的溞要经分离、纯化，在显微镜下鉴定确认为大型溞后，选择体大、健康的母体数个，用 50 mL 小烧杯单个培养。选择繁殖量最大的一代为母溞，单克隆化，使之成为纯品系。

A.2 饵料

雌性的大型溞可以在 20 ℃生存 4 个月之久。本方法推荐用实验室培养的斜生栅藻（*Scenedesmus obliquus*）为大型溞的饵料。斜生栅藻的培养方法见附录 B。

A.3 容器

单个培养母溞可用 50 mL 小烧杯，繁殖培养用 2 000 mL 大烧杯，储备培养用 30 cm×30 cm 圆玻璃缸，或类似大小的水族箱。

A.4 培养方法

在 1 L～2 L 的圆玻璃缸或烧杯中，加入 500 mL～1 000 mL 培育水，加入 10 个～20 个大型溞，投喂新鲜栅藻藻液，使藻浓度为 6×10^6 个/mL～8×10^6 个/mL 最佳，在室内自然光照条件下进行培养，避免阳光直射，培养温度 15 ℃～25 ℃，pH 值为 7.5±0.5，溶解氧 2 mg/L 以上，每周全换培养液 1 次～2 次。

A.5 实验溞的分离

选择怀卵量高的母溞 10 个～20 个，投喂充足的饵料，在实验前 24 h 用孔径为 1 mm 的筛子将幼蚤滤去，在实验前 6 h～12 h 进行第二次过筛，得到出生 6 h～24 h 的幼蚤。

附　录　B
（资料性附录）
斜生栅藻的培养技术

B.1　培养基

斜生栅藻的培养可以采用各种适用的培养基，本标准推荐用水生4号培养基。

培养基成分(配1 000 mL)如下：

硫酸铵($(NH_4)_2SO_4$)　0.200 g

过磷酸钙[$Ca(H_2PO_4)_2 \cdot H_2O$]饱和液　1.000 mL

硫酸镁($MgSO_4 \cdot H_2O$)　0.080 g

碳酸氢钠($NaHCO_3$)　0.100 g

氯化钾(KCl)　0.025 g

B.2　斜生栅藻的培养

用1 000 mL锥形瓶，装300 mL～400 mL培养基，或者用3 000 mL锥形瓶装1 000 mL培养液，接种藻种使成淡绿色。瓶口加盖松软棉团或透气的瓶塞以防污染。在温度15 ℃～25 ℃、光照强度3 000 lx～4 000 lx、光照时间6 h～10 h的条件下连续静止培养，避免阳光直射。可采用40 W日光灯进行人工光照，灯源离培养容器的距离约0.5 m。培养好的深绿色的藻液可作为藻种进行扩大培养，也可经离心浓缩，或自然沉淀浓缩制成浓缩液，低温保藏备用。要经常对藻液进行镜检，检查是否受到其他杂藻类、纤毛虫和轮虫等动物的污染。藻液要经常转接，以防止老化。转接的时间视藻液生长的情况而定，一般每周1次～2次，藻液变深绿色即要转接。老化的藻液在显微镜下可明显见到聚集成团的藻群、色素变黄，摇动振荡后，仍出现大量沉淀。

B.3　斜生栅藻的扩大培养

为获得培养大型溞的足够饵料，可在实验室内进行斜生栅藻的扩大培养。扩大培养采用30 cm×30 cm的圆玻璃缸，或类似大小的水族箱。在玻璃缸中加入培养好的斜生栅藻液(B.2)，用经自然曝气的自来水稀释成淡绿色。扩大培养中不加任何营养盐。扩大培养的栅藻液可直接喂大型溞。

ICS 13.100
C 57

中华人民共和国国家标准

GB/T 16149—2012
代替 GB/T 16149—1995

外照射慢性放射病剂量估算规范

Specification of dose estimation for chronic radiation sickness from external exposure

2012-06-29 发布 2012-08-01 实施

中华人民共和国卫生部
中国国家标准化管理委员会 发布

前　言

本标准按照 GB/T 1.1—2009 给出的规则起草。

本标准代替 GB/T 16149—1995《外照射慢性放射病剂量估算规范》。

本标准与 GB/T 16149—1995 相比，主要变化如下：

——增加了比释动能(K_a)、吸收剂量(D)的术语和定义；

——利用个人剂量监测数据 H_P(d)及其转换系数 C_{Pej}，计算器官吸收剂量；

——在计算无个人剂量监测资料时，采用归一化工作量剂量估算方法，在附录中除了附录 A 外，对其他附录和表做了较大修改；

——明确了有效剂量(E)不能作确定性效应的评价。

本标准由中华人民共和国卫生部提出并归口。

本标准起草单位：中国医学科学院放射医学研究所。

本标准主要起草人：苑淑渝、戴光复、姜恩海、张良安。

本标准所代替标准的历次版本发布情况为：

——GB/T 16149—1995。

外照射慢性放射病剂量估算规范

1 范围

本标准规定了外照射慢性放射病剂量估算的基本原则和方法。

本标准适用于对医用诊断X线工作人员的受照剂量估算和外照射慢性放射病病人和待诊断人员(以下统称人员)的物理剂量估算,也适用于放射性肿瘤进行辐射病因判断的剂量估算。

2 术语和定义

下列术语和定义适用于本文件。

2.1

外照射慢性放射病　chronic radiation sickness from external exposure

放射性工作人员在较长时间内连续或间断受到超剂量当量限值的外照射,达到一定累积剂量后引起的以造血组织损伤为主并伴有其他系统改变的全身性疾病。

2.2

比释动能　kerma

不带电电离粒子(如γ射线或中子)在单位质量物质中传递给带电粒子的动能。它系指在质量为dm的某一介质内,由不带电粒子释放出来的所有带电电离粒子的初始动能之和dE_{tr}除以该体积内的介质质量dm而得的商K_a,见式(1):

$$K_a = \frac{dE_{tr}}{dm} \qquad (1)$$

在描述比释动能时,必须说明媒质的类型,是空气或其他介质。

比释动能的SI单位是焦耳每千克($J \cdot kg^{-1}$)。SI单位的专用名称为戈瑞(Gy),$1\ Gy = 1\ J \cdot kg^{-1}$。

2.3

照射量率　exposure rate

照射量已不是法定的计量单位,应不再使用,但作为一个过渡计量单位,可采用照射量率常数计算辐射场中某一点处照射量率,见式(2):

$$\dot{X} = \frac{A\Gamma_x}{R^2} \qquad (2)$$

2.4

中子注量　neutron fluence

对接触核素中子源的人员,离中子源心的距离为R(cm)处时,近似计算中子注量Φ,见式(3):

$$\Phi = \frac{PA_n t}{4\pi R^2} \qquad (3)$$

式中:

t ——受中子源照射的时间,s;

A_n——中子源的活度,Bq;

P ——每贝可的中子产额,对核素中子源的中子产额,见附录B表B.1。

2.5

吸收剂量　absorbed dose

电离辐射与物质相互作用时，表示单位质量物质内吸收射线能量多少的物理量。它系指由射线授予某一体积元物质的平均能量 $d\bar{\varepsilon}$ 除以该体积元物质的质量 dm 所得的商 D，见式(4)：

$$D=\frac{d\bar{\varepsilon}}{dm} \qquad \cdots\cdots(4)$$

式中：

D 的 SI 单位是焦耳每千克($J \cdot kg^{-1}$)；SI 单位的专用名称是戈瑞(Gy)，$1\ Gy=1\ J \cdot kg^{-1}$；非法定的吸收剂量专用单位是拉德(rad)，1 rad=0.01 Gy。

2.6

归一化工作量　normalized workload

为某一位 X 射线工作者第 j 年在 k 类工作条件下的总工作量 W_{jk}(单位为千人次)与归一化系数 γ_k 乘积之和。

2.7

归一化系数　normalized coefficient

k 类工作条件与标准化工作条件下单位工作量的比值。

3　剂量估算方法

3.1　比释动能 K 与粒子注量 Φ 的基本关系

基本关系式见式(5)：

$$K=\Phi\left(\frac{\mu_{tr}}{\rho}\right)E \qquad \cdots\cdots(5)$$

式中：

E ——入射粒子能量，SI 单位是 J，专用符号 MeV，$1\ MeV=1.6\times10^{-13}\ J$；

Φ ——粒子注量，SI 单位是米$^{-2}$(m^{-2})；

$\frac{\mu_{tr}}{\rho}$ ——不带电电离粒子的质量能量转移系数。

3.2　空气比释动能率与放射性活度之间的关系

将一枚放射源视为点源时，在该辐射场中任意一点处的空气比释动能率与放射性活度之间的关系，见式(6)：

$$\dot{K}_a=\frac{A\cdot\Gamma_K}{R^2} \qquad \cdots\cdots(6)$$

式中：

$\dot{K}_a$ ——空气比释动能率，$mGy \cdot h^{-1}$；

A ——源的放射性活度，GBq；

R ——放射性点源到考察点的距离，m；

Γ_K ——空气比释动能率常数，$mGy \cdot m^2 \cdot GBq^{-1} \cdot h^{-1}$，常用核素的 Γ_k 值见附录 A 表 A.1。

3.3　已知中子注量 Φ，计算器官吸收剂量

已知的数据是个人剂量计佩戴位置处，相应于 i 种能量的中子辐射场的注量 Φ，计算器官吸收剂量 D_T(包括红骨髓剂量)，见式(7)：

$$D_T = \sum_i C_{T\Phi} \Phi_i \quad \cdots\cdots(7)$$

式中：

$C_{T\Phi}$——中子辐射场的注量 Φ 到 T 器官吸收剂量的转换系数(见附录 B 表 B.2)。

3.4 已知空气比释动能 K_a，计算器官吸收剂量

已知监测数据是个人剂量计佩戴位置处的空气比释动能，计算器官吸收剂量，见式(8)：

$$D_T = C_{KP} C_{Tpj} K_a \quad \cdots\cdots(8)$$

式中：

C_{TP}——个人剂量当量与器官吸收剂量之间的转换系数(见附录 C 表 C.1)；

C_{KP}——空气比释动能到个人剂量当量的转换系数(见附录 C 表 C.2)。

3.5 有个人剂量监测数据 $H_p(d)$，计算器官吸收剂量(参考附录 D 示例 1)

已知个人剂量监测数据 $H_p(d)$，计算器官吸收剂量，见式(9)：

$$D_T = \sum_j C_{Tpj} H_{pj}(d) \quad \cdots\cdots(9)$$

式中：

C_{Tpj} ——个人剂量当量与 T 器官吸收剂量的转换系数，Gy/Sv；

$H_{pj}(d)$ ——在 j 类条件下(辐射类型、能量及入射角度)的个人剂量当量。

在实际情况下，C_{Tpj} 通常采用实验模拟的方法求得。特定情况下的转换系数(C_{Tpj})见附录 C 表 C.1。

3.6 归一化工作量剂量估算方法(参考附录 D 示例 2)

当某些医用 X 射线工作人员在无个人剂量监测数据 $H_p(d)$ 时，可采用归一化工作量剂量估算方法，计算佩戴个人剂量计位置处的累积皮肤剂量 D，见式(10)：

$$D = PW \quad \cdots\cdots(10)$$

式中：

P——单位归一化工作量下，职业人员所接受的剂量(P=0.263 mGy/千人次)；

W——归一化工作量，由式(11)计算：

$$W = \sum_j \sum_k \gamma_k W_{jk} \quad \cdots\cdots(11)$$

式中：

j ——第 j 年；

k ——第 k 类工作条件；

W ——X 射线工作人员相应的累积归一化工作量，单位为千人次；

W_{jk} ——某 X 射线工作者第 j 年在 k 类工作条件下的总工作量；

γ_k ——k 类工作条件与标化工作条件下单位工作量的比值，也称之为“归一化系数”。

工作条件主要按其辐射防护的状况对其进行分类(k)，不同工作条件(k)下的归一化系数 γ_k 见附录 E 表 E.1 中。

附　录　A
（资料性附录）
照射量率常数 Γ_x 和空气比释动能率常数 Γ_K

部分放射性核素的照射量率常数和空气比释动能率常数见表 A.1。

表 A.1　照射量率常数 Γ_x 和空气比释动能率常数 Γ_K

核素	Γ_x R·m²·Ci⁻¹·h⁻¹	Γ_K mGy·m²·GBq⁻¹·h⁻¹	核素	Γ_x R·m²·Ci⁻¹·h⁻¹	Γ_K mGy·m²·GBq⁻¹·h⁻¹
^{7}Be	～0.03	～7E−3	^{114}In	～0.02	～5E−3
^{11}C	0.59	0.139	^{113}Sn	～0.17	～0.04
^{22}Na	1.20	0.283	^{122}Sb	0.24	5.66E−2
^{24}Na	1.84	0.434	^{124}Sb	0.98	0.231
^{28}Mg	1.57	0.371	^{121}Te	0.33	7.78E−2
^{38}Cl	0.88	0.208	^{132}Te	0.22	1.59E−2
^{42}K	0.14	3.3E−2	^{124}I	0.72	0.170
^{43}K	0.56	0.132	^{125}I	～0.07	～1.65E−2
^{47}Ca	0.57	0.135	^{126}I	0.25	5.9E−2
^{46}Sc	1.09	0.257	^{130}I	1.22	0.288
^{47}Sc	5.6E−2	1.32E−2	^{131}I	0.22	1.59E−2
^{48}V	1.56	0.368	^{132}I	1.18	0.278
^{51}Cr	1.6E−2	3.78E−3	^{131}Ba	～0.30	7.08E−2
^{52}Mn	1.86	0.439	^{133}Ba	～0.24	5.66E−2
^{54}Mn	0.47	0.111	^{140}Ba	1.24	0.293
^{56}Mn	0.83	0.196	^{133}Xe	0.01	2.36E−3
^{59}Fe	0.64	0.151	^{134}Cs	0.87	0.205
^{56}Co	1.76	0.415	^{137}Cs	0.326	7.69E−2
^{57}Co	0.09	2.12E−2	^{140}La	1.13	0.267
^{58}Co	0.55	0.130	^{141}Ce	3.5E−2	8.26E−3
^{60}Co	1.29	0.304	^{144}Ce	～0.04	～9.2E−3
^{65}Ni	～0.31	～7.32E−2	^{147}Nd	0.08	1.84E−2
^{64}Cu	0.12	2.83E−2	^{152}Eu	0.58	0.137
^{65}Zn	0.27	6.37E−2	^{154}Eu	～0.02	0.146
^{67}Ga	～0.11	～2.6E−2	^{155}Eu	～0.03	～7.08E−3
^{72}Ga	1.16	0.274	^{153}Gd	6.67E−2	1.57E−2
^{72}As	1.01	0.238	^{170}Tu	2.5E−3	5.9E−4
^{74}As	0.44	0.104	^{175}Hf	～0.21	～4.96E−2
^{76}As	0.24	5.66E−2	^{181}Hf	～0.31	7.32E−2

表 A.1（续）

核素	Γ_x R·m²·Ci⁻¹·h⁻¹	Γ_K mGy·m²·GBq⁻¹·h⁻¹	核素	Γ_x R·m²·Ci⁻¹·h⁻¹	Γ_K mGy·m²·GBq⁻¹·h⁻¹
^{177}Lu	9E−3	2.12E−3	^{169}Yb	0.177	4.18E−2
^{75}Se	0.20	0.153	^{182}Ta	0.673	0.159
^{82}Br	1.46	0.345	^{185}W	～0.05	1.15E−2
^{85}Kr	～4.0E−3	～9.44E−4	^{187}W	0.30	7.08E−2
^{86}Rb	0.05	1.18E−2	^{186}Re	～0.02	～4.72E−3
^{85}Sr	0.30	7.08E−2	^{192}Ir	0.48	0.109
^{88}Y	0.41	9.43E−2	^{194}Ir	0.15	3.45E−2
^{91}Y	1E−3	2.36E−4	^{191}Os	～0.06	～1.42E−2
^{95}Nb	0.42	9.91E−2	^{197}Pt	～0.05	～1.18E−2
^{90}Zr	0.41	9.43E−2	^{198}Au	0.23	5.43E−2
^{99}Mo	0.18	4.25E−2	^{199}Au	0.09	2.12E−2
^{106}Ru	0.17	4.01E−2	^{227}Ac	0.22	5.19E−2
^{109}Pd	3E−3	7.08E−4	^{226}Ra	0.825	0.195
^{110m}Ag	1.43	0.337	^{226}Ra 和子体	0.908	0.209
^{111}Ag	～0.02	4.72E−3	^{228}Ra	～0.51	～0.120
^{109}Cd	0.180	4.25E−2	^{234}U	～0.01	2.36E−3
^{115m}Cd	～0.02	4.72E−3	—	—	—

注：照射量率常数表示在空气中，单位居里 γ 源在距源 1 m 处产生的照射量率大小；空气比释动能率常数表示在空气中，单位贝可 γ 源在距源 1 m 处产生的空气比释动能率大小。

附　录　B
（资料性附录）
核素中子源的特性和不同照射条件下单位中子注量产生的剂量

B.1　核素中子源特性见表 B.1。

表 B.1　部分核素中子源的特性

中子源	半衰期	中子平均能量 MeV	每贝可的中子产额× 10^{-5} 中子/Bq	每贝可的空气比释动能率(1 m 处) Gy/h
^{210}Po-Be	138.4 d	4.2	6.8	6.98×10^{-18}
^{226}Ra-Be	1 620 a	4.0	35	1.96×10^{-13}
^{226}Pu-Be	86.4 a	4.5	6.2	~6.98×10^{-18}
^{239}Pu-Be	24 360 a	4.1	5.9	~6.98×10^{-18}
^{241}Am-Be	458 a	4.5	5.9	~6.98×10^{-18}
^{124}Sb-B	60 d	0.024	3.5	2.30×10^{-13}

B.2　中子注量产生的红骨髓剂量见表 B.2。

表 B.2　不同照射条件下单位中子注量产生的红骨髓剂量当量

中子能量 MeV	转换系数 $C_{T\Phi}$[×10^{-12} Sv·cm^{-2}]			
	前向入射	背向入射	侧向入射	旋转照射
1.00×10^{-6}	3.17	4.33	2.00	2.87
1.00×10^{-5}	3.01	4.07	1.85	2.69
1.00×10^{-4}	2.87	3.78	1.69	2.51
1.00×10^{-3}	2.74	3.67	1.59	2.40
1.00×10^{-2}	2.91	3.93	1.85	2.64
2.30×10^{-2}	3.52	4.74	2.57	3.35
5.00×10^{-2}	5.31	7.24	4.42	5.35
1.00×10^{-1}	9.49	13.4	8.51	9.97
2.52×10^{-1}	24.5	26.0	21.6	23.4
5.00×10^{-1}	50.8	72.7	41.8	51.8
1.00×10^{0}	84.7	121	68.1	85.5
2.10×10^{0}	175	227	128	165
4.50×10^{0}	277	334	203	254
7.50×10^{0}	330	381	245	300
1.10×10^{1}	380	429	291	348
1.35×10^{1}	447	499	343	408
注：表中系数值是在 1985 年前确定的，按(ICRP,1985)的规定，表中的系数值应乘 2。				

附　录　C
（资料性附录）
X,γ 辐射的个人剂量当量与器官吸收剂量之间的转换系数

C.1　个人剂量与器官剂量的转换系数见表 C.1。

表 C.1　不同受照条件下个人剂量当量与器官吸收剂量之间的转换系数 C_{Tp}

单位为 Gy/Sv

辐射	^{60}Co			^{137}Cs			140 keV X 射线			80 keV X 射线			30 keV X 射线		
照射条件	前向入射	背向入射	各向同性	前向入射	背向入射	各向同性	前向入射	背向入射	各向同性	前向入射	背向入射	各向同性	前向入射	背向入射	各向同性
肾上腺	0.53	1.38	0.84	0.50	1.96	0.86	0.43	4.06	1.80	0.41	4.03	1.79	0.036	4.45	0.43
膀胱	0.85	0.85	0.80	0.92	1.00	1.06	1.37	1.12	1.34	1.24	0.99	1.35	0.27	0.35	0.28
脑	0.82	1.23	0.93	0.84	1.69	1.10	1.27	3.11	2.17	1.27	2.95	2.14	0.18	1.58	0.32
肾	0.51	1.36	0.80	0.48	2.88	1.14	0.40	3.42	1.58	0.37	3.86	1.71	0.032	3.58	0.41
肝	0.88	1.02	0.89	0.96	1.36	1.12	1.44	2.23	2.15	1.65	2.09	2.14	0.52	1.11	0.49
肺	0.84	1.24	0.94	0.85	1.69	1.14	1.32	3.27	2.19	1.37	3.16	2.36	0.57	2.42	0.50
卵巢	0.63	1.02	0.77	0.68	1.31	0.86	0.86	3.50	1.50	0.85	1.97	1.42	0.106	0.94	0.19
胰脏	0.65	1.00	0.74	0.67	1.28	0.85	0.79	1.94	1.37	0.77	1.78	1.29	0.092	0.79	0.16
直肠	0.66	1.01	0.77	0.68	1.31	0.95	0.84	2.06	1.44	0.82	1.89	1.37	0.10	0.86	0.18
脾	0.64	1.26	0.84	0.65	1.74	0.99	0.79	3.43	1.89	0.77	3.33	1.86	0.092	2.43	0.32
胃	0.87	0.96	0.86	0.94	1.21	1.06	1.43	1.73	1.83	1.50	1.58	1.81	0.34	0.64	0.32
睾丸	1.02	0.87	0.91	1.16	1.03	1.05	1.80	1.14	2.04	1.96	1.03	2.08	0.77	0.47	0.74
甲状腺	0.96	0.90	0.89	1.09	1.13	1.06	1.80	1.53	2.09	1.87	1.40	2.09	0.67	0.64	0.50
上部大肠	0.78	1.14	0.80	0.81	1.51	0.93	1.18	2.72	1.63	1.21	2.59	1.60	0.20	1.48	0.25
子宫	0.72	0.90	0.74	0.78	1.12	0.84	0.99	1.47	1.38	0.99	1.34	1.30	0.14	0.50	0.18
乳腺	1.00	1.01	0.94	1.10	1.38	1.25	1.74	2.02	2.22	1.87	1.91	2.27	0.71	1.13	0.74
骨髓	0.68	1.27	0.86	0.71	1.76	1.06	0.92	3.47	1.86	0.93	3.37	1.89	0.20	2.96	0.46

C.2 空气比释动能(K_a)到 $H_p(10)$和 $H_p(0.07)$的转换系数见表 C.2。

表 C.2 K_a 到 $H_p(10)$、$H_p(0.07)$的转换系数(C_{kp})

单位为 Sv/Gy

平均能量(keV)	$H_p(10)$转换系数($C_{k,d,\alpha}$)			$H_p(0.07)$转换系数($C_{k,S,\alpha}$)		
	$\alpha=0°$	$\alpha=40°$	$\alpha=60°$	$\alpha=0°$	$\alpha=40°$	$\alpha=60°$
16	0.27	0.20	0.09	0.98	0.98	0.97
20	0.39	0.32	0.20	1.01	1.00	0.99
24	0.79	0.68	0.49	1.10	1.09	1.07
26	0.91	0.79	0.60	1.14	1.13	1.10
30	1.09	0.98	0.77	1.22	1.20	1.16
33	1.17	1.06	0.85	1.27	1.24	1.19
36	1.19	1.07	0.86	1.29	1.27	1.22
44	1.55	1.42	1.18	1.49	1.44	1.37
47	1.67	1.54	1.29	1.57	1.52	1.43
56	1.77	1.65	1.39	1.64	1.58	1.50
60	1.87	1.75	1.49	1.71	1.65	1.56
65	1.88	1.76	1.50	1.72	1.66	1.58
79	1.87	1.76	1.52	1.71	1.67	1.59
86	1.87	1.76	1.53	1.71	1.67	1.60
100	1.81	1.71	1.51	1.67	1.63	1.58
109	1.77	1.68	1.49	1.64	1.61	1.56
120	1.67	1.59	1.43	1.56	1.55	1.51
137	1.65	1.57	1.42	1.55	1.53	1.50
145	1.60	1.54	1.39	1.51	1.51	1.48
164	1.57	1.51	1.38	1.49	1.49	1.46
172	1.54	1.49	1.36	1.47	1.47	1.45
185	1.52	1.47	1.36	1.45	1.46	1.44
08	1.48	1.44	1.33	1.42	1.43	1.43
213	1.47	1.44	1.33	1.42	1.43	1.42
251	1.42	1.40	1.30	1.38	1.40	1.40
^{241}Am	1.89	1.77	1.50	1.72	1.66	1.57
^{137}Cs	1.21	1.20	1.16	1.21	1.23	1.24
^{60}Co	1.17	1.16	1.14	1.18	1.18	1.19

注：夹角 α 指入射线与人体表面法线间的夹角。表中数值依据 GBZ 207—2008 编辑而成。

附 录 D
（资料性附录）
正确使用本标准说明

D.1 本标准仅对医用诊断X线工作人员、外照射慢性放射病病人、待诊断人员受照剂量估算的有关原则做出必要的规定，对估算中遇到的一些典型或较常见问题给出了剂量估算公式和方法。

目前，在我国临床慢性放射病中遇到的剂量估算问题，大多数是医用诊断X线工作人员的剂量估算问题，所以在该标准中提出了具体的估算方法。外照射慢性放射病剂量估算包括了各种辐射源在不同受照条件下的剂量估算问题。作为标准不可能将所有的外照射剂量估算问题都作出规定，并提出具体估算方法，而只能对外照射剂量估算的一般原则作出必要的规定，这些原则不仅适用于X和γ射线源，也适用中子及其他强贯穿辐射粒子源。但又考虑到有一部分人员尚无个人剂量监测数据，他们的防护情况、工作量大小、机器类型和医院门诊量等方面差异较大，相互可借鉴的参考数据有限，本标准又提出了归一化工作量剂量估算方法。对无个人剂量监测数据的人员进行剂量估算时，其结果的误差可能较大，仅作参考（见D.5剂量估算实例，示例2）。有个人剂量监测资料的工作人员不可借鉴此方法，应按实测数据进行人员剂量估算（见D.5剂量估算实例，示例1）。

D.2 本标准未包括的受照条件下的有关剂量估算参数，可通过实际或类似受照条件下的体模实验测量或利用有关研究结果加以解决。

D.3 在使用中应注意本标准中有关参数的应用条件。

附录B和附录C中的数据是在宽束或各向同性的平行射线束，对全身照射的条件下进行计算或测量。对于点状放射源，当人体距源较远（如1 m以上距离），能近似视为平行射线束时才能应用。

D.4 在外照射慢性放射病的剂量评价中，应用器官剂量来评价电离辐射对人员产生的确定性效应。由于外照射慢性放射病主要以造血组织损伤为特点，用红骨髓剂量评价电离辐射对人员造血组织产生的确定性效应是评价人员全身剂量的一个重要量。在此明确了不能用有效剂量（E）进行确定性效评价。

D.5 剂量估算示例

示例1：已知个人剂量监测数据 $H_p(10)$，计算器官剂量

已知某职业人员，从事的是^{60}Co放射治疗，从胸前佩带的个人剂量计监测到个人剂量当量 $H_p(10)$ 为10 mSv/a，（仅考虑前向入射）求骨髓吸收剂量：

从表C.1中查得^{60}Co前入射，骨髓 $C_{Tpj}=0.68$ Gy/Sv，$H_p(10)=10$ mSv/a，由公式（9）计算骨髓吸收剂量：

$D_T = 0.68\ \text{Gy/Sv} \times 0.01\ \text{Sv} = 0.006\,8\ \text{Gy} = 6.8\ \text{mGy}$

示例2：用归一化工作量剂量估算方法计算医用X射线工作人员剂量

某放射科医生张晓，从1970年1月到1980年12月无个人监测数据，但一直从事X射线工作，该医院的门诊总量1 000人次/d，机器类型是20世纪60年代大于50 mA的X射线机，胸透和消化道检查的防护条件是有铅围裙和铅椅，由归一化工作量剂量估算方法，计算张医生胸前皮肤剂量 $H_p(0.07)$。

由题意可知：

1. 机器类型：20世纪60年代大于50 mA的X射线机；
2. 防护条件：有铅围裙和铅椅；
3. 张医生从事X射线工作11年，他工作了两个时期（1970年～1976年和1977年～1980年），分别为7年和4年；
4. 医院的门诊总量1 000人次/d。

从附录E表E.1查得归一化系数：胸透 $\gamma_{k1}=5.96$、消化道 $\gamma_{k2}=17.3$、摄片 $\gamma_{k3}=0.035$

由附录E表E.2查得工龄为～14档：工作类型编码分别为5、8。

再由附录E表E.3查得工作量的典型参考值，编码5：胸透＝2 839；胃肠＝209；拍片＝830；

编码8：胸透＝2 593；胃肠＝193；拍片＝773。

应用公式(10)计算无个人剂量监测数据时，个人剂量计位置处的累积皮肤剂量 $D=PW$(本标准取：$P=0.263$ mGy/千人次)；先由(11)式计算出累积归一化工作量 W(单位：千人次)。

$$W_{jk}=7\times(2\,839\gamma_{k1}+209\gamma_{k2}+830\gamma_{k3})+4\times(2\,593\gamma_{k1}+193\gamma_{k2}+773\gamma_{k3})$$
$$=143\,955+75\,280=219\,235\approx 219\times 10^{3}$$

再由(10)式计算出张医生胸前累积皮肤剂量(个人剂量计佩带位置处的累积皮肤剂量)：

$$D=0.263\ \text{mGy/千人次}\times 219\times 10^{3}\ \text{千人次}=57.6\ \text{mGy}$$

所以，用归一化工作量剂量估算方法计算出，张医生在无个人监测数据情况下，从事放射性工作 11 年胸前的累积皮肤剂量是 57.6 mGy。

附　录　E
（资料性附录）
归一化工作量剂量估算参数

E.1　归一化系数见表 E.1。

表 E.1　不同检查类型，不同工作条件下的归一化系数(γ_k)

检查类型	γ_{k1}（胸透）			
胸透检查	有铅裙 有铅椅	无铅裙 有铅椅	有铅裙 无铅椅	无铅裙 无铅椅
20 世纪 30 年代机器	76.0	141		
20 世纪 40 年代机器			11.4	25.8
20 世纪 50 年代机器	10.9	23.8	14.5	30.1
20 世纪 60 年代＜30 mA 机器			6.46	14.2
20 世纪 60 年代 30 mA～50 mA 机器	1.21	3.11	18.9	63.2
20 世纪 60 年代机器＞50 mA 机器	5.96	11.2	31.0	155
1969 年后＜30 mA 机器	37.5	59.5	51.5	102
1969 年后 30 mA～50 mA 机器	34.2	43.0	38.7	63.2
1969 年后＞50 mA 机器(不含归一机器)	1.43	3.00	5.45	10.2
1969 年后＞100 mA 机器为归一值	1.00			
带显示终端的机器	0.01(有铅椅)			
隔室胸透	0.13			
消化道检查	γ_{k2}（消化道）			
	17.3(有铅裙)　23.5(无铅裙)			
拍片检查	γ_{k3}（拍片）			
	0.035			
注：γ_{k1}：不同机器类型，不同防护条件下的胸透检查，γ_{k2}：有无铅裙条件下的消化道检查，γ_{k3}：拍片检查。				

E.2　归一化工作量编码见表 E.2。

表 E.2　归一化工作量的 1～27 个编码含义

工龄 a	参加工作时间 a	医院总门诊量/(人次/d)		
		＞1 200	500～1 200	＜500
～4	1977～1980	1	2	3
～14	1967～1976	4	5	6
	1977～1980	7	8	9

表 E.2（续）

工龄 a	参加工作时间 a	医院总门诊量/(人次/d)		
		＞1 200	500～1 200	＜500
～24	1967 以前	10	11	12
	1967～1976	13	14	15
	1977～1980	16	17	18
＞24	1967 以前	19	20	21
	1967～1976	22	23	24
	1977～1980	25	26	27
注：归一化工作量的因素包括工龄、参加工作时间和医院总门诊量(人次/d)等，表中共分 27 个编码。				

E.3 工作量参考值见表 E.3。

表 E.3 不同编码条件下各种检查的工作量参考值

单位为人次/a

编码	胸透	胃肠	拍片	编码	胸透	胃肠	拍片
1	2 187	170	999	15	3 965	303	831
2	2 806	208	969	16	2 485	211	657
3	3 828	174	1 111	17	2 415	242	743
4	2 456	170	638	18	2 806	250	623
5	2 839	209	830	19	3 581	207	658
6	2 319	196	613	20	5 380	301	1 243
7	2 118	163	581	21	3 624	374	886
8	2 593	193	773	22	2 583	258	625
9	2 916	209	735	23	3 812	277	1 232
10	3 495	252	516	24	2 825	360	718
11	3 977	334	242	25	1 755	185	613
12	4 321	912	1 235	26	2 877	221	952
13	3 351	325	596	27	1 947	338	674
14	3 064	163	641	28	0	0	0
注：表中的 1～27 编码含义与表 E.2 相同。							

ICS 01.140.10
A 14

中华人民共和国国家标准

GB/T 16159—2012
代替 GB/T 16159—1996

汉语拼音正词法基本规则

Basic rules of the Chinese phonetic alphabet orthography

2012-06-29 发布　　2012-10-01 实施

中华人民共和国国家质量监督检验检疫总局
中国国家标准化管理委员会　发布

前　言

本标准按照 GB/T 1.1—2009 给出的规则起草。

本标准代替 GB/T 16159—1996《汉语拼音正词法基本规则》。

本标准与 GB/T 16159—1996 相比，主要变化如下：

——将原标准中正词法的具体规定、用法调整为分词连写、人名地名拼写、大写、缩写、标调、移行、标点符号使用等 7 个部分的基本规则。其中，把原先按词类分节的部分归到分词连写规则之下，并增加了“缩写规则”和“标点符号使用规则”。

——取消原标准中与名词、动词、形容词、代词、数词和量词并列的“虚词”一节，把虚词词类提升，与实词词类并列，以贯彻按词类分节的原则。

——修改了原标准中关于非汉语人名、地名的汉语拼音拼写规则。

——参照 ISO 7098《中文罗马字母拼写法》的规定，补充了“汉字数字用汉语拼音拼写，阿拉伯数字则仍保留阿拉伯数字写法”的规定。

——增加了在某些场合，专有名词的所有字母可全部大写，也可不标声调的规定。

——增加了变通规则，以照顾某些领域的特殊需要。

本标准由教育部语言文字信息管理司提出并归口。

本标准主要起草单位：中国社会科学院语言研究所、教育部语言文字应用研究所。

本标准主要起草人：董琨、李志江、金惠淑、史定国、王楠、杜翔。

汉语拼音正词法基本规则

1 范围

本标准规定了用《汉语拼音方案》拼写现代汉语的规则。内容包括分词连写规则、人名地名拼写规则、大写规则、标调规则、移行规则、标点符号使用规则等。为了适应特殊的需要,同时规定了一些变通规则。

本标准适用于文化教育、编辑出版、中文信息处理及其他方面的汉语拼音拼写。

2 规范性引用文件

下列文件对于本文件的应用是必不可少的。凡是注日期的引用文件,仅注日期的版本适用于本文件。凡是不注日期的引用文件,其最新版本(包括所有的修改单)适用于本文件。

GB/T 15834 标点符号用法

GB/T 28039 中国人名汉语拼音字母拼写规则

《汉语拼音方案》(1958 年 2 月 11 日第一届全国人民代表大会第五次会议批准)

《中国地名汉语拼音字母拼写规则(汉语地名部分)》(1984 年 12 月 25 日中国地名委员会、中国文字改革委员会、国家测绘局发布)

3 术语和定义

下列术语和定义适用于本文件。

3.1

词 word

语言里最小的、可以独立运用的单位。

3.2

汉语拼音方案 scheme for the Chinese phonetic alphabet

给汉字注音和拼写普通话语音的方案,1958 年 2 月 11 日第一届全国人民代表大会第五次会议批准。方案采用拉丁字母,并用附加符号表示声调,是帮助学习汉字和推广普通话的工具。

3.3

汉语拼音正词法 the Chinese phonetic alphabet orthography

汉语拼音的拼写规范及其书写格式的准则。

4 制定原则

4.1 本标准是在《汉语拼音方案》确定的音节拼写规则的基础上进一步规定的词的拼写规则。

4.2 以词为拼写单位,适当考虑语音、语义等因素,并兼顾词的拼写长度。

4.3 按语法词类分节规定分词连写规则。

5 总则

5.1 拼写普通话基本上以词为书写单位。例如：

rén（人）
hǎo（好）
sān（三）
hěn（很）
hé（和）
ā（啊）
fúróng（芙蓉）
māma（妈妈）
yuèdú（阅读）
zhòngshì（重视）
niánqīng（年轻）
shìwēi（示威）
chuánzhī（船只）
fēicháng（非常）
āiyā（哎呀）
túshūguǎn（图书馆）
pǎo（跑）
nǐ（你）
gè（个）
bǎ（把）
de（的）
pēng（砰）
qiǎokèlì（巧克力）
péngyou（朋友）
wǎnhuì（晚会）
dìzhèn（地震）
qiānmíng（签名）
niǔzhuǎn（扭转）
dànshì（但是）
dīngdōng（叮咚）
diànshìjī（电视机）

5.2 表示一个整体概念的双音节和三音节结构，连写。例如：

quánguó（全国）
dǎnxiǎo（胆小）
gōngguān（公关）
àiniǎozhōu（爱鸟周）
èzuòjù（恶作剧）
yīdāoqiē（一刀切）
chīdexiāo（吃得消）
zǒulái（走来）
huánbǎo（环保）
chángyòngcí（常用词）
yǎnzhōngdīng（眼中钉）
pòtiānhuāng（破天荒）
duìbuqǐ（对不起）

5.3 四音节及四音节以上表示一个整体概念的名称，按词或语节（词语内部由语音停顿而划分成的片段）分写，不能按词或语节划分的，全都连写。例如：

wúfèng gāngguǎn（无缝钢管）
huánjìng bǎohù guīhuà（环境保护规划）
jīngtǐguǎn gōnglǜ fàngdàqì（晶体管功率放大器）
Zhōnghuá Rénmín Gònghéguó（中华人民共和国）
Zhōngguó Shèhuì Kēxuéyuàn（中国社会科学院）
yánjiūshēngyuàn（研究生院）
hóngshízìhuì（红十字会）
gāoměngsuānjiǎ（高锰酸钾）
yúxīngcǎosù（鱼腥草素）
gǔshēngwùxuéjiā（古生物学家）

5.4 单音节词重叠，连写；双音节词重叠，分写。例如：

rénrén（人人）
kànkan（看看）
dàdà（大大）
niánnián（年年）
shuōshuo（说说）
hónghóng de（红红的）

gègè（个个）　tiáotiáo（条条）
yánjiū yánjiū（研究研究）　shāngliang shāngliang（商量商量）
xuěbái xuěbái（雪白雪白）　tōnghóng tōnghóng（通红通红）

重叠并列即 AABB 式结构，连写。例如：

láiláiwǎngwǎng（来来往往）　shuōshuōxiàoxiào（说说笑笑）
qīngqīngchǔchǔ（清清楚楚）　wānwānqūqū（弯弯曲曲）
fāngfāngmiànmiàn（方方面面）　qiānqiānwànwàn（千千万万）

5.5　单音节前附成分（副、总、非、反、超、老、阿、可、无、半等）或单音节后附成分（子、儿、头、性、者、员、家、手、化、们等）与其他词语，连写。例如：

fùbùzhǎng（副部长）　zǒnggōngchéngshī（总工程师）
fùzǒnggōngchéngshī（副总工程师）　fēijīnshǔ（非金属）
fēiyèwù rényuán（非业务人员）　fǎndàndào dǎodàn（反弹道导弹）
chāoshēngbō（超声波）　lǎohǔ（老虎）
āyí（阿姨）　kěnì fǎnyìng（可逆反应）
wútiáojiàn（无条件）　bàndǎotǐ（半导体）
zhuōzi（桌子）　jīnr（今儿）
quántou（拳头）　kēxuéxìng（科学性）
shǒugōngyèzhě（手工业者）　chéngwùyuán（乘务员）
yìshùjiā（艺术家）　tuōlājīshǒu（拖拉机手）
xiàndàihuà（现代化）　háizimen（孩子们）

5.6　为了便于阅读和理解，某些并列的词、语素之间或某些缩略语当中可用连接号。例如：

bā-jiǔ tiān（八九天）　shíqī-bā suì（十七八岁）
rén-jī duìhuà（人机对话）　zhōng-xiǎoxué（中小学）
lù-hǎi-kōngjūn（陆海空军）　biànzhèng-wéiwù zhǔyì（辩证唯物主义）
Cháng-Sānjiǎo（长三角[长江三角洲]）　Hù-Níng-Háng Dìqū（沪宁杭地区）
Zhè-Gàn Xiàn（浙赣线）　Jīng-Zàng Gāosù Gōnglù（京藏高速公路）

6　基本规则

6.1　分词连写规则

6.1.1　名词

6.1.1.1　名词与后面的方位词，分写。例如：

shān shàng（山上）　shù xià（树下）
mén wài（门外）　mén wàimian（门外面）
hé li（河里）　hé lǐmian（河里面）
huǒchē shàngmian（火车上面）　xuéxiào pángbiān（学校旁边）
Yǒngdìng Hé shàng（永定河上）　Huáng Hé yǐnán（黄河以南）

6.1.1.2　名词与后面的方位词已经成词的，连写。例如：

tiānshang（天上）　dìxia（地下）
kōngzhōng（空中）　hǎiwài（海外）

6.1.2 动词

6.1.2.1 动词与后面的动态助词“着”、“了”、“过”，连写。例如：

kànzhe（看着）
tǎolùn bìng tōngguòle（讨论并通过了）
jìnxíngguo（进行过）

6.1.2.2 句末的“了”兼做语气助词，分写。例如：

Zhè běn shū wǒ kàn le.（这本书我看了。）

6.1.2.3 动词与所带的宾语，分写。例如：

kàn xìn（看信）
chī yú（吃鱼）
kāi wánxiào（开玩笑）
jiāoliú jīngyàn（交流经验）

动宾式合成词中间插入其他成分的，分写。

jūle yī gè gōng（鞠了一个躬）
lǐguo sān cì fà（理过三次发）

6.1.2.4 动词（或形容词）与后面的补语，两者都是单音节的，连写；其余情况，分写。例如：

gǎohuài（搞坏）
dǎsǐ（打死）
shútòu（熟透）
jiànchéng（建成[楼房]）
huàwéi（化为[蒸汽]）
dàngzuò（当作[笑话]）
zǒu jìnlái（走进来）
zhěnglǐ hǎo（整理好）
jiànshè chéng（建设成[公园]）
gǎixiě wéi（改写为[剧本]）

6.1.3 形容词

6.1.3.1 单音节形容词与用来表示形容词生动形式的前附成分或后附成分，连写。例如：

mēngmēngliàng（蒙蒙亮）
liàngtángtáng（亮堂堂）
hēigulōngdōng（黑咕隆咚）

6.1.3.2 形容词与后面的“些”“一些”“点儿”“一点儿”，分写。例如：

dà xiē（大些）
dà yīxiē（大一些）
kuài diǎnr（快点儿）
kuài yīdiǎnr（快一点儿）

6.1.4 代词

6.1.4.1 人称代词、疑问代词与其他词语，分写。例如：

Wǒ ài Zhōngguó.（我爱中国。）
Tāmen huílái le.（他们回来了。）
Shéi shuō de?（谁说的？）
Qù nǎlǐ?（去哪里？）

6.1.4.2 指示代词“这”、“那”，疑问代词“哪”与后面的名词或量词，分写。例如：

zhè rén（这人）
nà cì huìyì（那次会议）
zhè zhī chuán（这只船）
nǎ zhāng bàozhǐ（哪张报纸）

指示代词“这”、“那”，疑问代词“哪”与后面的“点儿”、“般”、“边”、“时”、“会儿”，连写。例如：

zhèdiǎnr（这点儿）
zhèbān（这般）
zhèbiān（这边）
nàshí（那时）
nàhuìr（那会儿）

6.1.4.3 “各”、“每”、“某”、“本”、“该”、“我”、“你”等与后面的名词或量词，分写。例如：

gè guó（各国）
gè rén（各人）
gè xuékē（各学科）
měi nián（每年）

měi cì（每次）

mǒu rén（某人）

mǒu gōngchǎng（某工厂）

běn shì（本市）

běn bùmén（本部门）

gāi kān（该刊）

gāi gōngsī（该公司）

wǒ xiào（我校）

nǐ dānwèi（你单位）

6.1.5 数词和量词

6.1.5.1 汉字数字用汉语拼音拼写，阿拉伯数字则仍保留阿拉伯数字写法。例如：

èr líng líng bā nián（二〇〇八年）

èr fēn zhī yī（二分之一）

wǔ yòu sì fēn zhī sān（五又四分之三）

sān diǎn yī sì yī liù（三点一四一六）

líng diǎn liù yī bā（零点六一八）

635 fēnjī（635 分机）

6.1.5.2 十一到九十九之间的整数，连写。例如：

shíyī（十一）

shíwǔ（十五）

sānshísān（三十三）

jiǔshíjiǔ（九十九）

6.1.5.3 "百""千""万""亿"与前面的个位数，连写；"万""亿"与前面的十位以上的数，分写，当前面的数词为"十"时，也可连写。例如：

shí yì líng qīwàn èrqiān sānbǎi wǔshíliù/shíyì líng qīwàn èrqiān sānbǎi wǔshíliù
（十亿零七万二千三百五十六）

liùshísān yì qīqiān èrbǎi liùshíbā wàn sìqiān líng jiǔshíwǔ
（六十三亿七千二百六十八万四千零九十五）

6.1.5.4 数词与前面表示序数的"第"中间，加连接号。例如：

dì-yī（第一）

dì-shísān（第十三）

dì-èrshíbā（第二十八）

dì-sānbǎi wǔshíliù（第三百五十六）

数词（限于"一"至"十"）与前面表示序数的"初"，连写。例如：

chūyī（初一）

chūshí（初十）

6.1.5.5 代表月日的数词，中间加连接号。例如：

wǔ-sì（五四）

yīèr-jiǔ（一二·九）

6.1.5.6 数词与量词，分写。例如：

liǎng gè rén（两个人）

yī dà wǎn fàn（一大碗饭）

liǎng jiān bàn wūzi（两间半屋子）

kàn liǎng biàn（看两遍）

数词、量词与表示约数的"多"、"来"、"几"，分写。

yībǎi duō gè（一百多个）

shí lái wàn rén（十来万人）

jǐ jiā rén（几家人）

jǐ tiān gōngfu（几天工夫）

"十几"、"几十"连写。例如：

shíjǐ gè rén（十几个人）

jǐshí gēn gāngguǎn（几十根钢管）

两个邻近的数字或表位数的单位并列表示约数，中间加连接号。例如：

sān-wǔ tiān（三五天）

qī-bā gè（七八个）

yì-wàn nián（亿万年）

qiān-bǎi cì（千百次）

复合量词内各并列成分连写。例如：

réncì（人次）

qiānwǎxiǎoshí（千瓦小时）

dūngōnglǐ（吨公里）

qiānkèmǐměimiǎo（千克·米/秒）

6.1.6 副词

副词与后面的词语,分写。例如:

hěn hǎo（很好） dōu lái（都来）
gèng měi（更美） zuì dà（最大）
bù lái（不来） bù hěn hǎo（不很好）
gānggāng zǒu（刚刚走） fēicháng kuài（非常快）
shífēn gǎndòng（十分感动）

6.1.7 介词

介词与后面的其他词语,分写。例如:

zài qiánmiàn zǒu（在前面走） xiàng dōngbian qù（向东边去）
wèi rénmín fúwù（为人民服务） cóng zuótiān qǐ（从昨天起）
bèi xuǎnwéi dàibiǎo（被选为代表） shēng yú 1940 nián（生于 1940 年）
guānyú zhège wèntí（关于这个问题） cháozhe xiàbian kàn（朝着下边看）

6.1.8 连词

连词与其他词语,分写。例如:

gōngrén hé nóngmín（工人和农民） tóngyì bìng yōnghù（同意并拥护）
guāngróng ér jiānjù（光荣而艰巨） bùdàn kuài érqiě hǎo（不但快而且好）
Nǐ lái háishi bù lái?（你来还是不来?）
Rúguǒ xià dàyǔ,bǐsài jiù tuīchí.（如果下大雨,比赛就推迟。）

6.1.9 助词

6.1.9.1 结构助词“的”、“地”、“得”、“之”、“所”等与其他词语,分写。其中,“的”、“地”、“得”前面的词是单音节的,也可连写。例如:

dàdì de nǚ’ér（大地的女儿）
Zhè shì wǒ de shū. /Zhè shì wǒde shū.（这是我的书。）
Wǒmen guòzhe xìngfú de shēnghuó.（我们过着幸福的生活。）
Shāngdiàn li bǎimǎnle chī de，chuān de，yòng de. /Shāngdiàn li bǎimǎnle chīde，chuānde，yòngde.（商店里摆满了吃的、穿的、用的。）
mài qīngcài luóbo de（卖青菜萝卜的）
Tā zài dàjiē shang mànman de zǒu.（他在大街上慢慢地走。）
Tǎnbái de gàosu nǐ ba.（坦白地告诉你吧。）
Tā yī bù yī gè jiǎoyìnr de gōngzuòzhe.（他一步一个脚印$_{儿}$地工作着。）
dǎsǎo de gānjìng（打扫得干净） xiě de bù hǎo /xiěde bù hǎo（写得不好）
hóng de hěn /hóngde hěn（红得很） lěng de fādǒu/lěngde fādǒu（冷得发抖）
shàonián zhī jiā（少年之家） zuì fādá de guójiā zhī yī（最发达的国家之一）
jù wǒ suǒ zhī（据我所知）
bèi yīngxióng de shìjì suǒ gǎndòng（被英雄的事迹所感动）

6.1.9.2 语气助词与其他词语，分写。例如：

Nǐ zhīdào ma?（你知道吗?） Zěnme hái bù lái a?（怎么还不来啊?）
Kuài qù ba!（快去吧!） Tā yīdìng huì lái de.（他一定会来的。）
Huǒchē dào le.（火车到了。）
Tā xīnli míngbai，zhǐshì bù shuō bàle.（他心里明白，只是不说罢了。）

6.1.9.3 动态助词

动态助词主要有“着”、“了”、“过”。见 6.1.2.1 的规定。

6.1.10 叹词

叹词通常独立于句法结构之外，与其他词语分写。例如：

À! Zhēn měi!（啊！真美！） Ńg，nǐ shuō shénme?（嗯，你说什么?）
Hng，zǒuzhe qiáo ba!（哼，走着瞧吧！） Tīng míngbai le ma? Wèi!（听明白了吗？喂！）
Āiyā，wǒ zěnme bù zhīdào ne!（哎呀，我怎么不知道呢！）

6.1.11 拟声词

拟声词与其他词语，分写。例如：

“hōnglōng” yī shēng（“轰隆”一声） chánchán liúshuǐ（潺潺流水）
mó dāo huòhuò（磨刀霍霍） jījīzhāzhā jiào gè bù tíng（叽叽喳喳叫个不停）
Dà gōngjī wōwō tí.（大公鸡喔喔啼。） “Dū——”，qìdí xiǎng le.（“嘟——”，汽笛响了。）
Xiǎoxī huāhuā de liútǎng.（小溪哗哗地流淌。）

6.1.12 成语和其他熟语

6.1.12.1 成语通常作为一个语言单位使用，以四字文言语句为主。结构上可以分为两个双音节的，中间加连接号。例如：

fēngpíng-làngjìng（风平浪静） àizēng-fēnmíng（爱憎分明）
shuǐdào-qúchéng（水到渠成） yángyáng-dàguān（洋洋大观）
píngfēn-qiūsè（平分秋色） guāngmíng-lěiluò（光明磊落）
diānsān-dǎosì（颠三倒四）

结构上不能分为两个双音节的，全部连写。例如：

céngchūbùqióng（层出不穷） bùyìlèhū（不亦乐乎）
zǒng'éryánzhī（总而言之） àimònéngzhù（爱莫能助）
yīyīdàishuǐ（一衣带水）

6.1.12.2 非四字成语和其他熟语内部按词分写。例如：

bēi hēiguō（背黑锅） yī bíkǒng chū qìr（一鼻孔出气儿）
bā gānzi dǎ bù zháo（八竿子打不着）
zhǐ xǔ zhōuguān fàng huǒ，bù xǔ bǎixìng diǎn dēng（只许州官放火，不许百姓点灯）
xiǎocōng bàn dòufu——yīqīng-èrbái（小葱拌豆腐——一清二白）

6.2 人名地名拼写规则

6.2.1 人名拼写

6.2.1.1 汉语人名中的姓和名分写，姓在前，名在后。复姓连写。双姓中间加连接号。姓和名的首字母分别大写，双姓两个字首字母都大写。笔名、别名等，按姓名写法处理。例如：

Lǐ Huá（李华） Wáng Jiànguó（王建国）
Dōngfāng Shuò（东方朔） Zhūgě Kǒngmíng（诸葛孔明）
Zhāng-Wáng Shūfāng（张王淑芳） Lǔ Xùn（鲁迅）
Méi Lánfāng（梅兰芳） Zhāng Sān（张三）
Wáng Mázi（王麻子）

6.2.1.2 人名与职务、称呼等，分写；职务、称呼等首字母小写。例如：

Wáng bùzhǎng（王部长） Tián zhǔrèn（田主任）
Wú kuàijì（吴会计） Lǐ xiānsheng（李先生）
Zhào tóngzhì（赵同志） Liú lǎoshī（刘老师）
Dīng xiōng（丁兄） Zhāng mā（张妈）
Zhāng jūn（张君） Wú lǎo（吴老）
Wáng shì（王氏） Sūn mǒu（孙某）
Guóqiáng tóngzhì（国强同志） Huìfāng āyí（慧芳阿姨）

6.2.1.3 "老"、"小"、"大"、"阿"等与后面的姓、名、排行，分写，分写部分的首字母分别大写。例如：

Xiǎo Liú（小刘） Lǎo Qián（老钱）
Lǎo Zhāngtour（老张头儿） Dà Lǐ（大李）
Ā Sān（阿三）

6.2.1.4 已经专名化的称呼，连写，开头大写。例如：

Kǒngzǐ（孔子） Bāogōng（包公）
Xīshī（西施） Mèngchángjūn（孟尝君）

6.2.2 地名拼写

6.2.2.1 汉语地名中的专名和通名，分写，每一分写部分的首字母大写。例如：

Běijīng Shì（北京市） Héběi Shěng（河北省）
Yālù Jiāng（鸭绿江） Tài Shān（泰山）
Dòngtíng Hú（洞庭湖） Táiwān Hǎixiá（台湾海峡）

6.2.2.2 专名与通名的附加成分，如是单音节的，与其相关部分连写。例如：

Xīliáo Hé（西辽河） Jǐngshān Hòujiē（景山后街）
Cháoyángménnèi Nánxiǎojiē（朝阳门内南小街） Dōngsì Shítiáo（东四十条）

6.2.2.3 已专名化的地名不再区分专名和通名，各音节连写。例如：

Hēilóngjiāng（黑龙江[省]） Wángcūn（王村[镇]）
Jiǔxiānqiáo（酒仙桥[医院]）

不需区分专名和通名的地名，各音节连写。例如：

Zhōukǒudiàn（周口店） Sāntányìnyuè（三潭印月）

6.2.3 非汉语人名、地名的汉字名称，用汉语拼音拼写。例如：

Wūlánfū（乌兰夫，Ulanhu）
Jièchuān Lóngzhījiè（芥川龙之介，Akutagawa Ryunosuke）
Āpèi Āwàngjìnměi（阿沛·阿旺晋美，Ngapoi Ngawang Jigme）
Mǎkèsī（马克思，Marx） Wūlǔmùqí（乌鲁木齐，Ürümqi）
Lúndūn（伦敦，London） Dōngjīng（东京，Tokyo）

6.2.4 人名、地名拼写的详细规则，遵循 GB/T 28039《中国人名汉语拼音字母拼写规则》《中国地名汉语拼音字母拼写规则(汉语地名部分)》。

6.3 大写规则

6.3.1 句子开头的字母大写。例如：

Chūntiān lái le.(春天来了。)

Wǒ ài wǒ de jiāxiāng.(我爱我的家乡。)

诗歌每行开头的字母大写。例如：

《Yǒude Rén》(《有的人》)

Zāng Kèjiā (臧克家)

Yǒude rén huózhe,(有的人活着,)

Tā yǐjīng sǐ le;(他已经死了;)

Yǒude rén sǐ le,(有的人死了,)

Tā hái huózhe.(他还活着。)

6.3.2 专有名词的首字母大写。例如：

Běijīng (北京)

Chángchéng (长城)

Qīngmíng (清明)

Jǐngpōzú (景颇族)

Fēilùbīn (菲律宾)

由几个词组成的专有名词，每个词的首字母大写。例如：

Guójì Shūdiàn (国际书店)

Hépíng Bīnguǎn (和平宾馆)

Guāngmíng Rìbào (光明日报)

Guójiā Yǔyán Wénzì Gōngzuò Wěiyuánhuì (国家语言文字工作委员会)

在某些场合，专有名词的所有字母可全部大写。例如：

XIÀNDÀI HÀNYǓ CÍDIǍN (现代汉语词典)

BĚIJĪNG (北京)

LǏ HUÁ (李华)

DŌNGFĀNG SHUÒ (东方朔)

6.3.3 专有名词成分与普通名词成分连写在一起，是专有名词或视为专有名词的，首字母大写。例如：

Míngshǐ (明史)

Hànyǔ (汉语)

Yuèyǔ (粤语)

Guǎngdōnghuà (广东话)

Fójiào (佛教)

Tángcháo (唐朝)

专有名词成分与普通名词成分连写在一起，是一般语词或视为一般语词的，首字母小写。例如：

guǎnggān (广柑)

jīngjù (京剧)

ējiāo (阿胶)

zhōngshānfú (中山服)

chuānxiōng (川芎)

zàngqīngguǒ (藏青果)

zhāoqín-mùchǔ (朝秦暮楚)

qiánlǘzhījì (黔驴之技)

6.4 缩写规则

6.4.1 连写的拼写单位(多音节词或连写的表示一个整体概念的结构)，缩写时取每个汉字拼音的首字母，大写并连写。例如：

Běijīng (缩写:BJ) (北京)

ruǎnwò (缩写:RW) (软卧)

6.4.2 分写的拼写单位(按词或语节分写的表示一个整体概念的结构),缩写时以词或语节为单位取首字母,大写并连写。例如:

guójiā biāozhǔn (缩写:GB) (国家标准)

hànyǔ shuǐpíng kǎoshì (缩写:HSK) (汉语水平考试)

pǔtōnghuà shuǐpíng cèshì (缩写:PSC) (普通话水平测试)

6.4.3 为了给汉语拼音的缩写形式做出标记,可在每个大写字母后面加小圆点。例如:

Běijīng (北京)也可缩写:B. J.

guójiā biāozhǔn (国家标准)也可缩写:G. B.

6.4.4 汉语人名的缩写,姓全写,首字母大写或每个字母大写;名取每个汉字拼音的首字母,大写,后面加小圆点。例如:

Lǐ Huá (缩写:Lǐ H. 或 LǏ H.) (李华)

Wáng Jiànguó (缩写:Wáng J. G. 或 WÁNG J. G.) (王建国)

Dōngfāng Shuò (缩写:Dōngfāng S. 或 DŌNGFĀNG S.) (东方朔)

Zhūgě Kǒngmíng (缩写:Zhūgě K. M. 或 ZHŪGĚ K. M.) (诸葛孔明)

6.5 标调规则

6.5.1 声调符号标在一个音节的主要元音(韵腹)上。韵母 iu,ui,声调符号标在后面的字母上面。在 i 上标声调符号,应省去 i 上的小点。例如:

āyí (阿姨)

cèlüè (策略)

dàibiǎo (代表)

guāguǒ (瓜果)

huáishù (槐树)

kǎolǜ (考虑)

liúshuǐ (流水)

xīnxiān (新鲜)

轻声音节不标声调。例如:

zhuāngjia (庄稼)

qīngchu (清楚)

kàndeqǐ (看得起)

6.5.2 "一"、"不"一般标原调,不标变调。例如:

yī jià (一架)

yī tiān (一天)

yī tóu (一头)

yī wǎn (一碗)

bù qù (不去)

bù duì (不对)

bùzhìyú (不至于)

在语言教学等方面,可根据需要按变调标写。例如:

yī tiān (一天)可标为 yì tiān,bù duì (不对)可标为 bú duì。

6.5.3 ABB、AABB 形式的词语,BB 一般标原调,不标变调。例如:

lǜyóuyóu (绿油油)

chéndiàndiàn (沉甸甸)

hēidòngdòng (黑洞洞)

piàopiàoliàngliàng (漂漂亮亮)

有些词语的 BB 在语言实际中只读变调,则标变调。例如:

hóngtōngtōng (红彤彤)

xiāngpēnpēn (香喷喷)

huángdēngdēng (黄澄澄)

6.5.4 在某些场合,专有名词的拼写,也可不标声调。例如:

Li Hua (缩写:Li H. 或 LI H.) (李华)

Beijing (北京)

RENMIN RIBAO (人民日报)

WANGFUJING DAJIE (王府井大街)

6.5.5 除了《汉语拼音方案》规定的符号标调法以外，在技术处理上，也可采用数字、字母等标明声调，如采用阿拉伯数字 1、2、3、4、0 分别表示汉语四声和轻声。

6.6 移行规则

6.6.1 移行要按音节分开，在没有写完的地方加连接号。音节内部不可拆分。例如：

guāngmíng（光明）移作"……guang-

míng"（光明）

不能移作"……gu-

āngmíng"（光明）。

缩写词（如 GB，HSK，汉语人名的缩写部分）不可移行。

Wáng J. G.（王建国）移作"……Wáng

J. G."（王建国）

不能移作"……Wáng J.-

G."（王建国）。

6.6.2 音节前有隔音符号，移行时，去掉隔音符号，加连接号。例如：

Xī'ān（西安）移作"……Xī-

ān"（西安）

不能移作"……Xī'-

ān"（西安）。

6.6.3 在有连接号处移行时，末尾保留连接号，下行开头补加连接号。例如：

chēshuǐ-mǎlóng（车水马龙）移作"……chēshuǐ-

-mǎlóng"（车水马龙）

6.7 标点符号使用规则

汉语拼音拼写时，句号使用小圆点"."，连接号用半字线"-"，省略号也可使用3个小圆点"…"，顿号也可用逗号","代替，其他标点符号遵循 GB/T 15834 的规定。

7 变通规则

7.1 根据识字需要（如小学低年级和幼儿汉语识字读物），可按字注音。

7.2 辞书注音需要显示成语及其他词语内部结构时，可按词或语素分写。例如：

chīrén shuō mèng（痴人说梦）　　wèi yǔ chóumóu（未雨绸缪）

shǒu kǒu rú píng（守口如瓶）　　Hēng-Hā èr jiàng（哼哈二将）

Xī Liáo Hé（西辽河）　　Nán-Běi Cháo（南北朝）

7.3 辞书注音为了提示轻声音节，音节前可标中圆点。例如：

zhuāng · jia（庄稼）　　qīng · chu（清楚）

kàn · deqǐ（看得起）

如是轻重两读，音节上仍标声调。例如：

hóu · lóng（喉咙）　　zhī · dào（知道）

tǔ · xīngqì（土腥气）

7.4 在中文信息处理方面，表示一个整体概念的多音节结构，可全部连写。例如：

guómínshēngchǎnzǒngzhí（国民生产总值）

jìsuànjītǐcéngchéngxiàngyí（计算机体层成像仪）

shìjièfēiwùzhìwénhuàyíchǎn（世界非物质文化遗产）

ICS 23.020.30
C 68

中华人民共和国国家标准

GB/T 16163—2012
代替 GB 16163—1996

瓶装气体分类

Classification of gases filled in cylinder

2012-05-11 发布　　　　2012-09-01 实施

中华人民共和国国家质量监督检验检疫总局
中国国家标准化管理委员会　发布

前　言

本标准按照 GB/T 1.1—2009《标准化工作导则　第1部分：标准的结构和编写》给出的规则起草。

本标准代替 GB 16163—1996《瓶装压缩气体分类》。

本标准与 GB 16163—1996 相比较，主要变化如下：

——修改了气体分类的临界温度范围；

——修改了原标准中的 FTSC 数字编码的 S 项，由原来的 7 项合并为 6 项，即为：1. 低压液化气体，2. 高压液化气体，3. 溶解气体，4. 压缩气体(1)，5. 压缩气体(2)，6. 低温液化气体(深冷型)；

——增加了气体的 UN 号及英文名称，附录 A 中气体英文名称按英文字首字母顺序排列，制冷剂中文名称按 GB/T 7778《制冷剂编号方法和安全性能分类》编写；

——增加了 8 种低温液化气体(深冷型)；

——气体的种类由 80 种增加到 108 种；

——将易燃气体改为可燃性气体，又将可燃性气体分为：(1)可燃气体甲类：在空气中爆炸下限小于 10％的可燃气体；(2)可燃气体乙类：在空气中爆炸下限大于等于 10％的可燃气体；

——参照《中国逐步淘汰臭氧层物质国家方案(修订稿)》的内容，原《瓶装压缩气体分类》中应淘汰的气体有：高压液化气体的三氟氯甲烷(R-13)、低压液化气体的二氟二氯甲烷(R-12)、四氟二氯乙烷(R-114)、五氟氯乙烷(R-115)等。但是仍列在本标准中，并注明了 2010 年停止生产和使用。

本标准由全国气瓶标准化技术委员会(SAC/TC 31)提出并归口。

本标准起草单位：全国气瓶标准化技术委员会、中国工业气体工业协会。

本标准起草人：汪洋、马昌华、郝澄。

本标准所代替标准的历次版本发布情况：

——GB 16163—1996。

瓶装气体分类

1 范围

本标准规定了一般常用瓶装气体的分类和 FTSC 编码。

本标准适用于以气瓶充装的压缩气体(亦称永久气体)、低温液化气体(深冷型)、液化气体和溶解气体。

本标准不适用吸附气体。

2 规范性引用文件

下列文件对于本文件的应用是必不可少的。凡是注日期的引用文件,仅注日期的版本适用于本文件。凡是不注日期的引用文件,其最新版本(包括所有的修改单)适用于本文件。

GB/T 13005 气瓶术语

3 术语和定义

GB/T 13005 界定的以及下列术语和定义适用于本文件。

3.1

瓶装气体 gases filled in cylinder

以压缩、液化、低温液化(深冷型)、溶解、吸附等方式装瓶储运的气体。

4 分类原则

4.1 原则

临界温度低于等于－50 ℃的气体为压缩气体。临界温度高于－50 ℃的气体为液化气体,也是高压液化气体和低压液化气体的统称。临界温度高于－50 ℃且低于等于 65 ℃的气体为高压液化气体。临界温度高于 65 ℃的气体为低压液化气体。

根据压缩气体的临界温度和在气瓶内的物理状态进行分类;按其化学性能,燃烧性、毒性、腐蚀性进行分组;按 FTSC 编码,标示每种气体的基本特性,以此作为分类依据,构成系统的综合分类。

4.2 第 1 类 压缩气体和低温液化气体

a 组 不燃无毒和不燃有毒气体;

b 组 可燃无毒和可燃有毒气体;

c 组 低温液化气体(深冷型)。

a 组和 b 组气体在正常环境温度(－40 ℃～60 ℃,下同)下充装、贮运和使用过程中均为气态。

c 组气体在充装时及在绝热焊接气瓶中运输为深冷液体形式,在使用过程中是以液态或液体汽化及常温气态使用。

4.3 第2类 液化气体

4.3.1 高压液化气体

a组 不燃无毒和不燃有毒气体；

b组 可燃无毒和可燃有毒气体；

c组 易分解或聚合的可燃气体。

此类气体，在正常环境温度下充装、贮运和使用过程中随着气体温度、压力的变化，其状态也在气、液两态间变化，当此类气体在温度超过气体的临界温度时为气态。

4.3.2 低压液化气体

a组 不燃无毒和不燃有毒气体；

b组 可燃无毒和可燃有毒气体；

c组 易分解或聚合的可燃气体。

在充装、贮运和使用的过程中，正常环境温度均低于此类气体的临界温度。

4.4 第3类 溶解气体

a组 易分解或聚合的可燃气体。

4.5 FTSC数字编码

气体的FTSC编码是由气体的燃烧性、毒性、状态和腐蚀性的英文词组中第一个字母组成的缩写词。FTSC编码用四个数字按顺序组成，直接标示了每种气体的基本特性。

4.5.1 编码的依据

编码依据下面四个基本特性：

燃烧性——根据燃烧的潜在危险性，分为不燃、助燃(氧化性)、可燃(甲类、乙类)、自燃、强氧化性、分解或聚合六个类型。

毒性——根据接触毒性的途径和毒性大小，按急性毒性吸入1 h，半数致死量浓度LC_{50}分为无毒、毒、剧毒三个等级。

状态——根据瓶内充装气体的状态和在20℃环境温度时及瓶内压力的大小分为6个类型。

腐蚀性——根据气体不同的腐蚀性，分为无腐蚀、酸性腐蚀(氢卤酸腐蚀和非氢卤酸腐蚀)、碱性腐蚀四个类型。

4.5.2 编码的含义

编码的含义见表1和附录A。

表 1 FTSC 数字编码

F 燃烧性(第一位数)				
0				不燃(惰性);
1				助燃(氧化性);
2				可燃性气体:(1)可燃气体甲类:在空气中爆炸下限小于 10%的可燃气体; (2)可燃气体乙类:在空气中爆炸下限大于等于 10%的可燃气体;
3				自燃气体:在空气中自燃温度小于 100 ℃的可燃气体;
4				强氧化性;
5				易分解或聚合的可燃性气体
T 毒性(第二位数)吸入半数致死量浓度 LC_{50}/1h				
	1			无毒 $LC_{50}>5\ 000\times10^{-6}$;
	2			毒 $200\times10^{-6}<LC_{50}\leqslant5\ 000\times10^{-6}$;
	3			剧毒 $LC_{50}\leqslant200\times10^{-6}$
S 状态(第三位数)标示气瓶内气体的状态				
		1		低压液化气体;
		2		高压液化气体;
		3		溶解气体;
		4		压缩气体(1);
		5		压缩气体(2),适用于氟、二氟化氧;
		6		低温液化气体(深冷型)
C 腐蚀性(第四位数)				
			0	无腐蚀性;
			1	酸性腐蚀,不形成氢卤酸的;
			2	碱性腐蚀;
			3	酸性腐蚀,形成氢卤酸的

附　录　A
（规范性附录）
瓶装气体分类

A.1　第 1 类　压缩气体、低温液化气体（深冷型）

临界温度低于等于−50 ℃的气体，详见表 A.1。

表 A.1　临界温度低于等于−50 ℃的气体

序号	UN[a]	FTSC	气体名称	气体英文名称	化学分子式	别名	分子量	沸点（101.325 kPa）℃	临界温度 ℃	燃烧性[b]	毒性[b]	腐蚀性[b]
a 组　不燃无毒和不燃有毒气体												
1	1002	1140	空气	Air			28.9	−194.3	−140.6	助燃（氧化性）		
2	1006	0140	氩	Argon	Ar		39.9	−185.9	−122.4			
3	1045	4353	氟	Fluorine	F_2		38.0	−188.1	−129.0	强氧化性	剧毒	酸性腐蚀
4	1046	0140	氦	Helium	He		4.0	−268.9	−268.0			
5	1056	0140	氪	Krypton	Kr		83.8	−153.4	−63.8			
6	1065	0140	氖	Neon	Ne		20.2	−246.1	−228.7			
7	1660	4341	一氧化氮	Nitric oxide	NO		30.0	−151.8	−92.9	强氧化性	剧毒	酸性腐蚀
8	1066	0140	氮	Nitrogen	N_2		28.0	−195.8	−146.9			
9	1072	4140	氧	Oxygen	O_2		32.0	−183.0	−118.4	强氧化性		
10	2190	4353	二氟化氧	Oxygen difluoride	OF_2		54.0	−144.6	−58.0	强氧化性	剧毒	

表 A.1(续)

序号	UN[a]	FTSC	气体名称	气体英文名称	化学分子式	别名	分子量	沸点 (101.325 kPa) ℃	临界温度 ℃	燃烧性[b]	毒性[b]	腐蚀性[b]
b组 可燃无毒和可燃有毒气体												
11	1016	2240	一氧化碳	Carbon monoxide	CO		28.0	−191.5	−140.2	可燃乙类	毒	
12	1957	2140	氘	Deuterium	D_2	重氢	4.0	−249.5	−234.8	可燃甲类		
13	1049	2140	氢	Hydrogen	H_2		2.0	−252.8	−239.9	可燃甲类		
14	1972	2140	甲烷	Methane	CH_4	R-50,沼气	16.0	−161.5	−82.5	可燃甲类		
15	1971	2140	天然气(压缩)	Natural gas		CNG				可燃甲类		
c组 低温液化气体(深冷型)												
16	1003	1160	空气(液体)	Air(Liquid)		液空	28.9	−194.3	−140.6	助燃(氧化性)		
17	1951	0160	氩(液体)	Argon(Liquid)	Ar	液氩	39.9	−185.9	−122.4			
18	1963	0160	氦(液体)	Helium(Liquid)	He	液氦	4.0	−268.9	−268.0			
19	1966	2160	氢(液体)	Hydrogen(Liquid)	H_2	液氢	2.0	−252.8	−239.9	可燃甲类		
20	1972	2160	天然气(液体)	Natural gas(Liquid)		以甲烷为主组分 LNG		−161.5	−82.5	可燃甲类		
21	1977	0160	氮(液体)	Nitrogen(Liquid)	N_2	液氮	28.0	−195.8	−146.9			
22	1913	0160	氖(液体)	Neon(Liquid)	Ne	液氖	20.2	−246.1	−228.7			
23	1073	4160	氧(液体)	Oxygen(Liquid)	O_2	液氧	32.0	−183.0	−118.4	强氧化性		

[a] "UN"号是指联合国危险货物运输专家委员会在《关于危险货物运输的建议书》(桔皮书)中对危险货物指定的编号。

[b] 表中气体的燃烧性为不燃的、毒性为无毒的、腐蚀性为无腐蚀的,在表中均为空白。

A.2 第2类 液化气体

A.2.1 高压液化气体

临界温度高于－50 ℃且低于等于65 ℃的气体，详见表A.2。

表A.2 临界温度高于－50 ℃且低于等于65 ℃的气体

序号	UN[a]	FTSC	气体名称	气体英文名称	化学分子式	别名	分子量	沸点（101.325 kPa）℃	临界温度 ℃	燃烧性[c]	毒性[c]	腐蚀性[c]
a组 不燃无毒和不燃有毒气体												
24	1008	0223	三氟化硼	Boron trifluoride	BF_3	氟化硼	67.8	－100.3	－12.2		毒	酸性腐蚀
25	1013	0120	二氧化碳	Carbon dioxide	CO_2	碳酸气	44.0	－78.5	31.0			
26	2417	0223	碳酰氟	Carbonyl fluoride	CF_2O	氟化碳酰	66.0	－84.6	22.8		毒	酸性腐蚀
27[b]	1022	0120	氯三氟甲烷	Chlorotrifluoromethane	CF_3Cl	R-13	104.5	－81.9	28.8			
28	2193	0120	六氟乙烷	Hexafluoroethane	C_2F_6	R-116	138.0	－78.2	19.7			
29	1050	0223	氯化氢	Hydrogen chloride	HCl	无水氢氯酸	36.5	－85.0	51.5		毒	酸性腐蚀
30	2451	4123	三氟化氮	Nitrogen trifluoride	NF_3		71.0	－129.1	－39.3	强氧化性		酸性腐蚀
31	1070	4120	一氧化二氮	Nitrous oxide	N_2O	氧化亚氮、笑气	44.0	－88.5	36.4	强氧化性		
32	2198	0323	五氟化磷	Phosphorus pentafluoride	PF_5		126.0	－84.5	18.95		剧毒	酸性腐蚀
33	1955	0223	三氟化磷	Phosphorus trifluoride	PF_3		88.0	－151.3	－2.1		毒	酸性腐蚀
34	1859	0223	四氟化硅	Silicon tetrafluoride	SiF_4		104.1	－94.8	－14.2		毒	酸性腐蚀
35	1080	0120	六氟化硫	Sulfur hexafluoride	SF_6		146.1	－63.8	45.6			
36	1982	0120	四氟甲烷	Tetrafluoromethane	CF_4	R-14 四氟化碳	88.0	－128.0	－45.7			
37	1984	0120	三氟甲烷	Trifluoromethane	CHF_3	R-23	70.0	－82.2	26.0			
38	2036	0120	氙	Xenon	Xe		131.6	－108.1	16.6			

表 A.2（续）

序号	UN[a]	FTSC	气体名称	气体英文名称	化学分子式	别名	分子量	沸点（101.325 kPa）℃	临界温度 ℃	燃烧性[c]	毒性[c]	腐蚀性[c]
b 组　可燃无毒和可燃有毒气体												
39	1959	2120	1,1-二氟乙烯	1,1-Difluoroethylene	$C_2H_2F_2$	偏二氟乙烯，R-1132a	64.0	−84.0	29.7	可燃甲类		
40	1035	2120	乙烷	Ethane	C_2H_6		30.1	−88.6	32.2	可燃甲类		
41	1962	2120	乙烯	Ethylene	C_2H_4		28.1	−103.8	9.2	可燃甲类		
42	2199	3320	磷烷	Phosphine	PH_3	磷化氢	34.0	−87.8	51.9	自燃	剧毒	
43	2203	3120	硅烷	Silane	SiH_4	四氢化硅	32.1	−111.4	−3.5	自燃		
c 组　可分解或聚合的可燃气体												
44	1911	5320	乙硼烷	Diborane	B_2H_6	二硼烷	27.7	−92.8	16.7	分解	剧毒	
45	1860	5120	氟乙烯	Fluoroethylene	C_2H_3F	乙烯基氟，R-1141	46.0	−72.2	54.7	聚合		
46	2192	2320	锗烷	Germanium hydride	GeH_4		76.6	−88.2	34.9	分解	剧毒	
47	1081	5120	四氟乙烯	Tetrafluoroethylene	C_2F_4		100.0	−75.6	33.3	聚合		

[a] "UN"号是指联合国危险货物运输专家委员会在《关于危险货物运输的建议书》(桔皮书)中对危险货物指定的编号。

[b] 2010 年停止生产和使用的气体。

[c] 表中气体的燃烧性为不燃的、毒性为无毒的、腐蚀性为无腐蚀的，在表中均为空白。

A.2.2 低压液化气体

临界温度高于65℃的气体,详见表A.3。

表A.3 临界温度高于65 ℃的气体

序号	UN[a]	FTSC	气体名称	气体英文名称	化学分子式	别名	分子量	沸点 (101.325 kPa) ℃	临界温度 ℃	燃烧性[c]	毒性[c]	腐蚀性[c]
a组 不燃无毒和不燃有毒气体												
48	1974	0110	溴氯二氟甲烷	Bromochlorodifluoromethane	$CBrClF_2$	R-12B1	165.4	−3.3	154.0			
49	1741	0213	三氯化硼	Boron trichloride	BCl_3	氯化硼	117.0	12.5	176.8		毒	酸性腐蚀
50	1009	0110	溴三氟甲烷	Bromotrifluoromethane	$CBrF_3$	R-13B1	148.9	−57.9	66.8			
51	1017	4213	氯[c]	Chlorine	Cl_2		70.9	−34.1	144.0	强氧化性	毒	酸性腐蚀
52	1018	0110	氯二氟甲烷	Chlorodifluoromethane	$CHClF_2$	R-22	86.5	−40.6	96.2			
53[b]	1020	0110	氯五氟乙烷	Chloropentafluoroethane	C_2ClF_5	R-115	154.5	−39.1	80.0			
54	1021	0110	氯四氟甲烷	Chlorotetrafluoromethane	$CHClF_4$	R-124	136.5	−12.0	122.3			
55	1983	0110	氯三氟乙烷	Chlorotrifluoroethane	C_2H_2Cl	R-133a	118.5	6.9	150.0			
56[b]	1028	0110	二氯二氟甲烷	Dichlorodifluoromethane	CCl_2F_2	R-12	120.9	−24.9	112.0			
57	1029	0110	二氯氟甲烷	Dichlorofluoromethane	$CHCl_2F$	R-21	102.9	8.9	178.5			
58	1421	4311	三氧化二氮	Dinitrogen trioxide	N_2O_3		76.0	2.0	151.8		剧毒	
59[b]	1958	0110	二氯四氟乙烷	Dichlorotetrafluoroethane	$C_2Cl_2F_4$	R-114	170.9	3.9	145.7			
60	3296	0110	七氟丙烷	Heptafluoropropane	CF_3CHFCF_3	R-227	170.0	−15.6	101.6			
61	1858	0110	六氟丙烯	Hexafluoropropylene	C_3F_6	R-1216	150.0	−29.8	86.2			
62	1048	0213	溴化氢	Hydrogen bromide	HBr	无水氯溴酸	80.9	−66.7	89.8		毒	酸性腐蚀
63	1052	0213	氟化氢	Hydrogen fluoride	HF	无水氢氟酸	20.0	19.5	188.0		毒	酸性腐蚀
64	1067	4311	二氧化氮	Nitrogen dioxide	$NO_2(N_2O_4)$	四氧化二氮	92.8	22.1	158.2	强氧化性	剧毒	酸性腐蚀
65	1976	0110	八氟环丁烷	Octafluorocyclobutane	C_4F_8	R-C318	200.0	−6.4	155.3			
66	3220	0110	五氟乙烷	Pentafluoroethane	CHF_2CF_3	R-125	120.0	−49.0	66.0			
67	1076	0313	碳酰二氯	Phosgene	$COCl_2$	光气	98.9	7.4	182.3		剧毒	酸性腐蚀
68	1079	0211	二氧化硫	Sulfur dioxide	SO_2		64.1	−10.0	157.5		毒	酸性腐蚀
69	2191	0210	硫酰氟	Sulfuryl fluoride	SO_2F_2		102.0	−55.4	92.0		毒	
70	3159	0110	1,1,1,2-四氟乙烷	1,1,1,2-Tetrafluoroethane	CH_2FCF_3	R-134a	102.0	−26.0	101.1			

表 A.3（续）

序号	UN[a]	FTSC	气体名称	气体英文名称	化学分子式	别名	分子量	沸点（101.325 kPa）℃	临界温度 ℃	燃烧性[c]	毒性[c]	腐蚀性[c]
b组　可燃无毒和可燃有毒气体												
71	1005	2212	氨	Ammonia	NH_3		17.0	-33.4	132.4	可燃乙类	毒	碱性腐蚀
72	2676	2311	锑化氢	Antimony hydride	SbH_3		124.8	-17.1	173.0	可燃甲类	剧毒	
73	2188	2310	砷烷	Arsine	ASH_3	砷化氢	77.9	-62.5	99.9	可燃甲类	剧毒	
74	1011	2110	正丁烷	n-Butane	C_4H_{10}	丁烷	58.1	0.5	152.0	可燃甲类		
75	1012	2110	1-丁烯	1-Butene	C_4H_8		56.1	-6.2	146.4	可燃甲类		
76		2110	(顺)2-丁烯	Cis-butene	C_4H_8		56.1	3.7	162.4	可燃甲类		
77		2110	(反)2-丁烯	Tran-2-butene	C_4H_8		56.1	0.9	155.5	可燃甲类		
78	2517	2110	氯二氟乙烷	Chlorodifluoroethane	ClF_2CH_3	R-142b	100.5	-9.2	136.5	可燃甲类		
79	1027	2110	环丙烷	Cyclopropane	C_3H_6	三甲撑	42.1	-32.9	124.6	可燃甲类		
80	2189	2213	二氯硅烷	Dichlorosilane	SiH_2Cl_2		101.0	8.2	176.3	可燃甲类	毒	酸性腐蚀
81	1030	2110	1,1-二氟乙烷	Difluoroethane	CF_2CH_3	偏二氟乙烷 R-152a	66.0	-25.0	113.5	可燃甲类		
82	3252	2110	二氟甲烷	Difluoromethane	CH_2F_2	R-32	52.0	-51.7	78.1	可燃乙类		
83	1032	2212	二甲胺	Dimethylamine	$(CH_3)_2NH$		45.1	7.4	164.6	可燃甲类	毒	碱性腐蚀
84	1033	2110	二甲醚	Dimethylether	C_2H_6O		46.1	-24.8	126.9	可燃甲类		
85	1954	3210	乙硅烷	Disilane,Disilicoethane	Si_2H_6		62.2	-14.5	150.9	自燃		
86	1036	2212	乙胺	Ethylamine	$C_2H_5NH_2$	氨基乙烷	45.1	16.6	183.4	可燃甲类	毒	碱性腐蚀
87	1037	2110	氯乙烷	Ethylchloride	C_2H_5Cl	乙基氯，R160	64.5	12.3	187.2	可燃甲类		
88	2202	2311	硒化氢	Hydrogen selenide	H_2Se		80.9	-42.0	138.0	可燃甲类	剧毒	
89	1053	2211	硫化氢	Hydrogen sulfide	H_2S		34.1	-60.2	100.4	可燃甲类	毒	酸性腐蚀
90	1969	2110	异丁烷	Isobutane	C_4H_{10}		58.1	-11.7	135.0	可燃甲类		
91	1055	2110	异丁烯	Isobutylene	C_4H_8		56.1	-7.1	144.7	可燃甲类		
92	1061	2212	甲胺	Methylamine	CH_3NH_2		31.1	-6.3	156.9	可燃甲类	毒	碱性腐蚀
93	1062	2210	溴甲烷	Methyl bromide	CH_3Br	甲基溴	95.0	3.6	194.0	可燃乙类	毒	
94	1063	2210	氯甲烷	Methyl chloride	CH_3Cl	甲基氯	50.5	-23.9	143.0	可燃甲类	毒	

表 A.3（续）

序号	UN[a]	FTSC	气体名称	气体英文名称	化学分子式	别名	分子量	沸点 (101.325 kPa) ℃	临界温度 ℃	燃烧性[c]	毒性[c]	腐蚀性[c]
b组　可燃无毒和可燃有毒气体												
95	1064	2211	甲硫醇	Methyl mercaptan	CH_3SH	硫基甲烷	48.1	6.0	196.8	可燃甲类	毒	碱性腐蚀
96	1978	2110	丙烷	Propane	C_3H_8		44.1	−42.1	96.8	可燃甲类		
97	1077	2110	丙烯	Propylene	C_3H_6		42.1	−47.7	91.8	可燃甲类		
98	1295	2210	三氯硅烷	Trichlorosilane	$SiHCl_3$	三氯氢硅	135.5	31.8	206.0	可燃甲类	毒	
99	2035	2110	1,1,1-三氟乙烷	1,1-Trifluoroethane	CHF_3CH_2	R-143a	84.0	−47.6	73.1	可燃甲类		
100	1083	2112	三甲胺	Trimethylamine	$(CH_3)_3N$		59.1	2.9	162.0	可燃甲类		碱性腐蚀
101	1075	2110	液化石油气			LPG				可燃甲类		
c组　易分解或聚合的可燃气体												
102	1010	5110	1,3-丁二烯	1,3-Butadiene	C_4H_6	联乙烯	54.1	−4.5	152.0	聚合		
103	1082	5210	氯三氟乙烯	Chlorotrifliuoroethylene	C_2ClF_3	R-1113	116.4	−28.4	105.8	聚合	毒	
104	1040	5210	环氧乙烷	Ethylene oxide	C_2H_4O	氧化乙烯	44.0	10.5	195.8	分解	毒	
105	1087	5210	甲基乙烯基醚	Methyl vinyl ether	C_3H_6O	乙烯基甲醚	58.1	5.0	200.0	聚合		
106	1085	5210	溴乙烯	Vinyl bromide	C_2H_3Br	乙烯基溴	107.0	15.7	198.0	高温易聚合	毒	
107	1086	5210	氯乙烯	Vinyl chloride	C_2H_3Cl		62.5	−13.7	156.5	聚合	致癌	

[a] "UN"号是指联合国危险货物运输专家委员会在《关于危险货物运输的建议书》(桔皮书)中对危险货物指定的编号。

[b] 2010年停止生产和使用的气体。

[c] 表中气体的燃烧性为不燃的、毒性为无毒的、腐蚀性为无腐蚀的，在表中均为空白。

A.3 第3类 溶解气体

在压力下溶解于气瓶内溶剂中的气体，详见表 A.4。

表 A.4 在压力下溶解于气瓶内溶剂中的气体

序号	UN[a]	FTSC	气体名称	气体英文名称	化学分子式	别名	分子量	沸点 (101.325 kPa) ℃	临界温度 ℃	燃烧性[b]	毒性[b]	腐蚀性[b]
108	1001	5130	乙炔	Acetylene	C_2H_2	电石气	26.0	84.0	36.3	分解		

[a] “UN”号是指联合国危险货物运输专家委员会在《关于危险货物运输的建议书》(桔皮书)中对危险货物指定的编号。

[b] 表中气体的燃烧性为不燃的、毒性为无毒的、腐蚀性为无腐蚀的，在表中均为空白。

ICS 67.240
X 04

中华人民共和国国家标准

GB/T 16291.1—2012
代替 GB/T 14195—1993

感官分析 选拔、培训与管理评价员一般导则 第1部分：优选评价员

Sensory analysis—General guidance for the selection, training and monitoring of assessors—Part 1: Selected assessors

(ISO 8586-1:1993, MOD)

2012-06-29 发布 2012-11-01 实施

中华人民共和国国家质量监督检验检疫总局
中国国家标准化管理委员会 发布

前　言

本标准依据 GB/T 1.1—2009 给出的规则起草。

本标准代替 GB /T 14195—1993《感官分析 选拔与培训感官分析优选评价员导则》。

本标准与 GB /T 14195—1993 相比主要变化如下：

——标准名称改为《感官分析　选拔、培训与管理评价员一般导则　第 1 部分：优选评价员》；

——增加了“前言”；

——增加了“引言”；

——修改了“范围”；

——修改了“规范性引用文件”；

——增加了“术语和定义”；

——将“招募”和“初步筛选”合并为一章；

——增加了“色彩分辨”和“味觉和嗅觉的缺失”两部分(4.4)；

——增加了“特定方法评价小组成员的选择”一章；

——增加了优选评价员的监督检查；

——修改了标准的附录部分。

本标准使用重新起草法修改采用 ISO 8586-1:1993《感官分析　感官评价员的选拔、培训与管理导则　第 1 部分：优选评价员》。

本标准与 ISO 8586-1:1993 的主要差异如下：

a) 关于规范性引用文件，本标准做了具有技术性差异的调整，具体调整如下：

　——用等同采用国际标准的 GB/T 10220 代替 ISO 6658:2005；

　——用修改采用国际标准的 GB/T 10221 代替 ISO 5492:2008；

　——用修改采用国际标准的 GB/T 12311 代替 ISO 4120:2004；

　——删除 ISO 4121:1987。

b) 增加 4.3.1 背景资料获取方式。

c) 增加 4.4.1 测试方法和供试材料的选择。

d) 增加 4.4.7.1 描述能力测试的目的。

e) 增加 5.8.1 培训的原则。

本标准由中华人民共和国农业部提出并归口。

本标准起草单位：中国农业科学院质量标准与检测技术研究所、农业部蔬菜水果质量监督检验测试中心(广州)。

本标准主要起草人：王富华、杨慧、万凯、钱永忠、王敏、王旭、李娜、李丽、毛雪飞。

本标准于 1993 年首次发布，本次为第一次修订。

引　言

感官分析小组如同“测量仪器”，因而检测分析的结果有赖于每个成员。因此投入一定的时间和经费，严格而谨慎地招聘热爱这项工作并具备相应能力的人员极为重要。

感官分析有三类评价员：评价员、优选评价员和专家。评价员可以是尚未完全满足判断准则的准评价员和已经参与过感官评价的初级评价员；优选评价员是经过选拔并受过培训的评价员；专家是已在评价小组的工作中表现出突出的敏锐性并拥有良好长期记忆的专家评价员，或者是运用其特定领域的专业知识的专业性专家评价员。

本标准涉及对优选评价员候选人的招募、选拔、培训和管理。对专家候选人的招募、选拔、培训和管理见 ISO 8586-2。

采用的选拔和培训方法依据优选评价员承担的任务而定。应该指出的是，这些方法有时候只能是在现有评价员中选择较好评价员的一种方式，而不是那些达到了预定标准的评价员。这些方法尤其适用于必须组建内部小组的时候。

在招募期必须进行初步筛选，淘汰不适合做感官分析的人员。但最终的选拔，只有经过培训和完成设定任务后才能进行。

推荐程序包括：

a) 准评价员的招募和初步筛选；

b) 对将要成为初级评价员的准评价员的培训；

c) 根据特定测试中的能力表现对初级评价员的选拔，他们将成为优选评价员；

d) 根据实际感官评价中的表现选择优选评价员(适用于描述分析)；

e) 对优选评价员进行适当的培训使之成为专家评价员。

在某些情况下，特别是描述性感官分析时，可以分为多个专门的小组进行评价。

程序 a)和 b)所含的具体步骤及 c)和 d)中检验的性质视评价小组要完成的任务而定。

优选评价员的表现要定期进行监测，确保其仍能符合初选时的能力标准。

完整的程序见图 1：

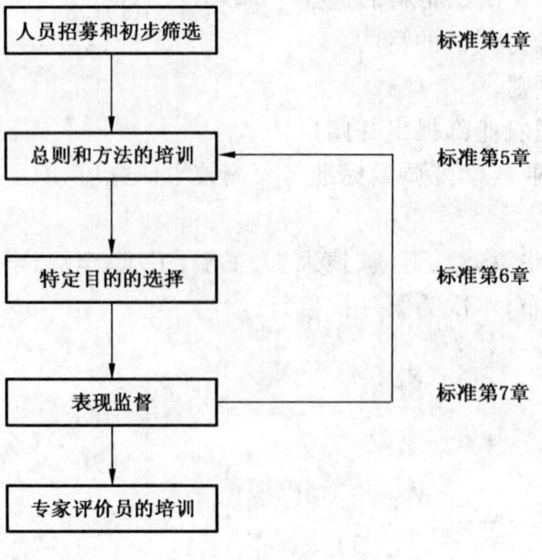

图 1　评价员推荐程序图

感官分析 选拔、培训与管理评价员一般导则 第1部分：优选评价员

1 范围

本标准规定了优选评价员选拔、培训与管理的方法。

本标准适用于优选评价员的选拔、培训与管理。

2 规范性引用文件

下列文件对于本文件的应用是必不可少的。凡是注日期的引用文件，仅注日期的版本适用于本文件。凡是不注日期的引用文件，其最新版本(包括所有的修改单)适用于本文件。

GB/T 10220 感官分析方法 总论(GB/T 10220—2012，ISO 6658：2005，IDT)

GB/T 10221 感官分析 术语(GB/T 10221—2012，ISO 5492：2008，MOD)

GB/T 12311 感官分析方法 三点检验(GB/T 12311—2012，ISO 4120—2004，MOD)

3 术语和定义

GB/T 10221界定的术语和定义适用于本文件。

4 招募、初筛和启动

4.1 原则

招募是建立优选评价员小组的重要基础工作。有多种不同的招募方法和标准，以及各种测试来筛选候选人是否适应将来的培训。招募候选人，从中选择最适合培训的人员作为优选评价员。招募人员组建感官分析小组时应考虑以下三个问题：

——在哪里寻找组成该小组的人员？

——需要挑选多少人员？

——如何挑选人员？

4.2 招募

4.2.1 招募方式

4.2.1.1 内部招募

候选人从办公室、工厂或实验室职员中招募。建议避免那些与被测样品密切相关的人员，特别是技术和销售人员加入，因为他们可能造成结果偏离。

这种招募方式，最重要的是单位的管理层和各级组织应支持他们，并明确承担的感官分析工作作为个人工作的一部分。这些应在招募人员阶段予以明示。

4.2.1.2 外部招募

从单位外部招募。出于这种目的最常用的招募方式有：

——通过在当地出版社、专业刊物或在免费报刊等上的分类广告招募等(此种情况下，会有各类人应聘，必须做初步筛选)；

——通过调查机构，这些机构能够提供可能感兴趣的候选人的姓名和联系方式；

——内部"消费者"档案，来自广告宣传活动或产品投诉记录；

——单位来访人员；

——个人推荐。

4.2.1.3 混合评价小组

混合评价小组由内部和外部招募人员以不同比例组成。

4.2.2 内部和外部招募的优缺点

4.2.2.1 内部招募

4.2.2.1.1 优点

其优点有：

——人员都在现场。

——无需支付酬金(然而，为了保持积极性，提供小礼品或奖金更可取)。

——更好地确保结果的保密性。对于研究工作，这一点特别重要。

——评价小组人员有更好的稳定性。

4.2.2.1.2 缺点

其缺点有：

——候选人的判断受到影响(由于了解产品)；

——本单位的产品难以升级(由于熟悉本单位的产品，人们会受影响)；

——候选人替换较困难(小单位人员数量有限)；

——可用性低。

4.2.2.2 外部招募

4.2.2.2.1 优点

其优点有：

——挑选范围广；

——补充新候选人能随叫随到；

——不存在级别问题；

——人员选拔更容易，淘汰不适合工作的评价人员时，不存在冒犯的风险；

——可用性高。

4.2.2.2.2 缺点

其缺点有：

——此办法费用高(酬劳、文书工作);

——更适用于居民人数众多的城市地区,而在乡村地区可用混合评价小组(例如,牛奶和酒);

——由于必须招募有空闲时间的人员,有时会遇到过多的退休老人或家庭妇女,甚至学生等应聘,难以招募到在职人员;

——经过选拔和培训后,评价员可能随时退出。

4.2.3 挑选人员的数量

经验表明,招募后由于味觉灵敏度、身体状况等原因,选拔过程中大约要淘汰一半人。

招募人数会依下列因素而改变:

——单位的经济状况和要求;

——需进行测试的类型和频度;

——是否有必要对结果进行统计分析。

评价小组工作时应该有不少于10名优选评价员。需要招募人数至少是最后实际组成评价小组人数的2倍~3倍。例如:为了组成10个人的评价小组,需要招募40人,挑选20人。

为了特定的目的,需要更高水平的招募。

4.3 背景资料

4.3.1 背景资料获取方式

候选评价员的背景资料可通过候选评价员自己填写清晰明了的调查表以及经验丰富的感官分析人员对其进行面试综合得到。要调查的内容包括4.3.2~4.3.9。

4.3.2 兴趣和动机

那些对感官分析工作以及被调查产品感兴趣的候选人,比缺乏兴趣和动机的候选人可能更有积极性并成为更好的感官评价员。

4.3.3 对食品的态度

应确定候选评价员厌恶的某些食品或饮料,特别是其中是否有将来可能评价的对象,同时应了解是否由于文化上、种族上或其他方面的原因而不食用某种食品和饮料,那些对某些食品有偏好的人常常会成为好的描述性分析评价员。

4.3.4 知识和才能

候选人应能说明和表达出第一感知,这需要具备一定的生理和才智方面的能力,同时具备思想集中和保持不受外界影响的能力。如果只要求候选评价员评价一种类型的产品,掌握该产品各方面的知识则利于评价,那么就有可能从对这种产品表现出感官评价才能的候选人中选拔出专家评价员。

4.3.5 健康状况

候选评价员应健康状况良好,没有影响他们感官的功能缺失、过敏或疾病,并且未服用损害感官能力进而影响感官判定可靠性的药物。了解感官评价员是否有戴假牙是很有必要的,因为假牙能影响对某些质地味道等特性的感官评价。

感冒或其他暂时状态(例如,怀孕)不应成为淘汰候选评价员的理由。

4.3.6 表达能力

在考虑选拔描述性检验员时，候选人表达和描述感觉的能力特别重要。这种能力可在面试以及随后的筛选检验中考察(见 4.4.7)。

4.3.7 可用性

候选评价员应能参加培训和持续的感官评价工作。那些经常出差或工作繁重的人不宜从事感官分析工作。

4.3.8 个性特点

候选评价员应在感官分析工作中表现出兴趣和积极性，能长时间集中精力工作，能准时出席评价会，并在工作中表现诚实可靠。

4.3.9 其他因素[1)]

招募时需要记录的其他信息有姓名、年龄组、性别、国籍、教育背景、现任职务和感官分析经验。抽烟习惯等资料也要记录，但不能以此作为淘汰候选评价员的理由。

4.4 筛选

4.4.1 测试方法和供试材料的选择

应根据候选评价员将来所承担的评定任务的类型和性质来选择测试方法和供试材料。

4.4.2 筛选检验的类型

下列的检验方法均具有使候选评价员熟悉感官分析方法和材料的双重功能，它们分为如下三种类型：

a) 旨在考察候选评价员感官能力的检验方法；

b) 旨在考察候选评价员感官灵敏度的检验方法；

c) 旨在考察候选评价员描述和表达感受的潜能的检验方法。

应在熟悉并有了初步经验后再开展用于挑选优选评价员的测试。

筛选检验应在评价产品所要求环境下进行(检验环境的要求参见 ISO 8589)。检验考核后再进行面试。本标准所表述的几个检验方法是在 GB/T 10220 表述的方法基础上编写的。

选择评价员应综合考虑其将要承担的任务类别、面试表现及其潜力，而不仅是当前的表现。获得较高测试成功率的候选评价员理应比其他人更有优势，但那些在重复工作中不断取得进步的候选评价员在培训中可能表现很好。

4.4.3 色彩分辨

色彩分辨不正常的候选评价员不宜做颜色判断和配比工作。色彩分辨能力的评定可由有资质的验光师来做；在缺少相关人员和设备时，可以借助有效的检验方法。

4.4.4 味觉和嗅觉的缺失

需测定候选评价员对产品中低浓度物质的敏感性来检测其味觉缺失、嗅觉缺失或灵敏性的不足(参见 ISO 3972)。

---

1) 个人的任何资料应符合相关国家的法律规定。

4.4.5 匹配检验

制备明显高于阈值水平的有味道和(或)气味的物质样品(见表1)。每个样品都编上不同的三位数随机编码。每种类型的样品提供一个给候选评价员,让其熟悉这些样品(参见GB/T 10220)。

相同的样品标上不同的编码后,提供给候选评价员,要求他们再与原来的样品一一匹配,并描述他们的感觉。

提供的新样品数量是原样品的两倍。样品的浓度不能高至产生很强的遗留作用,从而影响以后的检验。品尝不同样品时应用无味无嗅的水来漱口。

表1给出了可用物质的实例。一般来说,如果候选评价员对这些物质和浓度的正确匹配率低于80%,则不能作为优选评价员。最好能对样品产生的感觉作出正确描述,但这是次要的。

表1 匹配检验的物质和浓度实例

味觉或气味		物质	室温下水溶液 g/L	室温下乙醇[a]溶液 g/L
味觉	甜	蔗糖	16	—
	酸	酒石酸或柠檬酸	1	—
	苦	咖啡因	0.5	—
	咸	氯化钠	5	—
	涩	鞣酸[b]	1	—
		或槲皮素	0.5	—
		或硫酸铝钾(明矾)	0.5	—
	金属的	水合硫酸亚铁($FeSO_4 \cdot 7H_2O$)[c]	0.01	—
气味	鲜柠檬	柠檬醛($C_{10}H_{16}O$)	—	1×10^{-3}
	香子兰	香草醛($C_8H_8O_3$)	—	1×10^{-3}
	百里香	百里酚($C_{10}H_{14}O$)	—	5×10^{-4}
	花卉、山谷百合、茉莉	乙酸苄脂($C_8H_{12}O_2$)	—	1×10^{-3}

[a] 原液用乙醇配制,配制后用水稀释,且乙醇含量(体积分数)不超过2%。

[b] 此物质不易溶于水。

[c] 为避免由于氧化作用而出现黄色显色作用,需要用中性或弱酸性水配制新溶液。如果出现黄色显色作用,将溶液在密闭不透明容器内或在暗光或有色光下保存。

4.4.6 敏锐度和辨别能力

4.4.6.1 刺激物识别测试

这些测试通过三点检验(见GB/T 12311)进行。

每次测试一种被检材料。向每位候选评价员提供两份被检材料样品和一份水或其他中性介质的样品,或者一份被检材料样品和两份水或其他中性介质样品。被检材料的浓度应在阈值水平之上。

被检材料的浓度和中性介质(如果使用),由组织者根据候选评价员参加的评定类型来选择。最佳候选评价员应能够100%正确识别。

经过几次重复检验候选评价员还不能识别出差异,则表明其不适于这种检验工作。

刺激物识别测试可用的物质实例见表2。

表 2 可用于刺激物识别测试的物质实例

物 质	室温下水中浓度
咖啡因	0.27 g/L
柠檬酸	0.60 g/L
氯化钠	2 g/L
蔗糖	12 g/L
顺-3-已烯-1-醇	0.4 mL/L

4.4.6.2 刺激物强度水平之间辨别测试

这些测试基于 ISO 8587 所述的排序检验。测试中刺激物用于形成味道、气味(仅用非常小浓度进行测试)、质地(通过口和手来判断)和色彩。

在每次检验中,将 4 个具有不同特性强度的样品以随机顺序提供给候选评价员,要求他们以强度递增的顺序将样品排序。应以相同的顺序向所有候选评价员提供样品,以保证候选评价员排序结果的可比性,避免由于提供顺序的不同而造成的影响。

此项测试的良好结果仅能说明候选评价员在所试物质特定强度下的辨别能力。

可用的产品实例见表 3。对于规定的浓度,候选评价员如果将顺序排错一个以上,则认为其不适合作为该类分析的优选评价员。

表 3 可用于辨别测试的产品实例

测 试	产 品[a]	室温下水溶液浓度
味觉辨别	柠檬酸	0.1 g/L;0.15 g/L;0.22 g/L;0.34 g/L
气味辨别	乙酸异戊酯	5 mg/kg;10 mg/kg;20 mg/kg;40 mg/kg
质地辨别	适合有关产业(例如奶油干酪、果泥、明胶)	—
颜色辨别	布,颜色标度等	同一种颜色强度的排序,例如由深红至浅红
[a] 也可以使用其他有等级特征的适宜产品。		

4.4.7 描述能力测试

4.4.7.1 描述能力测试的目的

旨在检验候选评价员描述感官感觉的能力。提供两种测试,一种是气味刺激,另一种是质地刺激。本测试应通过评价和面试综合实施。

4.4.7.2 气味描述测试

向候选评价员提供 5 种～10 种不同的嗅觉刺激样品,这些刺激样品最好与最终评价的产品相关。样品系列应包括比较容易识别的和一些不太常见的样品。刺激强度应在识别阈值以上,但是不要显著高出其在实际产品中的可能水平。

样品准备有几种方法,究其本质,一类是直接法,一类是鼻后法。

直接法是使用包含气味的瓶子、嗅条或胶丸。

鼻后法是从气体介质中评价气味,例如通过放置在口腔中的嗅条或含在嘴中的水溶液评价气味。

最常用的方法仍然是通过瓶子评价气味，具体操作为：将样品吸收在无气味的石蜡或棉绒，再置于深色无气味的 50 mL～100 mL 旋盖细口玻璃瓶内，使之有足够的样品材料可挥发在瓶子上部。组织者应在将样品提供给评价员之前检查其强度。

也可将样品吸收在嗅条上。

每次提供一个样品，要求候选评价员描述或记录其感受。初次评价后，组织者可以组织对样品的感官特性进行讨论，以便引出更多的评论以充分显露候选评价员描述刺激的能力。

根据下列标准对候选人表现分类：

a) 3 分，能正确识别或作出确切描述；

b) 2 分，能大体上描述；

c) 1 分，讨论之后能识别或作出合适描述；

d) 0 分，描述不出的。

应根据所使用的不同材料规定出合格操作水平。气味描述测试的候选评价员其得分至少应达到满分的 65%，否则不宜作此类检验。

可用的嗅觉物质实例见表 4，也可参照 ISO 5496。

表 4 气味描述测试用嗅觉物质实例

物 质	通常与该气味相联的物品名称
苯甲醛	苦杏仁、樱桃……
辛烯-3-醇	蘑菇……
苯-2-乙酸乙酯	花卉……
烯丙基硫醚	大蒜……
樟脑	樟脑、药物……
薄荷醇	薄荷……
丁子香酚	丁香……
茴香脑	茴香……
香草醛	香子兰……
β-紫罗酮	紫罗兰、悬钩子……
丁酸	酸败的奶油
乙酸	醋……
乙酸异戊酯	水果、酸水果糖、香蕉、梨……
二甲基噻吩	烤洋葱……
注：可以使用食物产品、调味品、提取液、浸剂或有气味化学物质。所选物质应适应当地情况，并且应无其有气味物质。	

4.4.7.3 质地描述测试

随机提供给候选人一系列样品，要求描述其质地特征。

固体样品应加工成大小一致的块状，液体样品则应用不透明的容器盛放。

根据表现按下列标准对候选评价员分类：

a) 3 分，能正确识别或作出确切描述；

b) 2 分，能大体上描述；

c) 1分,经过讨论后能识别或作出合适描述;

d) 0分,描述不出的。

应根据所使用的不同材料规定出合格操作水平。质地描述测试的候选评价员其得分至少应达到满分的65%,否则不适合作此类检验。

可以应用的产品实例见表5。

表5 质地描述测试用产品实例

产　品	通常与该产品相联的质地
橙子	多汁、汁胞粒……
早餐谷物(玉米片)	酥脆
梨(*Passe crassame*)	砂粒结晶质的、硬而粗糙
砂糖	透明的、粗糙的
药用蜀葵调料	黏、有韧性
栗子泥	面糊状
粗面粉	有细粒的
二次分离稀奶油	油腻的
食用明胶	黏的
玉米松饼	易粉碎
太妃糖	胶黏的
枪乌贼(墨鱼)	弹性、有弹力、似橡胶
芹菜	纤维质
生胡萝卜	易碎的、硬

5 培训

5.1 原则

向评价员提供感官分析程序的基本知识,提高他们觉察、识别和描述感官刺激的能力。培训评价员掌握感官评价的专门知识,并能熟练应用于特定产品的感官评价。

5.2 总则

培训的人数应是评定小组最后实际需要人数的1.5倍~2倍。为了保证候选评价员逐步养成感官分析的正确方法,应按照GB/T 10220推荐的适宜环境中进行。同时应对候选评价员进行所承担检测产品的相关基本知识培训,例如传授他们产品生产过程知识或组织去工厂参观。

除了偏爱检验之外,应要求候选评价员在任何时候都要客观评价,不应掺杂个人喜好和厌恶情绪。

应对结果进行讨论并给予候选评价员再次评价样品的机会。当存在不同意见的时候,应查看他们的答案。

要求候选评价员在评价之前和评价过程中禁止使用有香味的化妆品,且至少在评价前60 min避免接触香烟及其他强烈味道或气味。手上不应留有洗涤剂的残留气味。

应向候选评价员强调,如果他们将任何气味带入检测房间,检测可能无效。

5.3 评价步骤

培训计划开始时，应教会候选评价员评价样品的正确方法。开展每项评价任务之前要充分学习规程，并在分析中始终遵守。样品的测试温度应明确说明。除非被告知关注特定属性，候选评价员通常应按下列次序检验特性：

——色泽和外观；

——气味；

——质地；

——风味(包括气味和味道)；

——余味。

评价气味时，评价员闻气味的时间不要太长，次数不宜太多，以免嗅觉混乱和疲劳。

对固体和液体样品，应预先告知评价员样品的大小(口腔检测)、样品在口内停留的大致时间、咀嚼的次数以及是否吞咽。另外告知如何适当的漱口以及两次评价之间的时间间隔。最终达成一致意见的所有步骤都应明确表述，以保证感官评价员评价产品的方法一致。样品之间的评价间隔时间要充足，以保证感觉的恢复，但要避免间隔时间过长以免失去辨别能力。

5.4 味道和气味的测试和识别培训

匹配、识别、成对比较、三点和二、三点检验(见 GB/T 10220 和专门的国际标准)应被用来展示高、低浓度的味道，并且培训候选评价员去正确识别和描述它们(参见 ISO 3972)。采用同样的方法提高评价员对各种气味刺激物的敏感性(参见 ISO 5496)。刺激物最初仅给出水溶液，在有一定经验后可用实际的食品或饮料替代，也可用两种或多种成分按不同比例混合的样品。

改变样品的外观(例如使用彩灯)能很好地证明检测其他感官特性的差异时需要进行客观的评价。

用于培训和测试的样品应具有其固有的特性、类型和质量，并且具有市场代表性。

提供的样品数量和所处温度一般要与交易或使用时相符。

为了说明特别好，不完整或有缺陷可以有例外。

应注意确保评价员不会因为测试过量的样品而出现感官疲劳。

表 6 给出了可用于该培训阶段的物质。如果可能，刺激物应与最终要评定的物质相关。

表 6 测试和识别培训用物质举例

序号	测试和识别培训用物质
1	表 1 中物质
2	表 3 中产品
3	糖精(100 mg/L)
4	硫酸奎宁(0.20 g/L)
5	葡萄柚汁
6	苹果汁
7	野李汁
8	冷茶汁
9	蔗糖(10 g/L、5 g/L、1 g/L、0.1 g/L)

表 6（续）

序号	测试和识别培训用物质
10	己烯醇(15 mg/L)
11	乙醇苄酯(10 mg/L)
12	4 项～7 项加不同蔗糖含量(参照第 9 条)
13	酒石酸(0.3 g/L)加己烯醇(30 mg/L);酒石酸(0.7 g/L)加己烯醇(15 mg/L)
14	黄色橙味饮料;橙黄色桔味饮料;黄色柠檬味饮料
15	依次加咖啡因(0.8 g/L)、酒石酸(0.4 g/L)和蔗糖(5 g/L)
16	依次加咖啡因(0.8 g/L)、蔗糖(5 g/L)、咖啡因(1.6 g/L)和蔗糖(1.5 g/L)

5.5 标度使用的培训

按样品某一特性的强度,用单一气味、单一味道和单一质地的刺激物的初始等级系列,给评价员介绍等级、分类、间距和比例标度的概念(参见 GB/T 10220 和 ISO 4121)。使用各种评估过程给样品赋予有意义的量值。如 5.4 的说明,最初使用的基液是水,然后可引入有混合刺激物的实际食品和饮料,两者都可独立改变。

表 7 给出了培训阶段可用的物质实例。

如果可能,刺激物应与最终要评价的产品相关。

表 7 标度的使用培训时可用的材料实例

序号	标度的使用培训时可用的材料
1	表 3 中产品和表 6 中第 9 项的产品
2	咖啡因 0.15 g/L、0.22 g/L、0.34 g/L、0.51 g/L
3	酒石酸 0.05 g/L、0.15 g/L、0.4 g/L、0.7 g/L 乙酸己酯 0.5 mg/L、5 mg/L、20 mg/L、50 mg/L
4	干乳酪:成熟的硬干酪,如 Cheddar 或 Gruyere,成熟的软干酪,如 Camembert
5	果胶凝胶
6	柠檬汁和稀释的柠檬汁 10 mL/L、50 mL/L

5.6 开发和使用描述词的培训

通过提供一系列简单样品给评价组并要求开发描述其感官特性的术语,特别是那些能将样品区别的术语,向评价小组成员介绍剖面的概念。术语应由个人提出,然后通过研究讨论并产生一个至少包含 10 个术语、且一致同意的术语表。此表可用于生成产品的剖面图,首先将适宜的术语用于每个样品,然后用 5.5 中讨论的各种类型的标度对其强度打分。组织者将用这些结果生成产品的剖面。表 8 给出了可用于描述词培训的产品实例。

表8　产品描述培训时可用产品的实例

序号	产品描述培训时可用的产品
1	市售果汁产品和混合物
2	面包
3	干酪
4	粉碎的水果或蔬菜
注：参见 ISO 6564。	

5.7　实践

应对 5.4 到 5.6 中所述的培训进行练习，使评价员积累更多经验。

5.8　特别产品的培训

5.8.1　培训的原则

基本培训之后，评价员要进行一个阶段的产品培训，培训的性质要看评价小组是否要用于差异或描述性检验(外观、气味、质地和味道评价)。

5.8.2　差异评价

提供给评价员与最终评价的产品相似的样品，由他们用一种差异评价方法评价(见 GB/T 10220 和描述单个差异检验的国际标准)。

5.8.3　描述评价

如果描述分析不是针对一种特定产品，就应该通过对较宽范围的不同产品描述性分析来获得经验。评价员评价一种特定类型产品，每次评价会将提供 3 个此种类型产品的样品，总共评价约 15 个样品。

提出描述各种感官特性的描述术语。

组织者主导讨论，帮助评价小组将类似的描述词分组，选择一个描述词代替一组用语，使术语合理化。必要时可通过检验外观规范和有特别性状的样品来帮助完成这一步骤。

将一致同意的描述词综合到一张评分表上，再检验几个样品进行验证，进一步改进描述词。还应对每个特性强度梯度进行研讨，并参考实际样品的测试使其合理化。

6　特定方法评价小组成员的选择

6.1　原则

选择一些最适合做某一特定方法评价的成员作为候选人，再从这些人员中筛选部分评价员组成特定方法评价小组。

每个特定方法需要的评价员数量至少要达到 GB/T 10220 的要求。如果候选人的数量比评价小组人数略多，应从可用评价员中挑选最佳的评价员，而不仅限于符合预定标准的人。

适合某种特定方法评价的候选人，未必适合其他方法的评价，而被某种特定方法评价排除的候选人不一定不适合其他评价。

6.2 差异评价

通过重复检验实际物品来选择组成评价小组的成员。如果评价小组需要测试某种特别的性状，也可逐渐降低样品的浓度，其识别较低浓度样品的能力作为挑选评价员的依据。

挑选出的评价人员应具备区分提供的不同样品的能力并能持续完成任务。淘汰完成任务比较差的人选。

6.3 排序评价

通过重复检验实际物品来选择组成评价小组的成员。挑选出的评价人员应具备对样品进行正确排序的能力并能持续完成任务。淘汰完成任务比较差的人选(参见 ISO 8587)。

6.4 评级和打分

安排评价员对随机提供的 6 种不同样品(每种 3 个)进行评价，必要时可以组织一次以上的讨论会。将结果记录于表中，见表 A.1 和表 B.1。

表 A.2 和表 B.2 所示的评价数据用方差分析方法分析，来检验各位评价员的结果。

评价结果中标准偏差大的评价员表明其对同一样品的评价结果不一致，对样品间差异不能明显辨别的评价员表明其辨别能力差，这些评价员都应考虑淘汰。如果大多数评价员在上述的一项或两项表现都差，可能是因为样品之间的差异不足以形成有效的辨别。

表 A.3 和表 B.3 所示的综合数据也应用方差分析方法分析。同时应测定评价员间、样品间以及评价员和样品交互作用的差异显著性。

评价员间差异显著表明存在偏好，如，一个或多个评价员给的分始终比其他人高或低。样品间差异显著表明作为一个组的评价员区别样品是成功的。评价员/样品交互作用差异显著表明两个或多个评价员在两个或多个样品之间有不一致的感觉。某些情况下，评价员/样品交互作用甚至可能反映出样品的排序不一致。

方差分析适合于打分，但不适合于某些类型的评级。如果用于评级，要格外慎重。

6.5 定性描述分析

不提倡使用上述方法以外的专门挑选方法进行定性描述评价。评价员在不同测试中的表现是筛选的依据，特别是 5.6 和 5.8.3 描述的方法。

6.6 定量描述分析

6.6.1 如提供有对照或参考样品(参见 GB/T 10221)，就应检验候选人识别和描述这些样品的能力。不能正确识别或充分描述 70%对照样品的评价员应认为不适合做此种类型的检验。

6.6.2 评价员用 5.8.3 所述评分表和词汇评定约六个样品。样品应按一定次序一式三份提供。然后每个评价员的每个描述符应经过类似于 6.4 和附录 A 或其他多元分析方法分析。

6.7 特殊评价的评价员

尽管是选拔出的最优秀的候选人，感官评价员的表现也可能会有波动。对描述分析而言，在系统的测试之后和复杂的数据统计检验之前，筛选表现较好的评价员或将评价员分成几个分组大有裨益。为此目的所用方法同 6.4。

7 优选评价员的监督检查

需要定期地检查优选评价员的能力有效性和表现。

检查的目的在于检验每位评价员的能力，确定其是否能得到可靠的和再现性好的结果。

多数情况下该检查可以随检验工作同时进行。

根据检查结果决定是否需要重新培训。

根据评价员的应用领域，确定需要开展特殊的感官测试，由评价小组负责人选择测试项目。建议将记录结果作为以后的参考，并用于确定何时需要再培训。

附 录 A
（规范性附录）
优选评价员的得分变异分析

评价员的得分结果见表 A.1。

在表 A.1 中 Y_{ijk} 表示第 j 评价员在样品 i 的第 k 次重复样品，一共有 p 个样品，q 个评价员 和 r 次重复。

具体到最终选择评价小组的打分和评级（见 6.4），$p=6$ 和 $r=3$。在这种情况下，第 j 评价员的差异分析见表 A.2。

表 A.1 评价员结果

样品	评价员								平均分
	1		2		j		q		
	总分	平均分	总分	平均分	总分	平均分	总分	平均分	
1									
2									
i					Y_{ij1} Y_{ijk} Y_{ijr}	$\bar{Y}_{ij.}$			$\bar{Y}_{i..}$
p									
平均分					$\bar{Y}_{..j.}$				$\bar{Y}_{...}$

表 A.2 变异分析-数据不合并

变异来源	自由度 v	平方和 SS	均方 MS	F
样品间	$v_1=p-1$	$SS_1=r\sum_{i=1}^{p}(\bar{Y}_{ij.}-\bar{Y}_{.j.})^2$	$MS_1=SS_1/v_1$	$F=MS_1/MS_2$
残差	$v_2=p(r-1)$	$SS_2=\sum_{i=1}^{p}\sum_{k=1}^{r}(Y_{ijk}-\bar{Y}_{ij.})^2$	$MS_2=SS_2/v_2$	
总和	$v_3=pr-1$	$SS_3=\sum_{i=1}^{p}\sum_{k=1}^{r}(Y_{ijk}-\bar{Y}_{.j.})^2$		

表 A.2 中，评价员 j 对样品 i 的评价结果平均数，见式（A.1）：

$$\bar{Y}_{ij.}=\frac{\sum_{k=1}^{r}Y_{ijk}}{r} \qquad \cdots\cdots\cdots\cdots(A.1)$$

式中：

$\bar{Y}_{ij.}$ ——代表第 j 评价员对样品 i 的评价结果平均数；

Y_{ijk} ——代表第 j 评价员对样品 i 的第 k 次重复样品评价结果；

第 j 评价员的评价结果平均数，见式（A.2）：

$$\bar{Y}_{.j.}=\frac{\sum_{i=1}^{p}\sum_{k=1}^{r}Y_{ijk}}{pr} \qquad \text{(A. 2)}$$

式中：

$\bar{Y}_{.j.}$——代表第 j 评价员的评价结果平均数；

Y_{ijk}—— 代表第 j 评价员在样品 i 的第 k 次重复样品评价结果。

残差标准差计算方法，见式(A.3)：

$$\sqrt{MS_2} \qquad \text{(A. 3)}$$

式中：

MS_2——代表残差的均方；

合并后的数据变异分析如表 A.3 所示。

表 A.3 变异分析——数据合并

变异来源	自由度 v	平方和 SS	均方 MS
样品间	$v_4=p-1$	$SS_4=qr\sum_{i=1}^{p}(\bar{Y}_{i..}-\bar{Y}_{...})^2$	$MS_4=SS_4/\nu_4$
评价员间	$v_5=q-1$	$SS_5=pr\sum_{i=1}^{q}(\bar{Y}_{.j.}-\bar{Y}_{...})^2$	$MS_5=SS_5/\nu_5$
交互作用	$v_6=(p-1)(q-1)$	$SS_6=r\sum_{i=1}^{p}\sum_{j=1}^{q}(\bar{Y}_{ij.}-\bar{Y}_{...})^2-SS_4-SS_5$	$MS_6=SS_6/\nu_6$
残差	$v_7=pq(r-1)$	$SS_7=\sum_{i=1}^{p}\sum_{j=1}^{q}\sum_{k=1}^{r}(Y_{ijk}-\bar{Y}_{ij.})^2$	$MS_7=SS_7/\nu_7$
总和	$v_8=pqr-1$	$SS_8=\sum_{i=1}^{p}\sum_{j=1}^{q}\sum_{k=1}^{r}(Y_{ijk}-\bar{Y}_{...})^2$	

表 A.3 中，所有评价员对样品 i 的评价结果平均数，见式(A.4)：

$$\bar{Y}_{i..}=\frac{\sum_{j=1}^{q}\sum_{k=1}^{r}Y_{ijk}}{qr} \qquad \text{(A. 4)}$$

式中：

$\bar{Y}_{i..}$——代表所有评价员对样品 i 的评价结果平均数；

Y_{ijk}——代表第 j 评价员对样品 i 的第 k 次重复样品评价结果。

评价员 j 的对所有样品的评价结果平均数，见式(A.5)：

$$\bar{Y}_{.j.}=\frac{\sum_{i=1}^{p}\sum_{k=1}^{r}Y_{ijk}}{pr} \qquad \text{(A. 5)}$$

式中：

$\bar{Y}_{.j.}$——代表第 j 评价员对所有样品的评价结果平均数；

Y_{ijk}——代表第 j 评价员对样品 i 的第 k 次重复样品评价结果。

评价员 j 评价样品 i 的得分平均数，见式(A.6)：

$$\bar{Y}_{ij.}=\frac{\sum_{k=1}^{r}Y_{ijk}}{r} \qquad \text{(A. 6)}$$

式中：

$\bar{Y}_{ij.}$——代表第 j 评价员对样品 i 的评价结果平均数；

Y_{ijk}——代表第 j 评价员对样品 i 的第 k 次重复样品评价结果。

所有评价员对全部样品的评价结果平均数，见式(A.7)：

$$\bar{Y}_{...}=\frac{\sum_{i=1}^{p}\sum_{j=1}^{q}\sum_{k=1}^{r}Y_{ijk}}{pqr} \qquad \text{(A.7)}$$

式中：

$\bar{Y}_{...}$——代表所有评价员对全部样品的评价结果平均数；

Y_{ijk}——代表第 j 评价员对样品 i 的第 k 次重复样品评价结果。

评价员和样品间的交互作用的显著性由 MS_6/MS_7 的比率确定，对应的数值为表 B.3 中的 F 值，自由度分别为 v_6 和 v_7。

如果交互作用在 $a=0.05$ 的水平上不显著，评价员间的变异显著性由 MS_5/MS_7 决定，对应的数值为表中的 F 值，自由度分别为 v_5 和 v_7。

附 录 B
（资料性附录）
应用实例

利用10分制评分体系评价冰块里不同贮藏时间的6批鱼样品，每批各取3个，分别让评价员评分，结果见表B.1。

变异分析见表B.2。

总体变异分析见表B.3。

可以得出：评价员1和评价员4具有较低的残差标准差、样品间变异显著，他们是合适的人选。评价员2具有很高的残差标准差而样品间的变异不显著，不是合适的人选，同样，评价员3的样品间的变异不显著，也不是合适的人选。

评价员间变异显著，可见评价员2和3的打分比评价员1和4的打分低。另一方面，评价员/样品的交互作用不显著，不可能推测出评价员对样品的分级具有分歧。

表B.1 评价员的分数

样品	评价员								平均分
	1		2		3		4		
	总分	平均分	总分	平均分	总分	平均分	总分	平均分	
1	8 8 9	8.3	5 8 9	7.3	6 7 5	6.0	9 8 8	8.3	7.50
2	6 8 7	7.0	6 7 4	5.7	5 4 7	5.3	7 7 6	6.7	6.17
3	4 5 5	4.7	5 2 3	3.3	4 3 5	4.0	5 5 5	5.0	4.25
4	6 6 5	5.7	6 4 6	5.3	4 2 4	3.3	6 5 5	5.3	4.92
5	4 5 3	4.0	3 2 4	3.0	4 4 5	4.3	4 5 4	4.3	3.92
6	5 6 6	5.7	4 2 7	4.3	5 4 6	5.0	7 5 7	6.3	5.33
平均分	5.89		4.83		4.67		6.00		5.35

表 B.2 变异分析——数据不合并

变异来源	自由度 v	评价员							
		1		2		3		4	
		MS	F	MS	F	MS	F	MS	F
样品间残差	$v=5$ $v=12$	7.42 0.56	13.36[a]	7.83 2.94	2.66[b]	2.80 1.17	2.4[b]	6.13 0.44	13.80[a]
残差标准差		0.75		1.71		1.08		0.67	

[a] 在 $a=0.001$ 水平上显著。

[b] 在 $a=0.05$ 水平上不显著。

表 B.3 变异分析——数据合并

变异来源	自由度 v	平方和 SS	均方 MS	F
评价员间	$v=3$	26.04	8.68	6.79[a]
样品间	$v=5$	104.90	20.98	16.42[a]
交互作用	$v=15$	16.04	1.07	0.84[b]
残差	$v=48$	61.33	1.28	
总和	71	208.31		

[a] 在 $a=0.001$ 水平上显著。

[b] 在 $a=0.05$ 水平上不显著。

参 考 文 献

[1] ISO 3972 感官分析方法 味觉灵敏度的测定方法(Sensory analysis—Methodology—Method of investigating sensitivity of taste)

[2] ISO 4121 感官分析方法 使用标度评价食品(sensory analysis—Methodology—Evaluation of food products by methods using sclaes)

[3] ISO 5496 感官分析方法 检测和识别气味方面评价员的入门和培训(Sensory analysis—Methodology-initiation and training of assessors in the detection and recognition of odours)

[4] ISO 6564 感官分析方法 味香型法(Sensory analysis—Methodology—Flavour profile methods)

[5] ISO 8587 感官分析方法 分类(Sensory analysis—Methodology—Ranking)

[6] ISO 8589 感官分析 建立感官分析实验室的一般导则(Sensory analysis—General guidance for the design of test rooms)

ICS 13.280
C 57

中华人民共和国国家标准

GB 16361—2012
代替 GB 16361—1996

临床核医学的患者防护与质量控制规范

Specification for patient radiological protection and quality control in nuclear medicine

2012-06-29 发布 2012-10-01 实施

中华人民共和国卫生部
中国国家标准化管理委员会 发布

前　言

本标准第4章、第5章为强制性的，其余为推荐性的。

本标准按照GB/T 1.1—2009给出的规则起草。

本标准代替GB 16361—1996《临床核医学中患者的放射卫生防护标准》。

本标准与GB 16361—1996相比，主要技术变化如下：

——原标准主要依据的国内标准是GB 4792—1984《放射卫生防护基本标准》；本标准则主要依据现已代替GB 4792—1984的新版基本标准GB 18871—2002《电离辐射防护与辐射源安全基本标准》和GBZ 179—2006《医疗照射放射防护基本要求》。

——原标准主要依据的国际标准是ICRP出版物52《Protection of the Patient in Nuclear Medicine, Ann. ICRP 17(4), 1987》；本标准则主要依据IAEA安全报告No. 40《Applying Radiation Safety Standards in Nuclear Medicine, 2005》，以及IAEA安全报告No. 63《Release of Patients after Radionuclide Therapy, 2009》和IAEA技术报告No. 454《Quality Assurance for Radioactivity Measurement in Nuclear Medicine, 2006》。

——标准名称由《临床核医学中患者的放射卫生防护标准》改为《临床核医学的患者防护与质量控制规范》。

——将原标准第3章～第7章的内容整合、归纳成现标准的第4章和第5章，并有较多补充和修改。

——增加了第6章有关质量控制的要求。

——附录由2个增加到8个，并在各附录中分别给出其相应出处。

本标准由中华人民共和国卫生部提出并归口。

本标准起草单位：中国医学科学院放射医学研究所、四川省疾病预防控制中心。

本标准主要起草人：张良安、张文艺、焦玲、丁艳秋、何玲、杨翊。

本标准所代替标准的历次版本发布情况为：

——GB 16361—1996。

临床核医学的患者防护与质量控制规范

1 范围

本标准规定了临床核医学患者防护的基本要求、患者防护与安全以及质量控制要求。

本标准适用于将放射性核素用于临床核医学的诊断与治疗，但不包括粒子源植入的情况。

2 规范性引用文件

下列文件对于本文件的应用是必不可少的。凡是注日期的引用文件，仅注日期的版本适用于本文件。凡是不注日期的引用文件，其最新版本(包括所有的修改单)适用于本文件。

GB 18871—2002 电离辐射防护与辐射源安全基本标准

GBZ 120 临床核医学放射卫生防护标准

GBZ 179 医疗照射放射防护基本要求

3 术语和定义

下列术语和定义适用于本文件。

3.1

放射性药物 radiopharmaceutical

为了诊疗目的可施用到人体内的任何载有放射性核素的化合物。除放射性特性外，在化学和生物的考虑上，放射性药物与其他药物一样。

3.2

放射性核素纯度 radionuclidic purity

特定的放射性核素及其短寿命子体的放射性活度占放射性总活度的分数。

3.3

放射化学纯度 radiochemical purity

放射性核素按所需的化学形式存在的质量分数。

注：如不能达到放射化学纯度的要求，可能导致放射性药物组织靶向特异性变差，造成对非靶器官的照射。

3.4

化学纯度 chemical purity

不论放射性存在与否，按所需的化学形式存在的质量分数。一般来说，在放射性药物中，仅对有化学毒性或影响放射药物生理过程的杂质提出化学纯度的要求。

3.5

放射性比活度 specific radioactivity

单位质量放射性药物中所含的以约束和游离形式存在的放射性核素活度和活度浓度。

3.6

放射性核素发生器 radionuclide generator

可从含长半衰期核素(称为母体)的制剂中分离其衰变所产生短半衰期核素(称为子体)的装置，俗称“母牛”。

4 基本要求

4.1 对临床核医学诊断治疗单位的要求

4.1.1 临床核医学诊断治疗的单位(以下简称为核医学单位)应符合《放射诊疗管理规定》中针对临床核医学诊断治疗(以下简称为诊疗)规定的人员与设备等执业条件和其他有关要求,以及 GB 18871—2002 和 GBZ 179 等相关技术标准的要求。

4.1.2 应配备与其服务项目相适应并且性能合格的核医学诊疗设备(包括相关辅助设备)、患者防护与质量控制检测仪器、个人防护用品。

4.1.3 按照有关规定,定期对检测仪器进行检定或校准,取得合格和有效的检定或校准证书。当检测仪器经重大维修后,应重新进行检定或校准。

4.1.4 应设置与其服务项目相适应并且符合 GBZ 120 防护要求的实验室、检查室、注射室、治疗病房和候诊区等各种工作场所及其相应防护设施。

4.1.5 应注意配置与其服务项目相适应并且结构合理的各种专业人员,包括具备临床核医学资质的执业医师和临床核医学技师等,并对他们积极开展患者防护与安全和质量控制等知识的培训与考核。

4.1.6 应设立放射防护和质量保证管理组织,各类医技人员应在各自的工作中严格遵循防护和安全要求以及质量控制要求,并承担相应的责任。

4.1.7 应制定临床核医学诊疗质量保证计划,建立健全包括加强患者防护在内的管理制度,从管理制度和质量控制程序上保证临床核医学诊疗的正确实施。

4.1.8 应针对实施诊疗时可能出现的故障或失误,制定应急预案,并进行培训和应急演练,将可能出现的故障或失误所致后果减到最小。

4.2 对临床核医学执业医师及相关人员的要求

4.2.1 仅具相应资格的执业医师才能对患者开具放射性药物治疗的处方,并应凭此处方给患者施用治疗性放射性药物。

4.2.2 执业医师应逐例进行正当性判断,只有符合正当性要求的才能开具放射性药物诊疗处方。

4.2.3 执业医师及相关人员应严格掌握适应证,对临床核医学诊疗敏感的患者施用放射性药物时更应严格控制。

4.2.4 在临床核医学诊疗实施前,执业医师及相关人员有责任将可能的风险以口头或书面形式告知患者或其家属。

5 患者防护与安全要求

5.1 正当性判断

5.1.1 在确定核医学诊疗前应首先作出正当性判断,以确保按临床需要得到的诊疗预期利益将超过该诊疗可能带来的潜在危险。

5.1.2 所有新型临床核医学诊疗技术和方法,使用前都应通过正当性判断;已判断为正当的技术和方法,当取得新的或重要的证据并需要重新判断时,应对其重新进行正当性判断。

5.1.3 临床核医学医师应掌握相应医学影像诊断技术的特点及其适应证,使用时应严格控制其适应证范围。即使新型临床核医学技术和方法已做过正当性判断,在用于新的适应证前还应另行进行正当性判断。

5.1.4 用放射性药物诊断时,应参考有关医疗照射指导水平,采用能达到预期诊断目所需要的最低放射性核素施用量。并注意查阅以往的患者检查资料，以避免不必要的重复检查。

5.1.5 对哺乳和怀孕妇女施用诊断性放射性药物，应特别注意进行正当性判断。因特别需要对怀孕妇女进行影像检查时，应对其胎儿所受吸收剂量进行评估。

5.1.6 除非是挽救生命的情况，孕妇不应接受放射性药物的治疗，特别是含^{131}I和^{32}P的放射性药物。放射性药物的治疗，通常应在结束怀孕和哺乳期后进行。为挽救生命而进行放射性药物治疗时，若胎儿接受剂量不超过100 mGy，可以不终止怀孕。

5.1.7 为了避免对胎儿和胚胎造成意外辐射照射，应对患者是否怀孕进行询问、检查和评估。并将有关咨询说明张贴在临床核医学部门有关的场所，特别是入口处和候诊区。

5.1.8 仅当有明显的临床指征时才可以对儿童实施放射性核素显像检查，并应根据患儿的体重、身体表面积或其他适用的准则尽可能减少放射性药物施用量，还应选择半衰期尽可能短的放射性核素。

5.1.9 除上述的规定外，还应满足GBZ 179中正当性判断的其他要求。

5.2 放射防护最优化

5.2.1 一般要求

5.2.1.1 执业医师在开具放射性药物处方时，应做到：

a) 在能实现预期的诊断目标情况下，使患者接受的剂量尽可能低；
b) 要充分应用已有的信息，避免一切不必要的重复照射；
c) 应有核医学实际的医疗照射与放射性药物诊疗处方相一致的验证程序；
d) 在实施核医学诊断检查时，应参考相应的医疗照射指导水平（参见附录A）。

5.2.1.2 执业医师、技术人员及其他影像工作人员，在能达到可接受的图像质量的情况下，应使患者接受的剂量尽可能的低。为此，应采用以下措施：

a) 根据不同患者的特点选用可供使用的适当的放射性药物及其施用活度，特别是对儿童与器官功能损害的患者；
b) 对非检查器官使用阻断放射性药物吸收的方法，并加速排除；
c) 注意采用适当的图像获取和处理技术；
d) 执业医师、技术人员及其他影像工作人员，除应具备相应专业技能外，还应接受核医学诊疗的质量控制要求和防护知识等的技术培训。

5.2.1.3 除非有很明显的临床指征，对怀孕妇女接受诊疗时所施用的放射性药物应注意控制。妇女在施用放射性药物期间应避免怀孕。

5.2.2 临床核医学诊断中的最优化要求

5.2.2.1 应按技术说明书和相关标准要求建立核医学检查设备的运行条件，以便在取得最佳影像时，患者接受剂量最小。

5.2.2.2 核医学工作人员应对已施用放射性药物的患者提供书面和口头的指导，以便他们在出院后还能有效地限制其护理人员和公众所受的照射，减少与其家庭成员如未成年人和孕妇，特别是与其配偶的接近。

5.2.2.3 对每一个患者应做到：

a) 施用放射诊断药物之前，应有程序确定患者身份、施药前患者的准备和施药程序等有关信息；
b) 对每个诊断程序，应适当考虑与该程序有关的医疗照射指导水平；
c) 应正确、详细记录患者的相关信息；
d) 应选择适当的数据采集条件，以便能在达到必要的诊断预期目标下，患者接受的剂量最低。例如，为获取最佳品质影像，应适当选择准直器、能量窗、矩阵尺度、采集时间、准直器的张角等，

以及单光子发射计算机断层成像(SPECT)或正电子发射计算机断层扫描(PET)的有关参数和缩放(zoom)因子;

e) 采用动态分析时,为获取最佳品质影像,也应适当选取帧的数量、时间间隔等参数;

f) 应特别小心,以确保准直器表面或其他部位不会受到污染而导致影响影像质量;

g) 在实施诊断后,尤其是在检查后的短时间内,应鼓励患者(特别是儿童)多饮水、多排泄,以加快肾脏排出放射性药物;

h) 利尿剂或利胆剂等药物一般不干扰检查程序,却能影响放射性药物在特定器官内的贮存或沉积。这种方法有时被用来增加检查的特异性,而且也对辐射防护产生积极的影响。

5.2.2.4 对接受放射性核素诊断的哺乳期妇女,应按附录B的建议实施哺乳中断。

5.2.2.5 对怀孕妇女,应按以下方式进行医疗照射最优化处理:

a) 采用锝-99m及其放射性药物进行核医学诊断时,可直接采用较小的施用药量和延长成像时间来进行优化。由于此核素穿不过胎盘屏障,因而不会导致胎儿受到高剂量照射,此时通常不需要估算胎儿受照剂量。但若使用其他放射性核素(例如碘或镓),宜进行胎儿剂量计算和风险评估;

b) 应鼓励孕妇多喝水和多排尿,以便通过孕妇肾脏迅速清除放射性药物。对易于穿过胎盘屏障被胎儿摄入的放射性药物,例如放射性碘,要避免对胎儿引起的事故性照射。

5.2.3 临床核医学治疗中的最优化要求

5.2.3.1 应有以下最优化措施:

a) 在施用放射治疗药物之前,应有程序确定患者身份、施药前患者的准备和施药程序等有关信息;

b) 在给妇女施用放射性药物前,要判断患者是否怀孕或哺乳;

c) 给患者口头或书面指导,以减少对其家庭成员和公众所造成的照射;

d) 要特别注意防止由于患者的呕吐物和排泄物造成的放射性污染;

e) 按治疗剂量接受放射性药物后的住院患者,其出院时间应符合GB 18871—2002和GBZ 179的要求。

5.2.3.2 凡是接受放射性药物治疗的哺乳妇女,应按附录B的建议终止一段时间的哺乳。

5.2.3.3 除非是挽救生命,不应对怀孕妇女施行放射性药物治疗。对已接受放射性药物治疗的妇女,应按附录C给出的建议在一段时期内避免怀孕。

5.2.3.4 若给男性施用治疗剂量的、处于离子化学状态且具有较长寿命的放射性核素,有可能使精液中有大量的这种放射性核素,影响精子的质量。建议已接受碘-131(碘)、磷-32(磷酸盐)或放射性锶(氯化锶)治疗的男性,在4个月内不要有房事。

5.2.4 临床核医学使用放射源的校准要求

5.2.4.1 临床核医学使用的密封放射源,核医学单位应通过校准使之可追溯到标准剂量实验室。

5.2.4.2 临床核医学使用的非密封放射源,核医学单位应使用活度计测量其活度,并通过对活度计的定期校准使之可溯源到次级标准。

5.2.4.3 核医学单位应通过规范性的质量控制来评价活度计等测量设备的有效性,并积极参加国家组织的相关比对。

5.2.5 加强患者剂量管理的要求

5.2.5.1 应确保给每例患者施用的放射性药物的活度与处方量一致,并在服药时记录;在有可能存在放射性杂质时应特别注意,短寿命核素药物伴有较长寿命杂质会显著增加患者的吸收剂量。

5.2.5.2 供测量注射器或装注射剂的瓶内活度的活度计，应注意质量控制，通过对仪器的常规质量控制，包括对校准的期间核查，来保证测量的准确性，并可追溯到次级标准。

5.2.5.3 利用附录D中D.1的剂量学方法可以计算各类诊断患者的吸收剂量或有效剂量的典型值，由此得到一份相当于D.2所列不同年龄组患者的主要器官吸收剂量或有效剂量的典型数据表。应在相关程序文件或作业指导书中给出这类方法和数据以供使用。在特殊情况下，例如胚胎和胎儿受照时，应计算各例的剂量。

5.2.5.4 在治疗的程序中，应由有专门知识的人员对每次治疗剂量进行计算并予以记录。

5.3 医疗照射指导水平

5.3.1 执业医生应参考5.3.2使用医疗照射指导水平（参见附录A）的原则，以保证施用活度的合理性。

5.3.2 使用指导水平的原则如下：

a) 当剂量或活度显著低于相应的指导水平，又不能提供有用的诊断信息或给患者带来预期的医疗利益时，应按需要采取纠正行动；

b) 当剂量或活度显著超出相应的指导水平时，应考虑指导水平是否已达到辐射防护优化，或医学实践活动是否保持在适当良好水平；

c) 附录A中的指导水平仅适用于一般成年患者。因此实施诊断检查的医师，应对患者的体质、病理条件、身体大小和年龄等具体情况给予仔细的考虑，有可能需要偏离通常的施用量；

d) 当技术改进后，如有必要，应对指导水平的使用作出适当的修正。

5.3.3 鼓励专业学术机构和核医学单位对常用诊断程序中典型成年患者所用的活度开展调查，并对施用活度与影像质量平行地进行评估。

5.4 有关剂量约束

5.4.1 接受放射性药物诊断或治疗的患者，通常的公众剂量限值不适用于其探视者和家庭成员所造成的照射，此时可遵循下述剂量约束要求。但是，这些剂量约束不适用于患者在医疗诊断或治疗过程中所受到的照射。

5.4.2 核医学单位应按照GB 18871—2002附录B(资料性附录)中B1.2.2所规定的要求，向探视者和家庭成员提供有关的辐射防护措施（例如限定接触或接近患者的时间等）及其相应的书面指导，并对其所受剂量加以约束，使其在患者的诊断或治疗期间所受的剂量不超过5 mSv。探视已食入放射性药物的患者的婴儿和儿童所受剂量应不超过1 mSv。

5.4.3 对接受放射性药物治疗的患者，应对其家庭成员提供辐射防护的书面指导。对接受放射性药物治疗的住院患者，仅当其家庭成员中的成人所受剂量不可能超过5 mSv、其家庭成员中的婴儿和儿童以及其他公众所受剂量不可能超过1 mSv时，才能允许患者出院。探视者和家庭成员所受剂量的估算方法以及与剂量约束相对应的放射性药物施用量可参见附录E。

5.4.4 接受了碘-131治疗的患者，其体内放射性活度降至低于400 MBq之前不得出院。

5.5 异常医疗照射的调查与处理

5.5.1 以下事件和事故情况为异常医疗照射：

a) 任何放射性核素治疗中，出现患者或靶组织辨识错误，或使用了错误的药物、剂量，或剂量的分次给予情况与执业医生处方有实质性不同；

b) 任何诊断用药物的施用量远远大于处方值，或多次重复照射，或大大超过设定的指导水平；

c) 任何设备故障、事故、错误或意外事件，使患者受到与诊疗计划不一致的照射，或受到其他非正常发生的潜在照射。

5.5.2 针对上述异常医疗照射，核医学单位应进行以下调查与处理：

a) 计算或估计患者受到的剂量及其分布；

b) 为防止同类事件再次发生所需的纠正措施，并立即组织实施所有纠正措施；

c) 调查后应尽快向监管机构提出书面报告，说明事件的原因，以及上述 5.5.2 a)和 5.5.2 b)的内容；

d) 应将事件情况告知患者及其医生。

5.6 记录保持

5.6.1 核医学单位的相关记录至少包括下列内容：

a) 每个患者所服用的放射性药物及其类型、给药途径、分次给予的方式及其施用活度；

b) 医学研究中志愿者所服用的放射性药物及其类型、给药途径、分次给予的方式及其施用活度。

5.6.2 核医学单位应将上述记录保存规定的时间，并能有效提供使用。

6 质量控制要求

6.1 质量控制方案和程序

6.1.1 核医学单位应制定全面的质量保证大纲，它应包括：

a) 对新的或维修过的显像器件和辐照装置，使用前应测量其相关的物理参数，并且以后对其进行定期测量；

b) 检验患者诊断或治疗中使用的相关的物理因素和临床因素；

c) 用程序规范化书面记录和操作(例如患者的病史和体征、诊断摘要、适应证和禁忌证等)；

d) 确认施用的放射性药物及其施用程序与执业医师开具的处方相一致的验证程序；

e) 剂量测定和监测仪器的校准及工作条件的验证程序；

f) 对已制定的质量保证大纲进行定期和独立的听证及审查的程序。

6.1.2 核医学单位应制定完整的质量控制方案，通常包括附录 F 中的内容，应特别注意放射性药物的准备和贮存、仪器设备的性能、放射废物管理等。核医学服务一般结果的分析应包括对工作人员和患者的剂量、患者和有关医生的满意度、工作量指标、记录和临床稽核等内容。

6.1.3 核医学单位应组织具有相关专业资质的专家建立规范的质量控制程序，其内容至少应包括：

a) 处方程序(包括患者的病史和体征、诊断摘要、调查的适合性和禁忌证等内容)；

b) 放射药物施用程序(包括可靠的施药程序、患者信息及身份识别和患者准备等内容)；

c) 临床工作程序(包括核准的供方和材料、贮存、放射性药物制备、临床环境、患者的运送和准备、设备性能、采购规程和废物处理等内容)；

d) 技术培训及经验收集程序(包括核医学专家、物理学家、技师和所涉及的其他人员的培训和经验收集等内容)；

e) 数据分析和处理程序(包括处理规程、设备性能、数据精确度和完整性等内容)；

f) 结果报告程序(包括数据、图像审读、结果和进一步的建议等内容)。

6.2 放射性药物及其质量控制

6.2.1 对放射性药物的要求

6.2.1.1 为确保安全和有效使用放射性药物，这类药物不但应满足药品标准的要求，而且也应符合放射性药物的要求。对所施用的放射性药物，应符合以下要求：

a) 严格控制其放射性核素纯度，通常应按制造商规定的技术指南进行控制。当使用一个“母牛”

发生器洗脱所需的放射性核素子体时，母体核素也有可能转移到洗脱液中，这些长半衰期母体核素作为杂质不但会影响影像质量，而且会对患者产生不必要的辐射剂量。所以在使用"母牛"发生器时，为了保证所用子体的放射性核素纯度符合要求，应在每次使用前对其淋洗下来的母体进行不同时期的活度测量，以推算其放射性核素纯度。有条件的可以用能谱分析方法确定其放射性核素纯度。

b) 严格控制其化学纯度，使其带有毒性的化学杂质和影响放射药物生理过程的化学杂质符合相关的国家标准要求。

c) 按步骤 a)中的方法，严格控制其放射化学纯度。如不能达到放射化学纯度的要求，有可能导致放射性药物组织靶向特异性变差，造成对非靶器官的照射。

d) 对颗粒状放射性药物，严格控制其颗粒的大小。例如，使用大聚体白蛋白(MAA)时，为避免引起肺动脉栓塞，应将其 90% 的颗粒大小控制在 10 μm～90 μm 范围，最大不应超过 150 μm。

e) 放射性药物产品应有热源反应结果、放射化学纯度分析结果和灭菌效果等的标识和说明。此外，还应标识以下内容：

1) 放射性核素和药物的化学形态；
2) 总放射性活度；
3) 活度测量时间；
4) 制造商名称和地址；
5) 有效期；
6) 可以追溯批号和批次的代码；
7) 溶液情况下，要标明总体积；
8) 其他相关参数。

6.2.1.2 应确保放射性药物的有效施用量，特别是改变放射性核素标记物时。

6.2.2 放射性药物的质量控制

6.2.2.1 核医学单位应对相关的作业环境的微生物、药物颗粒和放射性污染进行定期监测，对放射性核素纯度进行验收检测；按计划对所有相关设备进行日常预防性保养，并对其定期校准。

6.2.2.2 核医学单位对放射性药物的质量控制，应以质量控制的过程和程序控制为重点，应要求所有作业程序都有书面形式且得到严格遵守，并按质量体系的要求准确记录和保存。

6.2.2.3 核医学单位应建立放射药物使用档案，其内容包括原始材料、验收检测、日常检测、放射性物料的储存、生产过程和放射性废物处置等的记录，以及环境空气中气溶胶监测、辐射检测、工作站性能、仪器校准和工作人员辐射剂量等的记录。

6.2.2.4 应使用气体井型电离室型放射性核素活度计测量放射性药物放射性，以确保注射器或瓶中放射性药物所给活度的准确度。

6.2.2.5 附录 G 中 G.2 是应用气体井型电离室型活度计进行放射性核素测量的典型装置，其测量范围应在 1 MBq～10 GBq，其准确度应小于±5%；

6.2.2.6 应在放射性药物施用时测量其活度，记录其测量时间和结果等。活度测量应按附录 G 中 G.3 中的要求进行。

6.2.2.7 应有用于活度计稳定性检查的参考源，典型的是 5 MBq 铯-137 或 100 MBq 钴-57 等长寿命密封(通常用树脂)放射源。

6.3 设备的质量控制

6.3.1 设备的质量控制检测

6.3.1.1 质量控制检测包括验收检测、状态检测和稳定性检测，其检测项目参见附录 H。所有检测及其结果应有完整记录并按规定保存。

6.3.1.2 设备安装和大型维修后，应进行验收检测，以验证设备是否符合国家相关技术规范或制造商认证的技术规格。采购的合同条件应明确规定供应商责任，以便于解决任何验收检测确定的不符合项。

6.3.1.3 除验收检测外，对使用中的核医学设备还应进行状态检测和稳定性检测。验收检测和状态检测应由核医学单位委托具有相应资质的服务机构进行。

6.3.2 设备的安装和管理

6.3.2.1 对于核医学大型设备项目，应注意选址和小心安装，应同时考虑电力需求、本底辐射水平、屏蔽要求，以及温度和湿度的环境限制等因素。

6.3.2.2 对每一种类型的设备维护及其使用应建立相应的、规范的作业指导书，其中应说明仪器维护和使用方法，检测的方法和频度。

附 录 A
（资料性附录）
临床核医学诊断医疗照射的指导水平

表 A.1 给出了典型成年受检者各种常用的核医学诊断的活度指导水平，表中的值引自 GBZ 179，其中带 * 者则转引自 IAEA 安全报告 No.40 的附录Ⅵ。

表 A.1 典型成年患者核医学诊断过程放射性活度的指导水平

部位	检查项目	放射性核素	化学形态	每次检查常见的最大活度/MBq
骨	骨显像	^{99m}Tc	MDP(亚甲基二膦酸盐和磷酸盐化合物)	600
	骨断层显像	^{99m}Tc	MDP 和磷酸盐化合物	800
	骨髓显像	^{99m}Tc	标记的硫化胶体	400
脑	脑显像(静态)	^{99m}Tc	TcO_4^-	500
			DTPA(二乙三胺五乙酸)，葡萄糖酸盐和葡庚糖酸盐	500
	脑断层显像	^{99m}Tc	ECD(双半胱氨酸乙酯)	800
		^{99m}Tc	DTPA(二乙三胺五乙酸)，葡萄糖酸盐和葡庚糖酸盐	800
		^{99m}Tc	HM-PAO(六甲基丙二胺肟)	500
	脑血流	^{99m}Tc	HM-PAO(六甲基丙二胺肟)，ECD(双半胱氨酸乙酯)	500
	脑池造影	^{111}In	DTPA(二乙三胺五乙酸)	40
泪腺	泪引流	^{99m}Tc	TcO_4^-	4
甲状腺	甲状腺显像	^{99m}Tc	TcO_4^-	200
		^{131}I	碘化钠	20
	甲状腺癌转移灶(癌切除后)	^{133}I	碘化钠	400
	甲状旁腺显像	^{201}Tl	氯化亚铊	80
		^{99m}Tc	MIBI(甲氧基异丁基异腈)	740
肺	肺通气显像	^{81m}Kr	气体	6000*
		^{99m}Tc	DTPA(二乙三胺五乙酸)-气溶胶	80
	肺灌注显像	^{81m}Kr	水溶液	6000*
		^{99m}Tc	HAM(人血清白蛋白)	100
		^{99m}Tc	MAA(大颗粒聚集白蛋白)	185
	肺断层显像	^{99m}Tc	MAA(大颗粒聚集白蛋白)	200
肝和脾	肝和脾显像	^{99m}Tc	标记的硫化胶体	150
	胆道系统功能显像	^{99m}Tc	EHIDA(二乙基乙酰苯胺亚氨二醋酸)	185
	脾显像	^{99m}Tc	标记的变性红细胞	100
	肝断层显像	^{99m}Tc	标记的硫化胶体	200

表 A.1（续）

部位	检查项目	放射性核素	化学形态	每次检查常见的最大活度/MBq
心血管	首次通过血流检查	^{99m}Tc	TcO_4^-	800
		^{99m}Tc	DTPA(二乙三胺五乙酸)	560
	心血池显像	^{99m}Tc	HAM(人血白蛋白微球)	800
	心和血管显像	^{99m}Tc	标记的正常红细胞	800
	心肌显像	^{99m}Tc	PYP(焦磷酸盐)	600
	心肌断层显像	^{99m}Tc	MIBI(甲氧基异丁基异腈)	600
		^{201}Tl	氯化亚铊	100
		^{99m}Tc	膦酸盐和磷酸盐化合物	800
		^{99m}Tc	标记的正常红细胞	400[a]
胃肠道	食管通过和胃-食管反流	^{99m}Tc	标记的硫化胶体	40
	胃排空	^{99m}Tc	标记的硫化胶体	12
	胃/唾液腺显像	^{99m}Tc	TcO_4^-	40
	美克耳氏憩室显像	^{99m}Tc	TcO_4^-	400
	胃肠道出血检查	^{99m}Tc	标记的硫化胶体	400
		^{99m}Tc	标记的正常红细胞	400
肾、泌尿系统	肾皮质显像	^{99m}Tc	DMSA(二巯基丁二酸)	160
		^{99m}Tc	葡庚糖酸盐	200
	肾血流、功能显像	^{99m}Tc	DTPA(二乙三胺五乙酸)	300
		^{99m}Tc	MAG3(巯乙酰三甘肽)	300
		^{99m}Tc	EC(双半胱氨酸)	300
	肾上腺显像	^{75}Se	硒基-去甲胆甾醇	8[a]
其他	肿瘤或脓肿显像	^{67}Ga	柠檬酸盐	300
		^{201}Tl	氯化物	100
	肿瘤显像	^{99m}Tc	DMSA(二巯基丁二酸),MIBI	400
	神经外胚层肿瘤显像	^{123}I	MIBG(间碘苄基胍)	400
		^{131}I	MIBG(间碘苄基胍)	40
	淋巴结显像	^{99m}Tc	标记的硫化锑胶体	370
	脓肿显像	^{99m}Tc	HM-PAO(六甲基丙二胺肟)标记的白细胞	400
	下肢深静脉显像	^{99m}Tc	标记的正常红细胞	每侧 185
		^{99m}Tc	大分子右旋醣酐	每侧 185

附 录 B
（资料性附录）
接受临床核医学诊疗妇女哺乳中断时期的建议

施用不同类型放射性药物后，妇女哺乳中断时期的建议列在表B.1。此处采用的建议值及分类均来自2005年IAEA安全报告No.40附录Ⅳ的表17～表19，其中带*者（铟-111白细胞）的原数据有误，现按原资料的施用活度（MBq）作了修正。

表B.1 施用不同类型放射性药物一定活度后对中断哺乳的建议

放射性药物	施用活度/MBq(mCi)	对中断哺乳的建议
A类放射药物		
镓-67柠檬酸盐	185(5)	中断
锝-99m二乙烯三胺五乙酸	740(20)	不用中断
锝-99m大聚体白蛋白	148(4)	中断12h
锝-99m高锝酸盐	185(5)	中断4 h
碘-131 NaI	5 550(150)	中断
B类放射药物		
铬-51乙二胺四乙酸	1.85(0.05)	不用中断
锝-99m二异丙基亚氨二醋酸	300(8)	不用中断
锝-99m葡庚糖酸盐	740(20)	不用中断
锝-99m人血清白蛋白微球	300(8)	不用中断
锝-99m甲氧基异丁基异腈	1110(30)	不用中断
锝-99m亚甲基二磷酸	740(20)	不用中断
锝-99m焦磷酸盐	740(20)	不用中断
锝-99m体内标记RBCs	740(20)	中断12 h
锝-99m体外标记RBCs	740(20)	不用中断
锝-99m硫化胶体	444(12)	不用中断
铟-111白细胞*	0.5(0.135)	不用中断
碘-123 NaI	14.8(0.4)	中断
碘-123邻碘马尿酸钠	74(2)	不用中断
碘-123间碘苄基胍	370(10)	中断48 h
碘-125邻碘马尿酸钠	0.37(0.01)	不用中断
碘-131邻碘马尿酸钠	11.1(0.3)	不用中断
铊-201	111(3)	中断96h
锝-99m二乙烯三胺五乙酸喷雾剂	37(1)	不用中断
C类放射药物		
锝-99m白细胞	185(5)	中断48 h
锝-99m巯基乙酰三甘氨酸	370(10)	不用中断
Xe-133气体	—	不用中断

附 录 C
（资料性附录）
接受临床核医学治疗妇女避免怀孕的时期建议

C.1 对于施用下述放射性核素治疗后的妇女，表 C.1 给出了治疗用最大活度和治疗后避免怀孕时间的建议。此处采用的建议值均来自 2005 年 IAEA 安全报告 No.40 附录Ⅴ的表 20。

C.2 即使施用活度小于表中所列的值，避免怀孕的时间也按此表建议处理

表 C.1 放射性核素治疗用最大活度和治疗后避免怀孕时间的建议

放射性药物及形态	疾病	最大放射性活度 MBq	避免怀孕时间 月
碘-131 碘	甲状腺毒症	800	4
碘-131 碘	甲状腺癌	5 000	4
碘-131 间碘苄基胍	嗜铬细胞瘤	5 000	4
磷-32 磷酸盐	红血球增多(症)	200	3
锶-89 氯化物	骨转移瘤	150	24
Y-90 胶体	关节炎关节	400	0
Y-90 胶体	癌	4 000	1
Au-198 胶体	癌	10 000	2
Er-169 胶体	关节炎关节	400	0

附 录 D
（资料性附录）
临床核医学中患者接受剂量的估算方法

D.1 临床核医学中患者接受剂量的估算方法如下：

a) 临床核医学诊疗中，用放射性活度施用量（A）与单位施用量患者不同器官所接受的吸收剂量（d_T）的乘积来估算患者不同器官的剂量（D_T），即

$$D_T = A \times d_T \quad \cdots\cdots (D.1)$$

式中：

D_T——患者 T 器官所接受的吸收剂量，单位为毫戈（mGy）；

A ——放射性活度施用量，单位为兆贝可（MBq）；

d_T ——单位施用量下患者 T 器官所接受的吸收剂量，单位为毫戈每兆贝可（mGy/MBq）。

b) 在核医学病人剂量估算中，为了对全身各器官受照剂量有个综合评价指标，可借用辐射防护评价中不同器官的的组织权重因子 ω_T，计算有效剂量 E 如下：

$$E = A \times d_E = A \times \sum_T \omega_T d_T \quad \cdots\cdots (D.2)$$

式中：

d_E——单位施用量下病人的有效剂量，单位为毫希每兆贝可（mSv/MBq）。

D.2 在表 D.1～D.4 中分别列出了成人（＞14 岁）、少儿（≤14 岁且＞8 岁）、幼儿（≤8 岁且＞3 岁）和婴儿（≤3 岁）患者的 d_T 和 d_E 的值，这些建议值来自以下出版物：

a) ICRP Publication 53. Radiation dose to Patients from Radiopharma Ceuticals. Oxford 1987；

b) ICRP Publication 80 addendum to ICRP 53, Radiation Dose to Patients from Pharmaceuticals. Annals of the ICRP. Vol 28 No 3 1998；

c) ICRP Publication 106 Radiation Dose to Patients from Radiopharmaceuticals：Addendum 3 to ICRP Publication 53, Ann. ICRP 38(1-2), 2008。

D.3 本附录使用时还要注意的是：

a) 本标准附录 D 各表中仅列出少数器官，不能用这些少量器官的数据估算有效剂量，因为接受剂量最大的器官有可能未列出，这样估算的结果可能会有数量级的差异。如果要估算有效剂量，请参看 ICRP 53，80 和 106 号出版物。

b) 在进行核医学病人剂量估算时，应该用 ICRP 53，80 和 106 号出版物的方法及参数，不应使用 GB 18871—2002 附录 B 中表 B3 的 $e(g)$，后者用的是连续摄入模式，仅用于职业照射。

表 D.1 临床核医学中成人单位施用量患者接受的器官吸收剂量（d_T）及有效剂量（d_E）

核素	化合物	摄入方式	d_T（主要关键器官） mGy/MBq				d_E mSv/MBq
			卵巢	睾丸	红骨髓	甲状腺	
碳-14	菊粉	静脉	9.5×10^{-4}	9.5×10^{-4}	9.5×10^{-4}	9.5×10^{-4}	1.1×10^{-2}
碳-14	菊粉	静脉（肾功能反常）	9.7×10^{-3}	9.7×10^{-3}	9.7×10^{-3}	9.7×10^{-3}	1.9×10^{-3}
铬-51	铬（Ⅲ）氯化物	静脉	4.0×10^{-2}	3.1×10^{-2}	4.9×10^{-2}	3.1×10^{-2}	0.11

表 D.1（续）

核素	化合物	摄入方式	d_T（主要关键器官）mGy/MBq				d_E mSv/MBq
			卵巢	睾丸	红骨髓	甲状腺	
铬-51	变性的红血球	静脉	1.8×10^{-2}	5.7×10^{-3}	2.8×10^{-2}	6.6×10^{-3}	0.40
铬-51	乙烯二胺-四乙酸	静脉	1.6×10^{-3}	1.2×10^{-3}	7.4×10^{-4}	5.6×10^{-4}	2.0×10^{-3}
铬-51	乙烯二胺-四乙酸	静脉（肾功能反常）	4.6×10^{-3}	3.7×10^{-3}	4.0×10^{-3}	3.1×10^{-3}	5.2×10^{-3}
铬-51	乙烯二胺-四乙酸	口服	3.9×10^{-2}	3.4×10^{-3}	8.1×10^{-3}	6.1×10^{-5}	3.4×10^{-2}
铬-51	红血球	静脉	8.2×10^{-2}	6.3×10^{-2}	0.14	0.12	0.26
铬-51	不吸收标记物（液体）	口服	3.9×10^{-2}	3.4×10^{-3}	8.0×10^{-3}	5.7×10^{-5}	3.4×10^{-2}
铬-51	不吸收标记物（固体）	口服	3.9×10^{-2}	3.4×10^{-3}	8.1×10^{-3}	7.0×10^{-5}	3.4×10^{-2}
铬-51	血小板	静脉	3.2×10^{-2}	1.3×10^{-2}	0.19	2.2×10^{-2}	0.24
铜-64	铜	静脉	1.1×10^{-2}	1.1×10^{-2}	1.5×10^{-2}	1.2×10^{-2}	5.3×10^{-2}
铜-67	铜	静脉	6.0×10^{-2}	5.1×10^{-2}	7.5×10^{-2}	5.4×10^{-2}	0.22
铬-51	白血球	静脉	3.4×10^{-2}	1.4×10^{-2}	0.23	1.7×10^{-2}	0.19
氟-18	2-氟-2 -脱氧-D-葡萄糖(FDG)	静脉	1.5×10^{-2}	1.2×10^{-2}	1.1×10^{-2}	1.0×10^{-2}	1.9×10^{-2}
氟-18	氟化物	静脉	1.3×10^{-2}	1.1×10^{-2}	4.0×10^{-2}	6.8×10^{-3}	2.7×10^{-2}
镓-67	柠檬酸盐	静脉	8.2×10^{-2}	5.6×10^{-2}	0.21	6.2×10^{-2}	0.10
碘-123	白蛋白	鞘内(Cisternal)	5.1×10^{-3}	3.1×10^{-3}	3.3×10^{-2}	1.2×10^{-2}	2.8×10^{-2}
碘-123	白蛋白	鞘内(Lumbar)	1.2×10^{-2}	4.4×10^{-3}	7.3×10^{-2}	9.4×10^{-3}	3.9×10^{-2}
碘-123	白蛋白(HAS)	静脉	1.5×10^{-2}	1.0×10^{-2}	2.4×10^{-2}	1.7×10^{-2}	2.6×10^{-2}
碘-123	纤维蛋白原	静脉	1.4×10^{-2}	9.9×10^{-3}	2.4×10^{-2}	1.8×10^{-2}	2.7×10^{-2}
碘-123	邻碘马尿酸钠	静脉	6.9×10^{-3}	4.8×10^{-3}	1.3×10^{-3}	4.4×10^{-4}	1.2×10^{-2}
碘-123	邻碘马尿酸钠	静脉（肾功能反常）	7.9×10^{-3}	5.3×10^{-3}	6.4×10^{-3}	3.0×10^{-3}	1.3×10^{-2}
碘-123	邻碘马尿酸钠	静脉（单肾结石）	7.1×10^{-3}	2.8×10^{-3}	1.3×10^{-2}	3.6×10^{-4}	6.2×10^{-2}
碘-123	碘化物	静脉（甲状腺闭塞，摄入0%）	9.8×10^{-3}	6.9×10^{-3}	9.4×10^{-5}	5.1×10^{-3}	1.3×10^{-2}
碘-123	碘化物	静脉（甲状腺摄入15%）	1.2×10^{-2}	5.3×10^{-3}	9.4×10^{-3}	1.9	7.5×10^{-2}
碘-123	碘化物	静脉（甲状腺摄入25%）	1.1×10^{-2}	5.2×10^{-3}	9.8×10^{-3}	3.2	0.11
碘-123	碘化物	静脉（甲状腺摄入35%）	1.1×10^{-2}	5.0×10^{-3}	1.0×10^{-2}	4.5	0.15
碘-123	碘化物	静脉（甲状腺摄入45%）	1.1×10^{-2}	4.8×10^{-3}	1.0×10^{-2}	5.7	0.19
碘-123	碘化物	静脉（甲状腺摄入5%）	1.2×10^{-2}	5.5×10^{-3}	9.2×10^{-3}	0.63	3.8×10^{-2}
碘-123	碘化物	静脉（甲状腺摄入55%）	1.1×10^{-2}	4.6×10^{-3}	1.1×10^{-2}	7.0	0.23
碘-123	碘代苯异丙胺(IMP)	静脉	6.8×10^{-3}	4.5×10^{-3}	1.4×10^{-2}	5.9×10^{-3}	3.2×10^{-2}
碘-123	间碘苯甲胍(MIBG)	静脉	8.2×10^{-3}	5.7×10^{-3}	6.4×10^{-3}	5.6×10^{-3}	1.3×10^{-2}
碘-123	大聚体白蛋白(MAA)	口服	8.7×10^{-3}	5.5×10^{-3}	1.8×10^{-2}	4.5×10^{-3}	2.4×10^{-2}
碘-123	大聚体白蛋白(MAA)	口服（中度扩散软组织病早期）	9.2×10^{-3}	5.8×10^{-3}	2.3×10^{-2}	4.7×10^{-3}	2.5×10^{-2}

表 D.1（续）

核素	化合物	摄入方式	d_T（主要关键器官）mGy/MBq				d_E mSv/MBq
			卵巢	睾丸	红骨髓	甲状腺	
碘-123	大聚体白蛋白(MAA)	口服（进行性扩散软组织病中期）	9.8×10^{-3}	5.8×10^{-3}	3.3×10^{-2}	4.8×10^{-3}	2.6×10^{-2}
碘-123	玫瑰红钠	静脉	7.1×10^{-2}	4.0×10^{-3}	2.1×10^{-2}	3.0×10^{-4}	7.6×10^{-2}
碘-123	玫瑰红钠	静脉（胆管闭塞）	3.2×10^{-3}	9.4×10^{-4}	9.4×10^{-3}	1.1×10^{-3}	3.3×10^{-2}
碘-123	玫瑰红钠	静脉（膀胱闭塞）	5.5×10^{-2}	4.3×10^{-3}	1.6	3.0×10^{-4}	5.7×10^{-2}
碘-123	玫瑰红钠	静脉（实质性肝病）	2.7×10^{-2}	4.4×10^{-3}	8.7×10^{-3}	4.5×10^{-4}	3.4×10^{-2}
碘-125	白蛋白(HAS)	静脉	0.20	0.16	0.37	0.26	0.34
碘-125	二碘酪氨酸	静脉	2.7×10^{-2}	5.0×10^{-3}	1.3×10^{-2}	4.5×10^{-3}	3.6×10^{-2}
碘-125	纤维蛋白原	静脉	5.3×10^{-2}	4.3×10^{-2}	0.11	8.4×10^{-2}	0.12
碘-125	邻碘马尿酸钠	静脉	1.8×10^{-3}	1.1×10^{-3}	6.3×10^{-4}	2.2×10^{-4}	1.0×10^{-2}
碘-125	邻碘马尿酸钠	静脉（肾功能反常）	3.6×10^{-3}	2.7×10^{-3}	4.2×10^{-3}	2.2×10^{-3}	1.0×10^{-2}
碘-125	邻碘马尿酸钠	静脉（单肾结石）	2.2×10^{-3}	7.6×10^{-4}	3.4×10^{-2}	5.8×10^{-5}	0.35
碘-125	碘化物	静脉（甲状腺闭塞，摄入0%）	6.4×10^{-3}	5.0×10^{-3}	8.3×10^{-3}	4.7×10^{-3}	1.2×10^{-2}
碘-125	碘化物	静脉（甲状腺摄入15%）	6.9×10^{-3}	3.6×10^{-3}	1.7×10^{-2}	140	4.3
碘-125	碘化物	静脉（甲状腺摄入25%）	6.9×10^{-3}	3.6×10^{-3}	2.3×10^{-2}	240	7.1
碘-125	碘化物	静脉（甲状腺摄入35%）	6.7×10^{-3}	3.5×10^{-3}	3.0×10^{-2}	330	9.9
碘-125	碘化物	静脉（甲状腺摄入45%）	6.7×10^{-3}	3.4×10^{-3}	3.7×10^{-2}	420	13
碘-125	碘化物	静脉（甲状腺摄入5%）	7.0×10^{-3}	3.7×10^{-3}	1.0×10^{-2}	47	1.4
碘-125	碘化物	静脉（甲状腺摄入55%）	6.6×10^{-3}	3.4×10^{-3}	4.3×10^{-2}	520	16
碘-125	碘化聚乙烯吡咯烷酮	静脉	7.5×10^{-2}	5.8×10^{-2}	0.23	6.1×10^{-2}	1.2
碘-125	碘安替比林	静脉	7.6×10^{-3}	5.9×10^{-3}	1.0×10^{-2}	5.7×10^{-3}	1.3×10^{-2}
碘-125	碘酞酸盐	静脉	3.3×10^{-3}	2.4×10^{-3}	3.3×10^{-3}	1.8×10^{-3}	9.7×10^{-3}
碘-125	碘酞酸盐	静脉（肾功能反常）	1.3×10^{-2}	1.0×10^{-2}	1.8×10^{-2}	1.0×10^{-2}	1.9×10^{-2}
碘-125	不吸收标记物（液体）	口服	0.12	2.1×10^{-3}	3.3×10^{-2}	8.6×10^{-8}	0.15
碘-125	不吸收标记物（固体）	口服	0.12	2.1×10^{-3}	3.3×10^{-2}	1.6×10^{-7}	0.16
碘-125	反三碘甲状腺原氨酸(rT3)	静脉	2.7×10^{-2}	5.6×10^{-3}	1.4×10^{-2}	5.1×10^{-3}	3.6×10^{-2}
碘-125	甲状腺素(T4)	静脉	0.11	7.7×10^{-2}	0.14	8.1×10^{-2}	0.12
碘-125	三碘甲状腺氨酸(T3)	静脉	4.1×10^{-2}	1.8×10^{-2}	3.6×10^{-2}	1.8×10^{-2}	4.9×10^{-2}
碘-131	白蛋白	鞘内(Cisternal)	0.43	0.39	0.72	0.64	0.84
碘-131	白蛋白	鞘内(Lumbar)	0.46	0.41	0.83	0.64	0.90
碘-131	白蛋白(HAS)	静脉	0.49	0.46	0.66	0.7	0.86
碘-131	二碘酪氨酸	静脉	0.11	4.1×10^{-2}	4.7×10^{-2}	2.8×10^{-2}	0.22
碘-131	纤维蛋白原	静脉	0.24	0.22	0.39	0.43	0.56

表 D.1（续）

核素	化合物	摄入方式	d_T（主要关键器官）mGy/MBq				d_E mSv/MBq
			卵巢	睾丸	红骨髓	甲状腺	
碘-131	邻碘马尿酸钠	静脉	1.6×10^{-2}	1.2×10^{-2}	4.0×10^{-3}	1.4×10^{-3}	5.2×10^{-2}
碘-131	邻碘马尿酸钠	静脉（肾功能反常）	2.6×10^{-2}	2.2×10^{-2}	1.9×10^{-2}	1.4×10^{-2}	6.5×10^{-2}
碘-131	邻碘马尿酸钠	静脉（单肾结石）	6.1×10^{-2}	1.4×10^{-2}	0.11	4.6×10^{-3}	1.5
碘-131	碘化物	静脉（甲状腺闭塞，摄入0%）	4.2×10^{-2}	3.7×10^{-2}	3.5×10^{-2}	2.9×10^{-2}	7.2×10^{-2}
碘-131	碘化物	静脉（甲状腺摄入15%）	4.3×10^{-2}	2.8×10^{-2}	5.4×10^{-2}	210	6.6
碘-131	碘化物	静脉（甲状腺摄入25%）	4.3×10^{-2}	2.7×10^{-2}	7.0×10^{-2}	360	11
碘-131	碘化物	静脉（甲状腺摄入35%）	4.2×10^{-2}	2.6×10^{-2}	8.6×10^{-2}	500	15
碘-131	碘化物	静脉（甲状腺摄入45%）	4.2×10^{-2}	2.6×10^{-2}	0.10	640	19
碘-131	碘化物	静脉（甲状腺摄入5%）	4.4×10^{-2}	2.9×10^{-2}	3.8×10^{-2}	72	2.3
碘-131	碘化物	静脉（甲状腺摄入55%）	4.1×10^{-2}	2.6×10^{-2}	0.12	790	24
碘-131	碘化聚乙烯吡咯烷酮	静脉	0.10	7.3×10^{-2}	0.18	7.3×10^{-2}	0.97
碘-131	碘安替比林	静脉	4.9×10^{-2}	4.4×10^{-2}	4.2×10^{-2}	3.6×10^{-2}	7.8×10^{-2}
碘-131	碘甲基-19-降胆甾醇(NP59)	静脉	0.40	0.33	0.37	29	1.8
碘-131	大聚体白蛋白(MAA)	静脉	4.4×10^{-2}	3.4×10^{-2}	7.2×10^{-2}	4.4×10^{-2}	0.50
碘-131	间碘苯甲胍(MIBG)	静脉	6.6×10^{-2}	5.9×10^{-2}	6.7×10^{-2}	5.0×10^{-2}	0.20
碘-131	大聚体白蛋白(MAA)	口服	5.8×10^{-2}	4.5×10^{-2}	0.23	3.9×10^{-2}	0.31
碘-131	大聚体白蛋白(MAA)	口服（中度扩散软组织病早期）	6.5×10^{-2}	4.8×10^{-2}	0.33	4.3×10^{-2}	0.38
碘-131	大聚体白蛋白(MAA)	口服（进行性扩散软组织病中期）	7.1×10^{-2}	4.9×10^{-2}	0.53	4.4×10^{-2}	0.34
碘-131	不吸收标记物（液体）	口服	0.42	3.7×10^{-2}	8.7×10^{-2}	7.4×10^{-4}	0.93
碘-131	不吸收标记物（固体）	口服	0.42	3.7×10^{-2}	8.8×10^{-2}	9.0×10^{-4}	0.95
碘-131	反三碘甲状腺原氨酸(rT3)	静脉	0.11	4.5×10^{-2}	5.1×10^{-2}	3.2×10^{-2}	0.22
碘-131	玫瑰红钠	静脉	0.40	3.6×10^{-2}	8.4×10^{-2}	1.3×10^{-3}	0.91
碘-131	玫瑰红钠	静脉（胆管闭塞）	4.0×10^{-2}	1.5×10^{-2}	0.12	2.1×10^{-2}	0.82
碘-131	玫瑰红钠	静脉（膀胱闭塞）	0.30	3.0×10^{-2}	6.3×10^{-2}	1.4×10^{-3}	0.66
碘-131	玫瑰红钠	静脉（实质性肝病）	0.16	2.1×10^{-2}	3.5×10^{-2}	1.9×10^{-3}	0.38
碘-131	甲状腺素(T4)	静脉	0.39	0.35	0.37	0.33	0.44
碘-131	三碘甲状腺氨酸(T3)	静脉	0.18	0.12	0.13	0.1	0.27
铟-111	气溶胶（肺快速清除）	吸入	1.6×10^{-2}	1.0×10^{-2}	1.1×10^{-2}	5.1×10^{-3}	2.8×10^{-2}
铟-111	气溶胶（肺慢速清除）	吸入	7.4×10^{-2}	3.1×10^{-2}	0.38	5.5×10^{-2}	0.29
铟-111	博来霉素	静脉	7.3×10^{-2}	4.3×10^{-2}	0.13	4.2×10^{-2}	0.16

表 D.1（续）

核素	化合物	摄入方式	d_T（主要关键器官）mGy/MBq				d_E mSv/MBq
			卵巢	睾丸	红骨髓	甲状腺	
铟-111	二乙烯三胺五乙酸	鞘内(Cisternal)	2.0×10^{-2}	8.5×10^{-3}	0.14	3.9×10^{-2}	0.12
铟-111	二乙烯三胺五乙酸	鞘内(Lumbar)	3.9×10^{-2}	1.1×10^{-2}	0.24	2.1×10^{-2}	0.14
铟-111	二乙烯三胺五乙酸	静脉	1.8×10^{-2}	1.2×10^{-2}	9.2×10^{-3}	4.1×10^{-3}	2.5×10^{-2}
铟-111	二乙烯三胺五乙酸	静脉(肾功能反常)	4.5×10^{-2}	3.1×10^{-2}	$4.\times10^{-2}$	2.7×10^{-2}	4.8×10^{-2}
铟-111	人类免疫球蛋白(HIG)	静脉	0.13	0.13	0.13	0.13	0.17
铟-111	铟	静脉	0.12	5.3×10^{-2}	0.60	6.4×10^{-2}	0.26
铟-111	不吸收标记物(液体)	口服	0.42	3.0×10^{-2}	9.7×10^{-2}	4.6×10^{-4}	0.30
铟-111	不吸收标记物(固体)	口服	0.42	3.0×10^{-2}	9.7×10^{-2}	6.0×10^{-4}	0.31
铟-111	奥曲肽	静脉	2.7×10^{-2}	1.7×10^{-2}	2.2×10^{-2}	7.6×10^{-2}	5.4×10^{-2}
铟-111	血小板	静脉	9.8×10^{-2}	4.3×10^{-2}	0.36	8.1×10^{-2}	0.70
铟-111	白血球	静脉	0.12	4.5×10^{-2}	0.69	6.1×10^{-2}	0.59
磷-32	磷酸盐	静脉	0.74	0.74	11	0.74	2.2
锶-89	锶	静脉	0.78	0.78	11	0.78	2.9
锝-99m	气溶胶(肺快速清除)	吸入	3.3×10^{-3}	2.1×10^{-3}	2.7×10^{-3}	9.9×10^{-4}	7.0×10^{-3}
锝-99m	气溶胶(肺慢速清除)	吸入	1.0×10^{-3}	5.8×10^{-4}	4.1×10^{-3}	1.9×10^{-3}	1.5×10^{-2}
锝-99m	白蛋白	静脉(Cisternal)	9.1×10^{-4}	4.6×10^{-4}	9.3×10^{-3}	3.6×10^{-3}	6.8×10^{-3}
锝-99m	白蛋白	静脉(Lumbar)	4.8×10^{-3}	9.3×10^{-4}	3.0×10^{-2}	2.3×10^{-3}	1.1×10^{-2}
锝-99m	白蛋白(HAS)	静脉	4.4×10^{-3}	2.9×10^{-3}	7.5×10^{-3}	4.9×10^{-3}	7.9×10^{-3}
锝-99m	白蛋白微球体	静脉	2.6×10^{-3}	1.7×10^{-3}	4.6×10^{-3}	2.2×10^{-3}	1.1×10^{-2}
锝-99m	合成的柠檬酸盐	静脉	4.8×10^{-3}	3.0×10^{-3}	4.8×10^{-3}	1.8×10^{-3}	8.3×10^{-3}
锝-99m	变性红血球	静脉	1.4×10^{-3}	4.7×10^{-4}	4.3×10^{-3}	6.3×10^{-4}	4.1×10^{-2}
锝-99m	二巯基丁二酸	静脉	3.5×10^{-3}	1.8×10^{-3}	3.9×10^{-3}	1.5×10^{-3}	8.8×10^{-3}
锝-99m	二乙烯三胺五乙酸	鞘内(Cisternal)	8.9×10^{-4}	4.4×10^{-4}	8.5×10^{-3}	3.0×10^{-3}	6.6×10^{-3}
锝-99m	二乙烯三胺五乙酸	鞘内(Lumbar)	4.8×10^{-3}	8.9×10^{-4}	2.9×10^{-2}	1.3×10^{-3}	1.1×10^{-2}
锝-99m	二乙烯三胺五乙酸	静脉	4.2×10^{-3}	2.9×10^{-3}	1.4×10^{-3}	1.0×10^{-3}	4.9×10^{-3}
锝-99m	二乙烯三胺五乙酸	静脉(肾功能反常)	4.9×10^{-3}	3.3×10^{-3}	5.2×10^{-3}	2.5×10^{-3}	5.3×10^{-3}
锝-99m	红血球	静脉	3.7×10^{-3}	2.3×10^{-3}	6.1×10^{-3}	5.7×10^{-3}	7.0×10^{-3}
锝-99m	纤维蛋白原	静脉	4.1×10^{-3}	2.7×10^{-3}	7.3×10^{-3}	4.9×10^{-3}	8.1×10^{-3}
锝-99m	葡萄糖酸盐，葡糖腙	静脉	4.6×10^{-3}	2.9×10^{-3}	3.9×10^{-3}	1.1×10^{-3}	9.0×10^{-3}
锝-99m	肝磷脂	静脉	3.7×10^{-3}	2.2×10^{-3}	5.7×10^{-3}	1.1×10^{-3}	7.3×10^{-3}
锝-99m	六甲基丙二胺肟	静脉	6.6×10^{-3}	2.4×10^{-3}	3.4×10^{-3}	2.6×10^{-2}	9.3×10^{-3}
锝-99m	人类免疫球蛋白	静脉	3.9×10^{-3}	7.6×10^{-3}	5.5×10^{-3}	4.6×10^{-3}	7.0×10^{-3}
锝-99m	亚氨基二乙酸(IDA)的衍生物	静脉	1.9×10^{-2}	1.5×10^{-3}	3.9×10^{-3}	1.4×10^{-4}	1.7×10^{-2}

表 D.1(续)

核素	化合物	摄入方式	d_T(主要关键器官) mGy/MBq				d_E mSv/MBq
			卵巢	睾丸	红骨髓	甲状腺	
锝-99m	亚氨基二乙酸(IDA)的衍生物	静脉(胆管闭塞)	1.9×10^{-3}	7.6×10^{-4}	3.5×10^{-3}	3.4×10^{-4}	9.6×10^{-3}
锝-99m	亚氨基二乙酸(IDA)的衍生物	静脉(膀胱闭塞)	1.9×10^{-2}	1.9×10^{-3}	6.6×10^{-3}	1.5×10^{-4}	1.8×10^{-2}
锝-99m	亚氨基二乙酸(IDA)的衍生物	静脉(实质性肝病)	9.9×10^{-3}	2.5×10^{-3}	3.8×10^{-3}	2.3×10^{-4}	1.3×10^{-2}
锝-99m	大胶体	静脉	2.2×10^{-3}	5.6×10^{-4}	$1.\times10^{-2}$	9.3×10^{-4}	9.4×10^{-3}
锝-99m	大胶体	静脉(中度扩散软组织病早期)	2.7×10^{-3}	8.6×10^{-4}	1.5×10^{-2}	1.0×10^{-3}	1.4×10^{-2}
锝-99m	大胶体	静脉(进行性扩散软组织病中期)	3.3×10^{-3}	9.5×10^{-4}	2.3×10^{-2}	1.1×10^{-3}	1.7×10^{-2}
锝-99m	大聚体白蛋白(MAA)	静脉	1.8×10^{-3}	1.1×10^{-3}	3.2×10^{-3}	2.5×10^{-3}	1.1×10^{-2}
锝-99m	巯基乙酰基三甘氨酸(MAG3)	静脉	5.4×10^{-3}	3.7×10^{-3}	9.3×10^{-4}	1.3×10^{-4}	7.0×10^{-3}
锝-99m	巯基乙酰基三甘氨酸(MAG3)	静脉(肾功能反常)	4.9×10^{-3}	3.4×10^{-3}	1.5×10^{-3}	7.3×10^{-4}	6.1×10^{-3}
锝-99m	巯基乙酰基三甘氨酸(MAG3)	静脉(急性单肾闭塞)	3.8×10^{-3}	2.0×10^{-3}	3.0×10^{-3}	1.7×10^{-4}	1.0×10^{-2}
锝-99m	甲氧基异丁基异腈	静脉(锻炼)	8.1×10^{-3}	3.7×10^{-3}	5.0×10^{-3}	4.4×10^{-3}	7.9×10^{-3}
锝-99m	甲氧基异丁基异腈	静脉(静止)	9.1×10^{-3}	3.8×10^{-3}	5.5×10^{-3}	5.3×10^{-3}	9.0×10^{-3}
锝-99m	不吸收标记物(液体)	口服	2.5×10^{-2}	1.3×10^{-3}	4.7×10^{-3}	2.0×10^{-4}	1.9×10^{-2}
锝-99m	不吸收标记物(固体)	口服	2.6×10^{-2}	1.3×10^{-3}	5.0×10^{-3}	3.1×10^{-5}	2.4×10^{-2}
锝-99m	青霉胺	静脉	4.0×10^{-3}	2.2×10^{-3}	6.8×10^{-3}	2.0×10^{-3}	1.3×10^{-2}
锝-99m	高锝酸盐	吸入	8.6×10^{-3}	2.7×10^{-3}	3.4×10^{-3}	1.9×10^{-2}	1.2×10^{-2}
锝-99m	高锝酸盐	静脉	1.0×10^{-2}	2.8×10^{-3}	3.6×10^{-3}	2.2×10^{-2}	1.3×10^{-2}
锝-99m	高锝酸盐	静脉(用阻断剂)	4.3×10^{-3}	3.0×10^{-3}	2.5×10^{-3}	2.4×10^{-3}	4.2×10^{-3}
锝-99m	高锝酸盐	口服(没用阻断剂)	1.2×10^{-2}	1.9×10^{-3}	6.1×10^{-3}	1.5×10^{-2}	1.5×10^{-2}
锝-99m	磷酸盐,膦酸盐	高骨摄入或肾功能严重衰竭	2.9×10^{-3}	2.3×10^{-3}	1.8×10^{-2}	2.4×10^{-3}	8.2×10^{-3}
锝-99m	磷酸盐,膦酸盐	静脉	3.6×10^{-3}	2.4×10^{-3}	9.2×10^{-3}	1.3×10^{-3}	5.7×10^{-3}
锝-99m	血纤维蛋白溶酶	静脉	3.5×10^{-3}	2.2×10^{-3}	5.9×10^{-3}	2.9×10^{-3}	1.1×10^{-2}
锝-99m	血小板	静脉	2.9×10^{-3}	1.7×10^{-3}	7.3×10^{-3}	3.2×10^{-3}	2.2×10^{-2}
锝-99m	小胶体	静脉	2.3×10^{-3}	4.8×10^{-4}	1.5×10^{-2}	6.9×10^{-4}	1.4×10^{-2}
锝-99m	小胶体	肿瘤内注射(6 h 移除)	4.1×10^{-5}	—	8.6×10^{-4}	4.7×10^{-4}	1.2×10^{-3}
锝-99m	小胶体	肿瘤内注射(18 h 移除)	7.1×10^{-5}	—	1.5×10^{-3}	8.2×10^{-4}	2.0×10^{-3}
锝-99m	小胶体(弥漫性疾病早期)	静脉	2.9×10^{-3}	5.7×10^{-4}	2.2×10^{-2}	8.0×10^{-4}	1.5×10^{-2}

表 D.1（续）

核素	化合物	摄入方式	d_T（主要关键器官）mGy/MBq				d_E mSv/MBq
			卵巢	睾丸	红骨髓	甲状腺	
锝-99m	小胶体（弥漫性疾病中期）	静脉	3.4×10^{-3}	8.0×10^{-4}	2.6×10^{-2}	1.0×10^{-3}	1.8×10^{-2}
锝-99m	锝气体	静脉	4.1×10^{-4}	6.1×10^{-5}	3.3×10^{-3}	2.9×10^{-3}	1.5×10^{-2}
锝-99m	替曲膦（Myoview）	静脉（锻炼）	7.6×10^{-3}	2.9×10^{-3}	2.9×10^{-3}	4.8×10^{-3}	7.0×10^{-3}
锝-99m	替曲膦（Myoview）	静脉（静止）	8.4×10^{-3}	2.4×10^{-3}	2.9×10^{-3}	5.7×10^{-3}	7.6×10^{-3}
锝-99m	白血球	静脉	3.9×10^{-3}	1.6×10^{-3}	2.3×10^{-2}	2.9×10^{-3}	1.1×10^{-2}
锌-62	锌	静脉	4.8×10^{-2}	3.8×10^{-2}	0.35	3.9×10^{-2}	0.49
锌-65	锌	静脉	6.5	5.9	9.1	5.4	11
铊-201	铊的离子	静脉	0.73	0.45	0.16	0.22	0.22

表 D.2　临床核医学中少儿单位施用量患者接受的器官吸收剂量（d_T）及有效剂量（d_E）

核素	化合物	摄入方式	d_T（重要器官）mGy/MBq				d_E mSv/MBq
			卵巢	红骨髓	睾丸	甲状腺	
碳-14	菊粉	静脉	2.0×10^{-3}	2.0×10^{-3}	2.0×10^{-3}	2.0×10^{-3}	2.1×10^{-2}
碳-14	菊粉	静脉（肾功能反常）	2.0×10^{-2}	2.0×10^{-2}	2.0×10^{-2}	2.0×10^{-2}	3.8×10^{-2}
铬-51	铬（Ⅲ）氯化物	静脉	8.8×10^{-2}	5.6×10^{-2}	8.7×10^{-2}	6.7×10^{-2}	0.21
铬-51	变性的红血球	静脉	3.5×10^{-2}	1.2×10^{-2}	5.2×10^{-2}	1.7×10^{-2}	0.83
铬-51	乙烯二胺-四乙酸	静脉	2.7×10^{-3}	2.5×10^{-3}	1.3×10^{-3}	1.2×10^{-3}	3.4×10^{-3}
铬-51	红血球	静脉	0.16	0.11	0.26	0.26	0.52
铬-51	血小板	静脉	6.3×10^{-2}	2.6×10^{-2}	0.42	4.8×10^{-2}	0.53
铬-51	白血球	静脉	6.5×10^{-2}	2.8×10^{-2}	0.52	3.6×10^{-2}	0.43
铬-51	乙烯二胺-四乙酸	静脉（肾功能反常）	9.1×10^{-3}	7.2×10^{-3}	7.1×10^{-3}	6.8×10^{-3}	9.7×10^{-3}
铬-51	乙烯二胺-四乙酸	口服	7.0×10^{-2}	8.2×10^{-3}	1.2×10^{-2}	2.3×10^{-4}	7.7×10^{-2}
铬-51	不吸收标记物（液体）	口服	7.0×10^{-2}	8.2×10^{-3}	1.2×10^{-2}	2.2×10^{-4}	7.7×10^{-2}
铬-51	不吸收标记物（固体）	口服	7.0×10^{-2}	8.2×10^{-3}	1.2×10^{-2}	2.4×10^{-4}	7.8×10^{-2}
铜-64	铜	静脉	2.8×10^{-2}	2.0×10^{-2}	2.8×10^{-2}	2.3×10^{-2}	0.1
铜-67	铜	静脉	0.13	0.11	0.14	0.12	0.41
氟-18	2-氟-2-脱氧-D-葡萄糖（FDG）	静脉	3.0×10^{-2}	2.6×10^{-2}	2.2×10^{-2}	2.1×10^{-2}	3.6×10^{-2}
氟-18	氟化物	静脉	2.3×10^{-2}	2.1×10^{-2}	8.8×10^{-2}	1.3×10^{-2}	5.2×10^{-2}
镓-67	柠檬酸盐	静脉	0.16	0.11	0.38	0.13	0.2
碘-123	白蛋白（HAS）	静脉	2.9×10^{-2}	2.0×10^{-2}	4.6×10^{-2}	4.0×10^{-2}	5.0×10^{-2}
碘-123	纤维蛋白原	静脉	2.7×10^{-2}	1.9×10^{-2}	4.5×10^{-2}	4.0×10^{-2}	5.3×10^{-2}

表 D.2（续）

核素	化合物	摄入方式	d_T（重要器官）mGy/MBq				d_E mSv/MBq
			卵巢	红骨髓	睾丸	甲状腺	
碘-123	邻碘马尿酸钠	静脉	1.2×10^{-2}	1.2×10^{-2}	2.3×10^{-3}	9.1×10^{-4}	1.9×10^{-2}
碘-123	碘代安菲他命(IMP)	静脉	1.5×10^{-2}	9.6×10^{-3}	2.6×10^{-2}	1.5×10^{-2}	6.2×10^{-2}
碘-123	间碘苯甲胍(MIBG)	静脉	1.6×10^{-2}	1.2×10^{-2}	1.2×10^{-2}	1.2×10^{-2}	2.6×10^{-2}
碘-123	玫瑰红钠	静脉	0.14	1.1×10^{-2}	3.4×10^{-2}	8.4×10^{-4}	0.15
碘-123	邻碘马尿酸钠	静脉(肾功能反常)	1.5×10^{-2}	1.3×10^{-2}	1.2×10^{-2}	7.4×10^{-3}	2.4×10^{-2}
碘-123	玫瑰红钠	静脉(胆管闭塞)	9.8×10^{-3}	2.2×10^{-3}	1.9×10^{-2}	2.5×10^{-3}	6.3×10^{-2}
碘-123	玫瑰红钠	静脉(膀胱闭塞)	0.11	1.2×10^{-2}	2.6×10^{-2}	8.0×10^{-4}	0.11
碘-123	玫瑰红钠	静脉(实质性肝病)	5.2×10^{-2}	1.2×10^{-2}	1.5×10^{-2}	1.1×10^{-3}	6.7×10^{-2}
碘-123	邻碘马尿酸钠	静脉(单肾结石)	1.4×10^{-2}	7.8×10^{-3}	2.2×10^{-2}	1.0×10^{-3}	0.11
碘-123	碘化物	静脉(甲状腺闭塞，摄入0%)	1.9×10^{-2}	1.5×10^{-2}	1.7×10^{-2}	1.2×10^{-2}	2.4×10^{-2}
碘-123	碘化物	静脉(甲状腺摄入15%)	2.5×10^{-2}	1.2×10^{-2}	1.7×10^{-2}	4.5	0.17
碘-123	碘化物	静脉(甲状腺摄入25%)	2.4×10^{-2}	1.2×10^{-2}	1.8×10^{-2}	7.5	0.26
碘-123	碘化物	静脉(甲状腺摄入35%)	2.4×10^{-2}	1.1×10^{-2}	1.9×10^{-2}	11	0.35
碘-123	碘化物	静脉(甲状腺摄入45%)	2.3×10^{-2}	1.1×10^{-2}	2.0×10^{-2}	14	0.44
碘-123	碘化物	静脉(甲状腺摄入5%)	2.6×10^{-2}	1.3×10^{-2}	1.7×10^{-2}	1.5	8.0×10^{-2}
碘-123	碘化物	静脉(甲状腺摄入55%)	2.3×10^{-2}	1.0×10^{-2}	2.1×10^{-2}	17	0.53
碘-123	大聚体白蛋白(MAA)	口服	1.8×10^{-2}	1.2×10^{-2}	3.6×10^{-2}	1.1×10^{-2}	4.7×10^{-2}
碘-125	白蛋白(HAS)	静脉	0.42	0.33	0.78	0.56	0.68
碘-125	二碘酪氨酸	静脉	6.1×10^{-2}	1.2×10^{-2}	2.8×10^{-2}	1.0×10^{-2}	7.6×10^{-2}
碘-125	纤维蛋白原	静脉	0.11	8.7×10^{-2}	0.24	0.18	0.24
碘-125	邻碘马尿酸钠	静脉	4.7×10^{-3}	5.1×10^{-3}	1.6×10^{-3}	5.0×10^{-4}	2.0×10^{-2}
碘-125	碘化聚乙烯吡咯烷酮	静脉	0.17	0.12	0.63	0.14	2.3
碘-125	碘安替比林	静脉	1.6×10^{-2}	1.4×10^{-2}	2.1×10^{-2}	1.3×10^{-2}	2.6×10^{-2}
碘-125	碘酞酸盐	静脉	7.4×10^{-3}	6.9×10^{-3}	7.2×10^{-3}	4.2×10^{-3}	1.9×10^{-2}
碘-125	反三碘甲状腺原氨酸(rT3)	静脉	6.3×10^{-2}	1.3×10^{-2}	3.0×10^{-2}	1.2×10^{-2}	7.7×10^{-2}
碘-125	甲状腺素(T4)	静脉	0.22	0.16	0.3	0.19	0.23
碘-125	三碘甲状腺氨酸(T3)	静脉	8.9×10^{-2}	3.7×10^{-2}	7.5×10^{-2}	4.1×10^{-2}	0.10
碘-125	邻碘马尿酸钠	静脉(肾功能反常)	8.1×10^{-3}	7.4×10^{-3}	9.0×10^{-3}	5.2×10^{-3}	2.0×10^{-2}
碘-125	碘酞酸盐	静脉(肾功能反常)	2.7×10^{-2}	2.2×10^{-2}	3.8×10^{-2}	2.4×10^{-2}	3.7×10^{-2}
碘-125	邻碘马尿酸钠	性静脉(单肾结石)	7.2×10^{-3}	3.8×10^{-3}	8.6×10^{-2}	1.5×10^{-4}	0.6
碘-125	碘化物	静脉(甲状腺闭塞，摄入0%)	1.4×10^{-2}	1.2×10^{-2}	1.7×10^{-2}	1.1×10^{-2}	2.3×10^{-2}

表 D.2（续）

核素	化合物	摄入方式	d_T（重要器官） mGy/MBq				d_E mSv/MBq
			卵巢	红骨髓	睾丸	甲状腺	
碘-125	碘化物	静脉（甲状腺摄入0%）	1.8×10^{-2}	8.8×10^{-3}	5.1×10^{-2}	260	8.0
碘-125	碘化物	静脉（甲状腺摄入25%）	1.8×10^{-2}	8.6×10^{-3}	7.5×10^{-2}	440	13
碘-125	碘化物	静脉（甲状腺摄入35%）	1.7×10^{-2}	8.2×10^{-3}	9.9×10^{-2}	620	19
碘-125	碘化物	静脉（甲状腺摄入45%）	1.7×10^{-2}	8.0×10^{-3}	0.12	790	24
碘-125	碘化物	静脉（甲状腺摄入5%）	1.8×10^{-2}	9.1×10^{-3}	2.7×10^{-2}	88	2.7
碘-125	碘化物	静脉（甲状腺摄入55%）	1.7×10^{-2}	7.7×10^{-3}	0.15	970	29
碘-125	不吸收标记物（液体）	口服	0.29	7.3×10^{-3}	6.8×10^{-2}	1.4×10^{-6}	0.33
碘-125	不吸收标记物（固体）	口服	0.29	7.3×10^{-3}	6.8×10^{-2}	2.4×10^{-6}	0.34
碘-131	白蛋白（HAS）	静脉	1.0	0.85	1.3	1.5	1.7
碘-131	二碘酪氨酸	静脉	0.21	8.4×10^{-2}	8.3×10^{-2}	6.1×10^{-2}	0.44
碘-131	纤维蛋白原	静脉	0.5	0.42	0.78	0.9	1.1
碘-131	邻碘马尿酸钠	静脉	2.6×10^{-2}	2.7×10^{-2}	6.9×10^{-3}	3.1×10^{-3}	8.6×10^{-2}
碘-131	碘化聚乙烯吡咯烷酮	静脉	0.28	0.14	0.33	0.16	1.8
碘-131	碘安替比林	静脉	9.8×10^{-2}	8.7×10^{-2}	7.9×10^{-2}	7.7×10^{-2}	0.15
碘-131	碘甲基-19-降胆甾醇（NP59）	静脉	0.80	0.67	0.72	73	4.4
碘-131	大聚体白蛋白（MAA）	静脉	0.11	6.9×10^{-2}	0.14	9.9×10^{-2}	1.0
碘-131	间碘苯甲胍（MIBG）	静脉	0.14	0.11	0.13	0.11	0.4
碘-131	反三碘甲状腺原氨酸（rT3）	静脉	0.21	9.1×10^{-2}	9.1×10^{-2}	6.9×10^{-2}	0.45
碘-131	玫瑰红钠	静脉	0.74	8.7×10^{-2}	0.12	3.7×10^{-3}	1.9
碘-131	甲状腺素（T4）	静脉	0.8	0.66	0.71	0.71	0.85
碘-131	三碘甲状腺氨酸（T3）	静脉	0.35	0.23	0.24	0.22	0.54
碘-131	邻碘马尿酸钠	静脉（肾功能反常）	5.1×10^{-2}	4.7×10^{-2}	3.5×10^{-2}	3.1×10^{-2}	0.12
碘-131	玫瑰红钠	静脉（胆管闭塞）	0.17	3.1×10^{-2}	0.22	4.3×10^{-2}	1.6
碘-131	玫瑰红钠	静脉（膀胱闭塞）	0.55	7.3×10^{-2}	9.3×10^{-2}	3.7×10^{-3}	1.4
碘-131	玫瑰红钠	静脉（实质性肝病）	0.29	5.3×10^{-2}	5.3×10^{-2}	4.4×10^{-3}	0.78
碘-131	邻碘马尿酸钠	静脉（单肾结石）	0.12	3.2×10^{-2}	0.18	1.1×10^{-2}	2.6
碘-131	碘化物	静脉（甲状腺闭塞，摄入0%）	8.4×10^{-2}	7.5×10^{-2}	6.5×10^{-2}	6.3×10^{-2}	0.14
碘-131	碘化物	静脉（甲状腺摄入0%）	9.2×10^{-2}	5.8×10^{-2}	9.9×10^{-2}	510	15
碘-131	碘化物	静脉（甲状腺摄入25%）	9.1×10^{-2}	5.6×10^{-2}	0.13	840	25
碘-131	碘化物	静脉（甲状腺摄入35%）	9.0×10^{-2}	5.4×10^{-2}	0.16	1200	36
碘-131	碘化物	静脉（甲状腺摄入45%）	9.3×10^{-2}	5.6×10^{-2}	0.19	1500	46

表 D.2（续）

核素	化合物	摄入方式	d_T（重要器官）mGy/MBq				d_E mSv/MBq
			卵巢	红骨髓	睾丸	甲状腺	
碘-131	碘化物	静脉（甲状腺摄入5%）	9.2×10^{-2}	5.9×10^{-2}	7.0×10^{-2}	170	53
碘-131	碘化物	静脉（甲状腺摄入55%）	9.0×10^{-2}	5.2×10^{-2}	0.22	1900	56
碘-131	大聚体白蛋白(MAA)	口服	0.13	8.9×10^{-2}	0.53	8.3×10^{-2}	0.64
碘-131	不吸收标记物(液体)	口服	0.78	9.0×10^{-2}	0.13	2.7×10^{-3}	2
碘-131	不吸收标记物(固体)	口服	0.78	9.0×10^{-2}	0.13	3.0×10^{-3}	2
铟-111	气溶胶（肺快速清除）	吸入	3.0×10^{-2}	2.6×10^{-2}	1.9×10^{-2}	1.2×10^{-2}	5.3×10^{-2}
铟-111	气溶胶（肺慢速清除）	吸入	0.14	6.6×10^{-2}	0.73	0.14	0.56
铟-111	博来霉素	静脉	0.14	8.9×10^{-2}	0.24	9.8×10^{-2}	0.29
铟-111	二乙烯三胺五乙酸	静脉	3.3×10^{-2}	3.0×10^{-2}	1.6×10^{-2}	9.5×10^{-3}	4.5×10^{-2}
铟-111	人类免疫球蛋白(HIG)	静脉	0.25	1.1	0.25	0.25	0.41
铟-111	铟	静脉	0.24	0.11	1.2	0.14	0.49
铟-111	奥曲肽	静脉	5.1×10^{-2}	3.5×10^{-2}	3.9×10^{-2}	0.18	0.1
铟-111	血小板	静脉	0.20	9.1×10^{-2}	0.68	0.18	1.4
铟-111	白血球	静脉	0.24	9.9×10^{-2}	1.3	0.13	1.2
铟-111	二乙烯三胺五乙酸	静脉（肾功能反常）	8.7×10^{-2}	6.6×10^{-2}	7.5×10^{-2}	6.3×10^{-2}	8.8×10^{-2}
铟-111	不吸收标记物(液体)	口服	0.76	7.6×10^{-2}	0.15	1.9×10^{-3}	0.6
铟-111	不吸收标记物(固体)	口服	0.75	7.4×10^{-2}	0.18	2.1×10^{-3}	0.61
磷-32	磷酸盐	静脉	1.6	1.6	26	1.6	5.1
锶-89	锶	静脉	1.6	1.6	27	1.6	6.5
锝-99m	磷酸盐，膦酸盐	高骨摄入或肾功能严重衰竭	5.9×10^{-3}	3.9×10^{-3}	3.7×10^{-2}	5.4×10^{-3}	1.7×10^{-2}
锝-99m	气溶胶（肺快速清除）	吸入	6.1×10^{-3}	5.2×10^{-3}	4.7×10^{-3}	2.7×10^{-3}	1.3×10^{-2}
锝-99m	气溶胶（肺慢速清除）	吸入	2.1×10^{-3}	1.5×10^{-3}	7.8×10^{-3}	5.5×10^{-3}	3.1×10^{-2}
锝-99m	锝气体	吸入	1.6×10^{-2}	5.5×10^{-3}	6.2×10^{-3}	4.5×10^{-2}	2.3×10^{-2}
锝-99m	白蛋白(HAS)	静脉	8.5×10^{-3}	5.7×10^{-3}	1.3×10^{-2}	1.2×10^{-2}	1.5×10^{-2}
锝-99m	白蛋白微球体	静脉	5.0×10^{-3}	3.7×10^{-3}	8.4×10^{-3}	6.1×10^{-3}	2.2×10^{-2}
锝-99m	合成的柠檬酸盐	静脉	9.0×10^{-3}	6.7×10^{-3}	8.1×10^{-3}	4.8×10^{-3}	1.5×10^{-2}
锝-99m	变性红血球	静脉	3.9×10^{-3}	11×10^{-3}	8.4×10^{-3}	1.8×10^{-3}	8.4×10^{-2}
锝-99m	二巯基丁二酸	静脉	7.0×10^{-3}	3.7×10^{-3}	6.8×10^{-3}	3.1×10^{-3}	1.5×10^{-2}
锝-99m	二乙烯三胺五乙酸	静脉	6.9×10^{-3}	6.0×10^{-3}	2.6×10^{-3}	2.0×10^{-3}	8.2×10^{-3}
锝-99m	红血球	静脉	7.0×10^{-3}	4.4×10^{-3}	1.2×10^{-2}	1.2×10^{-2}	1.4×10^{-2}
锝-99m	纤维蛋白原	静脉	7.9×10^{-3}	5.3×10^{-3}	1.3×10^{-2}	1.2×10^{-2}	1.5×10^{-2}
锝-99m	葡萄糖酸盐，葡糖脘	静脉	8.6×10^{-3}	6.8×10^{-3}	6.5×10^{-3}	3.0×10^{-3}	1.6×10^{-2}

表 D.2（续）

核素	化合物	摄入方式	d_T（重要器官）mGy/MBq				d_E mSv/MBq
			卵巢	红骨髓	睾丸	甲状腺	
锝-99m	肝磷脂	静脉	6.9×10^{-3}	5.3×10^{-3}	1.1×10^{-2}	2.6×10^{-3}	1.4×10^{-2}
锝-99m	六甲基丙二胺肟	静脉	1.2×10^{-2}	4.4×10^{-3}	5.9×10^{-3}	6.3×10^{-2}	1.7×10^{-2}
锝-99m	人类免疫球蛋白	静脉	7.2×10^{-3}	0.10	1.1×10^{-2}	9.5×10^{-3}	2.1×10^{-2}
锝-99m	亚氨基二乙酸（IDA）的衍生物	静脉	3.5×10^{-2}	4.1×10^{-3}	6.3×10^{-3}	4.2×10^{-4}	2.9×10^{-2}
锝-99m	大胶体	静脉	4.9×10^{-3}	1.3×10^{-3}	1.9×10^{-2}	2.0×10^{-3}	1.8×10^{-2}
锝-99m	大聚体白蛋白(MAA)	静脉	3.5×10^{-3}	2.2×10^{-3}	5.3×10^{-3}	5.7×10^{-3}	2.3×10^{-2}
锝-99m	巯基乙酰基三甘氨酸（MAG3）	静脉	8.7×10^{-3}	8.1×10^{-3}	1.6×10^{-3}	2.7×10^{-4}	1.2×10^{-2}
锝-99m	青霉胺	静脉	7.9×10^{-3}	4.3×10^{-3}	1.1×10^{-2}	5.4×10^{-3}	2.3×10^{-2}
锝-99m	高锝酸盐	静脉	1.8×10^{-2}	5.8×10^{-3}	6.6×10^{-3}	5.5×10^{-2}	2.6×10^{-2}
锝-99m	磷酸盐，膦酸盐	静脉	6.6×10^{-3}	5.5×10^{-3}	1.7×10^{-2}	2.3×10^{-3}	1.1×10^{-2}
锝-99m	血纤维蛋白溶酶	静脉	7.2×10^{-3}	4.3×10^{-3}	1.1×10^{-2}	7.2×10^{-3}	2.2×10^{-2}
锝-99m	血小板	静脉	6.2×10^{-3}	3.3×10^{-3}	1.4×10^{-2}	7.6×10^{-3}	4.4×10^{-2}
锝-99m	小胶体	静脉	4.9×10^{-3}	9.7×10^{-4}	3.0×10^{-2}	1.7×10^{-3}	2.9×10^{-2}
锝-99m	小胶体	肿瘤内注射(6 h 移除)	4.8×10^{-5}	—	9.2×10^{-4}	6.2×10^{-4}	1.4×10^{-3}
锝-99m	小胶体	肿瘤内注射(18 h 移除)	8.3×10^{-5}	—	1.6×10^{-3}	1.1×10^{-3}	2.4×10^{-3}
锝-99m	锝气体	静脉	1.1×10^{-3}	2.0×10^{-4}	5.0×10^{-3}	6.9×10^{-3}	3.1×10^{-2}
锝-99m	白血球	静脉	7.2×10^{-3}	3.2×10^{-3}	4.0×10^{-2}	5.8×10^{-3}	2.2×10^{-2}
锝-99m	二乙烯三胺五乙酸	静脉（肾功能反常）	9.4×10^{-3}	6.9×10^{-3}	9.0×10^{-3}	6.8×10^{-3}	9.7×10^{-3}
锝-99m	巯基乙酰基三甘氨酸（MAG3）	静脉（肾功能反常）	8.6×10^{-3}	7.1×10^{-3}	2.6×10^{-3}	1.5×10^{-3}	1.0×10^{-2}
锝-99m	巯基乙酰基三甘氨酸（MAG3）	静脉（急性单肾闭塞）	7.1×10^{-3}	4.5×10^{-3}	5.0×10^{-3}	4.5×10^{-4}	1.7×10^{-2}
锝-99m	高锝酸盐	静脉（使用阻断剂）	7.8×10^{-3}	6.0×10^{-3}	4.9×10^{-3}	5.0×10^{-3}	7.7×10^{-3}
锝-99m	甲氧基异丁基异腈	静脉（锻炼）	1.5×10^{-2}	7.1×10^{-3}	9.5×10^{-3}	9.9×10^{-3}	1.6×10^{-2}
锝-99m	替曲膦(Myoview)	静脉（锻炼）	1.3×10^{-2}	5.1×10^{-3}	4.7×10^{-3}	1.1×10^{-2}	1.2×10^{-2}
锝-99m	亚氨基二乙酸（IDA）的衍生物	静脉（胆管闭塞）	4.7×10^{-3}	1.9×10^{-3}	6.6×10^{-3}	9.1×10^{-4}	1.8×10^{-2}
锝-99m	亚氨基二乙酸（IDA）的衍生物	静脉（膀胱闭塞）	3.4×10^{-2}	5.4×10^{-3}	9.8×10^{-3}	4.2×10^{-4}	3.5×10^{-2}
锝-99m	亚氨基二乙酸（IDA）的衍生物	静脉（实质性肝病）	1.8×10^{-2}	6.7×10^{-3}	6.0×10^{-3}	6.4×10^{-4}	2.4×10^{-2}
锝-99m	甲氧基异丁基异腈	静脉（静止）	1.8×10^{-2}	7.5×10^{-3}	1.1×10^{-2}	1.2×10^{-2}	1.8×10^{-2}
锝-99m	替曲膦(Myoview)	静脉（静止）	1.5×10^{-2}	5.0×10^{-3}	4.8×10^{-3}	1.3×10^{-2}	1.3×10^{-2}
锝-99m	不吸收标记物（液体）	口服	4.8×10^{-2}	3.8×10^{-3}	7.5×10^{-3}	1.5×10^{-4}	3.9×10^{-2}

表 D.2（续）

核素	化合物	摄入方式	d_T(重要器官) mGy/MBq				d_E mSv/MBq
			卵巢	红骨髓	睾丸	甲状腺	
锝-99m	不吸收标记物(固体)	口服	4.8×10^{-2}	3.9×10^{-3}	8.0×10^{-3}	2.1×10^{-4}	4.8×10^{-2}
锝-99m	高锝酸盐	口服(未使用阻断剂)	2.2×10^{-2}	4.5×10^{-3}	1.1×10^{-2}	3.7×10^{-2}	2.9×10^{-2}
锌-62	锌	静脉	0.12	7.2×10^{-2}	1.1	8.2×10^{-2}	1
锌-65	锌	静脉	14	8.6	16	11	19
铊-201	铊的离子	静脉	2.0	8.3	0.28	0.54	1.2

表 D.3　临床核医学中幼儿单位施用量患者接受的器官吸收剂量(d_T)及有效剂量(d_E)

核素	化合物	摄入方式	d_T(重要器官) mGy/MBq				d_E mSv/MBq
			卵巢	红骨髓	睾丸	甲状腺	
碳-14	菊粉	静脉	3.4×10^{-3}	3.4×10^{-3}	3.4×10^{-3}	3.4×10^{-3}	3.3×10^{-2}
碳-14	菊粉	静脉(肾功能反常)	3.4×10^{-2}	3.4×10^{-2}	3.4×10^{-2}	3.4×10^{-2}	6.1×10^{-2}
铬-51	铬(Ⅲ)氯化物	静脉	0.14	8.9×10^{-2}	0.12	0.11	0.31
铬-51	变性的红血球	静脉	6.1×10^{-2}	1.8×10^{-2}	7.0×10^{-2}	2.8×10^{-2}	1.3
铬-51	二乙烯三胺五乙酸	静脉	3.3×10^{-3}	3.0×10^{-3}	1.8×10^{-3}	1.9×10^{-3}	3.9×10^{-3}
铬-51	红血球	静脉	0.25	0.17	0.41	0.42	0.8
铬-51	血小板	静脉	9.4×10^{-2}	4.0×10^{-2}	0.74	7.7×10^{-2}	0.82
铬-51	白血球	静脉	9.3×10^{-2}	4.3×10^{-2}	0.94	5.7×10^{-2}	0.67
铬-51	乙烯二胺-四乙酸	静脉(肾功能反常)	1.4×10^{-2}	1.1×10^{-2}	1.0×10^{-2}	1.1×10^{-2}	1.5×10^{-2}
铬-51	乙烯二胺-四乙酸	口服	0.10	1.2×10^{-2}	1.4×10^{-2}	5.3×10^{-4}	0.12
铬-51	不吸收标记物(液体)	口服	0.10	1.2×10^{-2}	1.4×10^{-2}	5.1×10^{-4}	0.12
铬-51	不吸收标记物(固体)	口服	0.10	1.2×10^{-2}	1.4×10^{-2}	5.7×10^{-4}	0.12
铜-64	铜	静脉	4.6×10^{-2}	3.4×10^{-2}	4.3×10^{-2}	3.9×10^{-2}	0.15
铜-67	铜	静脉	0.22	0.18	0.23	0.2	0.61
氟-18	2-氟-2-脱氧-D-葡萄糖(FDG)	静脉	4.4×10^{-2}	3.8×10^{-2}	3.2×10^{-2}	3.5×10^{-2}	5.0×10^{-2}
氟-18	氟化物	静脉	3.6×10^{-2}	3.3×10^{-2}	0.18	2.0×10^{-2}	8.6×10^{-2}
镓-67	柠檬酸盐	静脉	0.24	0.18	0.71	0.20	0.33
碘-123	白蛋白(HAS)	静脉	4.4×10^{-2}	3.2×10^{-2}	7.2×10^{-2}	6.4×10^{-2}	8.0×10^{-2}
碘-123	纤维蛋白原	静脉	4.2×10^{-2}	3.0×10^{-2}	7.2×10^{-2}	6.5×10^{-2}	8.3×10^{-2}
碘-123	邻碘马尿酸钠	静脉	1.2×10^{-2}	1.2×10^{-2}	2.4×10^{-3}	1.5×10^{-3}	1.9×10^{-2}
碘-123	碘代苯异丙胺(IMP)	静脉	2.4×10^{-2}	1.6×10^{-2}	3.8×10^{-2}	2.5×10^{-2}	9.4×10^{-2}
碘-123	间碘苯甲胍(MIBG)	静脉	2.5×10^{-2}	1.8×10^{-2}	1.8×10^{-2}	1.9×10^{-2}	3.7×10^{-2}
碘-123	玫瑰红钠	静脉	0.21	1.8×10^{-2}	4.3×10^{-2}	1.7×10^{-3}	0.24

表 D.3（续）

核素	化合物	摄入方式	d_T（重要器官）mGy/MBq 卵巢	红骨髓	睾丸	甲状腺	d_E mSv/MBq
碘-123	邻碘马尿酸钠	静脉（肾功能反常）	2.4×10^{-2}	2.1×10^{-2}	1.7×10^{-2}	1.2×10^{-2}	3.7×10^{-2}
碘-123	玫瑰红钠	静脉（胆管闭塞）	1.8×10^{-2}	4.5×10^{-3}	2.7×10^{-2}	4.9×10^{-3}	9.2×10^{-2}
碘-123	玫瑰红钠	静脉（膀胱闭塞）	0.16	2.0×10^{-2}	3.4×10^{-2}	1.5×10^{-3}	0.18
碘-123	玫瑰红钠	静脉（实质性肝病）	8.0×10^{-2}	2.1×10^{-2}	1.9×10^{-2}	2.0×10^{-3}	0.10
碘-123	邻碘马尿酸钠	静脉（单肾结石）	2.3×10^{-2}	1.3×10^{-2}	3.0×10^{-2}	2.1×10^{-3}	0.16
碘-123	碘化物	静脉（甲状腺闭塞，摄入0%）	3.0×10^{-2}	2.5×10^{-2}	2.6×10^{-2}	2.0×10^{-2}	3.7×10^{-2}
碘-123	碘化物	静脉（甲状腺摄入15%）	3.8×10^{-2}	2.0×10^{-2}	2.5×10^{-2}	9.8	0.35
碘-123	碘化物	静脉（甲状腺摄入25%）	3.8×10^{-2}	1.9×10^{-2}	2.6×10^{-2}	16	0.54
碘-123	碘化物	静脉（甲状腺摄入35%）	3.7×10^{-2}	1.8×10^{-2}	2.8×10^{-2}	23	0.74
碘-123	碘化物	静脉（甲状腺摄入45%）	3.6×10^{-2}	1.7×10^{-2}	2.9×10^{-2}	30	0.94
碘-123	碘化物	静脉（甲状腺摄入5%）	4.0×10^{-2}	2.1×10^{-2}	2.4×10^{-2}	3.3	0.15
碘-123	碘化物	静脉（甲状腺摄入55%）	3.6×10^{-2}	1.6×10^{-2}	3.0×10^{-2}	36	1.1
碘-123	大聚体白蛋白(MAA)	口服	2.8×10^{-2}	2.0×10^{-2}	5.9×10^{-2}	1.8×10^{-2}	7.2×10^{-2}
碘-125	白蛋白(HAS)	静脉	0.69	0.54	1.3	0.93	1.1
碘-125	二碘酪氨酸	静脉	0.10	2.3×10^{-2}	4.4×10^{-2}	1.7×10^{-2}	0.12
碘-125	纤维蛋白原	静脉	0.18	0.14	0.40	0.30	0.39
碘-125	邻碘马尿酸钠	静脉	9.2×10^{-3}	1.1×10^{-2}	2.8×10^{-3}	8.3×10^{-4}	3.1×10^{-2}
碘-125	碘化聚乙烯吡咯烷酮	静脉	0.34	0.20	1.0	0.25	3.5
碘-125	碘安替比林	静脉	2.8×10^{-2}	2.5×10^{-2}	3.5×10^{-2}	2.2×10^{-2}	4.1×10^{-2}
碘-125	碘酞酸盐	静脉	1.3×10^{-2}	1.3×10^{-2}	1.2×10^{-2}	6.9×10^{-3}	3.0×10^{-2}
碘-125	反三碘甲状腺原氨酸(rT3)	静脉	0.10	2.5×10^{-2}	4.7×10^{-2}	2.0×10^{-2}	0.12
碘-125	甲状腺素(T4)	静脉	0.37	0.26	0.5	0.31	0.38
碘-125	三碘甲状腺氨酸(T3)	静脉	0.15	6.4×10^{-2}	0.12	6.9×10^{-2}	0.17
碘-125	邻碘马尿酸钠	静脉（肾功能反常）	1.4×10^{-2}	1.4×10^{-2}	1.5×10^{-2}	8.7×10^{-3}	3.2×10^{-2}
碘-125	碘酞酸盐	静脉（肾功能反常）	4.6×10^{-2}	3.8×10^{-2}	6.3×10^{-2}	3.9×10^{-2}	6.0×10^{-2}
碘-125	邻碘马尿酸钠	性静脉（单肾结石）	1.5×10^{-2}	8.5×10^{-3}	0.14	3.4×10^{-4}	0.88
碘-125	碘化物	静脉（甲状腺闭塞，摄入0%）	2.4×10^{-2}	2.1×10^{-2}	2.9×10^{-2}	1.8×10^{-2}	3.7×10^{-2}
碘-125	碘化物	静脉（甲状腺摄入0%）	3.1×10^{-2}	1.6×10^{-2}	7.7×10^{-2}	5.10	15
碘-125	碘化物	静脉（甲状腺摄入25%）	3.1×10^{-2}	1.6×10^{-2}	0.11	840	25
碘-125	碘化物	静脉（甲状腺摄入35%）	3.0×10^{-2}	1.5×10^{-2}	0.15	1200	36
碘-125	碘化物	静脉（甲状腺摄入45%）	3.0×10^{-2}	1.4×10^{-2}	0.18	1500	46

表 D.3（续）

核素	化合物	摄入方式	d_T(重要器官) mGy/MBq				d_E mSv/MBq
			卵巢	红骨髓	睾丸	甲状腺	
碘-125	碘化物	静脉(甲状腺摄入5%)	3.2×10^{-2}	1.7×10^{-2}	4.2×10^{-2}	170	5.1
碘-125	碘化物	静脉(甲状腺摄入55%)	2.9×10^{-2}	1.4×10^{-2}	0.22	1900	56
碘-125	不吸收标记物(液体)	口服	0.48	1.9×10^{-2}	9.7×10^{-2}	9.9×10^{-6}	0.54
碘-125	不吸收标记物(固体)	口服	0.48	1.9×10^{-2}	9.8×10^{-2}	1.6×10^{-5}	0.56
碘-131	白蛋白(HAS)	静脉	1.6	1.4	2.2	2.4	2.8
碘-131	二碘酪氨酸	静脉	0.31	0.13	0.12	0.1	0.72
碘-131	纤维蛋白原	静脉	0.78	0.67	1.4	1.5	1.8
碘-131	邻碘马尿酸钠	静脉	2.5×10^{-2}	2.7×10^{-2}	7.7×10^{-3}	5.2×10^{-3}	8.3×10^{-2}
碘-131	碘化聚乙烯吡咯烷酮	静脉	0.48	0.24	0.46	0.27	2.7
碘-131	碘安替比林	静脉	0.15	0.14	0.12	0.13	0.23
碘-131	碘甲基-19-降胆甾醇(NP59)	静脉	1.3	1.1	1.1	170	9.6
碘-131	大聚体白蛋白(MAA)	静脉	0.18	0.11	0.19	0.17	1.6
碘-131	间碘苯甲胍(MIBG)	静脉	0.23	0.19	0.19	0.18	0.61
碘-131	反三碘甲状腺原氨酸(rT3)	静脉	0.32	0.15	0.13	0.11	0.73
碘-131	玫瑰红钠	静脉	1.1	0.13	0.15	7.9×10^{-3}	3.2
碘-131	甲状腺素(T4)	静脉	1.3	1.1	1.1	1.2	1.4
碘-131	三碘甲状腺氨酸(T3)	静脉	0.55	0.37	0.37	0.36	0.87
碘-131	邻碘马尿酸钠	静脉(肾功能反常)	7.9×10^{-2}	7.4×10^{-2}	5.3×10^{-2}	5.1×10^{-2}	0.19
碘-131	玫瑰红钠	静脉(胆管闭塞)	0.29	6.4×10^{-2}	0.29	8.7×10^{-2}	2.4
碘-131	玫瑰红钠	静脉(膀胱闭塞)	0.8	0.11	0.11	7.4×10^{-3}	2.3
碘-131	玫瑰红钠	静脉(实质性肝病)	0.42	8.1×10^{-2}	6.5×10^{-2}	8.2×10^{-3}	1.3
碘-131	邻碘马尿酸钠	静脉(单肾结石)	0.19	5.6×10^{-2}	0.23	2.5×10^{-2}	3.8
碘-131	碘化物	静脉(甲状腺闭塞，摄入0%)	0.13	0.12	0.11	0.1	0.21
碘-131	碘化物	静脉(甲状腺摄入0%)	0.14	9.4×10^{-2}	0.14	1100	34
碘-131	碘化物	静脉(甲状腺摄入25%)	0.14	9.2×10^{-2}	0.18	1900	56
碘-131	碘化物	静脉(甲状腺摄入35%)	0.14	8.9×10^{-2}	0.22	2600	78
碘-131	碘化物	静脉(甲状腺摄入45%)	0.15	9.2×10^{-2}	0.26	3300	100
碘-131	碘化物	静脉(甲状腺摄入5%)	0.14	9.5×10^{-2}	0.1	370	11
碘-131	碘化物	静脉(甲状腺摄入55%)	0.15	8.7×10^{-2}	0.29	4100	120
碘-131	大聚体白蛋白(MAA)	口服	0.2	0.14	0.96	0.14	1.0
碘-131	不吸收标记物(液体)	口服	1.1	0.14	0.15	6.1×10^{-3}	3.2

表 D.3（续）

核素	化合物	摄入方式	d_T（重要器官）mGy/MBq 卵巢	红骨髓	睾丸	甲状腺	d_E mSv/MBq
碘-131	不吸收标记物（固体）	口服	1.1	0.14	0.16	6.8×10^{-3}	3.3
铟-111	气溶胶（肺快速清除）	吸入	4.3×10^{-2}	4.1×10^{-2}	2.6×10^{-2}	2.0×10^{-2}	7.9×10^{-2}
铟-111	气溶胶（肺慢速清除）	吸入	0.21	0.10	1.2	0.22	0.84
铟-111	博来霉素	静脉	0.22	0.14	0.37	0.16	0.44
铟-111	二乙烯三胺五乙酸	静脉	4.8×10^{-2}	4.6×10^{-2}	2.2×10^{-2}	1.5×10^{-2}	6.7×10^{-2}
铟-111	人类免疫球蛋白（HIG）	静脉	0.38	1.3	0.37	0.41	0.58
铟-111	铟	静脉	0.34	0.17	2.0	0.22	0.75
铟-111	奥曲肽	静脉	8.1×10^{-2}	5.5×10^{-2}	5.3×10^{-2}	0.37	0.16
铟-111	血小板	静脉	0.31	0.14	1.1	0.29	201
铟-111	白血球	静脉	0.35	0.15	2.3	0.21	1.8
铟-111	二乙烯三胺五乙酸	静脉（肾功能反常）	0.13	0.1	0.11	0.1	0.13
铟-111	不吸收标记物（液体）	口服	1.1	0.12	0.18	4.5×10^{-3}	0.93
铟-111	不吸收标记物（固体）	口服	1.1	0.11	0.18	5.1×10^{-3}	0.94
磷-32	磷酸盐	静脉	2.6	2.6	58	2.6	10
锶-89	锶	静脉	2.7	2.7	52	2.7	12
锝-99m	磷酸盐，膦酸盐	高骨摄入或肾功能严重衰竭	8.9×10^{-3}	6.0×10^{-3}	7.2×10^{-2}	8.3×10^{-3}	2.8×10^{-2}
锝-99m	气溶胶（肺快速清除）	吸入	8.9×10^{-3}	7.9×10^{-3}	6.2×10^{-3}	4.4×10^{-3}	2.0×10^{-2}
锝-99m	气溶胶（肺慢速清除）	吸入	3.4×10^{-3}	2.3×10^{-3}	9.9×10^{-3}	9.0×10^{-3}	4.6×10^{-2}
锝-99m	锝气体	吸入	2.3×10^{-2}	8.2×10^{-3}	8.5×10^{-3}	9.7×10^{-2}	3.7×10^{-2}
锝-99m	白蛋白（HAS）	静脉	1.3×10^{-2}	8.8×10^{-3}	2.0×10^{-2}	1.9×10^{-2}	2.3×10^{-2}
锝-99m	白蛋白微球体	静脉	7.7×10^{-3}	5.7×10^{-3}	1.1×10^{-2}	9.8×10^{-3}	3.3×10^{-2}
锝-99m	合成的柠檬酸盐	静脉	1.4×10^{-2}	1.0×10^{-2}	1.1×10^{-2}	7.6×10^{-3}	2.2×10^{-2}
锝-99m	变性红血球	静脉	7.0×10^{-3}	1.7×10^{-3}	1.1×10^{-2}	3.2×10^{-3}	0.13
锝-99m	二巯基丁二酸	静脉	1.1×10^{-2}	5.3×10^{-3}	9.0×10^{-3}	5.2×10^{-3}	2.1×10^{-2}
锝-99m	二乙烯三胺五乙酸	静脉	7.8×10^{-3}	6.9×10^{-3}	3.3×10^{-3}	3.2×10^{-3}	9.0×10^{-3}
锝-99m	红血球	静脉	1.1×10^{-2}	6.9×10^{-3}	2.0×10^{-2}	1.9×10^{-2}	2.1×10^{-2}
锝-99m	纤维蛋白原	静脉	1.2×10^{-2}	8.1×10^{-3}	2.0×10^{-2}	1.9×10^{-2}	2.4×10^{-2}
锝-99m	葡萄糖酸盐，葡糖腙	静脉	1.3×10^{-2}	1.1×10^{-2}	8.8×10^{-3}	4.9×10^{-3}	2.4×10^{-2}
锝-99m	肝磷脂	静脉	1.0×10^{-2}	8.2×10^{-3}	1.7×10^{-2}	4.3×10^{-3}	2.1×10^{-2}
锝-99m	六甲基丙二胺肟	静脉	1.7×10^{-2}	6.1×10^{-3}	8.0×10^{-3}	0.14	2.7×10^{-2}
锝-99m	人类免疫球蛋白	静脉	1.1×10^{-2}	0.12	1.7×10^{-2}	1.5×10^{-2}	2.9×10^{-2}
锝-99m	亚氨基二乙酸（IDA）的衍生物	静脉	5.0×10^{-2}	6.2×10^{-3}	7.7×10^{-3}	7.7×10^{-4}	4.5×10^{-2}

表 D.3（续）

核素	化合物	摄入方式	d_T（重要器官）mGy/MBq				d_E mSv/MBq
			卵巢	红骨髓	睾丸	甲状腺	
锝-99m	大胶体	静脉	7.9×10^{-3}	2.3×10^{-3}	3.2×10^{-2}	3.5×10^{-3}	2.8×10^{-2}
锝-99m	大聚体白蛋白(MAA)	静脉	5.4×10^{-3}	3.3×10^{-3}	7.2×10^{-3}	9.0×10^{-3}	3.4×10^{-2}
锝-99m	巯基乙酰基三甘氨酸(MAG3)	静脉	8.7×10^{-3}	8.7×10^{-3}	1.5×10^{-3}	4.4×10^{-4}	1.2×10^{-2}
锝-99m	青霉胺	静脉	1.2×10^{-2}	6.9×10^{-3}	1.5×10^{-2}	8.7×10^{-3}	3.4×10^{-2}
锝-99m	高锝酸盐	静脉	2.6×10^{-2}	8.7×10^{-3}	9.0×10^{-3}	0.12	4.2×10^{-2}
锝-99m	磷酸盐，膦酸盐	静脉	7.0×10^{-3}	5.8×10^{-3}	3.3×10^{-2}	3.5×10^{-3}	1.4×10^{-2}
锝-99m	血纤维蛋白溶酶	静脉	1.1×10^{-2}	6.8×10^{-3}	1.5×10^{-2}	1.2×10^{-2}	3.4×10^{-2}
锝-99m	血小板	静脉	9.7×10^{-3}	5.1×10^{-3}	2.1×10^{-2}	1.2×10^{-2}	6.7×10^{-2}
锝-99m	小胶体	静脉	7.7×10^{-3}	1.8×10^{-3}	5.1×10^{-2}	2.9×10^{-3}	4.3×10^{-2}
锝-99m	锝气体	静脉	2.0×10^{-3}	3.3×10^{-4}	6.6×10^{-3}	1.1×10^{-2}	4.7×10^{-2}
锝-99m	白血球	静脉	1.1×10^{-2}	5.1×10^{-3}	7.1×10^{-2}	9.3×10^{-3}	3.4×10^{-2}
锝-99m	二乙烯三胺五乙酸	静脉(肾功能反常)	1.4×10^{-2}	1.1×10^{-2}	1.3×10^{-2}	1.1×10^{-2}	1.5×10^{-2}
锝-99m	巯基乙酰基三甘氨酸(MAG3)	静脉(肾功能反常)	8.7×10^{-3}	7.8×10^{-3}	3.1×10^{-3}	2.4×10^{-3}	1.1×10^{-2}
锝-99m	巯基乙酰基三甘氨酸(MAG3)	静脉(急性单肾闭塞)	9.2×10^{-3}	5.0×10^{-3}	6.0×10^{-3}	9.2×10^{-4}	2.2×10^{-2}
锝-99m	高锝酸盐	静脉(使用阻断剂)	1.1×10^{-2}	8.7×10^{-3}	7.2×10^{-3}	8.4×10^{-3}	1.1×10^{-2}
锝-99m	甲氧基异丁基异腈	静脉(锻炼)	2.3×10^{-2}	1.1×10^{-2}	1.3×10^{-2}	1.9×10^{-2}	2.3×10^{-2}
锝-99m	替曲膦(Myoview)	静脉(锻炼)	1.9×10^{-2}	7.7×10^{-3}	6.3×10^{-3}	2.2×10^{-2}	1.8×10^{-2}
锝-99m	亚氨基二乙酸(IDA)的衍生物	静脉(胆管闭塞)	7.8×10^{-3}	3.3×10^{-3}	8.5×10^{-3}	1.8×10^{-3}	2.6×10^{-2}
锝-99m	亚氨基二乙酸(IDA)的衍生物	静脉(膀胱闭塞)	4.9×10^{-2}	8.6×10^{-3}	1.2×10^{-2}	7.7×10^{-4}	5.4×10^{-2}
锝-99m	亚氨基二乙酸(IDA)的衍生物	静脉(实质性肝病)	2.6×10^{-2}	1.1×10^{-2}	7.4×10^{-3}	1.1×10^{-3}	3.7×10^{-2}
锝-99m	甲氧基异丁基异腈	静脉(静止)	2.5×10^{-2}	1.1×10^{-2}	3.0×10^{-2}	2.4×10^{-2}	2.8×10^{-2}
锝-99m	替曲膦(Myoview)	静脉(静止)	2.2×10^{-2}	7.4×10^{-3}	6.3×10^{-3}	2.7×10^{-2}	2.2×10^{-2}
锝-99m	不吸收标记物(液体)	口服	6.8×10^{-2}	6.5×10^{-3}	9.2×10^{-3}	3.0×10^{-4}	6.2×10^{-2}
锝-99m	不吸收标记物(固体)	口服	6.9×10^{-2}	6.6×10^{-3}	9.8×10^{-3}	4.7×10^{-4}	7.6×10^{-2}
锝-99m	高锝酸盐	口服(未用阻断剂)	3.3×10^{-2}	7.3×10^{-3}	1.6×10^{-2}	8.0×10^{-2}	4.6×10^{-2}
铊-201	铊的离子	静脉	3.5	9.6	0.53	1.2	1.7
锌-62	锌	静脉	0.2	0.12	2.2	0.14	1.6
锌-65	锌	静脉	21	13	23	17	28
锌-69m	锌	静脉	8.4×10^{-2}	4.8×10^{-2}	0.8	5.6×10^{-2}	0.61

表 D.4 临床核医学中婴儿单位施用量患者接受的器官吸收剂量(d_T)及有效剂量(d_E)

核素	化合物	摄入方式	d_T(重要器官) mGy/MBq				d_E mSv/MBq
			卵巢	睾丸	红骨髓	甲状腺	
碳-14	菊粉	静脉	$6.9\ 10^{-3}$	6.9×10^{-3}	6.9×10^{-3}	6.9×10^{-3}	6.5×10^{-2}
碳-14	菊粉	静脉(肾功能反常)	7.0×10^{-2}	7.0×10^{-2}	7.0×10^{-2}	7.0×10^{-2}	0.12
铬-51	铬(III)氯化物	静脉	0.26	0.17	0.21	0.2	0.55
铬-51	变性的红血球	静脉	0.11	4.2×10^{-2}	0.11	5.6×10^{-2}	2.3
铬-51	二乙烯三胺五乙酸	静脉	5.8×10^{-3}	5.4×10^{-3}	3.2×10^{-3}	3.5×10^{-3}	7.1×10^{-2}
铬-51	红血球	静脉	0.45	0.33	0.76	0.79	1.5
铬-51	血小板	静脉	0.16	7.7×10^{-2}	1.5	0.15	1.5
铬-51	白血球	静脉	0.15	8.0×10^{-2}	1.9	0.1	1.3
铬-51	二乙烯三胺五乙酸	静脉(肾功能反常)	2.5×10^{-2}	2.1×10^{-2}	1.8×10^{-2}	2.0×10^{-2}	2.7×10^{-2}
铬-51	二乙烯三胺五乙酸	口服	0.17	2.4×10^{-2}	1.6×10^{-2}	1.4×10^{-3}	0.23
铬-51	不吸收标记物(液体)	口服	0.17	2.4×10^{-2}	1.6×10^{-2}	1.3×10^{-3}	0.23
铬-51	不吸收标记物(固体)	口服	0.17	2.4×10^{-2}	1.7×10^{-2}	1.5×10^{-3}	0.23
铜-64	铜	静脉	9.1×10^{-2}	6.9×10^{-2}	8.2×10^{-2}	7.8×10^{-2}	0.28
铜-67	铜	静脉	0.44	0.38	0.44	0.41	1.2
氟-18	2-氟-2-脱氧-D-葡萄糖(FDG)	静脉	8.2×10^{-2}	7.3×10^{-2}	6.1×10^{-2}	6.8×10^{-2}	9.5×10^{-2}
氟-18	氟化物	静脉	6.3×10^{-2}	6.2×10^{-2}	0.38	3.6×10^{-2}	0.17
镓-67	柠檬酸盐	静脉	0.45	0.33	1.5	0.38	0.64
碘-123	白蛋白(HAS)	静脉	8.1×10^{-2}	6.0×10^{-2}	0.13	0.12	0.15
碘-123	纤维蛋白原	静脉	7.7×10^{-2}	5.7×10^{-2}	0.13	0.12	0.16
碘-123	邻碘马尿酸钠	静脉	2.1×10^{-2}	2.4×10^{-2}	3.8×10^{-3}	2.8×10^{-3}	3.4×10^{-2}
碘-123	碘代安非他命(IMP)	静脉	4.7×10^{-2}	3.2×10^{-2}	6.8×10^{-2}	4.7×10^{-2}	0.17
碘-123	间碘苯甲胍(MIBG)	静脉	4.6×10^{-2}	3.3×10^{-2}	3.2×10^{-2}	3.6×10^{-2}	6.8×10^{-2}
碘-123	玫瑰红钠	静脉	0.36	3.7×10^{-2}	5.7×10^{-2}	3.9×10^{-3}	0.47
碘-123	邻碘马尿酸钠	静脉(肾功能反常)	4.2×10^{-2}	4.0×10^{-2}	3.0×10^{-2}	2.2×10^{-2}	6.7×10^{-2}
碘-123	玫瑰红钠	静脉(胆管闭塞)	3.6×10^{-2}	1.0×10^{-2}	4.3×10^{-2}	1.0×10^{-2}	0.17
碘-123	玫瑰红钠	静脉(膀胱闭塞)	0.28	4.0×10^{-2}	4.4×10^{-2}	3.5×10^{-3}	0.34
碘-123	玫瑰红钠	静脉(实质性肝病)	0.14	4.1×10^{-2}	2.6×10^{-2}	4.1×10^{-3}	0.20
碘-123	邻碘马尿酸钠	静脉(单肾结石)	4.1×10^{-2}	2.7×10^{-2}	4.3×10^{-2}	3.8×10^{-3}	0.27
碘-123	碘化物	静脉(甲状腺闭塞,摄入0%)	5.3×10^{-2}	4.8×10^{-2}	4.7×10^{-2}	3.7×10^{-2}	6.7×10^{-2}
碘-123	碘化物	静脉(甲状腺摄入15%)	6.8×10^{-2}	3.8×10^{-2}	4.3×10^{-2}	19	0.65
碘-123	碘化物	静脉(甲状腺摄入25%)	6.8×10^{-2}	3.7×10^{-2}	4.5×10^{-2}	31	1.0
碘-123	碘化物	静脉(甲状腺摄入35%)	6.6×10^{-2}	3.5×10^{-2}	4.8×10^{-2}	43	1.4

表 D.4（续）

核素	化合物	摄入方式	d_T（重要器官）mGy/MBq				d_E mSv/MBq
			卵巢	睾丸	红骨髓	甲状腺	
碘-123	碘化物	静脉(甲状腺摄入45%)	6.5×10^{-2}	3.3×10^{-2}	4.9×10^{-2}	56	1.8
碘-123	碘化物	静脉(甲状腺摄入5%)	7.0×10^{-2}	4.0×10^{-2}	4.1×10^{-2}	6.2	0.29
碘-123	碘化物	静脉(甲状腺摄入55%)	6.4×10^{-2}	3.2×10^{-2}	5.2×10^{-2}	68	2.1
碘-123	大聚体白蛋白(MAA)	口服	5.1×10^{-2}	3.8×10^{-2}	0.11	3.3×10^{-2}	0.13
碘-124	碘化物	静脉(甲状腺闭塞，摄入0%)	0.42	0.4	0.29	0.31	0.56
碘-125	白蛋白(HAS)	静脉	1.4	1.1	2.6	1.8	2.2
碘-125	二碘酪氨酸	静脉	0.19	4.9×10^{-2}	8.0×10^{-2}	3.4×10^{-2}	0.24
碘-125	纤维蛋白原	静脉	0.36	0.29	0.8	0.59	0.77
碘-125	邻碘马尿酸钠	静脉	2.0×10^{-2}	2.5×10^{-2}	5.6×10^{-3}	1.6×10^{-3}	6.0×10^{-2}
碘-125	碘化聚乙烯吡咯烷酮	静脉	0.81	0.41	2.1	0.51	6.6
碘-125	碘安替比林	静脉	5.6×10^{-2}	5.1×10^{-2}	7.2×10^{-2}	4.4×10^{-2}	8.0×10^{-2}
碘-125	碘酞酸盐	静脉	2.8×10^{-2}	2.9×10^{-2}	2.4×10^{-2}	1.4×10^{-2}	5.7×10^{-2}
碘-125	反三碘甲状腺原氨酸(rT3)	静脉	0.20	5.3×10^{-2}	8.7×10^{-2}	3.9×10^{-2}	0.24
碘-125	甲状腺素(T4)	静脉	0.72	0.53	1.0	0.62	0.76
碘-125	三碘甲状腺氨酸(T3)	静脉	0.28	0.13	0.24	0.14	0.33
碘-125	邻碘马尿酸钠	静脉(肾功能反常)	3.0×10^{-2}	3.0×10^{-2}	3.0×10^{-2}	1.7×10^{-2}	6.0×10^{-2}
碘-125	碘酞酸盐	静脉(肾功能反常)	9.1×10^{-2}	7.9×10^{-2}	0.13	7.8×10^{-2}	0.12
碘-125	邻碘马尿酸钠	性静脉(单肾结石)	5.0×10^{-2}	2.1×10^{-2}	0.24	2.2×10^{-3}	1.6
碘-125	碘化物	静脉(甲状腺闭塞，摄入0%)	4.8×10^{-2}	4.4×10^{-2}	5.9×10^{-2}	3.6×10^{-2}	7.3×10^{-2}
碘-125	碘化物	静脉(甲状腺摄入0%)	6.2×10^{-2}	3.4×10^{-2}	0.14	790	24
碘-125	碘化物	静脉(甲状腺摄入25%)	6.2×10^{-2}	3.3×10^{-2}	0.21	1300	40
碘-125	碘化物	静脉(甲状腺摄入35%)	6.0×10^{-2}	3.1×10^{-2}	0.27	1900	56
碘-125	碘化物	静脉(甲状腺摄入45%)	5.9×10^{-2}	3.0	0.33	2400	71
碘-125	碘化物	静脉(甲状腺摄入5%)	6.3×10^{-2}	3.6×10^{-2}	8.0×10^{-2}	270	8.1
碘-125	碘化物	静脉(甲状腺摄入55%)	5.8×10^{-2}	2.8×10^{-2}	0.4	2900	88
碘-125	不吸收标记物(液体)	口服	0.89	4.9×10^{-2}	0.14	9.3×10^{-5}	1.0
碘-125	不吸收标记物(固体)	口服	0.89	4.9×10^{-2}	0.14	1.3×10^{-4}	1.1
碘-131	白蛋白(HAS)	静脉	3.0	2.6	4.3	4.7	5.4
碘-131	二碘酪氨酸	静脉	0.54	0.26	0.21	0.19	1.4
碘-131	纤维蛋白原	静脉	1.5	1.3	2.6	2.9	3.6
碘-131	邻碘马尿酸钠	静脉	4.3×10^{-2}	4.9×10^{-2}	1.3×10^{-2}	1.0×10^{-2}	0.16

表 D.4（续）

核素	化合物	摄入方式	d_T（重要器官）mGy/MBq				d_E mSv/MBq
			卵巢	睾丸	红骨髓	甲状腺	
碘-131	碘化聚乙烯吡咯烷酮	静脉	0.92	0.48	0.76	0.53	5.1
碘-131	碘安替比林	静脉	0.29	0.27	0.23	0.24	0.44
碘-131	碘甲基-19-降胆甾醇(NP59)	静脉	2.4	2.1	2.2	320	18
碘-131	大聚体白蛋白(MAA)	静脉	0.34	0.22	0.32	0.31	3.1
碘-131	间碘苯甲胍(MIBG)	静脉	0.42	0.36	0.35	0.35	1.1
碘-131	反三碘甲状腺原氨酸(rT3)	静脉	0.56	0.28	0.23	0.22	1.4
碘-131	玫瑰红钠	静脉	1.8	0.27	0.18	1.9×10^{-2}	6.3
碘-131	甲状腺素(T4)	静脉	2.4	2.1	2.1	2.2	2.6
碘-131	三碘甲状腺氨酸(T3)	静脉	1.0	0.71	0.68	0.70	1.7
碘-131	邻碘马尿酸钠	静脉(肾功能反常)	0.14	0.14	9.8×10^{-2}	9.8×10^{-2}	0.36
碘-131	玫瑰红钠	静脉(胆管闭塞)	0.57	0.14	0.43	0.18	4.5
碘-131	玫瑰红钠	静脉(膀胱闭塞)	1.3	0.22	0.14	1.7×10^{-2}	4.5
碘-131	玫瑰红钠	静脉(实质性肝病)	0.71	0.16	8.3×10^{-2}	1.7×10^{-2}	2.6
碘-131	邻碘马尿酸钠	静脉(单肾结石)	0.34	0.12	0.31	4.5×10^{-2}	6.8
碘-131	碘化物	静脉(甲状腺闭塞，摄入0%)	0.24	0.23	0.19	0.20	0.40
碘-131	碘化物	静脉(甲状腺摄入0%)	0.26	0.18	0.24	2000	62
碘-131	碘化物	静脉(甲状腺摄入25%)	0.26	0.18	0.29	3400	100
碘-131	碘化物	静脉(甲状腺摄入35%)	0.27	0.18	0.35	4700	140
碘-131	碘化物	静脉(甲状腺摄入45%)	0.28	0.18	0.41	6100	180
碘-131	碘化物	静脉(甲状腺摄入5%)	0.26	0.18	0.18	680	21
碘-131	碘化物	静脉(甲状腺摄入55%)	0.27	0.17	0.46	7400	220
碘-131	大聚体白蛋白(MAA)	口服	0.37	0.28	2	0.27	1.9
碘-131	不吸收标记物(液体)	口服	1.9	0.27	0.18	1.6×10^{-2}	6.3
碘-131	不吸收标记物(固体)	口服	1.9	0.27	0.19	1.7×10^{-2}	6.5
铟-111	气溶胶(肺快速清除)	吸入	7.5×10^{-2}	7.7×10^{-2}	4.2×10^{-2}	3.7×10^{-2}	0.14
铟-111	气溶胶(肺慢速清除)	吸入	0.35	0.19	2.4	0.40	1.5
铟-111	博来霉素	静脉	0.38	0.26	0.69	0.28	0.77
铟-111	二乙烯三胺五乙酸	静脉	8.3×10^{-2}	8.8×10^{-2}	3.5×10^{-2}	2.8×10^{-2}	0.12
铟-111	人类免疫球蛋白(HIG)	静脉	0.69	1.8	0.67	0.76	0.99
铟-111	铟	静脉	0.56	0.31	3.9	0.4	1.4
铟-111	奥曲肽	静脉	0.14	0.1	8.7×10^{-2}	0.69	0.28

表 D.4（续）

核素	化合物	摄入方式	d_T（重要器官）mGy/MBq 卵巢	睾丸	红骨髓	甲状腺	d_E mSv/MBq
铟-111	血小板	静脉	0.53	0.27	2.1	0.54	3.7
铟-111	白血球	静脉	0.56	0.28	4.5	0.38	3.2
铟-111	二乙烯三胺五乙酸	静脉（肾功能反常）	0.23	0.19	0.19	0.18	0.23
铟-111	不吸收标记物（液体）	口服	1.9	0.23	0.22	1.3×10^{-2}	1.7
铟-111	不吸收标记物（固体）	口服	1.9	0.22	0.22	1.4×10^{-2}	1.7
磷-32	磷酸盐	静脉	5.4	5.4	120	5.4	22
锶-89	锶	静脉	5.6	5.6	11	5.6	25
锝-99m	磷酸盐，膦酸盐	高骨摄入或肾功能严重衰竭	1.6×10^{-2}	1.1×10^{-2}	0.14	1.4×10^{-2}	6.1×10^{-2}
锝-99m	气溶胶（肺快速清除）	吸入	1.5×10^{-2}	1.5×10^{-2}	9.6×10^{-3}	7.8×10^{-3}	3.6×10^{-2}
锝-99m	气溶胶（肺慢速清除）	吸入	6.4×10^{-3}	4.6×10^{-3}	1.6×10^{-2}	1.6×10^{-2}	8.5×10^{-2}
锝-99m	锝气体	吸入	3.9×10^{-2}	1.5×10^{-2}	1.4×10^{-2}	0.18	7.1×10^{-2}
锝-99m	白蛋白（HAS）	静脉	1.3×10^{-2}	8.8×10^{-3}	2.0×10^{-2}	1.9×10^{-2}	2.3×10^{-2}
锝-99m	白蛋白微球体	静脉	1.0×10^{-2}	1.1×10^{-2}	1.8×10^{-2}	1.7×10^{-2}	6.2×10^{-2}
锝-99m	合成的柠檬酸盐	静脉	2.3×10^{-2}	1.9×10^{-2}	1.8×10^{-2}	1.4×10^{-2}	3.9×10^{-2}
锝-99m	变性红血球	静脉	1.2×10^{-2}	4.1×10^{-3}	1.7×10^{-2}	6.6×10^{-3}	0.22
锝-99m	二巯基丁二酸	静脉	1.9×10^{-2}	1.0×10^{-2}	1.4×10^{-2}	9.4×10^{-3}	3.7×10^{-2}
锝-99m	二乙烯三胺五乙酸	静脉	1.3×10^{-2}	1.3×10^{-2}	5.6×10^{-3}	5.8×10^{-3}	1.6×10^{-2}
锝-99m	红血球	静脉	1.9×10^{-2}	1.3×10^{-2}	3.7×10^{-2}	3.6×10^{-2}	3.9×10^{-2}
锝-99m	纤维蛋白原	静脉	2.1×10^{-2}	1.5×10^{-2}	3.5×10^{-2}	3.5×10^{-2}	4.3×10^{-2}
锝-99m	葡萄糖酸盐，葡糖倧	静脉	2.1×10^{-2}	1.9×10^{-2}	1.3×10^{-2}	8.8×10^{-3}	4.2×10^{-2}
锝-99m	肝磷脂	静脉	1.7×10^{-2}	1.5×10^{-2}	3.2×10^{-2}	7.8×10^{-3}	3.8×10^{-2}
锝-99m	六甲基丙二胺肟	静脉	2.7×10^{-2}	1.1×10^{-2}	1.4×10^{-2}	0.26	4.9×10^{-2}
锝-99m	人类免疫球蛋白	静脉	1.9×10^{-2}	0.16	3.1×10^{-2}	2.9×10^{-2}	4.7×10^{-2}
锝-99m	亚氨基二乙酸（IDA）的衍生物	静脉	8.3×10^{-2}	1.2×10^{-2}	1.0×10^{-2}	1.9×10^{-3}	0.10
锝-99m	大胶体	静脉	1.4×10^{-2}	4.5×10^{-3}	6.4×10^{-2}	6.5×10^{-3}	5.0×10^{-2}
锝-99m	大聚体白蛋白（MAA）	静脉	1.0×10^{-2}	6.2×10^{-3}	1.2×10^{-2}	1.6×10^{-2}	6.3×10^{-2}
锝-99m	巯基乙酰基三甘氨酸（MAG3）	静脉	1.4×10^{-2}	1.6×10^{-2}	2.1×10^{-3}	8.2×10^{-4}	2.2×10^{-2}
锝-99m	青霉胺	静脉	2.2×10^{-2}	1.3×10^{-2}	2.4×10^{-2}	1.6×10^{-2}	5.9×10^{-2}
锝-99m	高锝酸盐	静脉	4.5×10^{-2}	1.6×10^{-2}	1.5×10^{-2}	0.22	7.9×10^{-2}
锝-99m	磷酸盐，膦酸盐	静脉	1.2×10^{-2}	1.1×10^{-2}	6.7×10^{-2}	5.6×10^{-3}	2.7×10^{-2}
锝-99m	血纤维蛋白溶酶	静脉	2.0×10^{-2}	1.3×10^{-2}	2.6×10^{-2}	2.2×10^{-2}	6.0×10^{-2}

表 D.4（续）

核素	化合物	摄入方式	d_T(重要器官) mGy/MBq				d_E mSv/MBq
			卵巢	睾丸	红骨髓	甲状腺	
锝-99m	血小板	静脉	1.7×10^{-2}	9.8×10^{-3}	3.7×10^{-2}	2.3×10^{-2}	0.12
锝-99m	小胶体	静脉	1.3×10^{-2}	3.6×10^{-3}	0.10	5.4×10^{-3}	7.6×10^{-2}
锝-99m	锝气体	静脉	4.2×10^{-3}	1.1×10^{-3}	1.1×10^{-2}	2.0×10^{-2}	8.7×10^{-2}
锝-99m	白血球	静脉	1.8×10^{-2}	9.2×10^{-3}	0.14	1.7×10^{-2}	6.2×10^{-2}
锝-99m	二乙烯三胺五乙酸	静脉(肾功能反常)	2.4×10^{-2}	2.0×10^{-2}	2.2×10^{-2}	1.9×10^{-2}	2.6×10^{-2}
锝-99m	巯基乙酰基三甘氨酸(MAG3)	静脉(肾功能反常)	1.4×10^{-2}	1.4×10^{-2}	5.0×10^{-3}	4.4×10^{-3}	1.9×10^{-2}
锝-99m	巯基乙酰基三甘氨酸(MAG3)	静脉(急性单肾闭塞)	1.5×10^{-2}	9.8×10^{-3}	8.3×10^{-3}	1.6×10^{-3}	3.8×10^{-2}
锝-99m	高锝酸盐	静脉(用阻断剂)	1.9×10^{-2}	1.6×10^{-2}	1.3×10^{-2}	1.5×10^{-2}	1.9×10^{-2}
锝-99m	甲氧基异丁基异腈	静脉(锻炼)	4.0×10^{-2}	2.0×10^{-2}	2.3×10^{-2}	3.5×10^{-2}	4.5×10^{-2}
锝-99m	替曲膦(Myoview)	静脉(锻炼)	3.1×10^{-2}	1.3×10^{-2}	9.3×10^{-3}	4.0×10^{-2}	3.5×10^{-2}
锝-99m	亚氨基二乙酸(IDA)的衍生物	静脉(胆管闭塞)	1.4×10^{-2}	6.5×10^{-3}	1.2×10^{-2}	3.5×10^{-3}	4.6×10^{-2}
锝-99m	亚氨基二乙酸(IDA)的衍生物	静脉(膀胱闭塞)	7.9×10^{-2}	1.6×10^{-2}	1.4×10^{-2}	1.7×10^{-3}	9.8×10^{-2}
锝-99m	亚氨基二乙酸(IDA)的衍生物	静脉(实质性肝病)	4.2×10^{-2}	2.0×10^{-2}	9.4×10^{-3}	2.2×10^{-3}	7.5×10^{-2}
锝-99m	甲氧基异丁基异腈	静脉(静止)	4.5×10^{-2}	2.1×10^{-2}	4.4×10^{-2}	4.5×10^{-2}	5.3×10^{-2}
锝-99m	替曲膦(Myoview)	静脉(静止)	3.7×10^{-2}	1.3×10^{-2}	9.2×10^{-3}	5.0×10^{-2}	4.3×10^{-2}
锝-99m	不吸收标记物(液体)	口服	0.11	1.2×10^{-2}	1.1×10^{-2}	1.2×10^{-3}	0.11
锝-99m	不吸收标记物(固体)	口服	0.11	1.3×10^{-2}	1.2×10^{-2}	1.6×10^{-3}	0.14
锝-99m	高锝酸盐	口服(未用阻断剂)	5.3×10^{-2}	1.4×10^{-2}	2.6×10^{-2}	0.15	8.4×10^{-2}
锌-62	锌	静脉	0.39	0.24	4.5	0.27	3.1
锌-65	锌	静脉	37	23	39	29	48
铊-201	铊的离子	静脉	8.3	13	1.1	2.3	2.8

附 录 E
（资料性附录）
接近核医学治疗患者的人员的剂量估算方法

E.1 资料来源

本附录引自 IAEA 安全报告 No.63 的附录Ⅱ及其表Ⅱ-1（带*者系原数据计算有错，给予了修正。）

E.2 一般估算方法

a) 施药后某一时刻 t，患者体内滞留的放射性活度估算：用一个辐射防护水平的辐射巡测仪器，在离患者 3 m 处进行规范的测量。最好选取一个固定测量点，使患者到测量点的距离为 3 m。应在患者施用核素后、还没有任何排泄以前，尽快地进行首次剂量率测量；到以后某一时刻 t，在这个固定位置上再次测量剂量率。这时满足式(E.1)的关系：

$$A_R = A_0 D / D_0 \qquad \cdots\cdots\cdots\cdots(E.1)$$

式中：

A_R ——测量时刻 t 滞留的放射性活度；

A_0 ——患者施用的放射性活度；

D_0 ——施用后首次测量的剂量率；

D ——测量时刻 t 的剂量率。

尽管这样的估算误差较大，但对进行是否超过剂量约束的判断是可行的。

b) 对于接近患者人员的剂量估算：考虑到该人员与患者接触的距离可能小于 3 m，此时剂量与距离不遵从平方反比关系，可按式(E.2)近似估算：

$$D = D_1 x^{-1.5} \qquad \cdots\cdots\cdots\cdots(E.2)$$

式中：

x ——与患者的距离，单位为米(m)；

D ——与患者距离为 x(m)处的剂量率；

D_1——与患者距离为 1 m(x=1 m)处的剂量率。

E.3 与剂量约束值相关的施用量估算

为了方便，IAEA 在安全报告 No.63(2009)中，推荐了和有关剂量约束值相应的施用量值(表 E.1)。表中数值意味着施用该药物量后可能的最大剂量估算结果是 5 mSv 或 1 mSv，也就是说施用量只要不超过表中数值，剂量就不会大于 5 mSv 或 1 mSv 的剂量约束。

表 E.1 不同核素治疗时，与剂量约束 5 mSv 和 1 mSv 相应的施用量

核素	不同剂量约束相应的施用活度 MBq		核素	不同剂量约束相应的施用活度 MBq	
	5 mSv	1 mSv		5 mSv	1 mSv
Ag-111	19 000	3 800	Cr-51	4 800	960
Au-198	3 500	700*	Cu-64	8 400	1 680*

表 E.1（续）

核素	不同剂量约束相应的施用活度 MBq		核素	不同剂量约束相应的施用活度 MBq	
	5 mSv	1 mSv		5 mSv	1 mSv
Cu-67	14 000	2 800*	Sc-47	11 000	2 200*
Ga-67	8 700	1 740*	Se-75	89	18
I-123	6 000	1 200	Sm-153	26 000	5 200
I-125	250	50	Sn-117m	1 100	220*
I-131	1 200	240	Tc-99m	28 000	5600
In-111	2 400	470	Tl-201	16 000	3 200*
Re-186	28 000	5 600*	Yb-169	370	74*
Re-188	29 000	5 800	—	—	—

附 录 F
（资料性附录）
临床核医学医疗照射质量控制通用内容

本附录资料主要摘引自IAEA安全报告No.40附录Ⅱ的表3。

表 F.1 临床核医学质量控制通用内容

组 成 部 分	影响质量的因素
一般要求	患者病史记录 适当的程序 禁忌证 咨询专家的经验与能力
组织机构及责任	质量保证组织机构 主要责任人（院长、科主任、医师、技师、护士、工程师等各自的责任）
日常管理	日常管理 部门工作量
员工的培训及经验	操作人员的培训及经验 核医学医师的专业及服务知识培训 员工辐射防护的培训及经验
患者护理	患者鉴别 患者准备 提供给患者的指导和信息 等候时间
患者检查/治疗	放射性药物的可靠供应 放射性药物的质量 放射性药物的储存 放射性药物的准备 放射性药物的管理 设备的性能和维护 数据采集规程 检查/治疗的优化 临床剂量学 程序手册
设备性能鉴定	设备性能 处理方案
辐射防护	设施设计 非密封源的安全接收和储存 放射废物管理 安全设施 个人监测 健康监护 工作场所监测 应急程序 地方性法规

附　录　G
（资料性附录）
放射性核素测量装置和活度计性能质量控制检验

G.1　资料来源

本附录资料主要摘引自 IAEA 技术报告 No.454 的附录Ⅶ。

G.2　测量装置

典型的放射性核素测量装置示意于图 G.1。

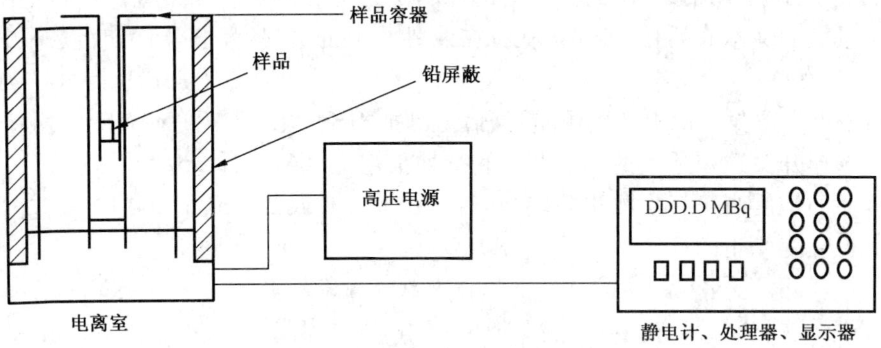

图 G.1　典型的放射性核素测量装置

G.3　活度计性能质量控制检验

G.3.1　源响应的重复性检验

通过长时间对同一个仪器检验源响应的测量，确定活度计对同一个仪器检验源响应的重复性，它反应了静电计重复性和电离室气体压力恒定程度。理想情况下，至少有一个相对长寿命，而且几何条件可重复的源用于每天测量的检验。尽管^{57}Co、^{60}Co 或^{226}Ra 可用于这种用途，但^{137}Cs 有长的半衰期和放射性核素纯，做这类源较好。

G.3.2　源响应检验

a)　用一个已经校准的活度计对仪器检验源进行测量（例如，用^{137}Cs 校准的活度计测量^{137}Cs 仪器检验源）；

b)　测量活度计的本底，第一步中的读数应扣除本底，也可采用本底自动扣除的方法；

c)　对于每个使用的源，记录其活度测量、模型和仪器的序列号、放射性核素仪器检验源的身份、活度计及其校准日期；

d)　如果检验结果超出预期值的±2%，应核查原因，或程序检验不符合。

G.3.3　相对响应检验

这种检验是为了确保活度计对特定放射性核素的测量不发生改变，其检验程序与源响应检验的程序基本相同。

a) 用已经校准的活度计对常用的一种放射性核素进行测量；

b) 测量活度计的本底，第一步中的读数应扣除本底，也可采用本底自动扣除的方法；

c) 对于每个使用的源，记录其活度测量、模型和仪器的序列号、放射性核素仪器检验源的身份、活度计及其校准日期；

d) 对常用的放射性核素源，重复测量值超出±2%，程序检验为不符合。

G.3.4 线性检验

此检查可确认，只要在活度计的应用范围，对每个放射性核素测量的活度都是正确的。在活度计的应用范围内(1 MBq～最大活度)读数值的线性是一个重要的特性，对^{99m}Tc最大值的典型值为150 GBq。

a) 时间衰变方法如下：

1) 取一个装有刚洗脱出来的^{99m}Tc(其活度为日常应用的最大活度)的注射器或小瓶，将其放入活度计中；用活度计的范围选择开关，选择适当的活度测量范围，并对其进行活度测量；测量值扣除本底后用MBq表述；在线性检验记录表上记录日期，以分计的时间和净活度值；

2) 每隔2 h重复一次上述的测量过程，直到放射性活度低于1 MBq；每次测量都应注意用范围选择开关选择适当的测量范围和日期信息记录(月、日、小时)；

3) 样品的活度由第一次测量确定，其活度水平一般取20 MBq～40 MBq范围，并用式(G.1)进行衰变修正的计算：

$$A = A_0 e^{-\lambda t} \qquad \cdots\cdots(G.1)$$

式中：

A ——t时刻的放射性活度；

A_0——$t=0$时刻的放射性活度；

λ ——衰变常数，可用式(G.2)计算：

$$\lambda = \ln 2 / T_{1/2} \qquad \cdots\cdots(G.2)$$

式中：

$T_{1/2}$——半衰期，不同核素的半衰期列在表G.1中。

表G.1 临床核医学施用的主要放射性核素的半衰期($T_{1/2}$)

核素	$T_{1/2}$	核素	$T_{1/2}$	核素	$T_{1/2}$
^{3}H	12.3 a	^{11}C	0.340 h	^{13}N	9.97 min
^{15}O	2.04 min	^{18}F	1.83 h	^{32}P	14.3 d
^{51}Cr	27.7 d	^{75}Se	120 d	^{81m}Kr	13 s
^{87}Ge	0.312 h	^{89}Sr	50.5 d	^{90}Y	2.67 d
^{99m}Tc	6.02 h	^{111}In	2.83 d	^{113m}In	1.66 h
^{123}I	13.2 h	^{125}I	60.1 d	^{131}I	8.04 d
^{127}Xe	36.4 d	^{133}Xe	5.24 d	^{169}Er	9.30 d
^{197}Hg	64.2 h	^{198}Au	2.69 d	^{201}Tl	3.04 d

4) 记录测量活度，计算活度，死时间，活度计型号，校准时间和检验时间。

b) 屏蔽方法详见IAEA技术报告No.454。

附 录 H
（资料性附录）
核医学设备质量控制检验和核查

本附录资料摘引自 IAEA 安全报告 No.40 附录Ⅱ的表 4。

表 H.1 核医学设备质量控制检验和核查

设 备	验收和状态检验	稳定性检验
样品计算系统	计数(和/或)定时功能 能量校准 能量分辨[a] 灵敏度 计数精度[a] 能响线性[a] 本底 活度响应线性 几何响应 预设分析仪设施[a]	分析仪峰设置 本底
伽玛相机，包括 SPECT 系统和计算机系统	脉冲振幅分析窗口设置 能响线性[a] 能量分辨 固有均匀性[a] 系统均匀性 固有线性[a] 固有空间分辨率[a] 系统空间分辨率 计数率特性[a] 灵敏度 全身均匀性[a] 全身分辨率 机头屏蔽泄漏[a] 像素大小[a] 计算机计时[a] 旋转中心位置 断层均匀性 断层空间分辨率 总显像特性[a]	脉冲振幅分析窗口设置 均匀性 灵敏度 本底 旋转中心位置 准直器设置
胶片处理器	本底雾水平 速度[a] 灵敏度	本底雾水平

表 H.1（续）

设　备	验收和状态检验	稳定性检验
PET	校准核查	校准核查
	均匀性	归一化
	空间分辨率[a]	
	散射系数[a]	
	灵敏度	
	计数率丢失和随机计数[a]	空白扫描
	扫描截面积校准	扫描截面积校准
	符合计时的漂移	
	能源阈值漂移	
	探测器环的机械运动	
	可移动横隔定位	
	激光准直	
	衰减校正精度[a]	
	死时间校正精度	
	散射校正精度[a]	
	随机符合校正[a]	
	精度	

[a] 在状态检验时，可以不必检验。

ICS 13.310
A 91

中华人民共和国国家标准

GB/T 16571—2012
代替 GB/T 16571—1996

博物馆和文物保护单位安全防范系统要求

Requirements for security systems in museums and units of cultural heritage protection

2012-11-05 发布 2013-02-01 实施

中华人民共和国国家质量监督检验检疫总局
中国国家标准化管理委员会 发布

前　言

本标准按照 GB/T 1.1—2009 给出的规则起草。

本标准是对 GB/T 16571—1996《文物系统博物馆安全防范工程设计规范》的修订，并将标准名称更改为《博物馆和文物保护单位安全防范系统要求》。

本标准与 GB/T 16571—1996 相比，主要技术变化如下：

——扩大了标准的适用范围(见 1，1996 年版的 1)；

——根据标准内容的需要，增加、修订了部分术语和定义(见 3，1996 年版的 3)；

——增加了古建筑、石窟寺及石刻、古文化遗址、古墓葬等文物保护单位安全防范系统的要求(见 9，10，11)；

——增加了考古发掘工地安全防范系统的要求(见 12)；

——增加了人力防范和实体防范的要求(见 5，6)；

——增加了入侵报警、视频安防监控、出入口控制、声音复核、专用通讯、电子巡查、防爆安全检查、安全管理等子系统的技术要求(见 7)；

——修订原标准中“工程设计原则”的内容，纳入本标准“安全防范系统总体要求”(见 4，1996 年版的 5)；

——修订原标准中“工程设计技术”的内容，纳入本标准“技术防范要求”(见 7，1996 年版的 9)；

——增加了设计流程及设计文件编制的要求(见附录 A)。

本标准由中华人民共和国公安部和国家文物局共同提出。

本标准由全国安全防范报警系统标准化技术委员会(SAC/TC 100)归口。

本标准起草单位：公安部第一研究所、北京联视神盾安防技术有限公司、杭州华三通信技术有限公司、首都博物馆。

本标准主要起草人：王永升、史彦林、刘铭威、邓超、郑丽娜、施巨岭、周群、张盛、曹洋。

本标准所代替标准的历次版本发布情况为：

——GB/T 16571—1996。

博物馆和文物保护单位安全防范系统要求

1 范围

本标准规定了博物馆和文物保护单位安全防范系统的人力防范、实体防范、技术防范要求，是安全防范系统设计、施工、检验、验收的基本依据。

本标准适用于博物馆和文物保护单位(古建筑、石窟寺及石刻、古文化遗址、古墓葬等)及考古发掘工地的新建、改建、扩建的安全防范系统。纪念馆、近现代重要史迹及代表性建筑、考古研究所、文物商店和其他收藏、临时展出文物场所的安全防范系统可参照使用。

2 规范性引用文件

下列文件对于本文件的应用是必不可少的。凡是注明时间的引用文件，仅注日期的版本适用于本文件。凡是不注日期的引用文件，其最新版本(包括所有的修改单)适用于本文件。

GB 10409—2001 防盗保险柜

GB/T 15408 安全防范系统供电技术要求

GB 17565—2007 防盗安全门通用技术条件

GB 50343 建筑物电子信息系统防雷技术规范

GB 50348—2004 安全防范工程技术规范

GB 50394—2007 入侵报警系统工程设计规范

GB 50395—2007 视频安防监控系统工程设计规范

GB 50396—2007 出入口控制系统工程设计规范

GA 27 文物系统博物馆风险等级和安全防护级别的规定

GA/T 70 安全防范工程费用预算编制办法

GA/T 74 安全防范系统通用图形符号

GA/T 644 电子巡查系统技术要求

GA/T 669.1 城市监控报警联网系统 技术标准 第1部分:通用技术要求

GA/T 670 安全防范系统雷电浪涌防护技术要求

GA/T 761 停车库(场)安全管理系统技术要求

JGJ 66 博物馆建筑设计规范

3 术语和定义

GB 50348—2004 界定的以及下列术语和定义适用于本文件。

3.1

博物馆 museum

征集、典藏、保护、研究、展示有关历史、文化、艺术、自然科学、技术等方面的文物、标本等实物的场所。

3.2

文物保护单位　unit of cultural heritage protection

中华人民共和国各级人民政府依法核定公布的、具有重要价值的地面、地下不可移动文物和对文物本体及周围一定范围实施重点保护的区域的总称。

注1：根据不可移动文物的价值，文物保护单位一般分为全国重点文物保护单位、省级文物保护单位和市、县级文物保护单位，分别由国务院、省级人民政府和市、市/县级人民政府划定其保护范围，设立文物保护标志及说明，建立记录档案，并区别情况分别设置专门机构或者专人负责管理。

注2：根据不可移动文物的类型，文物保护单位一般可分为古文化遗址、古墓葬、古建筑、石窟寺及石刻、近现代重要史迹和代表性建筑等。

3.3

人力防范(人防)　personnel protection

执行安全防范任务的具有相应素质人员和/或人员群体的一种有组织的防范手段(包括人、组织和管理等)。

[GB 50348—2004，定义 2.0.19]

3.4

实体防范(物防)　physical protection

用于安全防范目的、能延迟风险事件发生的各种物理防范手段[包括建(构)筑物、屏障、器具、设备等]。

3.5

技术防范(技防)　technical protection

利用各种电子信息设备组成系统以提高探测、延迟、反应能力和防护功能的安全防范手段。

3.6

安全防范系统　security and protection system

以保障博物馆和文物保护单位安全、防止风险事件发生或将风险事件造成的危害降低到最小程度为目的，通过科学规划、合理设计，将人力防范(人防)、实体防范(物防)、技术防范(技防)等手段有机组合、综合应用而建立的防御体系。

3.7

探测　detection

感知显性风险事件或/和隐形风险事件发生并发出报警的手段。

[GB 50348—2004，定义 2.0.14]

3.8

延迟　delay

延长或/和推迟风险事件发生进程的措施。

[GB 50348—2004，定义 2.0.15]

3.9

反应　response

为制止风险事件的发生所采取的行动。

3.10

防护对象(单位、部位、目标)　protection object

由于面临风险而需对其进行保护的对象，通常包括某个单位、某个建(构)筑物或建(构)筑物群，或其内外的某个局部范围以及某个具体的实际目标。

[GB 50348—2004，定义 2.0.22]

3.11

风险等级　level of risk

存在于防护对象及其周围的、对其安全构成威胁的程度。

3.12

防护级别　level of protection

为保障防护对象的安全所采取的防范措施(人防、物防、技防)的水平。

3.13

误报警　false alarm

风险事件未发生,由于自动装置对未设计、未设定的报警状态做出响应、部件的错误动作或损坏而发出的报警。

3.14

漏报警　leakage alarm

风险事件已经发生,而系统未能做出报警响应或指示。

[GB 50348—2004,定义 2.0.18]

3.15

报警响应时间　response time for alarm

从入侵探测装置(包括紧急报警装置)探测到目标后产生报警状态信息到监控中心控制设备接收到该信息并发出报警信号所需的时间,用 $T_{探测}$ 表示。

3.16

入侵延迟时间　intrusion delay time

从系统探测到入侵行为开始,至入侵者开始对防护对象实施侵犯行为所用的最小时间,用 $T_{延迟}$ 表示。

3.17

处警响应时间　response time for handing alarm

从监控中心控制设备接收到报警信息到安全保卫人员到达报警现场所用的时间,用 $T_{反应}$ 表示。

3.18

周界　perimeter

需要进行实体防范或/和技术防范的某个区域的边界。

3.19

监视区　surveillance area

实体防范设施或/和技术防范系统所组成的周界警戒线与防护区边界之间的区域。

3.20

防护区　protection area

允许公众出入的、防护目标所在的区域或部位。

[GB 50348—2004,定义 2.0.25]

3.21

禁区　restricted area

不允许未授权人员出入(或窥视)的防护区域或部位。

[GB 50348—2004,定义 2.0.26]

3.22

盲区　blind zone

在警戒范围内,安全防范手段未能覆盖的区域。

[GB 50348—2004,定义 2.0.27]

3.23

纵深防护 longitudinal-depth protection

根据防护对象所处的环境条件和安全管理的要求，对整个防范区域实施由外到里层层设防的防范措施。

注：纵深防护分为整体纵深防护和局部纵深防护两种类型。

3.24

纵深防护体系 longitudinal-depth protection systems

兼有周界、监视区、防护区和禁区的安全防护体系。

[GB 50348—2004，定义 2.0.31]

3.25

入侵报警系统 intruder alarm system

利用传感器技术和电子信息技术探测并指示非法进入或试图非法进入设防区域(包括主观判断面临被劫持、遭抢劫或其他危急情况时，故意触发紧急报警装置)的行为、处理报警信息、发出报警信息的电子系统。

3.26

视频安防监控系统 video surveillance system

利用视频技术探测、监视设防区域并实时显示、记录现场图像的电子系统。

3.27

出入口控制系统 access control system

利用自定义符识别或/和模式识别技术对出入目标进行识别并控制出入口执行机构启/闭的电子系统。

3.28

声音复核装置(系统) audio detect and check device(system)

利用音频技术探测现场声音、对报警区域的声音进行拾音收听，以确定警情真实性的电子装置(系统)。

3.29

电子巡查系统 electronic patrol system

对安全保卫人员的巡逻路线、方式及过程进行管理和控制的电子系统。

3.30

防爆安全检查系统 security inspection system for anti-explosion

检查人员、行李、货物是否携带爆炸物、武器、管制刀具、易燃易爆品或其他违禁物品的电子系统。

3.31

安全管理系统 security management system

对入侵报警、视频安防监控、出入口控制、声音复核、电子巡查等系统进行组合或集成，实现对各子系统的有效联动、管理和/或监控的电子系统。

3.32

监控中心 surveillance and control centre

技术防范系统的中央控制室，系统的信息汇集、处理、共享节点。

注：监控管理人员在此对安全防范系统进行集中管理、控制，对监控信息进行使用、处置。

4 安全防范系统总体要求

4.1 系统基本构成

4.1.1 安全防范系统由人力防范、实体防范、技术防范等组成。

4.1.2 人力防范的主要内容包括安全保卫机构的设置、安全保卫制度的建设、安全保卫人员的配备与管理等。

4.1.3 实体防范的主要内容包括周界实体防范、防护区实体防范、禁区实体防范和防护目标实体防范等。

4.1.4 技术防范的主要内容包括入侵报警系统、视频安防监控系统、出入口控制系统、声音复核系统、安防专用通讯系统、电子巡查系统、防爆安全检查系统、安全管理系统等。实际应用中,根据安全防范的需要,技术防范措施可以是上述的某个系统,也可以是由上述的某些系统作为子系统的组合或集成。

4.2 系统建设原则

4.2.1 安全防范系统的建设应纳入单位或部门工程建设的总体规划,根据管理要求、使用功能和建设投资等因素,进行综合设计、同步施工和独立验收。

4.2.2 安全防范系统的建设应坚持尽可能减少对文物干预、与环境相协调的原则,充分考虑文物保护的特殊性,科学规划、合理设计、规范施工、有效使用。

4.2.3 安全防范系统的建设应坚持人防、物防、技防相结合,探测、延迟、反应相协调的原则,满足 $T_{探测}+T_{反应}\leqslant T_{延迟}$ 的要求。

4.2.4 安全防范系统的建设应坚持防护级别与风险等级相适应的原则。博物馆和文物保护单位风险等级的划分和防护级别的确定应符合 GA 27 的规定。

4.2.5 安全防范系统的建设应坚持纵深防护的原则,合理划分周界、监视区、防护区、禁区,应体现安全防范系统的均衡性。

4.2.6 技术防范系统应以规范化、结构化、模块化、集成化的方式实现,应能适应系统维护和技术发展的需要,应采用成熟而先进的技术和可靠而适用的设备。

4.2.7 技术防范系统的设备应满足安全性、电磁兼容性、环境适应性、可扩展性及联动/集成功能等要求。应优先选用符合环保、节能要求的设备/材料。

4.2.8 安全防范工程的施工、检验、验收应符合 GB 50348—2004 中第 6 章、第 7 章、第 8 章的规定。

4.2.9 应建立安全防范系统维护保养的长效机制,保证系统有效运行。技术防范设备/系统出现故障时,应采取有效的应急措施,确保文物安全。设备/系统故障宜在 24 h 内恢复功能。

4.2.10 安全防范系统设计文件中,应有明确的反映系统整体防范效能的技术性能指标。

4.2.11 设计流程与设计文件编制参见附录 A。

5 人力防范要求

5.1 安全保卫机构设置

5.1.1 安全保卫工作应按照国家有关现行法律、法规、规章的要求执行。

5.1.2 应当根据内部安全保卫工作需要,设置与安全保卫任务相适应的安全保卫机构。

5.2 安全保卫制度建设

5.2.1 应根据安全保卫工作的需要,建立健全各项安全保卫制度和措施。

5.2.2 安全保卫制度和措施不得与法律、法规、规章的规定相抵触,应与本单位安全防范的实际情况相适应,应内容翔实,应具有可操作性。

5.2.3 应根据本单位安全保卫工作的实际情况,制定安全防范突发事件应急预案。

5.3 安全保卫人员配备与管理

5.3.1 应配备能够适应安全保卫要求的专职、兼职安全保卫人员。

5.3.2 对于从事安全保卫工作的人员，应坚持"先审查、后录用"的原则，并登记备案。

5.3.3 安全保卫人员应接受有关法律知识和安全保卫业务、技能以及相关专业知识的培训，具备与其职责相适应的综合素质和业务技能，并持证上岗。

5.3.4 应根据应急预案组织模拟演练，每季度应演练1次。演练应做详细记录，并针对演练中发现的问题及时修订完善应急预案，提出整改措施。

5.3.5 应注重保护安全保卫人员的人身安全，应为安全保卫人员配备相应的通讯设备、执行保卫任务所必须的器具(械)及人身防护器材，不得以经济效益、财产安全或者其他任何借口忽视其人身安全。

5.3.6 应根据防范区域面积、现场环境、交通状况等实际情况，为安全保卫人员配备适当的交通工具。交通工具的类型、性能应与现场实际情况相适应，应能满足安全防范处警响应时间的要求。

6 实体防范要求

6.1 基本要求

6.1.1 实体防范是安全防范的重要措施，应优先采用。

6.1.2 实体防范设施应满足安全防范的要求，不得对防护对象及其环境造成损伤或破坏。

6.1.3 对实体防范设施易于攀登、隐藏人员的部位，应设置防攀爬、防翻越、防藏匿的障碍物。

6.2 周界实体防范要求

6.2.1 周界宜建立实体防范设施(金属栅栏、砖、石或混凝土围墙等)，且不易攀爬。

6.2.2 金属栅栏的材质、组件规格等应满足安全防范的要求，金属栅栏的竖杆间距应不大于150 mm，1 m以下部分不应有横撑。

6.2.3 新建的砖、石围墙的厚度不宜小于370 mm，高度不宜小于2.2 m。

6.3 重要区域/部位实体防范要求

6.3.1 展示、存放藏品的重要区域，应设置实体防范设施。若外墙为玻璃幕墙时，应在幕墙玻璃内侧设置实体防范设施。

6.3.2 展示、存放藏品的重要区域，室内通向室外的所有通风口、管道口与室外开口之间的通道宜为S型。室内直径大于200 mm或横截面大于200 mm×200 mm的通风口、管道口或其他孔洞及直接通向室外的所有通风口、管道口或其他孔洞，应设置实体防范设施。

6.3.3 金属栅栏用于窗户、通风口、管道口或其他孔洞防护时，金属栅栏的材质、组件规格等应满足防范的要求，安装应牢固可靠，并采取防拆卸措施。

6.3.4 藏品库房应安装防盗安全门。重要藏品库房防盗安全门的防护能力应不低于GB 17565—2007规定的甲级防盗安全级别。

6.3.5 存放藏品的临时库房内应设置防盗保险柜。存放普通藏品的防盗保险柜的抗破坏能力应不低于GB 10409—2001规定的A2类的要求，存放珍贵藏品的防盗保险柜的抗破坏能力应不低于GB 10409—2001规定的B2类的要求。

6.3.6 存放珍贵藏品的展柜应由具有防砸性能的透明防护屏障及相关框架组合而成，应安装防盗锁，并应具有防撬功能。

6.3.7 裸露的展品应设置实体隔离设施，实体隔离设施与展品距离宜不小于1.5 m。

7 技术防范要求

7.1 基本要求

7.1.1 根据建筑物或防护对象的分布和现场环境条件，确定周界、监视区、防护区、禁区的位置，建立纵深防护体系。不具备建立整体纵深防护体系条件的，应建立局部纵深防护体系。

7.1.2 技术防范系统的防护范围应包括周界警戒线内的全部区域。周界的防区划分应有利于报警时准确定位，不同方向应为不同防区，同方向单个防区不宜大于 100 m。周界入侵探测的防护范围应完整封闭，不应有盲区。用于周界防护的室外控制器、设备箱(柜)应设置在周界防护范围内，其防护等级不应低于 IP55，并采取可靠的防拆、防破坏措施。

7.1.3 技术防范系统中的技防设施不得对防护对象造成损伤或破坏。对于古建筑、石窟寺及石刻、古文化遗址、古墓葬等安全防范工程，确需在文物本体上敷设管线、安装前端设备时，应征求文物专家意见，尽可能减少对文物本体和环境的影响。

7.1.4 技术防范系统应建立专用的有线和/或无线通讯系统。

7.1.5 技术防范系统的安全性除应符合 GB 50348—2004 中 3.5 的规定外，还应满足下列要求：

a) 技术防范系统中选用的设备应符合国家法律法规和现行强制性标准的要求，并经具有资质的检验、认证机构检验或认证合格；
b) 技术防范系统各子系统应具备在现场环境条件下不间断独立运行的能力，任何子系统的故障不应影响其他子系统的正常工作；
c) 技术防范系统应能对操作人员的登录、交接进行身份验证和管理，并能设定操作权限。系统控制主机应具有存储功能，在电源中断或关机后，系统日期、时间、所有编程设置、历史记录事件等信息均应保持。

7.1.6 技术防范系统的电磁兼容性应符合 GB 50348—2004 中 3.6 的规定。

7.1.7 技术防范系统的可靠性应符合 GB 50348—2004 中 3.7 的规定。

7.1.8 技术防范系统的环境适应性应符合 GB 50348—2004 中 3.8 的规定。

7.1.9 技术防范系统的防雷与接地应符合 GB 50348—2004 中 3.9 及 GB 50343 的规定。应根据环境因素、当地雷暴日和雷电活动规律、设备所在雷电防护区和系统对雷电电磁脉冲的抗扰度、雷电事故受损程度以及系统设备的重要性，按 GA/T 670 的要求采取相应的防护措施。

7.1.10 技术防范系统的传输与布线除应符合 GB 50348—2004 中 3.11 的规定外，还应满足下列要求：

a) 技术防范系统应建立满足系统功能/性能要求的传输系统。有线传输系统应独立敷设专用管线，独立组网。不适宜采用有线传输的区域和部位，可采用无线传输方式，但应保证传输信息的有效性、安全性和抗干扰性能。
b) 系统敷设的线缆应采用金属管/槽、不延燃或阻燃型塑料管/槽保护。
c) 古建筑宜采用阻燃型线缆，并采用金属管/槽保护。

7.1.11 技术防范系统的供电除应符合 GB/T 15408 的规定外，还应满足下列要求：

a) 系统备用电源在主电源中断后的持续工作时间应满足各子系统的技术要求和安全防范使用/管理需要；
b) 安装在古建筑物上的前端设备应选用低压供电，供电电压不宜高于 36 V。

7.1.12 技术防范系统的可扩展性应满足使用/管理的需要。主控设备配置和重要防范区域内的管线布设应留有一定的冗余度，以满足系统扩容的要求。

7.1.13 根据安全保卫工作使用/管理要求，需要对技术防范系统进行联网时，应对联网系统的结构、组网模式等进行统筹规划，参照 GA/T 669.1 的相关要求执行。

7.1.14 技术防范系统应具有与其他系统联网的接口。

7.2 入侵报警系统要求

7.2.1 入侵报警系统应综合考虑防区分布、环境特点等因素，合理选择不同探测原理、不同技术性能的入侵探测装置，结合防护要求构成点、线、面、空间或其组合的综合防护系统。

7.2.2 入侵探测装置的选型应综合考虑影响探测装置正常工作的各种可能的干扰因素,探测装置的防护范围、灵敏度、环境适应性等应满足安全防范使用/管理要求。

7.2.3 入侵探测装置应与视频安防监控、出入口控制、声音复核、辅助照明等装置联动。

7.2.4 入侵报警发生时,系统除应发出声、光警示信号外,报警信息显示还应满足下列之一的要求:

a) 在显示终端上自动显示报警信号的相关文字信息(报警时间、报警位置、警情类型、应急预案等)和报警区域的电子地图,并以醒目标识显示具体的报警位置。电子地图宜能进行缩放。

b) 在模拟地图板上以醒目的光信号显示报警的具体位置。

c) 在控制设备上显示报警的时间和防区编号。

7.2.5 系统报警响应时间应符合 GB 50394—2007 中 5.2.8 的规定。声光警报器报警声压应不小于 80 dB(A),报警持续时间应保持到操作员确认警情后自动或手动解除。

7.2.6 系统应具有事件记录和检索、打印功能,宜具有实时打印报警信息功能。系统记录信息应包括事件发生时间、地点、性质、操作记录及日志等,记录信息的时间精度为"秒"。记录信息应具有防销毁、防篡改功能。

7.2.7 入侵报警系统除应满足 7.2.1~7.2.6 的要求外,其他要求应符合 GB 50394—2007 的相关规定。

7.3 视频安防监控系统要求

7.3.1 前端视频采集设备安装位置的环境照度不能满足视频监视需要时,应配置辅助照明装置,但辅助照明光源不得对防护对象造成损伤。辅助照明装置宜采用监控中心集中供电,采用现场供电时,应配置相应的备用电源装置。

7.3.2 出入口设置的视频安防监控装置,应能清楚地显示出入人员面部特征、机动车号牌等信息。

7.3.3 具有智能视频功能的视频安防监控系统,应能根据使用/管理需要设置视频警戒区域和报警触发条件。

7.3.4 系统应能对前端视频信号进行监测,并能即时给出视频信号丢失的报警信息。

7.3.5 监控中心图像显示设备应能清晰、完整地显示前端视频设备采集的图像。显示设备的分辨率指标应高于系统采集、传输过程规定的分辨率指标。显示设备的数量应根据系统规模和使用/管理需要合理配置。

7.3.6 视频图像的记录内容应包括日期、时间、摄像机地址、图像内容等信息。记录图像的格式、帧率、图像信息保存时间应满足使用/管理的需求。重要区域、部位的视频图像记录像素应不小于 704×576 (4CIF),记录帧率应不小于 25 fps,图像信息保存时间应不小于 30 d。

7.3.7 视频安防监控区域内设有声音复核装置的系统,报警录像时应对相应的音频信号进行同步记录,并可同步回放。报警联动录像记录像素应不小于 704×576(4CIF),记录帧率应不小于 25 fps。

7.3.8 系统应保持图像和/或声音记录信息的原始完整性,并具备防篡改、防销毁、防窃取等功能。

7.3.9 系统宜配置视/音频记录信息的备份设备,备份设备应纳入系统统一管理,并能快捷检索。经授权的操作人员可对授权范围内的视/音频记录信息进行备份或转录。

7.3.10 根据使用/管理需求,系统可设置分控装置,并应能对分控用户的图像监视、记录查询权限进行设置和修改。

7.3.11 视频安防监控系统除符合 7.3.1~7.3.10 的要求外,其他要求应符合 GB 50395—2007 的相关规定。

7.4 出入口控制系统要求

7.4.1 出入口控制系统的设置应满足紧急情况下人员疏散的要求。出入口控制执行机构被应急开启后,监控中心应能实时显示相应的状态。

7.4.2 使用系统设置的胁迫码通行时，监控中心应能即时接收到胁迫报警信号；重要区域/部位的出入口控制系统宜设置人体生物特征识别装置，宜具有双向验证、防反传、防尾随等功能。

7.4.3 出入口控制系统除应满足7.4.1～7.4.2的要求外，其他要求应符合GB 50396—2007的相关规定。

7.5 声音复核系统要求

7.5.1 系统应能清晰地探测现场内人的语音、人走动、撬、挖、凿、锯、砸等动作发出的声音。

7.5.2 在背景噪声不大于45 dB(A)的情况下，声音复核装置灵敏度调到最大值的90%时所能探测的最大范围，应满足现场入侵探测和/或视频安防监控覆盖范围的要求。

7.5.3 在控制端宜有背景噪声和入侵声响的电平指示，电平指示动态范围应满足7.5.1的要求。

7.5.4 使用数字声音复核系统时，应保证声音信息的原始完整性和时效性。

7.5.5 声音复核系统作为音频报警使用时，报警阈值应能根据现场环境条件进行设定和调整。

7.5.6 声音复核系统的设备选型与设置、传输方式、线缆选型与布线应符合以下要求：

a) 声音复核系统的谐波失真应不大于5%，信噪比应不小于50 dB，频率响应宜为100 Hz～12 kHz±3 dB。声音探测的有效性应满足入侵探测和/或视频监视复核的要求。

b) 声音复核装置应便于隐蔽安装，用于室外环境时应具有良好的密封性和环境适应性。

c) 根据信号传输方式、传输距离、系统的安全性、电磁兼容性等要求，合理选择传输介质。采用线缆传输时，前端声音探测装置与系统主机之间、系统主机与管理终端之间的导线宜采用铜芯屏蔽双绞线，其线径根据传输距离而定，线芯最小截面积不宜小于0.50 mm^2。当现场与监控中心距离较远或电磁环境较恶劣时，可选用光缆传输方式。

d) 系统布线应符合7.1.10的规定。

7.6 专用通讯系统要求

7.6.1 专用通讯系统可分为有线对讲系统和无线对讲系统两种类型。根据现场情况，可选择采用有线和/或无线对讲通讯方式。

7.6.2 有线对讲系统应满足下列要求：

a) 主机应具有对分机的故障检测、循环拾音收听、广播等功能。

b) 主机可同时显示多路分机的呼叫，并保持记忆。

c) 主机与分机可互相呼叫，主机与分机间接通后，应能实现双方通话，语音音质应清晰，不应出现振鸣现象。

d) 系统应根据信号传输方式、传输距离、系统的安全性、电磁兼容性等要求，合理选择传输介质。采用线缆传输时，分机与主机之间的导线宜采用铜芯屏蔽双绞线，其线径根据传输距离而定，线芯最小截面积不宜小于0.50 mm^2。当现场与监控中心距离较远或电磁环境较恶劣时，可选用光缆传输。

e) 系统布线应符合7.1.10的规定。

7.6.3 无线对讲系统应满足下列要求：

a) 无线对讲设备的使用应符合无线电管理的相关要求；

b) 无线对讲通讯覆盖范围根据设计任务书(使用/管理需要)的要求确定，应保证无线对讲在要求的范围内无盲区；

c) 无线对讲信号应流畅，声音应清晰可辨；

d) 室外架设天线时，应根据现场情况采取可靠的雷电防护措施。

7.7 电子巡查系统要求

7.7.1 技术防范系统宜选用在线式电子巡查系统。在规定时间内未收到巡查信息时，系统应发出报警信号,并联动相应区域的视频安防监控、声音复核装置进行复核。

7.7.2 在线式电子巡查系统可独立设置,也可与出入口控制系统联合设置。独立设置的在线式电子巡查系统应能与安全管理系统联网。

7.7.3 在线式电子巡查系统的传输方式、线缆选型与布线应符合 7.1.10 的规定。

7.7.4 采用离线式电子巡查系统时,巡查人员应随时保持与监控中心值班人员的通信联络。

7.7.5 电子巡查点应根据建筑物的规模、特点、防护对象及安全防范使用/管理要求合理设置,应确保安全保卫人员进行巡查时不会触发入侵探测装置产生报警。

7.7.6 电子巡查系统除应满足 7.7.1～7.7.5 的要求外,其他要求应符合 GA/T 644 的相关规定。

7.8 防爆安全检查系统要求

7.8.1 根据安全保卫工作的要求,结合建筑物特点和出入口管理的需要,可在适当区域/位置设置防爆安全检查系统。

7.8.2 防爆安全检查系统应能对规定的违禁物品(爆炸物、武器、管制刀具、易燃易爆品或其他违禁物品)进行实时、有效地探测、显示、记录和报警。探测不应对人体和物品产生伤害,不应引起爆炸物起爆。

7.8.3 设置防爆安全检查系统时,应配置对检出的可疑物品进行相应处置的器材。

7.9 安全管理系统要求

7.9.1 系统应具有与其他弱电系统集成的接口和能力。

7.9.2 系统宜具有对其他子系统校时功能。系统主时钟与北京时间的偏差应保持不大于 60 s,系统中具有计时功能的设备与系统主时钟的偏差应保持不大于 5 s。

7.9.3 技术防范系统宜建立以综合管理平台为核心的安全管理系统。安全管理系统的管理主机宜采用双机热备份配置。

7.9.4 安全管理系统除应满足 7.9.1～7.9.3 的要求外,其他要求应符合 GB 50348—2004 中 3.10 的规定。

7.10 监控中心/安防专用设备间要求

7.10.1 技术防范系统应设置监控中心。系统规模较大、主控设备较多时宜设置安防专用设备间。监控中心/安防专用设备间应设置为禁区。监控中心应配备专用的有线和/或无线通讯设备、专用防护器械,应设置紧急报警装置和声光警报装置。

7.10.2 监控中心/安防专用设备间的位置应远离产生粉尘、油烟、有害气体、强振源和强噪声源以及生产或贮存具有腐蚀性、易燃、易爆物品的场所,应避开强电磁场干扰。

7.10.3 监控中心/安防专用设备间的使用面积应与技术防范系统的规模相适应,监控中心布局应根据设备的数量、外形尺寸和使用/管理需要确定,并应考虑系统扩容的需要。通常情况下,监控中心的使用面积不宜小于 20 m^2,应有保证值班人员正常工作的相应辅助设施。

7.10.4 监控中心/安防专用设备间的顶棚、壁板(包括夹芯材料)和隔断应为不燃烧体。室内装修应选用气密性好、不起尘、易清洁、符合环保要求、在温湿度变化作用下变形小、具有表面静电耗散性能的材料,墙壁和顶棚表面应平整、光滑、不起尘、避免眩光。

7.10.5 监控中心/安防专用设备间地面应满足使用功能要求,应防静电、光滑、平整、不起尘。当铺设防静电活动地板时,防静电地板应具有防火、环保、耐污耐磨性能,活动地板的高度应根据电缆布线或空调送风的要求确定。

7.10.6 监控中心/安防专用设备间门的尺寸应满足设备和材料运输的要求,门应向疏散方向开启,且应自动关闭,并应保证在任何情况下均能从室内开启。

7.10.7 监控中心/安防专用设备间内的温度、相对湿度应满足电子设备的使用要求。室内温度宜为

18 ℃～28 ℃，相对湿度宜为35%～75%。监控中心/安防专用设备间宜结合建筑条件采取适当的通风换气措施。

7.10.8 监控中心/安防专用设备间内的主要照明光源宜采用高效节能荧光灯，灯具应采取分区、分组的控制措施。室内照度标准值宜为500 lx，照明均匀度不应小于0.7，应采取措施减少作业面上的光幕反射和反射眩光。

7.10.9 监控中心/安防专用设备间的供电应符合GB/T 15408的相关规定；防雷和接地应满足人身安全和电子信息系统正常运行的要求，并应符合GB 50343和GA/T 670的相关规定。

7.10.10 监控中心/安防专用设备间的设备布置应满足机房管理、人员操作和安全、设备和物料运输、设备散热、安装和维护的要求。用于搬运设备的通道净宽应不小于1.5 m；面对面布置的机柜或机架正面之间的距离不宜小于1.2 m；背对背布置的机柜或机架背面之间的距离不宜小于1 m。

7.10.11 当需要在机柜或机架背面、侧面维修测试时，机柜背面、侧面与墙之间的距离应不小于0.8 m；设备维修测试在正面即可完成时，机架或机柜可以贴墙安装，但应采取有利于设备散热的措施。

7.10.12 监控中心/安防专用设备间的布线、进出线端口的设置、安装等应符合GB 50348—2004中3.11的相关规定。线槽、线管应完全封闭，机架、机柜、操作台等除散热孔、进线孔外应完全封闭。

7.10.13 监控中心不宜设置高噪声的设备。当必须设置时，应采取有效的隔声措施。

7.10.14 监控中心/安防专用设备间应采取防鼠害和防虫害措施。

8 博物馆安全防范系统要求

8.1 一级风险

8.1.1 人力防范要求

8.1.1.1 人力防范应符合第5章的规定。

8.1.1.2 应配备专职安全保卫人员，并将安全保卫机构的设置和人员的配备情况报主管部门备案。

8.1.1.3 博物馆应由专职安全保卫人员巡查，详细记录巡查情况，并对发现的隐患和问题及时处置。

8.1.1.4 重要区域/部位应由专职安全保卫人员进行重点保护；藏品出/入库、展厅布展期间，应由专职安全保卫人员进行重点保护。

8.1.1.5 技术防范系统应配备专职系统管理人员。监控中心应配备专职值班人员，应确保每周7×24 h有人员值守。

8.1.1.6 安全防范处警响应时间应不大于3 min。

8.1.2 实体防范要求

8.1.2.1 实体防范应符合第6章的规定，并满足JGJ 66的要求。

8.1.2.2 藏品卸运交接区应设置具有防盗功能的实体防护设施。

8.1.2.3 藏品库区的总库门应安装具有防盗、防火、防烟、防水等功能的安全门，其中防盗能力应不低于GB 17565—2007规定的甲级防盗安全级别。

8.1.2.4 监控中心/安防专用设备间的门、窗应设置实体防范设施。监控中心/安防专用设备间应安装防盗安全门，防盗安全门的防护能力应不低于GB 17565—2007规定的甲级防盗安全级别。

8.1.3 技术防范要求

8.1.3.1 博物馆外周界的防护应满足下列要求：

a) 博物馆外周界应设置入侵探测装置和视频安防监控装置，可设置声音复核装置；

b) 博物馆外周界出入口应设置视频安防监控装置；

c) 博物馆外周界应设置电子巡查装置。

8.1.3.2 公众服务区的防护应满足下列要求：

a) 公众服务区包括公共活动区、服务设施、教育用房、停车库(场)等区域；
b) 公众服务区应设置视频安防监控装置，对人流、物流、车流进行有效的视频探测与监视，宜设置入侵报警装置和声音复核装置；
c) 公众服务区对外开放的主入口宜设置防爆安全检查装置；
d) 停车库(场)宜设置对车辆进行监控和管理的电子系统，并符合GA/T 761的相关要求；
e) 公共活动区、停车库(场)、公众服务区的主要通道及其他需安全保卫人员巡查的部位应设置电子巡查装置。

8.1.3.3 陈列展览区的防护应满足下列要求：

a) 陈列展览区包括常设展厅、临时展厅及室外展区等。展陈文物的中央大厅视为展厅。
b) 陈列展览区建筑物外周界或室内周界应设置入侵探测装置和/或视频安防监控装置，宜设置声音复核装置。
c) 展厅的门、窗、管道口、布展通道等应设置入侵探测装置。
d) 陈列展览区的参观通道应设置视频安防监控装置，应能对人员的活动情况进行有效的视频探测与监视。
e) 展厅内重要区域/部位应设置入侵探测、视频安防监控和声音复核装置。
f) 珍贵藏品展柜内应设置入侵探测装置，展柜的布置区域应设置视频安防监控装置。重要展品无展柜保护、直接展陈时，应设置技术防范装置，并具有现场声、光警示功能。
g) 出入口应设置视频安防监控装置。重要出入口应设置出入口控制装置。
h) 室外展区应设置入侵探测和/或视频安防监控装置，宜具有现场声、光警示功能。
i) 室外重要展品应设置入侵探测、视频安防监控装置，宜设置声音复核装置。
j) 重要区域/部位设置的视频安防监控装置，宜具有智能视频功能。
k) 陈列展览区应设置有线紧急报警、有线对讲等装置。安全保卫人员宜随身配备内部无线紧急报警装置。

8.1.3.4 藏/展品卸运交接区的防护应满足下列要求：

a) 藏/展品卸运交接区应设为禁区；
b) 藏/展品卸运交接区宜设置周界入侵探测装置；
c) 藏/展品卸运交接区应设置视频安防监控装置，应能清晰、完整地监控藏/展品装卸、交接的全过程；
d) 藏/展品卸运交接区应设置有线紧急报警、有线对讲、声音复核等装置。

8.1.3.5 藏/展品运输通道的防护应满足下列要求：

a) 宜根据博物馆建筑结构，结合藏品库房、藏/展品卸运交接区、陈列展览区的分布情况，设置藏/展品运输通道；
b) 藏/展品运输通道应设置视频安防监控装置，对藏/展品的运输过程进行全程跟踪监控。

8.1.3.6 藏品保护技术区的防护应满足下列要求：

a) 藏品保护技术区包括藏品整理、清洗、消毒、干燥、试验、修复、摄影、鉴赏等区域/部位；
b) 出入口宜设置视频安防监控和出入口控制装置；
c) 门、窗和管道口应设置入侵探测装置；
d) 室内应设置入侵探测、紧急报警和视频安防监控装置，宜设置声音复核装置。

8.1.3.7 藏品库区/库房的防护应满足下列要求：

a) 藏品库区/库房应设为禁区。
b) 库区/库房外周界、室内周界应设置入侵探测装置和视频安防监控装置，宜设置声音复核装置。

c) 藏品库房的门、窗和管道口应设置入侵探测装置。

d) 藏品库区/库房通道内应设置视频安防监控装置,对藏品的运输过程进行全程跟踪监控。

e) 藏品库房内应设置入侵探测、视频安防监控和声音复核装置。

f) 出入口应设置视频安防监控、出入口控制等装置。出入口控制系统宜具有防胁迫、防尾随、关门提示等功能。藏品库区主出入口、存放珍贵藏品库房的出入口控制识读装置宜采用生物特征识别技术,宜采用双向验证。

g) 藏品库房与外界相邻的墙体、天花板、地板等应设置入侵探测装置;与内部公共区域相邻的墙体、天花板、地板等宜设置入侵探测装置。入侵探测装置应能对撬、挖、凿、砸、钻、爆破等行为进行有效探测。

h) 藏品库区/库房应设置有线紧急报警和有线对讲等装置。

8.1.3.8 重要机房、强/弱电间的防护应满足下列要求:

a) 重要机房、强/弱电间应设置入侵探测装置,宜设置视频安防监控装置;

b) 重要机房出入口应设置出入口控制装置,强/弱电间出入口宜设置出入口控制装置。

8.1.3.9 业务与科研区、行政管理区的防护应满足下列要求:

a) 宜设置视频安防监控、入侵探测装置;

b) 重要区域/部位应设置视频安防监控和入侵探测装置,宜设置出入口控制装置。

8.1.3.10 监控中心/安防专用设备间应满足下列要求:

a) 监控中心/安防专用设备间应符合7.10的规定。

b) 监控中心宜设置专用的设备间、卫生间、休息间。单独设置的安防专用设备间应设为禁区。

c) 监控中心/安防专用设备间应设置出入口控制装置,宜具有防胁迫、防尾随、关门提示等功能。

d) 监控中心/安防专用设备间室内、室外通道应设置视频安防监控装置。

e) 监控中心出入口宜设置可视对讲装置。

8.2 二级风险

8.2.1 人力防范要求

8.2.1.1 人力防范应符合第5章的规定。

8.2.1.2 博物馆应由专职安全保卫人员巡查,详细记录巡查情况,并对发现的隐患和问题及时处置。

8.2.1.3 重要区域/部位应由专职安全保卫人员进行重点保护;藏品出/入库、展厅布展期间,应由专职安全保卫人员进行重点保护。

8.2.1.4 监控中心应配备专职值班人员,应确保每周7×24 h有人员值守。

8.2.1.5 安全防范处警响应时间应不大于3 min。

8.2.2 实体防范要求

8.2.2.1 实体防范应符合第6章的规定,并满足JGJ 66的要求。

8.2.2.2 藏品卸运交接区应设置具有防盗功能的实体防护设施。

8.2.2.3 藏品库区的总库门应安装防盗安全门,其防护能力应不低于GB 17565—2007规定的甲级防盗安全级别。

8.2.2.4 监控中心的门、窗和管道口应设置实体防范设施。监控中心应安装防盗安全门,防盗安全门的防护能力应不低于GB 17565—2007规定的乙级防盗安全级别。

8.2.3 技术防范要求

8.2.3.1 博物馆外周界的防护应满足下列要求:

a) 博物馆外周界应设置入侵探测装置,宜设置视频安防监控装置,可设置声音复核装置;

b) 博物馆外周界出入口应设置视频安防监控装置;

c) 博物馆外周界宜设置电子巡查装置。

8.2.3.2 公众服务区的防护应满足下列要求:

a) 公众服务区包括公共活动区、服务设施、教育用房、停车库(场)等区域;

b) 公众服务区应设置视频安防监控装置,对人流、物流、车流进行有效的视频探测与监视,可设置入侵报警装置或声音复核装置;

c) 停车库(场)可设置对车辆进行监控和管理的电子系统,并符合GA/T 761的相关要求;

d) 公共活动区、停车库(场)、公众服务区的主要通道及其他需安全保卫人员巡查的部位宜设置电子巡查装置。

8.2.3.3 陈列展览区的防护应满足下列要求:

a) 陈列展览区的防护应符合8.1.3.3a)~f)、h)~i)的规定。

b) 出入口应设置视频安防监控装置。重要出入口宜设置出入口控制装置。

c) 展厅/展室内应根据展陈情况合理设置入侵探测、视频安防监控、有线紧急报警等装置,宜设置有线对讲和声音复核等装置。视频监控图像应能清晰地显示人员的活动情况。

d) 陈列展览区应设置有线紧急报警装置,宜设置有线对讲等装置。

8.2.3.4 藏/展品卸运交接区的防护应满足下列要求:

a) 可根据建筑物结构特点和藏/展品进出管理流程,设置藏/展品卸运交接区;

b) 藏/展品卸运交接区的防护应符合8.1.3.4b)、c)的规定。

8.2.3.5 藏/展品运输通道的防护应满足下列要求:

a) 可根据博物馆建筑结构,结合藏品库房、藏/展品卸运交接区、陈列展览区的分布情况,设置藏/展品运输通道;

b) 藏/展品运输通道应设置视频安防监控装置,对藏/展品的运输过程进行跟踪监控。

8.2.3.6 藏品保护技术区的防护应满足下列要求:

a) 藏品保护技术区包括藏品整理、清洗、消毒、干燥、试验、修复、摄影、鉴赏等区域/部位;

b) 出入口宜设置视频安防监控装置;

c) 门、窗和管道口宜设置入侵探测装置;

d) 室内宜设置入侵探测和声音复核装置,重要部位应设置视频安防监控装置。

8.2.3.7 藏品库区/库房的防护应满足下列要求:

a) 藏品库区/库房防护应符合8.1.3.7a)~c)的规定。

b) 藏品库区/库房通道内应设置视频安防监控装置,对藏品的运输过程进行跟踪监控。

c) 藏品库房内应设置入侵探测和声音复核装置,宜设置视频安防监控装置。

d) 出入口应设置视频安防监控、出入口控制等装置。藏品库区主出入口、存放珍贵藏品库房的出入口控制识读装置宜采用双向验证。

e) 藏品库房与外界相邻的墙体、天花板、地板等宜设置入侵探测装置。入侵探测装置应能对撬、挖、凿、砸、钻、爆破等行为进行有效探测。

f) 藏品库区/库房应设置有线紧急报警装置,宜设置有线对讲装置。

8.2.3.8 重要机房、强/弱电间的防护应满足下列要求:

a) 重要机房、强/弱电间宜设置入侵探测装置;

b) 重要机房出入口宜设置出入口控制装置和/或视频安防监控装置。强/弱电间出入口宜设置视频安防监控装置。

8.2.3.9 业务与科研区、行政管理区的防护应满足下列要求:

a) 可设置视频安防监控和/或入侵探测装置;

b) 重要区域/部位应设置视频安防监控和/或入侵探测装置,可设置出入口控制装置。

8.2.3.10 监控中心应满足下列要求:

a) 监控中心应符合7.10的规定;

b) 监控中心应设置出入口控制装置,可设置可视对讲装置;

c) 监控中心室内、室外通道应设置视频安防监控装置。

8.3 三级风险

8.3.1 人力防范要求

8.3.1.1 人力防范应符合第5章的规定。

8.3.1.2 博物馆应由安全保卫人员巡查,详细记录巡查情况,并对发现的隐患和问题及时处置。

8.3.1.3 重要部位应由专职安全保卫人员进行重点保护;藏品出/入库、展厅布展期间,应由安全保卫人员进行重点保护。

8.3.1.4 监控中心应配备值班人员,应确保每周7×24 h有人员值守。

8.3.2 实体防范要求

8.3.2.1 实体防范应符合第6章的规定,并满足JGJ 66的要求。

8.3.2.2 藏品库房的门、窗和管道口应设置实体防范设施。

8.3.2.3 监控中心的门、窗和管道口应设置实体防范设施。监控中心应安装防盗安全门,防盗安全门的防护能力应不低于GB 17565—2007规定的乙级防盗安全级别。

8.3.3 技术防范要求

8.3.3.1 博物馆外周界的防护应满足下列要求:

a) 博物馆外周界宜设置入侵探测装置,可设置视频安防监控装置;

b) 博物馆外周界出入口宜设置视频安防监控装置;

c) 博物馆外周界可设置电子巡查装置。

8.3.3.2 公众服务区的防护应满足下列要求:

a) 公众服务区包括公共活动区、服务设施等区域;

b) 公众服务区应设置视频安防监控装置,对人流、物流、车流进行有效的视频探测与监视;

c) 公众服务区内需安全保卫人员巡查的部位可设置电子巡查装置。

8.3.3.3 陈列展览区的防护应满足下列要求:

a) 陈列展览区包括常设展厅、临时展厅及室外展区等。

b) 陈列展览区建筑物外周界或室内周界宜设置入侵探测装置和/或视频安防监控装置。

c) 陈列展览区的出入口及参观通道应设置视频安防监控装置,应能对人员的活动情况进行有效的视频探测与监视。

d) 展厅/展室的门、窗、管道口、布展通道等应设置入侵探测装置;展厅/展室内应根据展陈情况合理设置入侵探测、视频安防监控、有线紧急报警等装置。视频监控图像应能清晰地显示人员的活动情况。

e) 室外重要展品应设置视频安防监控装置,宜设置声音复核装置。

8.3.3.4 藏品库房的防护应满足下列要求:

a) 藏品库房应设为禁区。

b) 藏品库房外周界、室内周界应设置入侵探测装置和/或视频安防监控装置。

c) 藏品库房的门、窗和管道口应设置入侵探测装置;藏品库房内应设置入侵探测装置,宜设置声音复核装置，重要部位应设置视频安防监控装置。

d） 重要库房宜设置出入口控制和视频安防监控装置。藏品库房通道应设置视频安防监控装置。

8.3.3.5 监控中心应满足下列要求：

a） 监控中心应符合 7.10 的规定；

b） 监控中心应设置出入口控制装置，室内应设置视频安防监控装置。

9 古建筑安全防范系统要求

9.1 一级风险

9.1.1 人力防范要求

9.1.1.1 人力防范应符合第 5 章的规定。

9.1.1.2 古建筑应由专职安全保卫人员巡查，详细记录巡查情况，并对发现的隐患和问题及时处置。

9.1.1.3 重要区域/部位应根据安全防范需要由专职安全保卫人员进行重点保护。

9.1.1.4 技术防范系统应配备专职系统管理人员。监控中心应配备专职值班人员，应确保每周 7×24 h 有人员值守。

9.1.1.5 安全防范处警响应时间由建设单位根据防范区域面积、现场环境、交通状况、人员配置等实际情况，在设计任务书中予以明确。

9.1.2 实体防范要求

9.1.2.1 实体防范应符合第 6 章的规定。

9.1.2.2 古建筑的周界应结合现场环境、防护对象、人力防范、技术防范的实际情况，设置实体防范设施。

9.1.2.3 古建筑的重要区域/部位应结合建筑物结构、现场环境条件及安全防范需要，设置实体防范设施。

9.1.3 技术防范要求

9.1.3.1 古建筑外周界防护应满足下列要求：

a） 古建筑外周界应设置入侵探测和视频安防监控装置，宜设置声音复核装置；

b） 周界出入口应设置视频安防监控装置；

c） 古建筑外周界应设置电子巡查装置。

9.1.3.2 古建筑本体防护应满足下列要求：

a） 应设置视频安防监控装置。视频安防监控装置应根据环境条件和建筑格局合理设置，应能有效对古建筑本体进行监视。

b） 古建筑对外的门、窗、管道口等应设置入侵探测装置，宜设置声音复核装置。

c） 可设置紧急广播系统。

9.1.3.3 区域/部位的防护应满足下列要求：

a） 古建筑作为博物馆使用时，技术防范系统应符合 8.1.3.2～8.1.3.9 的要求；

b） 有点灯、燃香等活动的区域，应设置视频安防监控装置和电子巡查装置；

c） 保存有壁画、塑像、碑刻及其他重要文物的区域，应设置入侵探测和视频安防监控装置，宜设置声音复核装置；

d） 古建筑作为配套服务用房使用时，应设置视频安防监控装置，除对古建筑本体进行监视外，还应对人员活动情况进行有效的视频探测与监视。

9.1.3.4 监控中心应满足下列要求：

a) 监控中心应符合7.10的规定。

b) 监控中心宜结合现场情况就近设立。通过远程控制中心进行管理时，应保证信号传输的有效性、安全性和抗干扰性能。

c) 监控中心应设置出入口控制装置，室内、室外通道应设置视频安防监控装置。

d) 监控中心出入口宜设置可视对讲装置。

e) 监控中心宜设置专用的设备间、卫生间、休息间。

f) 单独设置的安防专用设备间应设为禁区。应设置出入口控制装置，室内应设置视频安防监控装置。

9.2 二级风险

9.2.1 人力防范要求

9.2.1.1 人力防范应符合第5章的规定。

9.2.1.2 古建筑应由安全保卫人员巡查，详细记录巡查情况，并对发现的隐患和问题及时处置。

9.2.1.3 重要区域/部位应根据安全防范需要由专职安全保卫人员进行重点保护。

9.2.1.4 监控中心应配备专职值班人员，应确保每周7×24 h有人员值守。

9.2.1.5 安全防范处警响应时间由建设单位根据防范区域面积、现场环境、交通状况、人员配置等实际情况，在设计任务书中予以明确。

9.2.2 实体防范要求

9.2.2.1 实体防范应符合第6章的规定。

9.2.2.2 古建筑的周界宜结合现场环境、防护对象、人力防范、技术防范的实际情况，设置实体防范设施。

9.2.2.3 古建筑的重要区域/部位应结合建筑物结构、现场环境条件及安全防范需要，设置实体防范设施。

9.2.3 技术防范要求

9.2.3.1 古建筑外周界防护应满足下列要求：

a) 古建筑外周界宜设置入侵探测装置和/或视频安防监控装置。周界同时设置入侵探测和视频安防监控装置时，应具备联动功能。

b) 周界出入口应设置视频安防监控装置。

c) 古建筑外周界宜设置电子巡查装置。

9.2.3.2 古建筑本体防护应满足下列要求：

a) 应设置视频安防监控装置。视频安防监控装置应根据环境条件和建筑格局合理设置，应能有效对古建筑本体进行监视。

b) 古建筑对外的门、窗、管道口等宜设置入侵探测装置。

c) 可设置紧急广播系统。

9.2.3.3 区域/部位的防护应满足下列要求：

a) 古建筑作为博物馆使用时，技术防范系统应符合8.2.3.2～8.2.3.9的要求；

b) 有点灯、燃香等活动的区域，应设置视频安防监控装置，宜设置电子巡查装置；

c) 保存有壁画、塑像、碑刻及其他重要文物的区域，应设置入侵探测和/或视频安防监控装置，可设置声音复核装置；

d) 古建筑作为配套服务用房使用时，宜设置视频安防监控装置，除对古建筑本体进行监视外，还应对人员活动情况进行有效的视频探测与监视。

9.2.3.4 监控中心应满足下列要求：

a) 监控中心应符合 9.1.3.4a)～c)的规定；

b) 监控中心出入口可设置可视对讲装置。

9.3 三级风险

9.3.1 人力防范要求

9.3.1.1 人力防范应符合第 5 章的规定。

9.3.1.2 古建筑应由安全保卫人员巡查，详细记录巡查情况，并对发现的隐患和问题及时处置。

9.3.1.3 重要区域/部位应根据安全防范需要由安全保卫人员进行重点保护。

9.3.1.4 监控中心应配备值班人员，应确保每周 7×24 h 有人员值守。

9.3.1.5 安全防范处警响应时间由建设单位根据防范区域面积、现场环境、交通状况、人员配置等实际情况，在设计任务书中予以明确。

9.3.2 实体防范要求

9.3.2.1 实体防范应符合第 6 章的规定。

9.3.2.2 古建筑的重要区域/部位宜结合建筑物结构、现场环境条件及安全防范需要，设置实体防范设施。

9.3.3 技术防范要求

9.3.3.1 古建筑外周界防护应满足下列要求：

a) 古建筑外周界可设置入侵探测装置和/或视频安防监控装置。周界同时设置入侵探测和视频安防监控装置时，应具备联动功能。

b) 周界出入口宜设置视频安防监控装置。

c) 古建筑外周界可设置电子巡查装置。

9.3.3.2 古建筑本体防护应满足下列要求：

a) 应设置视频安防监控装置。视频安防监控装置应根据环境条件和建筑格局合理设置，应能有效对古建筑本体进行监视。

b) 古建筑对外的门、窗、管道口等可设置入侵探测装置。

9.3.3.3 区域/部位的防护应满足下列要求：

a) 古建筑作为博物馆使用时，技术防范系统应符合 8.3.3.2～8.3.3.4 的要求；

b) 有点灯、燃香等活动的区域，应设置视频安防监控装置，可设置电子巡查装置；

c) 保存有壁画、塑像、碑刻及其他重要文物的区域，宜设置入侵探测和/或视频安防监控装置；

d) 古建筑作为配套服务用房使用时，宜设置视频安防监控装置，除对古建筑本体进行监视外，还应对人员活动情况进行有效的视频探测与监视。

9.3.3.4 监控中心应满足下列要求：

a) 监控中心应符合 9.1.3.4a)、b)的规定；

b) 监控中心应设置出入口控制装置，室内应设置视频安防监控装置。

10 石窟寺和石刻安全防范系统要求

10.1 一级风险

10.1.1 人力防范要求

10.1.1.1 人力防范应符合第 5 章的规定。

10.1.1.2 石窟寺和石刻周界、公众服务区及陈列展示区应由专职安全保卫人员巡查，详细记录巡查情况，并对发现的隐患和问题及时处置。

10.1.1.3 重要区域/部位应由专职安全保卫人员进行重点保护。

10.1.1.4 技术防范系统应配备专职系统管理人员。监控中心应配备专职值班人员，应确保每周7×24 h有人员值守。

10.1.1.5 安全防范处警响应时间由建设单位根据防范区域面积、现场环境、交通状况、人员配置等实际情况，在设计任务书中予以明确。

10.1.2 实体防范要求

10.1.2.1 实体防范应符合第6章的规定。

10.1.2.2 石窟寺和石刻周界应结合现场环境、防护对象、人力防范、技术防范的实际情况，设置实体防范设施。

10.1.2.3 出入口应设置实体防范设施。

10.1.2.4 参观通道宜设置与防护对象分隔的实体隔离设施。

10.1.2.5 洞窟的门、窗户、通风口等应设置实体防范设施。对外开放洞窟内的塑像、壁画及其他展陈文物应设置实体防范设施。

10.1.2.6 田野石刻、小型摩崖石刻等室外石刻(群)宜设置实体防范设施。大型摩崖石刻(群)应在易于攀爬、易于接触到防护目标的区域或部位设置实体防范设施。

10.1.3 技术防范要求

10.1.3.1 石窟寺和石刻周界防护应满足下列要求：

a) 防护目标集中的石窟(石刻)群、重要的散存石窟(石刻)应设置周界入侵探测装置和视频安防监控装置；

b) 周界出入口应设置视频安防监控装置；

c) 石窟寺和石刻周界应设置电子巡查装置。

10.1.3.2 公众服务区的防护应满足下列要求：

a) 公众服务区的防护应符合8.1.3.2的规定；

b) 根据安全防范使用/管理需要，宜设置紧急广播装置；

c) 有点灯、燃香等活动的区域，应设置视频安防监控装置和电子巡查装置。

10.1.3.3 参观通道的防护应满足下列要求：

a) 参观通道应设置视频安防监控装置，应能对通道内人员的活动进行实时监控；

b) 参观通道宜设置声音复核装置，可设置紧急报警、紧急广播、对讲等装置。

10.1.3.4 洞窟的防护应满足下列要求：

a) 洞窟的门、窗户、通风口等应设置入侵探测装置。重要洞窟的门宜设置出入口控制装置。

b) 重要洞窟入口、甬道及重要区域/部位宜设置入侵探测、视频安防监控、声音复核等装置，但不得对防护对象造成损伤和破坏。

c) 对外开放的重要洞窟内应设置紧急报警和对讲装置。

d) 重要洞窟外应设置视频安防监控装置，宜设置入侵探测装置。

10.1.3.5 石刻的防护应满足下列要求：

a) 石刻宜设置入侵探测、视频安防监控或声音复核装置，但不得对防护对象造成损伤和破坏。视频图像宜能监视石刻的全貌。

b) 应在石刻周边易于攀爬、易于接触到防护对象的区域或部位设置入侵探测、视频安防监控装置，宜设置声音复核装置。

10.1.3.6 监控中心应符合9.1.3.4的规定。

10.2 二级风险

10.2.1 人力防范要求

10.2.1.1 人力防范应符合第5章的规定。

10.2.1.2 石窟寺和石刻周界、公众服务区及陈列展示区应由安全保卫人员巡查，应详细记录巡查情况，并对发现的隐患和问题及时处置。

10.2.1.3 重要区域/部位应由专职安全保卫人员进行重点保护。

10.2.1.4 监控中心应配备专职值班人员，应确保每周7×24 h有人员值守。

10.2.1.5 安全防范处警响应时间由建设单位根据防范区域面积、现场环境、交通状况、人员配置等实际情况，在设计任务书中予以明确。

10.2.2 实体防范要求

10.2.2.1 实体防范应符合第6章的规定。

10.2.2.2 石窟寺和石刻周界宜结合现场环境、防护对象、人力防范、技术防范的实际情况，设置实体防范设施。

10.2.2.3 出入口应设置实体防范设施。

10.2.2.4 参观通道宜设置与防护对象分隔的实体隔离设施。

10.2.2.5 洞窟的门、窗户、通风口等宜设置实体防范设施。对外开放洞窟内的塑像、壁画及其他展陈文物应设置实体防范设施。

10.2.2.6 田野石刻、小型摩崖石刻等室外石刻(群)宜设置实体防范设施。大型摩崖石刻(群)宜在易于攀爬、易于接触到防护目标的区域或部位设置实体防范设施。

10.2.3 技术防范要求

10.2.3.1 石窟寺和石刻周界防护应满足下列要求：

a) 防护目标集中的石窟(石刻)群、重要的散存石窟(石刻)宜设置周界入侵探测装置和/或视频安防监控装置。周界同时设置入侵探测和视频安防监控装置时，应具备联动功能。

b) 周界出入口应设置视频安防监控装置。

c) 石窟寺和石刻周界宜设置电子巡查装置。

10.2.3.2 公众服务区的防护应满足下列要求：

a) 公众服务区的防护应符合8.2.3.2的规定；

b) 根据安全防范使用/管理需要，可设置紧急广播装置；

c) 有点灯、燃香等活动的区域，应设置视频安防监控装置，宜设置电子巡查装置。

10.2.3.3 参观通道的防护应满足下列要求：

a) 参观通道应设置视频安防监控装置，应能对通道内人员的活动进行实时监控；

b) 参观通道可设置声音复核、紧急报警等装置。

10.2.3.4 洞窟的防护应满足下列要求：

a) 重要洞窟的门、窗户、通风口等应设置入侵探测装置；

b) 重要洞窟入口、甬道及重要区域/部位可设置入侵探测、声音复核或视频安防监控等装置，但不得对防护对象造成损伤和破坏；

c) 对外开放的重要洞窟内应设置紧急报警装置，宜设置对讲装置；

d) 重要洞窟外应设置视频安防监控装置，宜设置入侵探测装置。

10.2.3.5 石刻的防护应满足下列要求：

a) 石刻可设置入侵探测、视频安防监控或声音复核装置，但不得对防护对象造成损伤和破坏。视频图像宜能监视石刻的全貌。
b) 宜在石刻周边易于攀爬、易于接触到防护目标的区域或部位设置入侵探测、视频安防监控装置，可设置声音复核装置。

10.2.3.6 监控中心应符合9.2.3.4的规定。

10.3 三级风险

10.3.1 人力防范要求

10.3.1.1 人力防范应符合第5章的规定。

10.3.1.2 石窟寺和石刻周界及重要区域/部位应由安全保卫人员巡查，应详细记录巡查情况，并对发现的隐患和问题及时处置。

10.3.1.3 重要区域/部位应由安全保卫人员进行重点保护。

10.3.1.4 监控中心应配备值班人员，应确保每周7×24 h有人员值守。

10.3.1.5 安全防范处警响应时间由建设单位根据防范区域面积、现场环境、交通状况、人员配置等实际情况，在设计任务书中予以明确。

10.3.2 实体防范要求

10.3.2.1 实体防范应符合第6章的规定。

10.3.2.2 石窟寺和石刻周界可结合现场环境、防护对象、人力防范、技术防范的实际情况，设置实体防范设施。需要重点保护的洞窟、室外石刻宜设置周界实体防范设施。

10.3.2.3 洞窟的门、窗户、通风口等可设置实体防范设施。对外开放洞窟内的塑像、壁画及其他展陈文物宜设置实体防范设施。

10.3.2.4 田野石刻、小型摩崖石刻等室外石刻(群)可设置实体防范设施。大型摩崖石刻(群)可在易于攀爬、易于接触到防护目标的区域或部位设置实体防范设施。

10.3.3 技术防范要求

10.3.3.1 石窟寺和石刻周界防护应满足下列要求：

a) 防护目标集中的石窟(石刻)群、重要的散存石窟(石刻)可设置周界入侵探测装置和/或视频安防监控装置。周界同时设置入侵探测和视频安防监控装置时，应具备联动功能。
b) 周界出入口应设置视频安防监控装置。
c) 石窟寺和石刻周界可设置电子巡查装置。

10.3.3.2 重要区域/部位防护应满足下列要求：

a) 重要洞窟的门、窗户、通风口等宜设置入侵探测和/或声音复核装置，重要洞窟外应设置视频安防监控装置；
b) 重要的室外石刻宜设置入侵探测和/或视频安防监控装置，可设置声音复核装置；
c) 可设置电子巡查装置。

10.3.3.3 监控中心应符合9.3.3.4的规定。

11 古文化遗址、古墓葬安全防范系统要求

11.1 基本要求

11.1.1 古文化遗址、古墓葬应根据其保护范围、环境条件、重要程度等，配备相应的安全保卫人员，因

地制宜地建立实体防范设施，设置技术防范系统。

11.1.2 古文化遗址、古墓葬的周界应依据考古资料确定。实体防范设施的设立、技术防范系统的设置均应充分考虑古文化遗址、古墓葬本体的安全，不得对古文化遗址、古墓葬本体造成损伤和破坏。

11.2 人力防范要求

11.2.1 人力防范应符合第5章的规定。

11.2.2 古文化遗址、古墓葬应由安全保卫人员巡查，详细记录巡查情况，并对发现的隐患和问题及时处置。

11.2.3 重要区域/部位应由专职安全保卫人员进行重点保护。

11.2.4 技术防范系统宜配备系统管理人员。监控中心应配备值班人员，应确保每周7×24 h有人员值守。

11.2.5 安全防范处警响应时间由建设单位根据防范区域面积、现场环境、交通状况、人员配置等实际情况，在设计任务书中予以明确。

11.3 实体防范要求

11.3.1 实体防范应符合第6章的规定。

11.3.2 古文化遗址、古墓葬核心区域和库房及其他陈列、存放文物场所，应结合现场环境和人力防范、技术防范的条件，设置实体防范设施。

11.4 技术防范要求

11.4.1 古文化遗址、古墓葬核心区域和库房及其他陈列、存放文物场所的周界宜设置入侵探测、视频安防监控、声音复核、电子巡查等装置。

11.4.2 周界出入口应设置视频安防监控装置。

11.4.3 核心区域应设置视频安防监控装置，宜设置入侵探测、声音复核装置。用于地下文物保护的入侵探测装置应能可靠探测撬、挖、凿、砸、钻、爆破等盗窃、盗掘行为，并在不破坏、不影响防护对象的前提下尽可能隐蔽安装。

11.4.4 展陈区域应根据建(构)筑物特点、展品陈设情况等，参照8.2.3.3的规定设置技术防范系统。

11.4.5 文物库房及其他存放文物场所应根据建(构)筑物特点、藏品情况等，参照8.2.3.7的规定设置技术防范系统。

11.4.6 监控中心应符合9.2.3.4的规定。

12 考古发掘工地安全防范系统要求

12.1 基本要求

12.1.1 按计划进行的主动发掘工地，考古发掘单位应事先提出保证出土文物和重要遗迹安全的措施。

12.1.2 配合经济建设工程的考古发掘及抢救性发掘工地，应根据现场情况提出保证出土文物和重要遗迹安全的措施。

12.1.3 应根据现场环境条件和考古发掘区分布情况，确定周界的位置和范围，并设置明显的隔离警示标识。

12.2 人力防范要求

12.2.1 考古发掘工地应根据安全保卫工作的需要，设置与安全保卫任务相适应的安全保卫机构。

12.2.2 安全保卫人员的配备与管理应符合5.3的规定。

12.2.3 考古发掘工地的文物库房应配备专职的安全保卫人员。

12.3 实体防范要求

12.3.1 考古发掘工地宜结合现场实际情况设置实体防范设施，并符合第6章的规定。

12.3.2 设有参观通道的考古发掘工地，宜设置与发掘区完全分隔的实体隔离设施。

12.3.3 文物库房的门、窗应设置实体防范设施，库房门应安装防盗安全门。

12.4 技术防范要求

12.4.1 具有重要价值且发掘工作持续时间较长的重要考古发掘工地，周界应设置入侵探测和视频安防监控装置，宜设置现场声光警示装置。周界防护应完整封闭，不留盲区。

12.4.2 周界入侵探测装置应与视频安防监控、辅助照明装置以及现场声光警示装置联动。现场声光警示装置的声压应不小于100 dB(A)，报警持续时间应保持到操作员确认警情后自动或手动解除。

12.4.3 考古发掘工地周界的出入口、应设置视频安防监控装置，并采取出入检查/验证措施。

12.4.4 考古发掘区外围应设置视频安防监控装置，对发掘区进行完整的视频监控和图像记录。

12.4.5 考古发掘区内重要的探方(沟)宜设置视频安防监控装置，对发掘作业过程、重要遗物的起取出土等情况进行完整的视频监控和图像记录。

12.4.6 重要的墓葬发掘现场，宜根据现场条件设置入侵探测和声音复核装置，宜在墓道(门)入口处设置视频安防监控装置。

12.4.7 考古发掘区与考古工地库房之间的出土遗物运送通道宜设置视频安防监控装置，对出土遗物的运送过程实施跟踪监控。

12.4.8 对外开放的考古发掘工地，参观通道出入口应设置视频安防监控装置，并采取出入检查/验证措施。参观通道宜设置视频安防监控装置。

12.4.9 考古发掘工地的文物库房出入口应设置视频安防监控装置，宜设置出入口控制装置。库房内应设置入侵探测和紧急报警装置，宜设置声音复核装置。库房内通道和重要部位应设置视频安防监控装置，应与入侵探测装置联动。

12.4.10 考古发掘工地、文物库房宜设置电子巡查装置。

12.4.11 考古发掘工地应设置监控室。具有重要价值且发掘工作持续时间较长的重要考古发掘工地，参照9.1.3.4的规定设置监控中心。

附　录　A
（资料性附录）
设计流程及设计文件编制

A.1　设计流程

A.1.1　安全防范系统设计应按照“编制设计任务书 → 现场勘察 → 初步设计 → 方案论证 → 编制施工图设计(正式设计)文件”的流程进行。

A.1.2　建设单位应向安全防范系统设计单位提供有关建筑概况、电气和管槽路由等资料。

A.2　设计任务书的编制

A.2.1　安全防范系统设计前，建设单位应根据安全防范需求，提出设计任务书。

A.2.2　设计任务书应包括以下内容：

a)　任务来源；

b)　政府部门的相关规定和管理要求(含防护对象的风险等级和防护级别)；

c)　建设单位的安全管理现状与要求；

d)　工程项目的内容和要求(包括功能需求、性能指标、监控中心要求、培训和维修服务等)；

e)　建设工期；

f)　工程投资控制数额及资金来源。

A.3　现场勘察

A.3.1　安全防范系统设计前，设计单位与建设单位应进行现场勘察，并编制现场勘察报告。

A.3.2　现场勘察应符合 GB 50348—2004 中 3.2 的规定。

A.4　初步设计文件的编制

A.4.1　初步设计的依据应包括以下内容：

a)　相关法律法规和国家现行标准；

b)　工程建设单位或其主管部门的有关管理规定；

c)　设计任务书；

d)　现场勘察报告、相关图纸及资料。

A.4.2　初步设计应包括以下内容：

a)　建设单位的需求分析与工程设计的总体构思(含防护体系的构架和系统配置)；

b)　防护区域的划分、前端设备的布设与选型；

c)　中心设备(包括控制主机、显示设备、记录设备等)的选型；

d)　信号的传输方式、路由及管线敷设说明；

e)　监控中心的选址、面积、温湿度、照明等要求和设备布局；

f)　系统安全性、可靠性、电磁兼容性、环境适应性等的说明；

g)　系统供电、防雷与接地的说明；

h) 各子系统的接口关系(如联动、集成方式等);

i) 系统建成后的预期效果说明和系统扩展性的考虑;

j) 对人防、物防的要求和建议;

k) 售后服务与技术培训的承诺。

A.4.3 初步设计文件应包括设计说明、设计图纸、主要设备材料清单、工程概算书及主要设备材料的检验报告或认证证书。

A.4.4 初步设计文件的编制应包括以下内容:

a) 设计说明应包括工程项目概述、布防策略、系统配置及其他必要的说明。

b) 设计图纸应包括系统图、平面图、监控中心布局示意图及必要说明。

c) 设计图纸应符合以下规定:

1) 图纸应符合国家制图相关标准的规定,标题栏应完整,文字应准确、规范,应有相关人员签字,设计单位盖章;

2) 图形符号应符合 GA/T 74 的规定;

3) 在平面图应标明尺寸、比例和指北针;

4) 在平面图中应包括设备名称、规格、数量和其他必要的说明。

d) 系统图应包括以下内容:

1) 主要设备类型及配置数量;

2) 信号传输方式、系统主干的管槽线缆走向和设备连接关系;

3) 供电方式;

4) 接口方式(含各子系统之间的接口关系);

5) 其他必要的说明。

e) 平面图应包括以下内容:

1) 应标明监控中心的位置及面积;

2) 应标明前端设备的布设位置、设备类型和数量等;

3) 管线走向设计应对主干管路的路由等进行标注;

4) 其他必要的说明。

f) 对安装部位有特殊要求的,宜提供安装示意图等工艺性图纸。

g) 监控中心布局示意图应包括以下内容:

1) 平面布局和设备布置;

2) 线缆敷设方式;

3) 供电要求;

4) 其他必要的说明。

h) 主要设备材料清单应包括设备材料名称、规格、数量等。

i) 按照工程内容,根据 GA/T 70 等国家现行相关标准的规定,编制工程概算书。

A.5 方案论证

A.5.1 工程项目完成初步设计后,应由建设单位组织相关人员对安全防范系统工程初步设计进行方案论证。

A.5.2 方案论证应提交以下资料:

a) 设计任务书;

b) 现场勘察报告;

c) 初步设计文件;

d) 主要设备材料的型号、生产厂家、检验报告或认证证书。

A.5.3 方案论证应包括以下内容：

a) 系统设计内容是否符合风险等级、防护级别及设计任务书的要求；

b) 系统设计的总体构思是否合理；

c) 设备选型是否满足现场适应性、可靠性的要求；

d) 系统设备配置和监控中心的设置是否符合防护级别的要求；

e) 信号传输方式、路由和管线敷设方案是否合理；

f) 系统安全性、可靠性、电磁兼容性、环境适应性是否符合相关标准的规定；

g) 系统供电、防雷与接地是否满足相关规定和使用要求；

h) 系统的可扩展性、接口方式是否满足使用要求；

i) 初步设计文件是否符合 A.4.3 和 A.4.4 的规定；

j) 建设工期是否符合工程现场的实际情况和满足建设单位的要求；

k) 工程概算是否合理；

l) 售后服务承诺和技术培训内容是否可行。

A.5.4 方案论证应对 A.5.3 的内容做出评价，形成结论（通过、基本通过、不通过），提出整改意见，并经建设单位确认。

A.6 施工图设计（正式设计）文件的编制

A.6.1 施工图设计文件编制的依据应包括以下内容：

a) 初步设计文件；

b) 方案论证中提出的整改意见和设计单位所做出的并经建设单位确认的整改措施。

A.6.2 施工图设计文件应包括设计说明、设计图纸、主要设备材料清单和工程预算书。

A.6.3 施工图设计文件的编制应符合以下规定：

a) 施工图设计说明应对初步设计说明进行修改、补充、完善，包括设备材料的施工工艺说明、管线敷设说明等，并落实整改措施；

b) 施工图纸应包括系统图、平面图、监控中心布局图及必要说明，应符合 A.4.4c)的规定；

c) 系统图应在 A.4.4d)的基础上，充实系统配置的详细内容（如立管图等），标注设备数量，补充设备接线图，完善系统内的供电设计等；

d) 平面图应包括以下内容：

   1) 前端设备布防图应正确标明设备安装位置、安装方式和设备编号等，并列出设备统计表；

   2) 前端设备布防图可根据需要提供安装说明和安装大样图；

   3) 管线敷设图应标明管线的敷设安装方式、型号、路由、数量，末端出线盒的位置高度等；分线箱应根据需要，标明线缆的走向、端子号，并根据要求在主干线路上预留适当数量的备用线缆，并列出材料统计表；

   4) 管线敷设图可根据需要提供管路敷设的局部大样图；

   5) 其他必要的说明。

e) 监控中心布局图应包括以下内容：

   1) 监控中心的平面图应标明控制台和显示设备柜（墙）的位置、外形尺寸、边界距离等；

   2) 根据人机工程学原理，确定控制台、显示设备、机柜以及相应控制设备的位置、尺寸；

   3) 根据控制台、显示设备柜（墙）、设备机柜及操作位置的布置，标明监控中心内管线走向、开孔位置；

   4) 标明设备连线和线缆的编号；

5） 说明对地板敷设、温湿度、风口、灯光等装修要求；

6） 其他必要的说明。

f） 按照施工内容，根据 GA/T 70 等国家现行相关标准的规定，编制工程预算书。

ICS 29.120.70
L 25

GB

中华人民共和国国家标准

GB/T 16608.50—2012/IEC 61811-50:2002

有或无机电继电器 第50部分:分规范 电信用有质量评定的有或无机电继电器

Electromechanical all-or-nothing relays—Part 50:Sectional specification—Electromechanical all-or-nothing telecom relays of assessed quality

(IEC 61811-50:2002,IDT)

2012-11-05 发布 2013-02-15 实施

中华人民共和国国家质量监督检验检疫总局
中国国家标准化管理委员会 发布

前　言

GB/T 16608《有或无基础机电继电器》标准目前分为以下几个部分：

——GB/T 16608.1　有质量评定的有或无基础机电继电器　第1部分:总规范；

——GB/T 16608.50　有或无机电继电器　第50部分:分规范　电信用有质量评定的有或无机电继电器；

——GB/T 16608.51　有或无机电继电器　第51部分:空白详细规范　电信用有质量评定的有或无机电继电器　非标准类型和结构；

——GB/T 16608.52　有或无机电继电器　第52部分:空白详细规范　电信用有质量评定的有或无机电继电器　两组转换触点,20 mm×10 mm 底座；

——GB/T 16608.53　有或无机电继电器　第53部分:空白详细规范　电信用有质量评定的有或无机电继电器　两组转换触点,14 mm×9 mm 底座；

——GB/T 16608.54　有或无机电继电器　第54部分:空白详细规范　电信用有质量评定的有或无机电继电器　两组转换触点,15 mm×7.5 mm 底座；

——GB/T 16608.55　有或无机电继电器　第55部分:空白详细规范　电信用有质量评定的有或无机电继电器　两组转换触点,11 mm×7.5 mm(最大)底座。

本部分为 GB/T 16608 的第50部分。

本部分按 GB/T 1.1—2009 给出的规则起草。

本部分使用翻译法等同采用 IEC 61811-50:2002《有或无机电继电器　第50部分:分规范　电信用有质量评定的有或无机电继电器》。

为便于使用,本部分作了下列编辑性修改:

——用"本部分"代替"本国际标准"；

——用小数点符号"."代替符号","；

——删除了 IEC 标准前言；

——增加参考文献,将条文引用的"IEC 60068"及"IEC 60721-3-3:1995"列入其中。

本部分由中华人民共和国工业和信息化部提出。

本部分由全国有或无电气继电器标准化技术委员会(SAC/TC 217)归口。

本部分起草单位:厦门宏发电声股份有限公司。

本部分主要起草人:张德胜、王珏、史信源、王俊青、陆宁懿。

有或无机电继电器
第50部分:分规范　电信用有质量
评定的有或无机电继电器

1　总则

1.1　范围

GB/T 16608的本部分为分规范,适用于电信用有质量评定的有或无机电继电器。按本部分供货的继电器使用于电信设备,但作为有或无机电继电器,也适合于在特定的工业和其他设备中使用。

本部分中规定的试验方法引自IEC 61810-7:1997和其他标准,供按本规范制定的详细规范采用。本部分中也规定了详细规范需采用的基本检验表。详细的检验表在作为本规范补充件的空白详细规范中规定。

1.2　规范性引用文件

下列文件对于本文件的应用是必不可少的。凡是注日期的引用文件,仅注日期的版本适用于本文件。凡是不注日期的引用文件,其最新版本(包括所有的修改单)适用于本文件。

GB/T 2691—1994　电阻器和电容器的标志代码(IEC 60062:1992,IDT)

GB/T 5169.5—1997　电工电子产品着火危险试验　第2部分:试验方法　第2篇:针焰试验(IEC 60695-2-2:1991,IDT)

GB/T 7408—2005　数据元和交换格式　信息交换　日期和时间表示法(ISO 8601:2000,IDT)

GB/T 14598.1—2002　电气继电器　第23部分:触点性能(IEC 60255-23:1994,IDT)

GB/T 16608.1—2003　有质量评定的有或无基础机电继电器　第1部分:总规范(IEC 61811-1:1999,IDT)

GB/T 19001—2000　质量管理体系　要求(ISO 9001:2000,IDT)

IEC 60410:1973　计数检验抽样程序及抽样表(Sampling plans and procedures for inspection by attributes)

IEC 61709:1996　电子元器件　可靠性　失效率的标准条件和转换的应力模型(Electronic components—Reliability—Reference conditions for failure rates and stress models for conversion)

IEC 61810-1:1998　有或无非定时机电继电器　第1部分:一般要求(Electromechanical non-specified time all-or-nothing relays—Part 1:General requirements)

IEC 61810-5:1998　有或无非定时机电继电器　第5部分:绝缘配合(Electromechanical non-specified time all-or-nothing relays—Part 5:Insulation co-ordination)

IEC 61810-7:1997　有或无机电继电器　第7部分:试验和测量程序(Electromechanical all-or-nothing relays—Part 7: Test and measurement procedures)

QC 001002-3:1998　IEC电子元器件质量评定体系(IECQ)程序规则　第3部分:批准程序(Rules of Procedure of the IEC Quality Assessment System for Electronic Components (IECQ)—Part 3: Approval Procedures)

CECC 00016:1990　CECC系统内采用统计过程控制(SPC)的基本要求(Basic requirements for the use of statistical process control (SPC) in the CECC system)

CECC 00800:1986 CECC系统内采用ppm计算方法的常用代码(Code of practice on the use of the ppm approach in association with the CECC system)

1.3 术语和定义

IEC 61810-7:1997界定的以及下列术语和定义适用于本文件。

1.3.1

继电器类型 types of relays

按IEC 61810-7:1997中定义的继电器类型。

注：最常见的电信用有或无机电继电器如下：

—单稳态:非极化;

—单稳态:极化;

—双稳态:极化。

1.3.2

触点类型

a) 先断后合转换触点 Change-over break-before make Contact

动断触点在另一个动合触点闭合之前断开的转换触点;

b) 先合后断转换触点 Change-over make-before break Contact

动合触点在另一个动断触点断开之前闭合的转换触点。

1.3.3

触点故障和触点失效

a) 触点电路电阻导致的触点故障 Contact fault due to contact-circuit resistance

当闭合触点的触点电路电阻超过详细规范中规定的最大值时,认为是故障;

b) 触点电路不断开(如触点粘接)导致的触点故障 Contact fault due to non-opening of the contact circuit (e. g. contact sticking)

当断开触点间的阻值降低至低于详细规范中规定的最小值时,触点事实上未断开,认为是故障;

c) 触点失效 contact failure

单个被试触点的触点电路电阻或(和)触点不断开的故障次数超过详细规范中规定的故障次数,则认为是失效。

1.3.4

继电器故障、继电器失效及继电器缺陷

a) 继电器故障 relay fault

以不能执行某一项规定要求的功能为特征的继电器状态。继电器的一次故障持续到一规定的时间之后,无须任何检修,即能自行恢复执行该项要求的功能;

b) 继电器失效 relay failure

继电器不能执行其所要求的功能即认为是失效;

c) 继电器缺陷 relay defect

继电器某一项特性对其要求的任何偏离;

注1:要求可以采用,也可以不采用规范的形式表示。

注2:缺陷可能影响,也可能不影响继电器执行某一项要求的功能。

d) 不合格继电器 defective relay

含有一项或多项缺陷的继电器。

1.4 优先值

下例条款中规定的优先值适用于电信用机电继电器。

1.4.1 线圈额定电压

直流优先值：

1.5 V d.c.、3 V d.c.、4.5 V d.c.、5 V d.c.、6 V d.c.、9 V d.c.、12 V d.c.、24 V d.c.、48 V d.c.或60 V d.c.。

1.4.2 触点电路电阻

a) 初始状态的优先值(最大值)：50 mΩ、100 mΩ或200 mΩ；
b) 试验中和(或)试验后的优先值(最大值)：0.5 Ω、1 Ω、5 Ω、10 Ω、20 Ω或100 Ω；
c) 试验中检测触点电路不断开故障的优先值(最小值)：100 kΩ；
d) 检测试验中由于触点电路不断开故障的直流电压的优先值(最大值)：0.03 V d.c.、5 V d.c.、6 V d.c.、12 V d.c.、24 V d.c.、48 V d.c.或60 V d.c.；
e) 同一继电器中不同触点间的触点电路电阻的差值的优先值(最大值)：100 mΩ(初始状态)。

1.4.3 介质试验

断开的触点间、各独立的触点组间、触点与线圈间、所有导电件与外壳(如果适用时)之间的初始状态下的优先值按IEC 61810-5：1998规定：

a) 优先的交流电压值：0.5 kV a.c.、0.8 kV a.c.、1.5 kV a.c.、2.5 kV a.c.；
b) 优先的持续时间值：1 s或60 s。

1.4.4 冲击电压试验

a) 优先的电压值：0.5 kV、1.0 kV、1.5 kV、2 kV或2.5 kV；
b) 优先的波形：0.5 μs/700 μs、1.2 μs/50 μs或10 μs/700 μs；
c) 优先的冲击次数(正极脉冲与负极脉冲应交替施加)：10次；
d) 优先的冲击频率：2次/min或4次/min。

1.4.5 绝缘电阻

优先值：500 V d.c.下不小于1 000 MΩ，初始值。

1.4.6 测定电耐久性的循环次数

优先值：10 000、20 000、50 000、100 000、200 000、500 000、700 000、1 000 000、1 600 000、2 000 000、5 000 000、10 000 000、20 000 000或30 000 000。

1.4.7 试验评价用触点失效率

优先值(最大值)：1×10^{-5}，1×10^{-6}，1×10^{-7}，1×10^{-8}/触点/次循环。

1.5 标志和文件

按本分规范包括的详细规范规定供货的继电器及其包装应标有下列内容：

1.5.1 继电器标志：

a) 制造厂名称、品牌或商标；
b) 继电器型号和规格号；
c) 生产日期代码，采用1.5.3规定的年/周表示；
d) IECQ字母或IECQ认证标志；

e) 第1号引出端的识别标志。

1.5.2 包装标志：

a) 制造厂名称、品牌或商标；

b) 继电器型号和规格号；

c) 制造厂的生产批标识代号；

d) IECQ 字母或 IECQ 认证标志；

e) 如果继电器上无标志，则见详细规范；

f) 数量。

1.5.3 生产日期代码

标志系统应采取 GB/T 2691—1994 中 5.2 规定的四个数字。前面两个数字应是年号中的最后两个数字，后面两个数字应是工作周的编号[GB/T 7408—2005 中 5.2.3.3b)，是本世纪的年号和工作周编号，已修改]。

示例：1994 年第 5 个工作周为 9405。

如在详细规范中有规定，应采用 GB/T 7408—2005 中 5.2.1.3a)规定的特定日期基本格式。前面两个数字是年号中的最后两个数字，接下去的两个数字表示月份，最后两个数字表示该月中的日期。

示例：1994 年 6 月 20 日为 940620。

2 质量评定程序

2.1 初始制造阶段

初始制造阶段是完成继电器零部件制造后的第一个制造过程。

注 1：一个部件在此处是指两个或多个零件的永久性装配。

注 2：重要制造阶段如下：

a) 继电器零件的加工、热处理、电镀；

b) 线圈绕制；

c) 电气和机电零件装配；

d) 继电器触点调整(当适用时)；

e) 继电器高温烘干，充气以及密封(当适用时)；

f) A 至 C 组检验的最终测量和周期检验。

2.2 结构相似继电器

如果继电器除下列各项外，在结构上没有差异，则认为是结构相似：

a) 线圈导线直径和匝数；

b) 触点类型、组数和材料；

c) 线圈额定电压和(或)触点额定电压；

d) 详细规范规定范围内的安装方式和引出端形式变化；

e) 输入电路零件变动。

2.3 分包

参见 QC 001002-3:1998 的第 2 章。

2.4 鉴定批准程序

鉴定批准检验应包括详细规范中规定的所有检验，并应按详细规范中具体规定的检验表执行。

每个分组的样品数按空白详细规范规定。通常，每个检验组至少需要5只样品。

2.5 质量一致性检验

2.5.1 检验批的组成

提交A组和B组检验的检验批按QC 001002-3:1998的3.2.3规定组成，抽样方案和程序按IEC 60410:1973规定，但如果产品很少或采用很小规模的抽样方案时除外，这种情况下应为100%检验。

按IEC 60410:1973规定进行抽样，只采用百分不合格品率的概念。应始终采用分层或代表性抽样法，以能包括所有生产线和结构相似继电器，使样品数与其在批中的各自数量成比例。在必须要有比例值的情况下，则比例值应在详细规范中规定。样品应尽可能代表产品。

在连续的生产线上抽取样本大小所确定的基数应在空白详细规范中规定。

2.5.2 周期检验

C组检验的固定样本大小应在规定的检验周期期间或终止时，在已通过A组和B组检验的一个或多个批中抽取。

2.6 检验表

2.6.1 试验序列

试验序列应由详细规范中列入的所有试验项目组成。引用的试验项目号与IEC 61810-7:1997中的一致。详细规范中可以增加其他试验项目。

2.6.2 A和B组

检验水平(IL)字码适用于同一分组中的所有试验项目。空白详细规范应规定合格质量水平(AQL)的相应数值或数值范围，授权制定的详细规范应选择适用的数值，并适用于同一分组中的所有试验项目。

任一规定的IL-AQL字码应理解为接收所允许的不合格品数单独地适用于同一个分组中的每一个试验项目，但空白详细规范中可以规定此同一个IL-AQL字码确定的继电器经受此同一分组中所有项目的试验。

2.6.3 C组

空白详细规范中对每个分组应规定下列内容：

a) 每一分组的周期。如果所有分组采用同一个周期，则周期应在该组试验项目开始时给出；

b) 对相同继电器进行每一项或每一组试验所需的最小样本大小与允许的不合格品数。

2.7 试验顺序

质量一致性检验分为两部分，即以单批放行为基础的逐批检验，及包含费时和费用更高试验项目的周期检验。

当对1只或多只样品连续进行数项试验时，除详细规范中另有规定外，应采用下列顺序：

a) 具有筛选或分选功能的100%试验项目，应始终在任何其他非破坏性(ND)或破坏性(D)试验项目之前进行；

b) 各组中，除100％试验之外的试验项目应按空白详细规范中规定的顺序进行，但应保证前面的试验应力不会使后面的试验结果无效。

3 空白详细规范和详细规范的编制

3.1 空白详细规范应按表1的试验表和相关说明进行编制。

3.2 空白详细规范应规定下列或需要包括在详细规范中的内容：

a) 详细规范号；

b) 继电器标志和其应用方面的内容。应按如规格、密封、单稳态或双稳态、极化或非极化、或其他如触点工作值范围和温度范围等识别所需要的特征进行标志；

c) 继电器外形图和关键尺寸；诸如不同的引出端可在详细规范的附录中给出；用户自动操作用包装要求；

d) 继电器参考数据：

1) 首页上描述继电器总体性能所需数值个数的限制数；

2) 1.4和IEC 61810-1:1998中规定的全部内容应加在同一页上；优先额定值应是其所列的数值。涉及额定值的各试验项目处，应对每一试验项目进行标识。当进行额定值之外的试验项目时，应对这些试验项目进行标识，并应与涉及额定值的试验项目作明显区别；

e) 引用标准：

IEC 61810-7:1997和本分规范作为引用标准。如有必要引用其他标准时，则应列出其全称、版本年号及除众所周知之外的发行单位。

f) 评定水平：

表1包含了一个试验表。如增加了未列入的试验项目，则应注明。

g) 检验周期；

h) 检验批组成，如果按2.6.1的内容可预知；

i) 试验顺序，如果与2.7的规定不同；

j) 一般试验条件(如果与IEC 61810-7:1997中3.5的规定不同)；

k) 鉴定批准检验表；

l) 质量一致性检验表：

在每一个试验组中，在其每一分组的最后可汇总并表明所规定的最终测量项目和试验后的要求。

应规定经受过破坏性试验的样品不得交货。

注：如果要求采用SPC或ppm方法，则应在继电器的制造厂与用户之间提供符合CECC 00800:1986、CECC 00016:1990或GB/T 19001—2000规定的方法。

m) IL字码(A组和B组)和样本大小(C组)的规定；

n) AQL字码(A组和B组)和允许的不合格品数(C组)的规定；

o) 如有必要，给出本规范内容范围之外的包装和(或)继电器的标志；

p) 订货资料。

3.3 诸如曲线、图样等附加信息应在详细规范的附录中给出。此类信息不要求进行试验验证。

3.4 在制定空白详细规范或详细规范时，应遵循以下程序：

——从表1中选择应进行的试验项目；

——如有必要，增加其他必要的试验项目，这些试验项目是IEC 61810-7:1997中所要求的或未规定的。

4 检验表

4.1 试验序列

表1和任一相应空白详细规范中规定的检验表的每一分组中各试验项目的顺序是必须遵循的,除非合同中另有特殊规定,密封试验始终是最后的试验项目。

4.2 继电器类别按环境防护方法区分(RT:继电器制造工艺)

RT 0:敞开式继电器。

RT Ⅰ:防尘继电器。

RT Ⅱ:耐焊剂继电器。

RT Ⅲ:水密继电器。

RT Ⅳ:密封继电器。

RT Ⅴ:气密封继电器。

防护和密封定义见IEC 61810-7:1997中的2.2。

4.3 触点应用类别

CA0:30 mV max、10 mA max。

CA1:30 mV~60 V、10 mA~0.1 A。

CA2:5 V~250 V、0.1 A~1 A。

CA3:5 V~600 V、0.1 A~100 A。

触点应用类别的定义见IEC 61810-7:1997中的2.8。

触点在最小和最大负载下的实际额定功率和所要求的循环次数应在详细规范中规定(见4.4中的注3)。

4.4 表1的注释

注1:试验组按GB/T 16608.1—2003规定。

注2:对于100%试验分组,若继电器在任一项试验中失效,则应将其剔除。检测时,当触点间的电压降低至其开路电压值的一半时,则可认为该触点已闭合。试验条件应符合详细规范规定。所有触点负载应确保在不对触点表面造成重大改变的水平上。

注3:电耐久性试验应按照空白详细规范或详细规范规定的最少循环次数。如有要求,试验可以连续进行到样品失效,以获得可靠性数据。失效判据和规则应在空白详细规范中规定。

注4:对于电信用有或无机电继电器,大多数是先断后合转换触点。为保证触点按照这个顺序动作,所测的转接时间是指同一只继电器中所有触点电路均断开的时间间隔。同样,为保证先合后断触点按正确的顺序转换,所测的桥接时间是指同一只继电器中所有触点电路均闭合的时间间隔。

详细规范中稳定闭合时间的规定是可选的。

注5:缩写:

M:列入空白详细规范或详细规范中必须遵循的试验项目;

R:列入空白详细规范或详细规范中推荐的试验项目;

(D):破坏性试验项目;

(ND):非破坏性试验项目。

5 继电器可靠性——失效率数据

可靠性数据的评定和指标不是必须遵循的。

但如果详细规范中有要求,则电子设备(电信系统、数据处理设备等)中的电信继电器可靠性预计用失效率数据应采用一种合适的方法进行规定。极力推荐按 IEC 61709:1996 规定给出失效率数据。因此,推荐的失效率数据基础,即将失效率数据从标准条件下转换到实际工作条件下所采用的应力模型和具体的应力系数,在相应详细规范中应按资料性附录 A 的规定给出,并应参照附录 A 给出更多的细节。

具体型号继电器的标准失效率数据由制造厂测定。要求继电器制造厂累计记录所有耐久性试验数据和所有其他包括从现场使用实践中得到的有关数据,这些数据可证明或表明其所达到的可靠性。详细规范中规定的耐久性试验连同其他试验一起提供一种标准条件下失效率的测量。

如果已知另一个应力模型或另一个相应的应力系数更适合某一具体型号的继电器,则此种更改在相应详细规范的附录中应明确规定并采用此模型或相应应力系数进行替代(应规定将这些失效率数据转换到实际工作条件下的所有必要细节和这些数据的来源)。但这种情况下应符合 A.8 的规定。

上述所有工作应在国家监督检验员(NSI)的监督下完成。

注:不要求继电器制造厂在某一具体批交货前,证明其所得到的失效率。

表 1 检验表

A 组

A0 分组

此分组的所有试验项目:100%检验。累计的失效比率大于…%,则该批拒收。

IEC 61810-7:1997 的试验章条号	选择和具体要求
目检——继电器标志(ND) 3.6.4a)和 3.6.4b)	R
线圈电阻(ND) 3.8.1	M
介质试验(ND) 3.9	M
静态触点电路电阻(ND) 3.12	M 测试电压和电流按 CA0
功能测试(ND) 3.13	M 监测触点,以检测继电器功能
时间测试(ND) 3.14.2	M 见 4.4 的注 4
密封(ND) 3.20.2	R 程序 1(试验 Qc,方法 2)、程序 2(试验 Qk,方法 1 或 2)、或程序 4(试验 Qy),适用于 RT Ⅲ、RT Ⅳ
声学噪声(ND) 3.44	R 方法 1,只当详细规范中有规定时

表 1（续）

A4 分组

此分组的所有试验项目　　IL：S4

AQL：0.25…1.0…4.0

逐批

IEC 61810-7:1997 的试验章条号	选择和具体要求
目检——继电器标志(ND) 3.6.4a)和 b)	M
线圈电阻(ND) 3.8.1	M
静态触点电路电阻(ND) 3.12	M　测试电压和电流按 CA0
功能测试(ND) 3.13	M　监测触点,以检测继电器功能
时间测试(ND) 3.14.2	M　见 4.4 的注 4
密封(ND) 3.20.2	M　程序 1(试验 Qc,方法 2)、程序 2(试验 Qk,方法 1 或 2)、或程序 4(试验 Qy),适用于 RT Ⅲ、RT Ⅳ
声学噪声(ND) 3.44	R　方法 1,只当详细规范中有规定时

B 组

B1 分组

此分组的所有试验项目　　IL：S3

AQL：0.4…1.0…4.0

逐批

IEC 61810-7:1997 的试验章条号	选择和具体要求
目检:筒装式自动送料盘尺寸检查(ND) 3.6.1 和 3.6.4a)	M　适用时
目检:除标志外,继电器外部关键尺寸检查(ND) 3.6.1、3.6.4c)和 3.6.4d)	M
电耐久性,无失误接收(ND) 3.30.5	R
触点动态介质试验(ND) 3.50	R

表 1（续）

B2 分组

此分组的所有试验项目　　IL:S3

AQL:0.4…1.0…4.0

逐批

IEC 61810-7:1997 的试验章条号	选择和具体要求
可焊性(D) 3.25	M　如在 C1 分组未进行试验

C 组

C1 分组

在此分组的所有试验项目,固定样本大小

周期:不超过 1a(年)

IEC 61810-7:1997 的试验章条号	选择和具体要求
磁干扰(ND) 3.37	R　只当详细规范中有规定时
可焊性(D) 3.25	M　只适用于自动生产线生产的继电器,若在 B2 分组未进行试验
电耐久性(D) 3.30.3 和 3.30.4	M　方法 1,触点故障和触点失效的定义,按本规范 1.3.3

C2 分组

此分组的所有试验项目,固定样本大小

周期:不超过 1a(年)

IEC 61810-7:1997 的试验章条号	选择和具体要求
声学噪声(ND) 3.44	R　方法 1,只适用于分别在 A0 或 A4 分组未进行试验时
介质试验(ND) 3.9	M
冲击电压试验(ND) 3.10	M
绝缘电阻(ND) 3.11	M
密封(ND) 3.20.2	R　程序 1(试验 Qc,方法 2)

表 1（续）

C4 分组

此分组的所有试验项目，固定样本大小，GB/T 14598.1—2002 中 C.3 规定

周期：不超过 2a(年)

IEC 61810-7:1997 的试验章条号	选择和具体要求
电耐久性，扩展评定(D) 3.30.6 或 3.30.3 和 3.30.4	M 方法 1，可由 C1 分组的试验延长触点故障、触点失效的定义按本规范 1.3.3

C5 分组

此分组的所有试验项目，固定样本大小

周期：不超过 2a(年)

IEC 61810-7:1997 的试验章条号	选择和具体要求
气候序列(D) 3.15	M 高温，3.15.2 循环湿热，3.15.3 低温，3.15.4 循环湿热，3.15.6
稳态湿热(D) 3.16	M
引出脚强度(D) 3.24	M
冲击(D) 3.26	M 方法 1，工作稳定性 方法 2，牢固性
振动(D) 3.28	M 方法 1，工作稳定性
机械耐久性(D) 3.31.3	M 方法 2
热耐久性(D) 3.32	M
过负载(触点电路)(D) 3.34	M
磁干扰(ND) 3.37	R 只在 C1 分组未进行试验时
耐清洗剂(D) 3.47.2	M
着火危险(D) 3.48.2	M 程序，按 GB/T 5169.5—1997

表 1（续）

C6 分组

此分组的所有试验项目，固定样本大小

周期：不超过 2a(年)

IEC 61810-7:1997 的试验章条号	选择和具体要求
称重(ND) 3.7.2	M
热阻(ND) 3.17	M
温度快速变化(D) 3.19	M　方法 1
耐焊接热(D) 3.25	M

附 录 A
（资料性附录）
失效率数据基础

A.1 范围

本附录以 IEC 61709:1996 为依据，详细叙述了电信用继电器的失效率数据基础。如果相关详细规范中有要求，则应在该详细规范的相应附录中给出下列和各种必要的更详细内容。

A.2 继电器说明

A.2.1 识别

XY 继电器是……（按详细规范中给出的详细说明）。更详细的内容，见相应空白详细规范中 1.3 的方框(5)和(6)。

A.2.2 额定值

线圈参数、触点参数见相应空白详细规范中 1.3 的方框(9)、(10)和(11)。

A.3 质量等级

鉴定的组成：IECQ 鉴定批准和质量一致性检验按本规范的第 3 章和第 4 章。

A.4 故障和失效数据

A.4.1 故障定义

按本规范的 1.3.3 和 1.3.4 规定——也见 A.4.3。

A.4.2 故障应用

有效寿命时间：从有效寿命时间开始（新状态继电器）至有效寿命时间终止（相关空白详细规范表 3 中规定的循环次数）。

A.4.3 失效定义

根据本规范 1.3.3 和 1.3.4 规定。

触点失效：按每一单个触点计算，在每 10^5 次（或规定的最少循环次数）下，闭合触点的触点电路电阻大于 1 Ω 或断开触点的触点电路电阻小于 100 kΩ 多于 1 次；或由于动断与动合触点间短路（电阻值小于 100 Ω）而不断开。这是指 10^5 次循环中允许 1 次触点故障，7×10^5 次循环中允许 7 次触点故障。

A.4.4 失效应用

耗损失效期。

注：循环次数的相应失效率转换到时间的相应失效率，见 GB/T 14598.1—2002 的 E.2.2～E.2.4。

A.5 数据来源

A.5.1 A.7 中规定的标准条件下的失效率 λ_{ref}

按 GB/T 14598.1—2002 中 5.2.1.2 规定的制造厂试验室试验。

A.5.2 应力系数 π_{ES}、π_S 和 π_T

按 IEC 61709:1996 中 7.7 的规定——见 A.10。

A.5.3 数据层次

单一继电器。

A.6 失效率应用条件

本附录规定的失效率的应用受以下数值限制：
——额定值：见相应空白详细规范中 1.3 的方框(9)和(10)；
——元器件气候类别按 IEC 60068 规定——见相应空白详细规范中 1.3 的方框(11)；
——工作值范围：见相应空白详细规范中 1.3 的方框(11)；
——环境参数：见相应空白详细规范的 2.6。

A.7 标准失效率 λ_{ref}

A.7.1 A.7.2 规定的标准条件下的失效率：
λ_{ref}=…每循环次数。

A.7.2 标准条件下失效率的系数

A.7.2.1 时间
与 GB/T 14598.1—2002 中 C.3 规定的耗损失效期相对应的失效率(μ 值)，置信水平为 90%。

A.7.2.2 失效判据
根据 A.4 中规定的故障定义和失效定义。

A.7.2.3 工作模式
加速条件按 GB/T 14598.1—2002 中 E.1 规定，即每小时模拟一次循环。

A.7.2.4 气候应力和机械应力
环境温度：40 ℃。
气候条件：IEC 60721-3-3 的 3K3。
机械应力：IEC 60721-3-3 的 3K3。

A.7.2.5 电应力
IEC 61709:1996 图 9 中规定的应力范围 2：0.5 V$<U\leqslant U_{rat}$，0 A$<I\leqslant$0.1 A。

A.7.2.6 补充说明
无补充说明。

A.8 合并和追加新数据的方法

继电器制造厂应累计记录所有耐久性试验数据和所有其他相关数据，包括从现场使用中得到的数据，这些数据可证明和表征所达到的可靠性。除了其他许多试验以外，本规范中规定的所有耐久性试验（特别是相应空白详细规范表4的C4分组中给出的扩展评定用试验项目编号15和18）提供了一种规定条件下失效率的测试方法。

继电器制造厂应通过与相关继电器用户的具体联系和合作，系统地检查失效率数据的有效性。继电器制造厂应保存失效率数据有效性的记录和必要时建议的修改意见（详见A.10）。

所有这些活动均应在国家监督检验员（NSI）的监督下完成。

A.9 应力模型

下列应力模型和应力系数适用于将标准条件下的失效率（λ_{ref}）转换到实际工作条件下的失效率（λ）。这种变换只在下列情况下允许，即在详细规范规定的功能范围内，并按与IEC 61709:1996的规定。

工作条件下的失效率按式A.1计算：

$$\lambda = \lambda_{ref} \times \pi_{ES} \times \pi_S \times \pi_T \qquad \text{(A.1)}$$

式中：

λ ——工作条件下的失效率；

λ_{ref} ——标准条件下的失效率（见A.7）；

π_{ES} ——电应力相关系数（见表A.1）；

π_S ——循环速率相关系数（见A.10.2）；

π_T ——温度相关系数（见A.10.3）。

不要求继电器制造厂在某一个具体的批交货前，证明其所达到的失效率数据。

A.10 应力系数

A.10.1 电应力相关系数 π_{ES}

见表A.1。

表 A.1 π_{ES} 系数

应力范围（见IEC 61709:1996的图9）	π_{ES} 系数		
	阻性负载	容性负载[a] 和白炽灯负载	感性负载
1	2	2	—
2	1	8	8
3	2	20	40
4	8	40	—

[a] 不得超过相应空白详细规范中规定的最大峰值电流。

A.10.2 切换速率相关系数 π_S

此系数考虑每小时循环次数（S）：

a) $\pi_S = 1$，当 $0.01 < S \leq 1$ 时；

b) $\pi_S = S/S_{ref}$，当 $S > 1$ 时；

式中：

S ——每小时循环次数；

S_{ref} ——每小时标准循环次数，此处 $S_{ref} = 1$。

图 A.1 表示 π_S 系数：

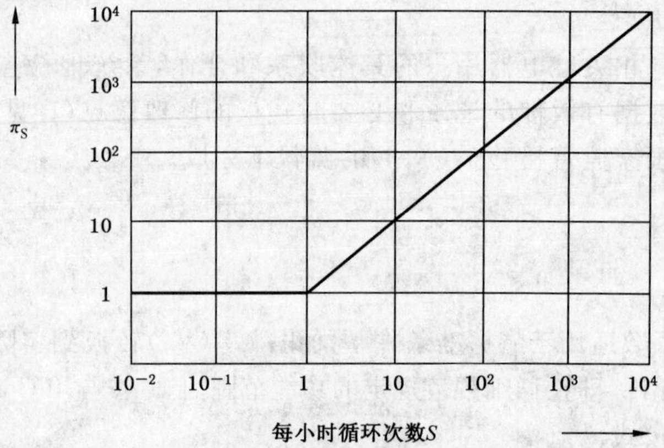

图 A.1 与循环次数相应的 π_S 系数

A.10.3 温度相关系数 π_T

见表 A.2。

表 A.2 π_T 系数

平均环境温度 θ_{amb}[a]/℃	≤40	70	85
π_T	1	1.8	2.3

[a] 只当达到相应空白详细规范 1.3 的方框(11)中规定的最高允许环境温度时，才有效。

A.11 实际工作条件下失效率计算的示例

按详细规范认证合格的某一继电器，在 70 ℃环境温度下切换，IEC 61709:1996 图 9 中应力范围 1 的一触点负载；

$\lambda_{ref}=10^{-7}$ 循环；$U\leqslant 0.5$ V；$I\leqslant 0.1$ A；环境温度 $\theta_{amb}=70$ ℃

下列条件下其失效率数值是多少？

步骤(1)A.9 的方程式：$\lambda=\lambda_{ref}\times\pi_{ES}\times\pi_S\times\pi_T$

步骤(2)A.10.1，表 A.1 应力范围 1：　　$\pi_{ES}=2$

步骤(3)A.10.2，图 A.1，1 次循环每小时：　$\pi_S=1$

步骤(4)A.10.3，表 A.2，$\theta_{amb}=70$ ℃：　　$\pi_T=1.8$

步骤(5)进行计算；在上述规定条件下的失效率：

$$\lambda=\lambda_{ref}\times\pi_{ES}\times\pi_S\times\pi_T=10^{-7}\times 2\times 1\times 1.8=3.6\times 10^{-7}/\text{循环}=360\ \text{fit}$$

步骤(6)按 GB/T 14598.1—2002/IEC 60255-23:1994 中 E.2.4 规定计算：

$$\text{MTBF}=1/\lambda=1/3.6\times 10^{-7}=2.8\times 10^{6}\ \text{h}=319\ \text{a}$$

参 考 文 献

[1] IEC 60068 Environmental testing for electric and electronic products

[2] IEC 60721-3-3:1995 Classification of environmental conditions—Part 3-3:Classification of groups of environmental parameters and their severities—Stationary use at weatherprotected locations

ICS 29.120.70
L 25

中华人民共和国国家标准

GB/T 16608.51—2012/IEC 61811-51:2002

有或无机电继电器 第51部分:空白详细规范 电信用有质量评定的有或无机电继电器 非标准类型和结构

Electromechanical all-or-nothing relays—Part 51:Blank detail specification—Electromechanical all-or-nothing telecom relays of assessed quality—Non-standardized types and construction

(IEC 61811-51:2002,IDT)

2012-11-05 发布　　2013-02-15 实施

中华人民共和国国家质量监督检验检疫总局
中国国家标准化管理委员会　发布

前　言

GB/T 16608《有或无基础机电继电器》标准目前分为以下几个部分：

——GB/T 16608.1　有质量评定的有或无基础机电继电器　第1部分：总规范；

——GB/T 16608.50　有或无机电继电器　第50部分：分规范　电信用有质量评定的有或无机电继电器；

——GB/T 16608.51　有或无机电继电器　第51部分：空白详细规范　电信用有质量评定的有或无机电继电器　非标准类型和结构；

——GB/T 16608.52　有或无机电继电器　第52部分：空白详细规范　电信用有质量评定的有或无机电继电器　两组转换触点，20 mm×10 mm底座；

——GB/T 16608.53　有或无机电继电器　第53部分：空白详细规范　电信用有质量评定的有或无机电继电器　两组转换触点，14 mm×9 mm底座；

——GB/T 16608.54　有或无机电继电器　第54部分：空白详细规范　电信用有质量评定的有或无机电继电器　两组转换触点，15 mm×7.5 mm底座；

——GB/T 16608.55　有或无机电继电器　第55部分：空白详细规范　电信用有质量评定的有或无机电继电器　两组转换触点，11 mm×7.5 mm(最大)底座。

本部分为GB/T 16608的第51部分。

本部分按照GB/T 1.1—2009给出的规则起草。

本部分使用翻译法等同采用IEC 61811-51:2002《有或无机电继电器　第51部分：空白详细规范　电信用有质量评定的有或无机电继电器　非标准类型和结构》。

为便于使用，本部分作了下列编辑性修改：

——用“本部分”代替“本国际标准”；

——用小数点符号“.”代替符号“,”；

——删除了IEC标准前言；

——将表3的第2列中触点电路电阻的单位由“Ω”换算为“mΩ”。

本部分由中华人民共和国工业和信息化部提出。

本部分由全国有或无电气继电器标准化技术委员会(SAC/TC 217)归口。

本部分起草单位：厦门宏发电声股份有限公司。

本部分主要起草人：张德胜、王珏、史信源、王俊青、陆宁懿。

有或无机电继电器 第51部分:空白详细规范 电信用有质量评定的有或无机电继电器 非标准类型和结构

1 总则

1.1 范围

GB/T 16608的本部分为空白详细规范,适用于电信用有质量评定的有或无机电继电器。符合本部分规定的继电器供在电信设备中使用,但作为有或无机电继电器,也可使用于特定的工业或其他设备。

本部分中规定的试验方法引自IEC 61810-7:1997和其他标准,供按本规范制定的详细规范采用。本部分也规定了基本检验表,供按GB/T 16608.1—2003规定制定的详细规范使用。

1.2 规范性引用文件

下列文件对于本文件的应用是必不可少的。凡是注日期的引用文件,仅注日期的版本适用于本文件。凡是不注日期的引用文件,其最新版本(包括所有的修改单)适用于本文件。

GB/T 2421—1999 电工电子产品环境试验 第1部分:总则(IEC 60068-1:1988,IDT)

GB/T 5169.5—1997 电工电子产品着火危险试验 第2部分:试验方法 第2篇:针焰试验(IEC 60695-2-2:1991,IDT)

GB/T 14598.4—1993 电气继电器 第14部分:电气继电器触点的寿命试验 触点负载的优先值(IEC 60255-14:1981,IDT)

GB/T 16608.1—2003/IEC 61811-1:1999 有质量评定的有或无基础机电继电器 第1部分:总规范(IEC 61811-1:1999,IDT)

GB/T 16608.50—2012/IEC 61811-50:2002 有或无机电继电器 第50部分:分规范 电信用有质量评定的有或无机电继电器(IEC 61811-50:2002,IDT)

IEC 60068-2-17:1994 环境试验 第2部分:试验 试验Q:密封(Environmental testing—Part 2:Tests—Test Q:Sealing)

IEC 60068-2-20:1979 环境试验 第2部分:试验 试验T:锡焊试验(含修改单2:1987)(Environmental testing—Part 2:Tests—Test T:Soldering) Amendment 2(1987)

IEC 60068-2-47:1999 环境试验 第2-47部分:试验方法 振动、冲击及类似动力试验中元器件、设备和其他物件的安装(Environmental testing—Part 2-47:Test methods—Mounting of components, equipment and other articles for vibration,impact and similar dynamic tests)

IEC 61709:1996 电子元器件 可靠性 失效率的标准条件和转换的应力模型(Electronic components—Reliability—Reference conditions for failure rates and stress models for conversion)

IEC 61810-7:1997 有或无机电继电器 第7部分:试验和测量程序(Electromechanical all-or-nothing relays—Part 7:Test and measurement procedures)

QC 001002-2:1998 IEC电子元器件质量评定体系程序规则(IECQ)第2部分:文件(Rules of Procedure for the IEC Quality Assessment System for Electronic Components(IECQ)—Part 2:Docu-

mentation)

QC 001002-3:1998 IEC 电子元器件质量评定体系程序规则(IECQ)第 3 部分:批准程序(Rules of Procedure for the IEC Quality Assessment System for Electronic Components(IECQ)—Part 3:Approval Procedures)

QC 001005:2000 按 IECQ 体系包括按 ISO 9000 批准的产品和服务的确认注册目录(Register of Firms,Products and Services approved under the IECQ System,including ISO 9000)

(国家授权的机构应对直接引用等效采用本标准的国家标准的文件或规范进行标注)

1.3 详细规范的首页

详细规范的首页应按下列规定进行编排。

<table>
<tr><td>(1)</td><td>QC××××××　(2)
版本:200×
页码:××的1</td></tr>
<tr><td>有质量评定的电子元器件　(3)
IEC 61810-7:1997
GB/T 16608.50—2012</td><td>(4)</td></tr>
<tr><td colspan="2">电信用有质量评定的有或无机电继电器详细规范
类型:　(5)
结构:　(6)</td></tr>
<tr><td>外形图和接线图　(7)
尺寸以毫米(mm)为单位</td><td>应用:　(8)</td></tr>
<tr><td colspan="2">线圈参数　(9)
额定电压:…V d.c.
额定功率:…mW</td></tr>
<tr><td colspan="2">触点参数　(10)
触点组数:
触点额定电压:
触点额定电流:
触点额定功率:</td></tr>
<tr><td colspan="2">GB/T 2421—1999 中规定的元器件气候类别:　(11)
温度范围:
工作环境温度:…℃～…℃
贮存温度:　…℃～…℃</td></tr>
<tr><td colspan="2">按本详细规范鉴定合格的继电器,其制造厂信息可从现行 QC 001005 中获取。</td></tr>
</table>

首页内容说明:

首页括号中的编号与下列给出的标注相对应。

详细规范的标注:

(1) 授权发布详细规范的国家标准机构名称。适用时,详细规范可以从该机构获取。

(2) IECQ 符号和由 IECQ 秘书处对正式详细规范给定的编号。

(3) 有效的有或无机电继电器试验和测量程序及(或)分规范的 IEC 标准编号与年代号;及国家标准(当有差别时)。

(4) 当与 IECQ 编号不同时,国家详细规范的编号、发布日期和国家体制所要求的各种更详细信息,及所有修改单编号。

继电器标注：

(5) 类型：单稳态或双稳态，非极化或极化，触点组数。

(6) 结构：尺寸，如双列直插、底座和整体高度、继电器类型、环境防护依据（RT Ⅰ至 RT Ⅳ），安装变化及其他典型结构细节。

(7) 具有主要尺寸的外形图。主要尺寸是指对互换性有重要意义的尺寸及（或）对外形所引用的相应国家或国际文件。另外，外形图也可以作为详细规范的附录给出，但(7)中应给出元器件总体外貌的说明。

(8) 典型的应用领域。

(9) 线圈额定电压和额定功率。

(10) 触点组数、特定触点材料和触点电压、触点电流、触点功率。适用时，各触点材料相应的代码应作为附录列出。

(11) GB/T 2421—1999 的第 8 章和附录 A 中规定的元器件气候类别及温度范围。

2 继电器特性值

2.1 一般参数

——热阻：最大…K/W；

——触点应用类别：CA0，CA1，CA2 和 CA3；

——继电器重量：最大…g；

——引出端表面层：预浸焊料；允许不预浸焊料的部分；适用时，到继电器本体的最大距离；

——绝缘电阻：500 V d.c. 下…MΩ min 初始值；

——介质耐电压：见表 1。

表 1 介质试验电压

试验电压施加点	介质试验 V a.c.，min	冲击电压试验 10 μs/700 μs 和/或 1.2 μs/50 μs V，min
断开的触点电路间		
独立的触点电路组间		
线圈与触点电路间		
所有引出端与外壳间		

2.2 IEC 的型号规格组成（序列信息）

继电器/IECQ ××××××-X Y 9 Z

名称——继电器

IECQ 详细规范号——××××××

线圈额定电压（表 2 中标识代号的第 1 个字母）——X

额定功率（表 2 中标识代号的第 2 个字母）——Y

规定的专用触点材料（按详细规范附录规定）——9

专用特征和（或）表面安装型（按详细规范附录规定）——Z

单稳态或双稳态类继电器的代号,若适用时应由线圈额定功率组成。触点组数应在详细规范的首页中给出。

若无特殊的特性适用,则最后一个数字代码为0。对于某一个详细规范,如果示例中的其中一项特性不考虑,则相应的字母代号应删除;对于不适用的特性,无专用标识或空白的位置(可见2.5)。

制造厂可以采用其自己的编号系统,但应在详细规范的附录中给出IECQ型号与制造厂零件号之间的转换(对照)表。

2.3 线圈参数

表2 线圈参数

标识代号	额定电压 V	线圈电阻 ×(1±10%)Ω	必须动作电压 V			线圈最大电压 V	必须不释放电压 V	必须释放电压 V			额定功率 mW
		(23±2)℃	线圈温度			线圈温度	线圈温度	线圈温度			
			℃	23 ℃	℃	℃	23 ℃	℃	23 ℃	℃	

2.4 触点参数

2.4.1 电耐久性和循环频率

触点失效:按每一单个触点计算,在每10^6次或规定的最少循环次数(若小于10^6次)下,闭合触点的触点电路电阻大于2.4.2中的规定值或断开触点的触点电路电阻小于100 kΩ多于1次。

示例:在规定的10^7次耐久性试验中,按上述规定,故障的总次数不应超过10次。

表3 电耐久性试验和过负载试验用负载、触点电路电阻极限值、循环次数和频率

负　载	触点电路电阻最大值 mΩ	循环次数最小值 次	循环频率最大值 次/s
触点应用类别CA0			
触点最大阻性电压/最大阻性功率			
触点最大阻性电流/最大阻性功率			
DC开路终端电缆			
过负载			

2.4.2 静态触点电路电阻

额定电压下的初始值:最大100 mΩ;

其他线圈电压下(如动合触点在必须动作电压下)的触点电路电阻初始值的变化值:最大10 mΩ;

电耐久性试验和环境试验过程中及其后,额定电压下的数值:最大1 Ω。

2.4.3 机械耐久性

循环次数至少…次。

2.4.4 时间(无抑制器件)

——动作时间:最大值 …ms;
——释放时间:最大值 …ms;
——触点闭合时的回跳时间:最大值…ms;
——触点断开时的回跳时间:最大值…ms;
——动作和释放时的转接时间(在最快的动合触点闭合之前,最慢的动断触点断开的时间;或在最快的动断触点闭合之前,最慢的动合触点断开的时间;应对每个触点进行监测):最小值…ms;动作和释放时的桥接时间(在最快的动断触点断开之前,最慢的动合触点闭合的时间;或在最快的动合触点断开之前,最慢的动断触点闭合的时间;应对每个触点进行监测):最小值…ms。

2.5 安装

继电器引出端应设计成可采用常规组装技术或表面安装技术(当适用时)直接焊接到印制电路板上。

2.6 环境参数

继电器至少应能承受以下环境应力:
——冲击,工作稳定性:…m/s^2 半正弦波加速度,…ms 脉冲持续时间;
——冲击,结构牢固性:…m/s^2 半正弦波加速度,…ms 脉冲持续时间;
——振动(正弦):…振幅 mm 或…m/s^2,…Hz;
——引出端机械强度:
- 拉力:…N;
- 弯曲:…次;

——焊接:
- 如果要求特定老化,则应选择 IEC 60068-2-20:1979 中 4.2 的老化程序 1a、1b、2 或 3,并在详细规范中规定;
- 可焊性:235 ℃,2 s;
- 耐焊接热,引出端在 260 ℃中的浸没时间:5 s 或 10 s;

——密封(如果适用):漏率不大于 1×10^2 Pa·cm^3/s;
——耐清洗剂(用绵纸擦磨):55 ℃的软化水或蒸馏水,5 min;
——着火危险(针焰):至少…s;
——声学噪声水平(详细规范中应规定任选的要求):不大于…dB。

2.7 自动操作用继电器包装(当适用时)

如果采用适合自动操作用的筒装式自动送料盘或卷带卷盘式包装(便于继电器的自动插入),则其外形图(剖面和长度)、存储量和合理的标志应在附录中给出。

3 鉴定批准程序

——按 QC 001002-3:1998 中 3.1.4 a)规定,固定样本;
——抽样和检验表按表 5 规定;
——规定的试验项目和顺序必须遵循。

4 质量一致性检验

质量一致性检验包括表4规定的试验项目：

——A和B组：逐批检验；

——C组：周期检验。

除本空白详细规范中另有规定外，表4中的所有试验项目都是必须遵循的。同一个分组中包含了累加的试验项目，试验的顺序也是必须遵循的。经受过标注为破坏性试验(D)的样品不得在交货时放行。

注：如需要AQL的特殊检验水平，则表4中A4、B1和B2分组的AQL值，由继电器制造厂与用户协商确定。

4.1 检验批的组成

按QC 001002-3:1998的3.2.3规定，质量一致性检验样本大小的确定以一周内生产的继电器数量为依据。

4.2 检验周期

——A4、B1和B2分组：每周至少一次；

——C1和C2分组：每年至少一次；

——C4到C6分组：每两年至少一次。

5 标志与文件

继电器及其包装应标有以下内容。

5.1 继电器标志

标志应耐久、清晰，并应标有下列项目：

a) 制造厂名称、品牌或商标；

b) 继电器型号和规格号；

c) 生产日期代码，按GB/T 16608.50—2012中1.5.3规定，用年/周表示；

d) IECQ字母或IECQ认证标志；

e) IECQ型号(序列信息)，如果b)中未明确，也见2.2；

f) 第1号引出端的标志。

注：在不可能的情况下，e)项中的IECQ型号可省略。

5.2 包装标志

a) 制造厂名称、品牌或商标；

b) 继电器型号和规格号；

c) 生产批次标识代码；

d) IECQ字母或IECQ认证标志；

e) IECQ型号(序列信息)，如果b)中未明确，也见2.2；

f) 详细规范号，如果继电器上未标志；

g) 数量。

注：在不可能的情况下，e)项中的IECQ型号可省略。

5.3 文件

每次交货均应附加符合 QC 001002-2:1998 中 2.4 规定的合格说明。

6 附录

必要时,可以增加附录。例如,表明继电器安装、引出端尺寸等方面的更详细内容。

7 试验

7.1 试验的标准条件

除另有规定外,所有试验应在 IEC 61810-7:1997 中 3.5 规定的标准条件下进行。

7.2 试验期间试验样品的安装

下列说明适用于机械应力试验项目(冲击和振动)。应采用继电器的正常安装方法将其安装到试验夹具上,该夹具的固有谐振点应已被减少至不会使试验无效的程度(见 IEC 60068-2-47:1999)。

7.3 试验的一般条件

除另有规定外,在继电器的所有试验和使用中应采用表 2 中规定的线圈额定电压和其相应的极性(当适用时)。

8 序列信息

见 2.2。

9 继电器可靠性——失效率数据(任选)

可靠性数据的评定和表征不是必须遵循的。

但如果详细规范中有要求,则"任选"的本条款应适用,并应符合 GB/T 16608.50—2012 中第 5 章的规定,还应给出所采用方法和整套参数的简要说明。详细内容应在相应详细规范的附录中给出,按 GB/T 16608.50—2012 的附录 A 中的规定,优先以 IEC 61709:1996 中的规定作依据。

表4　质量一致性检验

A组

A0分组

此分组的所有试验项目:100%检验。剔除所有失效的继电器。此分组中的试验项目作为筛选或功能分选试验,应在抽取其他各分组样本的批组成之前,尽可能地在线进行。累计失效比率大于10%的批应拒收。

试验序号	试验项目	IEC 61810-7:1997 中的试验条件	性能要求
A0-1	线圈电阻(ND)	3.8.1	数值按表2规定
A0-2	介质试验(ND)	3.9 施加点和试验电压:按本规范2.1和表1规定 试验持续时间:1 s 注:如果制造厂证明其等效,则详细规范中可以规定更高电压、更短时间的试验	无击穿或闪络 漏电流不大于1 mA
A0-3	静态触点电路电阻(ND)	3.12 测试点:所有闭合触点的引出端 最大测试电压:30 mV d.c.或a.c. 最大测试电流:10 mA	触点每次闭合时的初始值按2.4.2规定
A0-4	功能测试(ND)	3.13 单稳态非极化继电器的步序: 1)1.5倍额定电压预处理 2)零电压 3)必须动作电压 4)额定电压 5)必须不释放电压 6)必须释放电压 其他类型继电器的步序: 模拟图2～图5的规定 一次循环 触点电压:6 V max 安装:任意	数值按表2规定 通过监测触点检查继电器功能
A0-5	时间测试(ND)	3.14 线圈电压:额定电压 测试点:所有触点 触点电压:6 V max 安装:任意	数值按2.4.4规定 通过测量转接时间/桥接时间,检查触点的动作顺序(见GB/T 16608.50—2012中4.4的注4)
A0-6 R	密封(ND)	3.20.2 对于RT Ⅲ和RT Ⅳ,程序1、2或4	数值按2.6规定
A0-33 R	声学噪声(ND)	3.44,方法1 抑制二极管、话筒距离、测量动态特性和其他条件,如有要求,应在详细规范中规定	数值按2.6规定
R　推荐性试验项目。			

表 4（续）

A4 分组(周期:检验批为一周的生产量)

试验序号	试验项目	IEC 61810-7:1997 中的试验条件	IL	AQL	性能要求
1	目检:继电器标志(ND)	3.6.4 a)和 b)	S4	1.0	按 5.1 规定的标志
2	线圈电阻(ND)	3.8.1			数值按表 2 规定
3	静态触点电路电阻(ND)	3.12 测试点:所有闭合触点的引出端 最大测试电压:30 mV d.c.或 a.c. 最大测试电流:10 mA			触点每次闭合时的初始值和差值按 2.4.2 规定
4	功能测试(ND)	3.13 单稳态非极化继电器步序: 1) 1.5 倍额定电压预处理 2) 零电压 3) 必须动作电压 4) 额定电压 5) 必须不释放电压 6) 必须释放电压 其他类型继电器的步序: 模似图 2～图 5 的规定 一次循环 触点电压:6 V max 安装:任意			数值按表 2 规定 通过监测触点检查继电器功能
5	时间测试(ND)	3.14 线圈电压:额定电压 测试点:所有触点 触点电压:6 V max 安装:任意			数值按 2.4.4 规定 通过测量转接时间/桥接时间检查触点时的动作顺序(见 GB/T 16608.50—2012 中 4.4 的注 4)
6	密封(ND)	3.20.2 对于 RTⅢ和 RTⅣ,程序 1、2 或 4			数值按 2.6 规定
33 R	声学噪声(ND)	3.44,方法 1 抑制二极管、话筒距离、测量动态特性和其他条件,如有要求,应在详细规范中规定			数值按 2.6 规定
R 推荐性试验项目。					

B 组

B1 分组(周期:检验批为一周的生产量)

试验序号	试验项目	IEC 61810-7:1997 中的试验条件	IL	AQL	性能要求
7	目检:除继电器标志外的外部主要尺寸检查(ND)	3.6.1 和 3.6.4 c)和 d) ——相应的封装 ——引出端 ——尺寸	S3	2.5	尺寸按首页的外形图规定

表 4（续）

B2 分组(周期:检验批为一周的生产量)

试验序号	试验项目	IEC 61810-7:1997 中的试验条件	IL	AQL	性能要求
8 M*	可焊性(D)	3.25,试验 1 老化,当适用时,见本规范 2.6 试验方法 1(试验 Ta,方法 1) 被试的引出端数量:全部	S3	2.5	
M* 如果 C1 分组中未进行试验,则必须进行。					

C 组

C1 分组(周期:1 a)

试验序号	试验项目	IEC 61810-7:1997 中的试验条件	样本大小	允许的不合格品数	性能要求
34 R	磁干扰(ND)	3.37,方法 1、2 或 3 如有要求,试验条件应在详细规范中规定	20	0	失效判据按详细规范规定
8 a M**	可焊性(D)	3.25,试验 1 老化,当适用时,见本规范 2.6 试验方法 1(试验 Ta,方法 1) 被试的引出端数量:全部	10	0	
9	电耐久性 电缆负载(D)	3.30.3,方法 1 触点负载:终端开路电缆,10 m 按 GB/T 14598.4—1993 的 4.5 规定,电话电缆 $n \times 4 \times 0.6$ mm,一根导线接被试触点,另外三根导线接地,48 V d.c. 加负载/试验的触点数:两个触点电路或一组转换触点 线圈电压:额定电压 循环次数每秒: 占空比:1:1 环境温度:℃ 测试的触点电压:6 V max 测试的触点电流:10 mA max 最后测量: 试验 3:静态触点电路电阻 试验 4:功能测试 试验 5:时间测试 试验 13:绝缘电阻	20	0	循环次数按表 3 规定 触点失效按 2.4.1 规定 数值按 2.4.2 规定 数值按表 2 规定 通过监测触点检查继电器功能 数值按 2.4.4 规定 数值按 2.1 规定
R 推荐性试验项目。 M** 适用只由自动化设施制造的继电器;如在 B2 分组中未进行试验,而在详细规范中有规定,则必须进行。					

表 4 (续)

C1 分组(周期:1 a)

试验序号	试验项目	IEC 61810-7:1997 中的试验条件	样本大小	允许的不合格品数	性能要求
10	电耐久性触点应用类别 CA0(D)	3.30.4 加负载/试验的触点数:两个触点电路或一组转换触点 线圈电压:额定电压 循环次数每秒: 占空比:1∶1 环境温度:℃ 测试的触点电压:30 mV max 测试的触点电流:10 mA max 最后测量: 试验 3:静态触点电路电阻 试验 4:功能测试 试验 5:时间测试 试验 13:绝缘电阻	20	0	循环次数按表 3 规定 触点失效按 2.4.1 规定 数值按 2.4.2 规定 数值按表 2 规定 通过监测触点检查继电器功能 数值按 2.4.4 规定 数值按 2.1 规定

C2 分组(周期:1 a)

试验序号	试验项目	IEC 61810-7:1997 中的试验条件	样本大小	允许的不合格品数	性能要求
33 R*	声学噪声(ND)	3.44,方法 1 抑制二极管、话筒距离、测量动态特性和其他条件,如有要求,应在详细规范中规定	10	0	数值按 2.6 规定
11	介质试验(ND)	3.9 施加点和试验电压: 按本规范 2.1,表 1 试验持续时间:60 s	20	0	无击穿或闪络 漏电流不大于 1 mA
12	冲击电压试验(ND)	3.10 施加点和试验电压: 按本规范 2.1,表 1 反向极性的连续冲击 频率:冲击(2 或 4)次/min 总冲击次数:6 最后测量: 试验 3:静态触点电路电阻 试验 4:功能测试 试验 13:绝缘电阻	5	0	 数值按 2.4.2 规定 数值按表 2 规定 通过监测触点检查继电器功能 数值按 2.1 规定

表 4（续）

C2 分组(周期:1 a)

试验序号	试验项目	IEC 61810-7:1997 中的试验条件	样本大小	允许的不合格品数	性能要求
13	绝缘电阻(ND)	3.11 测试点:3.11.2 规定的所有引出端 测试电压:按本规范 2.1 测试时间:60 s 或当达到稳定值时	20	0	数值按 2.1 规定
14	密封(ND)	3.20.2 RT Ⅲ和 RT Ⅳ:程序 1(试验 Qc,方法 2) 试验液体温度:℃ 浸渍时间:1 min			失效判据按 IEC 60068-2-17:1999 中 3.5.5 规定

R　推荐性试验项目。

ᵃ　只当分别在 A0 或 A4 分组中未进行测试时适用。

C4 分组(周期:2 a)

试验序号	试验项目	IEC 61810-7:1997 中的试验条件	样本大小	允许的不合格品数	性能要求
15	电耐久性电缆负载扩展评定(D)	3.30.6 或 3.30.3,方法 1 触点负载:终端开路电缆,10 m 按 GB/T 14598.4—1993 的 4.5 规定,电缆 $n \times 4 \times 0.6$ mm,一导线接被试触点,另外三根导线接地,电压 48 V d.c. 加负载/试验的触点数:两个触点电路或一组转换触点 线圈电压:额定电压 循环次数每秒: 占空比:1∶1 环境温度:℃ 测试的触点电压:6 V max 测试的触点电流:10 mA max 最后测量: 试验 3:静态触点电路电阻 试验 4:功能测试 试验 5:时间测试 试验 13:绝缘电阻	20	0	循环次数按表 3 规定 触点失效按 2.4.1 规定 数值按 2.4.2 规定 数值按表 2 规定 通过监测触点检查继电器功能 数值按 2.4.4 规定 数值按 2.1 规定

表 4（续）

C4 分组(周期:2 a)

试验序号	试验项目	IEC 61810-7:1997 中的试验条件	样本大小	允许的不合格品数	性能要求
16	电耐久性 触点额定电压阻性负载 (D)	3.30.3,方法 1 触点负载按 GB/T 14598.4—1993 中 4.1 规定： V d.c./ W 加负载/试验的触点数:两个触点电路或一组转换触点 线圈电压:额定电压 循环次数每秒： 占空比:1∶1 环境温度:℃ 测试的触点电压:6 V max 测试的触点电流:10 mA max 最后测量： 试验 3:静态触点电路电阻 试验 4:功能测试 试验 5:时间测试 试验 13:绝缘电阻	20	0	循环次数按表 3 规定 触点失效按 2.4.1 规定 数值按 2.4.2 规定 数值按表 2 规定 通过监测触点检查继电器功能 数值按 2.4.4 规定 数值按 2.1 规定
17	电耐久性 触点额定电流阻性负载 (D)	3.30.3,方法 1 触点负载按 GB/T 14598.4—1993 中 4.1 规定:A d.c./W 加负载/试验的触点数:两个触点电路或一组转换触点 线圈电压:额定电压 循环次数每秒： 占空比:1∶1 环境温度:℃ 测试的触点电压:6 V max 测试的触点电流:10 mA max 最后测量： 试验 3:静态触点电路电阻 试验 4:功能测试 试验 5:时间测试 试验 13:绝缘电阻	5	0	循环次数按表 3 规定 触点失效按 2.4.1 规定 数值按 2.4.2 规定 数值按表 2 规定 通过监测触点检查继电器功能 数值按 2.4.4 规定 数值按 2.1 规定

表 4（续）

C4 分组(周期:2 a)

试验序号	试验项目	IEC 61810-7:1997 中的试验条件	样本大小	允许的不合格品数	性能要求
18	电耐久性 触点应用类别 CA0 扩展评定(D)	3.30.6 或 3.30.4 加负载/试验的触点数:两个触点电路或一组转换触点 线圈电压:额定电压 循环次数每秒: 占空比:1∶1 环境温度:℃ 测试的触点电压:30 mV max 测试的触点电流:10 mA max 最后测量: 试验 3:静态触点电路电阻 试验 4:功能测试 试验 5:时间测试 试验 13:绝缘电阻	20	0	循环次数按表 3 规定 触点失效按 2.4.1 规定 数值按 2.4.2 规定 数值按表 2 规定 通过监测触点检查继电器功能 数值按 2.4.4 规定 数值按 2.1 规定

C5 分组(周期:2 a)

试验序号	试验项目	IEC 61810-7:1997 中的试验条件	样本大小	允许的不合格品数	性能要求
19	热耐久性(D)	3.32 时间:21 d 环境温度:℃ 线圈电压:额定电压 触点电流: A 最后测量: 试验 3:静态触点电路电阻 试验 4:功能试验 试验 5:时间测试 试验 13:绝缘电阻	5	0	 数值按 2.4.2 规定 数值按表 2 规定 通过监测触点检查继电器功能 数值按 2.4.4 规定 数值按 2.1 规定

表 4（续）

C5 分组(周期:2 a)

试验序号	试验项目	IEC 61810-7:1997 中的试验条件	样本大小	允许的不合格品数	性能要求
20	气候序列(D)	3.15	10	0	
		高温,3.15.2			
		温度:70 ℃			
		暴露时间:16 h			
		恢复:4 h			
		高温暴露的最后 2 h 内,监测所有触点的触点电路电阻			数值按 2.4.2 规定
		循环次数每秒:2			
		占空比:1∶1			
		测试的触点电压:6 V max			
		测试的触点电流:10 mA max			
		高温暴露结束前:			
		试验 4 功能测试			数值按表 2 规定
		循环湿热,3.15.3			
		1 次循环			
		温度:55 ℃			
		恢复:4 h			
		低温,3.15.4			
		温度:−25 ℃			
		时间:2 h			
		低温暴露结束前:			数值按表 2 规定
		试验 4:功能测试			
		循环湿热,3.15.6			
		1 次循环			
		温度:55 ℃			
		恢复:4 h			
		最后测量:			
		试验 13:绝缘电阻			数值按 2.1 规定
		试验 3:静态触点电路电阻			数值按 2.4.2 规定
		试验 4:功能测试			数值按表 2 规定 通过监测触点检查继电器功能
		试验 7:目检,3.6.4 d)			无裂纹或其他损坏
21	稳态湿热(D)	3.16	10	0	
		试验时间:21 d			
		最后测量:			
		试验 13:绝缘电阻			数值按 2.1 规定
		试验 4:功能测试			数值按表 2 规定 通过监测触点检查继电器功能
		试验 3:静态触点电路电阻			数值按 2.4.2 规定

表 4（续）

C5 分组(周期:2 a)

试验序号	试验项目	IEC 61810-7:1997 中的试验条件	样本大小	允许的不合格品数	性能要求
22	引出端强度(D)	3.24 程序:试验 Ua_2 拉力,和 试验 Ub 弯曲,方法 1 最后测量: 试验 7:目检,3.6.4 d) 试验 2:线圈电阻 试验 3:静态触点电路电阻 试验 4:功能测试	10	0	数值按 2.6 规定 引出端应无裂纹或松动 数值按表 2 规定 数值按 2.4.2(初始) 数值按表 2 规定 通过监测触点检查继电器功能
23	冲击(D)	3.26,方法 1,工作稳定性 脉冲波形和加速度按本规范 2.6 施加:在三条主轴的各两个方向,在每一个动作状态与释放状态各施加 3 次冲击 试验的线圈电压:额定电压(动作状态)和零(释放状态) 测试的触点电压:6 V max 测试的触点电流:10 mA max 3.26,方法 2,结构牢固性 脉冲波形和加速度按本规范 2.6 规定 施加:在三条主轴的各两个方向,在每一个动作状态与释放状态各施加 3 次冲击 最后测量: 试验 7:目检,3.6.4 d) 试验 3:静态触点电路电阻 试验 4:功能测试 试验 13:绝缘电阻	10	0	任何闭合触点电路的断开或任何断开触点电路的闭合不应超过 10 μs 无裂纹或其他损坏 数值按 2.4.2(初始值)规定 数值按表 2 规定 通过监测触点检查继电器功能 数值按 2.1 规定

表 4（续）

C5 分组(周期:2 a)

试验序号	试验项目	IEC 61810-7:1997 中的试验条件	样本大小	允许的不合格品数	性能要求
24	振动(D)	3.28.2.1,方法 1,工作稳定性 振幅和频率按本规范 2.6 规定 施加:三个方向 每个方向的扫频次数:3 次 扫频速率:1 个倍频程每分钟±10% (总的时间:约 3×30 min) 试验的线圈电压:额定电压(动作状态)和零(释放状态) 测试的触点电压:6 V max 测试的触点电流:10 mA max 最后测量: 试验 7:目检,3.6.4 d) 试验 3:静态触点电路电阻 试验 4:功能测试 试验 13:绝缘电阻	10	0	任何闭合触点电路的断开或任何断开触点电路的闭合不应该超过 10 μs 应无裂纹或其他损坏 数值按 2.4.2(初始值)规定 数值按表 2 规定 通过监测触点检查继电器功能 数值按 2.1 规定
25	机械耐久性(D)	3.31.3,方法 2 循环次数每秒: 占空比:1∶1 最后测量: 试验 11:介质试验	20	1	循环次数按 2.4.3 规定 应无破裂部分或其他损坏 数值按表 1 规定 继电器应在动作电压下动作
26	过负载(触点电路)(D)	3.34 所有触点加负载 触点电压: V d.c. 触点电流: A 线圈电压:额定电压 循环次数每秒: 占空比:1∶1 最后测量: 试验 3:静态触点电路电阻 试验 4:功能测试	5	0	循环次数按表 3 规定 监测每次工作 数值按 2.4.2 规定 数值按表 2 规定 通过监测触点检查继电器功能
34 R*	磁干扰(ND)	3.37,方法 1、2 或 3 如有要求,试验条件应在详细规范中规定	20	0	失效判据按详细规范规定
27	耐清洗剂(D)	3.47 最后测量: 试验 7:目检,3.6.4 d)	10	0	标志上应无缺陷或其他损坏

R 推荐性试验项目。

* 只在 C1 分组中未进行试验时适用。

表 4(续)

C5 分组(周期:2 a)

试验序号	试验项目	IEC 61810-7:1997 中的试验条件	样本大小	允许的不合格品数	性能要求
28	着火危险(D)	3.48,程序按 GB/T 5169.5—1997 继电器安装和火焰施加的方位:详细规范中规定的临界方位 火焰施加的时间:s	5	0	试验结果的评定按 GB/T 5169.5—1997 的 10 规定

C6 分组(周期:2 a)

试验序号	试验项目	IEC 61810-7:1997 中的试验条件	样本大小	允许的不合格品数	性能要求
29	称重(ND)	3.7.2	5	0	继电器重量按 2.1 规定
30	热阻(ND)	3.17			数值按 2.1 规定
31	温度快速变化(D)	3.19 上限温度: ℃ 下限温度: ℃ 每个极限温度下的持续时间:min 循环次数: 最后测量: 试验 7:目检,3.6.4 d) 试验 13:绝缘电阻 试验 4:功能测试 试验 3:静态触点电路电阻	10	1	 应无裂纹或其他损坏 数值按 2.1 规定 数值按表 2 规定 通过监测触点检查继电器功能 数值按 2.4.2 规定
32	耐焊接热(D)	3.25,试验 2 IEC 60068-2-20:1979,试验 Tb,方法 1A 和 1B 老化:不要求,除详细规范中另有规定外,见本规范 2.6 被试的引出端数:所有 温度和浸渍时间按本规范 2.6 最后测量: 试验 2:线圈电阻 试验 3:静态触点电路电阻 试验 11:介质试验 试验 6:密封(当适用时)	10	0	 数值按表 2 规定 数值按 2.4.2(初始值)规定 无击穿或闪络 漏电流不大于 1 mA 数值按 2.6 规定

注:试验 33——见 A0,A4 和 C2 分组。
试验 34——见 C1 和 C5 分组。

表 5 鉴定批准

样品大小:至少 160 只

样本规格:线圈电压

试验项目	试验条件和要求				样本大小	允许的不合格品数
	IEC 61810-7:1997 中的试验条件		表 4 中的试验序号和说明	表 4 中的分组		
	章条号	具体试验条件				
0 组						
目检	3.6		1	A4	160	0
线圈电阻	3.8.1		2	A4		
绝缘电阻	3.11		13	C2		
介质试验	3.9		11	C2		
触点电路电阻	3.12		3	A4		
功能测试	3.13		4	A4		
时间测试	3.14		5	A4		
密封	3.20.2	程序 1,2 或 4	6	A4		
1 组						
尺寸检查	3.6.1	试验 1	7	B1	10	0
可焊性	3.25		8	B2		
2 组						
称重	3.7.2		29	C6	5	0
热阻	3.17		30	C6		
引出端强度	3.24		22	C5		
3 组						
冲击电压试验	3.10		12	C2	5	0
着火危险	3.48	GB/T 5169.5—1997	28	C5		
4 组						
气候序列	3.15	试验 2	20	C5	10	0
耐焊接热	3.25		32	C6		
耐清洗剂	3.47		27	C5		
5 组						
稳态湿热	3.16		21	C5	10	0

表 5（续）

试验项目	试验条件和要求				样本大小	允许的不合格品数
	IEC 61810-7:1997 中的试验条件		表 4 中的试验序号和说明	表 4 中的分组		
	章条号	具体试验条件				
6 组						
声学噪声 R*	3.44	方法 1	33	A4 和 C2	5	0
磁干扰 R*	3.37	方法 1,2 或 3	34	C1 和 C5		
冲击	3.26	方法 1 和 2	23	C5		
振动	3.28.2.1	方法 1	24	C5	5	0
温度快速变化	3.19		31	C6	10	
密封	3.20.2	程序 1	14	C2	20	
7 组						
电耐久性 电缆负载	3.30.3	方法 1	15	C4	20	0
8 组						
电耐久性 触点额定电压	3.30.3	方法 1	16	C4	20	0
9 组						
电耐久性 触点额定电流	3.30.3	方法 1	17	C4	5	0
10 组						
电耐久性 触点应用类别 CA0	3.30.4		18	C4	20	0
11 组						
机械耐久性	3.31.3	方法 2	25	C5	10	1
12 组						
热耐久性	3.32		19	C5	20	0
13 组						
过负载 （触点电路）	3.34		26	C5	5	0

R　推荐性试验项目。

*　只在详细规范中有规定时适用。

ICS 29.120.70
L 25

中华人民共和国国家标准

GB/T 16608.52—2012/IEC 61811-52:2002

有或无机电继电器 第52部分:空白详细规范 电信用有质量评定的有或无机电继电器 两组转换触点,20 mm×10 mm底座

Electromechanical all-or-nothing relays—Part 52:Blank detail specification—Electromechanical all-or-nothing telecom relays of assessed quality—Two change-over contacts,20 mm×10 mm base

(IEC 61811-52:2002,IDT)

2012-11-05 发布　　2013-02-15 实施

中华人民共和国国家质量监督检验检疫总局
中国国家标准化管理委员会　发布

前 言

GB/T 16608《有或无基础机电继电器》标准目前分为以下几个部分：

——GB/T 16608.1 有质量评定的有或无基础机电继电器 第1部分：总规范；

——GB/T 16608.50 有或无机电继电器 第50部分：分规范 电信用有质量评定的有或无机电继电器；

——GB/T 16608.51 有或无机电继电器 第51部分：空白详细规范 电信用有质量评定的有或无机电继电器 非标准类型和结构；

——GB/T 16608.52 有或无机电继电器 第52部分：空白详细规范 电信用有质量评定的有或无机电继电器 两组转换触点，20 mm×10 mm底座；

——GB/T 16608.53 有或无机电继电器 第53部分：空白详细规范 电信用有质量评定的有或无机电继电器 两组转换触点，14 mm×9 mm底座；

——GB/T 16608.54 有或无机电继电器 第54部分：空白详细规范 电信用有质量评定的有或无机电继电器 两组转换触点，15 mm×7.5 mm底座；

——GB/T 16608.55 有或无机电继电器 第55部分：空白详细规范 电信用有质量评定的有或无机电继电器 两组转换触点，11 mm×7.5 mm(最大)底座。

本部分为GB/T 16608的第52部分。

本部分按GB/T 1.1—2009给出的规则起草。

本部分使用翻译法等同采用IEC 61811-52:2002《有或无机电继电器 第52部分：空白详细规范 电信用有质量评定的有或无机电继电器 两组转换触点，20mm×10mm底座》。

为便于使用，本部分作了下列编辑性修改：

——用“本部分”代替“本国际标准”；

——用小数点符号“.”代替符号“,”；

——删除了IEC标准前言；

——将表3的第2列中触点电路电阻的单位由“Ω”换算为“mΩ”。

本部分由中华人民共和国工业和信息化部提出。

本部分由全国有或无电气继电器标准化技术委员会(SAC/TC 217)归口。

本部分起草单位：厦门宏发电声股份有限公司。

本部分主要起草人：张德胜、王珏、史信源、王俊青、陆宁懿。

有或无机电继电器
第 52 部分:空白详细规范
电信用有质量评定的有或无机电继电器
两组转换触点,20 mm×10 mm 底座

1 总则

1.1 范围

GB/T 16608 的本部分是空白详细规范,适用于电信用有质量评定的有或无机电继电器。符合本部分规定的继电器供在电信设备中使用,但作为有或无机电继电器,也可使用于特定的工业或其他设备。

本部分中规定的试验方法引自 IEC 61810-7:1997 和其他标准,供按本规范制定的详细规范采用。本部分也规定了基本检验表,供符合 GB/T 16608.1—2003 规定的详细规范使用。

1.2 规范性引用文件

下列文件对于本文件的应用是必不可少的。凡是注日期的引用文件,仅注日期的版本适用于本文件。凡是不注日期的引用文件,其最新版本(包括所有的修改单)适用于本文件。

GB/T 2421—1999 电工电子产品环境试验 第 1 部分:总则(IEC 60068-1:1988,IDT)

GB/T 5169.5—1997 电工电子产品着火危险试验 第 2 部分:试验方法 第 2 篇:针焰试验(IEC 60695-2-2:1991,IDT)

GB/T 14598.4—1993 电气继电器 第 14 部分:电气继电器触点的寿命试验 触点负载的优先值(IEC 60255-14:1981,IDT)

GB/T 16608.1—2003 有质量评定的有或无基础机电继电器 第 1 部分:总规范(IEC 61811-1:1999,IDT)

GB/T 16608.50—2012 有或无机电继电器 第 50 部分:分规范 电信用有质量评定的有或无机电继电器(IEC 61811-50:2002,IDT)

IEC 60068-2-17:1994 环境试验 第 2 部分:试验 试验 Q:密封(Environmental testing—Part 2:Tests—Test Q:Sealing)

IEC 60068-2-20:1979 环境试验 第 2 部分:试验 试验 T:锡焊试验(含修改单 2:1987)(Environmental testing—Part 2:Tests—Test T:Soldering) Amendment 2(1987)

IEC 60068-2-47:1999 环境试验 第 2-47 部分:试验方法 振动、冲击及类似动力试验中元器件、设备和其他物件的安装(Environmental testing—Part 2-47:Test methods—Mounting of components, equipment and other articles for vibration,impact and similar dynamic tests)

IEC 61709:1996 电子元器件 可靠性 失效率的标准条件和转换的应力模型(Electronic components—Reliability—Reference conditions for failure rates and stress models for conversion)

IEC 61810-7:1997 有或无机电继电器 第 7 部分:试验和测量程序(Electromechanical all-or-nothing relays—Part 7:Test and measurement procedures)

QC 001002-2:1998 IEC 电子元器件质量评定体系程序规则(IECQ) 第 2 部分:文件(Rules of Procedure for the IEC Quality Assessment System for Electronic Components(IECQ)—Part 2:Docu-

mentation)

QC 001002-3:1998 IEC电子元器件质量评定体系程序规则(IECQ) 第3部分:批准程序(Rules of Procedure for the IEC Quality Assessment System for Electronic Components(IECQ)—Part 3: Approval Procedures)

QC 001005:2000 按IECQ体系包括按ISO 9000批准的产品和服务的确认注册目录(Register of Firms,Products and Services approved under the IECQ System,including ISO 9000)

(国家授权的机构应对直接引用等效采用本标准的国家标准的文件或规范进行标注)

1.3 详细规范的首页

详细规范的首页应按下列规定进行编排。

(1)

QC××××××　(2)
版本 200×
××的 1

有质量评定的电子元器件按：　(3)
IEC 61810-7:1997
GB/T 16608.50—2012

(4)

电信用有质量评定的有或无机电继电器详细规范
双列直插、20 mm×10 mm 底座，两组转换触点
型号：…两组转换触点　(5)
结构：双列直插，20 mm×10 mm 底座　(6)
　　塑封外壳，整体高度最大 12.5 mm
　　继电器特征，RT Ⅲ，适合于采用安装孔和锡焊的印制电路板常规组装技术

外形图和接线图　(7)
尺寸以毫米为单位

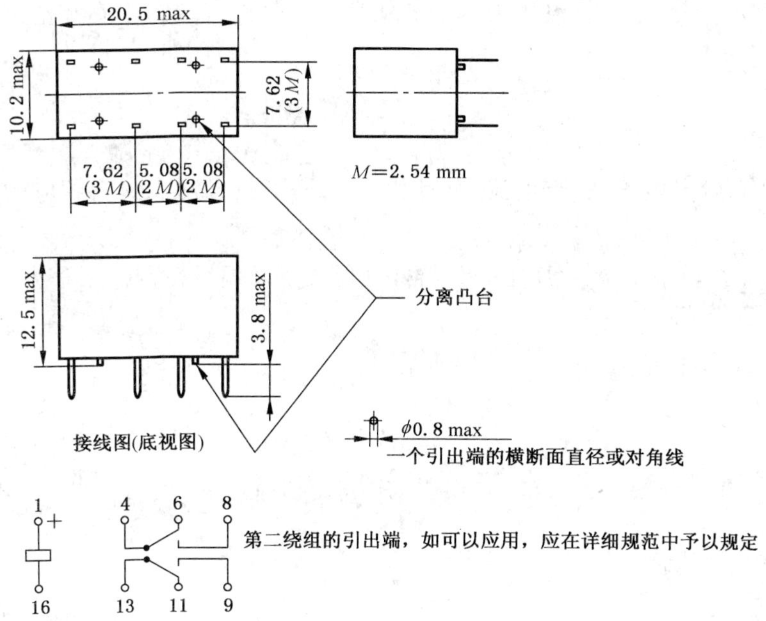

应用：　(8)
符合本规范的继电器适用于电信设备，但作为印制电路板继电器，也适用于特定的工业和其他设备
说明：
图形是示例，但最大外形尺寸、单线圈继电器的接线图、所有矩形引出端的排列和其相同的方位是必须遵循的

线圈参数　(9)
额定电压：…V d.c.
额定功率：…mW

触点参数　(10)
先断后合转换触点
触点额定电压：110 V d.c./125 V a.c.
触点额定电流：1.25 A max
触点额定功率：30 W/50 VA

GB/T 2421—1999 规定的元器件气候类别：25/70/21　(11)
温度范围：工作环境温度：　－25 ℃～70 ℃
　　　　　贮存温度：　－40 ℃～85 ℃

按本详细规范鉴定合格的继电器，其制造厂信息可从现行 QC 001005 中获取。

首页内容说明：

首页括号中的编号与下列给出的标注相对应。

详细规范的标注：

(1) 授权发布详细规范的国家标准机构名称。适用时，详细规范可从该机构获取。

(2) IECQ 符号和由 IECQ 秘书处对正式详细规范给定的编号。

(3) 有效的有或无机电继电器试验和测量程序及(或)分规范的 IEC 标准编号与年代号；及国家标准(当有差别时)。

(4) 当与 IECQ 编号不同时，国家详细规范的编号、发布日期和国家体制所要求的各种更详细信息，及所有修改单编号。

继电器标注：

(5) 类型：单稳态或双稳态，非极化或极化，两组转换触点。

(6) 结构：尺寸，如双列直插、底座和整体高度、继电器类型，环境防护依据(RT Ⅰ至 RT Ⅳ)，安装变化及其他典型结构细节。

(7) 具有主要尺寸的外形图。主要尺寸是指对互换性有重要意义的尺寸及(或)对外形所引用的相应国家或国际文件。另外，外形图也可以作为详细规范的附录给出，但(7)中必须给出元器件总体外貌的说明。

(8) 典型的应用领域。

(9) 线圈额定电压和额定功率。

(10) 触点组数、特定触点材料和触点电压、触点电流、触点功率。适用时，各触点材料相应的代码应作为附录列出。

(11) GB/T 2421—1999 的第 8 章和附录 A 中规定的元器件气候类别及温度范围。

2 继电器特性值

2.1 一般参数

——热阻：最大…K/W；

——触点应用类别：CA0，CA1，CA2 和 CA3；

——继电器重量：最大…g；

——引出端表面层：预浸焊料；允许不预浸焊料的部分：适用时，至分离凸台平面最大为 1 mm；

——绝缘电阻：500 V d.c.，1 000 MΩ min 初始值；

——介质耐电压：见表 1。

表 1　介质试验电压

试验电压的施加点	介质试验 V a.c.，min	冲击电压试验 10 μs/700 μs 和/或 1.2 μs/50 μs V，min
断开的触点间		
独立的触点电路组间		
线圈与触点电路间		

2.2 IEC 的型号规格组成(序列信息)

继电器/IECQ ××××××-X Y 9 Z

名称

IECQ 详细规范号

线圈额定电压(表 2 中标识代号的第 1 个字母)

额定功率(表 2 中标识代号的第 2 个字母)

规定的专用触点材料(按详细规范附录规定)

专用特征和(或) 表面安装型(按详细规范附录规定)

单稳态或双稳态类继电器的代号。若适用时应由线圈额定功率组成。触点组数应在详细规范的首页中给出。

若无特殊的特性适用,则最后一个数字代码为 0。对于某一个详细规范,如果示例中的其中一项特性不考虑,则相应的字母代号应删除;对于不适用的特性,无专用标识或空白的位置。

制造厂可以采用其自己的编号系统,但应在详细规范的附录中给出 IECQ 型号与制造厂零件号之间的转换(对照)表。

2.3 线圈参数

表 2 线圈参数

标识代号	额定电压 V	线圈电阻 ×(1±10%)Ω	必须动作电压 V			线圈最大电压 V	必须不释放电压 V	必须释放电压 V			额定功率 mW
		(23±2)℃	线圈温度			线圈温度	线圈温度	线圈温度			
			−25 ℃	23 ℃	70 ℃	70 ℃	23 ℃	−25 ℃	23 ℃	70 ℃	

2.4 触点参数

2.4.1 电耐久性和循环频率

触点失效:按每一单个触点计算,在每 10^6 次或规定的最少循环次数(若小于 10^6 次)下,闭合触点的触点电路电阻大于 2.4.2 中的规定值或断开触点的触点电路电阻小于 100 kΩ 多于 1 次。

示例:在规定的 10^7 次耐久性试验间,按上述规定故障总次数不应超过 10 次。

表 3 电耐久性试验和过负载试验负载、触点电路电阻极限值、循环次数和频率

负载	触点电路电阻最大值 mΩ	循环次数最小值 次	循环频率最大值 次/s
触点应用类别 CA0	1 000	1 000 000	12.5
触点最大阻性电压/最大阻性功率	1 000	200 000	3
触点最大阻性电流/最大阻性功率	1 000	100 000	3

表 3（续）

负载	触点电路电阻最大值 mΩ	循环次数最小值 次	循环频率最大值 次/s
DC 末端开路电缆	1 000	2 000 000	12.5
过负载	1 000[a]	100	2
[a] 除详细规范中另有规定外。			

2.4.2 静态触点电路电阻

额定电压下的初始值：最大 100 mΩ；

其他线圈电压下（如动合触点在必须动作电压下）的触点电路电阻初始值的变化值：最大 10 mΩ；

电耐久性试验和环境试验过程中及其后，额定电压下的数值：最大 1 Ω。

2.4.3 机械耐久性

循环次数至少 10^7 次。

2.4.4 时间（无抑制器件）

——动作时间：最大 6 ms；

——释放时间：最大 5 ms；

——触点闭合时的回跳时间：最大 5 ms；

——触点断开时的回跳时间：最大 3 ms；

——动作和释放时的转接时间（在最快的动合触点闭合之前，最慢的动断触点断开的时间；或在最快的动断触点闭合之前，最慢的动合触点断开的时间；应对每个触点进行监测）：最小 0.1 ms。

2.5 安装

继电器引出端应设计成可采用常规组装技术直接焊接到印制电路板上。

2.6 环境参数

继电器至少应能承受以下环境应力：

——冲击，工作稳定性：98.1 m/s^2 半正弦波加速度，11 ms 脉冲持续时间；

——冲击，结构牢固性：294.3 m/s^2 半正弦波加速度，11 ms 脉冲持续时间；

——振动（正弦）：振幅 0.75 mm 或 98.1 m/s^2，10 Hz～55 Hz；

——引出端机械强度：

- 拉力：1 N；
- 弯曲：2 次；

——焊接：

- 如要求特定的老化，则应选择 IEC 60068-2-20：1979 中 4.2 的老化程序 1a、1b、2 或 3，并在详细规范中规定；
- 可焊性：235 ℃，2 s；
- 耐焊接热，引出端在 260 ℃中的浸没时间：5 s 或 10 s；

——密封：漏率不大于 1×10^2 $Pa\cdot cm^3/s$；

——耐清洗剂(用绵纸擦磨):55 ℃软化水或蒸馏水:5 min;
——着火危险(针焰):至少 10 s。

2.7 自动操作用继电器包装(当适用时)

如果采用适合自动操作用的筒装式自动送料盘或卷带卷盘式包装(便于继电器的自动插入),则其外形图(剖面和长度)、存储量和合理的标志应在附录中给出。

3 鉴定批准程序

——按 QC 001002-3:1998 中 3.1.4a)规定,固定样本;
——抽样和检验表按表 5 规定;
——规定的试验项目和顺序必须遵循。

4 质量一致性检验

质量一致性检验包括表 4 规定的试验项目:
——A、B 组:逐批检验;
——C 组:周期检验。

除在本空白详细规范中另有规定外,表 4 中的所有试验项目都是必须遵循的。同一个分组中包含了累加的试验项目,试验的顺序是必须遵循的。经受过标注为破坏性试验(D)的样品不得在交货时放行。

注:如需要 AQL 的特殊检验水平,则表 4 中 A4、B1 和 B2 分组的 AQL 值,由继电器制造厂与继电器用户者协商确定。

4.1 检验批的组成

按 QC 001002-3:1998 中 3.2.3 的规定,质量一致性检验样本大小的确定以一周内生产的继电器数量为依据。

4.2 检验周期

——A4、B1 和 B2 分组:每周至少一次;
——C1 和 C2 分组:每年至少一次;
——C4 到 C6 分组:每两年至少一次。

5 标志与文件

继电器及其包装应标有以下内容。

5.1 继电器标志

标志应耐久、清晰,并应标有下列项目:

a) 制造厂名称、品牌或商标;
b) 继电器型号和规格号;
c) 生产日期代码,按 GB/T 16608.50—2012 中 1.5.3 规定,用年/周表示;
d) IECQ 字母或 IECQ 认证标志;
e) IECQ 型号(序列信息),如果 b)中未明确,也见 2.2;

f) 第1号引出端的标志。

注：在不可能的情况下，e)项中的IECQ型号可省略。

5.2 包装标志

a) 制造厂名称、品牌或商标；

b) 继电器型号和规格号；

c) 生产批次标识代码；

d) IECQ字母或IECQ认证标志；

e) IECQ型号(序列信息)，如果b)中未明确，也见2.2；

f) 详细规范号，如果继电器上未标志；

g) 数量。

注：在不可能的情况下，e)项中的IECQ型号可省略。

5.3 文件

每次交货均应附加符合QC 001002-2:1998中2.4规定的合格说明。

6 附录

必要时，可以增加附录，例如表明继电器安装、引出端尺寸等方面的更详细内容。

7 试验

7.1 试验的标准条件

除另有规定外，所有试验应在IEC 61810-7:1997中3.5规定的标准条件下进行。

7.2 试验期间试验样品的安装

下列说明适用于机械应力试验项目(冲击和振动)。应采用继电器的正常安装方法将其安装到试验夹具上，该夹具的固有谐振点应减少至不会使试验无效的程度(见IEC 60068-2-47:1999)。

7.3 试验的一般条件

除另有规定外，在继电器的所有试验和使用中应采用表2中规定的线圈额定电压和其相应的极性(当适用时)。

8 序列信息

见2.2。

9 继电器可靠性——失效率数据(任选)

可靠性数据的评定和表征不是必须遵循的。

但如果详细规范中有要求，则“任选”的本条款应适用，并应符合GB/T 16608.50—2012中第5章的规定，还应给出所采用方法和整套参数的简要说明。详细内容应在相应详细规范的附录中给出，按GB/T 16608.50—2012附录A中的规定，优先以IEC 61709:1996中的规定作依据。

表 4　质量一致性检验

A 组

A0 分组

此分组的所有试验项目:100%检验。剔除所有失效的继电器。此分组中的试验项目作为筛选或功能分选试验,应在抽取其他各分组样本的批组成之前,尽可能地在线进行。累计失效比率大于 10%的批应拒收。

试验序号	试验项目	IEC 61810-7:1997 中的试验条件	性能要求
A0-1	线圈电阻(ND)	3.8.1	数值按表 2 规定
A0-2	介质试验(ND)	3.9 施加点和试验电压:按本规范 2.1 和表 1 规定 试验持续时间:1 s **注**:如果制造厂证明其等效,则详细规范中可以规定更高电压和更短时间的试验	无击穿或闪络 漏电流不大于 1 mA
A0-3	静态触点电路电阻(ND)	3.12 测试点:所有闭合触点的引出端 最大测试电压:30 mV d.c.或 a.c. 最大测试电流:10 mA	触点每次闭合时的初始值按 2.4.2 规定
A0-4	功能测试(ND)	3.13 单稳态非极化继电器的步序: 1)　1.5 倍额定电压预处理 2)　零电压 3)　必须动作电压 4)　额定电压 5)　必须不释放电压 6)　必须释放电压 其他类型继电器的步骤次序: 模拟图 2 至图 5 的规定 一次循环 触点电压:6 V max 安装:任意	数值按表 2 规定 通过监测触点检查继电器功能
A0-5	时间测试(ND)	3.14 线圈电压:额定电压 测试点:所有触点 触点电压:6 V max 安装:任意	数值按 2.4.4 规定 通过测量转接时间/桥接时间,检查触点的动作顺序(见 GB/T 16608.50—2012 中 4.4 的注 4)
A0-6	密封(ND)	3.20.2 对于 RT Ⅲ和 RT Ⅳ,程序 1、2 或 4	数值按 2.6 规定

表 4（续）

A4 分组(周期:检验批为一周的生产量)

试验序号	试验项目	IEC 61810-7:1997 中的试验条件	IL	AQL	性能要求
1	目检:继电器标志(ND)	3.6.4a)和 b)	S4	1.0	按 5.1 规定的标志
2	线圈电阻(ND)	3.8.1			数值按表 2 规定
3	静态触点电路电阻(ND)	3.12 测试点:所有闭合触点的引出端 最大测试电压:30 mV d.c.或 a.c. 最大测试电流:10 mA			触点每次闭合时的初始值和差值按 2.4.2 规定
4	功能测试(ND)	3.13 单稳态非极化继电器的步序: 1) 1.5 倍额定电压预处理 2) 零电压 3) 必须动作电压 4) 额定电压 5) 必须不释放电压 6) 必须释放电压 其他类型继电器的步序: 模拟图 2～图 5 的规定 一次循环 触点电压:6 V max 安装:任意			数值按表 2 规定 通过监测触点检查继电器功能
5	时间测试(ND)	3.14 线圈电压:额定电压 测试点:所有触点 触点电压:6 V max 安装:任意			数值按 2.4.4 规定 通过测量转接时间/桥接时间检查触点的动作顺序(见 GB/T16608.50—2012 中 4.4 的注 4)
6	密封(ND)	3.20.2 对于 RT Ⅲ和 RT Ⅳ,程序 1、2 或 4			数值按 2.6 规定

B 组

B1 分组(周期:检验批为一周的生产量)

试验序号	试验项目	IEC 61810-7:1997 中的试验条件	IL	AQL	性能要求
7	目检:除继电器标志外的外部主要尺寸检查(ND)	3.6.1 和 3.6.4 c)和 d) ——相应的封装 ——引出端 ——尺寸	S3	2.5	引出端的预浸锡应覆盖住引出端而无去润湿或不润湿的现象;引出端不预浸锡的部分按 2.1 规定 尺寸按首页的外形图规定(1.3)

表 4（续）

B2 分组(周期:检验批为一周的生产量)

试验序号	试验项目	IEC 61810-7:1997 中的试验条件	IL	AQL	性能要求
8 M*	可焊性(D)	3.25,试验 1 老化,当适用时,见本规范 2.6 试验方法 1(试验 Ta,方法 1) 被试的引出端数量:全部	S3	2.5	当采用放大镜检查时,被浸渍表面的 95%应覆盖有新的焊料层,剩余的 5%表面只可含有小针孔(放大镜的放大倍数为 4 倍至 10 倍)
M* 如果 C1 分组中未进行试验,则必须进行。					

C 组

C1 分组(周期:1 a)

试验序号	试验项目	IEC 61810-7:1997 中的试验条件	样本大小	允许的不合格品数	性能要求
8a M**	可焊性(D)	3.25,试验 1 老化,当适用时,见本规范 2.6 试验方法 1(试验 Ta,方法 1) 被试的引出端数量:全部	10	0	当采用放大镜检查时,被浸渍表面的 95%应覆盖有新的焊料层,剩余的 5%表面只可含有小针孔(放大镜的放大倍数为 4 倍至 10 倍)
9	电耐久性 电缆负载(D)	3.30.3,方法 1 触点负载:终端开路电缆,10 m 按 GB/T 14598.4—1993 的 4.5 规定,电话电缆 $n\times4\times0.6$ mm,一根导线接被试触点,另外三根导线接地,48 V d.c. 加负载/试验的触点数: 一组转换触点 线圈电压:额定电压 循环次数每秒: 占空比:1∶1 环境温度:55 ℃ 测试的触点电压:6 V max 测试的触点电流:10 mA max 最后测量: 试验 3:静态触点电路电阻 试验 4:功能测试 试验 5:时间测试 试验 13:绝缘电阻	20	0	循环次数按表 3 规定 触点失效按 2.4.1 规定 数值按 2.4.2 规定 数值按表 2 规定 通过监测触点检查继电器功能 数值按 2.4.4 规定 数值按 2.1 规定
M** 只适用于由自动化设施制造的继电器;如在 B2 分组中未进行试验,而在详细规范中有规定,则必须进行。					

表 4（续）

C1 分组(周期:1 a)

试验序号	试验项目	IEC 61810-7:1997 中的试验条件	样本大小	允许的不合格品数	性能要求
10	电耐久性 触点应用类别 CA0(D)	3.30.4 加负载/试验的触点数: 一组转换触点 线圈电压:额定电压 每秒循环次数:不大于 12.5 占空比:1∶1 环境温度:23 ℃ 测试的触点电压:30 mV max 测试的触点电流:10 mA max 最后测量: 试验 3:静态触点电路电阻 试验 4:功能测试 试验 5:时间测试 试验 13:绝缘电阻	20	0	循环次数按表 3 规定 触点失效按 2.4.1 规定 数值按 2.4.2 规定 数值按表 2 规定 通过监测触点检查继电器功能 数值按 2.4.4 规定 数值按 2.1 规定

C2 分组(周期:1 a)

试验序号	试验项目	IEC 61810-7:1997 中的试验条件	样本大小	允许的不合格品数	性能要求
11	介质试验(ND)	3.9 施加点和试验电压: 按本规范 2.1,表 1 规定 试验持续时间:60 s	20	0	无击穿或闪络 漏电流不大于 1 mA
12	冲击电压试验(ND)	3.10 施加点和试验电压: 按本规范 2.1,表 1 规定 反向极性的连续冲击 频率:冲击(2 或 4)次/min 总冲击次数:6 最后测量: 试验 3:静态触点电路电阻 试验 4:功能测试 试验 13:绝缘电阻	5	0	 数值按 2.4.2 规定 数值按表 2 规定 通过监测触点检查继电器功能 数值按 2.1 规定
13	绝缘电阻(ND)	3.11 测试点:3.11.2 规定的所有引出端 测试电压:按本规范 2.1 测试时间:60 s 或当达到稳定值时	20	0	数值按 2.1 规定
14	密封(ND)	3.20.2 RT Ⅲ和 RT Ⅳ:程序 1(试验 Qc,方法 2) 试验液体温度:(73±2)℃ 浸渍时间:1 min	20	0	失效判据按 IEC 60068-2-17:1999 中 3.5.5 规定

表 4（续）

C4 分组(周期:2 a)

试验序号	试验项目	IEC 61810-7:1997 中的试验条件	样本 大小	允许的不 合格品数	性能要求
15	电耐久性 电缆负载 扩展评定(D)	3.30.6 或 3.30.3,方法 1 触点负载:终端开路电缆,10 m 按 GB/T 14598.4—1993 的 4.5 规定,电话电缆 $n\times4\times0.6$ mm,一根导线接被试触点,另外三根导线接地,电压 48 V d.c. 加负载/试验的触点数:两个触点电路或一组转换触点 线圈电压:额定电压 每秒循环次数:不大于 12.5 占空比:1∶1 环境温度:55 ℃ 测试的触点电压:6 V max 测试的触点电流:10 mA max 最后测量: 试验 3:静态触点电路电阻 试验 4:功能测试 试验 5:时间测试 试验 13:绝缘电阻	20	0	循环次数按表 3 规定 触点失效按 2.4.1 规定 数值按 2.4.2 规定 数值按表 2 规定 通过监测触点检查继电器功能 数值按 2.4.4 规定 数值按 2.1 规定
16	电耐久性 触点额定电压 阻性负载(D)	3.30.3,方法 1 触点负载按 GB/T 14598.4—1993 的 4.1 规定:125 V d.c./30 W 加负载/试验的触点数: 一组转换触点 线圈电压:额定电压 每秒循环次数:不大于 3 占空比:1∶1 环境温度:55 ℃ 测试的触点电压:6 V max 测试的触点电流:10 mA max 最后测量: 试验 3:静态触点电路电阻 试验 4:功能测试 试验 5:时间测试 试验 13:绝缘电阻	20	0	循环次数按表 3 规定 触点失效按 2.4.1 规定 数值按 2.4.2 规定 数值按表 2 规定 通过监测触点检查继电器功能 数值按 2.4.4 规定 数值按 2.1 规定

表 4（续）

C4 分组(周期:2 a)

试验序号	试验项目	IEC 61810-7:1997 中的试验条件	样本大小	允许的不合格品数	性能要求
17	电耐久性 触点额定电流 阻性负载(D)	3.30.3,方法 1 触点负载按 GB/T 14598.4—1993 的 4.1 规定:1.25 A d.c./30 W 负载/试验的触点数: 一组转换触点 线圈电压:额定电压 每秒循环次数:不大于 3 占空比:1:1 环境温度:55 ℃ 测试的触点电压:6 V max 测试的触点电流:10 mA max 最后测量: 试验 3:静态触点电路电阻 试验 4:功能测试 试验 5:时间测试 试验 13:绝缘电阻	5	0	循环次数按表 3 规定 触点失效按 2.4.1 规定 数值按 2.4.2 规定 数值按表 2 规定 通过监测触点检查继电器功能 数值按 2.4.4 规定 数值按 2.1 规定
18	电耐久性 触点应用类别 CA0 扩展评定 (D)	3.30.6 或 3.30.4 加负载/试验的触点数: 一组转换触点 线圈电压:额定电压 每秒循环次数:不大于 12.5 占空比:1:1 环境温度:23 ℃ 测试的触点电压:30 mV max 测试的触点电流:10 mA max 最后测量: 试验 3:静态触点电路电阻 试验 4:功能测试 试验 5:时间测试 试验 13:绝缘电阻	20	0	循环次数按表 3 规定 触点失效按 2.4.1 规定 数值按 2.4.2 规定 数值按表 2 规定 通过监测触点检查继电器功能 数值按 2.4.4 规定 数值按 2.1 规定

表 4（续）

C5 分组(周期:2 a)

试验序号	试验项目	IEC 61810-7:1997 中的试验条件	样本大小	允许的不合格品数	性能要求
19	热耐久性(D)	3.32 时间:21 d 环境温度:70 ℃ 线圈电压:不施加或施加额定电压 触点电流:无或 1.25 A 最后测量: 试验 3:静态触点电路电阻 试验 4:功能测试 试验 5:时间测试 试验 13:绝缘电阻	5	0	 数值按 2.4.2 规定 数值按表 2 规定 通过监测触点检查继电器功能 数值按 2.4.4 规定 数值按 2.1 规定
20	气候序列(D)	3.15 高温,3.15.2 温度:70 ℃ 暴露时间:16 h 恢复:4 h 高温暴露的最后 2 h 内,监测所有触点的触点电路电阻 每秒循环次数:2 占空比:1∶1 测试的触点电压:6 V max 测试的触点电流:10 mA max 高温暴露结束前: 试验 4:功能测试 循环湿热,3.15.3 1 次循环 温度:55 ℃ 恢复:4 h 低温,3.15.4 温度:－25 ℃ 时间:2 h 低温暴露结束前: 试验 4:功能测试 循环湿热,3.15.6 1 次循环 温度:55 ℃ 恢复:4 h 最后测量: 试验 13:绝缘电阻 试验 3:静态触点电路电阻 试验 4:功能测试 试验 7:目检,3.6.4 d)	10	0	 数值按 2.4.2 规定 数值按表 2 规定 数值按表 2 规定 数值按 2.1 规定 数值按 2.4.2 规定 数值按表 2 规定 通过监测触点检查继电器功能 无裂纹或其他损坏

表 4（续）

C5 分组(周期:2 a)

试验序号	试验项目	IEC 61810-7:1997 中的试验条件	样本大小	允许的不合格品数	性能要求
21	稳态湿热(D)	3.16 试验时间:21 d 最后测量: 试验 13:绝缘电阻 试验 4:功能测试 试验 3:静态触点电路电阻	10	0	 数值按 2.1 规定 数值按表 2 规定 通过监测触点检查继电器功能 数值按 2.4.2 规定
22	引出端强度(D)	3.24 程序:试验 Ua_2 拉力,和 试验 Ub 弯曲,方法 1 最后测量: 试验 7:目检,3.6.4 d) 试验 2:线圈电阻 试验 3:静态触点电路电阻 试验 4:功能测试	10	0	数值按 2.6 规定 引出端应无裂纹或松动 数值按表 2 规定 数值按 2.4.2(初始值)规定 数值按表 2 规定 通过监测触点检查继电器功能
23	冲击(D)	3.26,方法 1,工作稳定性 脉冲波形和加速度按本规范 2.6 施加:在三条主轴的各两个方向,在每一个动作状态与释放状态各施加 3 次冲击 试验的线圈电压:额定电压(动作状态)和零电压(释放状态) 测试的触点电压:6 V max 测试的触点电流:10 mA max 3.26,方法 2,结构牢固性 脉冲形状和加速度按本规范 2.6 规定 在三条主轴的各两个方向,在每一个动作状态与释放状态各施加 3 次冲击 最后测量: 试验 7:目检,3.6.4 d) 试验 3:静态触点电路电阻 试验 4:功能测试 试验 13:绝缘电阻	10	0	任何闭合触点电路的断开或任何断开触点电路的闭合不应超过 10 μs 无裂纹或其他损坏 数值按 2.4.2(初始值)规定 数值按表 2 规定 通过监测触点检查继电器功能 数值按 2.1 规定

表 4（续）

C5 分组(周期:2 a)

试验序号	试验项目	IEC 61810-7:1997 中的试验条件	样本大小	允许的不合格品数	性能要求
24	振动(D)	3.28.2.1,方法 1,工作稳定性 振幅:0.75 mm,98.1 m/s² 频率:10 Hz～55 Hz 施加:三个方向 每个方向的扫频次数:3 次 扫频速率:1 个倍频程每分钟±10% (总时间:约 3×30 min) 试验的线圈电压:额定电压(动作状态)和零电压(释放状态) 测试的触点电压:6 V max 测试的触点电流:10 mA max 最后测量: 试验 7:目检,3.6.4 d) 试验 3:静态触点电路电阻 试验 4:功能测试 试验 13:绝缘电阻	10	0	任何闭合触点电路的断开或任何断开触点电路的闭合不应该超过 10 μs 应无裂纹或其他损坏 数值按 2.4.2(初始值)规定 数值按表 2 规定 通过监测触点检查继电器功能 数值按 2.1 规定
25	机械耐久性(D)	3.31.3,方法 2 每秒循环次数:10 占空比:1∶1 最后测量: 试验 11:介质试验	20	1	循环次数按 2.4.3 规定 应无破裂的零部件或其他损坏 数值按 2.1 的表 1 规定 继电器应在动作电压下动作
26	过负载(触点电路)(D)	3.34 所有触点加负载 触点电压:24 V d.c. 触点电流:2.5 A 线圈电压:额定电压 每秒循环次数:2 占空比:1∶1 最后测量: 试验 3:静态触点电路电阻 试验 4:功能测试	5	0	循环次数按表 3 规定 监测每次工作 数值按 2.4.2 规定 数值按表 2 规定 通过监测触点检查继电器功能
27	耐清洗剂(D)	3.47 最后测量: 试验 7:目检,3.6.4 d)	10	0	 标志应无缺陷或其他损坏

表 4（续）

C5 分组(周期:2 a)

试验序号	试验项目	IEC 61810-7:1997 中的试验条件	样本大小	允许的不合格品数	性能要求
28	着火危险(D)	3.48,程序按 GB/T 5169.5—1997 继电器安装和火焰施加的方位:详细规范中规定的临界方位 火焰施加的时间:10 s	5	0	试验结果的评定按 GB/T 5169.5—1997 的第 10 章规定

C6 分组(周期:2 a)

试验序号	试验项目	IEC 61810-7:1997 中的试验条件	样本大小	允许的不合格品数	性能要求
29	称重(ND)	3.7.2	5	0	继电器重量按 2.1 规定
30	热阻(ND)	3.17			数值按 2.1 规定
31	温度快速变化(D)	3.19 上限温度:85 ℃ 下限温度:－40 ℃ 每个极限温度下的持续时间:30 min 循环次数:5 最后测量: 试验 7:目检,3.6.4 d) 试验 13:绝缘电阻 试验 4:功能测试 试验 3:静态触点电路电阻	10	1	 无裂纹或其他损坏 数值按 2.1 规定 数值按表 2 规定 通过监测触点检查继电器功能 数值按 2.4.2 规定
32	耐焊接热(D)	3.25,试验 2 IEC 60068-2-20:1979,试验 Tb,方法 1A 老化:不要求 被试的引出端数:所有 温度和浸渍时间:(260±5)℃ (10±1)s 最后测量: 试验 2:线圈电阻 试验 3:静态触点电路电阻 试验 11:介质试验 试验 6:密封(当适用时)	10	0	 数值按表 2 规定 数值按 2.4.2(初始值)规定 无击穿或闪络 漏电流不大于 1 mA 数值按 2.6 规定

表 5 鉴定批准

样本大小:至少 160 只

样本规格:线圈电压

试验项目	试验条件和要求				样本大小	允许的不合格品数
	IEC 61810-7:1997 中的试验条件		表 4 中的试验序号和说明	表 4 中的分组		
	章条号	具体试验条件				
0 组						
目检	3.6		1	A4	160	0
线圈电阻	3.8.1		2	A4		
绝缘电阻	3.11		13	C2		
介质试验	3.9		11	C2		
触点电路电阻	3.12		3	A4		
功能测试	3.13		4	A4		
时间测试	3.14		5	A4		
密封	3.20.2	程序 1,2 或 4	6	A4		
1 组						
尺寸检查	3.6.1		7	B1	10	0
可焊性	3.25	试验 1	8	B2		
2 组						
称重	3.7.2		29	C6	5	0
热阻	3.17		30	C6		
引出端强度	3.24		22	C5		
3 组						
冲击电压试验	3.10		12	C2	5	0
着火危险	3.48	GB/T 5169.5—1997	28	C5		
4 组						
气候序列	3.15		20	C5	10	0
耐焊接热	3.25	试验 2	32	C6		
耐清洗剂	3.47		27	C5		
5 组						
稳态湿热	3.16		21	C5	10	0

表 5（续）

试验项目	试验条件和要求				样本大小	允许的不合格品数
	IEC 61810-7:1997 中的试验条件		表 4 中的试验序号和说明	表 4 中的分组		
	章条号	具体试验条件				
6 组						
冲击	3.26	方法 1 和 2	23	C5	5	0
振动	3.28.2.1	方法 1	24	C5	5	
温度快速变化	3.19	方法 1	31	C6	10	
密封	3.20.2	程序 1	14	C2	20	
7 组						
电耐久性 电缆负载	3.30.3	方法 1	15	C4	20	0
8 组						
电耐久性 触点额定电压	3.30.3	方法 1	16	C4	20	0
9 组						
电耐久性 触点额定电流	3.30.3	方法 1	17	C4	5	0
10 组						
电耐久性 应用类别 CA0	3.30.4		18	C4	20	0
11 组						
机械耐久性	3.31.3	方法 2	25	C5	10	1
12 组						
热耐久性	3.32		19	C5	20	0
13 组						
过负载(触点电路)	3.34		26	C5	5	0

ICS 29.120.70
L 25

中华人民共和国国家标准

GB/T 16608.53—2012/IEC 61811-53:2002

有或无机电继电器 第53部分:空白详细规范 电信用有质量评定的有或无机电继电器 两组转换触点,14 mm×9 mm 底座

Electromechanical all-or-nothing relays—Part 53:Blank detail specification—Electromechanical all-or-nothing telecom relays of assessed quality—Two change-over contacts,14 mm×9 mm base

(IEC 61811-53:2002,IDT)

2012-11-05 发布　　2013-02-15 实施

中华人民共和国国家质量监督检验检疫总局
中国国家标准化管理委员会　发布

前　言

GB/T 16608《有或无基础机电继电器》标准目前分为以下几个部分：

——GB/T 16608.1　有质量评定的有或无基础机电继电器　第1部分：总规范；

——GB/T 16608.50　有或无机电继电器　第50部分：分规范　电信用有质量评定的有或无机电继电器；

——GB/T 16608.51　有或无机电继电器　第51部分：空白详细规范　电信用有质量评定的有或无机电继电器　非标准类型和结构；

——GB/T 16608.52　有或无机电继电器　第52部分：空白详细规范　电信用有质量评定的有或无机电继电器　两组转换触点，20 mm×10 mm底座；

——GB/T 16608.53　有或无机电继电器　第53部分：空白详细规范　电信用有质量评定的有或无机电继电器　两组转换触点，14 mm×9 mm底座；

——GB/T 16608.54　有或无机电继电器　第54部分：空白详细规范　电信用有质量评定的有或无机电继电器　两组转换触点，15 mm×7.5 mm底座；

——GB/T 16608.55　有或无机电继电器　第55部分：空白详细规范　电信用有质量评定的有或无机电继电器　两组转换触点，11 mm×7.5 mm(最大)底座。

本部分为GB/T 16608的第53部分。

本部分按GB/T 1.1—2009给出的规则起草。

本部分使用翻译法等同采用IEC 61811-53:2002《有或无机电继电器　第53部分：空白详细规范　电信用有质量评定的有或无机电继电器 两组转换触点，14 mm×9 mm底座》。

为便于使用，本部分作了下列编辑性修改：

——用“本部分”代替“本国际标准”；

——用小数点符号“.”代替符号“,”；

——删除了IEC标准前言；

——将表3的第2列中触点电路电阻的单位由“Ω”换算为“mΩ”。

本部分的附录A为资料性附录。

本部分由中华人民共和国工业和信息化部提出。

本部分由全国有或无电气继电器标准化技术委员会(SAC/TC 217)归口。

本部分起草单位：厦门宏发电声股份有限公司。

本部分主要起草人：张德胜、王珏、史信源、王俊青、陆宁懿。

有或无机电继电器
第53部分:空白详细规范
电信用有质量评定的有或无机电继电器
两组转换触点,14 mm×9 mm底座

1 总则

1.1 范围

GB/T 16608的本部分是空白详细规范,适用于电信用有质量评定的有或无机电继电器。符合本部分规定的继电器供在电信设备中使用,但作为有或无机电继电器,也可使用于特定的工业或其他设备。

本部分中规定的试验方法引自IEC 61810-7:1997和其他标准,供按本规范制定的详细规范采用。本部分也规定了基本检验表,供按GB/T 16608.1—2003规定制定的详细规范使用。

1.2 规范性引用文件

下列文件对于本文件的应用是必不可少的。凡是注日期的引用文件,仅注日期的版本适用于本文件。凡是不注日期的引用文件,其最新版本(包括所有的修改单)适用于本文件。

GB/T 2421—1999 电工电子产品环境试验 第1部分:总则(IEC 60068-1:1988,IDT)

GB/T 5169.5—1997 电工电子产品着火危险试验 第2部分:试验方法 第2篇:针焰试验(IEC 60695-2-2:1991,IDT)

GB/T 14598.4—1993 电气继电器 第14部分:电气继电器触点的寿命试验 触点负载的优先值(IEC 60255-14:1981,IDT)

GB/T 16608.1—2003 有质量评定的有或无基础机电继电器 第1部分:总规范(IEC 61811-1:1999,IDT)

GB/T 16608.50—2012 有或无机电继电器 第50部分:分规范 电信用有质量评定的有或无机电继电器(IEC 61811-50:2002,IDT)

IEC 60068-2-17:1994 环境试验 第2部分:试验 试验Q:密封(Environmental testing—Part 2:Tests—Test Q:Sealing)

IEC 60068-2-20:1979 环境试验 第2部分:试验 试验T:锡焊试验(含修改单2:1987)(Environmental testing—Part 2:Tests—Test T:Soldering) Amendment 2(1987)

IEC 60068-2-47:1999 环境试验 第2-47部分:试验方法 振动、冲击及类似动力试验中元器件、设备和其他物件的安装(Environmental testing—Part 2-47:Test methods—Mounting of components, equipment and other articles for vibration, impact and similar dynamic tests)

IEC 61709:1996 电子元器件 可靠性 失效率的标准条件和转换的应力模型(Electronic components—Reliability—Reference conditions for failure rates and stress models for conversion)

IEC 61810-7:1997 有或无机电继电器 第7部分:试验和测量程序(Electromechanical all-or-nothing relays—Part 7:Test and measurement procedures)

QC 001002-2:1998 IEC电子元器件质量评定体系程序规则(IECQ) 第2部分:文件(Rules of Procedure for the IEC Quality Assessment System for Electronic Components(IECQ)—Part 2:Docu-

mentation)

QC 001002-3:1998　IEC电子元器件质量评定体系程序规则(IECQ)　第3部分:批准程序(Rules of Procedure for the IEC Quality Assessment System for Electronic Components(IECQ)—Part 3: Approval Procedures)

QC 001005:2000　按IECQ体系包括按ISO 9000批准的产品和服务的确认注册目录(Register of Firms,Products and Services approved under the IECQ System,including ISO 9000)

CECC 00802:1990　导则文件:CECC有质量评定的表面安装元器件(SMDs)规范用标准方法[Guidance document:CECC Standard Method for the Specification of Surface Mounting Components (SMDs) of Assessed Quality]

(国家授权的机构应对直接引用等效采用本标准的国家标准的文件或规范进行标注)

1.3　详细规范的首页

详细规范的首页应按下列规定进行编排。

(1)	QC×××××× (2) 版本 200× ××的 1
有质量评定的电子元器件按： (3) IEC 61810-7:1997 GB/T 16608.50—2012	(4)

电信用有质量评定的有或无机电继电器详细规范
双列直插、14 mm×9 mm 底座，两组转换触点
型号：…两组转换触点 (5)
结构：双列直插，14 mm×9 mm 底座 (6)
塑封外壳，整体高度最大为 9 mm
继电器特征，RT Ⅲ，适合于采用安装孔和锡焊的印制电路板常规组装技术或表面安装技术(当适用时)

外形图和接线图，尺寸以毫米为单位 (7)
说明：
图形是示例，但最大外形尺寸、单线圈继电器的接线图、所有矩形引出端的排列和其相同的方位是必须遵循的

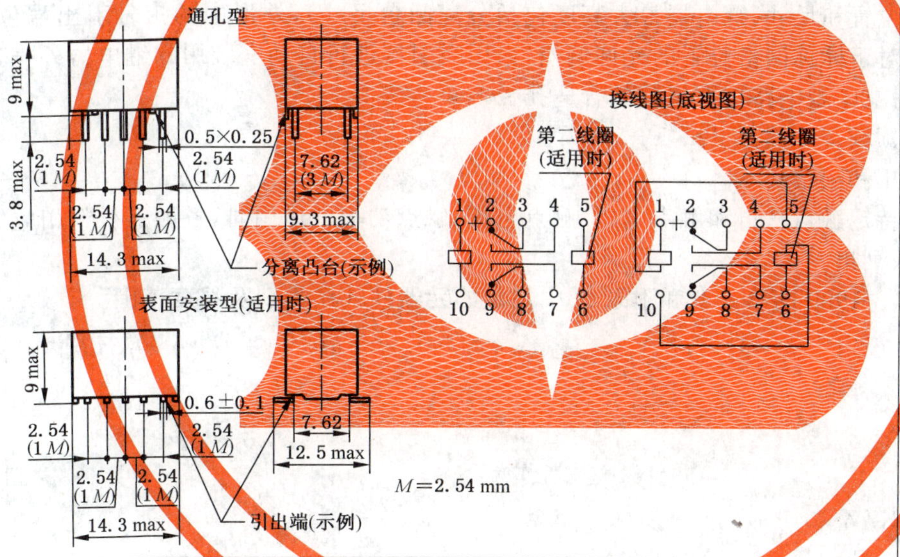

应用： (8)
符合本规范的继电器适用于电信设备，但作为印制电路板继电器，也适用于在特定的工业和其他设备中执行控制或切换功能

线圈参数 (9)
额定电压：…V d.c.
额定功率：…mW

触点参数 (10)
先断后合转换触点
触点额定电压：110 V d.c. / 125 V a.c.*
触点额定电流：1.25 A max
触点额定功率：30 W/50 VA*
极限连续电流：2 A max
* 只在详细规范中有规定时，交流值是必须遵循的

GB/T 2421—1999 中规定的元器件气候类别：25/70/21 (11)
温度范围：工作温度： −25 ℃～70 ℃
贮存温度： −40 ℃～85 ℃

按本详细规范鉴定合格的继电器，其制造厂信息可从现行 QC 001005 中获取。

首页内容说明：

首页括号中的编号与下列给出的标注相对应。

详细规范的标注：

(1) 授权发布详细规范的国家标准机构名称。适用时，详细规范可从该机构获取。

(2) IECQ 符号和由 IECQ 秘书处对正式详细规范给定的编号。

(3) 有效的有或无机电继电器试验和测量程序及(或)分规范的 IEC 标准编号与年代号；及国家标准(当有差别时)。

(4) 当与 IECQ 编号不同时，国家详细规范的编号、发布日期和国家体制所要求的各种更详细信息，及所有修改单编号。

继电器标注：

(5) 类型：单稳态或双稳态，非极化或极化，两组转换触点。

(6) 结构：尺寸，如双列直插、底座和整体高度、继电器类型，环境防护依据(RT Ⅲ)，安装变化及其他典型结构细节。

(7) 具有主要尺寸的外形图。主要尺寸是指对互换性有重要意义的尺寸及(或)对外形所引用的相应国家或国际文件。另外，外形图也可以作为详细规范的附录给出，但(7)中必须给出元器件总体外貌的说明。

分离凸台的位置和尺寸(继电器最大高度包括分离凸台尺寸)，外形中的 1 号引出端位置，引出端末端相对于标称网格位置的允许偏差，采用吸引器进行自动安装用的继电器外壳顶部位置的指示，为在印制电路板上组装的合适孔径。

(8) 典型的应用领域。

(9) 线圈额定电压和额定功率。

(10) 触点组数、特定触点材料和触点电压、触点电流、触点功率。适用时，各触点材料相应的代码应作为附录列出。

(11) GB/T 2421—1999 的第 8 章和附录 A 中规定的元器件气候类别及温度范围。

2 继电器特性值

2.1 一般参数

——热阻：最大…K/W；

——触点应用类别：CA0，CA1，CA2 和 CA3；

——继电器重量：最大…g；

——引出端表面层：预浸焊料；允许不预浸焊料的部分：适用时，至分离凸台平面最大为 1 mm；

——绝缘电阻：500 V d.c.，1 000 MΩ min 初始值；

——介质耐电压：见表 1。

表 1 介质试验电压

试验电压的施加点	介质试验 V a.c.，min	冲击电压试验 10 μs /700 μs 和/或 1.2 μs /50 μs V，min
断开的触点电路间	500	
独立的触点电路组间	500	
线圈与触点电路间	500	
独立的线圈间(当适用时)		

2.2 IEC 的型号规格组成(序列信息)

继电器/IECQ ××××××-X Y 9 Z

- 名称——继电器
- IECQ 详细规范号——××××××
- 线圈额定电压(表 2 中标识代号的第 1 个字母)——X
- 额定功率(表 2 中标识代号的第 2 个字母)——Y
- 规定的专用触点材料(按详细规范附录规定)——9
- 专用特征和(或)表面安装型(按详细规范附录规定)——Z

单稳态或双稳态类继电器的代号。若适用时应由线圈额定功率组成。触点组数应在详细规范的首页中给出。

若无特殊的特性适用,则最后一个数字代码为 0。对于某一个详细规范,如果示例中的其中一项特性不考虑,则相应的字母代号应删除;对于不适用的特性,无专用标识或空白的位置。

制造厂可以采用其自己的编号系统,但应在详细规范的附录中给出 IECQ 型号与制造厂零件号之间的转换(对照)表。

2.3 线圈参数

表 2 线圈参数

标识代号	额定电压 V	线圈电阻 ×(1±10%)Ω	必须动作电压 V			线圈最大电压 V	必须不释放电压 V	必须释放电压 V			额定功率 mW
		(23±2)℃	线圈温度℃			线圈温度℃	线圈温度℃	线圈温度℃			
			−25	23	70	70	23	−25	23	70	

2.4 触点参数

2.4.1 电耐久性和循环频率

触点失效:按每一单个触点计算,在每 10^5 次(或规定的最少循环次数)下,闭合触点的触点电路电阻大于 2.4.2 中的规定值或断开触点的触点电路电阻小于 100 kΩ 多于 1 次。

示例:在规定的 10^6 次耐久性试验间,按上述规定故障的总数不应超过 10 次。

表 3 电耐久性试验和过负载试验的负载、触点电路电阻极限值、循环次数和频率

负 载	触点电路电阻最大值 mΩ	循环次数最小值 次	循环频率最大值 次/s
触点应用类别 CA0	1 000	700 000	12.5
触点最大阻性电压/最大阻性功率	1 000	100 000	3
触点最大阻性电流/最大阻性功率	1 000	100 000	3

表 3（续）

负　载	触点电路电阻最大值 mΩ	循环次数最小值 次	循环频率最大值 次/s
DC 末端开路电缆	1 000	1 000 000	12.5
当有要求时，相关的特定应用			
过负载	1 000[a]	100	0.3
[a] 除详细规范中另有规定外。			

2.4.2 静态触点电路电阻

额定电压下的初始值：最大 100 mΩ；

其他线圈电压下（如动合触点在必须动作电压下）的触点电路电阻初始值的变化值：最大 10 mΩ；

电耐久性试验、机械耐久性试验和环境试验过程中及其后，额定电压下的数值：最大 1 Ω。

2.4.3 机械耐久性

循环次数至少 10^7 次。

2.4.4 时间（无抑制器件）

——动作时间：最大 5 ms；

——释放时间：最大 5 ms；

——触点闭合时的回跳时间：最大 5 ms；

——触点断开时的回跳时间：最大 3 ms；

——动作和释放时的转接时间（在最快的动合触点闭合之前，最慢的动断触点断开的时间；或在最快的动断触点闭合之前，最慢的动合触点断开的时间；应对每个触点进行监测）：最小 0.1 ms。

2.5 安装

继电器引出端应设计成可采用常规组装技术或适用时的表面安装技术直接焊接到印制电路板上（适用时）。

2.6 环境参数

继电器至少应能承受以下环境应力：

——冲击，工作稳定性：98.1 m/s² 半正弦波加速度，11 ms 脉冲持续时间；

——冲击，结构牢固性：294.3 m/s² 半正弦波加速度，11 ms 脉冲持续时间；

——振动（正弦）：振幅 0.75 mm 或 98.1 m/s²，10 Hz～55 Hz；

——引出端机械强度：

- 拉力：1N；
- 弯曲：2 次；

——焊接：

- 如要求特定的老化，则应选择 IEC 60068-2-20：1979 中 4.2 的老化程序 1a、1b、2 或 3，并在详细规范中规定；

——通孔型：

● 可焊性:235 ℃,2 s;

● 耐焊接热,引出端在 260 ℃中的浸没时间:5 s 或 10 s;

——表面安装型:

● A1 级,CECC 00802:1990 的 6.2(即 260 ℃/5 s 和 215 ℃/40 s);

● 3 类,CECC 00802:1990 的 6.2(即汽相焊或红外焊,当温度应力足够时);

——密封:漏率不大于 1×10^{2} Pa·cm^{3}/s;

——耐清洗剂(用绵纸擦磨):55 ℃软化水或蒸馏水:5 min;

——着火危险(针焰):至少 10 s。

2.7 自动操作用继电器包装(当适用时)

如果采用适合自动操作用的筒装式自动送料盘或卷带卷盘式包装(便于继电器的自动插入),则其外形图(剖面和长度)、存储量和合理的标志应在附录中给出。

3 鉴定批准程序

——按 QC 001002-3:1998 中 3.1.4 a)规定,固定样本;

——抽样和检验表按表 5 规定;

——规定的试验项目和顺序必须遵循;

——表 6 中规定的试验项目,只当详细规范中有规定时,才是必须遵循的。

4 质量一致性检验

质量一致性检验包括表 4 规定的试验项目:

——A、B 组:逐批检验;

——C 组:周期检验。

除在本空白详细规范中另有规定外,表 4 中的所有试验项目都是必须遵循的。同一个分组中包含了累加的试验项目,试验的顺序是必须遵循的。经受过标注为破坏性试验(D)的样品不得在交货时放行。

注:如需要 AQL 的特殊检验水平,则表 4 中 A4、B1 和 B2 分组的 AQL 值,由继电器制造厂与继电器用户协商确定。

4.1 检验批的组成

按 QC 001002-3:1998 中 3.2.3 的规定,质量一致性检验样本大小的确定以一周内生产的继电器数量为依据。

4.2 检验周期

——A4、B1 和 B2 分组:每周至少一次;

——C1 和 C2 分组:每年至少一次;

——C4 到 C6 分组:每两年至少一次。

5 标志与文件

继电器及其包装应标有以下内容。

5.1 继电器标志

标志应耐久、清晰，并应标有下列项目：

a) 制造厂名称、品牌或商标；

b) 继电器型号和规格号；

c) 生产日期代码，按 GB/T 16608.50—2012 中 1.5.3 规定，用年/周表示；

d) IECQ 字母或 IECQ 认证标志；

e) IECQ 型号(序列信息)，如果 b)中未明确，也见 2.2；

f) 第 1 号引出端的标志。

注：在不可能的情况下，e)项中的 IECQ 型号可省略。

5.2 包装标志

a) 制造厂名称、品牌或商标；

b) 继电器型号和规格号；

c) 生产批次标识代码；

d) IECQ 字母或 IECQ 的认证标志；

e) IECQ 型号(序列信息)，如果 b)中未明确，也见 2.2；

f) 详细规范号，如果继电器上未标志；

g) 数量。

注：在不可能的情况下，e)项中的 IECQ 型号可省略。

5.3 文件

每次交货均应附加符合 QC 001002-2:1998 中 2.4 规定的合格说明。

6 附录

必要时，可以增加附录，例如表明继电器安装、引出端尺寸等方面的更详细内容。

7 试验

7.1 试验的标准条件

除另有规定外，所有试验应在 IEC 61810-7:1997 中 3.5 规定的标准条件下进行。

7.2 试验期间试验样品的安装

下列说明适用于机械应力试验项目(冲击和振动)。应采用继电器的正常安装方法将其安装到试验夹具上，该夹具的固有谐振点应减少至不会使试验无效的程度(见 IEC 60068-2-47:1999)。

7.3 试验的一般条件

除另有规定外，在继电器的所有试验和使用中应采用表 2 中规定的线圈额定电压和其相应的极性(当适用时)。

8 序列信息

见 2.2。

9 继电器可靠性——失效率数据(任选)

可靠性数据的评定和表征不是必须遵循的。

但如果详细规范中有要求,则“任选”的本条款应适用,并应符合 GB/T 16608.50—2012 中第 5 章的规定,还应给出所采用方法和整套参数的简要说明。详细内容应在相应详细规范的附录中给出,按 GB/T 16608.50—2012 附录 A 中的规定,优先以 IEC 61709:1996 中的规定作依据。

表 4 质量一致性检验

A 组

A0 分组

此分组的所有试验项目:100%检验。剔除所有失效的继电器。此分组中的试验项目作为筛选或功能分选试验,应在抽取其他各分组样本的批组成之前,尽可能地在线进行。累计失效比率大于 10%的批应拒收。

试验序号	试验项目	IEC 61810-7:1997 中的试验条件	性能要求
A0-1	线圈电阻(ND)	3.8.1	数值按表 2 规定
A0-2	介质试验(ND)	3.9 施加点和试验电压:按本规范 2.1 和表 1 规定 试验持续时间:1 s 注:如果制造厂证明其等效,则详细规范中可以规定更高电压和更短时间的试验	无击穿或闪络 漏电流不大于 1 mA
A0-3	静态触点电路电阻(ND)	3.12 测试点:所有闭合触点的引出端 最大测试电压:30 mV d.c. 或 a.c. 最大测试电流:10 mA	触点每次闭合时的初始值按 2.4.2 规定
A0-4	功能测试(ND)	3.13 单稳态非极化继电器的步序: 1) 1.5 倍额定电压预处理 2) 零电压 3) 必须动作电压 4) 额定电压 5) 必须不释放电压 6) 必须释放电压 其他类型继电器的步序: 模拟图 2～图 5 的规定 一次循环 触点电压:6 V max 安装:任意	数值按表 2 规定 通过监测触点检查继电器功能
A0-5	时间测试(ND)	3.14 线圈电压:额定电压 测试点:所有触点 触点电压:6 V max 安装:任意	数值按 2.4.4 规定 通过测量转接时间/桥接时间,检查触点的动作顺序(见 GB/T 16608.50—2012 中 4.4 的注 4)
A0-6	密封(ND)	3.20.2 对于 RT Ⅲ和 RT Ⅳ,程序 1、2 或 4	数值按 2.6 规定

表 4（续）

A4 分组(周期:检验批为一周的生产量)

试验序号	试验项目	IEC 61810-7:1997 中的试验条件	IL	AQL	性能要求
1	目检:继电器标志(ND)	3.6.4 a)和 b)	S4	1.0	按 5.1 规定的标志
2	线圈电阻(ND)	3.8.1			数值按表 2 规定
3	静态触点电路电阻(ND)	3.12 测试点:所有闭合触点的引出端 最大测试电压:30 mV d.c. 或 a.c. 最大测试电流:10 mA			触点每次闭合时初始值和差值按 2.4.2 规定
4	功能测试(ND)	3.13 单稳态非极化继电器的步序: 1) 1.5 倍额定电压预处理 2) 零电压 3) 必须动作电压 4) 额定电压 5) 必须不释放电压 6) 必须释放电压 其他类型继电器的步序: 模拟图 2～图 5 的规定 一次循环 触点电压:6 V max 安装:任意			数值按表 2 规定 通过监测触点检查继电器功能
5	时间测试(ND)	3.14 线圈电压:额定电压 测试点:所有触点 触点电压:6 V max 安装:任意			数值按 2.4.4 规定 通过测量转接时间/桥接时间检查触点的动作顺序(见 GB/T 16608.50—2012 中 4.4 的注 4)
6	密封(ND)	3.20.2 对于 RT Ⅲ和 RT Ⅳ,程序 1、2 或 4			数值按 2.6 规定

表 4(续)

B 组

B1 分组(周期:检验批为一周的生产量)

试验序号	试验项目	IEC 61810-7:1997 中的试验条件	IL	AQL	性能要求
7	目检: 筒装式自动送料盘尺寸检查(ND)*	3.6.1 和 3.6.4 a)和 d)	S3	2.5	按 2.7 规定
8	目检: 除继电器标志外的外部主要尺寸检查(ND)	3.6.1 和 3.6.4 c)和 d) ——相应的封装 ——引出端 ——尺寸			引出端的预浸锡应覆盖住引出端而无去润湿或不润湿的现象;引出端不预浸锡的部分按 2.1 规定 尺寸按首页的外形图规定(1.3)
9	触点动态介质试验	3.50 触点电压:500 V d.c.			不应检测到大于 80 μs 的脉冲
10	电耐久性无失误接收(ND)	3.30.5 线圈电压:额定电压 每秒循环次数:10 试验时间:1 h 试验过程中:不要求检测 最后测量: 试验 3:静态触点电路电阻			 数值小于 0.2 Ω

* 如果详细规范中有规定,则必须进行。

B2 分组(周期:检验批为一周的生产量)

试验序号	试验项目	IEC 61810-7:1997 中的试验条件	IL	AQL	性能要求
11 M*	可焊性(D)	通孔型: 3.25.3,试验 1 试验方法 1(试验 Ta,方法 1) 被试的引出端数:全部 温度:(235±5)℃ 时间:(2±0.5)s 浸渍深度:浸至离本体 1.5 mm 表面安装型: 3.25.3,试验 3 温度:(215±3)℃ 浸渍时间:(3±0.3)s 最后测量: 试验 2:线圈电阻 试验 17:绝缘电阻	S3	2.5	当采用放大镜检查时,被浸渍表面的 95% 应覆盖有新的焊料层,剩余的 5% 表面只可含有小针孔 (放大镜的放大倍数为 4 倍至 10 倍) 数值按表 2 规定 数值按 2.1 规定

M* 如果 C1 分组中未进行试验,则必须进行。

表 4（续）

C 组

C1 分组(周期:1 a)

试验序号	试验项目	IEC 61810-7:1997 中的试验条件	样本大小	允许的不合格品数	性能要求
32 R*	磁干扰(ND)	3.37,方法 1、2 或 3 如果要求,试验条件应在详细规范中规定	20	0	失效判据按详细规范规定
11a M*	可焊性(D)	通孔型: 3.25.3,试验 1 试验方法 1(试验 Ta,方法 1) 被试的引出端数:全部 温度:(235±5)℃ 时间:(2±0.5)s 浸渍深度:浸至离本体 1.5 mm 表面安装型: 3.25.3,试验 3 温度:(215±3)℃ 浸渍时间:(3±0.3)s 最后测量: 试验 2:线圈电阻 试验 17:绝缘电阻	10	0	当采用放大镜检查时,被浸渍表面的 95% 应覆盖有新的焊料层,剩余的 5% 表面只可含有小针孔 (放大镜的放大倍数为 4 倍至 10 倍) 数值按表 2 规定 数值按 2.1 规定
12	电耐久性 电缆负载(D)	3.30.3,方法 1 触点负载:终端开路电缆,10 m 按 GB/T 14598.4—1993 的 4.5 规定,电话电缆 $n\times4\times0.6$ mm,一根导线接被试触点,另外三根导线接地,电压 48 Vd.c. 加负载/试验的触点数: 一组转换触点 线圈电压:额定电压 每秒循环次数:不大于 12.5 占空比:1:1 环境温度:70 ℃ 测试的触点电压:6 V max 测试的触点电流:10 mA max 监测时间:线圈去激励与激励后的 70 ms 最后测量: 试验 3:静态触点电路电阻 试验 4:功能测试 试验 5:时间测试	20	0	循环次数按表 3 规定 触点失效按 2.4.1 规定 数值按表 2.4.2 规定 数值按 2 中对 23 ℃下的规定 通过监测触点检查继电器功能 数值按 2.4.4 规定

M* 只适用于由自动化设施制造的继电器;如在 B2 分组中未进行试验,而在详细规范中有规定,则必须进行。

R* 推荐性试验项目。

表 4（续）

C1 分组（完）

试验序号	试验项目	IEC 61810-7:1997 中的试验条件	样本大小	允许的不合格品数	性能要求
13	电耐久性 触点应用类别 CA0 (D)	3.30.4 加负载/试验的触点数： 一组转换触点 线圈电压：额定电压 每秒循环次数：不大于 12.5 占空比：1∶1 环境温度：70 ℃ 测试的触点电压：30 mV max 测试的触点电流：10 mA max 最后测量： 试验 3：静态触点电路电阻 试验 4：功能测试 试验 5：时间测试	20	0	循环次数按表 3 规定 触点失效按 2.4.1 规定 数值按 2.4.2 规定 数值按表 2 中对 23 ℃下的规定 通过监测触点检查继电器功能 数值按 2.4.4 规定
14	电耐久性 相关条件下的特定应用，如有要求(D)	3.30.3，方法 1 加负载/试验的触点数： 一组转换触点 线圈电压：额定电压 每秒循环次数：3 占空比：1∶1 环境温度：… ℃ 测试的触点电压：6 V max 测试的触点电流：10 mA max 最后测量： 试验 3：静态触点电路电阻 试验 4：功能测试 试验 5：时间测试	20	0	循环次数按表 3 规定 触点失效按 2.4.1 规定 数值按 2.4.2 规定 数值按表 2 中对 23 ℃下的规定 通过监测触点检查继电器功能 数值按 2.4.4 规定

表 4（续）

C2 分组(周期:1 a)

试验序号	试验项目	IEC 61810-7:1997 中的试验条件	样本大小	允许的不合格品数	性能要求
15	介质试验(ND)	3.9 施加点和试验电压: 按本规范 2.1,表 1(±15 V) 试验持续时间:60 s	20	0	无击穿或闪络 漏电流不大于 1 mA
16	冲击电压试验(ND)	3.10 施加点和试验电压: 按本规范 2.1,表 1 反向极性的连续冲击: 频率:冲击(2 或 4)次/分 总冲击次数:6 最后测量: 试验 3:静态触点电路电阻 试验 4:功能测试 试验 17:绝缘电阻	5	0	 数值按 2.4.2 规定 数值按表 2 中对 23 ℃下的规定 通过监测触点检查继电器功能 数值按 2.1 规定
17	绝缘电阻(ND)	3.11 测试点:3.11.2 规定的所有引出端 测试电压:按本规范 2.1 测试时间:60 s 或当达到稳定值时	20	0	数值按 2.1 规定
18	密封(ND)	3.20.2 程序 1(试验 Qc,方法 2) 试验液体温度:(73±2)℃ 浸渍时间:1 min			失效判据按 IEC 60068-2-17:1999 中 3.5.5 规定

表 4（续）

C4 分组(周期:2 a)

试验序号	试验项目	IEC 61810-7:1997 中的试验条件	样本大小	允许的不合格品数	性能要求
19	电耐久性 电缆负载 扩展评定(D)	3.30.6 或 3.30.3,方法 1 触点负载:终端开路电缆,10 m 按 GB/T 14598.4—1993 的 4.5 规定,电话电缆 $n\times4\times0.6$ mm,一导线接被试触点,另外三根导线接地,电压 48 V d.c. 加负载/试验的触点数:一组转换触点 线圈电压:额定电压 每秒循环次数:不大于 12.5 占空比:1∶1 环境温度:70 ℃ 测试的触点电压:6 V max 测试的触点电流:10 mA max 监测时间:线圈去激励与激励后的 70 ms 最后测量: 试验 3:静态触点电路电阻 试验 4:功能测试 试验 5:时间测试	20	0	循环次数按表 3 规定 触点失效按 2.4.1 规定 数值按 2.4.2 规定 数值按表 2 中对 23 ℃下的规定 通过监测触点检查继电器功能 数值按 2.4.4 规定
20	电耐久性 触点额定电压 阻性负载(D)	3.30.3,方法 1 触点负载按 GB/T 14598.4—1993 的 4.1 规定:125 V d.c./0.24 A 加负载/试验的触点数: 一组转换触点 线圈电压:额定电压 每秒循环次数:3 占空比:1∶1 环境温度:70 ℃ 测试的触点电压:6 V max 测试的触点电流:10 mA max 最后测量: 试验 3:静态触点电路电阻 试验 4:功能测试 试验 5:时间测试	5	1	循环次数按表 3 规定 触点失效按 2.4.1 规定 数值按 2.4.2 规定 数值按表 2 中对 23 ℃下的规定 通过监测触点检查继电器功能 数值按 2.4.4 规定

表 4(续)

C4 分组(周期:2 a)

试验序号	试验项目	IEC 61810-7:1997 中的试验条件	样本大小	允许的不合格品数	性能要求
21	电耐久性 触点额定电流 阻性负载(D)	3.30.3,方法 1 触点负载按 GB/T 14598.4—1993 的 4.1 规定:24 V d.c./1.25 A 加负载/试验的触点数: 一组转换触点 线圈电压:额定电压 每秒循环次数:不大于 3 占空比:1∶1 环境温度:70 ℃ 测试的触点电压:6 V max 测试的触点电流:10 mA max 最后测量: 试验 3:静态触点电路电阻 试验 4:功能测试 试验 5:时间测试	5	1	循环次数按表 3 规定 触点失效按 2.4.1 规定 数值按 2.4.2 规定 数值按表 2 中对 23 ℃下的规定 通过监测触点检查继电器功能 数值按 2.4.4 规定
22	电耐久性 触点应用类别 CA0 扩展评定(D)	3.30.6 或 3.30.4 加负载/试验的触点数: 一组转换触点 线圈电压:额定电压 每秒循环次数:不大于 12.5 占空比:1∶1 环境温度:70 ℃ 测试的触点电压:30 mV max 测试的触点电流:10 mA max 最后测量: 试验 3:静态触点电路电阻 试验 4:功能测试 试验 5:时间测试	20	0	循环次数按表 3 规定 触点失效按 2.4.1 规定 数值按 2.4.2 规定 数值按表 2 中对 23 ℃下的规定 通过监测触点检查继电器功能 数值按 2.4.4 规定

表 4(续)

C5 分组(周期:2 a)

试验序号	试验项目	IEC 61810-7:1997 中的试验条件	样本大小	允许的不合格品数	性能要求
23	热耐久性(D)	3.32 时间:21 d 环境温度:70 ℃ 线圈电压:不施加或施加额定电压 恢复:1 h 最后测量: 试验 3:静态触点电路电阻 试验 4:功能测试	5	0	 数值按 2.4.2 规定 数值按表 2 中对 23 ℃下的规定 通过监测触点检查继电器功能
24	气候序列(D)	3.15 高温,3.15.2 温度:70 ℃ 暴露时间:16 h 恢复:4 h 高温暴露的最后 2 h 内,监测所有触点的触点电路电阻 每秒循环次数:2 占空比:1∶1 测试的触点电压:6 V max 测试的触点电流:10 mA max 高温暴露结束前: 试验 4:功能测试 循环湿热,3.15.3 1 次循环 温度:55 ℃ 恢复:4 h 低温,3.15.4 温度:−25 ℃ 时间:2 h 低温暴露结束前: 试验 4:功能测试 循环湿热,3.15.6 1 次循环 温度:55 ℃ 恢复:4 h 最后测量: 试验 17:绝缘电阻 试验 3:静态触点电路电阻 试验 4:功能测试 试验 8:目检,3.6.4 d)	10	0	数值按 2.4.2 规定 数值按表 2 中对 23 ℃下的规定 通过监测触点检查继电器功能 数值按表 2 中对 23 ℃下的规定 通过监测触点检查继电器功能 数值按 2.1 规定 数值按 2.4.2 规定 数值按表 2 中对 23 ℃下的规定 通过监测触点检查继电器功能 无裂纹或其他损坏

表 4(续)

C5 分组(周期:2 a)

试验序号	试验项目	IEC 61810-7:1997 中的试验条件	样本大小	允许的不合格品数	性能要求
25	稳态湿热(D)	3.16 试验时间:21 d 最后测量: 试验 17:绝缘电阻 试验 3:静态触点电路电阻 试验 8:目检,3.6.4 d)	10	0	 数值按 2.1 规定 数值按 2.4.2 规定 无裂纹或其他损坏
26	引出端强度(D)	3.24 程序:试验 Ua_2 拉力,和 试验 Ub 弯曲,方法 1 最后测量: 试验 8:目检,3.6.4 d) 试验 2:线圈电阻 试验 3:静态触点电路电阻 试验 4:功能测试	10	0	数值按 2.6 规定 引出端应无裂纹或松动 无裂纹或其他损坏 数值按表 2 规定 数值按 2.4.2(初始值)规定 数值按表 2 中对 23℃下的规定 通过监测触点检查继电器功能
27	冲击(D)	3.26,方法 1,工作稳定性 脉冲波形和加速度按本规范 2.6 施加:在三条主轴的各两个方向,在每一个动作状态与释放状态各施加 3 次冲击 试验的线圈电压:额定电压(动作状态)和零(释放状态) 测试的触点电压:6 V max 测试的触点电流:10 mA max 3.26,方法 2,结构牢固性 脉冲形状和加速度按本规范 2.6 规定 在三条主轴的各两个方向,在每一个动作状态与释放状态各施加 3 次冲击 最后测量: 试验 8:目检,3.6.4 d) 试验 3:静态触点电路电阻 试验 4:功能测试 试验 5:时间测试	10	0	任何闭合触点电路的断开或任何断开触点电路的闭合不应超过 100 μs 无裂纹或其他损坏 数值按 2.4.2(初始值)规定 数值按表 2 中对 23 ℃下的规定 通过监测触点检查继电器功能 数值按 2.4.4 规定

表 4(续)

C5 分组(周期:2 a)

试验序号	试验项目	IEC 61810-7:1997 中的试验条件	样本大小	允许的不合格品数	性能要求
28	振动(D)	3.28.2.1,方法 1,工作稳定性 振幅:0.75 mm,98.1 m/s² 频率:10 Hz～55 Hz 施加:三个方向 每个方向的扫频次数:3 次 扫频速率:1 个倍频程每分钟±10% (总时间:约 3×30 min) 试验的线圈电压:额定电压(动作状态)和零(释放状态) 测试的触点电压:6 V max 测试的触点电流:10 mA max 最后测量: 试验 8:目检,3.6.4 d) 试验 3:静态触点电路电阻 试验 4:功能测试 试验 17:绝缘电阻	10	0	任何闭合触点电路的断开或任何断开触点电路的闭合不应该超过 10 μs 无裂纹或其他损坏 数值按 2.4.2(初始值)规定 数值按表 2 中对 23 ℃下的规定 通过监测触点检查继电器功能 数值按 2.1 规定
29	机械耐久性(D)	3.31.3,方法 2 线圈电压:额定电压 每秒循环次数:10 占空比:1∶1 试验温度:70 ℃ 最后测量: 试验 3:静态触点电路电阻 试验 4:功能测试 试验 5:时间测试	20	1	循环次数按 2.4.3 规定 应无破裂的零部件或其他损坏 数值按 2.4.2 规定 数值按表 2 中对 23 ℃下的规定 通过监测触点检查继电器功能 数值按 2.4.4 规定
30	过负载电流(触点电路)(D)	3.34 环境温度:70 ℃ 所有触点加负载 触点电压:24 V d.c. 触点电流:2.5 A 线圈电压:额定电压 每秒循环次数:不大于 0.3 占空比:1∶1 最后测量: 试验 3:静态触点电路电阻 试验 4:功能测试	5	0	循环次数按表 3 规定 监测每次工作 应无永久性损坏 数值按 2.4.2 规定 数值按表 2 中对 23 ℃下的规定 通过监测触点检查继电器功能

表 4(续)

C5 分组(周期:2 a)

试验序号	试验项目	IEC 61810-7:1997 中的试验条件	样本大小	允许的不合格品数	性能要求
31	过负载电压(触点电路)(D)	3.34 环境温度:70 ℃ 所有触点加负载 触点电压:250 V d.c. 触点电流:0.24 A 线圈电压:额定电压 每秒循环次数:不大于 0.3 占空比:1∶1 最后测量: 试验 3:静态触点电路电阻 试验 4:功能测试	5	0	循环次数按表 3 规定 监测每次工作 数值按 2.4.2 规定 数值按表 2 中对 23 ℃下的规定 通过监测触点检查继电器功能
32	磁干扰(ND)	3.37,方法 1、2 或 3 方法 1:试验线圈的尺寸按详细规范规定 方法 2:安装的网格图形按详细规范规定 方法 3:试验条件按详细规范规定	5	0	方法 1,继电器处于临界位置偏差: ——动作电压小于 20% ——释放电压小于 40% 方法 2,必须动作和必须释放电压按表 2 规定 方法 3,失效判据按详细规范规定
33	耐清洗剂(D)	3.47 最后测量: 试验 8:目检,3.6.4 d) 试验 17:绝缘电阻 试验 4:功能测试 试验 18:密封	10	0	标志无缺陷或其他损坏 数值按 2.1 规定 数值按表 2 中对 23℃下的规定通过监测触点检查继电器功能 失效判据按 IEC 60068-2-17:1994 的 3.5.5
34	着火危险(D)	3.48,程序按 GB/T 5169.5—1997 继电器的安装和火焰施加方位:临界方位 火焰施加持续时间:10 s	10	0	试验结果评定按 GB/T 5169.5—1997 的第 10 章

ᵃ 只当详细规范中有规定,且在 C1 分组中未进行试验时进行。

表 4（续）

C6 分组(周期:2 a)

试验序号	试验项目	IEC 61810-7:1997 中的试验条件	样本大小	允许的不合格品数	性能要求
35	称重(ND)	3.7.2	10	0	继电器重量按 2.1 规定
36	热阻(ND)	3.17			数值按 2.1 规定
37	温度快速变化(D)	3.19 上限温度:85 ℃ 下限温度:−40 ℃ 每个极限温度下的持续时间:30 min 循环次数:5 最后测量: 试验 8:目检,3.6.4 d) 试验 17:绝缘电阻 试验 4:功能测试 试验 3:静态触点电路电阻	10	1	 无裂纹或其他损坏 数值按 2.1 规定 数值按表 2 中对 23 ℃下规定 通过监测触点检查继电器功能 数值按 2.4.2 规定
38	耐焊接热(D)	通孔型: 3.25.3,试验 2 IEC 60068-2-20:1979 的试验 Tb,方法 1A 老化:不要求 被试的引出端数:全部 方法 1A:(260±5)℃中的浸渍时间:(10±1)s 表面安装型: 3.25.3,试验 4 老化:不要求 (110±10)℃下的预热时间,如有要求:5 min a) (260±5)℃下的浸渍时间:(5±1)s b) (215±3)℃下的浸渍时间:(40±1)s 最后测量: 试验 2:线圈电阻 试验 3:静态触点电路电阻 试验 15:介质试验 试验 17:绝缘电阻 试验 18:密封	10	0	 数值按表 2 规定 数值按 2.4.2 规定 无击穿或闪络 漏电流不大于 1 mA 数值按 2.1 规定 失效按 IEC 60068-2-17:1994 的 3.5.5
39	触点电路电阻稳定性	3.12.1 线圈电压:额定电压 每秒循环次数:不大于 10 占空比:1∶1 环境温度:23 ℃	500	1	100 次连续循环中测量的触点电路电阻值的标准偏差应最接近平均值,每个触点各自单独计算

表 5 鉴定批准

样品大小:至少 160 只

样本规格:线圈电压

通过 1 组检验的继电器再经受 2 组至 17 组检验。经受过 3 组检验的继电器应用于 8 组检验。

试验项目	试验条件和要求				样本大小	允许的不合格品数
	IEC 61810-7:1997 中的试验条件		表 4 中的试验序号和说明	表 4 中的分组		
	章条号	具体试验条件				
0 组						
筒装式自动送料盘的目检*	—		7	B1	6	0
* 如在详细规范中有规定,则必须进行。						
1 组						
目检	3.6		1	A4	160	0
线圈电阻	3.8.1		2	A4		
触点电路电阻	3.12		3	A4		
功能测试	3.13		4	A4		
时间测试	3.14		5	A4		
触点动态介质试验	3.50		9	B1		
密封	3.20.2	程序 1、2 或 4	A0-6	A0		
2 组						
尺寸检查	3.6.1		8	B1	10	0
可焊性 通孔型 表面安装型	3.25.3	试验 1 试验 3	11	B2		
3 组						
绝缘电阻	3.11		17	C2	20	0
介质试验	3.9	GB/T 5169.5—1997	15	C2		
4 组						
称重	3.7.2		35	C6	5	0
热阻	3.17	试验 2	36	C6		
引出端强度	3.24		26	C5		
5 组						
冲击电压试验	3.10		16	C2	5	0
着火危险	3.48	GB/T 5169.5—1997	34	C5		

表 5（续）

试验项目	试验条件和要求				样本大小	允许的不合格品数
	IEC 61810-7:1997 中的试验条件		表 4 中的试验序号和说明	表 4 中的分组		
	章条号	具体试验条件				
6 组						
气候序列	3.15		24	C5	10	0
耐焊接热 通孔型 表面安装型	3.25.3	试验 2 试验 4	38	C6		
耐清洗剂	3.47		33	C5		
密封	3.20.2	程序 1	18	C2		
7 组						
稳态湿热	3.16		25	C5	10	0
密封	3.20.2	程序 1	18	C2		
8 组						
磁干扰	3.37	方法 1、2 或 3	32	C5		0
磁干扰 R*	3.37	方法 3	32	C1 和 C5	5	
冲击	3.26	方法 1	27	C5		
振动	3.28.2.1	方法 1	28	C5	5	
温度快速变化	3.19	方法 1	37	C6	10	
密封	3.20.2	程序 1	18	C2	20	
R* 推荐试验项目，只在详细规范中有规定时进行。						
9 组						
电耐久性 电缆负载	3.30.6 3.30.3	方法 1	19	C4	20	0
10 组						
电耐久性 触点额定电压	3.30.3	方法 1	20	C4	5	0
11 组						
电耐久性 触点额定电流	3.30.3	方法 1	21	C4	5	0
12 组						
电耐久性 触点应用类别 CA0	3.30.6 3.30.4		22	C4	20	0

表 5（续）

试验项目	试验条件和要求				样本大小	允许的不合格品数
	IEC 61810-7:1997 中的试验条件		表 4 中的试验序号和说明	表 4 中的分组		
	章条号	具体试验条件				
13 组						
电耐久性 如有要求，相关条件下的特定应用	3.30.3	方法 1	14	C1	20	0
14 组						
机械耐久性	3.31.3	方法 2	29	C5	10	1
15 组						
热耐久性	3.32		23	C5	10	0
16 组						
过负载电流（触点电路）	3.34		30	C5	5	0
17 组						
过负载电压（触点电路）	3.34		31	C5	5	0

表 6 生产过程鉴定

试验项目	试验条件和要求				样本大小	允许的不合格品数
	IEC 61810-7:1997 中的试验条件		表 4 中的试验序号和说明	表 4 中的分组		
	章条号	具体试验条件				
18 组						
电耐久性 无失误接收	3.30.5		10	B1	20	0
19 组						
触点电路电阻稳定性	3.12.1		39	C6	500	1

ICS 29.120.70
L 25

中华人民共和国国家标准

GB/T 16608.54—2012/IEC 61811-54:2002

有或无机电继电器 第54部分:空白详细规范 电信用有质量评定的有或无机电继电器 两组转换触点,15 mm×7.5 mm底座

Electromechanical all-or-nothing relays—Part 54:Blank detail specification—Electromechanical all-or-nothing telecom relays of assessed quality—Two change-over contacts,15 mm×7.5 mm base

(IEC 61811-54:2002,IDT)

2012-11-05发布 2013-02-15实施

中华人民共和国国家质量监督检验检疫总局
中国国家标准化管理委员会 发布

前　言

GB/T 16608《有或无基础机电继电器》标准目前分为以下几个部分：

——GB/T 16608.1　有质量评定的有或无基础机电继电器　第1部分：总规范；

——GB/T 16608.50　有或无机电继电器　第50部分：分规范　电信用有质量评定的有或无机电继电器；

——GB/T 16608.51　有或无机电继电器　第51部分：空白详细规范　电信用有质量评定的有或无机电继电器　非标准类型和结构；

——GB/T 16608.52　有或无机电继电器　第52部分：空白详细规范　电信用有质量评定的有或无机电继电器　两组转换触点，20 mm×10 mm 底座；

——GB/T 16608.53　有或无机电继电器　第53部分：空白详细规范　电信用有质量评定的有或无机电继电器　两组转换触点，14 mm×9 mm 底座；

——GB/T 16608.54　有或无机电继电器　第54部分：空白详细规范　电信用有质量评定的有或无机电继电器　两组转换触点，15 mm×7.5 mm 底座；

——GB/T 16608.55　有或无机电继电器　第55部分：空白详细规范　电信用有质量评定的有或无机电继电器　两组转换触点，11 mm×7.5 mm(最大)底座。

本部分为 GB/T 16608 的第54部分。

本部分按 GB/T 1.1—2009 给出的规则起草。

本部分使用翻译法等同采用 IEC 61811-53:2002《有或无机电继电器　第54部分：空白详细规范　电信用有质量评定的有或无机电继电器　两组转换触点，15 mm×7.5 mm 底座》。

为便于使用，本部分作了下列编辑性修改：

——用"本部分"代替"本国际标准"；

——用小数点符号"."代替符号","；

——删除了 IEC 标准前言；

——将表3的第2列中触点电路电阻的单位由"Ω"换算为"mΩ"。

本部分由中华人民共和国工业和信息化部提出。

本部分由全国有或无电气继电器标准化技术委员会(SAC/TC 217)归口。

本部分起草单位：厦门宏发电声股份有限公司。

本部分主要起草人：张德胜、王珏、史信源、王俊青、陆宁懿。

有或无机电继电器 第54部分:空白详细规范 电信用有质量评定的有或无机电继电器 两组转换触点,15 mm×7.5 mm底座

1 总则

1.1 范围

GB/T 16608的本部分是空白详细规范,适用于电信用有质量评定的有或无机电继电器。符合本部分规定的继电器供在电信设备中使用,但作为有或无机电继电器,也可使用于特定的工业或其他设备。

本部分中规定的试验方法引自IEC 61810-7:1997和其他标准,供按本规范制定的详细规范采用。本部分也规定了基本检验表,供按GB/T 16608.1—2003规定制定的详细规范使用。

1.2 规范性引用文件

下列文件对于本文件的应用是必不可少的。凡是注日期的引用文件,仅注日期的版本适用于本文件。凡是不注日期的引用文件,其最新版本(包括所有的修改单)适用于本文件。

GB/T 2421—1999 电工电子产品环境试验 第1部分:总则(IEC 60068-1:1988,IDT)

GB/T 5169.5—1997 电工电子产品着火危险试验 第2部分:试验方法 第2篇:针焰试验(IEC 60695-2-2:1991,IDT)

GB/T 14598.4—1993 电气继电器 第14部分:电气继电器触点的寿命试验 触点负载的优先值(IEC 60255-14:1981,IDT)

GB/T 16608.1—2003 有质量评定的有或无基础机电继电器 第1部分:总规范(IEC 61811-1:1999,IDT)

GB/T 16608.50—2012 有或无机电继电器 第50部分:分规范 电信用有质量评定的有或无机电继电器(IEC 61811-50:2002,IDT)

IEC 60068-2-17:1994 环境试验 第2部分:试验 试验Q:密封(Environmental testing—Part 2:Tests—Test Q:Sealing)

IEC 60068-2-20:1979 环境试验 第2部分:试验 试验T:锡焊试验(含修改单2:1987)(Environmental testing—Part 2:Tests—Test T:Soldering) Amendment 2(1987)

IEC 60068-2-47:1999 环境试验 第2-47部分:试验方法 振动、冲击及类似动力试验中元器件、设备和其他物件的安装(Environmental testing—Part 2-47:Test methods—Mounting of components, equipment and other articles for vibration, impact and similar dynamic tests)

IEC 61709:1996 电子元器件 可靠性 失效率的标准条件和转换的应力模型(Electronic components—Reliability—Reference conditions for failure rates and stress models for conversion)

IEC 61810-7:1997 有或无机电继电器 第7部分:试验和测量程序(Electromechanical all-or-nothing relays—Part 7:Test and measurement procedures)

QC 001002-2:1998 IEC电子元器件质量评定体系程序规则(IECQ) 第2部分:文件(Rules of Procedure for the IEC Quality Assessment System for Electronic Components(IECQ)—Part 2:Docu-

mentation)

QC 001002-3:1998　IEC电子元器件质量评定体系程序规则(IECQ)　第3部分:批准程序(Rules of Procedure for the IEC Quality Assessment System for Electronic Components(IECQ)—Part 3:Approval Procedures)

QC 001005:2000　按IECQ体系包括按ISO 9000批准的产品和服务的确认注册目录(Register of Firms,Products and Services approved under the IECQ System,including ISO 9000)

CECC 00802:1990　导则文件:CECC有质量评定的表面安装元器件(SMDs)　规范用标准方法[Guidance document:CECC Standard Method for the Specification of Surface Mounting Components (SMDs) of Assessed Quality]

(国家授权的机构应对直接引用等效采用本标准的国家标准的文件或规范进行标注)

1.3　详细规范的首页

详细规范的首页应按下列规定进行编排。

(1)

QC×××××× (2)
版本 200×
××的 1

有质量评定的电子元器件按: (3)
IEC 61810-7:1997
GB/T 16608.50—2012

(4)

电信用有质量评定的有或无机电继电器详细规范
双列直插、15 mm×7 mm 底座,两组转换触点
型号:…两组转换触点 (5)
结构:双列直插,15 mm×7.5 mm 底座 (6)
塑封外壳,整体高度通孔型最大为 11 mm,表面安装型最大为 12 mm
继电器特征,RTⅢ,适合于采用安装孔和锡焊的印制电路板常规组装技术或表面安装技术(当适用时)

外形图和接线图 (7)
尺寸以毫米为单位

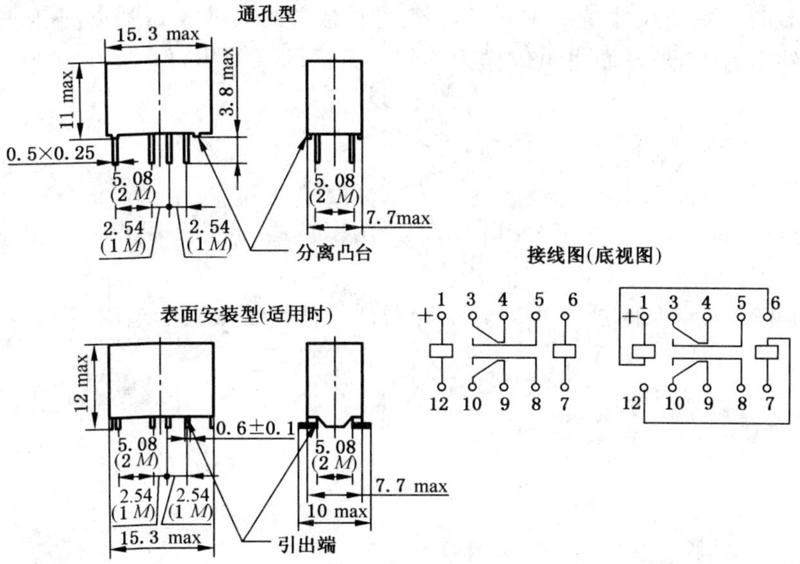

说明:
图形是示例,但最大外形尺寸、单线圈继电器的接线图、所有矩形引出端的排列和其相同的方位是必须遵循的

应用: (8)
符合本规范的继电器适用于电信设备,但作为印制电路板继电器,也适用于在特定的工业和其他设备

线圈参数 (9)
额定电压:…V d.c.
额定功率:…mW

触点参数 (10)
先断后合转换触点
触点额定电压: 110 V d.c./125 V a.c.*
触点额定电流: 1.25 A max
触点额定功率: 30 W/50 VA
极限连续电流: 2 A max
* 交流值只当详细规范中有规定时,才必须遵行

GB/T 2421—1999 中规定的元器件气候类别:25/70/21 (11)
温度范围:工作温度: −25 ℃~70 ℃
贮存温度: −40 ℃~85 ℃

按本详细规范鉴定合格的继电器,其制造厂信息可从现行 QC 001005 中获取。

首页内容说明：

首页括号中的编号与下列给出的标注相对应。

详细规范的标注：

(1) 授权发布详细规范的国家标准机构名称。适用时，详细规范可从该机构获取。

(2) IECQ 符号和由 IECQ 秘书处对正式详细规范给定的编号。

(3) 有效的有或无机电继电器试验和测量程序及(或)分规范的 IEC 标准编号与年代号；及国家标准(当有差别时)。

(4) 当与 IECQ 编号不同时，国家详细规范的编号、发布日期和国家体制所要求的各种更详细信息，及所有修改单编号。

继电器标注：

(5) 类型：单稳态或双稳态，非极化或极化，两组转换触点。

(6) 结构：如双列直插、底座和整体高度、继电器类型，环境防护依据(RT Ⅰ至 RT Ⅳ)，安装变化及其他典型结构细节。

(7) 具有主要尺寸的外形图。主要尺寸是指对互换性有重要意义的尺寸及(或)对外形所引用的相应国家或国际文件。另外，外形图也可以作为详细规范的附录给出，但(7)中必须给出元器件总体外貌的说明。

(8) 典型的应用领域。

(9) 线圈额定电压和额定功率。

(10) 触点组数、特定触点材料和触点电压、触点电流、触点功率。适用时，各触点材料相应的代码应作为附录列出。

(11) GB/T 2421—1999 的第 8 章和附录 A 中规定的元器件气候类别及温度范围。

2 继电器特性值

2.1 一般参数

——热阻：最大…K/W；

——触点应用类别：CA0，CA1，CA2 和(或)CA3；

——继电器重量：最大…g；

——引出端表面层：预浸焊料；允许不预浸焊料的部分：适用时，至分离凸台平面最大为 1 mm；

——绝缘电阻：500 V d.c.，1 000 MΩ min 初始值；

——介质耐电压：见表 1。

表 1 介质试验电压

试验电压的施加点	介质试验 V a.c.，min	冲击电压试验 10 μs/700 μs 和/或 1.2 μs/50 μs V，min
断开的触点电路间	500	
独立的触点电路组间	500	
线圈与触点电路间	500	
独立的线圈间(适用时)		

2.2 IEC的型号规格组成(序列信息)

继电器/IECQ ××××××-X Y 9 Z

名称——继电器

IECQ 详细规范号——××××××

线圈额定电压(表 2 中标识代号的第 1 个字母)——X

额定功率(表 2 中标识代号的第 2 个字母)——Y

规定的专用触点材料(按详细规范附录规定)——9

专用特征和(或)表面安装型(按详细规范附录规定)——Z

单稳态或双稳态类继电器的代号。若适用时应由线圈额定功率组成。触点组数应在详细规范的首页中给出。

若无特殊的特性适用,则最后一个数字代码为 0。对于某一个详细规范,如果示例中的其中一项特性不考虑,则相应的字母代号应删除;对于不适用的特性,无专用标识或空白的位置。

制造厂可以采用其自己的编号系统,但应在详细规范的附录中给出 IECQ 型号与制造厂零件号之间的转换(对照)表。

2.3 线圈参数

表 2 线圈参数

标识代号	额定电压 V	线圈电阻 ×(1±10%)Ω	必须动作电压 V			线圈最大电压 V	必须不释放电压 V	必须释放电压 V			额定功率 mW
		(23±2)℃	线圈温度℃			线圈温度℃	线圈温度℃	线圈温度℃			
			−25	23	70	70	23	−25	23	70	

2.4 触点参数

2.4.1 电耐久性和循环频率

触点失效:按每一单个触点计算,在每 10^5 次(或规定的最少循环次数)下,闭合触点的触点电路电阻大于 2.4.2 中的规定值或断开触点的触点电路电阻小于 100 kΩ 多于 1 次;或由于动断与动合触点间短路(电阻值小于 100 Ω)而不断开。这是指 10^5 次循环中允许 1 次触点故障,7×10^5 次循环中允许 7 次触点故障。

示例:在规定的 10^6 次耐久性试验间,按上述规定,故障的总数不应超过 10 次。

表 3 电耐久性试验和过负载试验的负载、触点电路电阻极限值、循环次数和频率

负载	触点电路电阻最大值 mΩ	循环次数最小值 次	循环频率最大值 次/s
触点应用类别 CA0	1 000	700 000	12.5
触点最大阻性电压/最大阻性功率	1 000	100 000	3

表 3（续）

负　　载	触点电路电阻最大值 mΩ	循环次数最小值 次	循环频率最大值 次/s
触点最大阻性电流/最大阻性功率	1 000	100 000	3
DC 末端开路电缆	1 000	1 000 000	12.5
当有要求时，相关的特定应用			
过负载	1 000[a]	100	0.3
[a] 除详细规范中另有规定外。			

2.4.2　**静态触点电路电阻**

额定电压下的初始值：最大 100 mΩ；

其他线圈电压下（如动合触点在必须动作电压下）的触点电路电阻初始值的变化值：最大 10 mΩ；

电耐久性试验、机械耐久性试验和环境试验过程中及其后，额定电压下的数值：最大 1 Ω。

2.4.3　**机械耐久性**

循环次数至少 10^7 次。

2.4.4　**时间（无抑制器件）**

——动作时间：最大 5 ms；

——释放时间：最大 5 ms；

——触点闭合时的回跳时间：最大 5 ms；

——触点断开时的回跳时间：最大 3 ms；

——动作和释放时的转接时间（在最快的动合触点闭合之前，最慢的动断触点断开的时间；或在最快的动断触点闭合之前，最慢的动合触点断开的时间；应对每个触点进行监测）：最小 0.1 ms。

2.5　**安装**

继电器引出端应设计成可采用常规组装技术或表面安装技术直接焊接到印制电路板上。

2.6　**环境参数**

继电器至少应能承受以下环境应力：

——冲击，工作稳定性：98.1 m/s^2 半正弦波加速度，11 ms 脉冲持续时间；

——冲击，结构牢固性：294.3 m/s^2 半正弦波加速度，11 ms 脉冲持续时间；

——振动（正弦）：振幅 0.75 mm 或 98.1 m/s^2，10 Hz～55 Hz；

——引出端机械强度：

- 拉力：1N；
- 弯曲：2 次；

——焊接：

- 如要求特定的老化，则应选择 IEC 60068-2-20：1979 中 4.2 的老化程序 1a、1b、2 或 3，并在详细规范中规定；

——通孔型：

● 可焊性:235 ℃,2 s;

● 耐焊接热,引出端在 260 ℃中的浸没时间:5 s 或 10 s;

——表面安装型:

● A1 级,CECC 00802:1990 的 6.2(即 260 ℃/5 s 和 215 ℃/40 s);

● 3 类,CECC 00802:1990 的 6.2(即汽相焊或红外焊,当温度应力足够时);

——密封:漏率不大于 1×10^{2} Pa·cm^{3}/s;

——耐清洗剂(用绵纸擦磨):55 ℃软化水或蒸馏水:5 min;

——着火危险(针焰):至少 10 s。

2.7 自动操作用继电器包装(当适用时)

如果采用适合自动操作用的筒装式自动送料盘或卷带卷盘式包装(便于继电器的自动插入),则其外形图(剖面和长度)、存储量和合理的标志应在附录中给出。

3 鉴定批准程序

——按 QC 001002-3:1998 中 3.1.4 a)规定,固定样本;

——抽样和检验表按表 5 规定;

——规定的试验项目和顺序必须遵循;

——表 6 中规定的试验项目,只当详细规范中有规定时,才是必须遵循的。

4 质量一致性检验

质量一致性检验包括表 4 规定的试验项目:

——A、B 组:逐批检验;

——C 组:周期检验。

除在本空白详细规范中另有规定外,表 4 中的所有试验项目都是必须遵循的。同一个分组中包含了累加的试验项目,试验的顺序是必须遵循的。经受过标注为破坏性试验(D)的样品不得在交货时放行。

注:如需要 AQL 的特殊检验水平,则表 4 中 A4、B1 和 B2 分组的 AQL 值,由继电器制造厂与继电器用户协商确定。

4.1 检验批的组成

按 QC 001002-3:1998 中 3.2.3 的规定,质量一致性检验样本大小的确定以一周内生产的继电器数量为依据。

4.2 检验周期

——A4、B1 和 B2 分组:每周至少一次;

——C1 和 C2 分组:每年至少一次;

——C4 到 C6 分组:每两年至少一次。

5 标志与文件

继电器及其包装应标有以下内容。

5.1 继电器标志

标志应耐久、清晰，并应标有下列项目：

a) 制造厂名称、品牌或商标；

b) 继电器型号和规格号；

c) 生产日期代码，按 GB/T 16608.50—2012 中 1.5.3 规定，用年/周表示；

d) IECQ 字母或 IECQ 认证标志；

e) IECQ 型号(序列信息)，如果 b)中未明确，也见 2.2；

f) 第 1 号引出端的标志。

注：在不可能的情况下，e)项中的 IECQ 型号可省略。

5.2 包装标志

a) 制造厂名称、品牌或商标；

b) 继电器型号和规格号；

c) 生产批次标识代码；

d) IECQ 字母或 IECQ 认证标志；

e) IECQ 型号(序列信息)，如果 b)中未明确，也见 2.2；

f) 详细规范号，如果继电器上未标志；

g) 数量。

注：在不可能的情况下，e)项中的 IECQ 型号可省略。

5.3 文件

每次交货均应附加符合 QC 001002-2:1998 中 2.4 规定的合格说明。

6 附录

必要时，可以增加附录，例如表明继电器安装、引出端尺寸等方面的更详细内容。

7 试验

7.1 试验的标准条件

除另有规定外，所有试验均应在 IEC 61810-7:1997 中 3.5 规定的标准条件下进行。

7.2 试验期间试验样品的安装

下列说明适用于机械应力试验项目(冲击和振动)。应采用继电器的正常安装方法将其安装到试验夹具上，该夹具的固有谐振点应减少至不会使试验无效的程度(见 IEC 60068-2-47:1999)。

7.3 试验的一般条件

除另有规定外，在继电器的所有试验和使用中应采用表 2 中规定的线圈额定电压和其相应的极性(当适用时)。

8 序列信息

见 2.2。

9 继电器可靠性——失效率数据(任选)

可靠性数据的评定和表征不是必须遵循的。

但如果详细规范中有要求,则"任选"的本条款应适用,并应符合 GB/T 16608.50—2012 中第 5 章的规定,还应给出所采用方法和整套参数的简要说明。详细内容应在相应详细规范的附录中给出;按 GB/T 16608.50—2012 附录 A 中的规定,优先以 IEC 61709:1996 中的规定作依据。

表 4 质量一致性检验

A 组

A0 分组

此分组的所有试验项目:100%检验。剔除所有失效的继电器。此分组中的试验项目作为筛选或功能分选试验,应在抽取其他各分组样本的批组成之前,尽可能地在线进行。累计失效比率大于 10%的批应拒收。

试验序号	试验项目	IEC 61810-7:1997 中的试验条件	性能要求
A0-1	线圈电阻(ND)	3.8.1	数值按表 2 规定
A0-2	介质试验(ND)	3.9 施加点和试验电压:按本规范 2.1 和表 1 规定 试验持续时间:1 s 注:如果制造厂证明其等效,则详细规范中可以规定更高电压和更短时间的试验	无击穿或闪络 漏电流不大于 1 mA
A0-3	静态触点电路电阻(ND)	3.12 测试点:所有闭合触点的引出端 最大测试电压:30 mV d.c.或 a.c. 最大测试电流:10 mA	触点每次闭合时的初始值按 2.4.2 规定
A0-4	功能测试(ND)	3.13 单稳态非极化继电器的步序: 1) 1.5 倍额定电压预处理 2) 零电压 3) 必须动作电压 4) 额定电压 5) 必须不释放电压 6) 必须释放电压 其他类型继电器的步序: 模拟图 2～图 5 的规定 一次循环 触点电压:6 V max 安装:任意	数值按表 2 规定 通过监测触点检查继电器功能

表 4(续)

试验序号	试验项目	IEC 61810-7:1997 中的试验条件	性能要求
A0-5	时间测试(ND)	3.14 线圈电压:额定电压 测试点:所有触点 触点电压:6 V max 安装:任意	数值按 2.4.4 规定 通过测量转接时间,检查触点的动作顺序(见 GB/T 16608.50—2012 中 4.4 的注 4)
A0-6	密封(ND)	3.20.2 对于 RT Ⅲ 和 RT Ⅳ,程序 1、2 或 4	数值按 2.6 规定

A4 分组(周期:检验批为一周的生产量)

试验序号	试验项目	IEC 61810-7:1997 中的试验条件	IL	AQL	性能要求
1	目检:继电器标志(ND)	3.6.4 a)和 b)	S4	1.0	按 5.1 规定
2	线圈电阻(ND)	3.8.1			数值按表 2 规定
3	静态触点电路电阻(ND)	3.12 测试点:所有闭合触点的引出端 最大测试电压:30 mV d.c. 或 a.c. 最大测试电流:10 mA			每次触点闭合时初始值和差值按 2.4.2 规定
4	功能测试(ND)	3.13 单稳态非极化继电器的步序: 1) 1.5 倍额定电压预处理 2) 零电压 3) 必须动作电压 4) 额定电压 5) 必须不释放电压 6) 必须释放电压 其他类型继电器的步序: 模似图 2~图 5 的规定 一次循环 触点电压:6 V max 安装:任意			数值按表 2 规定 通过监测触点检查继电器功能
5	时间测试(ND)	3.14 线圈电压:额定电压 测试点:所有触点 触点电压:6 V max 安装:任意			数值按 2.4.4 规定 通过测量转接时间检查触点的动作顺序(见 GB/T 16608.50—2012 中 4.4 的注 4)
6	密封(ND)	3.20.2 对于 RT Ⅲ 和 RT Ⅳ,程序 1、2 或 4			数值按 2.6 规定

表 4（续）

B 组

B1 分组(周期:检验批为一周的生产量)

试验序号	试验项目	IEC 61810-7:1997 中的试验条件	IL	AQL	性能要求
7	目检: 筒装式自动送料盘尺寸检查(ND)*	3.6.1 和 3.6.4 a)和 d)	S3	2.5	按 2.7 规定
8	目检: 除继电器标志外的外部主要尺寸检查(ND)	3.6.1 和 3.6.4 c)和 d) ——相应的封装 ——引出端 ——尺寸			引出端的预浸锡应覆盖住引出端而无去润湿或不润湿的现象;引出端不预浸锡的部分按 2.1 规定 尺寸按首页的外形图规定(1.3),对于继电器在印制电路板上的插入能力,应采用一具有相应公差的量规
9	触点动态介质试验	3.50 触点电压:500 V d.c.			不应检测到大于 80 μs 的脉冲
10	电耐久性无失误接收(ND)	3.30.5 线圈电压:额定电压 每秒循环次数:10 试验时间:1 h 试验过程中:不要求检测 最后测量: 试验 3:静态触点电路电阻			数值小于 0.2 Ω
* 如果详细规范中有规定,则必须进行。					

B2 分组(周期:检验批为一周的生产量)

试验序号	试验项目	IEC 61810-7:1997 中的试验条件	IL	AQL	性能要求
11 M*	可焊性(D)	通孔型: 3.25.3,试验 1 试验方法 1(试验 Ta,方法 1) 被试的引出端数:全部 温度:(235±5)℃ 时间:(2±0.5)s 浸渍深度:浸至离本体 1.5 mm 表面安装型: 3.25.3,试验 3 温度:(215±3)℃ 浸渍时间:(3±0.3)s 最后测量: 试验 2:线圈电阻 试验 17:绝缘电阻	S3	2.5	当采用放大镜检查时,被浸渍表面的 95% 应覆盖有新的焊料层,剩余的 5% 表面只可含有小针孔 (放大镜的放大倍数为 4 倍~10 倍) 数值按表 2 规定 数值按 2.1 规定
M* 如在 C1 分组中未进行试验,则必须进行。					

表 4（续）

C 组

C1 分组(周期:1 a)

试验序号	试验项目	IEC 61810-7:1997 中的试验条件	样本大小	允许的不合格品数	性能要求
11a M*	可焊性(D)	通孔型: 3.25.3,试验 1 试验方法 1(试验 Ta,方法 1) 被试的引出端数:全部 温度:(235±5)℃ 时间:(2±0.5)s 浸渍深度:浸至离本体 1.5 mm 表面安装型: 3.25.3,试验 3 温度:(215±3)℃ 浸渍时间:(3±0.3)s 最后测量: 试验 2:线圈电阻 试验 17:绝缘电阻	10	0	当采用放大镜检查时,被浸渍表面的 95% 应覆盖有新的焊料层,剩余的 5% 表面只可含有小针孔 (放大镜的放大倍数为 4 倍~10 倍) 数值按表 2 规定 数值按 2.1 规定
12	电耐久性 电缆负载(D)	3.30.3,方法 1 触点负载:终端开路电缆,10 m 按 GB/T 14598.4—1993 的 4.5 规定,电话电缆 $n \times 4 \times 0.6$ mm,一根导线接被试触点,另外三根导线接地,电压 48 Vd.c. 加负载/试验的触点数: 一组转换触点 线圈电压:额定电压 每秒循环次数:不大于 12.5 占空比:1∶1 环境温度:70 ℃ 测试的触点电压:6 V max 测试的触点电流:10 mA max 监测时间:线圈去激励与激励后的 70 ms 最后测量: 试验 3:静态触点电路电阻 试验 4:功能测试 试验 5:时间测试 试验 15:介质试验	20	0	循环次数按表 3 规定 触点失效按 2.4.1 规定 数值按 2.4.2 规定 数值按表 2 中对 23 ℃下的规定 通过监测触点检查继电器功能 数值按 2.4.4 规定 无击穿或闪络,漏电流不大于 1 mA

M* 只适用于由自动化设施制造的继电器;如在 B2 分组中未进行试验,而在详细规范中有规定,则必须进行。

表 4（续）

C1 分组(周期:1 a)

试验序号	试验项目	IEC 61810-7:1997 中的试验条件	样本大小	允许的不合格品数	性能要求
13	电耐久性 触点应用类别 CA0 (D)	3.30 加负载/试验的触点数: 一组转换触点 线圈电压:额定电压 每秒循环次数:不大于 12.5 占空比:1∶1 环境温度:70 ℃ 测试的触点电压:30 mV max 测试的触点电流:10 mA max 最后测量: 试验 3:静态触点电路电阻 试验 4:功能测试 试验 5:时间测试 试验 15:介质试验	20	0	循环次数按表 3 规定 触点失效按 2.4.1 规定 数值按 2.4.2 规定 数值按表 2 中对 23 ℃下的规定 通过监测触点检查继电器功能 数值按 2.4.4 规定 无击穿或闪络,漏电流不大于 1 mA
14	电耐久性 相关条件下的特定应用,如有要求(D)	3.30.3,方法 1 触点负载及更详细的条件按详细规范规定 线圈电压:额定电压 每秒循环次数:3 占空比:1∶1 环境温度:… ℃ 测试的触点电压:6 mV max 测试的触点电流:10 mA max 最后测量: 试验 3:静态触点电路电阻 试验 4:功能测试 试验 5:时间测试 试验 15:介质试验	20	0	循环次数按表 3 规定 触点失效按 2.4.1 规定 数值按 2.4.2 规定 数值按表 2 中对 23 ℃下的规定 通过监测触点检查继电器功能 数值按 2.4.4 规定 无击穿或闪络,漏电流不大于 1 mA

表 4（续）

C2 分组（周期：1 a）

试验序号	试验项目	IEC 61810-7：1997 中的试验条件	样本大小	允许的不合格品数	性能要求
15	介质试验(ND)	3.9 施加点和试验电压： 按本规范 2.1，表 1(±15 V) 试验持续时间：60 s	20	0	无击穿或闪络 漏电流不大于 1 mA
16	冲击电压试验(ND)	3.10 施加点和试验电压： 按本规范 2.1，表 1 在反向极性下连续冲击 频率：冲击(2 或 4)次/min 冲击总次数：6 最后测量： 试验 3：静态触点电路电阻 试验 4：功能测试 试验 17：绝缘电阻	5	0	数值按 2.4.2 规定 数值按表 2 中对 23 ℃下的规定 通过监测触点检查继电器功能 数值按 2.1 规定
17	绝缘电阻(ND)	3.11 测试点：3.11.2 中规定的所有引出端 测试电压：按本规范 2.1 测试时间：60 s 或当达到稳定值时	20	0	数值按 2.1 规定
18	密封(ND)	3.20.2 程序 1(试验 Qc，方法 2) 试验液体温度：(73±2)℃ 浸渍时间：1 min			失效判据按 IEC 60068-2-17：1994 中 3.5.5 规定

表 4（续）

C4 分组(周期:2 a)

试验序号	试验项目	IEC 61810-7:1997 中的试验条件	样本大小	允许的不合格品数	性能要求
19	电耐久性 电缆负载 扩展评定(D)	3.30.6 或 3.30.3,方法 1 触点负载:终端开路电缆,10 m 按 GB/T 14598.4—1993 的 4.5 规定,电话电缆 $n\times4\times0.6$ mm,一根导线接被试触点,另外三根导线接地,电压 48 V d.c. 加负载/试验的触点数:一组转换触点 线圈电压:额定电压 每秒循环次数:不大于 12.5 占空比:1∶1 环境温度:70 ℃ 测试的触点电压:6 V max 测试的触点电流:10 mA max 监测时间:线圈去激励与激励后的70 ms 最后测量: 试验 3:静态触点电路电阻 试验 4:功能测试 试验 5:时间测试	20	0	循环次数按表 3 规定 触点失效按 2.4.1 规定 数值按 2.4.2 规定 数值按表 2 中对 23 ℃下的规定 通过监测触点检查继电器功能 数值按 2.4.4 规定
20	电耐久性 触点额定电压 阻性负载(D)	3.30.3,方法 1 触点负载按 GB/T 14598.4—1993 的 4.1 规定:125 Vd.c./0.24 A 加负载/试验的触点数: 一组转换触点 线圈电压:额定电压 每秒循环次数:3 占空比:1∶1 环境温度:70 ℃ 测试的触点电压:6 V max 测试的触点电流:10 mA max 最后测量: 试验 3:静态触点电路电阻 试验 4:功能测试 试验 5:时间测试	5	1	循环次数按表 3 规定 触点失效按 2.4.1 规定 数值按 2.4.2 规定 数值按表 2 中对 23 ℃下的规定 通过监测触点检查继电器功能 数值按 2.4.4 规定

表 4（续）

C4 分组(周期:2 a)

试验序号	试验项目	IEC 61810-7:1997 中的试验条件	样本大小	允许的不合格品数	性能要求
21	电耐久性 触点额定电流 阻性负载(D)	3.30.3,方法 1 触点负载按 GB/T 14598.4—1993 的 4.1 规定:24 V d.c./1.25 A 加负载/试验的触点数: 一组转换触点 线圈电压:额定电压 每秒循环次数:3 占空比:1∶1 环境温度:70 ℃ 测试的触点电压:6 V max 测试的触点电流:10 mA max 最后测量: 试验 3:静态触点电路电阻 试验 4:功能测试 试验 5:时间测试	5	1	循环次数按表 3 规定 触点失效按 2.4.1 规定 数值按 2.4.2 规定 数值按表 2 中对 23 ℃下的规定 通过监测触点检查继电器功能 数值按 2.4.4 规定
22	电耐久性 触点应用类别 CA0 扩展评定(D)	3.30.6 或 3.30.4 加负载/试验的触点数: 一组转换触点 线圈电压:额定电压 每秒循环次数:不大于 12.5 占空比:1∶1 环境温度:70 ℃ 测试的触点电压:30 mV max 测试的触点电流:10 mA max 最后测量: 试验 3:静态触点电路电阻 试验 4:功能测试 试验 5:时间测试	20	0	循环次数按表 3 规定 触点失效按 2.4.1 规定 数值按 2.4.2 规定 数值按表 2 中对 23 ℃下的规定 通过监测触点检查继电器功能 数值按 2.4.4 规定

表 4（续）

C5 分组(周期:2 a)

试验序号	试验项目	IEC 61810-7:1997 中的试验条件	样本大小	允许的不合格品数	性能要求
23	热耐久性(D)	3.32 时间:21 d 环境温度:70 ℃ 线圈电压:不施加或施加额定电压 恢复:1 h 最后测量: 试验 3:静态触点电路电阻 试验 4:功能测试	5	0	数值按 2.4.2 规定 数值按表 2 中对 23 ℃下的规定 通过监测触点检查继电器功能
24	气候序列(D)	3.15 高温,3.15.2 温度:70 ℃ 暴露时间:16 h 恢复:4 h 高温暴露的最后 2 h 内,监测所有触点的触点电路电阻 每秒循环次数:2 占空比:1:1 测试的触点电压:6 V max 测试的触点电流:10 mA max 高温暴露结束前: 试验 4:功能测试 循环湿热,3.15.3 1 次循环 温度:55 ℃ 恢复:4 h 低温,3.15.4 温度:—25 ℃ 时间:2 h 低温暴露结束前: 试验 4:功能测试 循环湿热,3.15.6 1 次循环 温度:55 ℃ 恢复:4 h 最后测量: 试验 17:绝缘电阻 试验 3:静态触点电路电阻 试验 4:功能测试 试验 8:目检,3.6.4 d)	10	0	数值按 2.4.2 规定 数值按表 2 中对 23 ℃下的规定和对 70℃下必须动作电压的规定 通过监测触点检查继电器功能 数值按表 2 中对 23 ℃下的规定 通过监测触点检查继电器功能 数值按 2.1 规定 数值按 2.4.2 规定 数值按表 2 中对 23 ℃下的规定 通过监测触点检查继电器功能 无裂纹或其他损坏

表 4（续）

C5 分组(周期:2 a)

试验序号	试验项目	IEC 61810-7:1997 中的试验条件	样本大小	允许的不合格品数	性能要求
25	稳态湿热(D)	3.16 试验时间:21 d 最后测量: 试验 17:绝缘电阻 试验 3:静态触点电路电阻 检测 8:目检,3.6.4 d)	10	0	 数值按 2.1 规定 数值按 2.4.2 规定 无裂纹或其他损坏
26	引出端强度(D)	3.24 程序:试验 Ua_2 拉力,和 试验 Ub 弯曲,方法 1 最后测量: 试验 8:目检,3.6.4 d) 试验 2:线圈电阻 试验 3:静态触点电路电阻 试验 4:功能测试	10	0	数值按 2.6 规定 引出端应无裂纹或松动 无裂纹或其他损坏 数值按表 2 规定 数值按 2.4.2(初始值)规定 数值按表 2 中对 23℃ 下的规定 通过监测触点检查继电器功能
27	冲击(D)	3.26,方法 1,工作稳定性 冲击波形和加速度按本规范 2.6 施加:在三条主轴的各两个方向,在每一个动作状态与释放状态各施加 3 次冲击 试验的线圈电压:额定电压(动作状态)和零(释放状态) 测试的触点电压:6 V max 测试的触点电流:10 mA max 3.26,方法 2,结构牢固性 冲击波形和加速度按本规范 2.6 规定 在三条主轴的各两个方向,在每一个动作状态与释放状态各施加 3 次冲击 最后测量: 试验 8:目检,3.6.4 d) 试验 3:静态触点电路电阻 试验 4:功能测试 试验 5:时间测试	10	0	任何闭合触点电路的断开或任何断开触点电路的闭合不应超过 100 μs 无裂纹或其他损坏 数值按 2.4.2(初始值)规定 数值按表 2 中对 23 ℃下的规定 通过监测触点检查继电器功能 数值按 2.4.4 规定

表 4（续）

C5 分组(周期:2 a)

试验序号	试验项目	IEC 61810-7:1997 中的试验条件	样本大小	允许的不合格品数	性能要求
28	振动(D)	3.28.2.1,方法 1,工作稳定性 振幅:0.75 mm,98.1 m/s² 频率:10 Hz～55 Hz 施加:三个方向 每个方向的扫频次数:3 次 扫频速率:1 个倍频程每分钟±10% (总时间:约 3×30 min) 试验的线圈电压:额定电压(动作状态)和零(释放状态) 测试的触点电压:6 V max 测试的触点电流:10 mA max 最后测量: 试验 8:目检,3.6.4 d) 试验 3:静态触点电路电阻 试验 4:功能测试 试验 17:绝缘电阻	10	0	任何闭合触点电路的断开或任何断开触点电路的闭合不应该超过 10 μs 无裂纹或其他损坏 数值按 2.4.2(初始值)规定 数值按表 2 中对 23 ℃下的规定 通过监测触点检查继电器功能 数值按 2.1 规定
29	机械耐久性(D)	3.31.3,方法 2 每秒循环次数:10 占空比:1∶1 试验温度:70 ℃ 最后测量: 试验 3:静态触点电路电阻 试验 4:功能测试 试验 5:时间测试	20	1	循环次数按 2.4.3 规定 应无破裂的零部件或其他损坏 数值按 2.4.2 规定 数值按表 2 中对 23 ℃下的规定 通过监测触点检查继电器功能 数值按 2.4.4 规定
30	过负载电流(触点电路)(D)	3.34 环境温度:70 ℃ 所有触点加负载 触点电压:24 V d.c. 触点电流:2.5 A 线圈电压:额定电压 每秒循环次数:不大于 0.3 占空比:1∶1 最后测量: 试验 3:静态触点电路电阻 试验 4:功能测试	5	0	循环次数按表 3 规定 监测每次工作 应无永久性损坏 数值按 2.4.2 规定 数值按表 2 中对 23 ℃下的规定 通过监测触点检查继电器功能

表 4（续）

C5 分组(周期:2 a)

试验序号	试验项目	IEC 61810-7:1997 中的试验条件	样本大小	允许的不合格品数	性能要求
31	过负载电压(触点电路)(D)	3.34 环境温度:70 ℃ 所有触点加负载 触点电压:250 V d.c. 触点电流:0.24 A 线圈电压:额定电压 每秒循环次数:不大于 0.3 占空比:1∶1 最后测量: 试验 3:静态触点电路电阻 试验 4:功能测试	5	0	循环次数按表 3 规定 监测每次工作,应无永久性损坏 数值按 2.4.2 规定 数值按表 2 中对 23 ℃下的规定 通过监测触点检查继电器功能
32	磁干扰(ND)	3.37,方法 1、2 或 3 方法 1:试验线圈的尺寸按详细规范规定 方法 2:安装的网格图形按详细规范规定	5	0	方法 1,继电器处于临界位置偏差: ——动作电压小于 20% ——释放电压小于 40% 方法 2,必须动作和必须释放电压按表 2 规定
33	耐清洗剂(D)	3.47 最后测量: 试验 8:目检,3.6.4 d) 试验 17:绝缘电阻 试验 4:功能测试 试验 18:密封	10	0	标志无缺陷或其他损坏 数值按 2.1 规定 数值按表 2 中对 23 ℃下的规定通过监测触点检查继电器功能 失效判据 IEC 60068-2-17:1994 的 3.5.5 规定
34	着火危险(D)	3.48 程序按 GB/T 5169.5—1997 继电器的安装和火焰施加方位:临界方位 火焰施加的持续时间:10 s	10	0	试验结果评定按 GB/T 5169.5—1997 的 10 规定

表 4（续）

C6 分组(周期:2 a)

试验序号	试验项目	IEC 61810-7:1997 中的试验条件	样本大小	允许的不合格品数	性能要求
35	称重(ND)	3.7.2	10	0	继电器重量按 2.1 规定
36	热阻(ND)	3.17			数值按 2.1 规定
37	温度快速变化(D)	3.19.1 上限温度:85 ℃ 下限温度:−40 ℃ 每个极限温度下的时间:30 min 循环次数:5 最后测量: 试验 8:目检,3.6.4 d) 试验 17:绝缘电阻 试验 4:功能测试 试验 3:静态触点电路电阻	10	1	 无裂纹或其他损坏 数值按 2.1 规定 数值按表 2 中对 23 ℃下规定 通过监测触点检查继电器功能 数值按 2.4.2 规定
38	耐焊接热(D)	通孔型: 3.25.3,试验 2 IEC 60068-2-20:1979 的试验 Tb,方法 1A 和 1B 老化:不要求 被试的引出端数:全部 方法 1A:(260±5)℃下的浸渍时间:(10±1)s 表面安装型: 3.25.3,试验 4 老化:不要求 (110±10)℃下的预热时间,如有要求:5 min a)(260±5)℃下的浸渍时间:(5±1)s b)(215±3)℃下的浸渍时间:(40±1)s 最后测量: 试验 2:线圈电阻 试验 3:静态触点电路电阻 试验 15:介质试验 试验 17:绝缘电阻 试验 18:密封	10	0	 数值按表 2 规定 数值按 2.4.2 规定 无击穿或闪络,漏电流不大于 1 mA 数值按 2.1 规定 失效按 IEC 60068-2-17:1994 的 3.5.5 规定
39	触点电路电阻稳定性	3.12 线圈电压:额定电压 每秒循环次数:不大于 10 占空比:1∶1 环境温度:23 ℃	500	1	100 次连续循环中测量的触点电路电阻值的标准偏差应最接近于平均值,每个触点各自单独计算

表 5 鉴定批准

样本大小：至少 160 只

样本规格：线圈电压

通过 1 组检验的继电器再经受 2 组至 17 组检验。经受过 3 组检验的继电器应用于 8 组检验。

试验项目	试验条件和要求				样本大小	允许的不合格品数
	IEC 61810-7:1997 中的试验条件		表 4 中的试验序号和说明	表 4 中的分组		
	章条号	具体试验条件				
0 组						
筒装式自动送料盘的目检ᵃ	—		7	B1	6	0
ᵃ 如在详细规范中有规定，则必须进行。						
1 组						
目检	3.6		1	A4	160	0
线圈电阻	3.8.1		2	A4		
触点电路电阻	3.12		3	A4		
功能测试	3.13		4	A4		
时间测试	3.14		5	A4		
触点动态介质试验	3.50		9	B1		
密封	3.20.2	程序 1、2 或 4	A0-6	A0		
2 组						
尺寸检查	3.6.1		8	B1	10	0
可焊性 通孔型 表面安装型	3.25.3	 试验 1 试验 3	11	B2		
3 组						
绝缘电阻	3.11		17	C2	20	0
介质试验	3.9		15	C2		
4 组						
称重	3.7.2		35	C6	5	0
热阻	3.17		36	C6		
引出端强度	3.24		26	C5		
5 组						
冲击电压试验	3.10		16	C2	5	0
着火危险	3.48	GB/T 5169.5—1997	34	C5		

表 5（续）

试验项目	试验条件和要求				样本大小	允许的不合格品数
	IEC 61810-7:1997 中的试验条件		表 4 中的试验序号和说明	表 4 中的分组		
	章条号	具体试验条件				
6 组						
气候序列	3.15		24	C5	10	0
耐焊接热 通孔型 表面安装型	3.25.3	试验 2 试验 4	38	C6		
耐清洗剂	3.47		33	C5		
密封	3.20.2	程序 1	18	C2		
7 组						
稳态湿热	3.16		25	C5	10	0
密封	3.20.2	程序 1	18	C2		
8 组						
磁干扰	3.37	方法 1 或 2	32	C5	5	0
冲击	3.26	方法 1	27	C5		
振动	3.28.2.1	方法 1	28	C5	5	
温度快速变化	3.19	方法 1	37	C6	10	
密封	3.20.2	程序 1	18	C2	20	
9 组						
电耐久性 电缆负载	3.30.6/ 3.30.3	方法 1	19	C4	20	0
10 组						
电耐久性 触点额定电压	3.30.3	方法 1	20	C4	5	0
11 组						
电耐久性 触点额定电流	3.30.3	方法 1	21	C4	5	0
12 组						
电耐久性 触点应用类别 CA0	3.30.6/ 3.30.4		22	C4	20	0
13 组						
电耐久性 如有要求，相关条件下的特定应用	3.30.3	方法 1	14	C1	20	0

表 5（续）

<table>
<tr><th rowspan="3">试验项目</th><th colspan="4">试验条件和要求</th><th rowspan="3">样本大小</th><th rowspan="3">允许的不合格品数</th></tr>
<tr><th colspan="2">IEC 61810-7:1997 中的试验条件</th><th rowspan="2">表 4 中的试验序号和说明</th><th rowspan="2">表 4 中的分组</th></tr>
<tr><th>章条号</th><th>具体试验条件</th></tr>
<tr><td colspan="7">14 组</td></tr>
<tr><td>机械耐久性</td><td>3.31.3</td><td>方法 2</td><td>29</td><td>C5</td><td>10</td><td>1</td></tr>
<tr><td colspan="7">15 组</td></tr>
<tr><td>热耐久性</td><td>3.32</td><td></td><td>23</td><td>C5</td><td>10</td><td>0</td></tr>
<tr><td colspan="7">16 组</td></tr>
<tr><td>过负载电流（触点电路）</td><td>3.34</td><td></td><td>30</td><td>C5</td><td>5</td><td>0</td></tr>
<tr><td colspan="7">17 组</td></tr>
<tr><td>过负载电压（触点电路）</td><td>3.34</td><td></td><td>31</td><td>C5</td><td>5</td><td>0</td></tr>
</table>

表 6　生产过程鉴定

<table>
<tr><th rowspan="3">试验项目</th><th colspan="4">试验条件和要求</th><th rowspan="3">样本大小</th><th rowspan="3">允许的不合格品数</th></tr>
<tr><th colspan="2">IEC 61810-7:1997 中的试验条件</th><th rowspan="2">表 4 中的试验序号和说明</th><th rowspan="2">表 4 中的分组</th></tr>
<tr><th>章条号</th><th>具体试验条件</th></tr>
<tr><td colspan="7">18 组</td></tr>
<tr><td>电耐久性
无失误接收</td><td>3.30.5</td><td></td><td>10</td><td>B1</td><td>20</td><td>0</td></tr>
<tr><td colspan="7">19 组</td></tr>
<tr><td>触点电路电阻稳定性</td><td>3.12.1</td><td></td><td>39</td><td>C6</td><td>500</td><td>1</td></tr>
</table>

ICS 29.120.70
L 25

中华人民共和国国家标准

GB/T 16608.55—2012/IEC 61811-55:2002

有或无机电继电器 第55部分:空白详细规范 电信用有质量评定的有或无机电继电器 两组转换触点,11 mm×7.5 mm(最大)底座

Electromechanical all-or-nothing relays—Part 55: Blank detail specification—Electromechanical all-or-nothing telecom relays of assessed quality—Two change-over contacts, 11 mm×7.5 mm(max) base

(IEC 61811-55:2002,IDT)

2012-11-05 发布　　2013-02-15 实施

中华人民共和国国家质量监督检验检疫总局
中国国家标准化管理委员会　发布

前　言

GB/T 16608《有或无基础机电继电器》标准目前分为以下几个部分：

——GB/T 16608.1　有质量评定的有或无基础机电继电器　第1部分:总规范；

——GB/T 16608.50　有或无机电继电器　第50部分:分规范　电信用有质量评定的有或无机电继电器；

——GB/T 16608.51　有或无机电继电器　第51部分:空白详细规范　电信用有质量评定的有或无机电继电器　非标准类型和结构；

——GB/T 16608.52　有或无机电继电器　第52部分:空白详细规范　电信用有质量评定的有或无机电继电器　两组转换触点,20 mm×10 mm 底座；

——GB/T 16608.53　有或无机电继电器　第53部分:空白详细规范　电信用有质量评定的有或无机电继电器　两组转换触点,14 mm×9 mm 底座；

——GB/T 16608.54　有或无机电继电器　第54部分:空白详细规范　电信用有质量评定的有或无机电继电器　两组转换触点,15 mm×7.5 mm 底座；

——GB/T 16608.55　有或无机电继电器　第55部分:空白详细规范　电信用有质量评定的有或无机电继电器　两组转换触点,11 mm×7.5 mm(最大)底座。

本部分为 GB/T 16608 的第55部分。

本部分按 GB/T 1.1—2009 给出的规则起草。

本部分使用翻译法等同采用 IEC 61811-55:2002《有或无机电继电器　第53部分:空白详细规范　电信用有质量评定的有或无机电继电器　两组转换触点,11 mm×7.5 mm(最大)底座》。

为便于使用,本部分作了下列编辑性修改：

——用"本部分"代替"本国际标准"；

——用小数点符号"."代替符号","；

——删除了 IEC 标准前言；

——将表3的第2列中触点电路电阻的单位由"Ω"换算为"mΩ"。

本部分的附录A为资料性附录。

本部分由中华人民共和国工业和信息化部提出。

本部分由全国有或无电气继电器标准化技术委员会(SAC/TC 217)归口。

本部分起草单位:厦门宏发电声股份有限公司。

本部分主要起草人:张德胜、王珏、史信源、王俊青、陆宁懿。

有或无机电继电器
第55部分:空白详细规范
电信用有质量评定的有或无机电继电器
两组转换触点,11 mm×7.5 mm
(最大)底座

1 总则

1.1 范围

GB/T 16608的本部分是空白详细规范,适用于电信用有质量评定的有或无机电继电器。符合本部分规定的继电器供在电信设备中使用,但作为有或无机电继电器,也可使用于特定的工业或其他设备。

本部分中规定的试验方法引自IEC 61810-7:1997和其他标准,供按本规范制定的详细规范采用。本部分也规定了基本检验表,供按GB/T 16608.1—2003规定制定的详细规范使用。

1.2 规范性引用文件

下列文件对于本文件的应用是必不可少的。凡是注日期的引用文件,仅注日期的版本适用于本文件。凡是不注日期的引用文件,其最新版本(包括所有的修改单)适用于本文件。

GB/T 2421—1999 电工电子产品环境试验 第1部分:总则(IEC 60068-1:1988,IDT)

GB/T 5169.5—1997 电工电子产品着火危险试验 第2部分:试验方法 第2篇:针焰试验(IEC 60695-2-2:1991,IDT)

GB/T 14598.4—1993 电气继电器 第14部分:电气继电器触点的寿命试验 触点负载的优先值(IEC 60255-14:1981,IDT)

GB/T 16608.1—2003 有质量评定的有或无基础机电继电器 第1部分:总规范(IEC 61811-1:1999,IDT)

GB/T 16608.50—2012 有或无机电继电器 第50部分:分规范 电信用有质量评定的有或无机电继电器(IEC 61811-50:2002,IDT)

IEC 60068-2-17:1994 环境试验 第2部分:试验 试验Q:密封(Environmental testing—Part 2:Tests—Test Q:Sealing)

IEC 60068-2-20:1979 环境试验 第2部分:试验 试验T:锡焊试验(含修改单2:1987)(Environmental testing—Part 2:Tests—Test T:Soldering) Amendment 2(1987)

IEC 60068-2-47:1999 环境试验 第2-47部分:试验方法 振动、冲击及类似动力试验中元器件、设备和其他物件的安装(Environmental testing—Part 2-47:Test methods—Mounting of components, equipment and other articles for vibration, impact and similar dynamic tests)

IEC 61709:1996 电子元器件 可靠性 失效率的标准条件和转换的应力模型(Electronic components—Reliability—Reference conditions for failure rates and stress models for conversion)

IEC 61810-7:1997 有或无机电继电器 第7部分:试验和测量程序(Electromechanical all-or-nothing relays—Part 7:Test and measurement procedures)

QC 001002 2:1998　IEC 电子元器件质量评定体系程序规则(IECQ)　第 2 部分:文件(Rules of Procedure for the IEC Quality Assessment System for Electronic Components(IECQ)—Part 2:Documentation)

QC 001002-3:1998　IEC 电子元器件质量评定体系程序规则(IECQ)　第 3 部分:批准程序(Rules of Procedure for the IEC Quality Assessment System for Electronic Components(IECQ)—Part 3:Approval Procedures)

QC 001005:2000　按 IECQ 体系包括按 ISO 9000 批准的产品和服务的确认注册目录(Register of Firms,Products and Services approved under the IECQ System,including ISO 9000)

CECC 00802:1990　导则文件:CECC 有质量评定的表面安装元器件(SMDs)　规范用标准方法[Guidance document:CECC Standard Method for the Specification of Surface Mounting Components(SMDs) of Assessed Quality]

(国家授权的机构应对直接引用等效采用本标准的国家标准的文件或规范进行标注)

1.3　详细规范的首页

详细规范的首页应按下列规定进行编排。

(1)

QC×××××× (2)
版本 200×
××的 1

有质量评定的电子元器件按： (3)
IEC 61810-7:1997
GB/T 16608.1—2003
GB/T 16608.50—2012

(4)

电信用有质量评定的有或无机电继电器详细规范
两组转换触点，11 mm×7.5 mm(最大)底座
型号：... 两组转换触点 (5)
结构：双列直插，11 mm×7.5 mm(最大)底座，整体最大高度为 6 mm (6)
塑封外壳，适合于采用安装孔和锡焊的印制电路板常规组装技术或表面安装技术(按适用的)

外形图和接线图 (7)
尺寸以毫米(mm)为单位

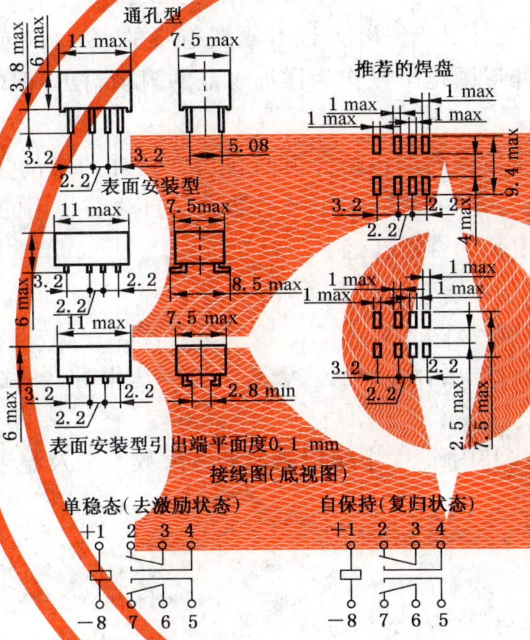

说明：
图形是示例，但最大外形尺寸、单线圈继电器的接线图、所有矩形引出端的排列和其相同的方位是必须遵循的

应用： (8)
符合本规范的继电器适用于电信设备，但作为印制电路板继电器，也适用于特定的工业和其他设备

线圈参数 (9)
额定电压：1.5 V d.c. ……12 V d.c.
额定功率：140 mW/100 mW

触点参数 (10)
先断后合转换触点
触点额定电压：120 V d.c./125 V a.c.
触点额定电流：1 A max
触点额定功率：30 W/30 VA
极限连续电流：1 A max

GB/T 2421—1999 中规定的元器件气候类别：25/70/21 (11)
温度范围： 工作温度：−25 ℃～70 ℃
贮存温度：−40 ℃～85 ℃

按本详细规范鉴定合格的继电器，其制造厂信息可从现行 QC 001005 中获取。

首页内容说明：

首页括号中的编号与下列给出的标注相对应。

详细规范的标注：

(1) 授权发布详细规范的国家标准机构名称。适用时，详细规范可从该机构获取。

(2) IECQ 符号和由 IECQ 秘书处对正式详细规范给定的编号。

(3) 有效的有或无机电继电器试验和测量程序及(或)分规范的 IEC 标准编号与年代号；及国家标准(当有差别时)。

(4) 当与 IECQ 编号不同时，国家详细规范的编号、发布日期和国家体制所要求的各种更详细信息，及所有修改单编号。

继电器标注：

(5) 类型：单稳态或双稳态，非极化或极化，两组转换触点。

(6) 结构：尺寸，如双列直插、底座和整体高度、继电器类型、环境防护依据(RT Ⅲ)，安装变化及其他典型结构细节。

(7) 具有主要尺寸的外形图。主要尺寸是指对互换性有重要意义的尺寸及(或)对外形所引用的相应国家或国际文件。另外，外形图也可以作为详细规范的附录给出，但(7)中必须给出元器件总体外貌的说明。

分离凸台的位置和尺寸(继电器最大高度包括分离凸台尺寸)，外形中的 1 号引出端位置，引出端末端相对于标称网格位置的允许偏差，采用吸引器进行自动安装用的继电器外壳顶部位置的指示，为在印制电路板上组装的合适孔经。

(8) 典型的应用领域。

(9) 线圈额定电压和额定功率。

(10) 触点组数、特定触点材料和触点电压、触点电流、触点功率。适用时，各触点材料相应的代码应作为附录列出。

(11) GB/T 2421—1999 的第 8 章法和附录 A 中规定的元器件气候类别及温度范围。

2 继电器特性值

2.1 一般参数

——热阻：最大... K/W；

——触点应用类别：CA0，CA1 和 CA2；

——继电器重量：最大... g；

——引出端表面层：预浸焊料；允许不预浸焊料的部分：适用时，至分离凸台平面最大为 1 mm；

——绝缘电阻：500 V d. c.，1 000 MΩ min 初始值；500 V d. c，2 MΩ min，各项试验后；

——介质耐电压：见表 1。

表 1 介质试验电压

试验电压的施加点	介质试验 V a. c.，min	冲击电压试验 V，min 脉冲波形
断开的触点电路间	750	1 500，10 μs/700 μs
独立的触点电路组间	1 000	1 500，10 μs/700 μs
线圈与触点电路间	1 500	2 500，1.2 μs/50 μs

2.2 IEC 的型号规格组成(序列信息)

继电器/IECQ ××××××-X Y 9 Z

- 名称——继电器
- IECQ 详细规范号——××××××
- 线圈额定电压(表 2 中标识代号的第 1 个字母)——X
- 额定功率(表 2 中标识代号的第 2 个字母)——Y
- 规定的专用触点材料(按详细规范附录规定)——9
- 专用特征和(或)表面安装型(按详细规范附录规定)——Z

单稳态或双稳态类继电器的代号。若适用时应由线圈额定功率组成。触点组数应在详细规范的首页中给出。

若无特殊的特性适用,则最后一个数字代码为 0。对于某一个详细规范,如果示例中的其中一项特性不考虑,则相应的字母代号应删除;对于不适用的特性,无专用标识或空白的位置。

制造厂可以采用其自己的编号系统,但应在详细规范的附录中给出 IECQ 型号与制造厂零件号之间的转换(对照)表。

2.3 线圈参数

表 2 线圈参数

<table>
<tr><td rowspan="3">标识代号</td><td rowspan="3">额定电压
V</td><td>线圈电阻
×(1±10%)Ω</td><td colspan="3">必须动作电压
V</td><td>线圈最大电压
V</td><td>必须不释放电压
V</td><td colspan="3">必须释放电压
V</td><td rowspan="3">额定功率
mW</td></tr>
<tr><td rowspan="2">(23±2)℃</td><td colspan="3">线圈温度℃</td><td>线圈温度℃</td><td>线圈温度℃</td><td colspan="3">线圈温度℃</td></tr>
<tr><td></td><td></td><td></td><td></td><td></td><td></td><td></td><td></td></tr>
<tr><td></td><td></td><td></td><td></td><td></td><td></td><td></td><td></td><td></td><td></td><td></td><td></td></tr>
<tr><td></td><td></td><td></td><td></td><td></td><td></td><td></td><td></td><td></td><td></td><td></td><td></td></tr>
</table>

2.4 触点参数

2.4.1 电耐久性和循环频率

触点失效:按每一单个触点计算,在每 10^5 次(或规定的最少循环次数)下,闭合触点的触点电路电阻大于 2.4.2 中的规定值或断开触点的触点电路电阻小于 100 kΩ 多于 1 次;或由于动断与动合触点间短路(电阻值小于 100 Ω)而不断开。这是指 10^5 次循环中允许 1 次触点故障,7×10^5 次循环中允许 7 次触点故障。

示例:在规定的 10^6 次耐久性试验间,按上述规定,故障的总数不应超过 10 次。

表 3　电耐久性试验和过负载试验的负载、触点电路电阻极限值、循环次数和频率

负　　载	触点电路电阻最大值 mΩ	循环次数最小值 次	循环频率最大值 次/s
触点应用类别 CA0	1 000	1 000 000	12.5
触点最大阻性电压/最大阻性功率	1 000	100 000	3
触点最大阻性电流/最大阻性功率	1 000	100 000	3
DC 终端开路电缆	1 000	1 000 000	12.5
当有要求时，相关的特定应用			
过负载	1 000[a]	100	0.3
[a] 除详细规范中另有规定外。			

2.4.2　静态触点电路电阻

额定电压下的初始值：最大 100 mΩ；电耐久性试验、机械耐久性试验和环境试验过程中及其后，额定电压下的数值：最大 1 Ω。

2.4.3　机械耐久性

循环次数至少 10^7 次。

2.4.4　时间(无抑制器件)

——动作时间：最大 5 ms；

——释放时间：最大 5 ms；

——触点闭合时的回跳时间：最大 5 ms；

——触点断开时的回跳时间：最大 3 ms；

——动作和释放时的转接时间(在最快的动合触点闭合之前，最慢的动断触点断开的时间；或在最快的动断触点闭合之前，最慢的动合触点断开的时间；应对每个触点进行监测)：最小 0.05 ms。

2.5　安装

继电器引出端应设计成可采用常规组装技术或表面安装技术直接焊接到印制电路板上(按适用的)。

2.6　环境参数

继电器至少应能承受以下环境应力：

——冲击，工作稳定性：98.1 m/s^2 半正弦波加速度，11 ms 脉冲持续时间；

——冲击，结构牢固性：981 m/s^2 半正弦波加速度，0.5 ms 脉冲持续时间；

——振动(正弦)：振幅 0.75 mm 或 98.1 m/s^2，10 Hz～500 Hz；

——引出端机械强度：

- 拉力：1N；
- 弯曲：2 次；

——焊接：

- 如要求特定的老化，则应选择 IEC 60068-2-20：1979 中 4.2 的老化程序 1a、1b、2 或 3，并在详细规范中规定；

——通孔型：
- 可焊性：235 ℃，2 s；
- 耐焊接热，引出端在 260 ℃中的浸没时间：5 s；

——表面安装型：
- A1 级，CECC 00802:1990 的 6.2(即 260 ℃/5 s 和 215 ℃/40 s)；
- 3 类，CECC 00802:1990 的 6.2(即汽相焊或红外焊，当温度应力足够时)；

——密封：漏率不大于 1×10^{2} Pa·cm^3/s；

——耐清洗剂(用绵纸擦磨)：55 ℃软化水或蒸馏水：5 min；

——着火危险(针焰)：至少 10 s。

2.7 自动操作用继电器包装(当适用时)

如果采用适合自动操作用的筒装式自动送料盘或卷带卷盘式包装(便于继电器的自动插入)，则其外形图(剖面和长度)、存储量和合理的标志应在附录中给出。

3 鉴定批准程序

——按 QC 001002-3:1998 中 3.1.4 a)规定，固定样本；

——抽样和检验表按表 5 规定；

——规定的试验项目和顺序必须遵循；

——表 6 中规定的试验项目，只当详细规范中有规定时，才是必须遵循的。

4 质量一致性检验

质量一致性检验包括表 4 规定的试验项目：

——A、B 组：逐批检验；

——C 组：周期检验。

除在本空白详细规范中另有规定外，表 4 中的所有试验项目都是必须遵循的。同一个分组中包含了累加的试验项目，试验的顺序是必须遵循的。经受过标注为破坏性试验(D)的样品不得在交货时放行。

注：如需要 AQL 的特殊检验水平，则表 4 中 A4、B1 和 B2 分组的 AQL 值，由继电器制造厂与继电器用户协商确定。

4.1 检验批的组成

按 QC 001002-3:1998 中 3.2.3 的规定，质量一致性检验样本大小的确定以一周内生产的继电器数量为依据。

4.2 检验周期

——A4、B1 和 B2 分组：每周至少一次；

——C1 和 C2 分组：每年至少一次；

——C4 到 C6 分组：每两年至少一次。

5 标志与文件

继电器及其包装应标有以下内容。

5.1 继电器标志

标志应耐久、清晰，并应标有下列项目：

a) 制造厂名称、品牌或商标；

b) 继电器型号和规格号；

c) 生产日期代码，按 GB/T 16608.50—2012 中 1.5.3 规定，用年/周表示；

d) IECQ 字母或 IECQ 认证标志；

e) IECQ 型号(序列信息)，如果 b)中未明确，也见 2.2；

f) 第 1 号引出端的标志。

注：在不可能的情况下，e)项中的 IECQ 型号可省略。

5.2 包装标志

a) 制造厂名称、品牌或商标；

b) 继电器型号和规格号；

c) 生产批次标识代码；

d) IECQ 字母或 IECQ 的认证标志；

e) IECQ 型号(序列信息)，如果 b)中未明确，也见 2.2；

f) 详细规范号，如果继电器上未标志；

g) 数量。

注：在不可能的情况下，e)项中的 IECQ 型号可省略。

5.3 文件

每次交货均应附加符合 QC 001002-2:1998 中 2.4 规定的合格说明。

6 附录

必要时，可以增加附录，例如表明继电器安装、引出端尺寸等方面的更详细内容。

7 试验

7.1 试验的标准条件

除另有规定外，所有试验均应在 IEC 61810-7:1997 中 3.5 规定的标准条件下进行。

7.2 试验期间试验样品的安装

下列说明适用于机械应力试验项目(冲击和振动)。应采用继电器的正常安装方法将其安装到试验夹具上，该夹具的固有谐振点应减少至不会使试验无效的程度(见 IEC 60068-2-47:1999)。

7.3 试验的一般条件

除另有规定外，在继电器的所有试验和使用中应采用表 2 中规定的线圈额定电压和其相应的极性(当适用时)。

8 序列信息

见 2.2。

9 继电器可靠性——失效率数据(任选)

可靠性数据的评定和表征不是必须遵循的。

但如果详细规范中有要求,则“任选”的本条款应适用,并应符合 GB/T 16608.50—2012 中第 5 章的规定,还应给出所采用方法和整套参数的简要说明。详细内容应在相应详细规范的附录中给出;按 GB/T 16608.50—2012 附录 A 中的规定,优先以 IEC 61709:1996 中的规定作依据。

表 4 质量一致性检验

A 组

A0 分组

此分组的所有试验项目:100%检验。剔除所有失效的继电器。此分组中的试验项目作为筛选或功能分选试验,应在抽取其他各分组样本的批组成之前,尽可能地在线进行。累计失效比率大于 10%的批应拒收。

试验序号	试验项目	IEC 61810-7:1997 中的试验条件	性能要求
A0-1	线圈电阻(ND)	3.8.1	数值按表 2 规定
A0-2	介质试验(ND)	3.9 施加点和试验电压:按本规范 2.1 和表 1 规定 试验持续时间:1 s	无击穿或闪络 漏电流不大于 1 mA
A0-3	静态触点 电路电阻(ND)	3.12 测试点:所有闭合触点的引出端 最大测试电压:30 mV d.c. 或 a.c. 最大测试电流:10 mA	触点每次闭合时的初始值按 2.4.2 规定
A0-4	功能测试(ND)	3.13 单稳态非极化继电器的步序: 1) 1.5 倍额定电压预处理 2) 零电压 3) 必须动作电压 4) 额定电压 5) 必须不释放电压 6) 必须释放电压 其他类型继电器的步序: 模拟图 2～图 5 的规定 一次循环 触点电压:6 V max 安装:任意	数值按表 2 规定 通过监测触点检查继电器功能
A0-5	时间测试(ND)	3.14 线圈电压:额定电压 测试点:所有触点 触点电压:6 V max 安装:任意	数值按 2.4.4 规定 通过测量转接时间,检查触点的动作顺序(见 GB/T 16608.50—2012 中 4.4 的注 4)
A0-6	密封(ND)	3.20.2 对于 RT Ⅲ 和 RT Ⅳ,程序 1、2 或 4	数值按 2.6 规定

表 4（续）

A4 分组(周期:检验批为一周的生产量)

试验序号	试验项目	IEC 61810-7:1997 中的试验条件	IL	AQL	性能要求
1	目检:继电器标志(ND)	3.6.4 a)和 b)	S4	1.0	按 5.1 规定的标志
2	线圈电阻(ND)	3.8.1			数值按表 2 规定
3	静态触点电路电阻(ND)	3.12 测试点:所有闭合触点的引出端 最大测试电压:30 mV d.c.或 a.c. 最大测试电流:10 mA			每次触点闭合时的初始值和差值按 2.4.2 规定
4	功能测试(ND)	3.13 步序: 1) 1.5 倍额定电压预处理 2) 零电压 3) 必须动作电压 4) 额定电压 5) 必须不释放电压 6) 必须释放电压 一次循环 触点电压:6 V max 安装:任意			数值按表 2 规定 通过监测触点检查继电器功能
5	时间测试(ND)	3.14 线圈电压:额定电压 测试点:所有触点 触点电压:6 V max 安装:任意			数值按 2.4.4 规定 通过测量转接时间检查触点的动作顺序(见 GB/T 16608.50—2012 中 4.4 的注 4)
6	密封(ND)	3.20 RTⅢ和 RTⅣ为程序 1、2 或 4			数值按 2.6 规定

表 4（续）

B 组

B1 分组(周期:检验批为一周的生产量)

试验序号	试验项目	IEC 61810-7:1997 中的试验条件	IL	AQL	性能要求
7	目检: 筒装式自动送料盘尺寸检查(ND)*	3.6.1 和 3.6.4 a)和 d)	S3	2.5	按 2.7 规定
8	目检: 除继电器标志外的外部主要尺寸检查(ND)	3.6.1 和 3.6.4 c)和 d) ——封装 ——本体 ——引出端 ——尺寸			引出端的预浸锡应覆盖住引出端而无去润湿或不润湿的现象;引出端不预锡湿的部分按 2.1 规定 尺寸按首页的外形图规定(1.3),对于继电器在印制电路板上的插入能力,应采用一具有相应公差的量规。
9	触点动态介质试验	3.50 触点电压:500 V d.c. 试验时间:3 s 或 10 s			不应检测到大于 80 μs 的脉冲
10	电耐久性 无失误接收(ND)	3.30.5 线圈电压:额定电压 每秒循环次数:10 试验时间:1 h 试验过程中:不要求检测 最后测量: 试验 3:静态触点电路电阻			数值小于 0.2 Ω

* 如果详细规范中有规定,则必须进行。

B2 分组(周期:检验批为一周的生产量)

试验序号	试验项目	IEC 61810-7:1997 中的试验条件	IL	AQL	性能要求
11	可焊性(D)	通孔型: 3.25.3,试验 1 试验方法 1(试验 Ta,方法 1) 被试的引出端数:全部 温度:(235±5)℃ 时间:(2±0.5)s 浸渍深度:浸至离本体 1.5 mm 表面安装型: 3.25.3,试验 3 温度:(215±3)℃ 浸渍时间:(3±0.3)s 最后测量:	S3	2.5	当采用放大镜检查时,被浸渍表面的 95%应覆盖有新的焊料层,剩余的 5%表面只可含有小针孔 (放大镜的放大倍数为 4 倍至 10 倍)
M*		试验 17:绝缘电阻			数值按 2.1 规定

M* 如果 C1 分组中未进行试验,则必须进行。

表 4（续）

C 组

C1 分组(周期:1 a)

试验序号	试验项目	IEC 61810-7:1997 中的试验条件	IL	AQL	性能要求
11a M*	可焊性(D)	通孔型: 3.25.3,试验 1 试验方法 1(试验 Ta,方法 1) 被试的引出端数:全部 温度:(235±5)℃ 时间:(2±0.5)s 浸渍深度:浸至离本体 1.5 mm 表面安装型: 3.25.3,试验 3 温度:(215±3)℃ 浸渍时间:(3±0.3)s 最后测量: 试验 17:绝缘电阻	S3	2.5	当采用放大镜检查时,被浸渍表面的 95%应覆盖有新的焊料层,剩余的 5%表面只可含有小针孔 (放大镜的放大倍数为 4 倍至 10 倍) 数值按 2.1 规定
12	电耐久性, 电缆负载(D)	3.30.3,方法 1 触点负载:终端开路电缆,10 m 按 GB/T 14598.4—1993 的 4.5 规定,电话电缆 $n\times4\times0.6$ mm,一根导线接被试触点,另外三根导线接地,电压 48 Vd.c. 加负载/试验的触点数: 一组转换触点 线圈电压:额定电压 循环次数每秒:不大于 12.5 占空比:1∶1 环境温度:70 ℃ 测试的触点电压:6 V max 测试的触点电流:10 mA max 监测时间:线圈去激励与激励后的 70 ms 最后测量: 试验 3:静态触点电路电阻 试验 4:功能测试 试验 5:时间测试 试验 15:介质试验	20	0	循环次数按表 3 规定 触点失效按 2.4.1 规定 数值按表 2.4.2 规定 数值按 2 中对 23 ℃下的规定 通过监测触点检查继电器功能 数值按 2.4.4 规定 无击穿或闪络,漏电流不大于 1 mA

M* 只适用于由自动化设施制造的继电器;如在 B2 分组中未进行试验,而在详细规范中有规定,则必须进行。

表 4（续）

C1 分组（周期：1a）

试验序号	试验项目	IEC 61810-7:1997 中的试验条件	样本大小	允许的不合格品数	性能要求
13	电耐久性 触点应用类别 CA0（D）	3.30 加负载/试验的触点数： 一组转换触点 线圈电压：额定电压 每秒循环次数：不大于 12.5 占空比：1∶1 环境温度：70 ℃ 测试的触点电压：30 mV max 测试的触点电流：10 mA max 最后测量： 试验 3：静态触点电路电阻 试验 4：功能测试 试验 5：时间测试 试验 15：介质试验	20	0	循环次数按表 3 规定 触点失效按 2.4.1 规定 数值按 2.4.2 规定 数值按表 2 中对 23 ℃下的规定 通过监测触点检查继电器功能 数值按 2.4.4 规定 无击穿无闪络漏电流不大于 1 mA
14	电耐久性 相关条件下的特定应用，如有要求（D）	3.30.3，方法 1 触点负载及更详细的条件按详细规范规定 线圈电压：额定电压 每秒循环次数：3 占空比：1∶1 环境温度：… ℃ 测试的触点电压：6 mV max 测试的触点电流：10 mA max 最后测量： 试验 3：静态触点电路电阻 试验 4：功能测试 试验 5：时间测试 试验 15：介质试验	20	0	循环次数按表 3 规定 触点失效按 2.4.1 规定 数值按 2.4.2 规定 数值按表 2 中对 23 ℃下的规定 通过监测触点检查继电器功能 数值按 2.4.4 规定 无击穿无闪络漏电流不大于 1 mA

表 4（续）

C2 分组（周期：1 a）

试验序号	试验项目	IEC 61810-7:1997 中的试验条件	样本大小	允许的不合格品数	性能要求
15	介质试验(ND)	3.9 施加点和试验电压： 按本规范 2.1,表 1(±15 V) 试验持续时间:60 s	20	0	无击穿或闪络 漏电流不大于 1 mA
16	冲击电压试验(ND)	3.10 施加点和试验电压： 按本规范 2.1,表 1 反向极性的连续冲击： 频率:(2 或 4)次/min 总冲击次数:6 最后测量： 试验 3:静态触点电路电阻 试验 4:功能测试 试验 17:绝缘电阻	5	0	 数值按 2.4.2 规定 数值按表 2 中对 23 ℃下的规定 通过监测触点检查继电器功能 数值按 2.1 规定
17	绝缘电阻(ND)	3.11 测试点:3.11.2 规定的所有引出端 测试电压:按本规范 2.1 测试时间:60 s 或当达到稳定值时	20	0	数值按 2.1 规定
18	密封(ND)	3.20.2 程序 1(试验 Qc,方法 2) 试验液体温度:(73±2)℃ 浸渍时间:1 min			失效判据按 IEC 60068-2-17:1999 中 3.5.5 规定

表 4（续）

C4 分组(周期:2 a)

试验序号	试验项目	IEC 61810-7:1997 中的试验条件	样本大小	允许的不合格品数	性能要求
19	电耐久性 电缆负载 扩展评定(D)	3.30.6 或 3.30.3,方法 1 触点负载:终端开路电缆,10 m 按 GB/T 14598.4—1993 的 4.5 规定,电话电缆 $n×4×0.6$ mm,一根导线接被试触点,另外三根导线接地,电压 48 V d.c. 加负载/试验的触点数:一组转换触点 线圈电压:额定电压 每秒循环次数:12.5 占空比:1∶1 环境温度:70 ℃ 测试的触点电压:6 V max 测试的触点电流:10 mA max 监测时间:线圈去激励与激励后的70 ms 最后测量: 试验 3:静态触点电路电阻 试验 4:功能测试 试验 5:时间测试	20	0	循环次数按表 3 规定 触点失效按 2.4.1 规定 数值按 2.4.2 规定 数值按表 2 中对 23 ℃下的规定 通过监测触点检查继电器功能 数值按 2.4.4 规定
20	电耐久性 触点额定电压 阻性负载(D)	3.30.3,方法 1 触点负载按 GB/T 14598.4—1993 的 4.1 规定:125 V d.c./0.24 A 加负载/试验的触点数: 一组转换触点 线圈电压:额定电压 每秒循环次数:3 占空比:1∶1 环境温度:70 ℃ 测试的触点电压:6 V max 测试的触点电流:10 mA max 最后测量: 试验 3:静态触点电路电阻 试验 4:功能测试 试验 5:时间测试	5	1	循环次数按表 3 规定 触点失效按 2.4.1 规定 数值按 2.4.2 规定 数值按表 2 规定 通过监测触点检查继电器功能 数值按 2.4.4 规定

表 4（续）

C4 分组(周期:2a)

试验序号	试验项目	IEC 61810-7:1997 中的试验条件	样本大小	允许的不合格品数	性能要求
21	电耐久性 触点额定电流 阻性负载(D)	3.30.3,方法 1 触点负载按 GB/T 14598.4—1993 的 4.1 规定:24 V d.c./1 A 加负载/试验的触点数: 一组转换触点 线圈电压:额定电压 每秒循环次数:3 占空比:1∶1 环境温度:70 ℃ 测试的触点电压:6 V max 测试的触点电流:10 mA max 最后测量: 试验 3:静态触点电路电阻 试验 4:功能测试 试验 5:时间测试	5	1	循环次数按表 3 规定 触点失效按 2.4.1 规定 数值按 2.4.2 规定 数值按表 2 中对 23 ℃下的规定 通过监测触点检查继电器功能 数值按 2.4.4 规定
22	电耐久性 触点应用类别 CA0 扩展评定(D)	3.30.6 或 3.30.4 加负载/试验的触点数: 一组转换触点 线圈电压:额定电压 每秒循环次数:12.5 占空比:1∶1 环境温度:70 ℃ 测试的触点电压:30 mV max 测试的触点电流:10 mA max 最后测量: 试验 3:静态触点电路电阻 试验 4:功能测试 试验 5:时间测试	20	0	循环次数按表 3 规定 触点失效按 2.4.1 规定 数值按 2.4.2 规定 数值按表 2 中对 23 ℃下的规定 通过监测触点检查继电器功能 数值按 2.4.4 规定

表 4（续）

C5 分组(周期:2 a)

试验序号	试验项目	IEC 61810-7:1997 中的试验条件	样本大小	允许的不合格品数	性能要求
23	热耐久性(D)	3.32 时间:21 d 环境温度:70 ℃ 线圈电压:额定电压 恢复:1 h 最后测量: 试验 3:静态触点电路电阻 试验 4:功能测试	5	0	 数值按 2.4.2 规定 数值按表 2 中对 23 ℃下的规定 通过监测触点检查继电器功能
24	气候序列(D)	3.15 高温,3.15.2 温度:70 ℃ 暴露时间:16 h 恢复:4 h 高温暴露的最后 2 h 内,监测所有触点的触点电路电阻 每秒循环次数:2 占空比:1:1 测试的触点电压:6 V max 测试的触点电流:10 mA max 高温暴露结束前: 试验 4:功能测试 循环湿热,3.15.3 1 次循环 温度:55 ℃ 恢复:4 h 低温:3.15.4 温度:−25 ℃ 时间:2 h 低温暴露结束前: 试验 4:功能测试 循环湿热,3.15.6 1 次循环 温度:55 ℃ 恢复:4 h 最后测量: 试验 17:绝缘电阻 试验 3:静态触点电路电阻 试验 4:功能测试 试验 8:目检,3.6.4 d)	10	0	数值按 2.4.2 规定 数值按表 2 中对 23 ℃下的规定,和对 70 ℃下必须动作电压的规定 通过监测触点检查继电器功能 数值按表 2 中对 23 ℃下的规定 通过监测触点检查继电器功能 数值按 2.1 规定 数值按 2.4.2 规定 数值按表 2 中对 23 ℃下的规定 通过监测触点检查继电器功能 无裂纹或其他损坏

表 4（续）

C5 分组(周期:2 a)

试验序号	试验项目	IEC 61810-7:1997 中的试验条件	样本大小	允许的不合格品数	性能要求
25	稳态湿热(D)	3.16 试验时间:21 d 最后测量: 试验 17:绝缘电阻 试验 3:静态触点电路电阻 试验 8:目检,3.6.4 d)	10	0	 数值按 2.1 规定 数值按 2.4.2 规定 无裂纹或其他损坏
26	引出端强度(D)	3.24 程序:试验 Ua_2 拉力,和 试验 Ub 弯曲,方法 1 最后测量: 试验 8:目检,3.6.4 d) 试验 2:线圈电阻 试验 3:静态触点电路电阻 试验 4:功能测试	10	0	数值按 2.6 规定 引出端应无裂纹或松动 无裂纹或其他损坏 数值按表 2 规定 数值按 2.4.2(初始值)规定 数值按表 2 中对 23℃下的规定 通过监测触点检查继电器功能
27	冲击(D)	3.26,方法 1,工作稳定性 脉冲波形和加速度按本规范 2.6 施加:在三条主轴的各两个方向,在每一个动作状态与释放状态各施加 3 次冲击 试验的线圈电压:额定电压(动作状态)和零(释放状态) 测试的触点电压:6 V max 测试的触点电流:10 mA max 3.26,方法 2,结构牢固性 冲击波形和加速度按本规范 2.6 在三条主轴的各两个方向,在每一个动作状态与释放状态各施加 3 次冲击 最后测量: 试验 8:目检,3.6.4 d) 试验 3:静态触点电路电阻 试验 4:功能测试 试验 5:时间测试	10	0	任何闭合触点电路的断开或任何断开触点电路的闭合不应超过 100 μs 无裂纹或其他损坏 数值按 2.4.2(初始值)规定 数值按表 2 中对 23 ℃下的规定 通过监测触点检查继电器功能 数值按 2.4.4 规定

表 4（续）

C5 分组(周期:2 a)

试验序号	试验项目	IEC 61810-7:1997 中的试验条件	样本大小	允许的不合格品数	性能要求
28	振动 (D)	3.28.2.1,方法 1,工作稳定性 振幅:0.75 mm,98.1 m/s² 频率:10 Hz~55 Hz 施加:三个方向 每个方向的扫频次数:3 次 扫频速率:1 个倍频程每分钟±10% (总时间:约 3×30 min) 试验线圈电压:额定电压(动作状态)和零(释放状态) 测试的触点电压:6 V max 测试的触点电流:10 mA max 最后测量: 试验 8:目检,3.6.4 d) 试验 3:静态触点电路电阻 试验 4:功能测试 试验 17:绝缘电阻	10	0	任何闭合触点电路的断开或任何断开触点电路的闭合不应该超过 10 μs 无裂纹或其他损坏 数值按 2.4.2(初始值)规定 数值按表 2 中对 23 ℃下的规定 通过监测触点检查继电器功能 数值按 2.1 规定
29	机械耐久性(D)	3.31.3,方法 2 每秒循环次数:10 占空比:1∶1 试验温度:70 ℃ 最后测量: 试验 3:静态触点电路电阻 试验 4:功能测试 试验 5:时间测试	20	1	循环次数按 2.4.3 规定 应无破裂的零部件或其他损坏 数值按 2.4.2 规定 数值按表 2 中对 23 ℃下的规定 通过监测触点检查继电器功能 数值按 2.4.4 规定
30	过负载电流(触点电路)(D)	3.34 环境温度:70 ℃ 所有触点加负载 触点电压:24 V d.c. 触点电流:2.5 A 线圈电压:额定电压 每秒循环次数:0.3 占空比:1∶1 最后测量: 试验 3:静态触点电路电阻 试验 4:功能测试	5	0	循环次数按表 3 规定 监测每次工作 应无永久损坏 数值按 2.4.2 规定 数值按表 2 中对 23 ℃下的规定 通过监测触点检查继电器功能

表 4（续）

C5 分组(周期:2 a)

试验序号	试验项目	IEC 61810-7:1997 中的试验条件	样本大小	允许的不合格品数	性能要求
31	过负载电压(触点电路)(D)	3.34 环境温度:70 ℃ 所有触点加负载 触点电压:250 V d.c. 触点电流:0.24 A 线圈电压:额定电压 每秒循环次数:0.3 占空比:1∶1 最后测量: 试验 3:静态触点电路电阻 试验 4:功能测试	5	0	循环次数按表 3 规定 监测每次工作 数值按 2.4.2 规定 数值按表 2 中对 23 ℃下的规定 通过监测触点检查继电器功能
32	磁干扰(ND)	3.37,方法 1、2 或 3 方法 1:试验线圈的尺寸按详细规范规定 方法 2:安装的网格图形按详细规范规定 方法 3[a]:试验条件按详细规范规定	5	0	方法 1,继电器处于临界位置偏差: ——动作电压小于 20% ——释放电压小于 40% 方法 2,必须动作和必须释放电压按表 2 规定 方法 3,失效判据按详细规范规定
33	耐清洗剂(D)	3.47 最后测量: 试验 8:目检,3.6.4 d) 试验 17:绝缘电阻 试验 4:功能测试 试验 18:密封	10	0	标志无缺陷或其他损坏 数值按 2.1 规定 数值按表 2 中对 23℃下的规定通过监测触点检查继电器功能 失效判据按 IEC 60068-2-17:1994 的 3.5.5 规定
34	着火危险(D)	3.48 程序按 GB/T 5169.5—1997 继电器的安装和火焰施加方位:临界方位 火焰施加的时间:10 s	10	0	试验结果评定按 GB/T 5169.5—1997 的第 10 章规定

[a] 只当详细规范中有规定时。

表 4（续）

C6 分组(周期:2 a)

试验序号	试验项目	IEC 61810-7:1997 中的试验条件	样本大小	允许的不合格品数	性能要求
35	称重(ND)	3.7.2	10	0	继电器重量按 2.1 规定
36	热阻(ND)	3.17			数值按 2.1 规定
37	温度快速变化(D)	3.19 上限温度:85 ℃ 下限温度:—40 ℃ 每个极限温度下的时间:30 min 循环次数:5 最后测量: 试验 8:目检,3.6.4 d) 试验 17:绝缘电阻 试验 4:功能测试 试验 3:静态触点电路电阻	10	1	 无裂纹或其他损坏 数值按 2.1 规定 数值按表 2 中对 23 ℃下规定 通过监测触点检查继电器功能 数值按 2.4.2 规定
38	耐焊接热(D)	通孔型: 3.25.3,试验 2 IEC 60068-2-20:1979 的试验 Tb,方法 1A 和 1B 老化:不要求 被试的引出端数:全部 方法 1A:(260±5)℃下的浸渍时间:(10±1)s 表面安装型: 3.25.3,试验 4 老化:不要求 (110±10)℃下的预热时间,如有要求:5 min a) (260±5)℃下的浸渍时间:(5±1)s b) (215±3)℃下的浸渍时间:(40±1)s 最后测量: 试验 2:线圈电阻 试验 3:静态触点电路电阻 试验 15:介质试验 试验 17:绝缘电阻 试验 18:密封	10	0	数值按表 2 规定 数值按 2.4.2 规定 无击穿或闪络 漏电流不大于 1 mA 数值按 2.1 规定 失效判据按 IEC 60068-2-17:1994 中 3.5.5 规定
39	触点电路电阻稳定性	3.12.1 线圈电压:额定电压 每秒循环次数:不大于 10 占空比:1:1 环境温度:23 ℃	500	1	100 次连续循环中测量的触点电路电阻值的标准偏差应最接近平均值,每个触点各自单独计算

表 5 鉴定批准

样本大小:至少 160 只

样本规格:线圈电压

通过 1 组检验的继电器再经受 2 组至 17 组检验。经受过 3 组检验的继电器应用于 8 组检验。

试验项目	试验条件和要求				样本大小	允许的不合格品数
	IEC 61810-7:1997 中的试验条件		表 4 中的试验序号和说明	表 4 中的分组		
	章条号	具体试验条件				
0 组						
筒装式自动送料盘的目检[a]	—		7	B1	6	0
[a] 如在详细规范中有规定,则必须进行。						
1 组						
目检	3.6.4		1	A4	160	0
线圈电阻	3.8.1		2	A4		
触点电路电阻	3.12		3	A4		
功能测试	3.13		4	A4		
时间测试	3.14		5	A4		
触点动态介质试验	3.50		9	B1		
密封	3.20.2	程序 1、2 或 4	A0-6	A0		
2 组						
尺寸检查	3.6.1		8	B1	10	0
可焊性 通孔型 表面安装型	3.25.3	试验 1 试验 3	11	B2		
3 组						
绝缘电阻	3.11		17	C2	20	0
介质试验	3.9		15	C2		
4 组						
称重	3.7.2		35	C6	5	0
热阻	3.17		36	C6		
引出端强度	3.24		26	C5		
5 组						
冲击电压试验	3.10		16	C2	5	0
着火危险	3.48	GB/T 5169.5—1997	34	C5		

表 5（续）

试验项目	试验条件和要求				样本大小	允许的不合格品数
	IEC 61810-7:1997 中的试验条件		表 4 中的试验序号和说明	表 4 中的分组		
	章条号	具体试验条件				
6 组						
气候序列	3.15		24	C5	10	0
耐焊接热 通孔型 表面安装型	3.25.3	试验 2 试验 4	38	C6		
耐清洗剂	3.47		33	C5		
密封	3.20.2	程序 1	18	C2		
7 组						
稳态湿热	3.16		25	C5	10	0
密封	3.20.2	程序 1	18	C2		
8 组						
磁干扰	3.37	方法 1、2 或 3	32	C5	5	0
冲击	3.26	方法 1	27	C5		
振动	3.28.2.1	方法 1	28	C5	5	
温度快速变化	3.19	方法 1	37	C6	10	
密封	3.20.2	程序 1	18	C2	20	
9 组						
电耐久性 电缆负载	3.30.6/ 3.30.3	方法 1	19	C4	20	0
10 组						
电耐久性 触点额定电压	3.30.3	方法 1	20	C4	5	0
11 组						
电耐久性 触点额定电流	3.30.3	方法 1	21	C4	5	0
12 组						
电耐久性 触点应用类别 CA0	3.30.6/ 3.30.4		22	C4	20	0
13 组						
电耐久性 如有要求，相关条件下的特定应用	3.30.3	方法 1	14	C1	20	0

表 5（续）

试验项目	试验条件和要求				样本大小	允许的不合格品数
	IEC 61810-7:1997 中的试验条件		表 4 中的试验序号和说明	表 4 中的分组		
	章条号	具体试验条件				
14 组						
机械耐久性	3.31.3	方法 2	29	C5	10	1
15 组						
热耐久性	3.32		23	C5	10	0
16 组						
过负载电流（触点电路）	3.34		30	C5	5	0
17 组						
过负载电压（触点电路）	3.34		31	C5	5	0

表 6 生产过程鉴定

试验项目	试验条件和要求				样本大小	允许的不合格品数
	IEC 61810-7:1997 中的试验条件		表 4 中的试验序号和说明	表 4 中的分组		
	章条号	具体试验条件				
18 组						
电耐久性 无失误接收	3.30.5		10	B1	20	0
19 组						
触点电路电阻稳定性	3.12.1		39	C6	500	1

ICS 75.100
E 34

中华人民共和国国家标准

GB/T 16630—2012
代替 GB/T 16630—1996

冷 冻 机 油

Lubricants for refrigeration compressors

2012-11-05 发布 2013-03-01 实施

中华人民共和国国家质量监督检验检疫总局
中国国家标准化管理委员会 发布

前　言

本标准按照 GB/T 1.1—2009 给出的规则起草。

本标准代替 GB/T 16630—1996《冷冻机油》。

本标准与 GB/T 16630—1996 相比主要变化见附录 B。

本标准与德国国家标准 DIN 51503-1:1997《冷冻机油》(英文版)的一致性程度为非等效。

本标准由全国石油产品和润滑剂标准化技术委员会(SAC/TC 280)提出。

本标准由全国石油产品和润滑剂标准化技术委员会石油燃料和润滑剂分技术委员会(SAC/TC 280/SC 1)技术归口。

本标准起草单位:中国石油化工股份有限公司石油化工科学研究院、中国石化润滑油重庆分公司、中国石油润滑油公司、大连冷冻机股份有限公司。

本标准主要起草人:康茵、陈美名、王鹏、李玉平、李雁秋、曹兴中。

本标准于 1996 年首次发布。

冷 冻 机 油

警告:如果不遵守适当的防范措施,本标准所属产品在生产、贮运和使用等过程中可能存在危险。本标准无意对与本产品有关的所有安全问题提出建议。用户在使用本标准之前,有责任建立适当的安全和防范措施,并确定相关规章限制的适用性。

1 范围

本标准规定了矿物油型、合成烃型和合成型冷冻机油的产品分类和标记、要求和试验方法、检验规则、标志、包装、运输和贮存。

本标准适用于以 NH_3、$HCFC_s$、HFC_s 和 HC_s 为制冷剂的制冷压缩机用冷冻机油。详细适用范围见附录 A。

2 规范性引用文件

下列文件对于本文件的应用是必不可少的。凡是注日期的引用文件,仅注日期的版本适用于本文件。凡是不注日期的引用文件,其最新版本(包括所有的修改单)适用于本文件。

GB/T 262 石油产品和烃类溶剂苯胺点和混合苯胺点测定法

GB/T 265 石油产品运动黏度测定法和动力黏度计算法

GB/T 268 石油产品残炭测定法(康氏法)

GB/T 507 绝缘油击穿电压测定法

GB/T 508 石油产品灰分测定法

GB/T 511 石油和石油产品及添加剂机械杂质测定法

GB/T 1884 原油和液体石油产品密度实验室测定法(密度计法)

GB/T 1885 石油计量表

GB/T 3141 工业液体润滑剂 ISO 黏度分类

GB/T 3535 石油产品倾点测定法

GB/T 3536 石油产品 闪点和燃点的测定 克利夫兰开口杯法

GB/T 4756 石油液体手工取样法

GB/T 4945 石油产品和润滑剂酸值和碱值测定法(颜色指示剂法)

GB/T 5096 石油产品铜片腐蚀试验法

GB/T 6540 石油产品颜色测定法

GB/T 7304 石油产品和润滑剂酸值测定法(电位滴定法)

GB/T 8021 石油产品皂化值测定法

GB/T 11133 液体石油产品水含量测定法(卡尔·费休法)

GB/T 12577 冷冻机油絮凝点测定法

GB/T 12579 润滑油泡沫特性测定法

NB/SH/T 0207 绝缘液中水含量的测定 卡尔·费休电量滴定法

SH 0164 石油产品包装、贮运及交货验收规则

SH/T 0187 润滑油极压性能测定法(法莱克斯法)

SH/T 0196 润滑油抗氧化安定性测定法

SH/T 0205 电气绝缘液体的折射率和比色散测定法

SH/T 0604 原油和石油产品密度测定法(U 形振动管法)

SH/T 0698 在制冷系统中冷冻机油的化学稳定性试验法(密封玻璃管法)

SH/T 0699 冷冻机油与制冷剂相溶性试验法

ISO 6743-3:2003 润滑剂、工业用润滑油和有关产品(L 类)分类 第 3 部分:D 组(压缩机)[Lubricants,industrial oils and related products(class L)—Classification—Part3: Family D(Compressors)]

ASTM D6304 卡尔·费休库伦滴定法测定石油产品,润滑油和添加剂中水含量的标准试验方法(Standard test method for determination of water in petroleum products, lubricating oils, and additives by coulometric Karl Fisher titration)

ASTM E1421:1999 傅里叶转换中红外线(FT-IR)光谱仪的性能描述和测量的标准实施规程:0 级和 1 级试验(Standard practice for describing and measuring performance of Fourier Transform Mid-Infrared (FT-MIR) spectrometers: Level zero and level one tests)

3 产品分类和标记

3.1 产品分类

本标准根据 ISO 6743-3:2003 表 3 对产品划分类别,具体分类及应用见附录 A。

3.2 产品标记

冷冻机油产品标记为:[品种代号] [黏度等级] [产品名称] [标准号]

示例:黏度等级为 68 的 DRA 冷冻机油标记为:L-DRA 68 冷冻机油 GB/T 16630

4 要求和试验方法

冷冻机油的技术要求和试验方法见表 1～表 3。

表 1　L-DRA、L-DRB 和 L-DRD 冷冻机油技术要求

项目	质量指标																								试验方法
品种	L-DRA						L-DRB						L-DRD												
黏度等级 (GB/T 3141)	15	22	32	46	68	100	22	32	46	68	100	150	7	10	15	22	32	46	68	100	150	220	320	460	
外观	清澈透明						清澈透明						清澈透明												目测[a]
运动黏度(40 ℃)/(mm^2/s)	13.5～16.5	19.8～24.2	28.8～35.2	41.4～50.6	61.2～74.8	90.0～110	19.8～24.2	28.8～35.2	41.4～50.6	61.2～74.8	90.0～110	135～165	6.12～7.48	9.00～11.0	13.5～16.5	19.8～24.2	28.8～35.2	41.4～50.6	61.2～74.8	90.0～110	135～165	198～242	288～352	414～506	GB/T 265
倾点/℃　不高于	−39	−36	−33	−33	−27	−21	[b]						−39	−39	−39	−39	−39	−39	−36	−33	−30	−21	−21	−21	GB/T 3535
闪点/℃　不低于	150		160		170		200						130		150		180		180		210				GB/T 3536
密度(20 ℃)/(kg/m^3)	报告						报告						报告												GB/T 1884[c]及 GB/T 1885
酸值(以 KOH 计)/(mg/g)　不大于	0.02[d]						[b]						0.10[d]												GB/T 4945[e]
灰分(质量分数)/%　不大于	0.005[d]						—						—												GB/T 508
水分/(mg/kg)　不大于	30[f]						350[g]						100[h] 300[g]												ASTM D6304[i]
颜色/号　不大于	1	1	1	1.5	2.0	2.5	[b]						[b]												GB/T 6540
机械杂质(质量分数)/%	无						无						无												GB/T 511

表 1（续）

项目	质量指标																								试验方法
品种	L-DRA						L-DRB						L-DRD												
黏度等级 （GB/T 3141）	15	22	32	46	68	100	22	32	46	68	100	150	7	10	15	22	32	46	68	100	150	220	320	460	
泡沫性（泡沫倾向/泡沫稳定性，24 ℃）/（mL/mL）	报告						报告						报告												GB/T 12579
铜片腐蚀（T_2 铜片，100 ℃，3 h）/级 不大于	1						1						1												GB/T 5096
击穿电压/kV 不小于	[j]						—						25												GB/T 507
化学稳定性（175 ℃，14 d）	—						—						无沉淀												SH/T 0698
残炭（质量分数）/% 不大于	0.05[d]						—						—												GB/T 268
氧化安定性（140 ℃，14 h） 氧化油酸值（以 KOH 计）/（mg/g） 不大于 氧化油沉淀（质量分数）/% 不大于	 0.2 0.02						[b]						—												SH/T 0196

表 1（续）

项目	质量指标																								试验方法
品种	L-DRA						L-DRB						L-DRD												
黏度等级（GB/T 3141）	15	22	32	46	68	100	22	32	46	68	100	150	7	10	15	22	32	46	68	100	150	220	320	460	
极压性能（法莱克斯法）失效负荷/N	报告						报告						报告												SH/T 0187
压缩机台架试验[k]	通过						通过						通过												供需双方商定

[a] 将试样注入 100 mL 玻璃量筒中，在 20 ℃±3 ℃下观察，应透明、无不溶水及机械杂质。

[b] 指标由供需双方商定。

[c] 试验方法也包括 SH/T 0604。

[d] 不适用于含有添加剂的冷冻机油。

[e] 试验方法也包括 GB/T 7304，有争议时，以 GB/T 4945 为仲裁方法。

[f] 仅适用于交货时密封容器中的油。装于其他容器时的水含量由供需双方另订协议。

[g] 仅适用于交货时密封容器中的聚（亚烷基）二醇油。装于其他容器时的水含量由供需双方另订协议。

[h] 仅适用于交货时密封容器中的酯类油。装于其他容器时的水含量由供需双方另订协议。

[i] 试验方法也包括 GB/T 11133 和 NB/SH/T 0207，有争议时，以 ASTM D6304 为仲裁方法。

[j] 该项目是否检测由供需双方商定，如果需要应不小于 25 kV。

[k] 压缩机台架试验（包括寿命试验、结焦试验和与各种材料的相容性试验等）为本产品定型时和用油者首次选用本产品时必做的项目。当生产冷冻机油的原料和配方有变动时，或转厂生产时应重做台架试验。如果供油者提供的产品，其红外线谱图与通过压缩机台架试验的油样谱图相一致，又符合本标准所规定的理化指标或供需双方另订的协议指标时，可以不再进行压缩机台架试验。红外线谱图可以采用 ASTM E1421:1999(2009)方法测定。

表 2　L-DRE 和 L-DRG 冷冻机油技术要求

项目	质量指标																							试验方法
品种	L-DRE											L-DRG												
黏度等级（GB/T 3141）	15	22	32	46	56[a]	68	100	150	220	320	460	8[a]	10	15	22	32	46	68	100	150	220	320	460	
外观	清澈透明											清澈透明												目测[b]
运动黏度（40 ℃）/（mm^2/s）	13.5～16.5	19.8～24.2	28.8～35.2	41.4～50.6	50.8～61.0	61.2～74.8	90.0～110	135～165	198～242	288～352	414～506	8.5～9.0	9.0～11.0	13.5～16.5	19.8～24.2	28.8～35.2	41.4～50.6	61.2～74.8	90.0～110	135～165	198～242	288～352	414～506	GB/T 265
倾点/℃　不高于	−39	−36	−36	−33	−30	−27	−24	−18	−15	−12	−9	−48	−45	−39	−36	−33	−33	−24	−24	−21	−15	−12	−9	GB/T 3535
闪点/℃　不低于	150		160		170		180	210		225		145	150			160		170		210			225	GB/T 3536
密度（20 ℃）/（kg/m^3）	报告											报告												GB/T 1884[c] 及 GB/T 1885
酸值（以 KOH 计）/（mg/g）　不大于	0.02[d]											0.02[d]												GB/T 4945[e]
灰分（质量分数）/%　不大于	0.005[d]											—												GB/T 508
水分/（mg/kg）　不大于	30[f]											30[f]												ASTM D6304[g]
颜色/号　不大于	0.5	1.0	1.0	1.5	2.0	2.0	h					h	h	0.5	1.0	1.0	1.5	2.0	h					GB/T 6540
泡沫性（泡沫倾向/泡沫稳定性，24 ℃）/（mL/mL）	报告											报告												GB/T 12579
机械杂质（质量分数）/%	无											无												GB/T 511

表 2（续）

项目	质量指标																							试验方法
品种	L-DRE											L-DRG												
黏度等级 (GB/T 3141)	15	22	32	46	56[a]	68	100	150	220	320	460	8[a]	10	15	22	32	46	68	100	150	220	320	460	
铜片腐蚀（(T_2 铜片 100 ℃,3 h)/级 不大于	1											1												GB/T 5096
击穿电压/kV 不小于	25											25												GB/T 507
残炭(质量分数)/% 不大于	0.03[d]											0.03[d]												GB/T 268
絮凝点[i]/℃ 不高于	−45	−42	−42	−42	−42	−42	−35	−20				−42	−42	−42	−42	−42	−35	−35	−30	−25	−20			GB/T 12577
化学稳定性 (175 ℃,14 d)	无沉淀											[j]												SH/T 0698
极压性能(法莱克斯法)失效负荷/N	报告											报告												SH/T 0187
压缩机台架试验[k]	通过											通过												供需双方商定

[a] 不属于 ISO 黏度等级。

[b] 将试样注入 100 mL 玻璃量筒中，在 20 ℃±3 ℃下观察，应透明、无不溶水及机械杂质。

[c] 试验方法也包括 SH/T 0604。

[d] 不适用于含有添加剂的冷冻机油。

[e] 试验方法也包括 GB/T 7304，有争议时，以 GB/T 4945 为仲裁方法。

[f] 仅适用于交货时密封容器中的油。装于其他容器时的水含量由供需双方另订协议。

[g] 试验方法也包括 GB/T 11133 和 NB/SH/T 0207，有争议时，以 ASTM D6304 为仲裁方法。

[h] 指标由供需双方商定。

[i] 只适用于深度精制的矿物油或合成烃油。

[j] 该项目是否检测由供需双方商定，如需要，应为无沉淀。

[k] 压缩机台架试验（包括寿命试验、结焦试验和与各种材料的相容性试验等）为本产品定型时和用油者首次选用本产品时必做的项目。当生产冷冻机油的原料和配方有变动时，或转厂生产时应重做台架试验。如果供油者提供的每批产品，其红外线谱图与通过压缩机台架试验的油样谱图相一致，又符合本标准所规定的理化指标或供需双方另订的协议指标时，可以不再进行压缩机台架试验。红外线谱图可以采用 ASTM E1421:1999(2009)方法测定。

表 3 其他技术要求

项 目	试验方法
皂化值[a](以 KOH 计)/(mg/g)	GB/T 8021
絮凝点[c]/℃	GB/T 12577
油/制冷剂混合物黏度[a]/(mm^2/s)	供需双方商定
冷冻机油与制冷剂相溶性[b]/℃	SH/T 0699
折射率[a](η_D^{20})/%	SH/T 0205
苯胺点[a]/℃	GB/T 262

[a] 该项目是否检测由供需双方商定。

[b] L-DRA 不规定该检测项目，对 L-DRB、L-DRD、L-DRE、L-DRG 四个品种，该项目检测，指标由供需双方商定。

[c] 仅适用于 L-DRB、L-DRD 两个品种，该项目是否检测由供需双方商定。

5 检验规则

5.1 检验分类与检验项目

产品检验分为出厂检验和型式检验。

5.1.1 出厂检验

出厂批次检验项目包括：外观、运动黏度、倾点、闪点、密度、酸值、铜片腐蚀、击穿电压、水分、颜色、絮凝点、机械杂质、泡沫特性。

在原材料、生产工艺没有发生可能影响产品质量的变化时，出厂周期检验项目包括：冷冻机油与制冷剂相溶性，每半年至少测定一次，化学稳定性、氧化安定性和极压性能，每一年至少测定一次。

5.1.2 型式检验

型式检验项目为第 4 章规定的所有检验项目。

在下列情况下进行型式检验：

a) 新产品投产或产品定型鉴定时；

b) 原材料、生产工艺等发生较大变化，可能影响产品质量时；

c) 出厂检验结果与上次型式检验结果有较大差异时。

5.2 组批

在原材料和生产工艺不变的条件下，每生产一罐或釜为一批。

5.3 取样

按 GB/T 4756 进行，取 3L 样品作为检验和留样。

5.4 判定规则

出厂检验和型式检验结果全部符合第 4 章技术要求时，则判定该批产品合格。

5.5 复验规则

如果出厂检验和型式检验结果有不符合第4章技术要求规定时，按GB/T 4756的规定自同批产品中重新抽取双倍量样品，对不合格项目进行复验，复验结果如仍不符合技术要求时，则判定该批产品为不合格。

6 标志、包装、运输和贮存

标志、包装、运输、贮存及交货验收按SH 0164进行。

附 录 A
（规范性附录）
冷冻机油分类及各品种的应用

冷冻机油分类及各品种的应用见表 A.1。

表 A.1 冷冻机油分类及各品种的应用

分组字母	主要应用	制冷剂	润滑剂分组	润滑剂类型	代号	典型应用	备注
D	制冷压缩机	NH_3（氨）	不相溶	深度精制的矿油（环烷基或石蜡基），合成烃（烷基苯，聚α烯烃等）	DRA	工业用和商业用制冷	开启式或半封闭式压缩机的满液式蒸发器
			相溶	聚（亚烷基）二醇	DRB	工业用和商业用制冷	开启式压缩机或工厂厂房装置用的直膨式蒸发器
		HFC_s（氢氟烃类）	相溶	聚酯油，聚乙烯醚，聚（亚烷基）二醇	DRD	车用空调，家用制冷，民用商用空调，热泵，商业制冷包括运输制冷	—
		$HCFC_s$（氢氯氟烃类）	相溶	深度精制的矿油（环烷基或石蜡基），烷基苯，聚酯油，聚乙烯醚	DRE	车用空调，家用制冷，民用商用空调，热泵，商业制冷包括运输制冷	—
		HC_s（烃类）	相溶	深度精制的矿油（环烷基或石蜡基），聚（亚烷基）二醇，合成烃（烷基苯，聚α烯烃等），聚酯油，聚乙烯醚	DRG	工业制冷，家用制冷，民用商用空调，热泵	工厂厂房用的低负载制冷装置

附 录 B
（资料性附录）
本标准与GB/T 16630—1996的主要变化

表B.1给出了本标准与GB/T 16630—1996的主要变化的一览表。

表B.1 本标准与GB/T 16630—1996的主要变化

项目	GB/T 16630—1996		本标准
产品分类	DRA/A DRB/A	DRA/B DRB/B	DRA DRE DRB、DRD、DRG
品种及项目	DRA/A	DRA/B	DRA
外观、密度、极压性能、压缩机台架试验	—	—	增加外观、密度、极压性能、压缩机台架试验
100 ℃运动黏度	—	报告	—
硫含量、絮凝点、R12不溶物含量（−30 ℃）、化学稳定性（250 ℃）	—	控制	—
折射率/（n_D^{20}） 苯胺点/℃	—	—	该项目是否检测由供需双方商定
U型管流动性/℃	控制	控制	—
黏度等级	15、22、32、46、68	15、22、32、46、68、100、150、220、320	15、22、32、46、68、100
倾点/℃ 不高于	−35、−35、−30、−30、−25	黏度等级为15、22、32、46、68的指标与DRA/A相同，黏度等级为100、150、220、320的指标分别为：−20、−10、−10、−10	−39、−36、−33、−33、−27、−21
水分/（mg/kg） 不大于	—	50	30
击穿电压/（kV） 不小于	—	25	该项目是否检测由供需双方商定，如果需要应不小于25kV
酸值（以KOH计）/（mg/g） 不大于	0.08	0.03	0.02（不含添加剂）
残炭（质量分数）/% 不大于	0.10	0.05	0.05（不含添加剂）
灰分（质量分数）/% 不大于	0.01	0.005	0.005（不含添加剂）
颜色/号 不大于	1、1、1.5、2.0、2.5	1、1、1、1.5、2.0、2.5、3.0、3.5、4.0	1、1、1、1.5、2.0、2.5
皂化值（以KOH计）/（mg/g）	—	报告	该项目是否检测由供需双方商定
泡沫性（泡沫倾向/泡沫稳定性，24 ℃）/（mL/mL）	—	报告	报告

表 B.1（续）

项目	GB/T 16630—1996		本标准
氧化安定性(140 ℃,14 h) 氧化油酸值(以 KOH 计)/(mg/g)　不大于 氧化油沉淀(质量分数)/%　不大于	0.2 0.02	0.05 0.005	0.2 0.02
品种及项目	DRB/A	DRB/B	DRE
黏度等级	15、22、32、46、68	15、22、32、46、68	15、22、32、46、56、68、100、150、220、320、460
外观、油/制冷剂混合物黏度、冷冻机油与制冷剂相溶性	—	—	增加外观、油/制冷剂混合物黏度、冷冻机油与制冷剂相溶性
100 ℃运动黏度、相对分子质量	脚注	脚注	—
黏度指数	报告	报告	—
密度(20 ℃)/(kg/m^3)	脚注	脚注	报告
折射率(n_D^{20})/% 苯胺点/℃	脚注	脚注	该项目是否检测由供需双方商定
燃点、硫含量	控制	控制	—
热稳定性	脚注	脚注	—
倾点/℃　不高于	−42、−42、−39、−33、−27	−45、−45、−42、−39、−36	−39、−36、−36、−33、−30、−27、−24、−18、−15、−12、−9
闪点/℃　不低于	150、160、165、170、175	150、160、165、170、175	150、150、160、160、170、170、180、210、210、225、225
絮凝点/℃　不高于	−47、−47、−45、−40、−35	−60、−60、−60、−50、−45	−45、−42、−42、−42、−42、−42、−35、−20、−20、−20、−20
酸值(以 KOH 计)/(mg/g)　不大于	0.03	0.03	0.02(不含添加剂)
皂化值(以 KOH 计)/(mg/g)	报告	报告	该项目是否检测由供需双方商定
灰分(质量分数)/%　不大于	0.003	0.003	0.005(不含添加剂)
水分/(mg/kg)　不大于	35	35	30

表 B.1（续）

项目		GB/T 16630—1996		本标准
颜色/号	不大于	0.5、1.0、1.0、1.5、2.0	0.5、1.0、1.0、1.5、2.0	黏度等级为 15、22、32、46、68 的指标与 DRB/A 相同，黏度等级为 56 的指标为不大于 2.0 号，其他黏度等级为执行脚注：指标由供需双方商定
残炭(质量分数)/%	不大于	0.03	0.03	0.03(不含添加剂)
化学稳定性		(250 ℃)：不小于 96 h	(250 ℃)：不小于 96 h	(175 ℃，14 d)：无沉淀

ICS 27.010
F 01

中华人民共和国国家标准

GB/T 16666—2012
代替 GB/T 16666—1996

泵类液体输送系统节能监测

Monitoring and testing for energy saving of motor-pump liquid transport system

2012-12-31 发布 2013-10-01 实施

中华人民共和国国家质量监督检验检疫总局
中国国家标准化管理委员会 发布

前　言

本标准按照 GB/T 1.1—2009 给出的规则起草。

本标准代替 GB/T 16666—1996《泵类及液体输送系统节能监测方法》,本标准与 GB/T 16666—1996 相比,除编辑性修改外主要技术变化如下:

——更改了标准名称;

——新增了热力学监测方法;

——新增了流量的间接监测方法;

——新增了“吨·百米耗电量”的术语和定义;

——监测项目和评价项目改为泵运行效率、电动机运行效率和吨·百米耗电量;

——新增了电动机运行效率监测的曲线查询方法;

——按工艺要求不同分别给出了输送压力确定系统、输送高度及距离确定系统和循环系统管路输送效率的确定方法。

本标准由全国能源基础与管理标准化技术委员会(SAS/TC 20)提出并归口。

本标准起草单位:中国标准化研究院、哈尔滨四远测控技术有限责任公司、黑龙江煤矿矿用安全产品检验中心、唐山冀东矿业安全检测检验有限公司、淮北矿业股份有限公司技术中心、中国石油天然气集团公司节能技术监测评价中心、哈尔滨思瑞芙特节能技术开发有限公司。

本标准主要起草人:魏亚平、赵跃进、魏思远、苏亚光、刘宝东、孙敬明、刘尹、李景海、石明星、梁士军、马玉平、廉守军、胡梦婷。

GB/T 16666—1996 的历次版本发布情况为:

——GB/T 16666—1986、GB/T 16666—1996。

泵类液体输送系统节能监测

1 范围

本标准规定了泵类液体输送系统能源利用状况的监测内容、监测方法和判定规则。

本标准适用于 5 kW 及以上电动机拖动的泵类液体输送系统。

2 规范性引用文件

下列文件对于本文件的应用是必不可少的。凡是注日期的引用文件，仅注日期的版本适用于本文件。凡是不注日期的引用文件，其最新版本(包括所有的修改单)适用于本文件。

GB/T 1032 三相异步电动机试验方法

GB/T 3214 水泵流量的测定方法

GB/T 12497 三相异步电动机经济运行

GB/T 13469 离心泵、混流泵、轴流泵和旋涡泵系统经济运行

3 术语和定义

下列术语和定义适用于本文件。

3.1

吨·百米耗电量 ton·hectometer power consumption

泵类液体输送系统完成 1 t 液体 100 m 扬程所消耗的电量。

3.2

水力学监测方法 hydraulic monitoring method

按水力学原理用泵输出功率与泵输入轴功率之比测算泵效率的监测方法。

3.3

热力学监测方法 thermodynamic monitoring method

按热力学原理用泵出口和进口之间的温度差和压力差测算泵效率和流量的监测方法。

3.4

输送效率 efficiency of transmission

工艺需要的扬程与泵产生扬程的比值，或工艺需要的压力与泵输出压力的比值。

4 节能监测检查

4.1 泵与电动机不应是国家明令淘汰的产品。测试时系统应在正常状态下运行。

4.2 泵进口压力表、泵出口压力表及泵和电动机铭牌应齐全、完好；额定功率≥45 kW 的电动机应单独配置电流表、电压表、电能表等。

4.3 泵的运行工况点应符合 GB/T 13469 的要求。

4.4 运行时泵的轴密封正常。

4.5 多级泵的平衡水应用管路引回泵的吸入端。

4.6 输送管道应符合 GB/T 13469 的要求。

4.7 被测泵类液体输送系统应有完整的运行台账、性能曲线、改造记录等技术档案。

5 节能监测测试

5.1 节能监测测试项目

泵类液体输送系统节能监测应包括以下测试项目：

——泵运行效率；

——电动机运行效率；

——吨·百米耗电量。

5.2 节能监测的周期

拖动电动机额定功率>100 kW 的泵类液体输送系统每一年应监测一次；拖动电动机额定功率 5 kW～100 kW 的泵类液体输送系统每两年应监测一次。

5.3 节能监测的要求

5.3.1 节能监测应在节能检查项目通过后、泵类液体输送系统正常生产的工况下进行。

5.3.2 采用变频调速的泵类液体输送系统，应在切除变频调速器后的运行状态下测试。

5.3.3 监测所用的仪器、仪表应在检定周期内，准确度应满足以下要求：

a) 流量表不低于 1.5 级；

b) 压力表不低于 0.5 级；

c) 泵扬程≥100 m 时，温度差测试误差≤±0.005 ℃；
泵扬程<100 m 时，温度差测试误差≤±0.002 ℃；

d) 温度表不低于 1.5 级；

e) 电流、电压表不低于 0.5 级；

f) 交流功率表不低于 1.0 级；

g) 被测数值宜在仪表量程的 1/3～2/3 之间。

5.3.4 每个测点数据采集的时间不少于 5 min。

5.3.5 应通过阀门调节，在 50%额定流量到工况点流量范围内进行至少 4 个测点的测试，并绘制出泵类液体输送系统的实际性能曲线。实际性能曲线至少应包括流量与泵运行效率、流量与扬程、流量与轴功率、流量与吨·百米耗电量的关系曲线。

6 节能监测测试与计算方法

6.1 水力学方法

6.1.1 本方法适用于具备流量和轴功率精确测试条件的场合。

6.1.2 测试与计算按以下程序进行：

a) 按附录 A.1 对泵扬程进行测试与计算；

b) 按 6.1.3 对流量进行测试；

c) 按 6.1.4 对电动机输入功率进行测试；

d) 按6.1.5对电动机运行效率进行测试与计算；

e) 按附录A.2对泵轴功率进行测试与计算；

f) 按6.1.6对泵运行效率进行测试与计算。

6.1.3 流量测试按GB/T 3214的规定。具备测试条件的现场，也可用超声波流量计等其他流量计测量。

6.1.4 电动机输入功率按GB/T 1032的规定测试。

6.1.5 电动机运行效率按以下三种方式之一获得：

a) 用被测电动机的特性曲线查取；

b) 按GB/T 12497的规定测试计算；

c) 按GB/T 1032的规定测试计算。

6.1.6 泵运行效率应按式(1)进行测试与计算：

$$\eta_b = \frac{\rho \times g \times Q \times H}{3.6 \times 10^6 \times N_2} \times 100\% \qquad \cdots\cdots (1)$$

式中：

η_b ——泵运行效率；

ρ ——液体的密度，单位为千克每立方米(kg/m^3)，水的密度由附录D表D.2查取，其他液体的密度从相关技术资料查取；

g ——重力加速度，单位为米每二次方秒(m/s^2)，取9.807；

Q ——泵的流量，单位为立方米每时(m^3/h)；

H ——泵扬程，单位为米(m)；

N_2 ——泵轴功率，单位为千瓦(kW)。

6.2 热力学方法

6.2.1 适用于流量无法测试或精度不易控制，且泵扬程≥20 m的液体输送系统。

6.2.2 测试与计算按以下步骤进行：

a) 测试泵静压差、泵进口和出口间温度差；

b) 按6.2.3对泵运行效率进行计算；

c) 按6.2.4对流量进行计算。

6.2.3 泵运行效率应按式(2)进行测试计算：

$$\eta_b = \frac{10^{-3} \times \rho \times \Delta p + (z_1 - z_2) + \left(\frac{v'^2_2}{2g} - \frac{v'^2_1}{2g}\right)}{k \times \Delta p + (z_1 - z_2) + \left(\frac{v'^2_2}{2g} - \frac{v'^2_1}{2g}\right) + \frac{\overline{C_p} \times \Delta t}{g} + E_m + E} \times 100\% \qquad \cdots\cdots (2)$$

式中：

ρ ——液体的密度，单位为千克每立方米(kg/m^3)；水的密度由附录D表D.2查取，其他液体的密度从相关技术资料查取；

Δp ——泵静压差，单位为米(m)；

z_1 ——泵进口测压点到泵水平中心线的垂直距离，单位为米(m)；

z_2 ——泵出口测压点到泵水平中心线的垂直距离，单位为米(m)；

v'_2 ——用被测泵额定流量Q_e近似计算的泵出口法兰截面处液体平均流速，单位为米每秒(m/s)；

g ——重力加速度，单位为米每二次方秒(m/s^2)，取9.807；

v'_1 ——用被测泵额定流量 Q_e 近似计算的泵进口法兰截面处液体平均流速，单位为米每秒(m/s)；

k ——液体的等温系数，水的等温系数按附录 D 表 D.3 查取，其他液体的等温系数从相关技术资料求取；

$\overline{C_p}$ ——液体的平均定压比热，水的平均定压比热按附录 D 表 D.4 查取，其他液体的定压比热从相关技术资料求取；

Δt ——泵进、出口间温度差，单位为摄氏度(℃)；

E_m ——泵体与环境热交换的单位体积能量，单位为米(m)；

E ——密封及轴承摩擦损失的单位体积能量和，单位为米(m)。

v'_1 和 v'_2 的计算应按附录 A.3 进行。

E_m 和 E 的值应按附录 A.4 和附录 A.5 计算。

当 $\Delta p \geqslant 200$ m 时，按式(3)测试计算；当 $\Delta p \geqslant 200$ m，且泵体内介质温度与周围环境温度差值 $\leqslant 20$ ℃时，按式(4)测试计算。

$$\eta_b = \frac{10^{-3} \times \rho}{k + \dfrac{\overline{C_p} \times \Delta t + E_m + E}{\Delta p \times g}} \times 100\% \qquad \cdots\cdots\cdots(3)$$

$$\eta_b = \frac{10^{-3} \times \rho}{k + \dfrac{\overline{C_p} \times \Delta t + E}{\Delta p \times g}} \times 100\% \qquad \cdots\cdots\cdots(4)$$

6.2.4 热力学方法的流量 Q 应按式(5)进行计算：

$$Q = \frac{3.6 \times 10^6 \times N_2 \times \eta_b}{\rho \times g \times H'} \qquad \cdots\cdots\cdots(5)$$

式中：

N_2 ——泵轴功率，单位为千瓦(kW)，按附录 A.2 确定；

H' ——用被测泵额定流量 Q_e 近似计算的泵扬程，单位为米(m)。

用被测泵额定流量 Q_e 近似计算的泵扬程(H')应按式(6)计算。

$$H' = \Delta p + (z_2 - z_1) + \frac{v'^2_2 - v'^2_1}{2g} \qquad \cdots\cdots\cdots(6)$$

7 液体输送系统总效率的计算

液体输送系统总效率应按式(7)进行计算。

$$\eta = \eta_b \times \eta_d \times \eta_g \times \eta_c \qquad \cdots\cdots\cdots(7)$$

式中：

η ——液体输送系统总效率；

η_b ——泵运行效率；

η_d ——电动机运行效率；

η_g ——输送效率，输送效率应按附录 A.7 的规定进行计算；

η_c ——传动效率。

8 吨·百米耗电量的计算

吨·百米耗电量应按式(8)进行计算：

$$e=\frac{0.272\ 33}{\eta} \qquad \cdots\cdots(8)$$

式中：

e——液体输送系统吨·百米耗电量，单位为千瓦时每吨百米[kW·h/(t·hm)]；

η——液体输送系统总效率。

9 节能监测评价

9.1 节能检测评价指标

评价项目及合格指标见表1。

表1 合格评价表

判定项目	合格指标
泵运行效率/%	≥85%×a
电动机运行效率/%	≥85%×b
吨·百米耗电量/[kW·h/(t·hm)]	≤0.50×α×β

注：a——泵额定效率；
b——电动机额定效率；
α——泵型能耗指标修正系数，见表2和表3；
β——电动机能耗指标修正系数，见表4。

表2 单级泵泵型能耗指标修正系数 α

额定流量 Q_e/(m³/h)	Q_e≤5	5<Q_e≤20	20<Q_e≤60	60<Q_e≤200	200<Q_e≤800	Q_e>800
系数 α	1.446	1.246	1.157	1.080	1.000	0.953

表3 多级泵泵型能耗指标修正系数 α

额定流量 Q_e/(m³/h)	Q_e<15	15<Q_e≤80	80<Q_e≤200	200<Q_e≤500	Q_e>500
系数 α	1.400	1.185	1.100	1.000	0.939

表4 电动机能耗指标修正系数 β

额定功率 P_e/kW	5≤P_e≤11	11<P_e≤55	55<P_e≤315	P_e>315
系数 β	1.106	1.044	1.000	0.979

9.2 输送黏性液体的换算

输送黏性液体时流量、扬程和泵运行效率按附录 A.6 进行换算。

9.3 节能检测合格判定

节能监测检查项目和节能监测测试项目均合格方可认为节能监测合格。

9.4 节能监测报告

《泵类液体输送系统节能监测数据表》和《泵类液体输送系统节能监测结果判定表》的内容和样式见附录 B 和附录 C。监测报告应作出能源使用情况的评价和提出改进建议。

附 录 A
（规范性附录）
泵类液体输送系统节能监测其他计算与换算公式

A.1 泵扬程计算

泵扬程应按式(A.1)进行计算。

$$H=\Delta p+(z_2-z_1)+\frac{v_2^2-v_1^2}{2g} \qquad \cdots\cdots(A.1)$$

式中：

H ——泵扬程，单位为米(m)；

Δp ——泵静压差，单位为米(m)；

z_2 ——泵出口测压点到泵水平中心线的垂直距离，单位为米(m)；

z_1 ——泵进口测压点到泵水平中心线的垂直距离，单位为米(m)；

v_2 ——泵出口法兰截面处液体平均流速，单位为米每秒(m/s)；

v_1 ——泵进口法兰截面处液体平均流速，单位为米每秒(m/s)；

g ——重力加速度，单位为米每一次方秒(m/s²)，取9.807。

泵静压差应按式(A.2)进行计算。

$$\Delta p=\frac{10^6(p_2-p_1)}{\rho\times g} \qquad \cdots\cdots(A.2)$$

式中：

p_2 ——泵出口压力值，单位为兆帕(MPa)；

p_1 ——泵进口压力值，单位为兆帕(MPa)；

ρ ——液体的密度，单位为千克每立方米(kg/m³)，水的密度由附录D表D.2查取，其他液体的密度从相关技术资料查取。

泵进口法兰截面处液体平均流速应按式(A.3)计算，泵出口法兰截面处液体平均流速应按式(A.4)计算。

$$v_1=\frac{Q}{900\times\pi\times D_1^2} \qquad \cdots\cdots(A.3)$$

$$v_2=\frac{Q}{900\times\pi\times D_2^2} \qquad \cdots\cdots(A.4)$$

式中：

Q ——泵的流量，单位为立方米每时(m³/h)；

D_1 ——泵进口法兰处管道内径，单位为米(m)；

D_2 ——泵出口法兰处管道内径，单位为米(m)。

A.2 轴功率计算

泵轴功率应按式(A.5)计算。

$$N_2=N_1\times\eta_d\times\eta_c \qquad \cdots\cdots(A.5)$$

式中：

N_2——泵轴功率，单位为千瓦(kW)；

N_1——电动机输入功率，单位为千瓦(kW)；

η_d ——电动机运行效率；

η_c ——传动效率，η_c按表 A.1 中的规定查取。

表 A.1 传动效率取值表

单位为百分比

传动形式	泵机同轴直联	连轴器传动	胶带传动		机械变速装置传动
			V 型带	普通平带	
传动效率	100	99～99.5	96～97	93～97	产品样本提供

A.3 v'_1和 v'_2 的计算

用被测泵额定流量 Q_e 近似计算的泵进口法兰截面处液体平均流速应按式(A.6)计算。

$$v'_1=\frac{Q_e}{900\times\pi\times D_1^2} \qquad \cdots\cdots(A.6)$$

式中：

Q_e ——被测泵的额定流量，单位为立方米每时(m^3/h)。

用被测泵额定流量 Q_e 近似计算的泵出口法兰截面处液体平均流速应按式(A.7)计算。

$$v'_2=\frac{Q_e}{900\times\pi\times D_2^2} \qquad \cdots\cdots(A.7)$$

A.4 泵体与环境热交换的单位体积能量(E_m)的计算

泵体与环境热交换的单位体积能量的应按式(A.8)近似计算。当环境温度高于泵内液体的平均温度时 E_m 取负值；当环境温度低于泵内液体的平均温度时 E_m 取正值。

$$E_m=\pm\frac{3\,600\times\sigma}{Q_e}\times W\times A\times(t_w-t_a) \qquad \cdots\cdots(A.8)$$

式中：

σ——液体的比容，单位为立方米每千克(m^3/kg)；

W——热交换系数，单位为瓦每平方米摄氏度[W/(m^2·℃)]，取 $W=10$；

A——泵的热交换表面面积，单位为平方米(m^2)；

t_w——泵中液体的平均温度，单位为摄氏度(℃)；

t_a——环境温度，单位为摄氏度(℃)。

A.5 密封及轴承摩擦损失的单位体积能量和(E)的取值

当泵密封及轴承运行正常时，密封及轴承摩擦损失的单位体积能量和按图 A.1 或图 A.2 取值。

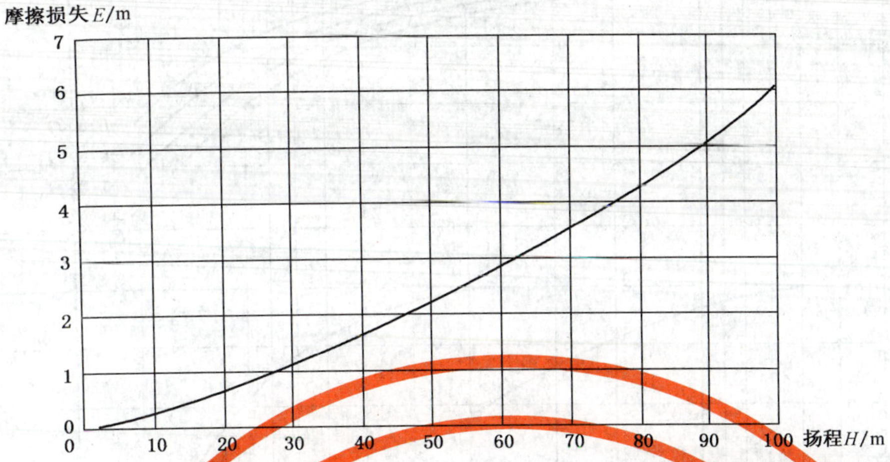

图 A.1 扬程≤100 m 摩擦损失的数值

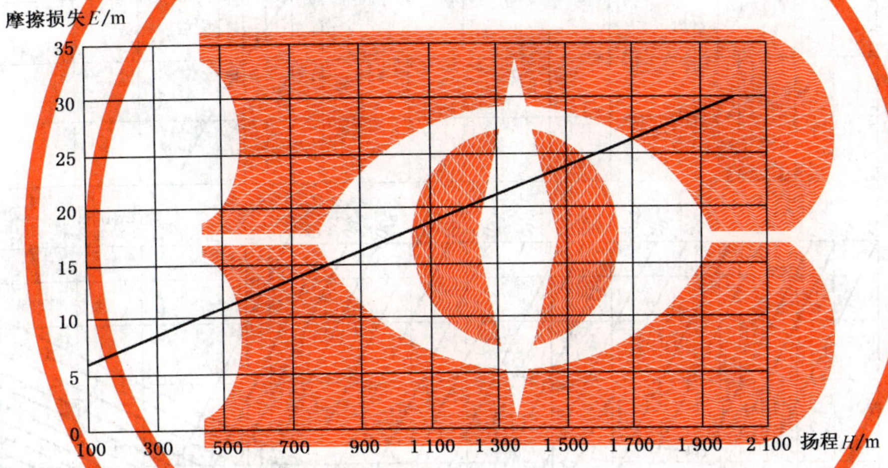

图 A.2 扬程≥100 m 摩擦损失的数值

A.6 输送黏性液体时性能参数的换算

A.6.1 输送黏性液体时性能参数的换算式

输送黏性液体时实际测算的流量、扬程和效率应分别按式(A.9)、式(A.10)和式(A.11)换算。

$$Q = K_Q Q_V \quad \cdots\cdots(A.9)$$

$$H = K_H H_V \quad \cdots\cdots(A.10)$$

$$\eta_b = K_\eta \eta_{bV} \quad \cdots\cdots(A.11)$$

式中：

Q_V、H_V、η_{bV}——输送黏性液体时实际测算的流量、扬程和效率；

K_Q、K_H、K_η——使用范围内流量、扬程、效率的换算系数，由图 A.3 或图 A.4 查取值。

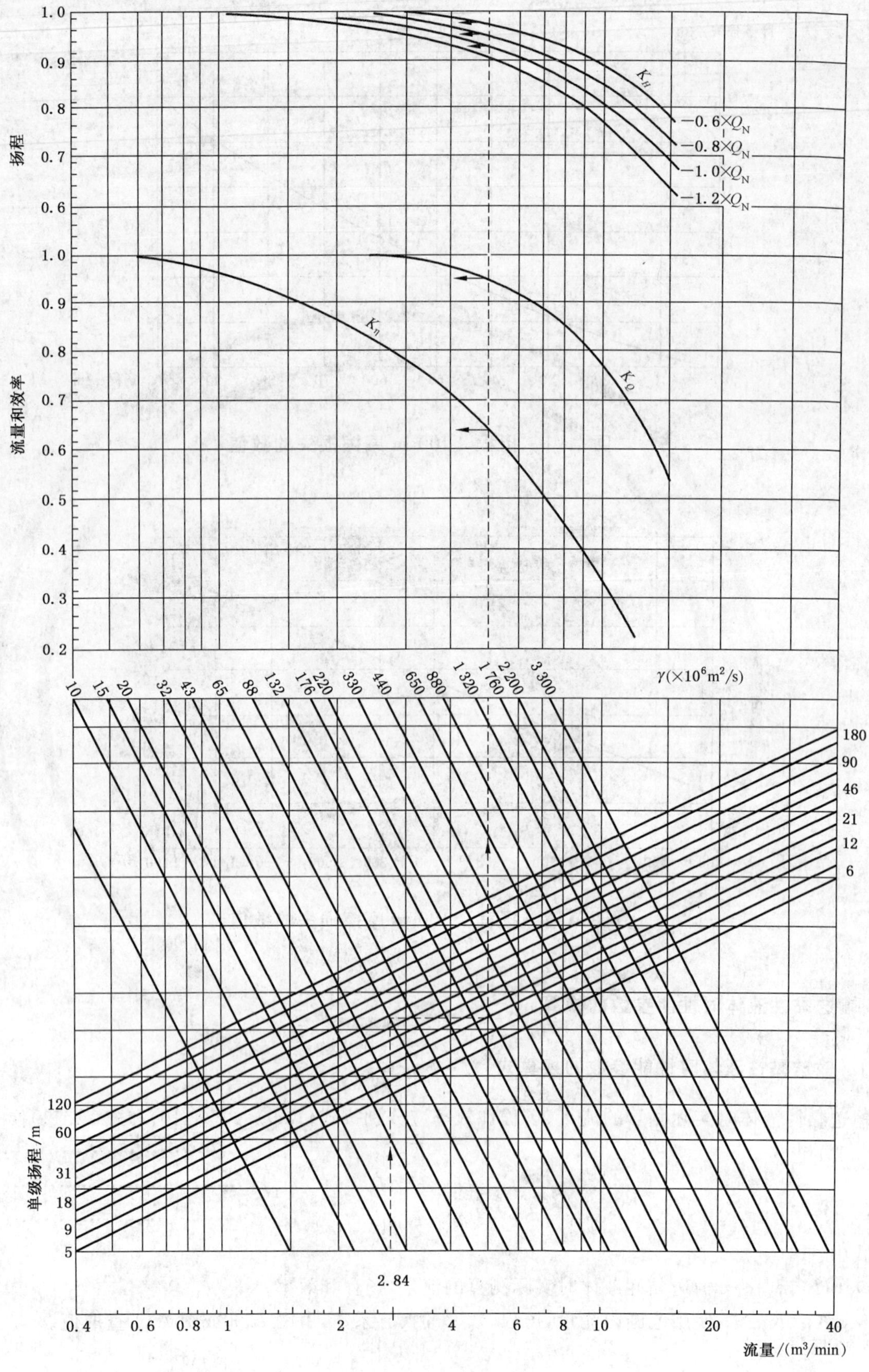

图 A.3 大流量泵换算系数

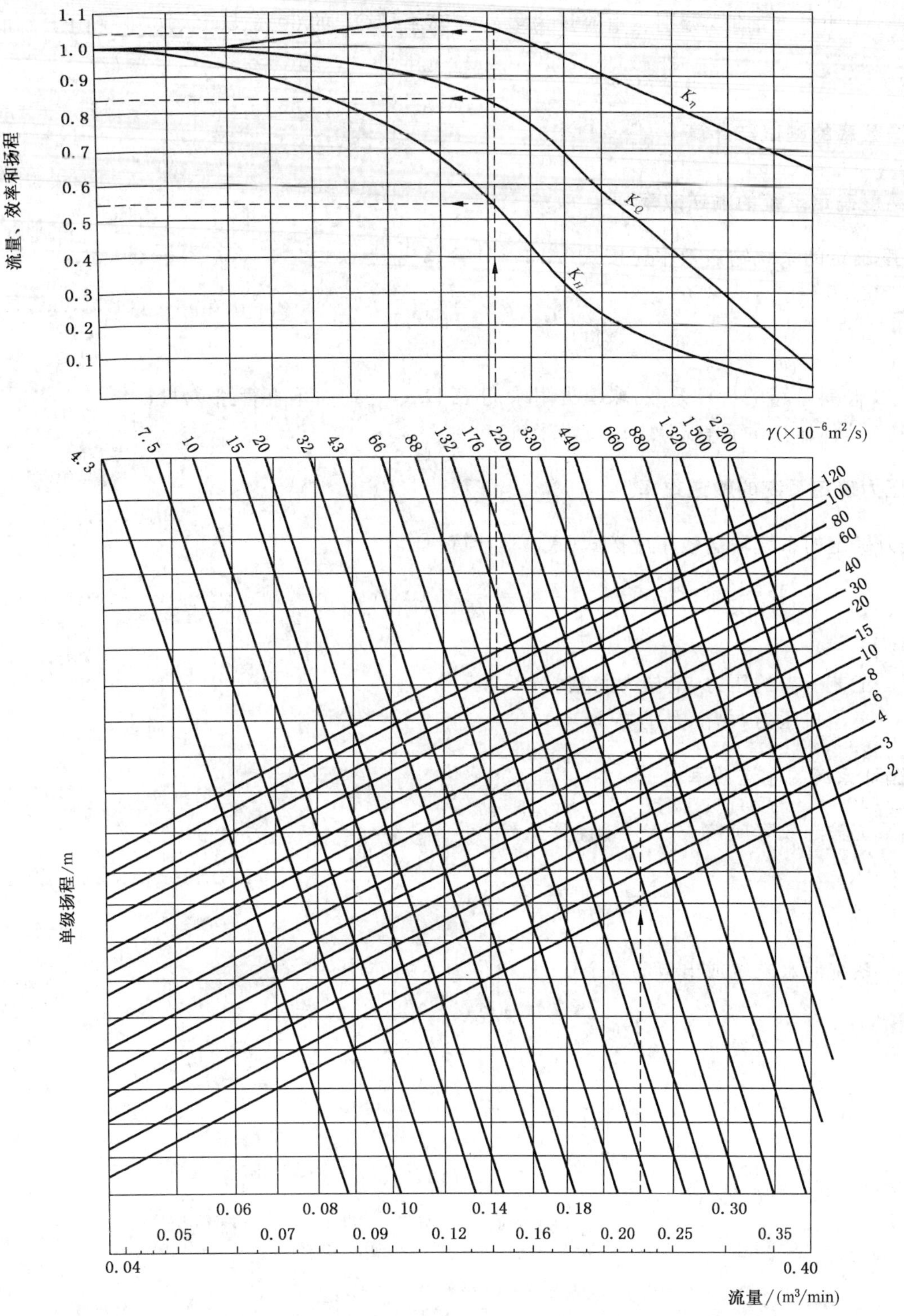

图 A.4 小流量泵换算系数

A.6.2 输送黏性液体时性能参数转换图的应用

先根据输送清水时泵最高效率点(或设计点)的性能,在横坐标上找到流量点(m³/min),由此点向上在表示扬程的斜线上得到一点,再由此点沿水平线在表示黏度的斜线上又得到一点,从此点垂直上推，在 K_η、K_Q 和 K_H 曲线上即得到换算系数。

图 A.3 中四条 K_H 曲线分别表示流量为最高效率流量 Q_N 的 60%、80%、100%和 120%时的扬程换算系数。

A.7 输送效率的测试与计算

A.7.1 高度确定系统的输送效率

由高度确定的系统输送效率应按式(A.12)计算。

$$\eta_g = \theta \times \frac{H_g}{H} \times 100\% \qquad \cdots\cdots(A.12)$$

式中：

θ ——倾斜管路的折算系数，取值见附录 D 表 D.1，与地面垂直管路 $\theta=1$；

H_g ——液体输送的垂直高度，单位为米(m)。

A.7.2 压力确定系统的输送效率

由压力确定的系统输送效率应按式(A.13)计算。

$$\eta_g = \frac{p_g}{p_2} \times 100\% \qquad \cdots\cdots(A.13)$$

式中：

p_g——工艺所需的压力，单位为兆帕(MPa)；

p_2——泵出口压力，单位为兆帕(MPa)。

A.7.3 循环系统的输送效率

循环系统输送效率应按式(A.14)计算。

$$\eta_g = \frac{p_2 - p_c}{p_2} \times 100\% \qquad \cdots\cdots(A.14)$$

式中：

p_c——系统回水末端或出口的剩余压力，单位为兆帕(MPa)。

附 录 B
（规范性附录）
泵类液体输送系统节能监测数据表样式

表 B.1 泵类液体输送系统节能监测数据表

被监测单位			时 间		
地 点			机组号		
泵型号		泵额定流量	m^3/h	泵额定扬程	m
泵额定效率	%	泵额定转速	r/min	电机额定功率因数	
电机型号		额定功率	kW	电机额定电流	A
电机额定效率	%	电机额定电压	V		

序号	项目	单位	工况	流量调节点 1	流量调节点 2	流量调节点 3	流量调节点 4
1	泵入口压力	MPa					
2	泵出口压力	MPa					
3	泵进、出口温差	℃					
4	泵扬程	m					
5	泵流量	m^3/h					
6	泵运行效率	%					
7	输送效率	%					
8	吸水高度	m					
9	排水高度（高度确定的输送系统）	m					
	工艺所需压力（压力确定的输送系统）	MPa					
	系统回水末端压力（循环系统）	MPa					
10	表位差	m					
11	电 压	V					
12	电 流	A					
13	电动机输入功率	kW					
14	电动机输出功率	kW					
15	电动机运行效率	%					
16	液体输送系统总效率	%					
17	吨·百米耗电量	kW·h/(t·hm)					

监测人员：（签字） 审核人员：（签字）

附 录 C
（规范性附录）
泵类液体输送系统节能监测结果判定表样式

表 C.1 泵类液体输送系统节能监测结果判定表

被监测单位			时 间		
地 点			机组号		
泵型号		泵额定流量	m^3/h	泵额定扬程	m
泵额定效率	%	泵额定转速	r/min	电机额定功率因数	
电机型号		电机额定功率	kW	电机额定电流	A
电机额定效率	%				

监测检查项目	检查结果	结果评价
泵与电动机不应是国家明令淘汰的产品；测试时系统应在正常状态下运行		
泵进口压力表、泵出口压力表及泵和电动机铭牌应齐全、完好；额定功率≥45 kW 的电动机应单独配置电流表、电压表、电能表等		
泵的运行工况点应符合 GB/T 13469 的要求		
运行时泵的轴密封正常		
输送管道应符合 GB/T 13469 的要求		
泵类液体输送系统应有完整的运行台账、性能曲线、改造记录等技术档案		
采用“热力学方法”时，受检单位应在泵进口和出口管路上安装测温套管		

监测测试项目	测试结果	考核指标	结果评价
泵运行效率/%			
电动机运行效率/%			
吨·百米耗电量/[kW·h/(t·hm)]			

监测结果评价：

单位名称（节能监测专用章）

年 月 日

监 测： 审 核： 批 准：

附 录 D
（资料性附录）
泵类液体输送系统节能监测相关数据表

表 D.1 倾斜管路折算为垂直高度的系数表

倾斜角度	H_c					
	100 m	200 m	300 m	400 m	500 m	600 m
10°	1.18	1.25	1.29	1.32	1.34	1.35
15°	1.11	1.15	1.18	1.19	1.21	1.21
20°	1.07	1.10	1.12	1.13	1.14	1.14
25°	1.05	1.07	1.08	1.09	1.10	1.10
30°	1.04	1.05	1.06	1.07	1.07	1.07
35°	1.03	1.04	1.05	1.05	1.07	1.07
40°	1.02	1.03	1.03	1.04	1.05	1.05
45°	1.02	1.02	1.03	1.03	1.03	1.03
50°	1.01	1.02	1.02	1.02	1.02	1.02
55°	1.01	1.01	1.01	1.01	1.02	1.02
60°	1.01	1.01	1.01	1.01	1.01	1.01

表 D.2　水的密度 ρ($kg \cdot m^{-3}$)

温度/℃	绝对压力/(10^5 Pa)															
	1.0	10.0	20.0	30.0	40.0	50.0	60.0	70.0	80.0	90.0	100.0	110.0	120.0	130.0	140.0	150
0	999.8	1 000.3	1 000.8	1 001.3	1 001.8	1 002.3	1 002.8	1 003.3	1 003.8	1 004.3	1 004.8	1 005.3	1 005.8	1 006.3	1 006.8	1 007.3
1	999.9	1 000.4	1 000.9	1 001.4	1 001.9	1 002.4	1 002.9	1 003.4	1 003.9	1 004.3	1 004.8	1 005.3	1 005.8	1 006.3	1 006.8	1 007.3
2	1 000.0	1 000.4	1 000.9	1 001.4	1 001.9	1 002.4	1 002.9	1 003.4	1 003.9	1 004.4	1 004.8	1 005.3	1 005.8	1 006.3	1 006.8	1 007.3
3	1 000.0	1 000.4	1 000.9	1 001.4	1 001.9	1 002.4	1 002.9	1 003.4	1 003.9	1 004.4	1 004.8	1 005.3	1 005.8	1 006.3	1 006.8	1 007.3
4	1 000.0	1 000.4	1 000.9	1 001.4	1 001.9	1 002.4	1 002.9	1 003.4	1 003.8	1 004.3	1 004.8	1 005.3	1 005.8	1 006.3	1 006.7	1 007.2
5	999.9	1 000.4	1 000.9	1 001.4	1 001.9	1 002.4	1 002.8	1 003.3	1 003.8	1 004.3	1 004.8	1 005.3	1 005.7	1 006.2	1 006.7	1 007.2
6	999.9	1 000.4	1 000.9	1 001.4	1 001.8	1 002.3	1 002.8	1 003.3	1 003.8	1 004.2	1 004.7	1 005.2	1 005.7	1 006.2	1 006.6	1 007.1
7	999.9	1 000.3	1 000.8	1 001.3	1 001.8	1 002.3	1 002.7	1 003.2	1 003.7	1 004.2	1 004.7	1 005.1	1 005.6	1 006.1	1 006.5	1 007.0
8	999.9	1 000.3	1 000.8	1 001.2	1 001.7	1 002.2	1 002.7	1 003.2	1 003.6	1 004.1	1 004.6	1 005.0	1 005.5	1 006.0	1 006.5	1 006.9
9	999.8	1 000.2	1 000.7	1 001.2	1 001.6	1 002.1	1 002.6	1 003.1	1 003.5	1 004.0	1 004.5	1 005.0	1 005.4	1 005.9	1 006.4	1 006.8
10	999.7	1 000.1	1 000.6	1 001.1	1 001.6	1 002.0	1 002.5	1 003.0	1 003.4	1 003.9	1 004.4	1 004.8	1 005.3	1 005.8	1 006.2	1 006.7
11	999.6	1 000.0	1 000.5	1 001.0	1 001.4	1 001.9	1 002.4	1 002.9	1 003.3	1 003.8	1 004.3	1 004.7	1 005.2	1 005.6	1 006.1	1 006.6
12	999.5	999.9	1 000.4	1 000.9	1 000.3	1 001.8	1 002.3	1 002.7	1 003.2	1 003.7	1 004.1	1 004.6	1 005.0	1 005.5	1 006.0	1 006.4
13	999.4	999.8	1 000.3	1 000.7	1 000.2	1 001.7	1 002.1	1 002.6	1 003.1	1 003.5	1 004.0	1 004.4	1 004.9	1 005.4	1 005.8	1 006.3
14	999.2	999.7	1 000.1	1 000.6	1 000.1	1 001.5	1 002.0	1 002.4	1 002.9	1 003.4	1 003.8	1 004.3	1 004.7	1 005.2	1 005.7	1 006.1
15	999.1	999.5	1 000.0	1 000.4	1 000.9	1 001.4	1 001.8	1 002.3	1 002.7	1 003.2	1 003.7	1 004.1	1 004.6	1 005.0	1 005.5	1 005.9
16	998.9	999.4	999.8	1 000.3	1 000.7	1 001.2	1 001.7	1 002.1	1 002.6	1 003.0	1 003.5	1 003.9	1 004.4	1 004.8	1 005.3	1 005.8
17	998.8	999.2	999.6	1 000.1	1 000.6	1 001.0	1 001.5	1 001.9	1 002.4	1 002.8	1 003.3	1 003.8	1 004.2	1 004.7	1 005.1	1 005.6
18	998.6	999.0	999.5	999.9	1 000.4	1 000.8	1 001.3	1 001.7	1 002.2	1 002.7	1 003.1	1 003.6	1 004.0	1 004.5	1 004.9	1 005.4
19	998.4	998.8	999.3	999.7	1 000.2	1 000.6	1 001.1	1 001.5	1 002.0	1 002.4	1 002.9	1 003.3	1 003.8	1 004.2	1 004.7	1 005.1
20	998.2	998.6	999.1	999.5	1 000.0	1 000.4	1 000.9	1 001.3	1 001.8	1 002.2	1 002.7	1 003.1	1 003.6	1 004.0	1 004.5	1 004.9
21	998.0	998.4	998.9	999.3	999.8	1 000.2	1 000.7	1 001.1	1 001.6	1 002.0	1 002.5	1 002.9	1 003.3	1 003.8	1 004.2	1 004.7

表 D.2（续）

温度/℃	绝对压力/(10^5 Pa)														
	1.0	10.0	20.0	30.0	40.0	50.0	60.0	70.0	80.0	90.0	100.0	110.0	120.0	130.0	140.0	150
22	997.8	998.2	998.6	999.1	999.5	1 000.0	1 000.4	1 000.9	1 001.3	1 001.8	1 002.2	1 002.7	1 003.1	1 003.5	1 004.0	1 004.4
23	997.5	997.9	998.4	998.8	999.3	999.7	1 000.2	1 000.6	1 001.1	1 001.5	1 002.0	1 002.4	1 002.9	1 003.3	1 003.7	1 004.2
24	997.3	997.7	998.1	998.6	999.0	999.5	999.9	1 000.4	1 000.8	1 001.3	1 001.7	1 002.2	1 002.6	1 003.0	1 003.5	1 003.9
25	997.0	997.4	997.9	998.3	998.8	999.2	999.7	1 000.1	1 000.6	1 001.0	1 001.5	1 001.9	1 002.3	1 002.8	1 003.2	1 003.7
26	996.8	997.2	997.6	998.1	998.5	999.0	999.4	999.9	1 000.3	1 000.7	1 001.2	1 001.6	1 002.1	1 002.5	1 002.9	1 003.4
27	996.5	996.9	997.4	997.8	998.3	998.7	999.1	999.6	1 000.0	1 000.5	1 000.9	1 001.3	1 001.8	1 002.2	1 002.7	1 003.1
28	996.2	996.6	997.1	997.5	998.0	998.4	998.9	999.3	999.7	1 000.2	1 000.6	1 001.1	1 001.5	1 001.9	1 002.4	1 002.8
29	995.9	996.3	996.8	997.2	997.7	998.1	998.6	999.0	999.4	999.9	1 000.3	1 000.8	1 001.2	1 001.6	1 002.1	1 002.5
30	995.7	996.1	996.5	996.9	997.4	997.8	998.3	998.7	999.1	999.6	1 000.0	1 000.4	1 000.9	1 001.3	1 001.7	1 002.2
31	995.3	995.7	996.2	996.6	997.1	997.5	997.9	998.4	998.8	999.3	999.7	1 000.1	1 000.6	1 001.0	1 001.4	1 001.9
32	995.0	995.4	995.9	996.3	996.8	997.2	997.6	998.1	998.5	998.9	999.4	999.8	1 000.2	1 000.7	1 001.1	1 001.5
33	994.7	995.1	995.5	996.0	996.4	996.9	997.3	997.7	998.2	998.6	999.0	999.5	999.9	1 000.3	1 000.8	1 001.2
34	994.4	994.8	995.2	995.7	996.1	996.5	997.0	997.4	997.8	998.3	998.7	999.1	999.6	1 000.0	1 000.4	1 000.9
35	994.0	994.4	994.9	995.3	995.8	996.2	996.6	997.1	997.5	997.9	998.4	998.8	999.2	999.7	1 000.1	1 000.5
36	993.7	994.1	994.5	995.0	995.4	995.8	996.3	996.7	997.1	997.6	998.0	998.4	998.9	999.3	999.7	1 000.2
37	993.3	993.7	994.2	994.6	995.0	995.5	995.9	996.3	996.8	997.2	997.7	998.1	998.5	998.9	999.4	999.8
38	993.0	993.4	993.8	994.2	994.7	995.1	995.5	996.0	996.4	996.8	997.3	997.7	998.1	998.6	999.0	999.4
39	992.6	993.0	993.4	993.9	994.3	994.7	995.2	995.6	996.0	996.5	996.9	997.3	997.8	998.2	998.6	999.0
40	992.2	992.6	993.1	993.5	993.9	994.4	994.8	995.2	995.7	996.1	996.5	996.9	997.4	997.8	998.2	998.7

注：中间值可通过线性插值求得。

表 D.3 水的等温系数 $k(10^{-3} \cdot m^3 \cdot kg^{-1})$

温度/℃	绝对压力/(10^5 Pa)															
	1.0	10.0	20.0	30.0	40.0	50.0	60.0	70.0	80.0	90.0	100.0	110.0	120.0	130.0	140.0	150
0	1.018 4	1.016 9	1.015 3	1.013 7	1.012 1	1.010 5	1.008 9	1.007 4	1.005 8	1.004 3	1.002 7	1.001 2	0.999 7	0.998 2	0.996 8	0.995 3
1	1.013 7	1.012 3	1.010 7	1.009 2	1.007 6	1.006 1	1.004 6	1.003 0	1.001 5	1.000 1	0.998 6	0.997 1	0.995 6	0.994 2	0.992 8	0.991 3
2	1.009 1	1.007 7	1.006 2	1.004 7	1.003 2	1.001 7	1.000 3	0.998 8	0.997 3	0.995 9	0.994 5	0.993 0	0.991 6	0.990 2	0.988 8	0.987 5
3	1.004 6	1.003 3	1.001 8	1.000 3	0.998 9	0.997 5	0.996 0	0.994 6	0.993 2	0.991 8	0.990 4	0.989 1	0.987 7	0.986 3	0.985 0	0.983 6
4	1.000 2	0.998 9	0.997 5	0.996 1	0.994 7	0.993 3	0.991 9	0.990 5	0.989 2	0.987 8	0.986 5	0.985 1	0.983 8	0.982 5	0.981 2	0.979 9
5	0.995 8	0.994 6	0.993 2	0.991 8	0.990 5	0.989 1	0.987 8	0.986 5	0.985 2	0.983 9	0.982 6	0.981 3	0.980 0	0.978 7	0.977 4	0.976 2
6	0.991 5	0.990 3	0.989 0	0.987 7	0.986 4	0.985 1	0.983 8	0.982 5	0.981 3	0.980 0	0.978 7	0.977 5	0.976 2	0.975 0	0.973 8	0.972 5
7	0.987 4	0.986 2	0.984 9	0.983 7	0.982 4	0.981 1	0.979 9	0.978 6	0.977 4	0.976 2	0.975 0	0.973 8	0.972 5	0.971 3	0.970 2	0.969 0
8	0.983 3	0.982 1	0.980 9	0.979 7	0.978 5	0.977 2	0.976 0	0.974 8	0.973 6	0.972 5	0.971 3	0.970 1	0.968 9	0.967 8	0.966 6	0.965 5
9	0.979 2	0.978 2	0.977 0	0.975 8	0.974 6	0.973 4	0.972 3	0.971 1	0.969 9	0.968 8	0.967 7	0.966 5	0.965 4	0.964 3	0.963 1	0.962 0
10	0.975 3	0.974 3	0.973 1	0.972 0	0.970 8	0.969 7	0.968 6	0.967 4	0.966 3	0.965 2	0.964 1	0.963 0	0.961 9	0.960 8	0.959 7	0.958 6
11	0.971 5	0.970 5	0.969 4	0.968 3	0.967 1	0.966 0	0.965 0	0.963 9	0.962 8	0.961 7	0.960 6	0.959 6	0.958 5	0.957 4	0.956 4	0.955 3
12	0.967 7	0.966 8	0.965 7	0.964 6	0.963 5	0.962 5	0.961 4	0.960 4	0.959 3	0.958 3	0.957 2	0.956 2	0.955 2	0.954 1	0.953 1	0.952 1
13	0.964 1	0.963 1	0.962 1	0.961 0	0.960 0	0.959 0	0.958 0	0.956 9	0.955 9	0.954 9	0.953 9	0.952 9	0.951 9	0.950 9	0.949 9	0.948 9
14	0.960 5	0.959 6	0.958 6	0.957 6	0.956 6	0.955 6	0.954 6	0.953 6	0.952 6	0.951 6	0.950 6	0.949 7	0.948 7	0.947 7	0.946 7	0.945 8
15	0.957 0	0.956 1	0.955 2	0.954 2	0.953 2	0.952 2	0.951 3	0.950 3	0.949 4	0.948 4	0.947 4	0.946 5	0.945 6	0.944 6	0.943 7	0.942 7
16	0.953 6	0.952 8	0.951 8	0.950 9	0.949 9	0.949 0	0.948 1	0.947 1	0.946 2	0.945 3	0.944 3	0.943 4	0.942 5	0.941 6	0.940 7	0.939 8
17	0.950 3	0.949 5	0.948 6	0.947 7	0.946 7	0.945 8	0.944 9	0.944 0	0.943 1	0.942 2	0.941 3	0.940 4	0.939 5	0.938 6	0.937 7	0.936 9
18	0.947 1	0.946 3	0.945 4	0.944 5	0.943 6	0.942 8	0.941 9	0.941 0	0.940 1	0.939 2	0.938 4	0.937 5	0.936 6	0.935 7	0.934 9	0.934 0
19	0.944 0	0.943 2	0.942 4	0.941 5	0.940 6	0.939 8	0.938 9	0.938 0	0.937 2	0.936 3	0.935 5	0.934 6	0.933 4	0.932 9	0.932 1	0.931 3
20	0.941 0	0.940 2	0.939 4	0.938 5	0.937 7	0.936 8	0.936 0	0.935 2	0.934 3	0.933 5	0.932 7	0.938 1	0.931 0	0.930 2	0.920 4	0.928 6
21	0.938 0	0.937 3	0.936 5	0.935 6	0.934 8	0.934 0	0.933 2	0.932 4	0.931 5	0.930 7	0.929 9	0.929 1	0.928 3	0.927 5	0.926 7	0.925 9

表 D.3(续)

温度/℃	绝对压力/(10^5 Pa)														
	1.0	10.0	20.0	30.0	40.0	50.0	60.0	70.0	80.0	90.0	100.0	110.0	120.0	130.0	140.0	150
22	0.935 4	0.974 4	0.933 6	0.932 8	0.932 0	0.931 2	0.930 4	0.929 6	0.928 8	0.928 0	0.927 2	0.926 4	0.925 6	0.924 8	0.924 0	0.923 3
23	0.932 2	0.931 5	0.930 7	0.929 9	0.929 1	0.928 3	0.927 6	0.926 8	0.926 0	0.925 2	0.924 5	0.943 7	0.922 9	0.922 2	0.921 4	0.920 6
24	0.929 3	0.928 6	0.927 8	0.927 1	0.926 3	0.925 5	0.924 8	0.924 0	0.923 3	0.922 5	0.921 8	0.921 0	0.920 3	0.919 5	0.918 5	0.918 0
25	0.926 4	0.925 7	0.925 0	0.924 2	0.923 5	0.922 8	0.922 0	0.921 3	0.920 6	0.919 8	0.919 1	0.918 4	0.917 6	0.919 6	0.916 2	0.915 5
26	0.923 5	0.922 9	0.922 2	0.921 5	0.920 7	0.920 0	0.919 3	0.918 6	0.917 9	0.917 1	0.916 4	0.915 7	0.915 0	0.914 3	0.913 6	0.912 9
27	0.920 7	0.920 1	0.919 4	0.918 7	0.918 0	0.917 3	0.916 6	0.915 9	0.915 2	0.914 5	0.913 8	0.913 1	0.912 4	0.911 7	0.911 0	0.910 3
28	0.917 9	0.917 3	0.916 6	0.915 9	0.915 2	0.914 6	0.913 9	0.913 2	0.912 5	0.911 9	0.911 2	0.910 5	0.909 8	0.909 2	0.908 5	0.907 8
29	0.915 1	0.914 5	0.913 9	0.913 2	0.912 5	0.911 9	0.911 2	0.910 6	0.909 9	0.909 2	0.908 6	0.907 9	0.907 3	0.906 6	0.906 0	0.905 3
30	0.912 4	0.911 8	0.911 1	0.910 5	0.909 9	0.909 2	0.908 6	0.907 9	0.907 3	0.906 6	0.906 0	0.905 4	0.904 7	0.904 1	0.904 1	0.902 8
31	0.909 6	0.909 1	0.908 4	0.907 8	0.907 2	0.906 6	0.905 9	0.905 3	0.904 7	0.904 1	0.903 4	0.902 8	0.902 2	0.901 6	0.901 6	0.900 4
32	0.906 9	0.906 4	0.905 8	0.905 2	0.904 5	0.903 9	0.903 3	0.902 7	0.902 1	0.390 2	0.900 9	0.900 3	0.899 7	0.899 1	0.899 1	0.897 9
33	0.904 2	0.903 7	0.903 1	0.902 5	0.901 9	0.901 3	0.900 7	0.900 2	0.900 0	0.899 0	0.898 4	0.897 8	0.897 2	0.896 6	0.896 6	0.895 5
34	0.901 6	0.901 0	0.900 5	0.899 9	0.899 3	0.898 7	0.898 2	0.897 6	0.897 0	0.896 5	0.895 9	0.895 3	0.894 8	0.894 2	0.894 2	0.893 1
35	0.898 9	0.898 4	0.897 9	0.897 3	0.896 7	0.896 2	0.895 6	0.895 1	0.894 5	0.894 0	0.893 4	0.892 9	0.892 3	0.891 8	0.891 8	0.890 7
36	0.896 3	0.895 8	0.895 3	0.894 7	0.894 2	0.893 7	0.893 1	0.892 6	0.892 0	0.891 5	0.891 0	0.890 4	0.889 9	0.889 4	0.889 4	0.888 3
37	0.893 7	0.893 2	0.892 7	0.892 2	0.891 7	0.891 1	0.890 6	0.890 1	0.889 6	0.889 1	0.888 5	0.888 8	0.887 5	0.887 0	0.887 0	0.885 9
38	0.891 1	0.890 7	0.890 2	0.889 7	0.889 2	0.888 7	0.888 1	0.887 6	0.887 1	0.886 6	0.886 1	0.885 6	0.885 1	0.884 6	0.884 6	0.883 6
39	0.888 6	0.888 1	0.887 7	0.887 2	0.886 7	0.886 2	0.885 7	0.885 2	0.884 7	0.884 2	0.883 7	0.883 2	0.882 8	0.882 3	0.882 3	0.881 3
40	0.886 1	0.885 6	0.885 2	0.884 7	0.884 2	0.883 7	0.883 3	0.882 8	0.882 3	0.881 8	0.881 4	0.880 9	0.880 4	0.880 0	0.880 0	0.879 0

注：中间值可通过线性插值求得。

表 D.4 水的比热 $\overline{C}_p$(J·kg^{-1}·K^{-1})

温度/℃	绝对压力/(10^5 Pa)															
	1.0	10.0	20.0	30.0	40.0	50.0	60.0	70.0	80.0	90.0	100.0	110.0	120.0	130.0	140.0	150
0	4 207	4 203	4 198	4 193	4 189	4 184	4 180	4 176	4 171	4 167	4 163	4 159	4 154	4 150	4 146	4 142
1	4 206	4 202	4 197	4 193	4 188	4 184	4 180	4 175	4 171	4 167	4 163	4 158	4 154	4 150	4 146	4 142
2	4 205	4 201	4 197	4 192	4 188	4 183	4 179	4 175	4 171	4 167	4 162	4 158	4 154	4 150	4 146	4 143
3	4 204	4 200	4 196	4 191	4 187	4 183	4 179	4 174	4 170	4 166	4 162	4 158	4 154	4 150	4 147	4 143
4	4 203	4 199	4 195	4 191	4 186	4 182	4 178	4 174	4 170	4 166	4 162	4 158	4 154	4 150	4 147	4 143
5	4 202	4 198	4 194	4 190	4 186	4 182	4 177	4 173	4 169	4 166	4 162	4 158	4 154	4 150	4 147	4 143
6	4 201	4 197	4 193	4 189	4 185	4 181	4 177	4 173	4 169	4 165	4 161	4 158	4 154	4 150	4 146	4 143
7	4 200	4 196	4 192	4 188	4 184	4 180	4 176	4 172	4 169	4 165	4 161	4 157	4 154	4 150	4 146	4 143
8	4 199	4 195	4 191	4 187	4 183	4 179	4 175	4 172	4 168	4 164	4 161	4 157	4 153	4 150	4 146	4 143
9	4 197	4 194	4 190	4 186	4 182	4 178	4 175	4 171	4 167	4 164	4 160	4 157	4 153	4 150	4 146	4 143
10	4 196	4 193	4 189	4 185	4 181	4 178	4 174	4 170	4 167	4 163	4 160	4 156	4 153	4 149	4 146	4 142
11	4 195	4 191	4 188	4 184	4 180	4 177	4 173	4 170	4 166	4 163	4 159	4 156	4 152	4 149	4 146	4 142
12	4 194	4 190	4 187	4 183	4 179	4 176	4 172	4 169	4 165	4 162	4 159	4 155	4 152	4 149	4 145	4 142
13	4 192	4 189	4 185	4 182	4 178	4 175	4 171	4 168	4 165	4 161	4 158	4 155	4 151	4 148	4 145	4 142
14	4 191	4 188	4 184	4 181	4 177	4 174	4 170	4 167	4 164	4 161	4 157	4 154	4 151	4 148	4 145	4 142
15	4 189	4 186	4 183	4 180	4 176	4 172	4 169	4 166	4 163	4 160	4 157	4 154	4 150	4 147	4 144	4 141
16	4 188	4 185	4 181	4 179	4 175	4 171	4 168	4 165	4 162	4 159	4 156	4 153	4 150	4 147	4 144	4 141
17	4 186	4 183	4 180	4 178	4 174	4 170	4 167	4 164	4 161	4 158	4 155	4 152	4 149	4 146	4 143	4 141
18	4 185	4 182	4 179	4 175	4 172	4 169	4 166	4 163	4 160	4 157	4 154	4 152	4 149	4 146	4 143	4 140
19	4 183	4 180	4 177	4 174	4 171	4 168	4 165	4 162	4 159	4 157	4 154	4 151	4 148	4 145	4 142	4 140
20	4 181	4 179	4 176	4 173	4 170	4 167	4 164	4 161	4 158	4 156	4 153	4 150	4 147	4 145	4 142	4 139
21	4 181	4 179	4 176	4 173	4 170	4 167	4 164	4 161	4 159	4 156	4 153	4 150	4 148	4 145	4 142	4 140

表 D.4（续）

温度/℃	绝对压力/(10^5 Pa)														
	1.0	10.0	20.0	30.0	40.0	50.0	60.0	70.0	80.0	90.0	100.0	110.0	120.0	130.0	140.0	150
22	4 182	4 179	4 176	4 173	4 170	4 167	4 165	4 162	4 159	4 156	4 153	4 151	4 148	4 145	4 143	4 140
23	4 181	4 179	4 176	4 173	4 170	4 168	4 165	4 162	4 159	4 157	4 154	4 151	4 148	4 146	4 143	4 140
24	4 182	4 179	4 176	4 173	4 171	4 168	4 165	4 162	4 159	4 157	4 154	4 151	4 149	4 146	4 143	4 141
25	4 182	4 179	4 176	4 173	4 171	4 168	4 165	4 162	4 160	4 157	4 154	4 152	4 149	4 146	4 144	4 141
26	4 182	4 179	4 176	4 174	4 171	4 168	4 165	4 163	4 160	4 157	4 155	4 152	4 149	4 147	4 144	4 142
27	4 182	4 179	4 176	4 174	4 171	4 168	4 165	4 163	4 160	4 158	4 155	4 152	4 150	4 147	4 144	4 142
28	4 182	4 179	4 176	4 174	4 171	4 168	4 166	4 163	4 160	4 158	4 155	4 152	4 150	4 147	4 145	4 142
29	4 182	4 179	4 176	4 174	4 171	4 168	4 166	4 163	4 160	4 158	4 155	4 153	4 150	4 147	4 145	4 142
30	4 182	4 179	4 176	4 174	4 171	4 168	4 166	4 163	4 160	4 158	4 155	4 153	4 150	4 148	4 145	4 143
31	4 182	4 179	4 176	4 174	4 171	4 168	4 166	4 163	4 161	4 158	4 155	4 153	4 150	4 148	4 145	4 143
32	4 181	4 179	4 176	4 174	4 171	4 168	4 166	4 163	4 161	4 158	4 156	4 153	4 151	4 148	4 146	4 143
33	4 181	4 179	4 176	4 174	4 171	4 168	4 166	4 163	4 161	4 158	4 156	4 153	4 151	4 148	4 146	4 143
34	4 182	4 179	4 176	4 174	4 171	4 168	4 166	4 163	4 161	4 158	4 156	4 153	4 151	4 148	4 146	4 144
35	4 181	4 179	4 176	4 174	4 171	4 168	4 166	4 163	4 161	4 159	4 156	4 154	4 151	4 149	4 146	4 144
36	4 181	4 179	4 176	4 174	4 171	4 168	4 166	4 163	4 161	4 159	4 156	4 154	4 151	4 149	4 146	4 144
37	4 181	4 179	4 176	4 173	4 171	4 168	4 166	4 163	4 161	4 159	4 156	4 154	4 151	4 149	4 147	4 144
38	4 181	4 178	4 176	4 173	4 171	4 168	4 166	4 164	4 161	4 159	4 156	4 154	4 151	4 149	4 147	4 144
39	4 181	4 178	4 176	4 173	4 171	4 168	4 166	4 164	4 161	4 159	4 156	4 154	4 152	4 149	4 147	4 145
40	4 181	4 178	4 176	4 173	4 171	4 168	4 166	4 164	4 161	4 159	4 156	4 154	4 152	4 149	4 147	4 145

注：中间值可通过线性插值求得。

ICS 01.100
J 04

中华人民共和国国家标准

GB/T 16675.1—2012
代替 GB/T 16675.1—1996

技术制图 简化表示法
第1部分:图样画法

Technical drawings—Simplified representation—
Part 1:Pictorial presentation

2012-05-11 发布 2012-12-01 实施

中华人民共和国国家质量监督检验检疫总局
中国国家标准化管理委员会 发布

前　言

GB/T 16675《技术制图　简化表示法》分为两个部分：

——第1部分：图样画法；

——第2部分：尺寸注法。

本部分为GB/T 16675的第1部分。

本部分按照GB/T 1.1—2009给出的规则起草。

本部分代替GB/T 16675.1—1996《技术制图　简化表示法　第1部分：图样画法》。

本部分与GB/T 16675.1—1996相比主要技术变化如下：

——增加了前言；

——删除了规范性引用文件中的“GB 4457.4—1984、GB 4457.5—1984、GB 4458.1—1984、GB 4458.4—1984、GB 5489—1985、GB 11943—1989、GB/T 16675.2—1996、GBJ 1—1986”；

——将标题“术语”改为“术语和定义”并更改内容为“GB/T 13361界定的以及下列术语和定义适用于本文件”；

——增加了4.2.5“对于已清晰表达的结构，可对其进行简化，见图5”，并增加“图5”；

——删除了原标准表1中5.2的图例；

——修改了原标准表1中5.3的图例；

——删除了原标准表1中5.5的部分图例；

——修改了原标准表1中5.8的说明为“与投影面倾斜角度小于或等于30°的圆或圆弧，手工绘图时，其投影可用圆或圆弧代替”；

——合并了原标准表1中5.9和5.10的图例；

——删除了原标准表1中5.15图例；

——修改了原标准表1中5.19的图例；

——修改了原标准表1图例5.29说明中“细实线”为“粗实线”；

——增加了表1的图例5.27，其说明为“在装配图的剖视图中，螺旋弹簧仅需画出其端面，被弹簧挡住的结构一般不画出”。

——修改了原标准表1中5.26的图例。

本部分由全国技术产品文件标准化技术委员会(SAC/TC 146)提出并归口。

本部分起草单位：中机生产力促进中心、万向钱潮股份有限公司、合肥凯邦电机有限公司、江苏技术师范学院、陕西省标准化研究院、合肥工业大学。

本部分主要起草人：杨东拜、李婷婷、张小军、王怀德、侯维亚、李学京、张杰、李荣。

本部分所代替标准的历次版本发布情况为：

——GB/T 16675.1—1996。

技术制图　简化表示法
第1部分:图样画法

1　范围

GB/T 16675 本部分规定了技术图样(机械、电气、建筑和土木工程等)中使用的通用简化画法。

本部分适用于由手工或计算机绘制的技术图样及有关技术文件。

2　规范性引用文件

下列文件对于本文件的应用是必不可少的。凡是注日期的引用文件,仅注日期的版本适用于本文件。凡是不注日期的引用文件,其最新版本(包括所有的修改单)适用于本文件。

GB/T 4460　机械制图　机构运行简图符号

GB/T 4728(所有部分)　电气简图用图形符号

GB/T 13361　技术制图　通用术语

3　术语和定义

GB/T 13361 界定的以及下列术语和定义适用于本文件。

3.1

简化表示法　simplified representation

由必要的主要结构要素和几何参数按比例表示图形的方法,也可单独采用符号、字母或文字表示。简化表示法由简化画法和简化注法组成。

3.2

规定表示法　conventional representation

按投影要求或有关标准规定的规则表示图形的方法。

3.3

示意表示法　schematic representation

用文字、标记或符合不按比例(亦可按比例)完整地表示图形信息的方法。

3.4

符号表示法　symbolic representation

用符号不按比例(亦可按比例)表示特定结构或功能的图形信息的方法。

4　总则

4.1　简化原则

4.1.1　简化必须保证不致引起误解和不会产生理解的多义性。在此前提下,应力求制图简便。

4.1.2　便于识读和绘制,注重简化的综合效果。

4.1.3　在考虑便于手工制图和计算机制图的同时,还要考虑缩微制图的要求。

4.2 基本要求

4.2.1 应避免不必要的视图和剖视图,见图 1。

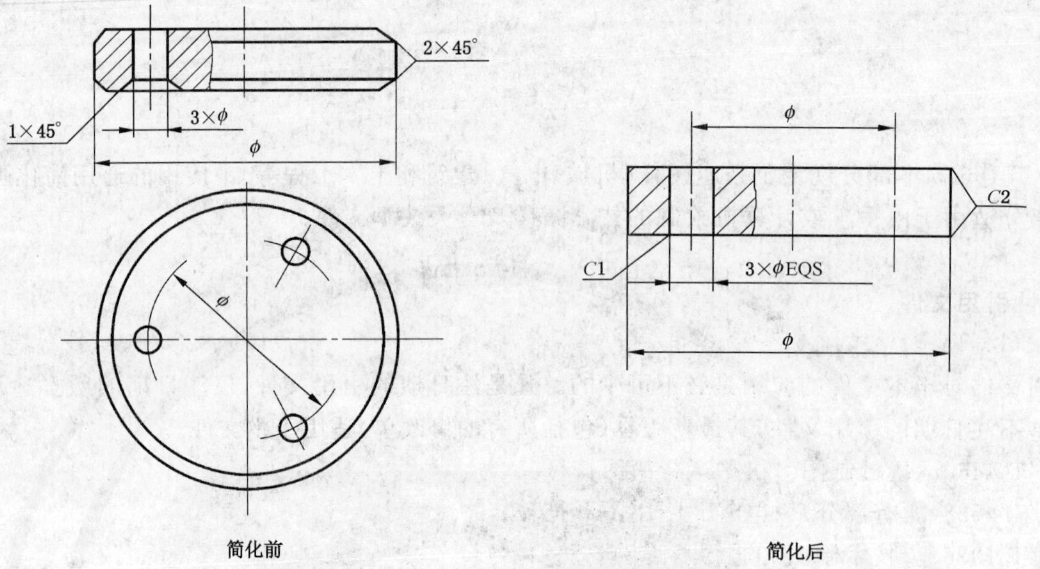

图 1

4.2.2 在不致引起误解时,应避免使用虚线表示不可见的结构,见图 2。

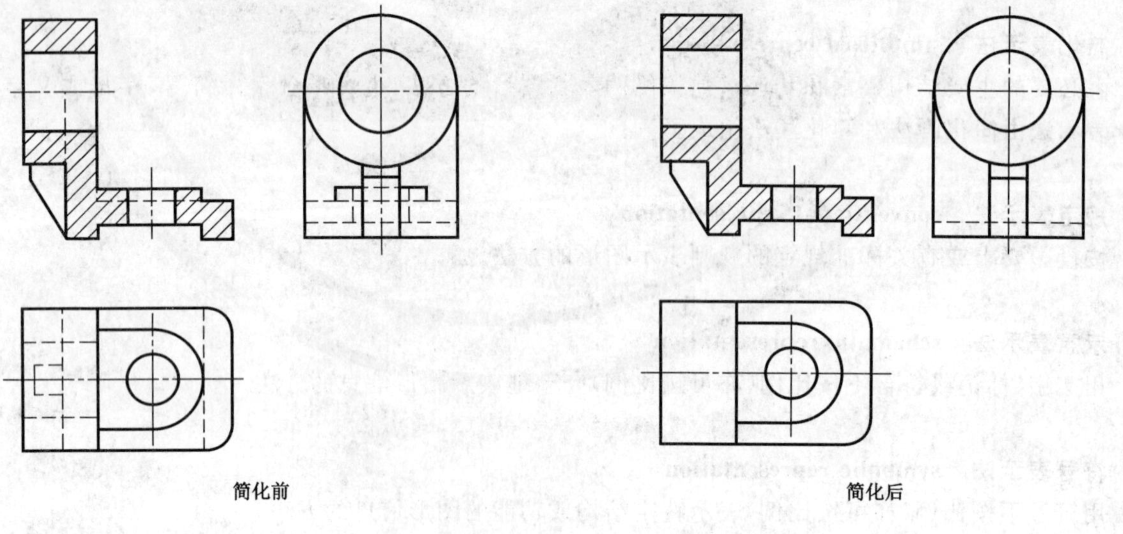

图 2

4.2.3 尽可能使用有关标准中规定的符号，表达设计要求，见图 3。

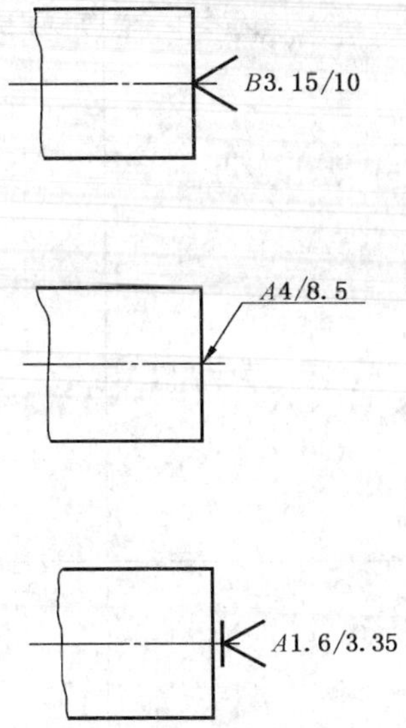

图 3

4.2.4 尽可能减少相同结构要素的重复绘制，见图 4。

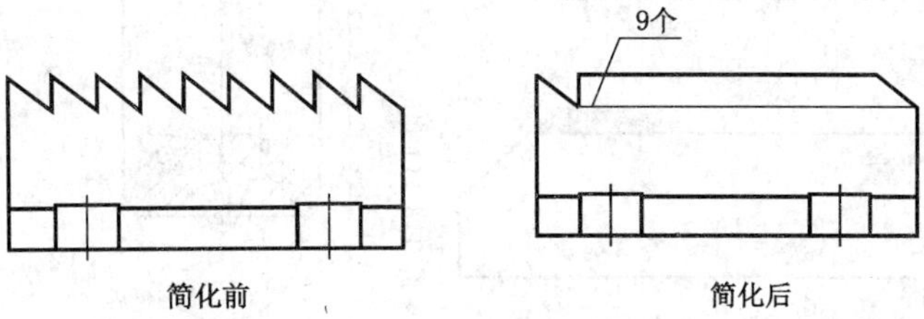

图 4

4.2.5 对于已清晰表达的结构，可对其进行简化，见图 5。

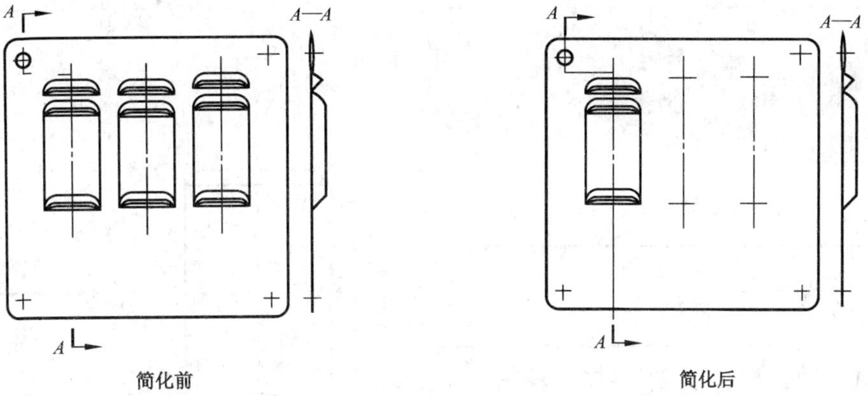

图 5

5 简化画法

在技术图样中通用的简化画法见表 1，并见附录 A。

表 1

序号	简 化 后	简 化 前	说 明
5.1	 零件 1(LH)如图 零件 2(RH)对称	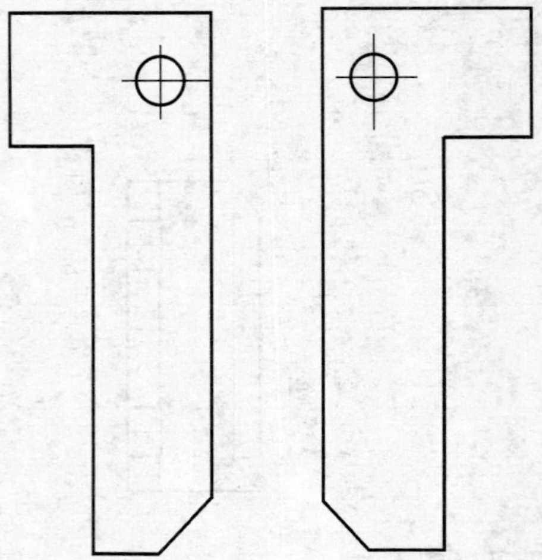 零件 1(LH)　零件 2(RH)	对于左右手零件和装配件,允许仅画出其中一件,另一件则用文字说明,其中“LH”为左件,“RH”为右件
5.2	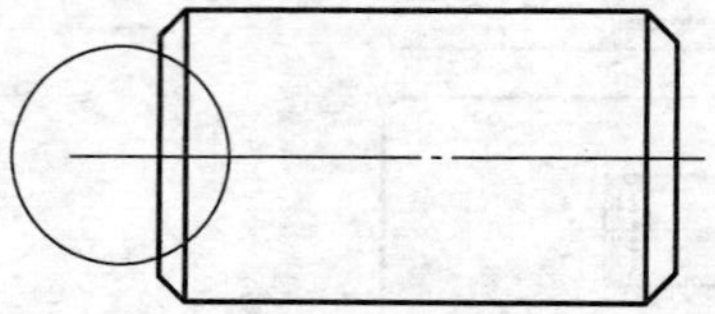 2:1 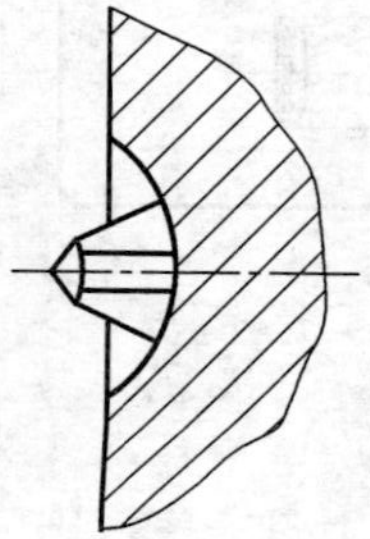	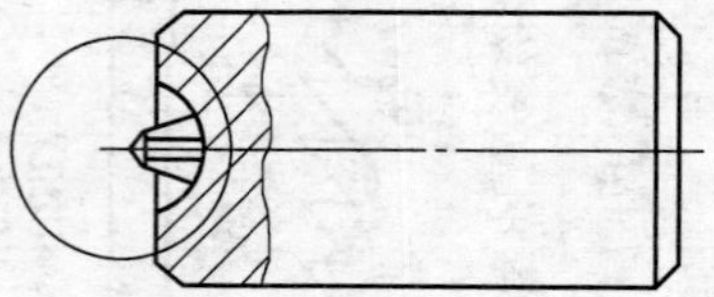 2:1 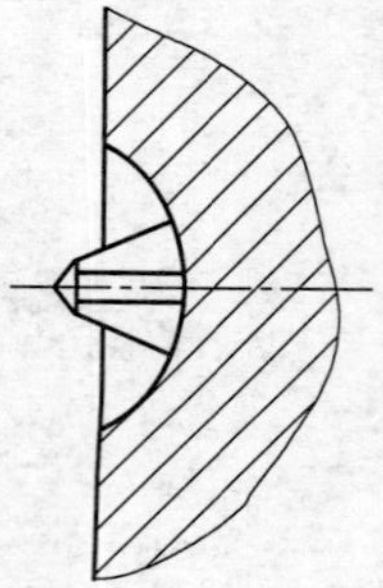	在局部放大图表达完整的前提下,允许在原视图中简化被放大部位的图形

表 1（续）

序号	简 化 后	简 化 前	说 明
5.3	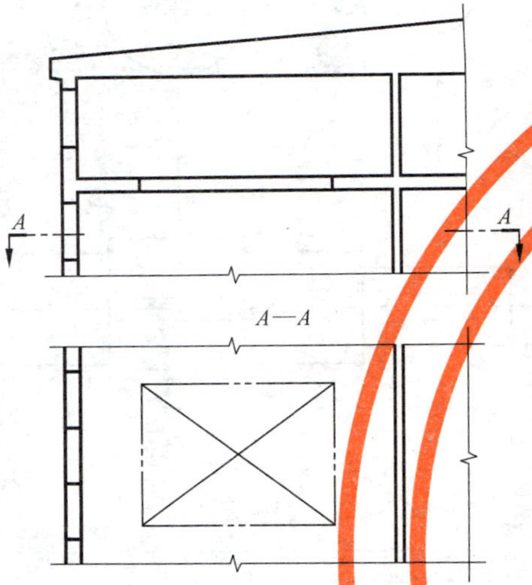	（略）	在需要表示位于剖切平面前的结构时，这些结构可假想地用细双点画线绘制
	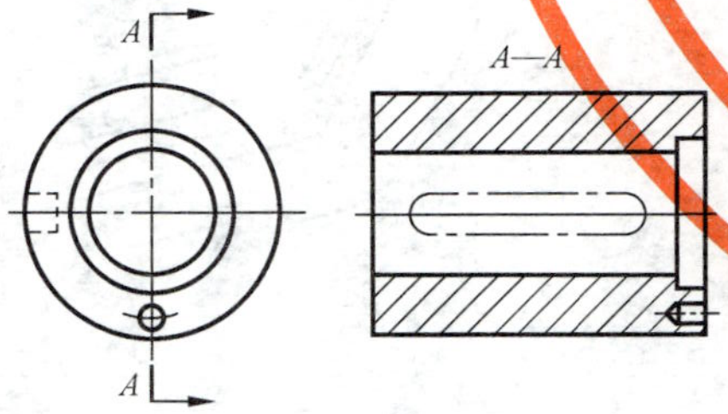	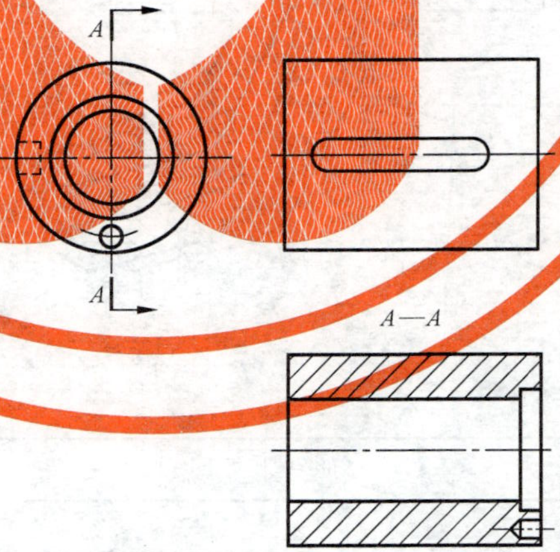	

表 1（续）

序号	简 化 后	简 化 前	说 明
5.4	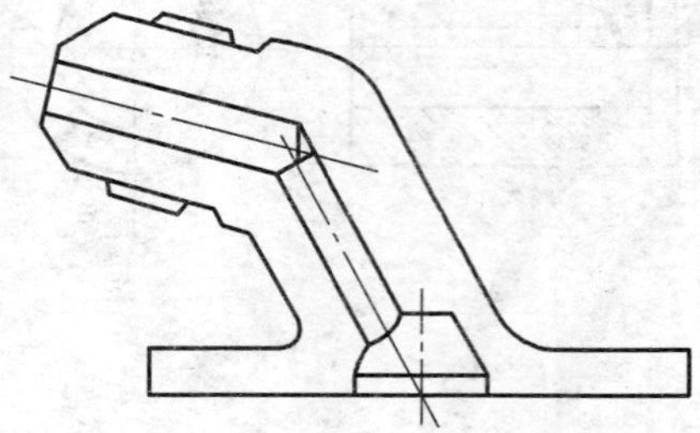 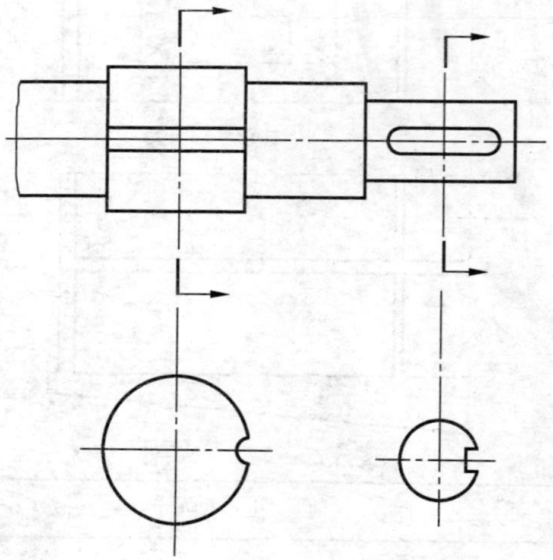	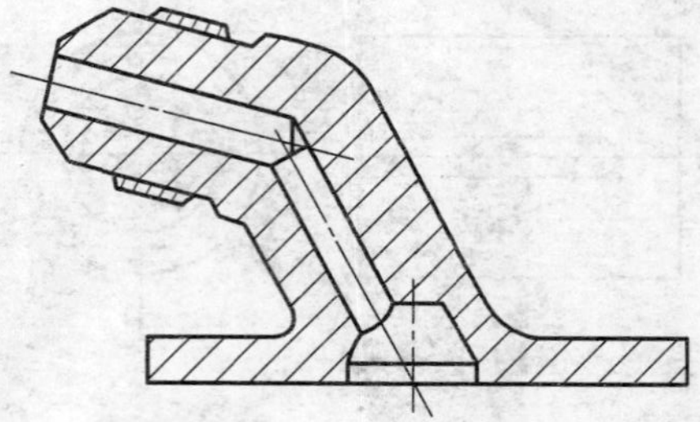 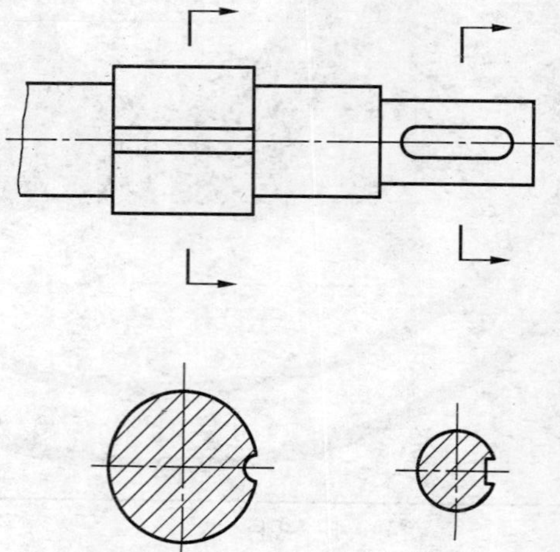	在不致引起误解的情况下，剖面符号可省略

表 1（续）

序号	简　化　后	简　化　前	说　　明
5.5	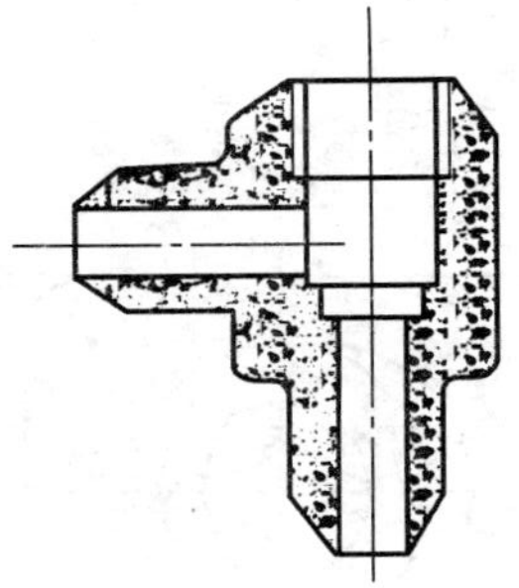	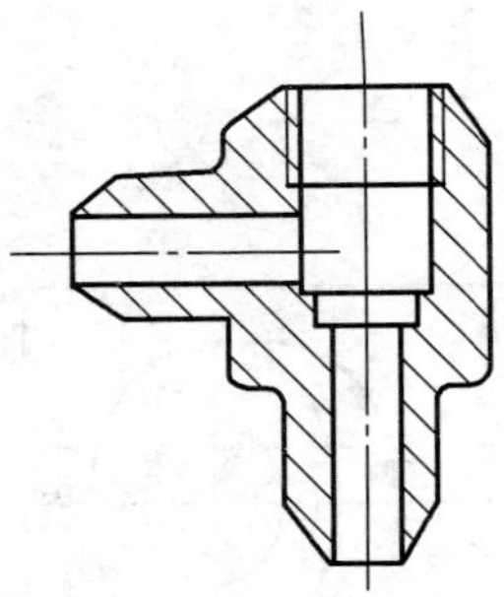	在零件图中，可以用涂色代替剖面符号
5.6	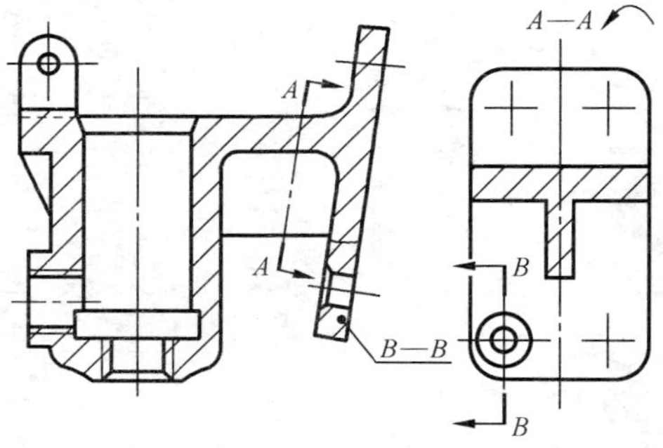	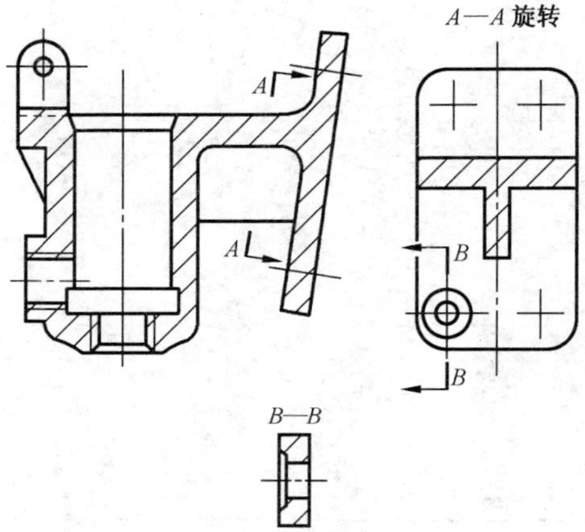	在剖视图的剖面区域中，可再做一次局部剖视。采用这种方法表达时，两个剖面区域的剖面线应同方向、同间隔，但要互相错开，并用指引线标注其名称

表 1（续）

序号	简　化　后	简　化　前	说　　明
5.7	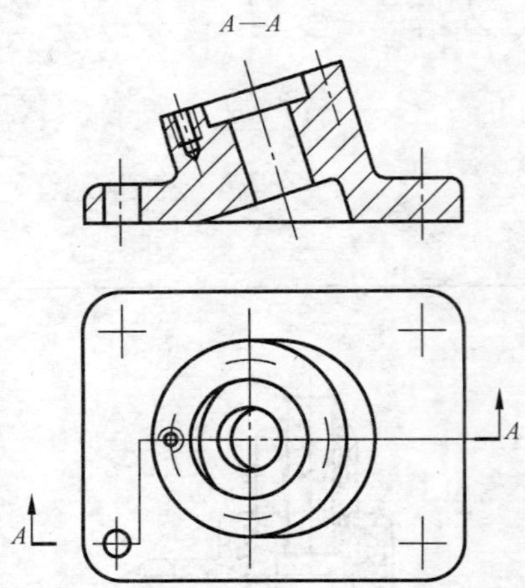	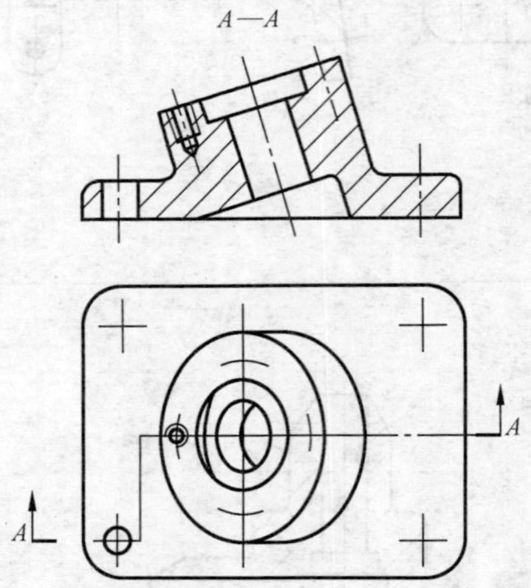	与投影面倾斜角度小于或等于 30°的圆或圆弧，手工绘图时，其投影可用圆或圆弧代替

表 1（续）

序号	简　化　后	简　化　前	说　　明
5.8	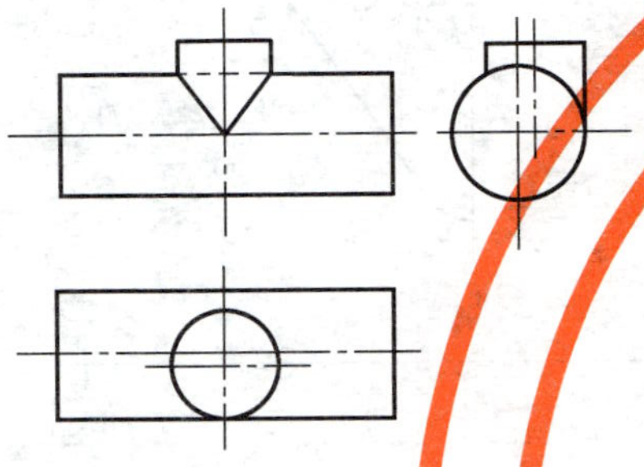 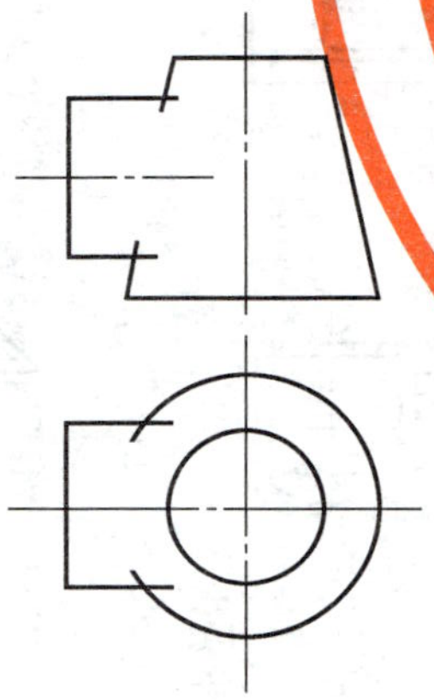 （模糊画法）	 	在不致引起误解时，图形中的过渡线、相贯线可以简化，例如用圆弧或直线代替非圆曲线。 也可采用模糊画法表示相贯形体

表 1（续）

序号	简化后	简化前	说明
5.9	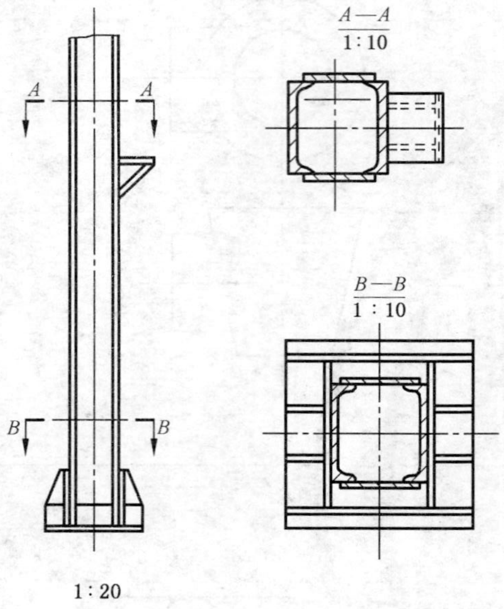	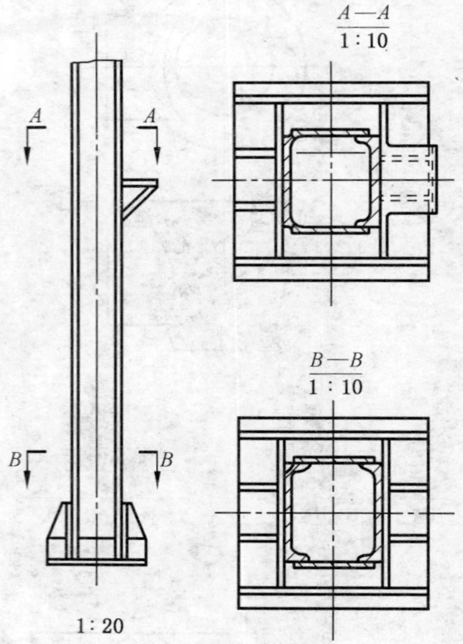	在不致引起误解时，剖切平面后不需表达的部分允许省略不画（见简化后左图 A—A 剖视）
5.10	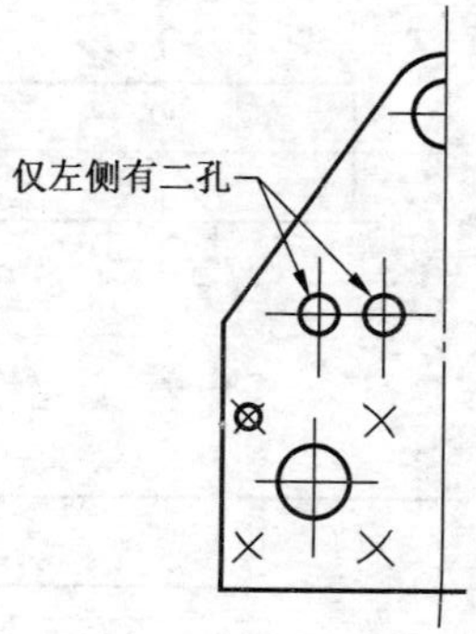	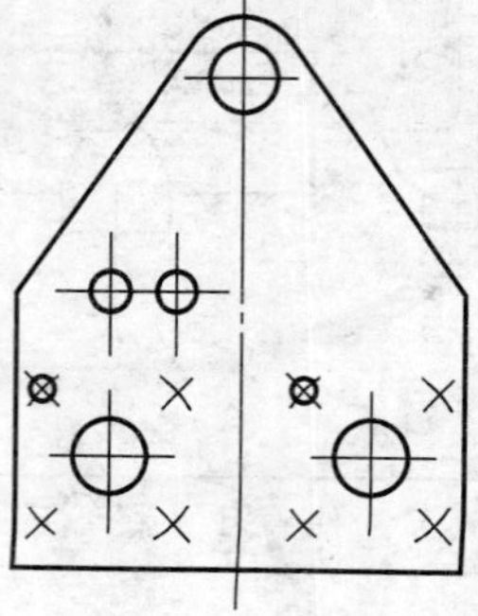	基本对称的零件仍可按对称零件的方式绘制，但应对其中不对称的部分加注说明

表 1（续）

序号	简　化　后	简　化　前	说　　明
5.11	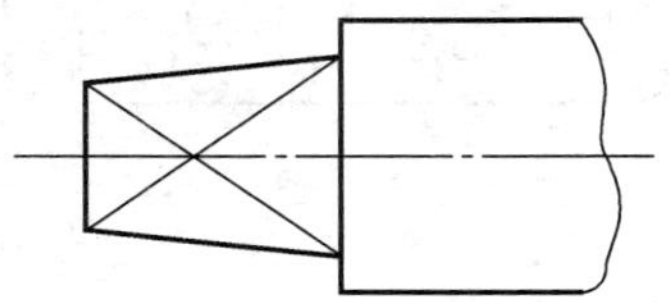 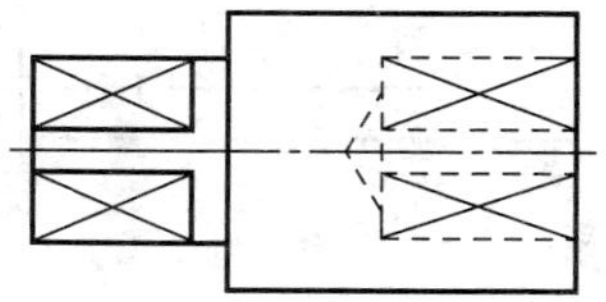	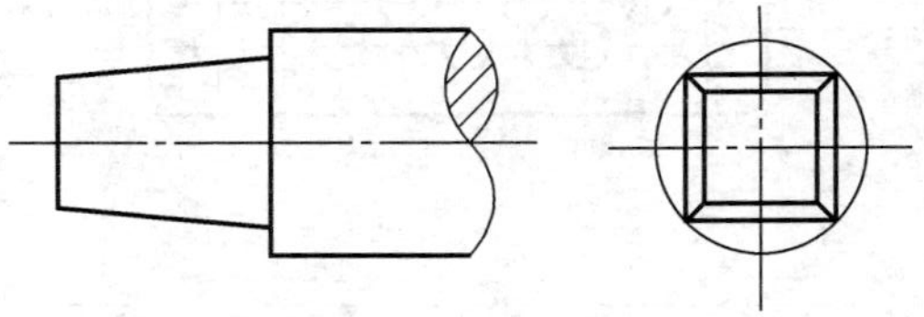 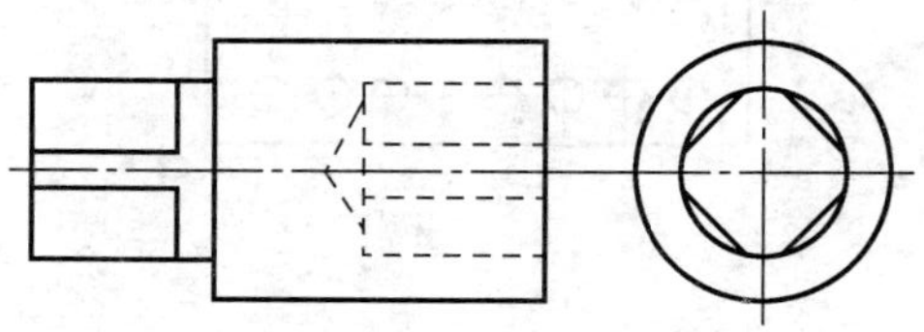	当回转体零件上的平面在图形中不能充分表达时，可用两条相交的细实线表示这些平面
5.12	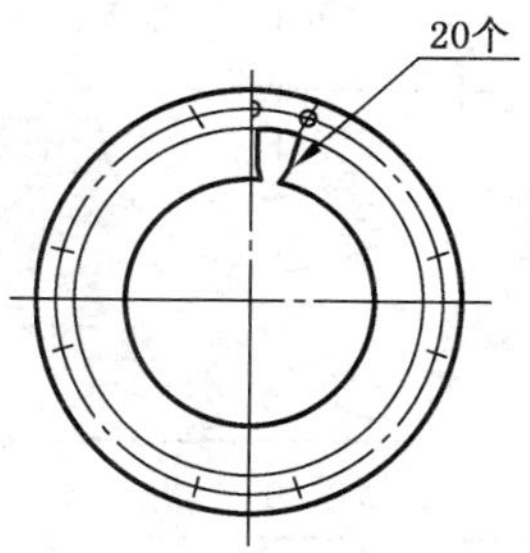	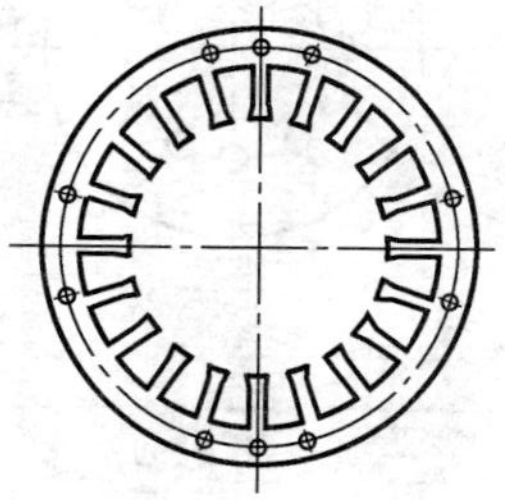	当机件具有若干相同结构（如齿、槽等），并按一定规律分布时，只需画出几个完整的结构，其余用细实线连接，在零件图中则必须注明该结构的总数

表 1（续）

序号	简化后	简化前	说明
5.13	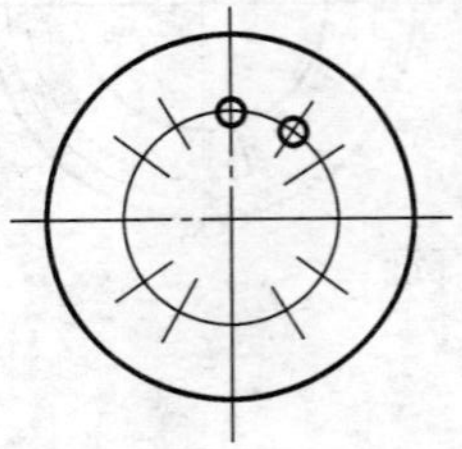	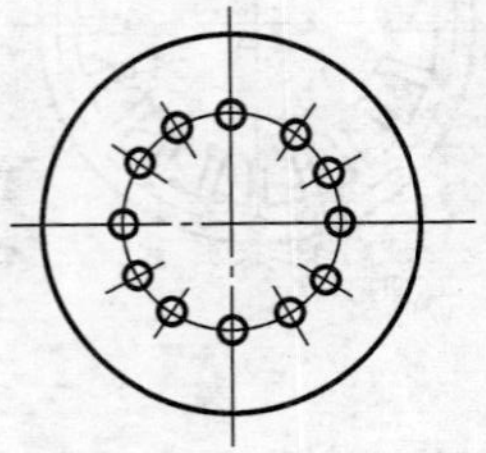	若干直径相同且成规律分布的孔，可以仅画出一个或少量几个，其余只需用细点画线或"✦"表示其中心位置
	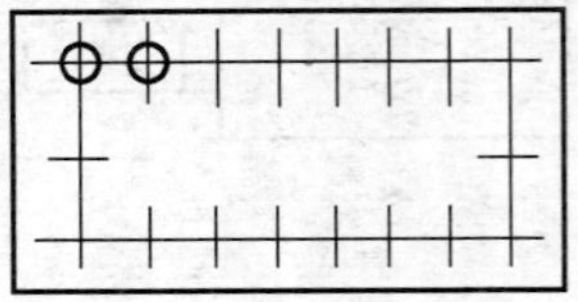	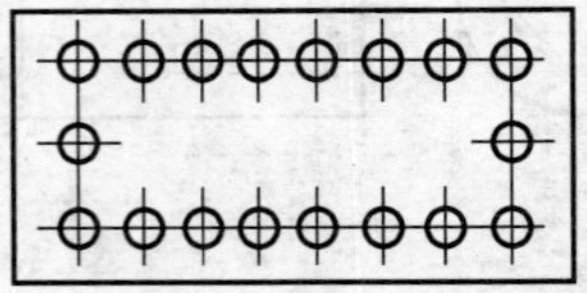	
	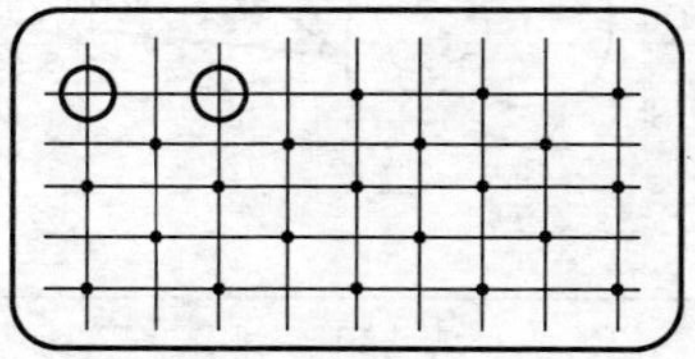	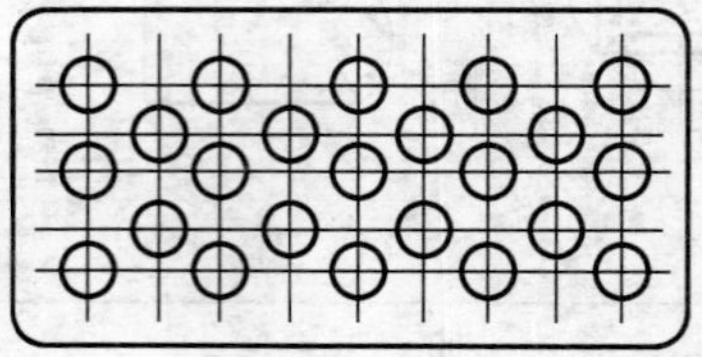	

表 1（续）

<table>
<tr><th>序号</th><th>简 化 后</th><th>简 化 前</th><th>说 明</th></tr>
<tr><td>5.14</td><td>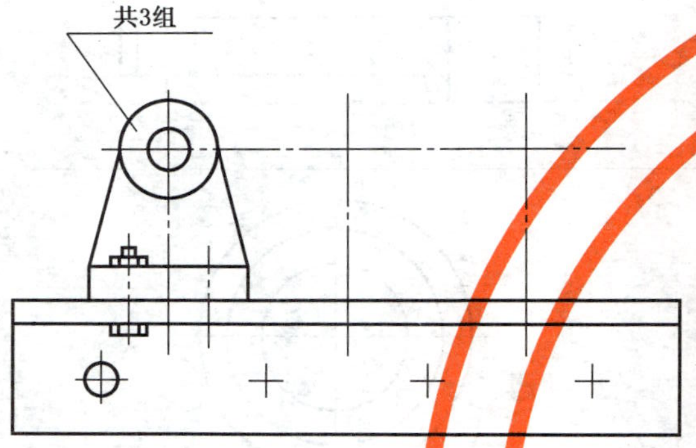</td><td></td><td>对于装配图中若干相同的零、部件组，可仅详细地画出一组，其余只需用细点画线表示出其位置，并给出零、部件组的总数</td></tr>
<tr><td>5.15</td><td>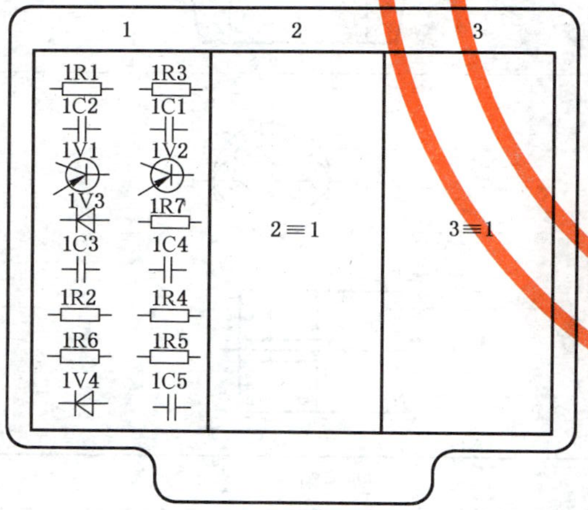</td><td>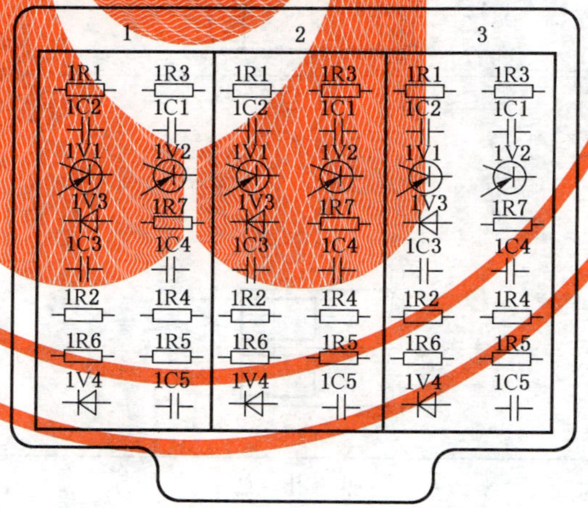</td><td>对于装配图中若干相同的单元，可仅详细地画出一组，其余可采用如左图（简化后）所示的方法表示</td></tr>
</table>

表 1（续）

序号	简 化 后	简 化 前	说 明
5.16	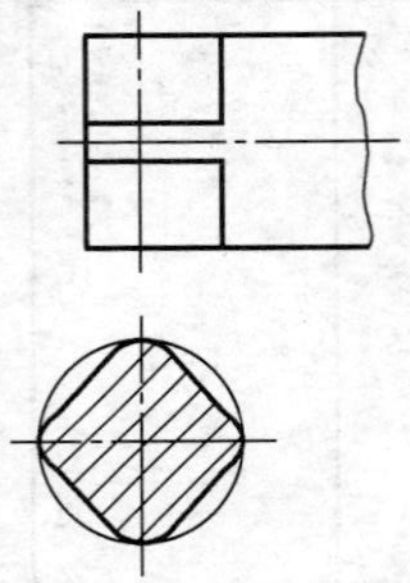	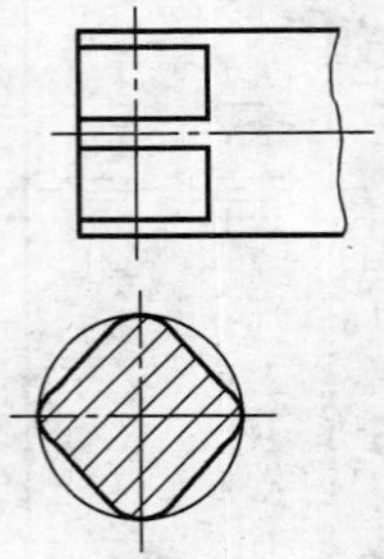	当机件上较小的结构及斜度等已在一个图形中表达清楚时，其他图形应当简化或省略
	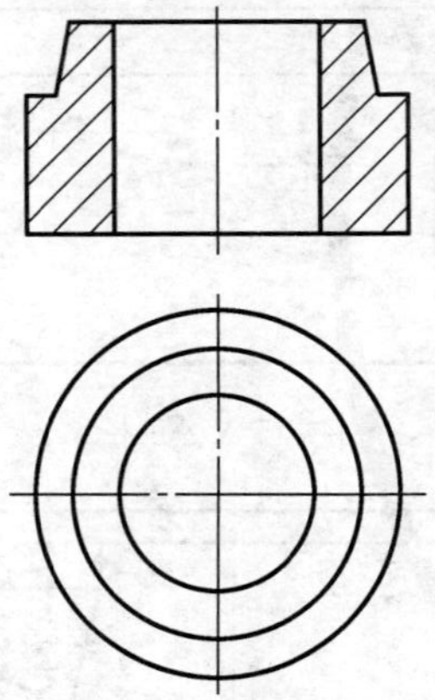	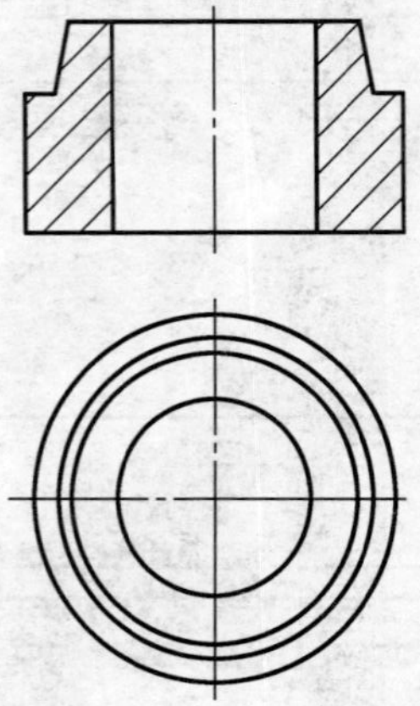	
	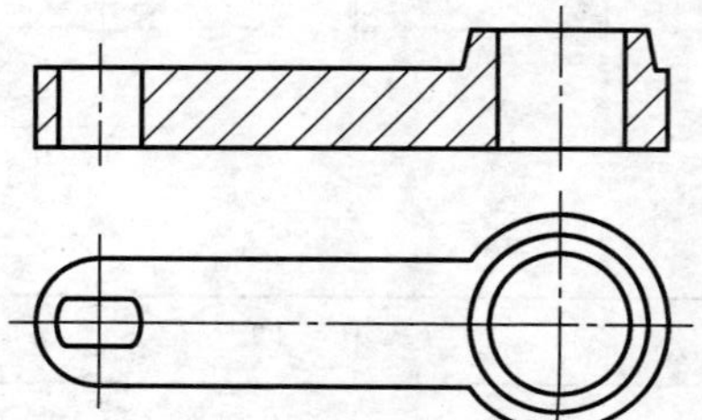	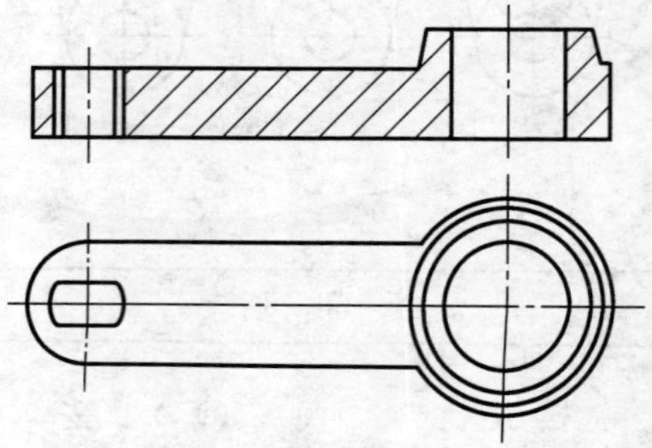	

表1（续）

序号	简　化　后	简　化　前	说　　明
5.17	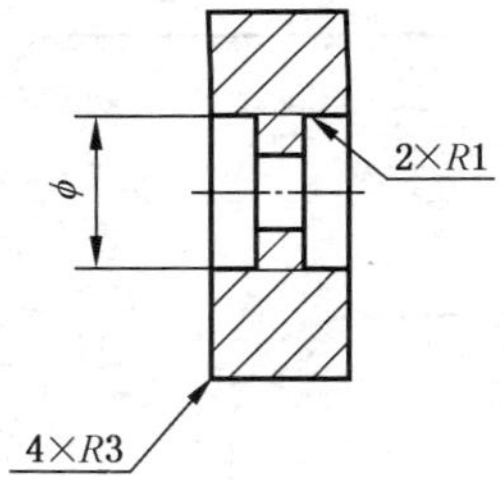	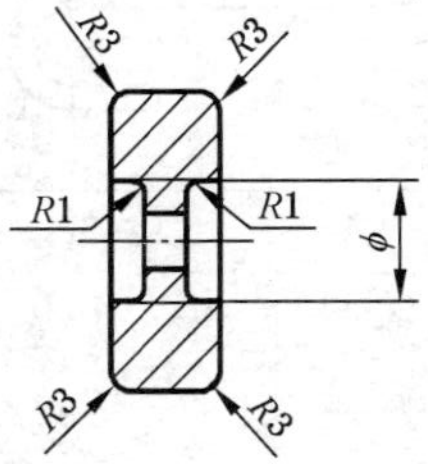	除确属需要表示的某些结构圆角外，其他圆角在零件图中均可不画，但必须注明尺寸，或在技术要求中加以说明
	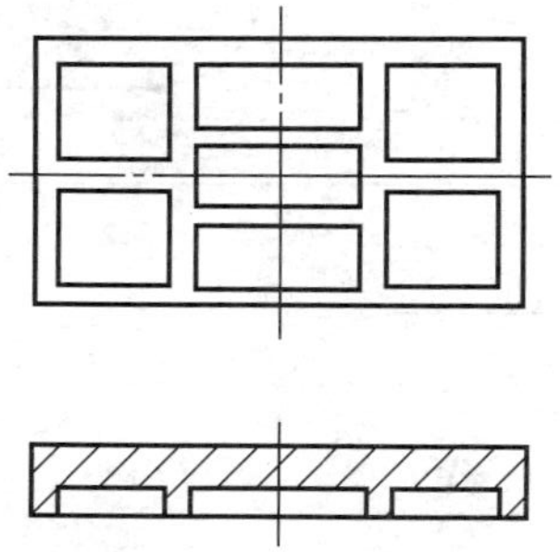 全部铸造圆角 $R5$	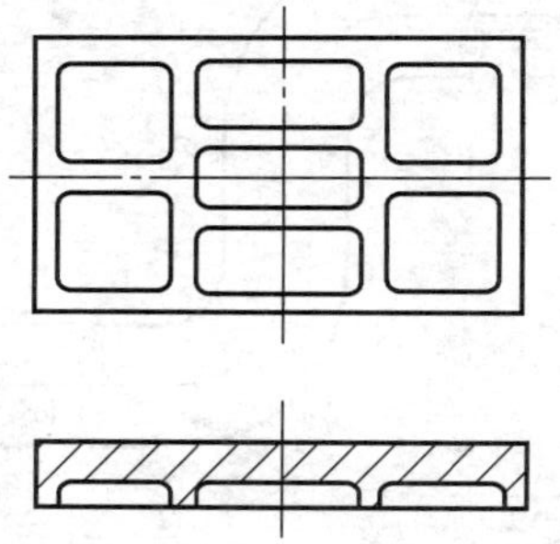 全部铸造圆角 $R5$	
5.18	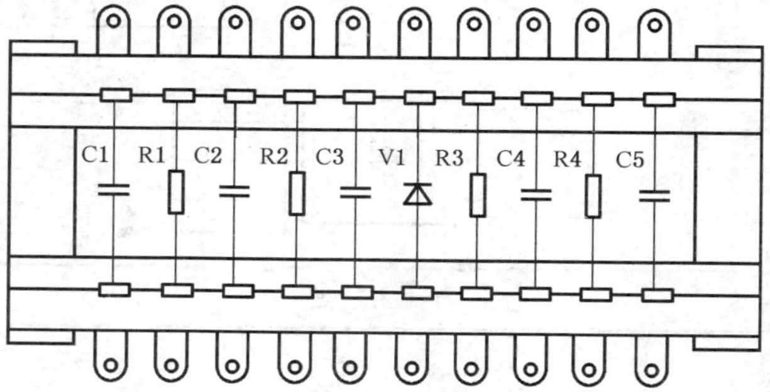	（略）	仅以焊接固定而无其他紧固工序的电子元器件，可用 GB/T 4728（所有部分）中规定的图形符号绘制

表 1（续）

序号	简　化　后	简　化　前	说　　明
5.19	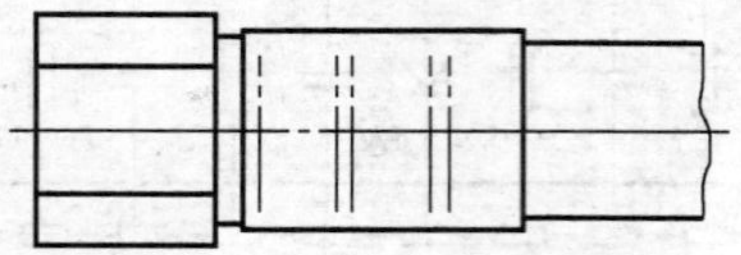	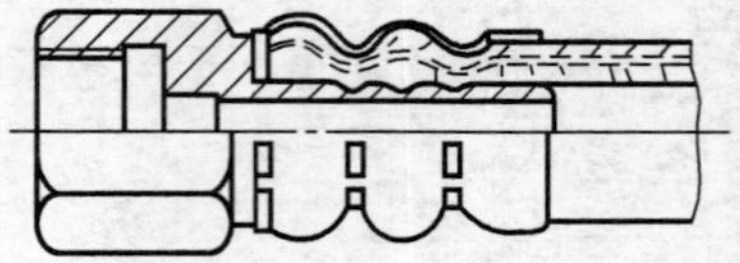	软管接头可参照左图（简化后）所示的方法绘制
5.20	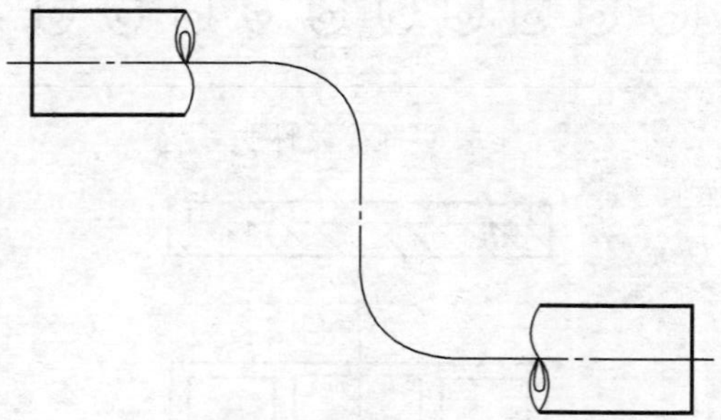	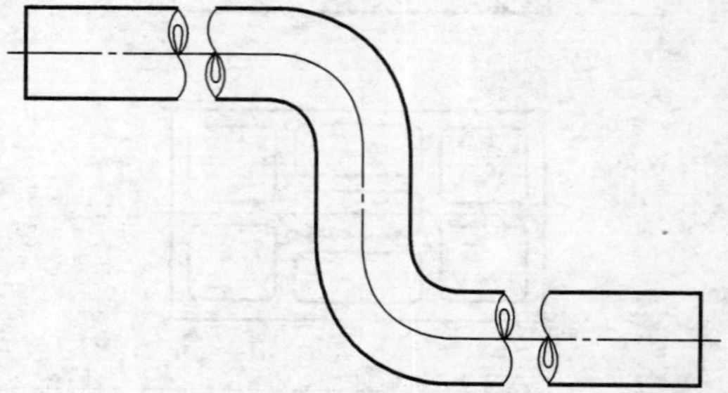	管子可仅在端部画出部分形状，其余用细点画线画出其中心线
	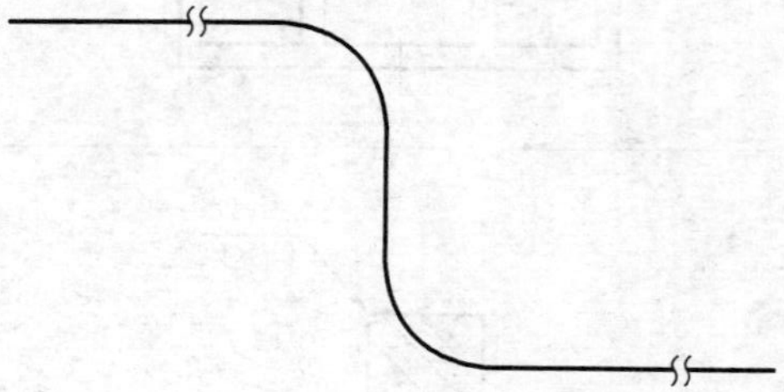		管子可用与管子中心线重合的单根粗实线表示
5.21	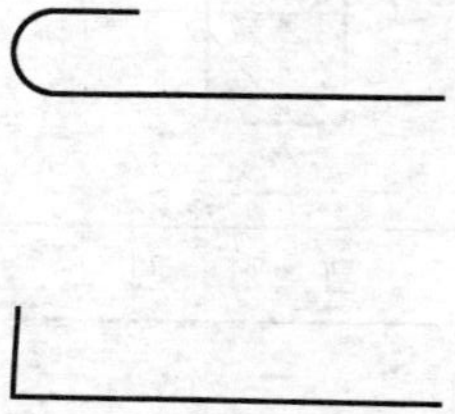	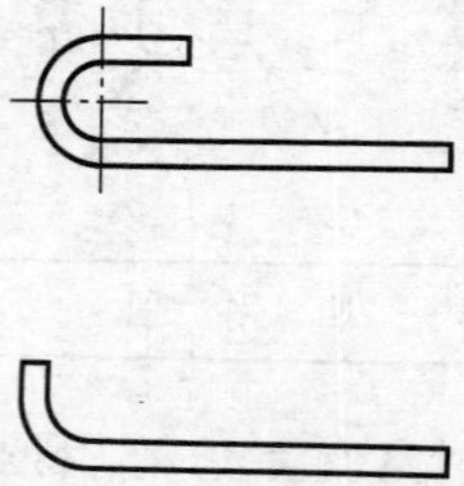	钢筋与钢箍图可用单条粗实线表示

表 1（续）

序号	简 化 后	简 化 前	说　　明
5.21	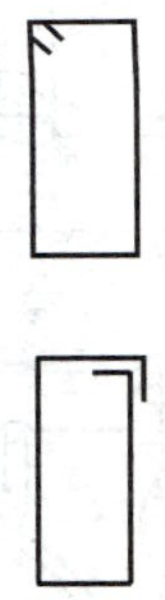		
5.22	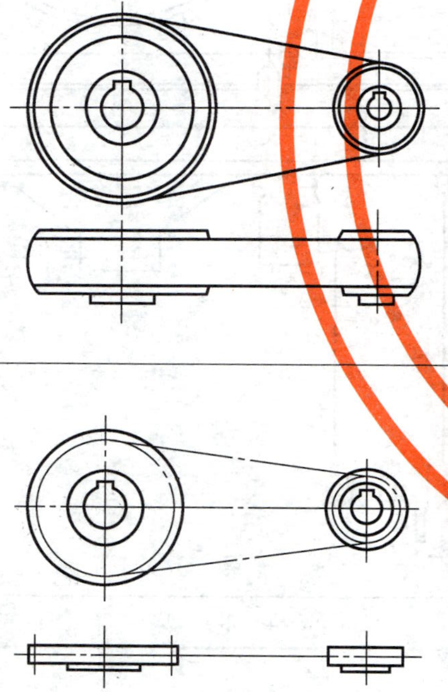		在装配图中，可用粗实线表示带传动中的带；用细点画线表示链传动中的链，必要时，可在粗实线或细点画线上绘制出表示带类型或链类型的符号，见 GB/T 4460

表 1（续）

序号	简化后	简化前	说明
5.23	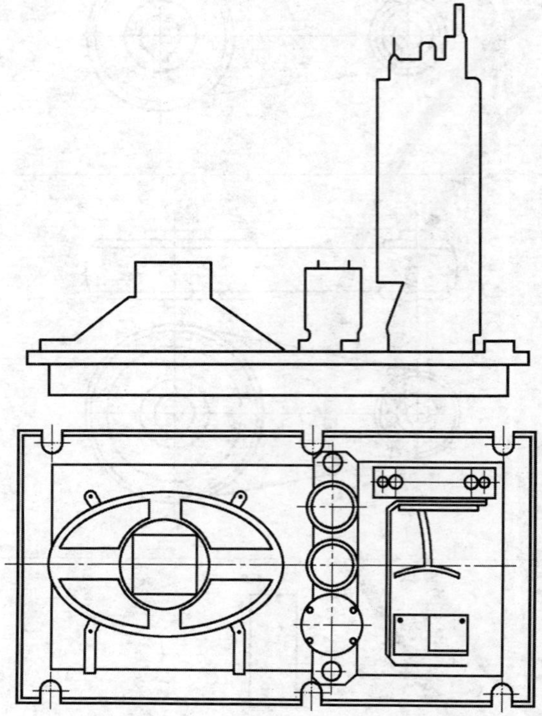	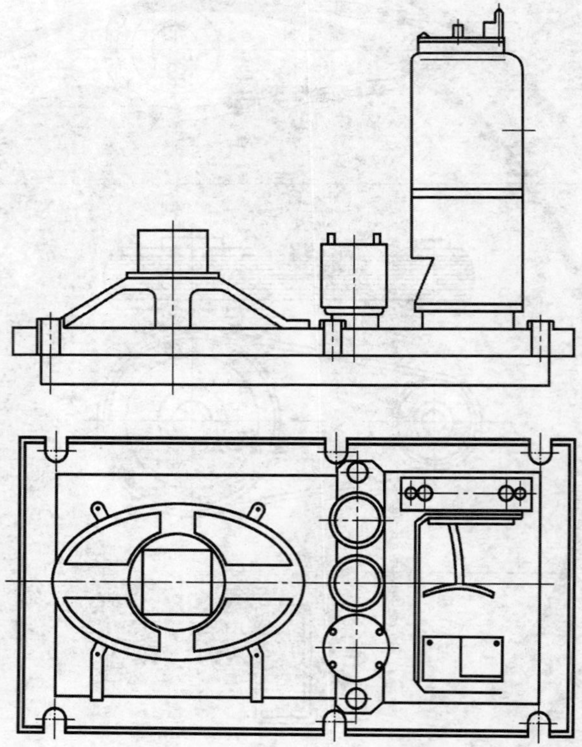	已在一个视图中表示清楚的产品组成部分，在其他视图中可仅画出其外形轮廓
5.24	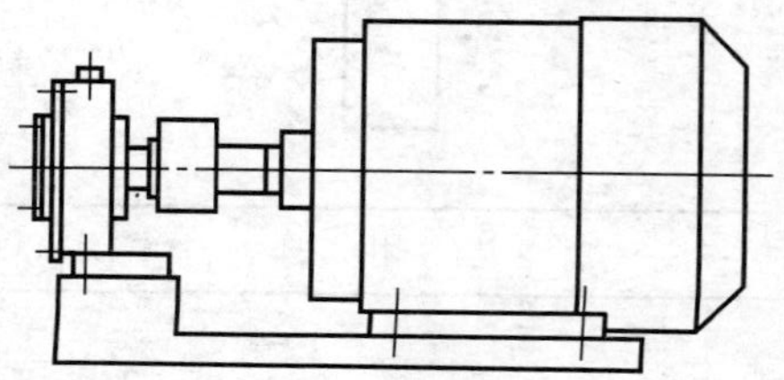	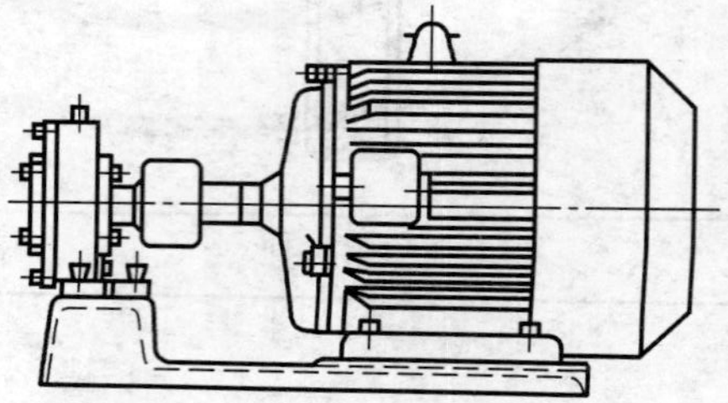	在能够清楚表达产品特征和装配关系的条件下，装配图可仅画出其简化后的轮廓

表 1（续）

序号	简化后	简化前	说明
5.25	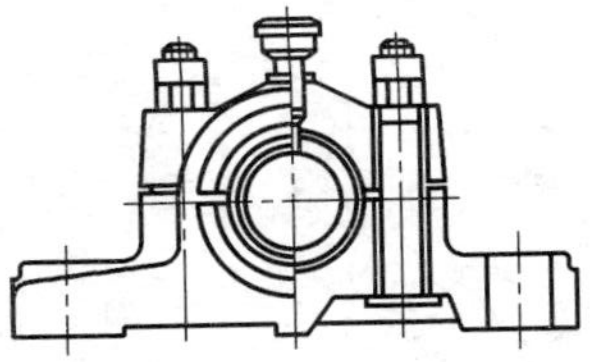	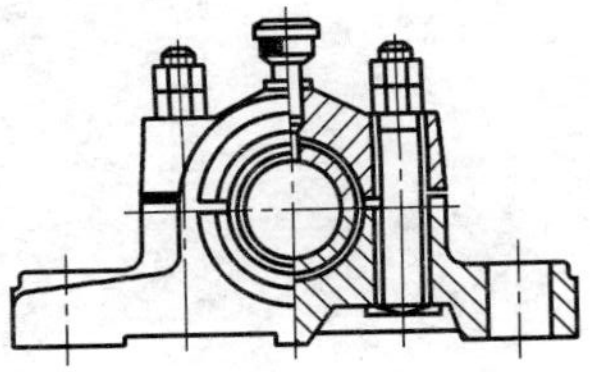	在装配图中，零件的剖面线、倒角、肋、滚花或拔模斜度及其他细节等可不画出
5.26	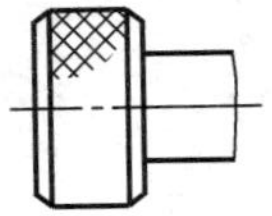	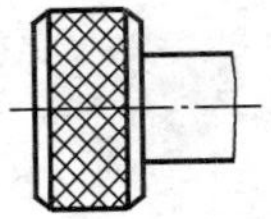	滚花一般采用在轮廓线附近用粗实线局部画出的方法表示，也可省略不画
	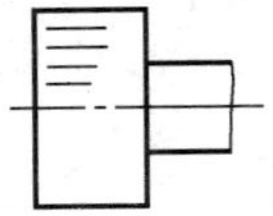	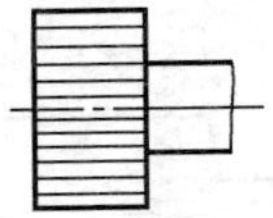	
5.27	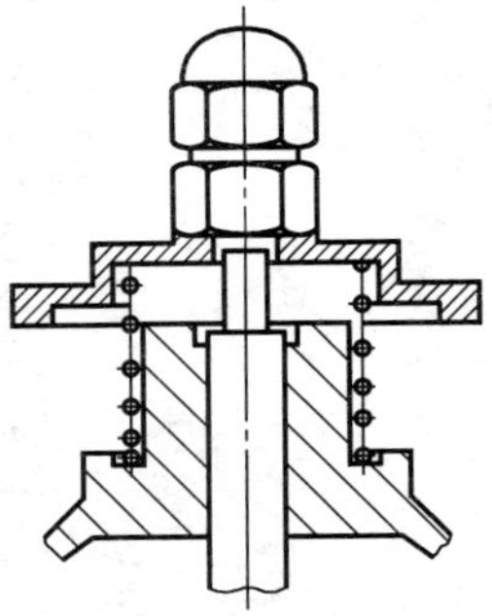	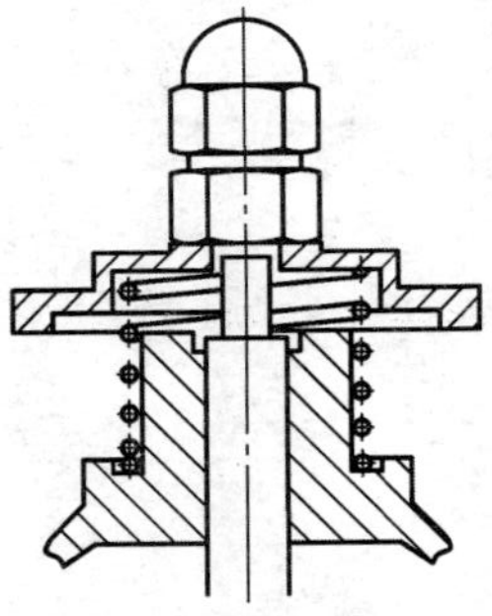	在装配图的剖视图中，螺旋弹簧仅需画出其端面，被弹簧挡住的结构一般不画出

附　录　A
（规范性附录）
简化画法的补充

A.1　在剖视图中，类似牙嵌式离合器的齿等相同结构可按图 A.1 表示。

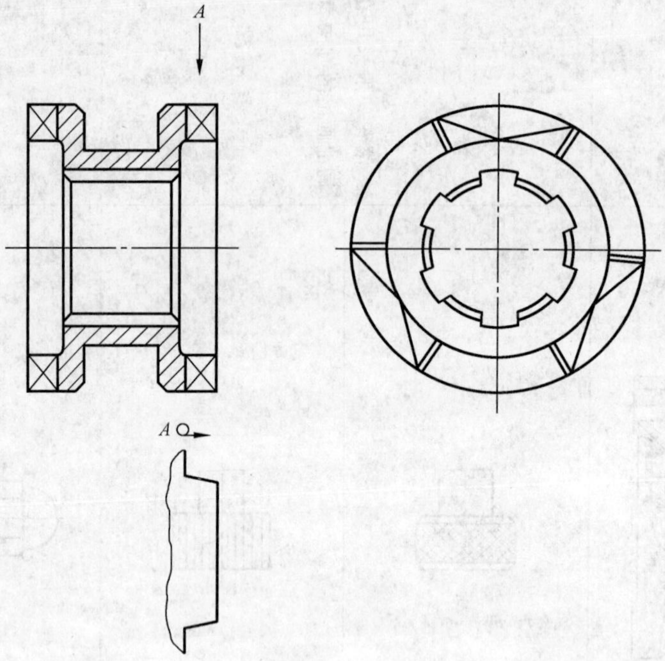

图 A.1

A.2　对于机件的肋、轮辐及薄壁等，如按纵向剖切，这些结构都不画剖面符号，而用粗实线将它与其邻接部分分开。当零件回转体上均匀分布的肋、轮辐、孔等结构不处于剖切平面上时，可将这些结构旋转到剖切平面上画出（图 A.2、图 A.3）。

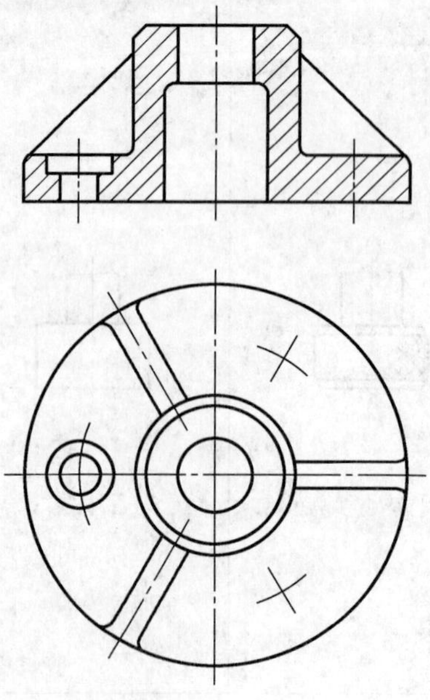

图 A.2

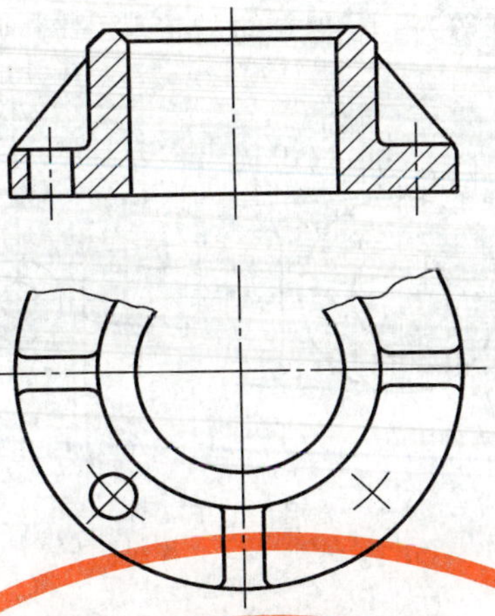

图 A.3

A.3 在不致引起误解时，对于对称机件的视图可只画一半或四分之一，并在对称中心线的两端面出两条与其垂直的平行细实线(见图 A.4、图 A.5)。

图 A.4

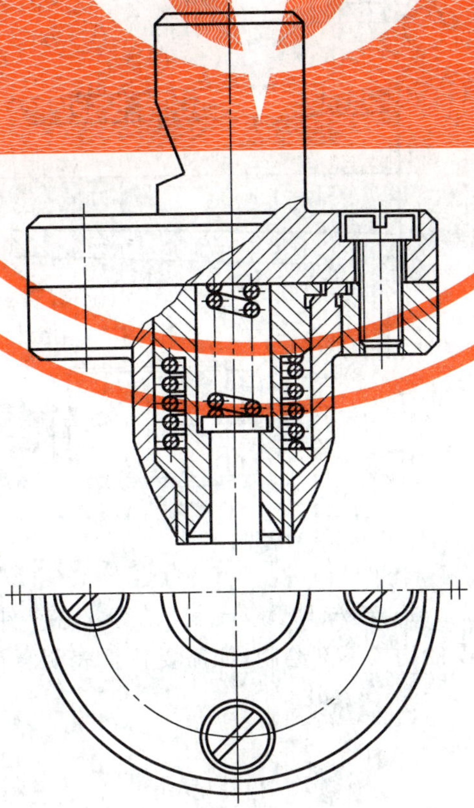

图 A.5

A.4 较长的机件(轴、杆、型材、连杆等)沿长度方向的形状一致或按一定规律变化时,可断开后缩短绘制(见图 A.6、图 A.7)。

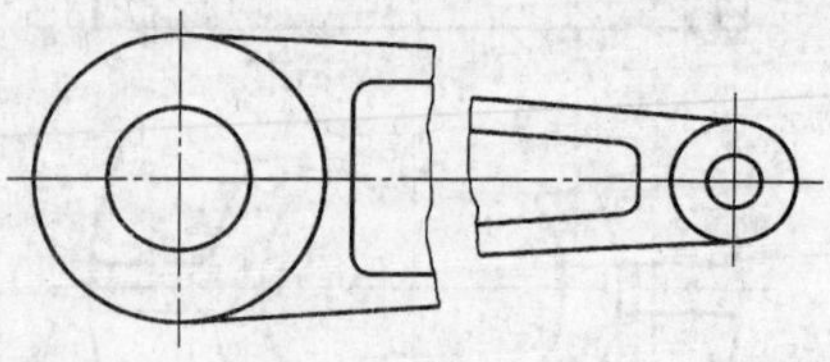

图 **A.6**

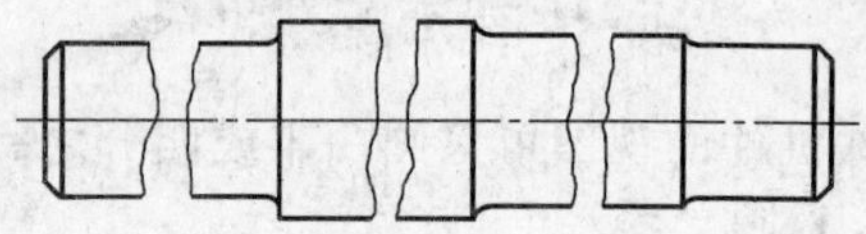

图 **A.7**

A.5 圆柱形法兰和类似零件上均匀分布的孔可按图 A.8 所示的方法表示(由机件外向该法兰端面方向投影)。

A.6 用一系列剖面表示机件上较复杂的曲面时,可只画出剖面轮廓,并可配置在同一个位置上(见图 A.8)。

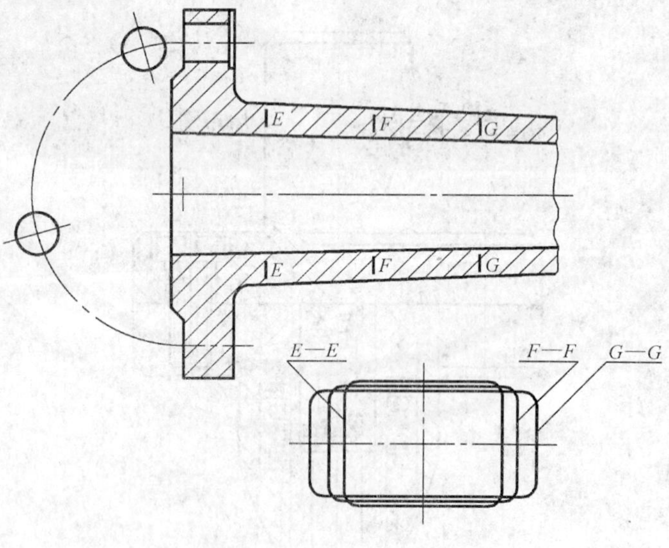

图 **A.8**

A.7 在装配图中,对于紧固件以及轴、连杆、球、钩子、键、销等实心零件,若按纵向剖切、且剖切平面通过其对称平面或轴线时,则这些零件均按不剖绘制,如需要特别表明零件的构造,如凹槽、键槽、销孔等则可用局部剖视表示(见图 A.9)。

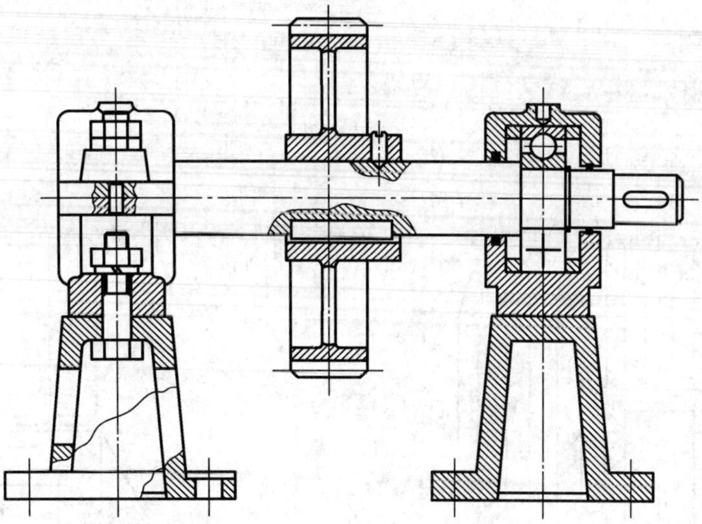

图 A.9

A.8 在装配图中可假想沿某些零件的结合面剖切(图 A.10 中 *B*—*B*)或假想将某些零件拆卸后绘制，需要说明时可加标注“拆去××等”(见图 A.11)。

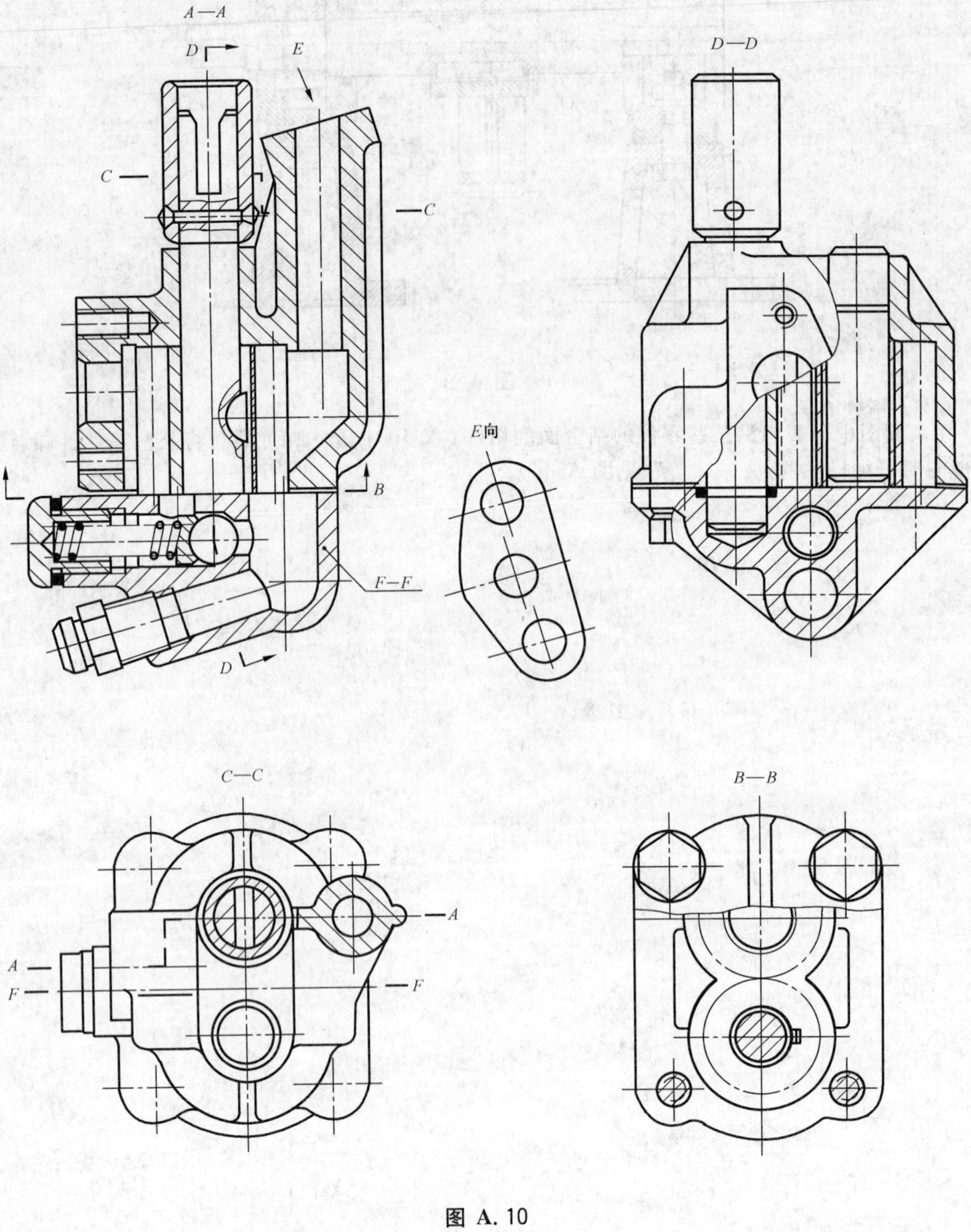

图 A.10

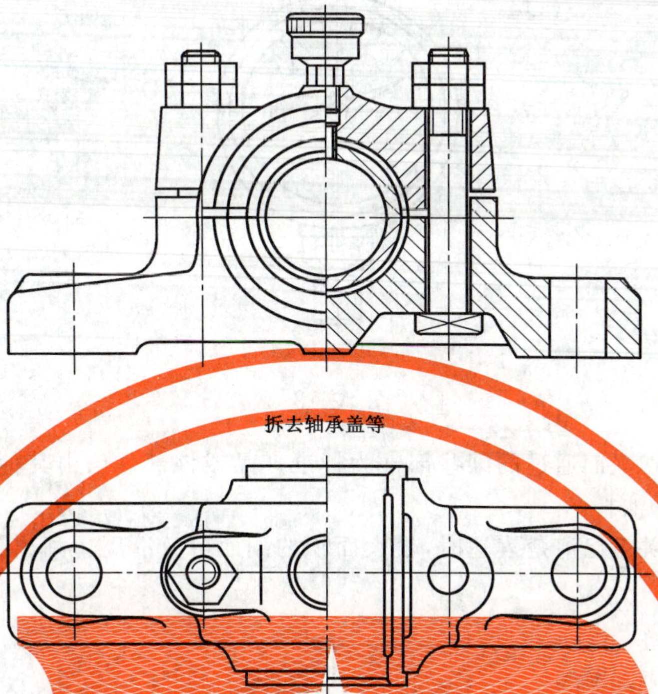

图 A.11

A.9 在装配图中可以单独画出某一零件的视图。但必须在所画视图的上方注出该零件的视图名称，在相应视图的附近用箭头指明投影方向，并注上同样的字母(见图 A.12 中泵盖 *B* 向)。

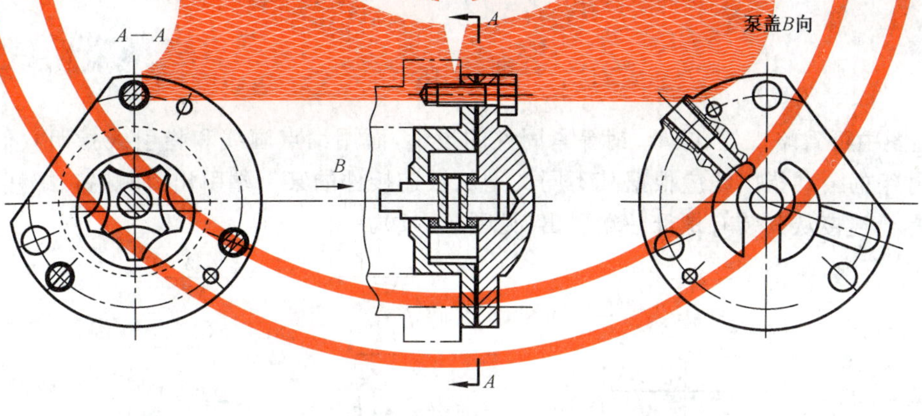

图 A.12

A.10 被网状物挡住的部分均按不可见轮廓绘制，由透明材料制成的物体，均按不透明物体绘制。对于供观察用的刻度、字体、指针、液面等可按可见轮廓线绘制(见图 A.13)。

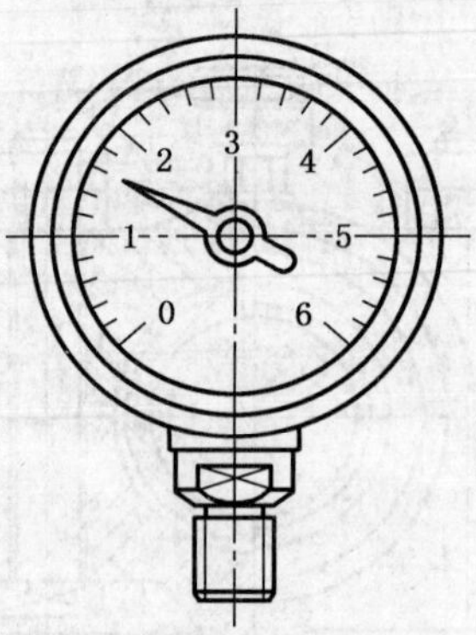

图 A.13

A.11　在装配图中，当剖切平面通过的某些部件为标准产品或该部件已由其他图形表示清楚时，可按不剖绘制，如图 A.11 中的油杯。

A.12　在装配图中，装配关系已清楚表达时，较大面积的剖面可只沿周边画出部分剖面符号或沿周边涂色(见图 A.14)。

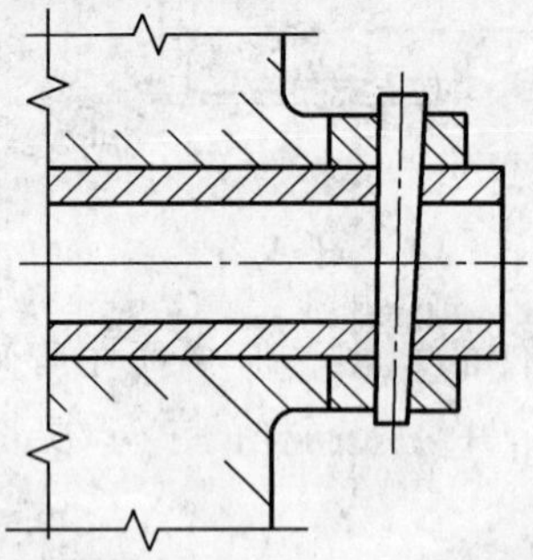

图 A.14

A.13　在装配图中可省略螺栓、螺母、销等紧固件的投影，而用细点画线和指引线指明它们的位置。此时，表示紧固件组的公共指引线应根据其不同类型从被连接件的某一端引出，如螺钉、螺柱、销连接从其装入端引出，螺栓连接从其装有螺母一端引出(见图 A.15)。

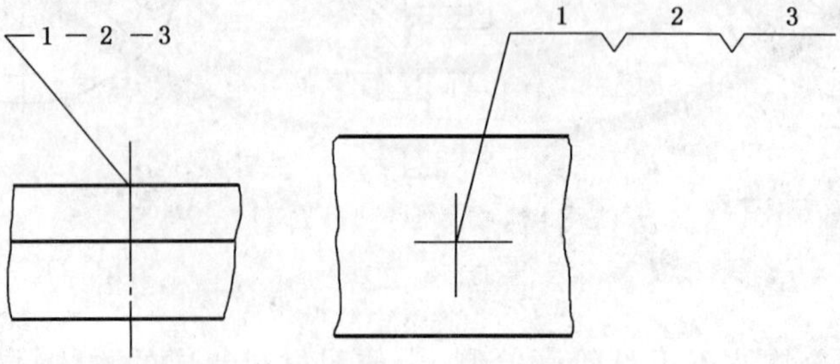

图 A.15

A.14　在锅炉、化工设备等装配图中，可用细点画线表示密集的管子。在化工设备等装配图中，如果连接管口等结构的方位已在其他图形表示清楚时，可以将这些结构分别旋转到与投影面平行再进行投影。但必须标注，其标注形式见图 A.16。

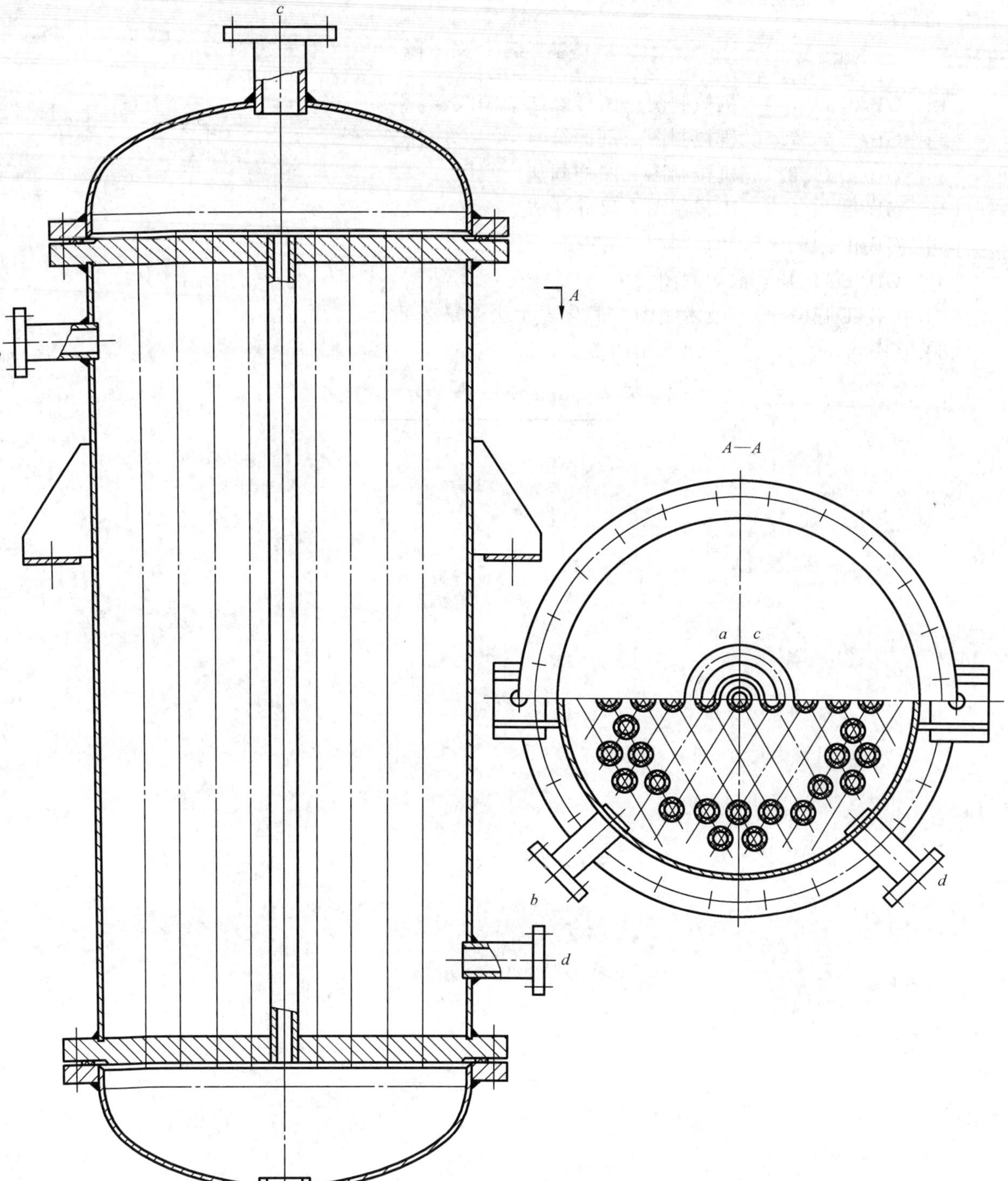

图 A. 16

参 考 文 献

[1] GB/T 4457.4 机械制图 图样画法 图线
[2] GB/T 4457.5 机械制图 剖面符号
[3] GB/T 4458.1 机械制图 图样画法 视图
[4] GB/T 4458.4 机械制图 尺寸注法
[5] GB/T 5489 印制板制图
[6] GB/T 11943 锅炉制图
[7] GB/T 16675.2 技术制图 简化表示法 第2部分:尺寸注法
[8] GB/T 50001 房屋建筑制图统一标准

ICS 01.100
J 04

中华人民共和国国家标准

GB/T 16675.2—2012
代替 GB/T 16675.2—1996

技术制图 简化表示法 第2部分:尺寸注法

Technical drawings—Simplified representation—
Part 2: Dimensioning

2012-05-11 发布 2012-12-01 实施

中华人民共和国国家质量监督检验检疫总局
中国国家标准化管理委员会 发布

前　　言

GB/T 16675《技术制图　简化表示法》分为两个部分：

——第1部分：图样画法；

——第2部分：尺寸注法。

本部分为GB/T 16675的第2部分。

本部分按照GB/T 1.1—2009给出的规则起草。

本部分代替GB/T 16675.2—1996《技术制图　简化表示法　第2部分：尺寸注法》。

本部分与GB/T 16675.2—1996相比主要技术变化如下：

——增加了前言；

——规范引用文件中删除了GB 4458.1—1984、GB 4458.4—1984、GB 4728—1985、GB 5489—1985、GB 11943—1989、GB/T 14691—1993、GBJ 1—1986，增加了GB/T 6403.3；

——将标题“术语”改为“术语和定义”，内容改为“GB/T 13361和GB/T 16675.1界定的术语和定义适用于本文件”(见3)；

——增加了图1的说明“图中7是尺寸相同的槽的数量，1是槽宽，$\phi 7$是槽的底径。”；

——将“多意性”改为“多义性”(见4.1.1)；

——增加了表1的注，内容为“注：展开符号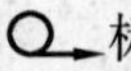标在展开图上方的名称字母后面(如：A—A 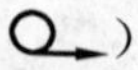)；当弯曲成形前的坯料形状迭加在成形后的视图画出时，则该图上方不必标注展开符号，但图中的展开尺寸应按照“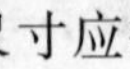 200”(其中200为尺寸值)的形式注写。”；

——删除了“(标准的附录)”的字样(见5)；

——将表2的图例5.9的说明中“区别”改为“区分”；

——将表2的图例5.10的说明中“短划”改“短画”。

本部分由全国技术产品文件标准化技术委员会(SAC/TC 146)提出并归口。

本部分起草单位：中机生产力促进中心、波顿(合肥)传动有限公司、安徽宝龙环保科技有限公司、江苏技术师范学院、陕西省标准化研究院、万向钱潮股份有限公司。

本部分主要起草人：杨东拜、薛明、杜晓冬、王槐德、侯维亚、杨建虹、韩震宇、杜光宇。

本部分所代替标准的历次版本发布情况为：

——GB/T 16675.2—1996。

技术制图 简化表示法 第2部分:尺寸注法

1 范围

GB/T 16675的本部分规定了技术图样(机械、电气、建筑和土木工程等)中使用的简化注法。

本部分适用于手工或计算机绘制的技术图样及有关技术文件。

2 规范性引用文件

下列文件对于本文件的应用是必不可少的。凡是注日期的引用文件,仅注日期的版本适用于本文件。凡是不注日期的引用文件,其最新版本(包括所有的修改单)适用于本文件。

GB/T 6403.3 滚花

GB/T 13361 技术制图 通用术语

GB/T 16675.1 技术制图 简化表示法 第1部分:图样画法

3 术语和定义

GB/T 13361和GB/T 16675.1界定的术语和定义适用于本文件。

4 总则

4.1 简化原则

4.1.1 简化必须保证不致引起误解和不会产生理解的多义性。在此前提下,应力求制图简便。

4.1.2 便于识读和绘制,注重简化的综合效果。

4.1.3 在考虑便于手工制图和计算机制图的同时,还要考虑缩微制图的要求。

4.2 基本要求

4.2.1 若图样中的尺寸和公差全部相同或某个尺寸和公差占多数时,可在图样空白处作总的说明,如"全部倒角 $C1.6$"、"其余圆角 $R4$"等。

4.2.2 对于尺寸相同的重复要素,可仅在一个要素上注出其数量和尺寸,见图1。

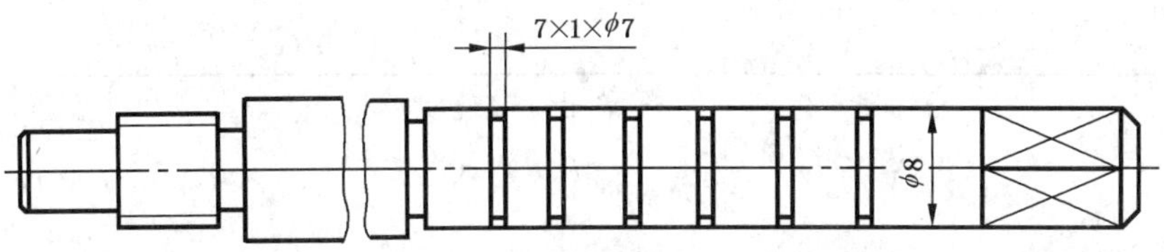

说明:图中7是尺寸相同的槽的数量,1是槽宽,ϕ7是槽的底径。

图1

4.2.3　标注尺寸时，应尽可能使用符号和缩写词。常用的符号和缩写词见表 1。

表 1

序号	名　称	符号或缩写词
1	直径	ϕ
2	半径	R
3	球直径	$S\phi$
4	球半径	SR
5	厚度	t
6	均布	EQS
7	45°倒角	C
8	正方形	□
9	深度	↧
10	沉孔或锪平	⌴
11	埋头孔	⌵
12	弧长	⌒
13	斜度	⌳
14	锥度	⊲
15	展开[a]	○→
16	型材截面形状	(按 GB/T 4656)

[a] 展开符号 ○→ 标在展开图上方的名称字母后面(如：A—A ○→)；当弯曲成形前的坯料形状迭加在成形后的视图画出时，则该图上方不必标注展开符号，但图中的展开尺寸应按照“○→ 200”(其中 200 为尺寸值)的形式注写。

5　简化注法

在技术图样中通用的简化注法见表 2 和附录 A。

表 2

序号	简化后	简化前	说明
5.1	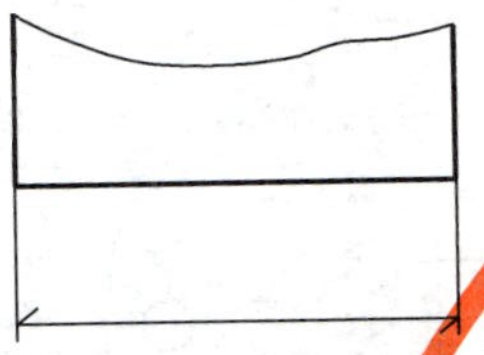	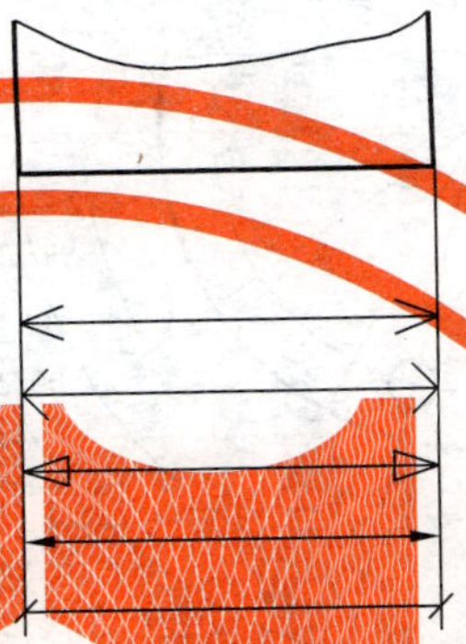	标注尺寸时，可使用单边箭头
5.2	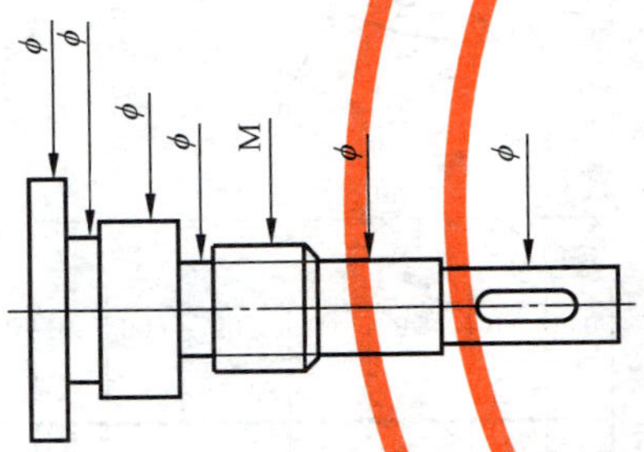	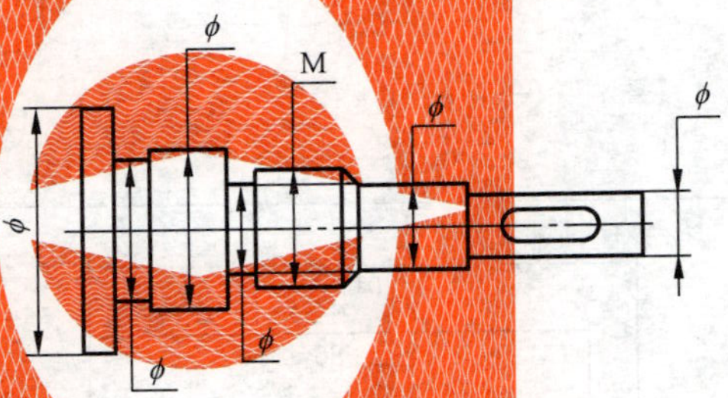	标注尺寸时，可采用带箭头的指引线
5.3	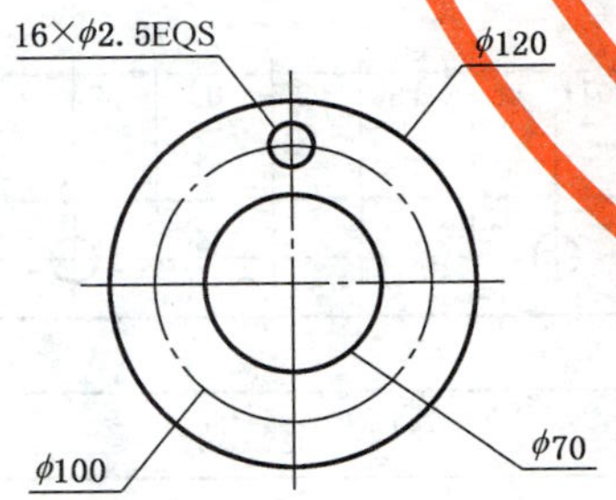	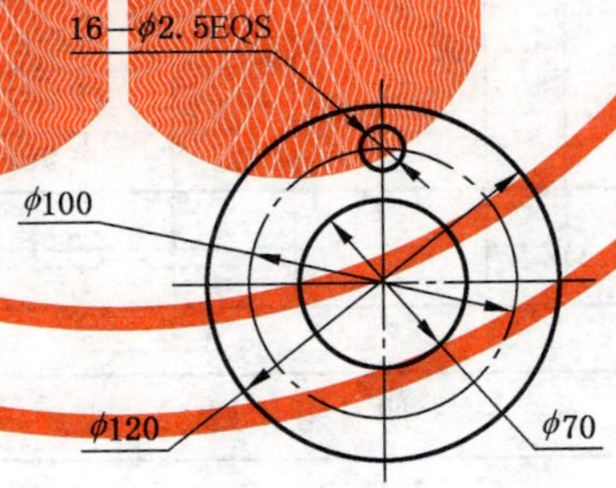	标注尺寸时，也可采用不带箭头的指引线

表 2（续）

序号	简 化 后	简 化 前	说 明
5.4	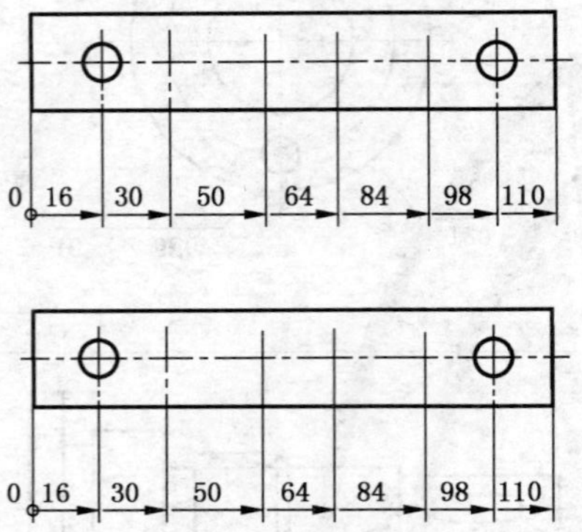	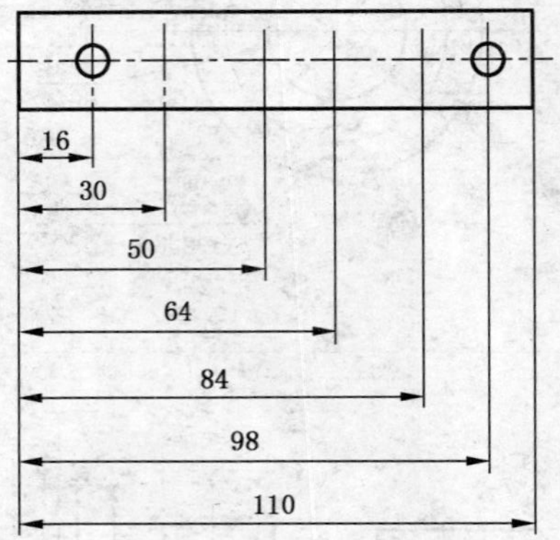	从同一基准出发的尺寸可按左图(简化后)的形式标注
	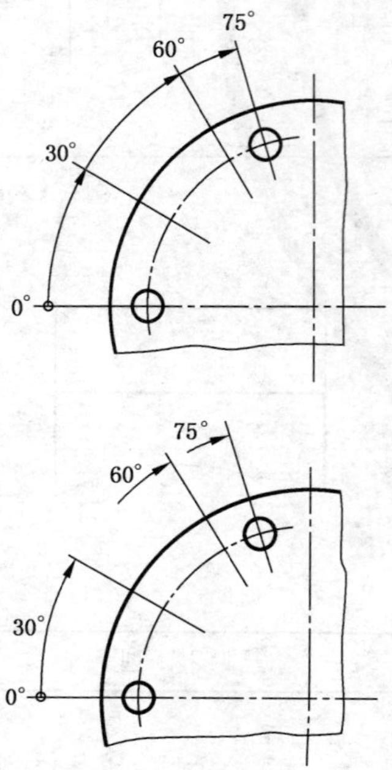	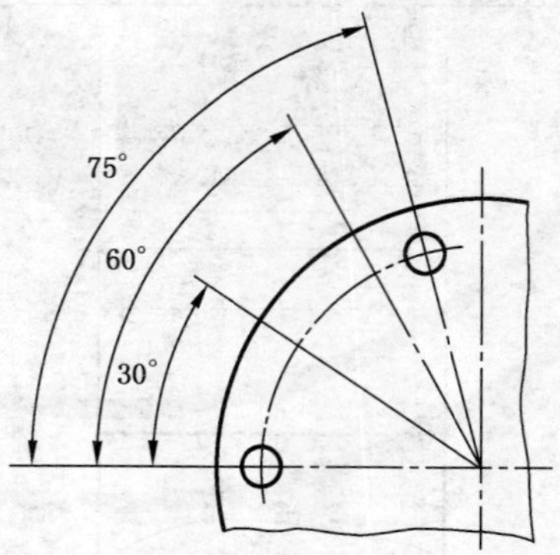	

表 2（续）

序号	简化后	简化前	说明
5.5	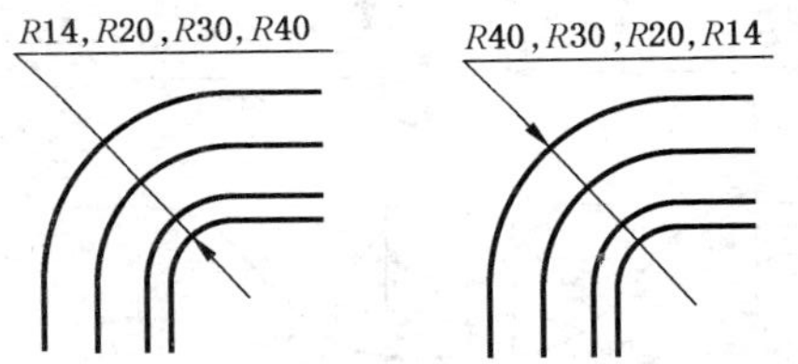	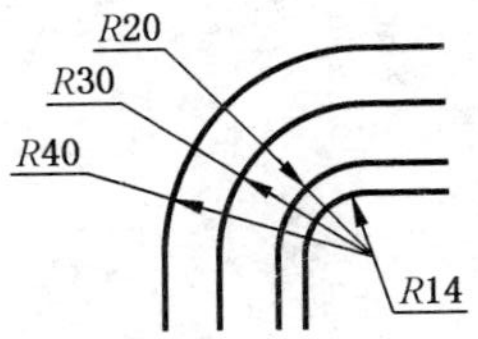	一组同心圆弧或圆心位于一条直线上的多个不同心圆弧的尺寸，可用共用的尺寸线和箭头依次表示
	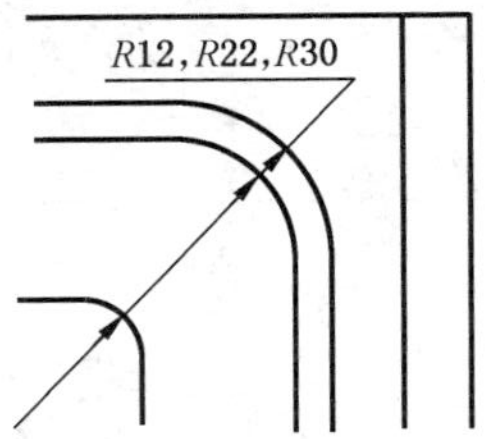	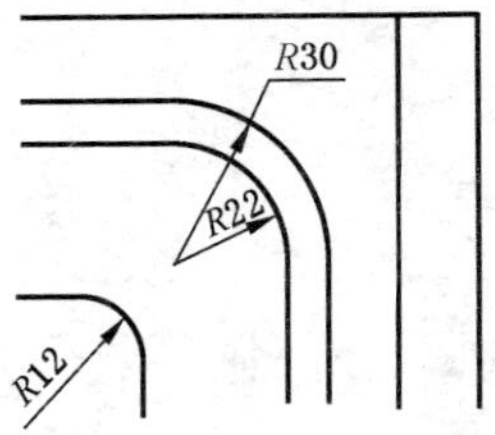	
5.6	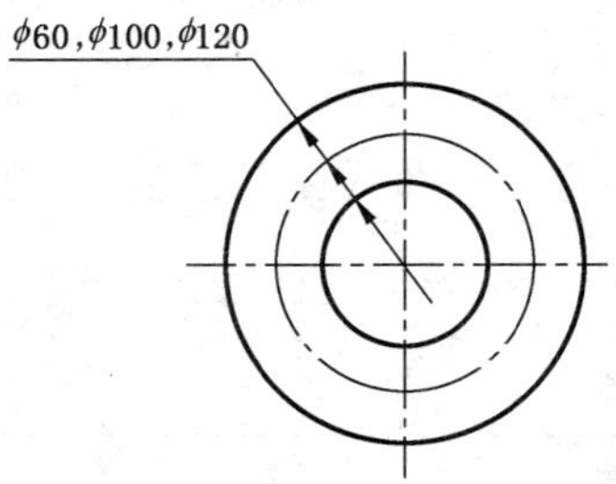	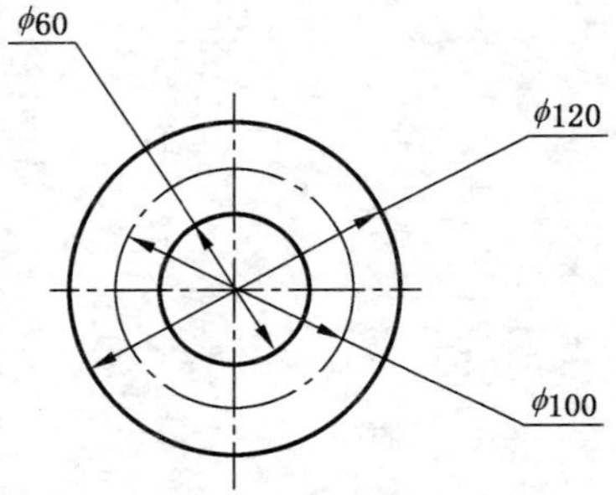	一组同心圆或尺寸较多的台阶孔的尺寸，可用共用的尺寸线和箭头依次表示
	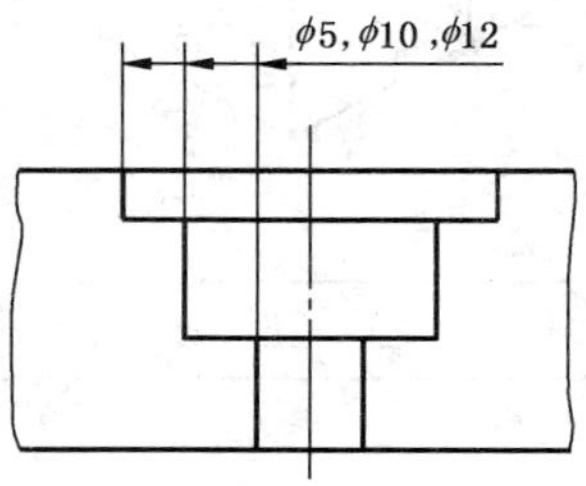	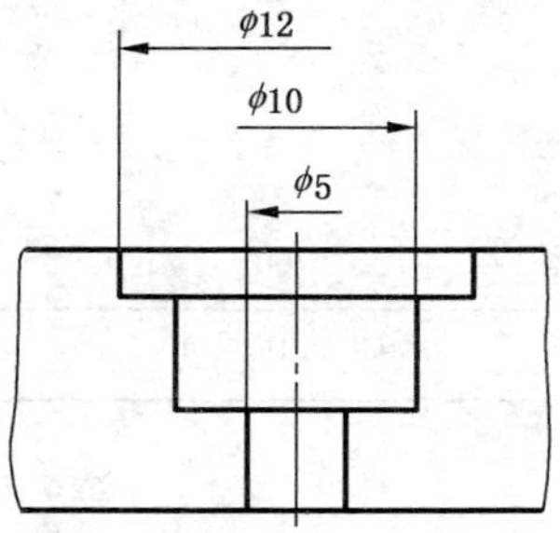	

表 2（续）

序号	简 化 后	简 化 前	说 明
5.7	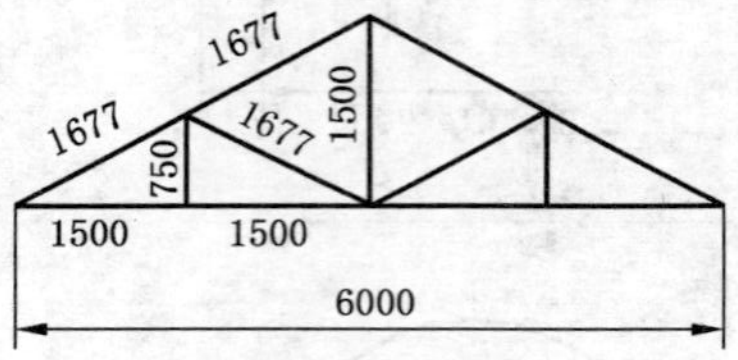 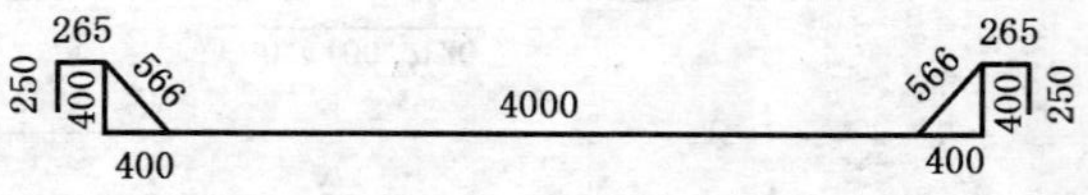 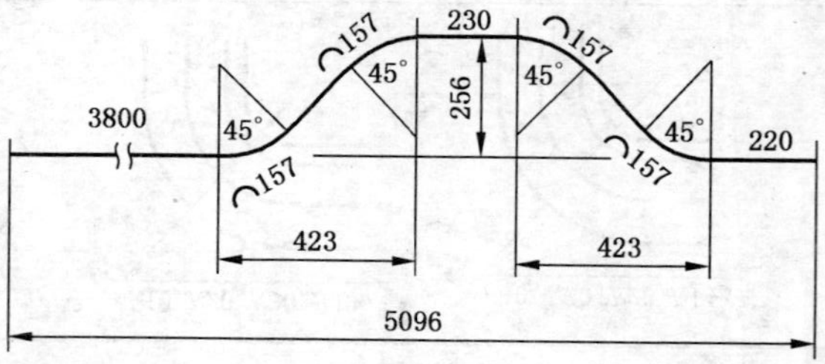	（略）	单线图上，桁架、钢筋、管子等的长度尺寸可直接标注在相应的线段上，角度尺寸数字可直接填写在夹角中的相应部位。图形对称时可仅标注一侧的尺寸

表 2（续）

序号	简　化　后	简　化　前	说　明
5.8	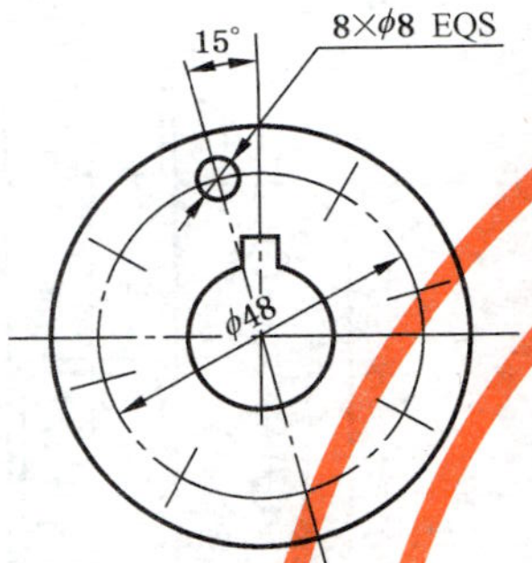	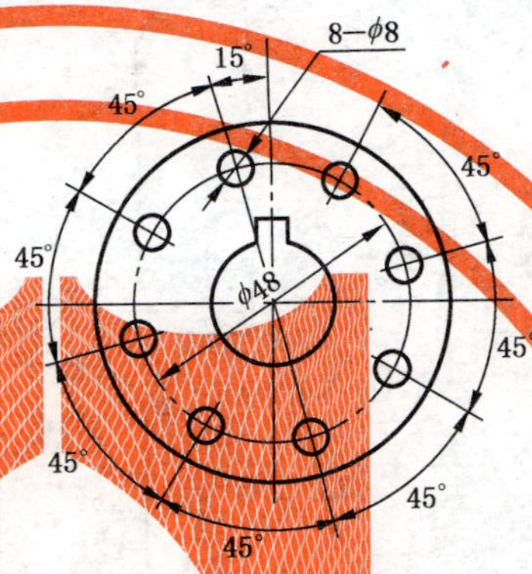	在同一图形中，对于尺寸相同的孔、槽等成组要素，可仅在一个要素上注出其尺寸和数量
5.9	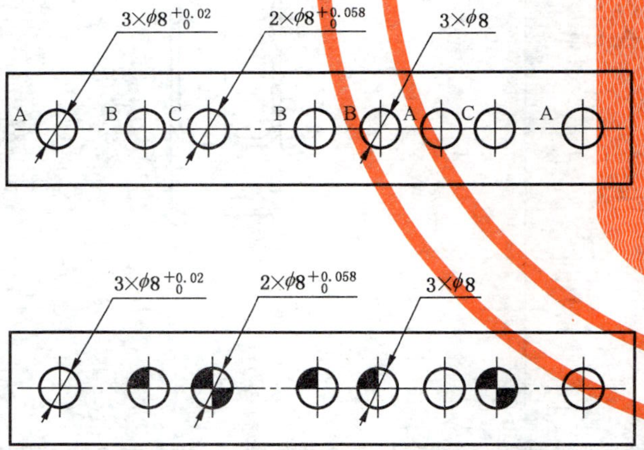	（略）	在同一图形中，如有几种尺寸数值相近而又重复的要素（如孔等）时，可采用标记（如涂色等）或用标注字母的方法来区分

表 2（续）

序号	简　化　后	简　化　前	说　明
5.10	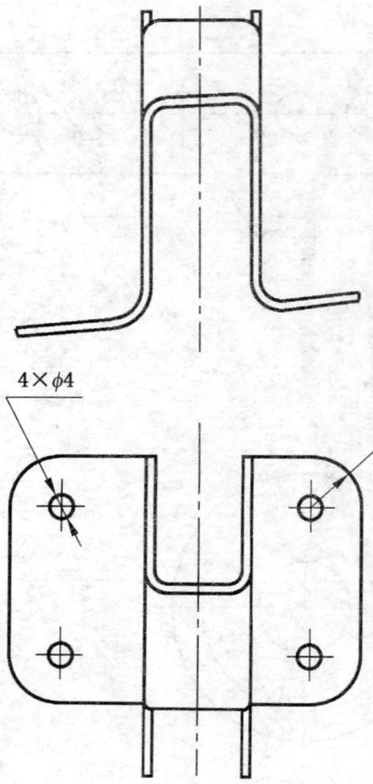	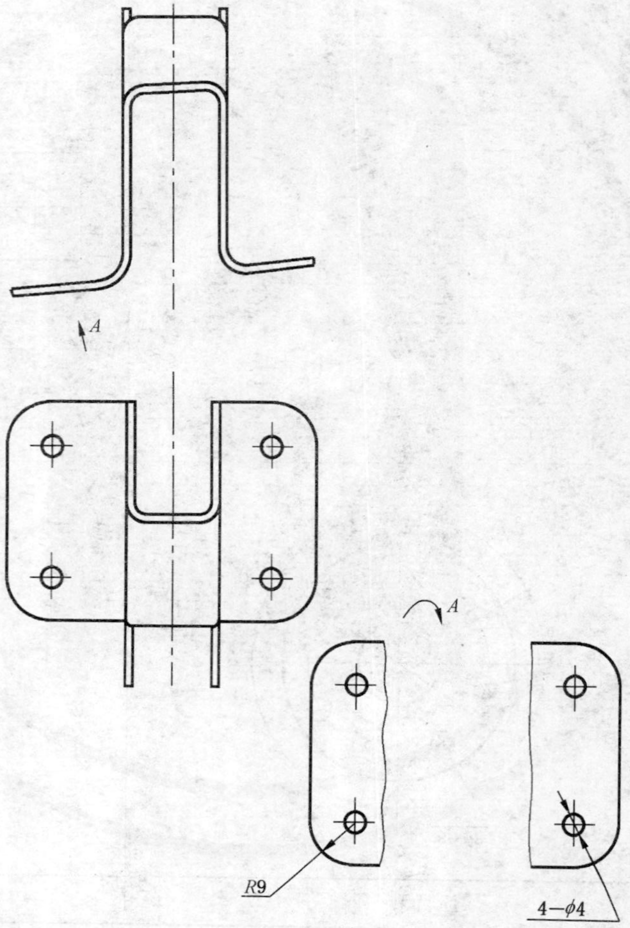	在不反映真实大小的投影上，用在尺寸数值下加画粗实线短画的方法标注其真实尺寸

表 2（续）

序号	简　化　后	简　化　前	说　明
5.11	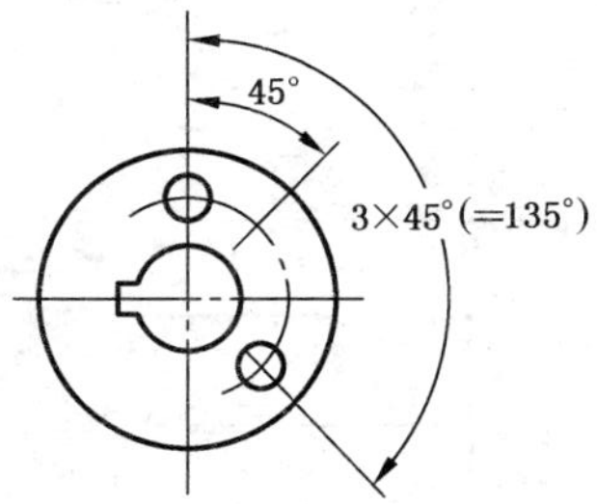 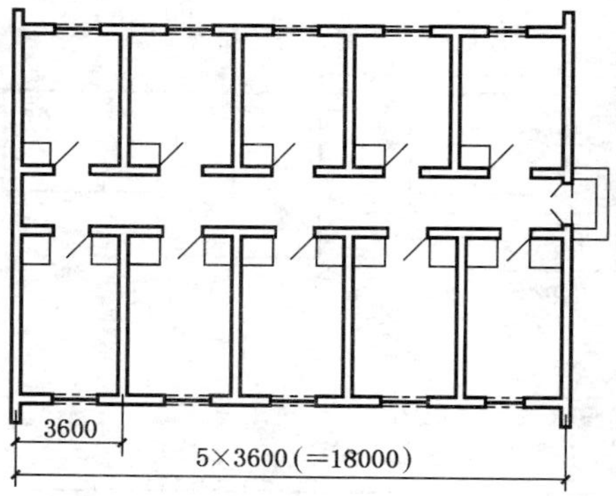	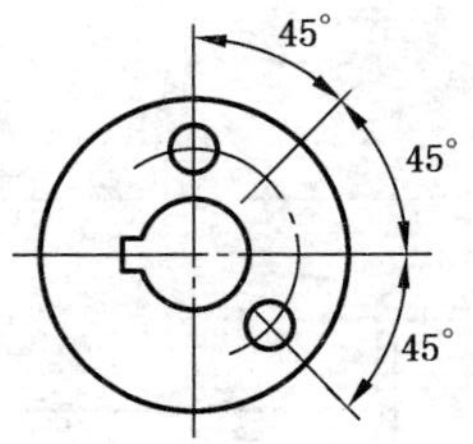 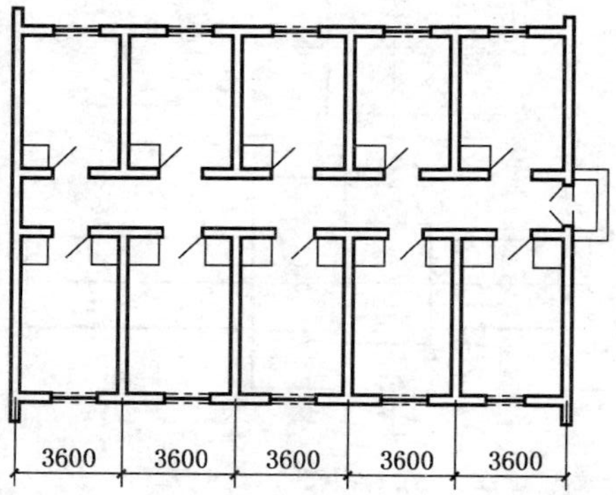	间隔相等的链式尺寸，可采用左图（简化后）所示的简化注法

表 2（续）

序号	简 化 后	简 化 前	说 明
5.12	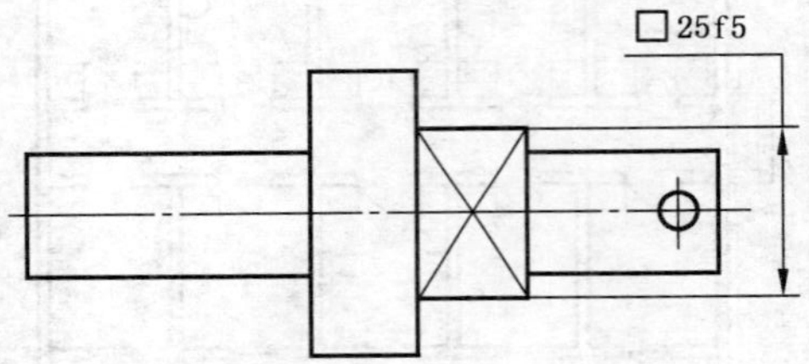	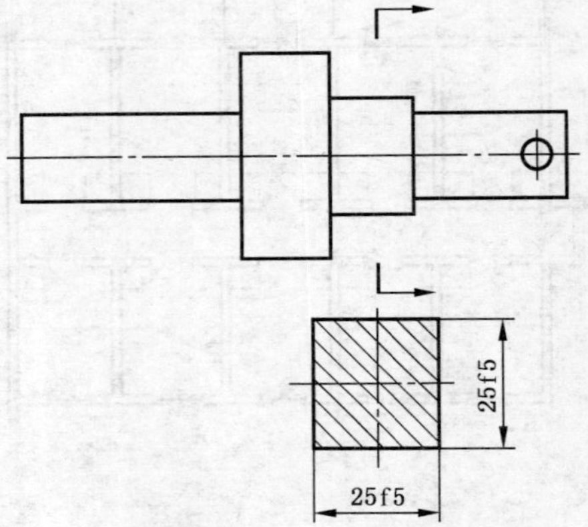	标注正方形结构尺寸时，可在正方形边长尺寸数字前加注“□”符号
5.13	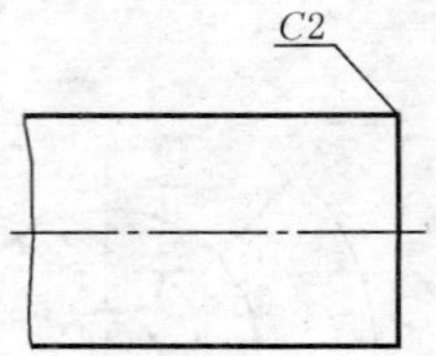 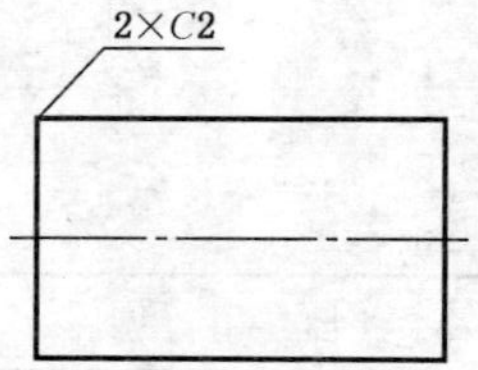	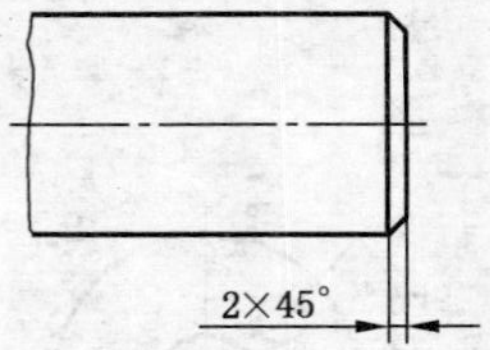 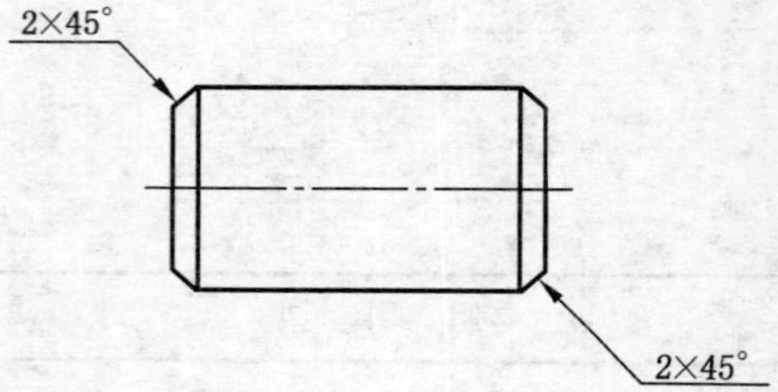	在不致引起误解时，零件图中的倒角可以省略不画，其尺寸也可简化标注

表 2（续）

序号	简　化　后	简　化　前	说　明
5.14	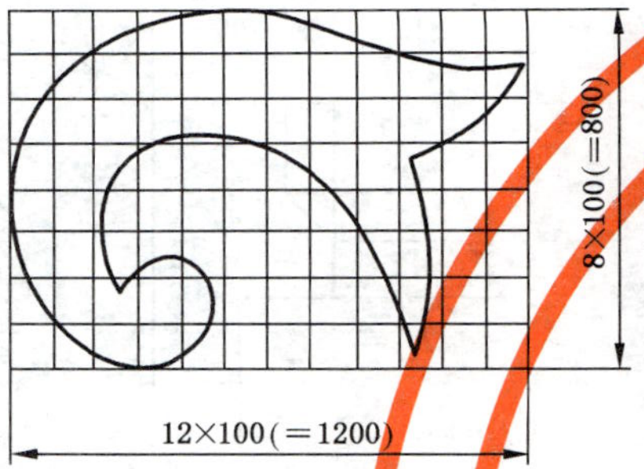	（略）	在土木、建筑等工程图样中较复杂的图形中可用网格方式加注尺寸表示
5.15	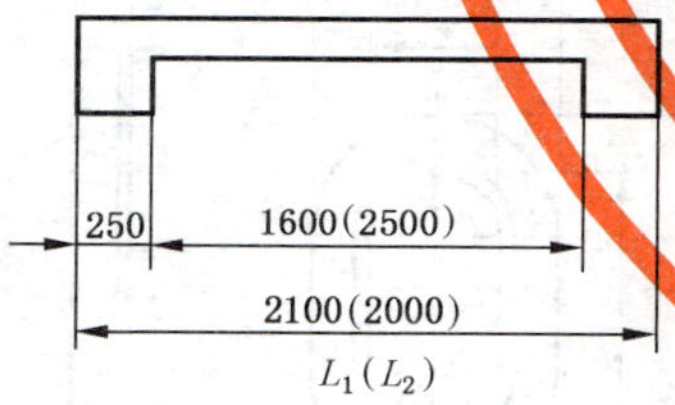	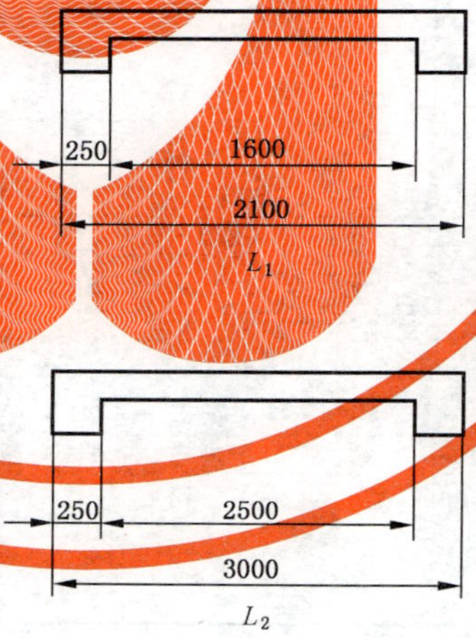	两个形状相同但尺寸不同的构件或零件，可共用一张图表示，但应将另一件名称和不相同的尺寸列入括号中表示

表 2（续）

<table>
<tr><th>序号</th><th>简　化　后</th><th>简　化　前</th><th>说　明</th></tr>
<tr><td rowspan="2">5.16</td><td>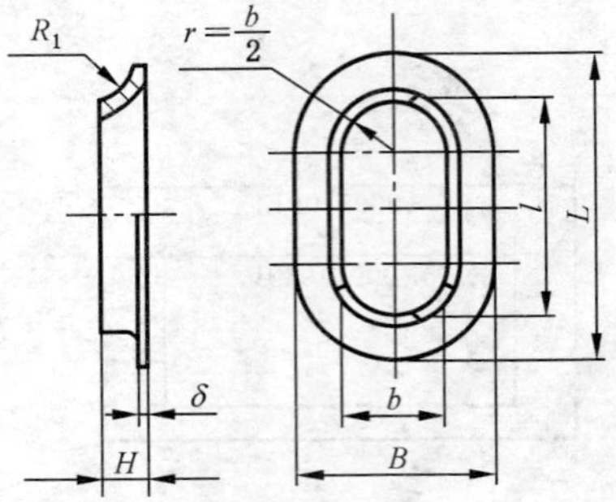

<table>
<tr><td>X4</td><td>40</td><td>80</td><td>60</td><td>100</td><td>0.8</td><td>11</td><td></td></tr>
<tr><td>X3</td><td>30</td><td>60</td><td>50</td><td>80</td><td>0.8</td><td>11</td><td></td></tr>
<tr><td>X2</td><td>20</td><td>40</td><td>36</td><td>56</td><td>0.5</td><td>8.5</td><td></td></tr>
<tr><td>X1</td><td>12</td><td>24</td><td>20</td><td>32</td><td>0.5</td><td>4.5</td><td></td></tr>
<tr><td>图样代号</td><td>b</td><td>l</td><td>B</td><td>L</td><td>δ</td><td>H</td><td>数量</td></tr>
</table></td><td>（略）</td><td rowspan="2">同类型或同系列的零件或构件，可采用表格图绘制</td></tr>
<tr><td>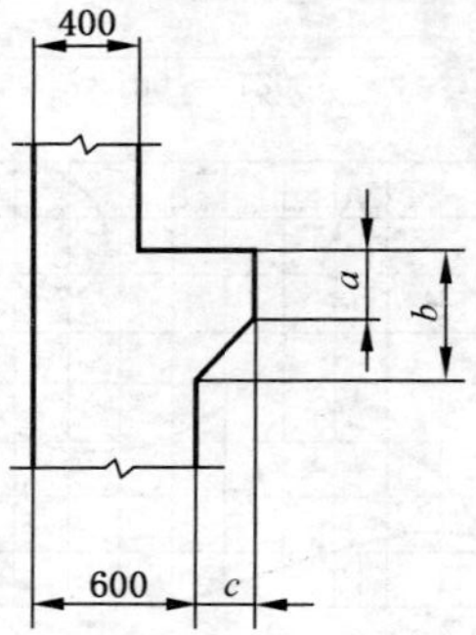

<table>
<tr><th>No</th><th>a</th><th>b</th><th>c</th></tr>
<tr><td>Z1</td><td>200</td><td>400</td><td>200</td></tr>
<tr><td>Z2</td><td>250</td><td>450</td><td>200</td></tr>
<tr><td>Z3</td><td>200</td><td>450</td><td>250</td></tr>
</table></td><td>（略）</td></tr>
</table>

表 2（续）

序号	简 化 后	简 化 前	说 明
5.17	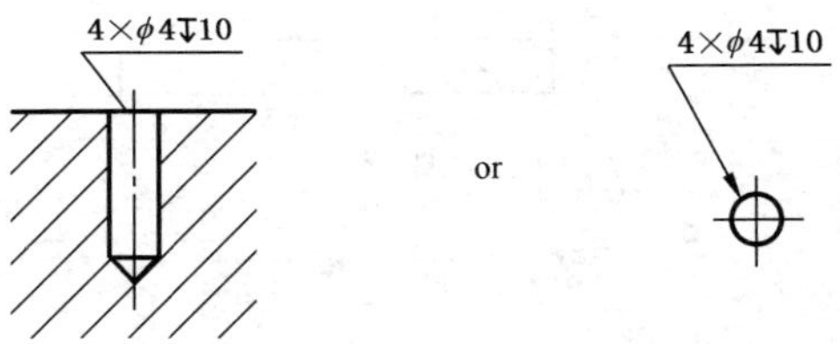	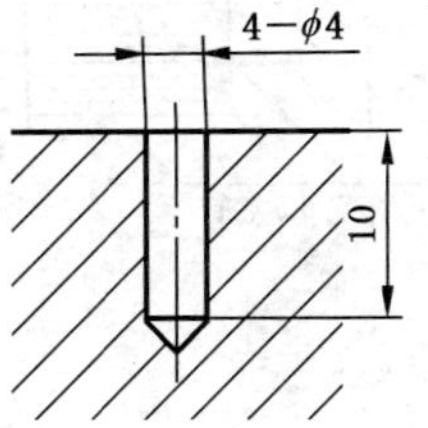	各类孔可采用旁注和符号相结合的方法标注
	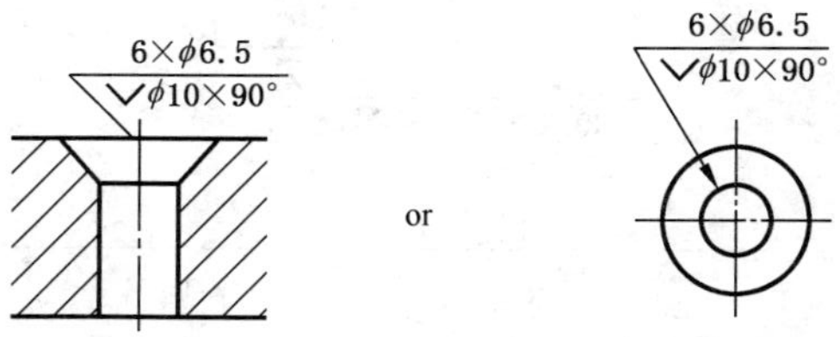	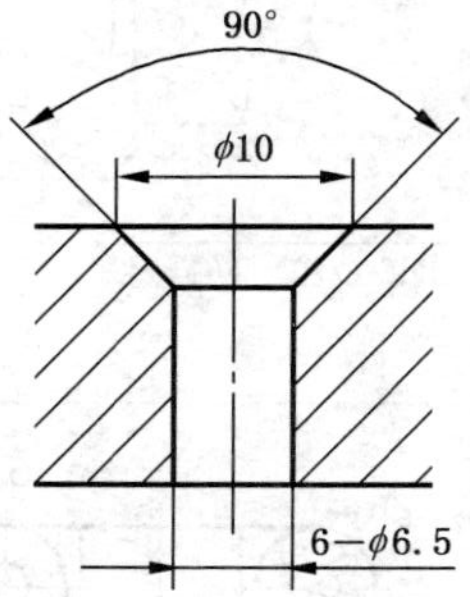	
	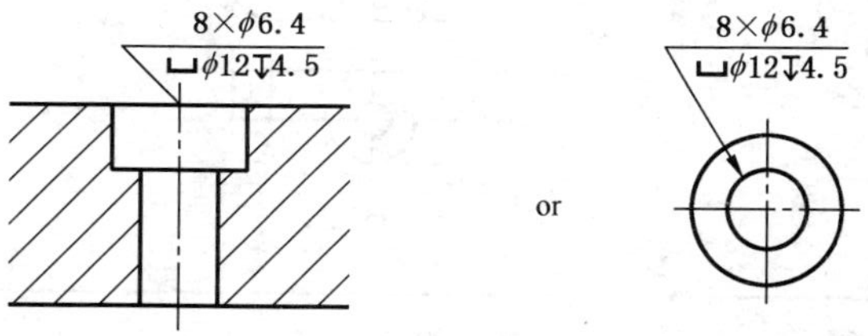	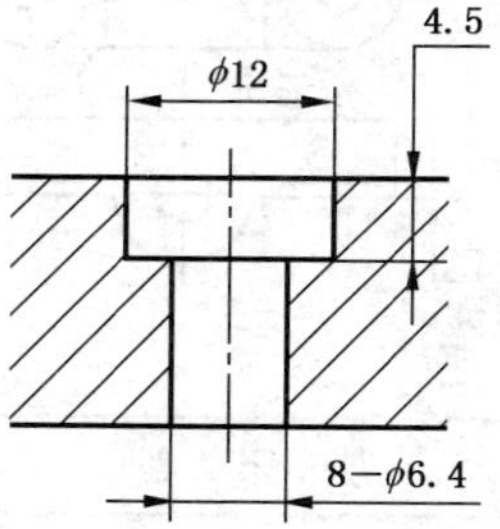	

表 2（续）

序号	简　化　后	简　化　前	说　明
5.18	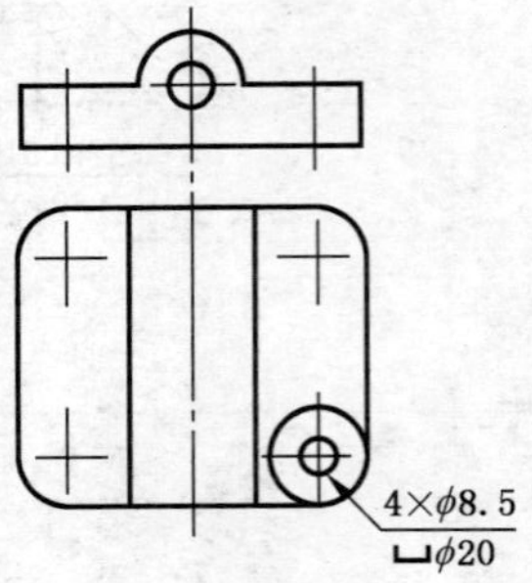	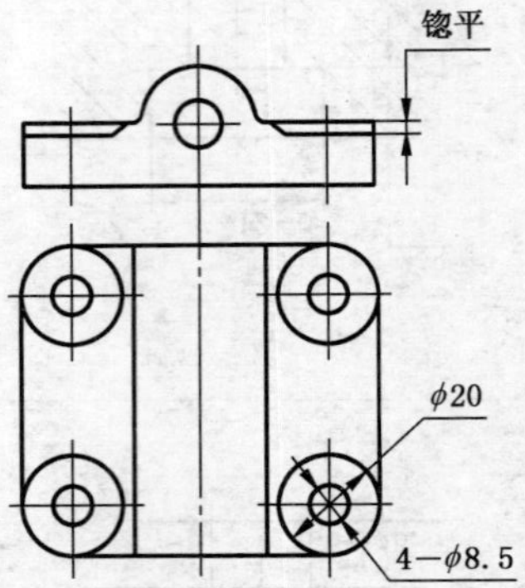	对于锪平孔，可采用表 1 中的符号简化标注
5.19	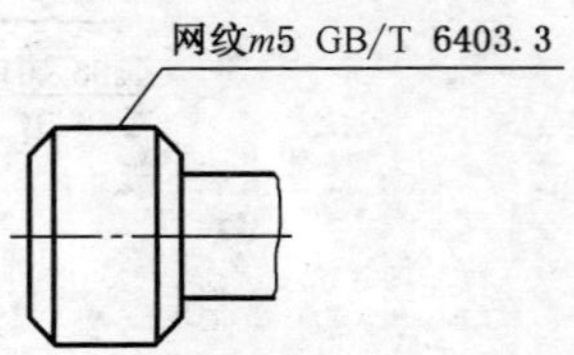	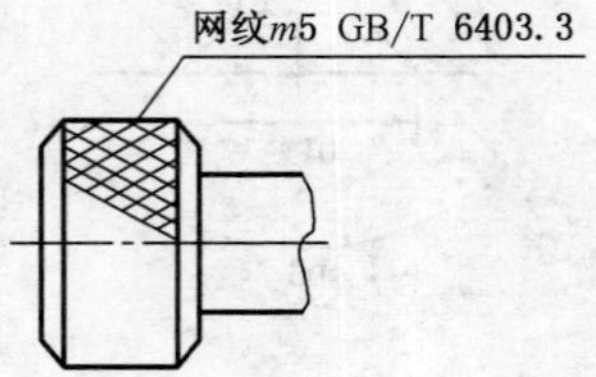	滚花可采用左图(简化后)的方法标注
	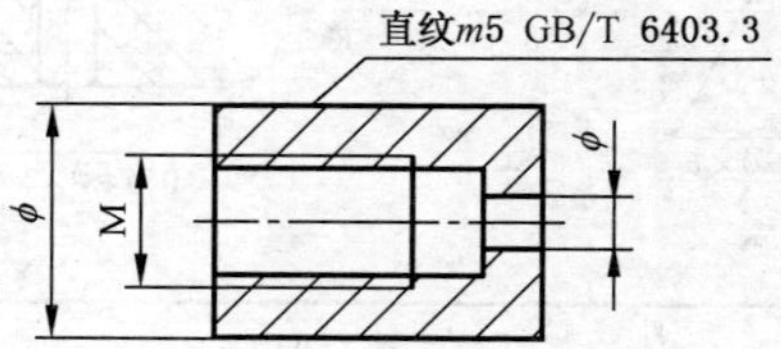	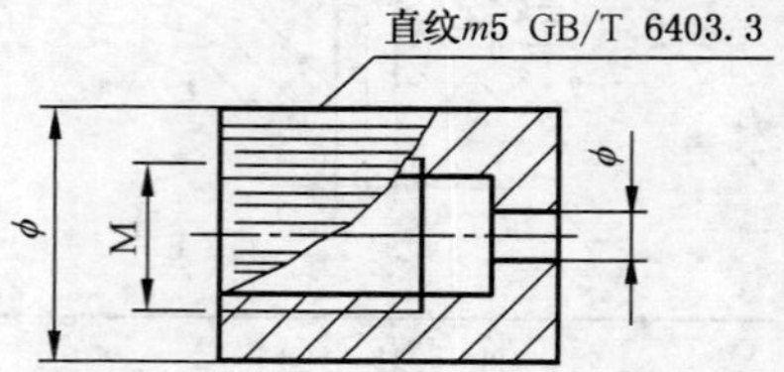	

附 录 A
（规范性附录）
简化注法的补充

A.1 一般的退刀槽可按“槽宽×直径”（图 A.1）或“槽宽×槽深”（图 A.2）的形式标注。

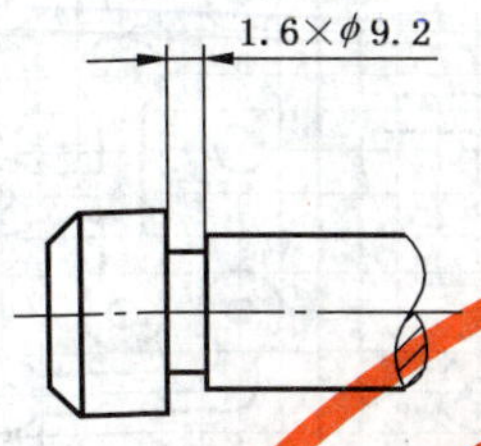

图 A.1

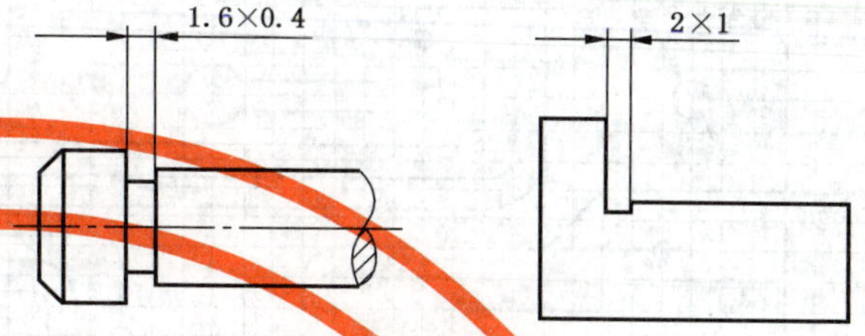

图 A.2

A.2 当成组要素的定位和分布情况在图形中已明确时，可不标注其角度，并省略缩写词“EQS”（图 A.3）。

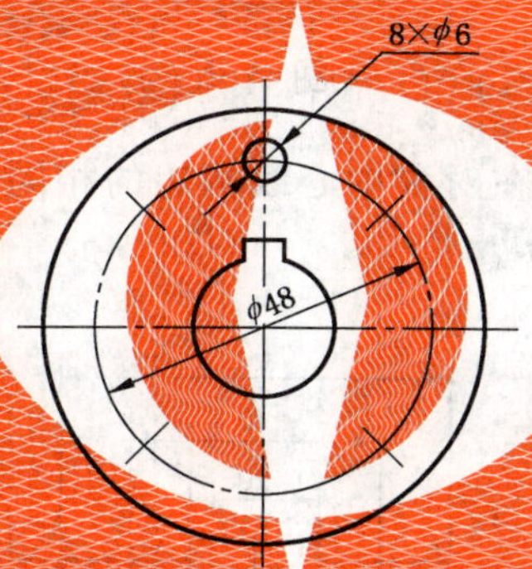

图 A.3

A.3 对不连续的同一表面，可用细实线连接后标注一次尺寸（图 A.4）。

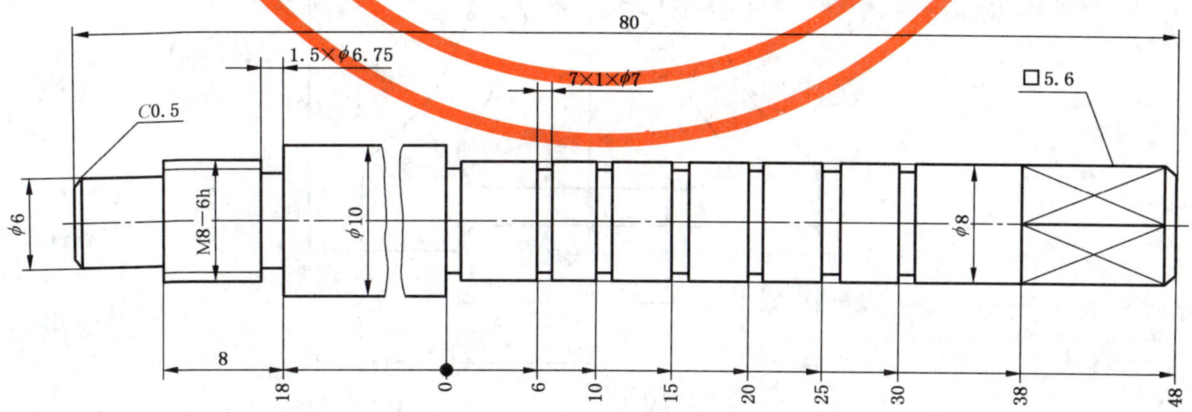

图 A.4

A.4 对于印制板类的零件，可直接采用坐标网格法表示尺寸(图 A.5)。

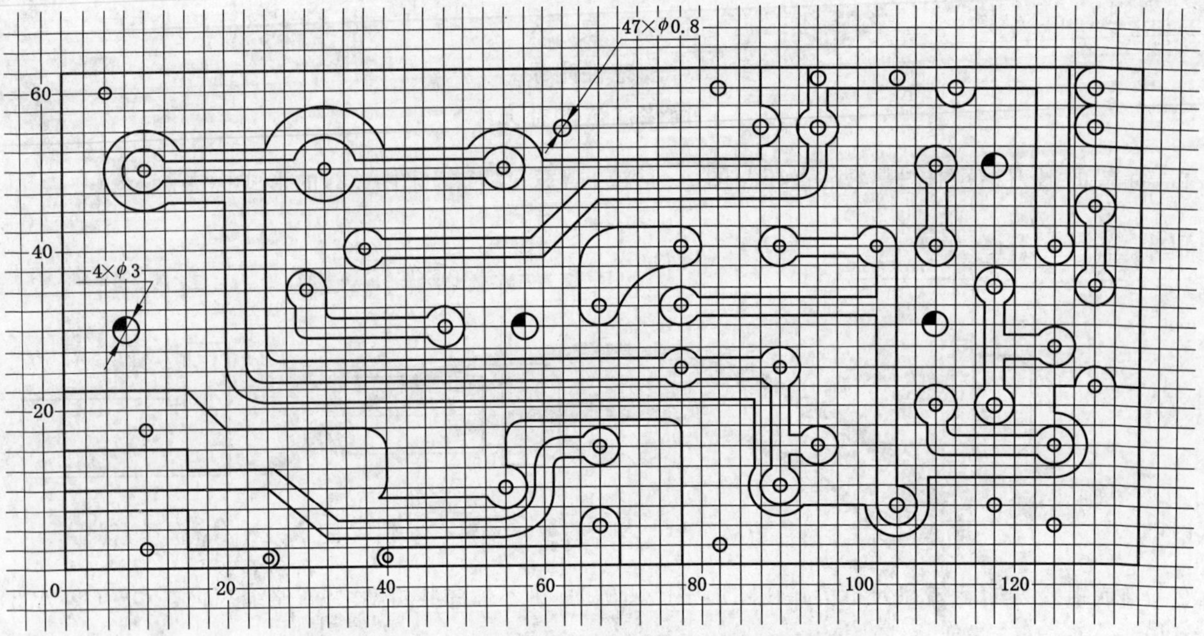

图 A.5

A.5 当图形具有对称中心线时，分布在对称中心线两边的相同结构，可仅标注其中一边的结构尺寸，如图 A.6 中的 *R*64、12、*R*9、R5 等。

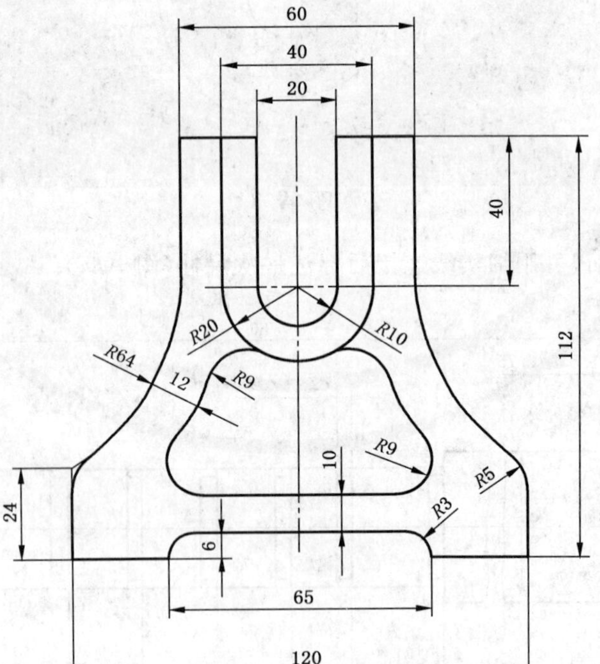

图 A.6

A.6 标注圆锥销孔的尺寸时，应按图 A.7a)和图 A.7b)的形式引出标注，其中 $\phi4$ 和 $\phi3$ 为与其相配的圆锥销的公称直径。

a)

b)

图 A.7

A.7 对于凸轮的曲面(或曲线)和处在曲面上的某些结构，其尺寸可标注在展开图上(图 A.8、图 A.9)。

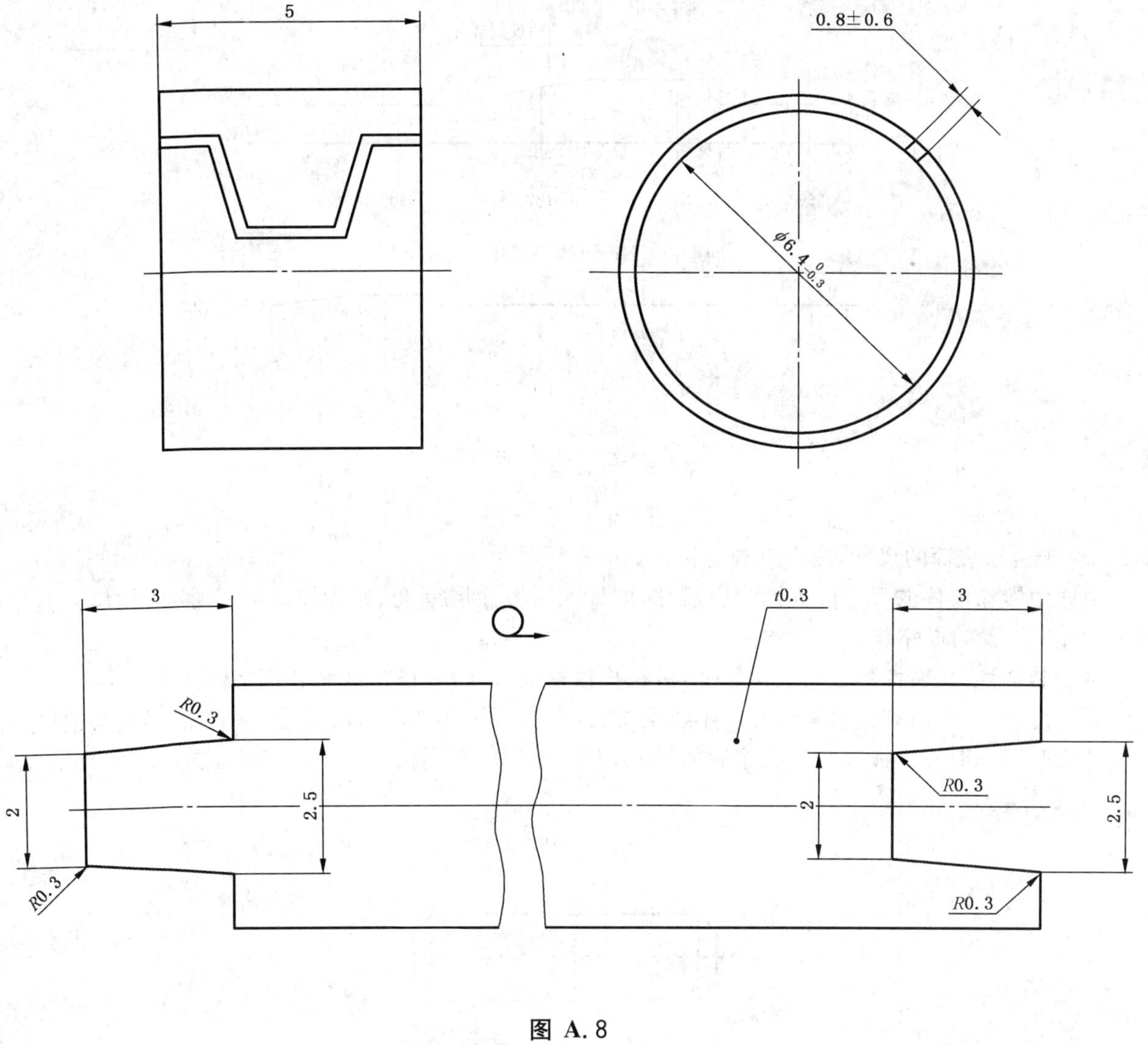

图 A.8

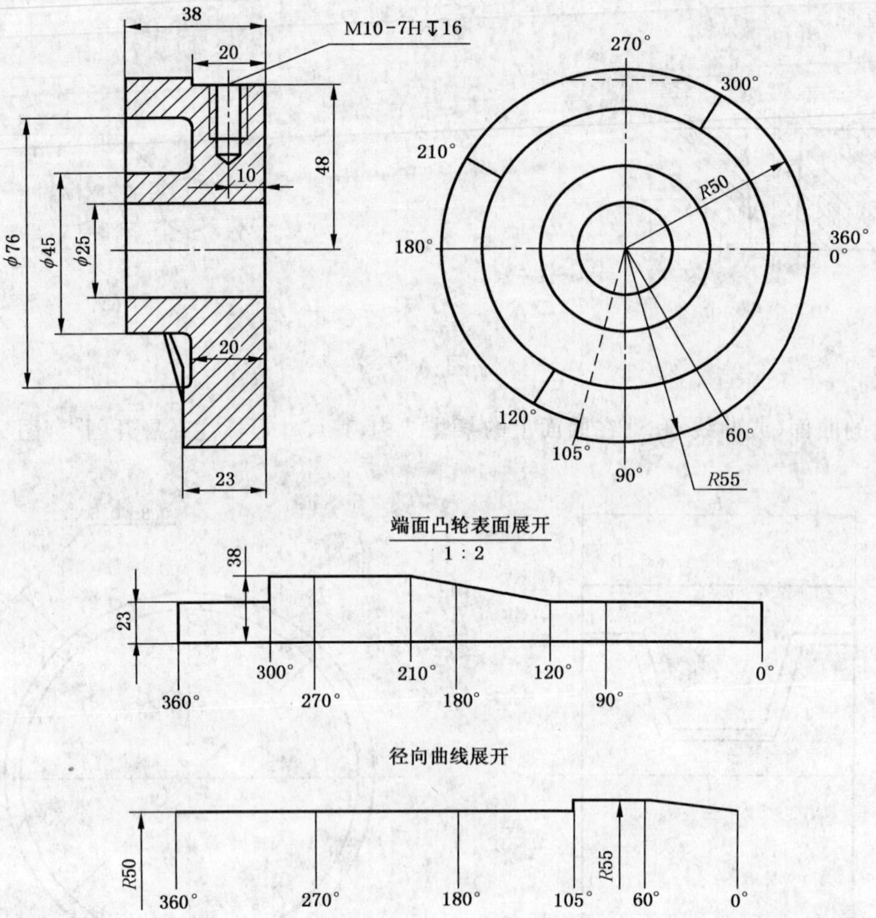

图 A.9

A.8 对于镀涂表面的尺寸，按以下规定标注。

图样中镀涂零件的尺寸应为镀涂后尺寸，即计入了镀涂层厚度，如为镀涂前尺寸，应在尺寸数字的右边加注“镀(涂)前”字样。

对于装饰性、防腐性的自由表面尺寸，可视作镀涂前尺寸，省略“镀(涂)前”字样。

对于配合尺寸，只有当镀涂层厚度不影响配合时，方可视作镀涂前的尺寸，并省略“镀(涂)前”字样。

必要时可同时标注镀涂前和镀涂后的尺寸，并注写“镀(涂)前”和“镀(涂)后”字样(图 A.10)。

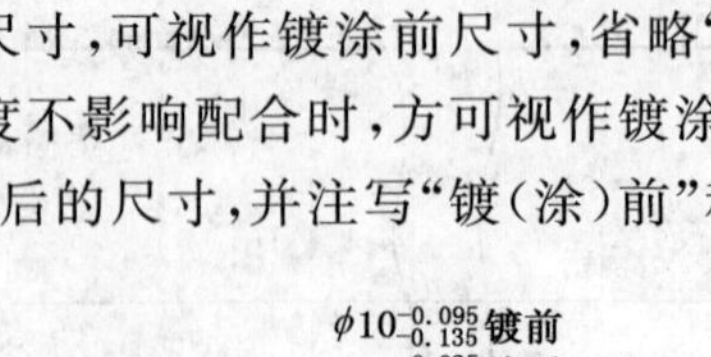

图 A.10

参 考 文 献

[1] GB/T 4457.4 机械制图 图样画法 图线
[2] GB/T 4457.5 机械制图 剖面符号
[3] GB/T 4458.1 机械制图 图样画法 视图
[4] GB/T 4458.4 机械制图 尺寸注法
[5] GB/T 5489 印制板制图
[6] GB/T 11943 锅炉制图
[7] GB/T 50001 房屋建筑制图统一标准

ICS 55.020
A 80

中华人民共和国国家标准

GB/T 16716.6—2012

包装与包装废弃物 第6部分:能量回收利用

**Packaging and packaging waste—
Part 6: Recoverable by energy recovery**

2012-11-05 发布　　2013-05-01 实施

中华人民共和国国家质量监督检验检疫总局
中国国家标准化管理委员会　发布

前 言

GB/T 16716《包装与包装废弃物》共分为7部分：

——第1部分：处理和利用通则；

——第2部分：评估方法和程序；

——第3部分：预先减少用量；

——第4部分：重复使用；

——第5部分：材料循环再生；

——第6部分：能量回收利用；

——第7部分：生物降解和堆肥。

本部分为GB/T 16716的第6部分。

本部分按照GB/T 1.1—2009给出的规则起草。

本部分技术内容与EN 13431—2004《包装　能量回收再利用的要求及最小热量值明细》(英文版)的技术内容一致。

为便于使用，本部分做了下列编辑性修改：

a) “本标准”一词改为“本部分”；

b) 用小数点“.”代替作为小数点的逗号“,”；

c) 删除了欧洲标准的目录、前言和附录ZA，修改了引言；

d) 用“GB/T 4122.1”代替“EN 14182”；

e) 用“GB/T 16716.1的条款”代替“94/62/EC的条款和附录”；

f) 用“GB/T 16716.2”代替“EN 13427”；

g) 用“GB/T 16716.3”代替“EN 13428”；

h) 用“GB 16297”和“GB 18485”代替“2000/76/EC”；

i) 用“GB 18599”代替“67/548/EEC及其修正案”；

j) 用“GB/T 23156”代替“EN 13193”。

本部分由全国包装标准化技术委员会(SAC/TC 49)提出并归口。

本部分起草单位：中国出口商品包装研究所、上海紫江彩印包装有限公司、深圳市美盈森环保科技股份有限公司、希悦尔包装(中国)有限公司、国家包装产品质量监督检验中心(济南)、远东宏信有限公司。

本部分主要起草人：王远德、郭振梅、武向宁、蔡少龄、陈利科、李小俊、王君、张维、邹建兵。

引　言

本标准的第1部分(GB/T 16716.1)提出了包装与包装废弃物处理和利用的基本要求和一般方法。能量回收是包装全部生命周期之内可回收利用的几项选择之一。本部分就包装废弃物能量回收利用所涉及的一系列问题展开。

既然将包装废弃物作为能源再利用,就可视其为燃料。因此,在其全部处理过程中就应包括热力和(或)动力的生产。本部分根据燃烧化学和热力学原理规定了包装废弃物可焚烧的必要条件,但不考虑能量的最终用途和转化,也不涉及各种过程设备的功效问题。

在所有可行的包装废弃物回收利用过程中,可预见的不利因素及其相应的技术措施在本标准的第3部分(GB/T 16716.3)中描述。在能源回收利用期间,某些原料及其成分或由于包装设计的原因,可能引发的问题在本部分的附录C中讨论。附录D给出了评估框架的示例,帮助生产方评价其包装是否符合能量回收利用的要求。

包装与包装废弃物 第6部分:能量回收利用

1 范围

GB/T 16716 的本部分规定了评估包装可以能量回收的形式再利用的要求和程序。

本部分适用于可以能量回收的形式再利用的包装或包装组分。

2 规范性引用文件

下列文件对于本文件的应用是必不可少的。凡是注日期的引用文件,仅注日期的版本适用于本文件。凡是不注日期的引用文件,其最新版本(包括所有的修改单)适用于本文件。

GB/T 4122.1 包装术语 第1部分:基础

GB 16297 大气污染物综合排放标准

GB/T 16716.1—2008 包装与包装废弃物 第1部分:处理和利用通则

GB/T 16716.2 包装与包装废弃物 第2部分:评估方法和程序

GB/T 16716.3 包装与包装废弃物 第3部分:预先减少用量

GB 18485 生活垃圾焚烧污染控制标准

GB 18599 一般工业固体废物贮存、处置场污染控制标准

GB/T 23156 包装 包装与环境 术语

CEN/CR 13695-1 包装 检测和验证包装中存在的四种重金属和其他危险性物质及其向环境的排放 第1部分:检测和验证包装中存在的四种重金属的要求(Packaging—Requirements for measuring and verifying the four heavy metals and other dangerous substances present in packaging and their release into the environment—Part 1:Requirements for measuring and verifying the four heavy metals present in packaging)

CEN/TR 13695-2 包装 检测和验证包装中存在的四种重金属和其他危险性物质及其向环境的排放 第2部分:检测和验证包装中存在的危险性物质及其向环境排放的要求(Packaging—Requirements for measuring and verifying the four heavy metals and other dangerous substances present in packaging,and their release into the environment—Part 2:Requirements for measuring and verifying dangerous substances present in packaging,and their release into the environment)

3 术语和定义

GB/T 4122.1、GB/T 16716.2 和 GB/T 23156 界定的以及下列术语和定义适用于本文件。为了便于使用,以下重复列出了GB/T 23156 中的某些术语和定义。

3.1

净热值 net calorific value;q_{net}

单位质量的固体燃料在氧气体积(或压力)不变的条件下燃烧,且将所有反应物残留水视为水蒸气(按0.1 MPa),在其他产物达到总热值为止,燃烧过程能量释放的绝对值。起始温度为25 ℃。

3.2

必需能量　required energy; H_a

从环境温度绝热加热，使材料的焚烧后产物和过剩空气达到规定的最终温度所需要的能量。

3.3

热量增益　calorific gain

材料焚烧释放的能量超过必需能量的部分。

3.4

最低理论净热值　theoretical minimum net calorific value $q_{net,min,theor}$

从规定的环境温度绝热加热，在焚烧释放的能量中足以使材料或制品的焚烧后产物和过剩空气达到规定最终温度的部分。

3.5

有效热量　available thermal energy

在实际工业系统中，焚烧释放的总能量减去热量损失后的可转化能量，如锅炉产生的循环蒸气等。

3.6

焚烧　combustion

氧化反应，包括有机物燃烧和金属(燃烧)的氧化。

3.7

包装组分　packaging component

用手或用简单物理方法可以分离的包装的组成部分。

3.8

包装成分　packaging constituent

用手或用简单物理方法不可以分离的包装或其组分。

4　最低净热值确定

最低理论净热值是材料的本质特征。它取决于温度和焚烧过程的其他必要条件。本部分将其视为必需能量并且可用附录A的方法确定。附录A以热量增益的技术观点运用最低理论净热值。

运用实际最低净热值可以优化工业系统中的热量回收，参见附录B。

5　要求

在工业系统中，为优化能量回收，理论热量增益应远大于零。因此，可燃材料的净热值应不小于5 MJ/kg(参见附录B)。

注1：构成包装的有机物成分含量大于50%(按质量计)可提供热量增益，符合净热值不小于5 MJ/kg的要求。例如，木材、纸板、纸和其他有机纤维、淀粉、塑料等。

注2：当包装成分的无机物含量大于50%(按质量计)时，如无机填料和惰性材料，当其净热值不小于5 MJ/kg时，可以能量回收。

注3：铝箔厚度在50 μm之内的可燃烧，是可能量回收的，超过50 μm是不可燃的。

注4：包装的无机物组分含量大于50%(按质量计)视为不可能量回收的。例如，带有塑料盖的玻璃或金属容器。

6　程序

6.1　应用

本部分所有应用的详细说明见GB/T 16716.2。

6.2 评估

评估包装可以能量回收的形式再利用的方法按附录A并且参照附录B和附录C。常用包装及其组分或成分的相关数据见表B.1。

6.3 符合性声明

供应商应按GB/T 16716.2的规定，参照附录D给出的示例，制定书面符合性声明。

附 录 A
（规范性附录）
热量增益的确定和最低理论净热值说明

热量增益的确定基于燃烧化学和热力学中计算绝热最终温度的标准程序。

A.1 确定热量增益

材料的净热值是其焚烧后且当全部水分保持气态时释放的热量。为了以能量的形式回收利用，包装应在能量回收过程中提供热量增益。当净热值超过必需能量，即焚烧后产物（包括过剩空气）从环境温度绝热升温到规定的最终温度，则视为实现了本文件回收利用的目标。获得的热量增益应符合式（A.1）。

$$q_{net} - H_a > 0 \qquad \text{(A.1)}$$

式中：

q_{net}——净热值；

H_a——必需能量。

A.2 计算净热值 q_{net}

由不同组分和（或）成分构成的包装的净热值可按式（A.2）计算。

$$q_{net} = \sum_{i=1}^{n} f_i q_{net,i} \qquad \text{(A.2)}$$

式中：

q_{net} ——包装的净热值；

f_i ——包装中各组分或成分“i”的质量份额；

$q_{net,i}$ ——包装中各组分或成分“i”的净热值。

可燃包装可能含有惰性的、或起反作用（吸热）的非可燃组分和（或）成分，可能对热量增益造成不利影响。

A.3 计算必需能量 H_a

最低理论净热值可视为必需能量 H_a，用式（A.3）和（A.4）计算。

$$q_{net,min,theor} = H_a = \sum_{i=1}^{n} f_i H_{a,i} \qquad \text{(A.3)}$$

式中：

H_a ——焚烧物、残渣和过剩空气从环境温度绝热升温到最终温度需要的能量；

$H_{a,i}$ ——包装中各组分或成分“i”的焚烧物、残渣和过剩空气，从环境温度绝热升温到最终温度需要的热量。

$$H_{a,i} = \sum_{j=1}^{m} g_j C_{pj} [T_a - T_0] \qquad \text{(A.4)}$$

式中：

g_j ——焚烧物、残渣（烟道气和灰烬）和过剩空气“j”与包装中的组分或成分“i”的比率；

C_{pj}——焚烧物“j”的定压比热容；

T_a——绝热的最终温度；

T_0——环境温度。

式(A.4)在绝热状态下有效。必需能量适用于特定条件。按目前的条件，将环境温度“T_0”设定为25 ℃，最终温度“T_a”设定为850 ℃，氧气过盈6%。

A.4 其他方法

必需能量可按材料供应商提供的化学成分说明计算。某些包装材料的净热值可从原料供应商或标准手册获得。包装的净热值依照式(A.2)计算。净热值也可以按GB/T 213给出的方法测定。当需要计算必需能量时，灰烬(或固体残渣)的量应按GB/T 212给出的方法测定。

附 录 B
（资料性附录）
引入最低净热值优化工业系统的能量回收利用

B.1 系统优化和评估

能量回收的普遍意义和可预见的发展见 CEN/CR 1460。能量回收最优化观点的详细论述见 CEN/CR 13686。包装设计、包装要求、能量回收优化和能量回收要求之间的关系见图 B.1。焚烧包装废弃物应符合 GB 16297 和 GB 18485 规定的排放要求。

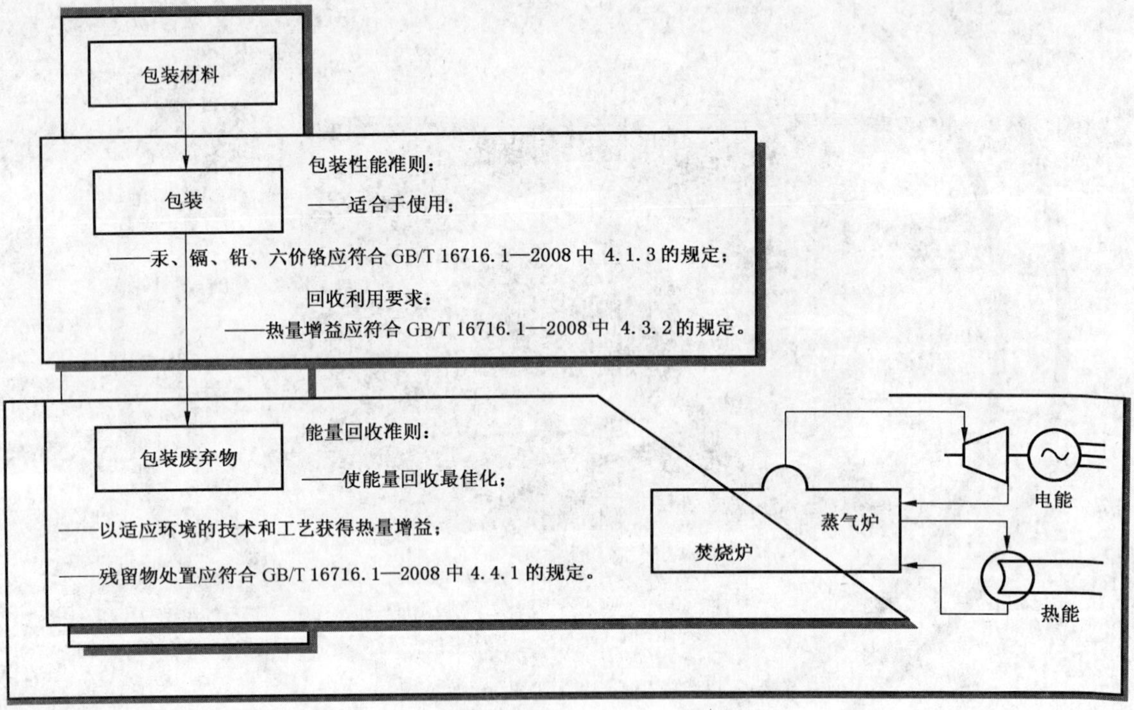

图 B.1 包装优化的总体要求——能量回收的评估范围

B.2 确定最低净热值

包装的能量回收利用应符合热量增益的要求。热量增益以理想的绝热并且稳定的状态为条件，并且假设无热量损失。在现实工业系统中，有效热量总是大于理论热量增益。焚烧设备本身有热量损失，烟道气的热量回收占全部热功效率的 75%～90%。表 B.1 给出了典型包装组分、包装材料和包装的净热值、热量增益和有效热量。少量举例的包装材料不是普遍应用的，但是因为可能用到而列出。

在正常情况下，烟道气净化和残渣处理消耗一些能量，大约为输入能量的几个百分点。所有废弃物回收和操作都需要输送和处理能量。因环境条件不同，通常消耗的热量远小于 1 MJ/kg(废弃物)。

图 B.2 解释表 B.1。热量增益是净热值的函数。斜线依据最小二乘法计算获得并且延伸到 q_{net} =

0。由图 B.2 显示，当净热值大于 2 MJ/kg，则热量增益大于 0。采用 95%的置信度，最低理论热量值在 1.5 MJ/kg～2.5 MJ/kg 之间。一般工业过程设备设计和建造采用的安全系数为 2，因此，所需的实际最低净热值设定为 5 MJ/kg。

就 5 MJ/kg 的净热值而论，是考虑到热量增益约等于 2 MJ/kg 且预计有效热量为 4 MJ/kg 或更多。即使附加的输送、操作、烟道气净化和残渣处理有热量消耗，有效热量也超过这些过程的热量消耗。

B.3 常用数据

包装及其组分和成分的热量增益计算采用环境温度 25 ℃、最终温度 850 ℃和氧气过盈 6%的状态。净热值是物质的特征并且可通过标准方法确定，例如按 GB/T 213 测定热量。可以利用技术文献获得大多数物质的资料，例如化学和物理手册。常用包装及其组分或成分的相关数据见表 B.1。

表 B.1 常用包装及其组分或成分的相关数据

材料及其描述		q_{net} MJ/kg[e]	H_a MJ/kg	$q_{net}-H_a$ 热量增益 MJ/kg	有效热量 MJ/kg[f]	灰烬或固体残渣质量分数 %[g]
纤维		16.1	7.9	8.2	12.1	<0.1
木素		26.0	12.0	14.0	19.5	<0.1
淀粉		16.1	7.9	8.2	12.0	<0.1
惰性材料（陶瓷、玻璃、等）		0	1.0	−1.0	—	100
碳酸钙[a]		−2.0	1.0	−3.0	—	56
水分（如：潮气）		−2.0	2.0	−4.0	—	0
木材 wood	干燥木材	20.0	9.7	10.3	15.0	0.4
	木材含 30%水分	13.3	7.3	6.0	10.0	0.3
	木材含 50%水分	8.8	5.7	3.1	6.6	0.2
纸和纸板 paper and board	干燥纸板（66%纤维、23%木素、11%惰性涂层）	16.6	8.1	8.5	12.5	11
	纸板（66%纤维、23%木素、11%惰性涂层）含 7%水分	15.3	7.6	7.7	11.5	10
	干燥纸板（85%纤维、15%惰性填料）	13.7	6.8	6.9	10.3	15
	纸板（85%纤维、15%惰性填料）含 7%水分	12.6	6.5	6.1	9.5	14
	干燥包装用纸（80%纤维、20%惰性填料）	12.9	6.5	6.4	9.7	20
	包装用纸（80%纤维、20%惰性填料）含 3%水分	12.4	6.4	6.0	9.4	19
	干燥包装用纸（60%纤维、40%惰性填料）	9.7	5.1	4.6	7.3	40
	包装用纸（60%纤维、40%惰性填料）含 3%水分	9.3	5.0	4.3	7.0	39

表 B.1（续）

材料及其描述		q_{net} MJ/kg[e]	H_a MJ/kg	$q_{net}-H_a$ 热量增益 MJ/kg	有效热量 MJ/kg[f]	灰烬或固体残渣质量分数 %[g]
聚合物 polymers	聚乙烯 PE	43.0	21.0	22.0	32.2	<0.1
	聚丙烯 PP	44.0	20.4	23.6	33.0	<0.1
	聚苯乙烯 PS	40.0	18.2	21.8	30.0	<0.1
	聚氯乙烯 PVC	17.0	8.0	9.0	12.8	<0.1
	聚对苯二甲酸乙二醇酯 PET	22.0	10.0	12.0	16.5	<0.1
	聚碳酸酯 PC	29.0	14.0	15.0	22.0	<0.1
金属 metals	铝(可燃)[b]	31.0	6.4	24.6	23.3	189
	铝(惰性)[c]	0	1.0	−1.0	—	100
	钢(惰性)	0	0.4	−0.4	—	100
塑料 plastics	PP 含 50%碳酸盐无机填料	21.1	10.7	10.4	15.8	28
	PP 含 70%碳酸盐无机填料	12.0	6.8	5.2	9.0	39
	PS 含 2%二氧化钛	39.2	17.9	21.3	29.4	2
复合材料 laminates	纸板(66%纤维、23%木素、11%惰性涂层)和 7%水分、20% PE、5%铝	21.6	10.2	11.4	16.2	17
	71%PE、12%铝、17%PET	38.0	17.3	20.6	28.5	23
	49%PE、22%铝、29%PET	34.2	14.6	19.7	25.7	42
	23%PE、46%铝、31%PET	31.0	10.9	20.1	23.3	87
	PP 薄膜含 0.7%铝金属层	43.9	20.3	23.6	32.9	1
	PET 薄膜含 0.7%氧化硅涂层	21.9	9.9	11.9	16.4	1
	58.1%铝、41.9% PVC	25.0	7.0	18.0	19.0	110
包装 packaging	木托盘(4%钢钉、16%水分)	15.8	8.1	7.7	11.9	4
	木箱(5%钢钉、16%水分)	15.6	8.0	7.6	11.7	5
	香料罐(81.8%钢、18.2%PP)[d]	8.0	4.0	4.0	6.0	82
	气雾剂罐(85.2%钢、14.8%PP)[d]	6.5	3.4	3.1	4.9	85
	果汁罐(89.5%钢、10.5%PP)[d]	4.6	2.5	2.1	3.5	89

[a] 在燃烧过程中，碳酸钙形成氧化钙和二氧化碳吸收热量。

[b] 依据第 5 章注 3，铝箔厚度在 50 μm 以内视为可燃的。

[c] 依据第 5 章注 3，铝箔厚度超过 50 μm 视为不可燃的。

[d] 包装不能满足能量回收的要求，但是有机物组分提供有效热量(见第 5 章注 4)。

[e] 包装、组分或成分的净热值符合第 5 章要求的用粗体字表达。

[f] 为了满足废弃物转化为能量的条件，设备按 25%的热量损失，有效热能$=0.75\times q_{net}$。

[g] 按 GB/T 212 确定。

B.4 净热值和热量增益

净热值和热量增益的函数关系见图 B.2。

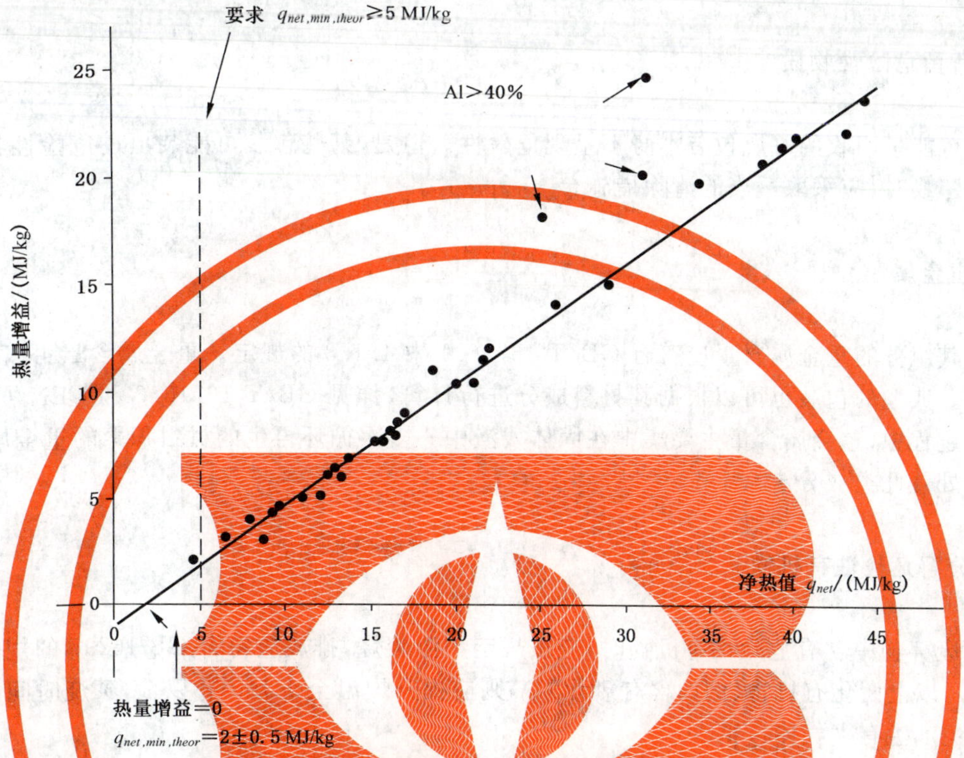

说明：

——斜线采用最小二乘法计算获得并且延伸到 $q_{net}=0$；

——斜线上的三个点是含有大于 40%铝(质量)的特例，热力学认为铝不同于有机物，因此计算时将其排除在外。

图 B.2 表 B.1 的包装及其组分或成分的净热值和热量增益的函数关系

附 录 C
（资料性附录）
能量回收过程中的技术措施

C.1 清除残留危险性物质

预期进行能量回收的可燃包装本身不呈现危险性。但是，某些包装可能装填过危险性物质，当其废弃物存在残留物时，应采取适当的清除措施。

C.2 控制重金属

包装及其组分的重金属含量应符合 GB/T 16716.1 中 4.1.3 的规定。重金属含量可以通过标准试验方法测定。典型的包装也可以根据其材料成分进行计算，详见 GB/T 16716.3 和 CEN/CR 13695-1。在能量回收过程中，重金属含量主要集中在固体残渣中。多次循环再生的材料积聚的重金属较多，应在焚烧后安全处置此类成分。

C.3 高温分解危险性有机物

当包装废弃物中含有危险性有机物时，应按规定炉温焚烧，排放应符合 GB 16297 的规定。当废弃物中含有 1%以上卤化有机物（例如含有氯元素），则应提升炉温至 1 100 ℃以上，焚烧时间至少应保持 2 s，由此避免产生有害气体。

注：通常称 1 100 ℃为焚化温度。以能量回收的形式焚烧包装废弃物的炉温一般在 800 ℃～850 ℃之间。因此，在焚烧设施中，至少配置一台可以自动添加气体或液体燃料的焚烧炉，使炉温达到焚化温度。详见 EC 76/2 000。

C.4 控制酸性物质的排放

焚烧含有硫、氮和卤族元素的酸性物质应考虑技术和环境的因素。某些包装为了功能的需要，可能包含这些成分。焚烧设施对于所有焚烧酸性物质产生的废气，应采取控制排放的技术措施，其排放应符合 GB 16297 和 GB 18485 的规定。残渣的处置应符合 GB 18599 的规定。控制其他危险性物质见 GB/T 16716.3 和 CEN/TR 13695-2。

C.5 提供有效热量增益

预期以能量回收的形式再利用的包装或包装组分应限制其灰分含量，如果可行，改善此类包装的成分，使其在焚烧过程中提供热量增益。例如，用有机物填料替代无机物填料。

C.6 适当的预处理

包装结构和材料应适于能量回收处理的全过程，例如，压缩废弃物流中体积较大的包装，使其便于运输并且适应焚烧设备（炉口）的要求。

附 录 D
（资料性附录）
符合本部分要求的声明示例

D.1 评估程序

评估包装及其组分以能量回收的形式再利用的程序见表 D.1。

表 D.1 评估程序

文件号		日期
包装名称		
A 有机物含量≥50%(按质量)	是 适合能量回收按 D.3a)继续	否 按 D.1 B 继续
B 无机物含量>50%(按质量) 用 D.2 计算	是 如果描述成分按 D.2 继续	是 如果描述组分 不适合能量回收按 D.3b)继续
C 净热值≥5 MJ/kg	是 适合能量回收按 D.3a)继续	否 不符合 GB/T 16716.6 的要求 按 D.3b)继续

D.2 组分评定

各组分材料的净热值计算按式(A.2)和表 B.1 的数据，再用表 D.2 的评定回答表 D.1 的问题。

表 D.2 包装质量百分比和净热量值计算及其评定

材料		功能		质量分数 %	净热值 q_{net} MJ/kg	已知质量的净热值 q_{net} MJ/kg	评定
		组分	成分				
1							
2							
3							
4							
5							
合计							
返回到表 D.1 B 或表 D.1 C							

D.3 符合评估

当包装所有组分的净热值不小于 5 MJ/kg 时，则判定该包装符合要求，且按以下步骤继续：

a) 包装符合能量回收利用的要求，按 D.4；

b) 包装不符合 GB/T 16716.6 的要求，评估结束。

D.4 符合性声明

本包装符合 GB/T 16716.6 关于能量回收的要求。签名和日期。

参 考 文 献

[1] GB/T 212 煤的工业分析方法

[2] GB/T 213 煤的发热量测定方法

[3] DIRECTIVE 2000/76/EC OF THE EUROPEAN PARLIAMENT AND OF THE COUNCIL of 4 December 2000 on the incineration of waste

[4] Directive 67/548/EEC and its amendments on the approximation of the laws, regulations and administrative provisions relating to the classification, packaging and labelling of dangerous substances

[5] CEN/CR 1460 Packaging—Energy recovery from used packaging

[6] CEN/CR 13686 Packaging—Optimization of energy recovery from packaging waste

[7] Handbook on Chemistry and Physics, 82th Edition, CRC Press, Cleveland, Ohio, 2001

ICS 55.020
A 80

中华人民共和国国家标准

GB/T 16716.7—2012

包装与包装废弃物
第7部分:生物降解和堆肥

Packaging and packaging waste—
Part 7: Recoverable by composting and biodegradation

2012-11-05发布 2013-05-01实施

中华人民共和国国家质量监督检验检疫总局
中国国家标准化管理委员会 发布

前　言

GB/T 16716《包装与包装废弃物》共分为7部分：

——第1部分：处理和利用通则；

——第2部分：评估方法和程序；

——第3部分：预先减少用量；

——第4部分：重复使用；

——第5部分：材料循环再生；

——第6部分：能量回收利用；

——第7部分：生物降解和堆肥。

本部分为GB/T 16716的第7部分。

本部分按照GB/T 1.1—2009给出的规则起草。

本部分技术内容与EN 13432—2000《包装　通过堆肥和生物降解回收利用的要求　试验方案和验收评估准则》(英文版)的技术内容一致。

为便于使用，本部分做了下列编辑性修改：

a) “本标准”一词改为“本部分”；

b) 用小数点“.”代替作为小数点的逗号“,”；

c) 删除了欧洲标准的目录、前言、引言和附录Z；

d) 用“GB/T 16716.2”代替“EN 13427”；

e) 用“GB/T 19276.1”代替“ISO 14851”；

f) 用“GB/T 19276.2”代替“ISO 14852”；

g) 用“GB/T 19277”代替“ISO 14855”；

h) 用“GB/T 23156”代替“EN 13193”。

本部分由全国包装标准化技术委员会(SAC/TC 49)提出并归口。

本部分起草单位：中国出口商品包装研究所、国家塑料制品质量监督检验中心(北京)、希悦尔包装(中国)有限公司、国家环保产品质量监督检验中心、常州市龙骏天纯环保科技有限公司、国家包装产品质量监督检验中心(济南)、深圳市美盈森环保科技股份有限公司、远东宏信有限公司。

本部分主要起草人：王远德、郭振梅、李字义、李小俊、郭丽敏、王洪涛、支朝晖、许超、姜传兴、蔡少龄、陈利科、邹建兵。

包装和包装废弃物
第7部分：生物降解和堆肥

1 范围

GB/T 16716的本部分规定了评估包装和包装材料可生物降解和堆肥的要求、试验方案、验证生物降解性、崩解判定和堆肥成品质量。

本部分适用于利用废弃物堆肥(包括生产沼气)的企业评估可堆肥的包装。

本部分不适用于包装废弃物在自然环境中的分解和包装中存在的各种残留物。

注：当包装的一些组分不适宜堆肥，如果能用简单的方法将其分离，该包装仍可适用本部分。

2 规范性引用文件

下列文件对于本文件的应用是必不可少的。凡是注日期的引用文件，仅注日期的版本适用于本文件。凡是不注日期的引用文件，其最新版本(包括所有的修改单)适用于本文件。

GB/T 16716.2 包装与包装废弃物 第2部分：评估方法和程序

GB/T 19276.1 水性培养液中材料最终需氧生物分解能力的测定 采用测定密闭呼吸计中需氧量的方法

GB/T 19276.2 水性培养液中材料最终需氧生物分解能力的测定 采用测定释放的二氧化碳的方法

GB/T 19277.1 受控堆肥条件下材料最终需氧生物分解能力的测定 采用测定释放的二氧化碳的方法 第1部分：通用方法

GB/T 23156 包装 包装与环境 术语

3 术语和定义

GB/T 23156和GB/T 16716.2界定的以及下列术语和定义适用于本文件。为了便于使用，以下重复列出了GB/T 23156中的某些术语和定义。

3.1

包装材料成分 constituent of a packaging material

构成包装材料的所有纯化学物质和成分。

3.2

包装组分 packaging component

用手或用简单物理方法可以分离的包装的组成部分。

3.3

崩解 disintegration

包装和包装材料物理断裂成为小碎片。

3.4

最终生物降解 ultimate biodegradability

崩解的有机化合物在有氧环境中的微生物作用下分解为二氧化碳、水、无机盐和新的生物质，或在缺氧环境中分解为二氧化碳、甲烷(沼气)、无机盐和新的生物质。

3.5

总干固体 total dry solids

试验样品或堆肥经过约105 ℃烘干至恒量时的质量。

3.6

挥发性固体 volatile solids

试验样品或堆肥的总干固体减去其经过约550 ℃焚烧的残渣所得的、可视为有机物的质量。

4 要求

4.1 成分控制

已知或可预见的，在生物降解过程中危害环境的成分(见第8章)不应添加到预期生物降解处理的包装和包装材料中，见A.1给出的最大限度值。

4.2 评估

4.2.1 概述

包装和包装组分(不包括4.3)的评估流程参见附录B，其生物降解的评估至少应包括下列5项：

——品质特征(4.2.2)；

——生物降解性(4.2.3)；

——崩解及其过程中的效果(4.2.4)；

——堆肥质量(4.2.5)；

——可识别性(4.2.6)。

4.2.2 品质特征

在分析检验各种包装材料之前，至少应验证下述资料：

——材料成分的资料和鉴定；

——有害物质存在的判定，例如重金属；

——用于生物降解和崩解检验的包装材料中总干固体、挥发性固体和有机碳含量的测定值。

注：除典型的或挥发性固体的化学特性之外，还需提供重金属的合格指标，因为它们必然存在。

4.2.3 生物降解性

当称一种包装、包装材料或包装组分可生物降解，则应通过试验室检验(见第6章)，证明它本质上可以最终生物降解，并且符合A.2给出的准则以及合格指标。

4.2.4 崩解

当称一种包装、包装材料或包装组分可生物降解，则应在生活垃圾处理过程中崩解(见第7章)，并且符合A.3给出的准则以及合格指标，在此过程不应出现任何不良效果。

4.2.5 堆肥质量

当称投入生活垃圾(其中没有包装或包装组分)处理的一种包装、包装材料或包装组分可生物降解，则不应有最终堆肥质量不良的记录(见第8章)。

4.2.6 可识别性

预期投入生活垃圾的包装或包装组分应以易于最终用户识别的方式标示“可堆肥”或“可生物降解”。

4.3 免于评估

4.3.1 同等形态

当某一种包装材料以一种特定形态被证明可生物降解，则任何其他具有相同性质的、更小的质量表面积比的或更薄壁厚的形态也应视为可生物降解的。

4.3.2 天然材料

天然的、未经化学改性的包装材料和成分，例如木材、木纤维、棉纤维、淀粉、纸浆或黄麻是公认可生物降解的，无需检验(见第6章)，但应标示其化学特征(见4.2)，并且符合崩解准则(见第7章)和堆肥质量的要求(见第8章)。

4.4 记录评估结果

4.4.1 检验表

每一种包装的每项评估或检验结论(按4.2.1的要求)均应记录在评估检验表，其综合结论用于判定包装或包装材料是否可生物降解。检查表应提供所有附加资料的证明(参见附录C)。

4.4.2 支持文件

检查表和各种其他支持评估结论的资料 (包括外来的技术资料)应保留，用于备查。

4.5 应用

本部分所有应用的详细说明见 GB/T 16716.2。

5 试验方案

评估和检验应采用规范并且完备的方案。推荐的试验方案流程图见附录B。

必要时，崩解试验也可利用以往获得的包装或包装材料在堆肥过程中出现的所有不良效果的资料。

堆肥不仅是需氧堆肥生产的最终产品，也是厌氧沼气生产过程的稳定需氧产品。必要时，可以再进行适当的厌氧崩解试验。

注：按以往的经验，包装或包装材料的生物降解不必在处理设备中完全反应，可在随后的使用期间进一步延续。

6 验证生物降解性

生物降解检验应提供包装材料或其主要有机成分本质上的最终生物降解的确切资料。

受控制的需氧堆肥检验应采用 GB/T 19277.1 规定的方法，除非材料的类型和性质不适用。

聚合体材料的检验按 GB/T 19276.1 和 GB/T 19276.2 给出的方法。ISO/TR 15462 是供选择的生物降解性能试验方法。

注1：ISO 10634 适用于水环境中水溶性差的材料的生物降解试验。

注2：本部分适用于判定需氧条件下包装材料的生物降解性。如果需要沼气生产的资料，优先采用高固体量测试环境的方法，如 ISO 15985。ISO 14853 或 ISO 11734 适用于筛查厌氧生物降解性的试验。

7 崩解判定

一般情况，应检验包装、包装材料或包装组分崩解后的最终形态。受控制的试验室规模的检验是供参考的试验方法。生产规模的处理设备检验是公认有效的。鉴于生产规模的处理设备(堆肥设备)确定了实际条件和处理周期,试验室规模的检测应尽可能真实的模拟实际需氧堆肥设备的条件。

当构成包装的所有材料通过检验证明是可崩解的,则判定该包装符合要求。应注意可能出现的个别情况,即两种或更多的包装材料稳固地粘合,形成牢固的多层结构(参见附录D)。

受自然环境和崩解试验分析条件的局限,试验结果不能区别生物降解和非生物崩解,但有必要论证试验材料在可预见的生活垃圾处理期限之内实现充分的崩解。用试验获得的资料结合观察,可以作出该材料是否可以在已知条件下充分地生物降解的结论。生物降解性还可以通过堆肥的利用做出结论。

如果对足够多的试验材料进行检验,试验室规模的检验也适合于研究试验材料在堆肥过程中的不良效果。用试验材料和空白样品在反应器中的过程参数直接对比,就可以获得结论。

崩解试验后获得的堆肥可用于分析和生物学质量控制检验。在崩解检验后,生态毒理检验的重点是通过试验材料(堆肥样本)和空白样品(空白堆肥)的对比,判定其堆肥质量,查明任何有关生态毒理的效果(见第8章)。

注1:本部分适用于判定需氧条件下包装材料的崩解性能。如果需要厌氧生物处理的资料,可采用厌氧的试验室规模试验或生产规模试验。

注2:注意堆肥的外观,避免出现可视污染物和明显的包装材料的残留物。

8 堆肥成品质量

8.1 基本原理

任何添加的包装、包装材料或包装成分都可能影响堆肥质量。最可取的是根据现行的、可利用的堆肥质量准则评估堆肥的各种可能的环境风险。例如,检验包装材料生物降解后的生态毒理效果,或对比投放了包装材料获得的试验材料(堆肥样本)和空白样品(空白堆肥)的生态毒理效果(参见附录E)。

就本部分而论,在可参照的方法尚未明确之前,为实现相同目标的其他方法以及适应检验结果评估所需要的合格指标尚待确定,因此需要详细修订。以试验为基础的方法和限量值可能在获得更多的经验之后,在未来的修订版中提出。

最终的堆肥质量应符合土壤标准,包括分析和生物学检验。

8.2 不良效果判定

投放市场的、由供应商确认的可生物崩解包装、包装材料或包装组分,至少应以一种直接比较的方法证明:投放市场,预期进入生活垃圾的包装、包装材料或包装组分经过“受控制的垃圾处理”未出现影响堆肥质量的不良效果。

堆肥质量的物理化学参量应详细说明:

——一定体积的质量(密度);

——总干固体质量;

——挥发性固体;

——含盐量;

——pH值;

——总氮、铵态氮、磷、镁和钾的量。

用2种高等植物比较生产的堆肥与未添加包装材料的堆肥的生态毒理效果。植物生长测试采用经济合作暨发展组织(OECD)的化学品试验导则208《陆地植物——生长试验》,经过修改的方法见附录E。

附　录　A
（规范性附录）
评 估 准 则

A.1　化学特征

A.1.1　挥发性固体

包装、包装材料和包装组分应至少包含 50%的挥发性固体，排除大量的惰性材料。

A.1.2　重金属、有毒和有害物质

重金属、有毒和有害物质在包装材料和包装整体中的含量不应超过表 A.1 的规定。

表 A.1　重金属、有毒和有害物质在包装材料和包装整体中含量的最大限度值

元素	干燥物质的含量 mg/kg	元素	干燥物质的含量 mg/kg
Zn	150	Cr	50
Cu	50	Mo	1
Ni	25.0	Se	0.75
Cd	0.5	As	5
Pb	50	F	100
Hg	0.5		

注：以上含量值是假设包装或包装材料原质量的 50%形成堆肥，但其危险性物质将全部保留在生物降解后的堆肥中。因此，给出的最大限度值是欧洲共同体土壤改良生态标签评定标准（ECOJL，219，7.8.98，p.39）最大限度值的 50%。

A.2　生物降解性

A.2.1　主要有机物成分

A.2.1.1　生物降解性取决于每种包装材料及其主要有机物成分，“主要”意指各种存在于材料中（以干燥质量计）大于 1%的有机物成分。

A.2.1.2　没有确定的生物降解性的有机物成分的总比例不应超过 5%。

A.2.2　需氧生物降解试验

A.2.2.1　试验方法设定的试验周期不应超过 6 个月。

A.2.2.2　在试验材料和参比材料均达到稳定状态之后，试验材料的生物降解率至少达到 90%，或至少达到参比材料生物降解率的 90%。

注：生物降解的限度值以试验材料的碳转化成为二氧化碳和生物量为根据。计算的详细资料依据试验结果和所用的分析方法。参比材料，例如“微晶粉末纤维素”的降解依据各自的试验方法及其判定准则。

A.2.3 厌氧生物降解试验

A.2.3.1 必要时,试验方案的实施期限不应超过2个月。

A.2.3.2 以沼气生产为基础的生物降解百分比应不小于试验材料理论值的50%。

注:较低的生物降解百分比是正常的,因为在商用沼气生产设备的操作方案中规定了一个短暂的第二需氧稳定期,在此期间生物降解可进一步延续。

A.3 崩解

A.3.1 需氧生产堆肥

在堆肥生产过程最长十二周后,不能通过不大于2 mm网筛的试验材料不超过原干燥质量的10%。

A.3.2 厌氧生产沼气

A.3.2.1 必要时,厌氧分解和需氧稳定期结合试验持续时间不超过5周。

A.3.2.2 在按A.3.2.1规定的堆肥生产过程之后,不能通过不大于2 mm网筛的检验材料不超过原干燥质量的10%。

注:崩解极限值和检验持续时间是根据现有的、已经被证实的经验,如果修改,应依据普遍的检验结果。

A.4 生态毒理效果

堆肥样品种植的两种植物的发芽数和植物生物量(单位面积生物质的数量)应大于相对应的空白堆肥的90%(见附录E)。

附 录 B
（资料性附录）
包装废弃物有机回收评估流程图

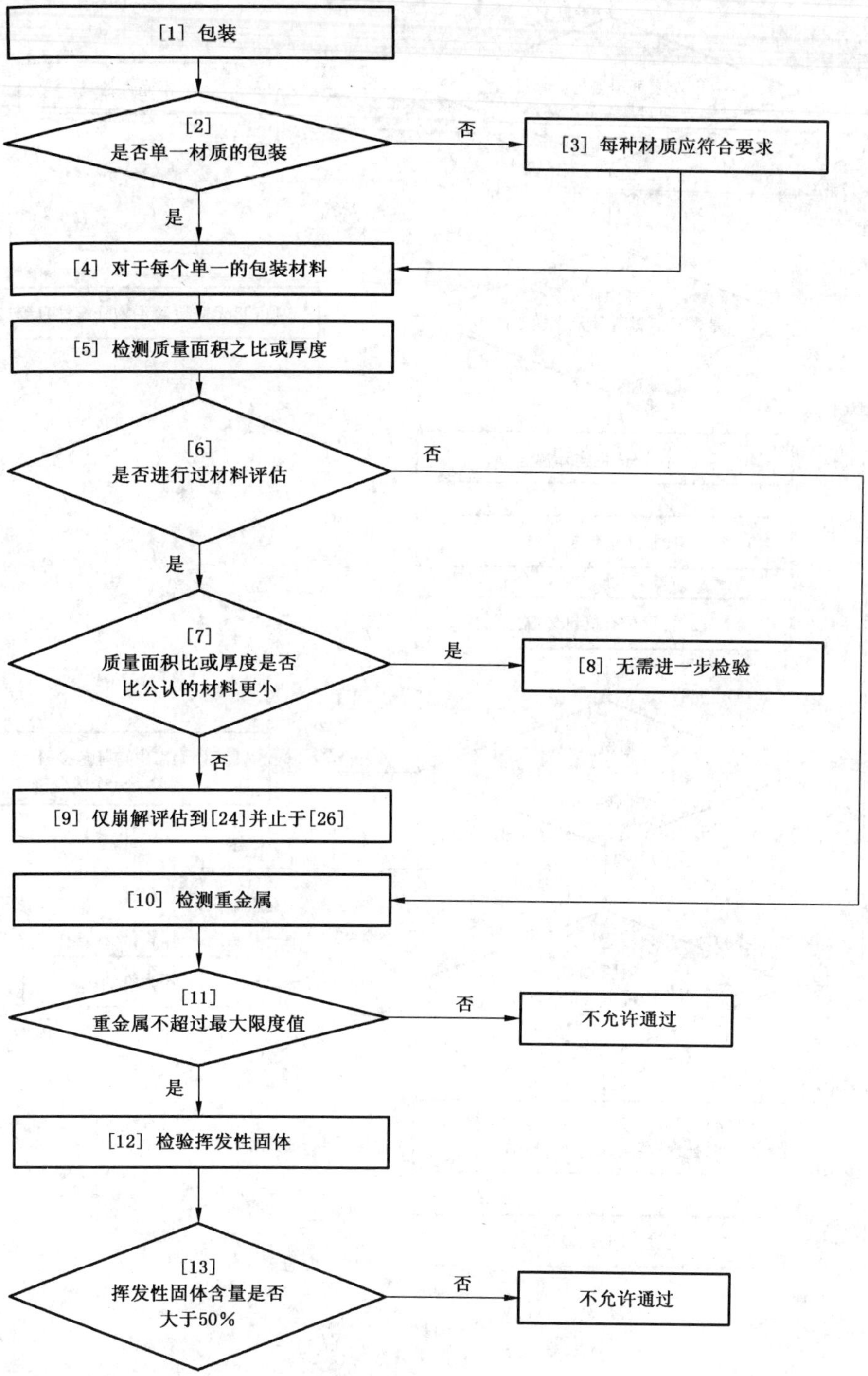

图 B.1 包装废弃物有机回收评估流程图

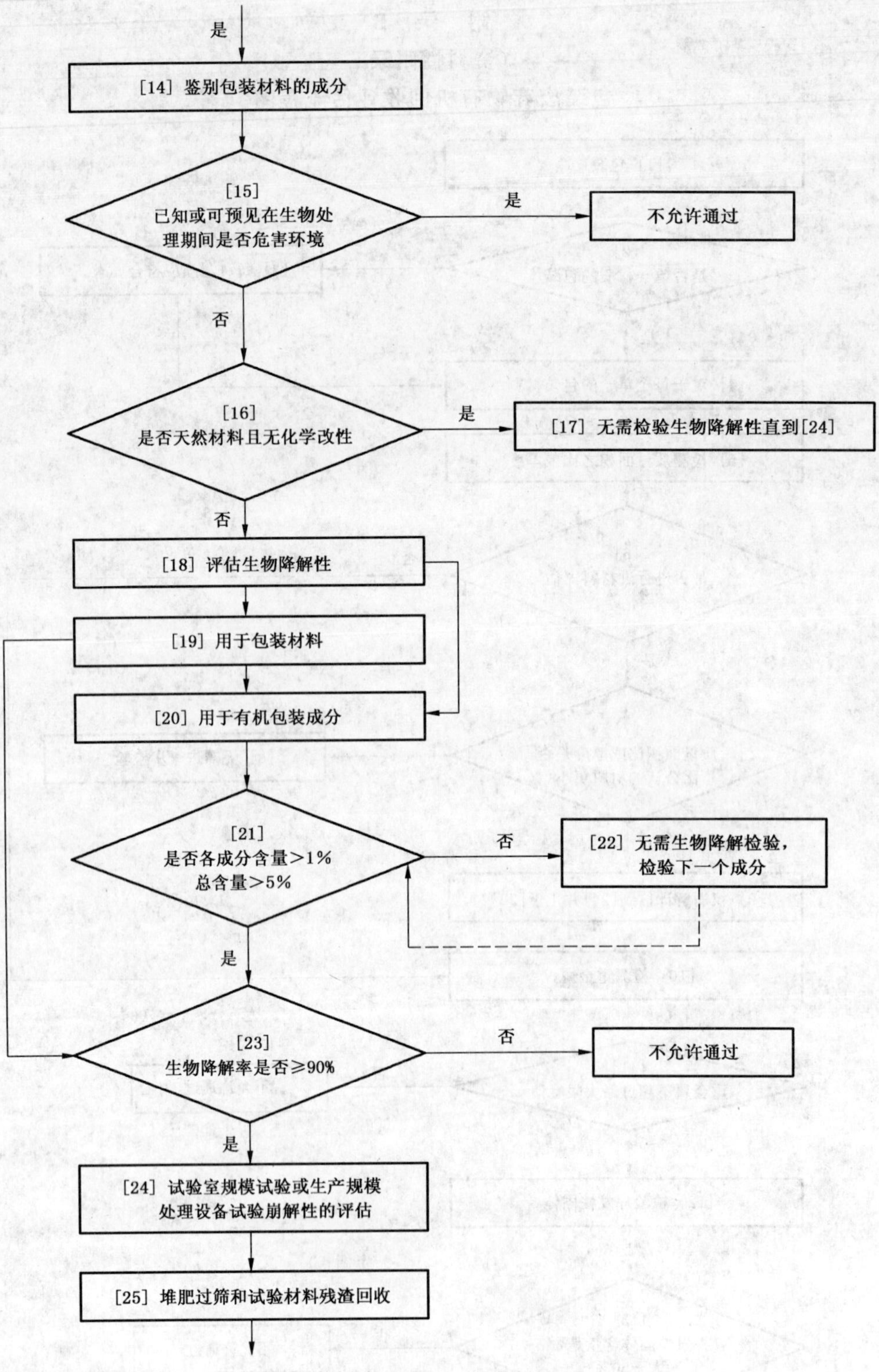
是
[14] 鉴别包装材料的成分
[15]
已知或可预见在生物处理期间是否危害环境
是
不允许通过
否
[16]
是否天然材料且无化学改性
是
[17] 无需检验生物降解性直到[24]
否
[18] 评估生物降解性
[19] 用于包装材料
[20] 用于有机包装成分
[21]
是否各成分含量>1%
总含量>5%
否
[22] 无需生物降解检验，
检验下一个成分
是
[23]
生物降解率是否≥90%
否
不允许通过
是
[24] 试验室规模试验或生产规模处理设备试验崩解性的评估
[25] 堆肥过筛和试验材料残渣回收

图 B.1（续）

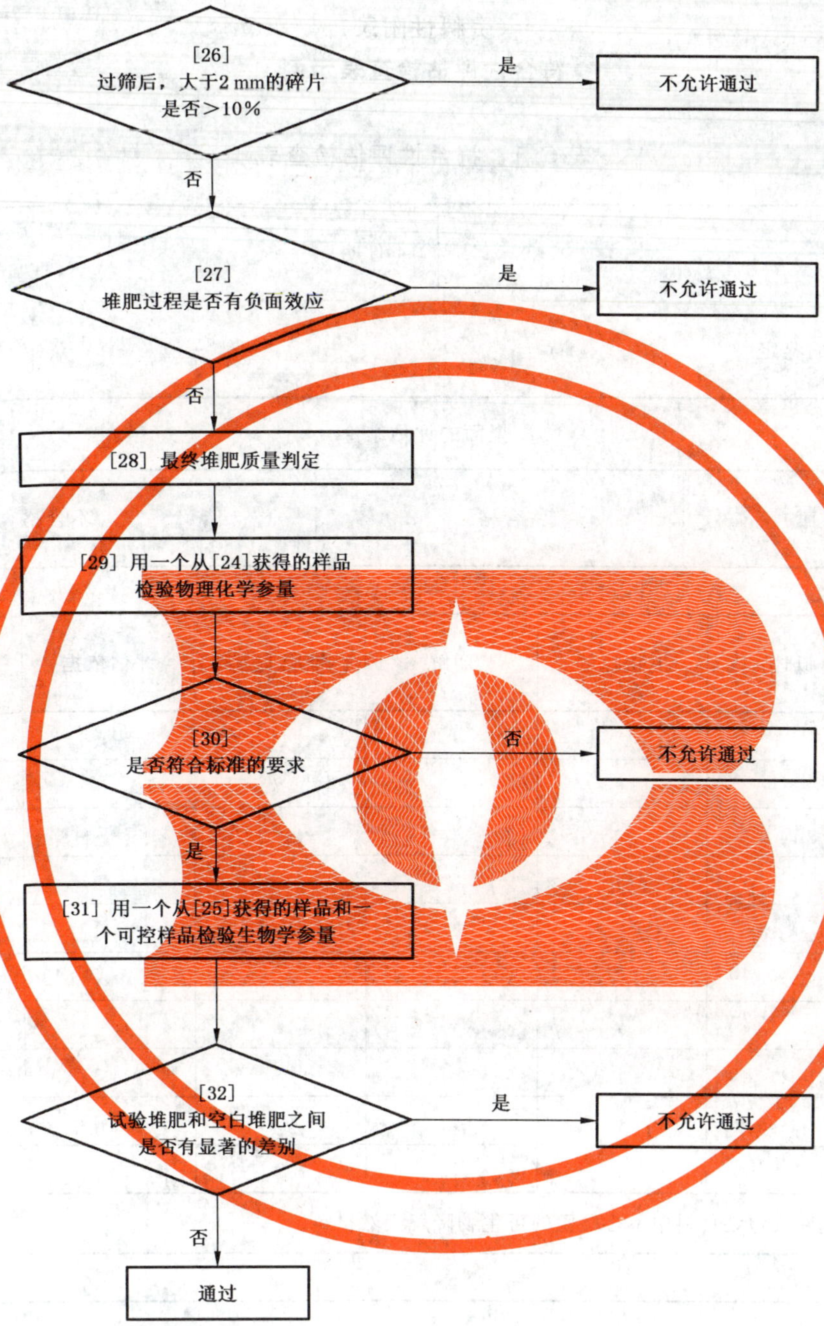
[26]
过筛后，大于2 mm的碎片
是否>10%
是
不允许通过
否
[27]
堆肥过程是否有负面效应
是
不允许通过
否
[28] 最终堆肥质量判定
[29] 用一个从[24]获得的样品
检验物理化学参量
[30]
是否符合标准的要求
否
不允许通过
是
[31] 用一个从[25]获得的样品和一
个可控样品检验生物学参量
[32]
试验堆肥和空白堆肥之间
是否有显著的差别
是
不允许通过
否
通过

图 B.1（续）

附 录 C
（资料性附录）
符合性评估检查表示例

表 C.1 符合性评估检查表

供应商的鉴定	日期
包装材料（包装）的鉴定	

全面的评估结论

评估参考文献	合格	不合格

	概述	生物降解	崩解	堆肥质量	评估依据	支持文件
包装材料 A						
包装材料 B						
包装材料 C						
有机成分 A						
有机成分 B						
有机成分 C						
其他成分 A						
其他成分 B						
其他成分 C						
整体包装						
注：评估包括包装或包装材料中不必检验的可生物降解天然材料。						

以前检测过的、有更好的质量面积比或厚度的包装或包装材料，见评估文件证明书		
不影响符合标准的较小变化		
变化的种类		
评估（即使是本部分未提及的）		
评估负责人身份及其签字	身份	签字

附　录　D
（资料性附录）
包装废弃物堆肥的先决条件

D.1　总则

本附录描述可堆肥的包装从使用到收集，及其适应生物降解处理设备和生产的先决条件。在把预期进入生活垃圾的包装材料投放市场之前，应预先考虑这些条件，即使这些条件不是分析试验程序的一部分。包装废弃物可堆肥的先决条件按下述。

D.2　成分

包装材料的整体应能够生物降解，并且包装或包装组分废弃物的形态应可堆肥，符合本部分的准则。

注：向堆肥投放的包装材料不因其某一本质特征影响堆肥的质量。

D.3　产品及其残留物

装填过产品的包装容器难免残留一些产品，即使正常使用后的包装也大致如此，这些产品本身应可堆肥并且无毒无害。当包装是空腔体时，不应密闭并且倒空。

D.4　粉碎（切碎）

为适应生物降解处理的设备和生产过程，包装废弃物应切成碎片，其最大尺寸不超过 10 cm 并且不应搅乱成团状。

附 录 E
（规范性附录）
对高等植物生态毒理效果的判定

E.1 总则

本附录基于经济合作暨发展组织的化学品试验导则 208《陆地植物——生长试验》。依照该标准试验方法的原理，本附录的修改是为堆肥样品检验的特定需求。

E.2 模拟参比培养土

只要能够使种子发芽和植物正常生长的任何土壤均可以做为参比培养土。培养土混合的成分和性状最好与堆肥样品相似。不应额外增加肥料。

适用的参比培养土按有关堆肥质量标准给出的分析方法确定，例如标准土壤。由粘土颗粒（见 ONORM S2023）或泥炭和硅酸盐沙配制的培养土混合物见参考文献。

E.3 制备样品

用 25％和 50％（质量分数或体积分数，在报告中说明）的堆肥和参比培养土制备混合物（样品）。加入的堆肥分为两种，“堆肥样品”用试验材料崩解以后获得的最终产品，“空白堆肥”用与堆肥样品生产过程相同但不添加试验材料的最终产品。

E.4 选择植物种类

至少采用经济合作暨发展组织（OECD）208 推荐的 3 个植物品种中的 2 个。此外，再选夏季大麦（俗称大麦）为第 4 个品种。

E.5 试验方法

每个盘子装满至少 200 g 样品（按 E.2 描述）并且在上表面加最少 100 个种子（按 E.3 描述）。用薄层惰性材料覆盖种子，如硅酸盐沙或珍珠岩。每个样品进行三个平行的试验。加水到保水容量的 70％至 100％。在整个试验期间定期地补充因蒸发失去的水。

注：在发芽期间，将盘子放在黑暗处或将其覆盖。

E.6 评价结果

检验堆肥样本和空白堆肥的发芽数和植物生物量的数量值，用每项对应数量值计算双方的发芽数和植物生物量的百分比。

参 考 文 献

[1] EN 12578 Soil improvers and growing media—Specifications—Product schedules

[2] EN 12880 Characterization of sludges—Determination of dry residue and water content

[3] ISO 11074-1:1996 Soil quality—Vocabulary—Part 1:Terms and definitions relating to the protection and pollution of the soil

[4] Official Journal of European Union,OJL,219,7.8.98,p.39. Commission Decision of 7 April 1998 establishing the ecological criteria for the award of the Community eco-label to soil improvers

[5] CEN/TC 223 Soil Amendment and Cultivation Substrates,Quality of Compost

[6] ÖNorm S 2201 Compostable biogenic waste—Quality requirements

[7] OECD Guidelines for Testing of Chemicals 208 Terrestrial Plants,Growth Test;Organisation for Economic Co-operation and Development,2 rue André Pascal,F-75775 Paris

[8] WI 261 074 Evaluation of the disintegration of packaging materials in practical oriented tests under defined composting conditions

[9] WI 261 085 Evaluation of the ultimate aerobic biodegradability and disintegration of packaging materials under controlled composting conditions—Method by analysis of released carbon dioxide

[10] ISO 10634:1995 Water quality—Guidance for the preparation and treatment of poorly water-soluble organic compounds for the subsequent evaluation of their biodegradability in an aqueous medium

[11] ISO 11734:1995 Water quality—Evaluation of the ultimate anaerobic biodegradability of organic compounds in digested sludge—Method by measurement of the biogas production

[12] ISO 14853:2005 Plastics—Determination of the ultimate anaerobic biodegradability in an aqueous system—Method by measurement of biogas production

[13] ISO/TR 15462:1997 Water quality—Selection of tests for biodegradability

[14] ISO 15985:2004 Plastics—Determination of the ultimate anaerobic biodegradabilty and disintegration under high-solids anaerobic digestion conditions—Method by analysis of released biogas

[15] ISO 17088:2008 Specifications for compostable plastics

ICS 81.080
Q 45

中华人民共和国国家标准

GB/T 16763—2012/ISO 2245:2006
代替 GB/T 16763—1997

定形隔热耐火制品分类

Shaped insulating refractory products—Classification

(ISO 2245:2006,IDT)

2012-11-05 发布　　　　2013-05-01 实施

中华人民共和国国家质量监督检验检疫总局
中国国家标准化管理委员会　发布

前　言

本标准按照 GB/T 1.1—2009 给出的规则起草。

本标准代替 GB/T 16763—1997《定形隔热耐火制品的分类》，与 GB/T 16763—1997 相比，主要技术变化如下：

——对于同类中更轻(L 类)制品的定义作了修改，上一版为体积密度小于表 2 规定值为更轻(L 类)，本标准为小于或等于为更轻(L 类)制品；

——制品标记方法更明确，更具体；

——为了与耐火纤维标准和业内的通常称谓一致，将原来温度分类改称“分级”，更轻制品改称“L 类”。

本标准使用翻译法等同采用 ISO 2245:2006《定形隔热耐火制品分类》。为了便于使用，本标准做了下列编辑性修改：

——将 ISO 2245:2006 中示例 3 中的体积密度为 0.5 改为 0.50。

本标准中规范性引用文件的国际文件有一致性对应关系的我国文件如下：

——GB/T 2998　定形隔热耐火制品　体积密度和真气孔率试验方法(GB/T 2998—2001，eqvISO 5016:1997)

——GB/T 5988　耐火材料　加热永久线变化试验方法(GB/T 5988—2007，ISO 2477:2005，MOD)

——GB/T 18930　耐火材料术语(GB/T 18930—2004，ISO 836:2001，MOD)

本标准由全国耐火材料标准化技术委员会(SAC/TC 193)提出并归口。

本标准起草单位：中钢集团洛阳耐火材料研究院有限公司、抚顺北方耐火材料厂、宜兴摩根热陶瓷有限公司、武汉威林炉衬材料有限公司、登封市昊南耐火材料有限公司、平顶山新型耐材有限公司、郑州市创新耐火材料有限公司、郑州耐都热陶瓷有限公司、南阳市隐山高科绝热耐火材料有限公司。

本标准主要起草人：王晓利、胡家全、彭西高、徐忠良、殷骏、殷波、苏泊平、林先桥、董卫杰、吴德华、张朝阳、魏发灿、杨群坡、潘富兴。

定形隔热耐火制品分类

1 范围

本标准规定了定形隔热耐火制品的定义、分类原则及标记方法。

本标准适用于除耐火纤维制品之外的定形隔热耐火制品。

2 规范性引用文件

下列文件对于本文件的应用是必不可少的。凡是注日期的引用文件，仅注日期的版本适用于本文件。凡是不注日期的引用文件，其最新版本(包括所有的修改单)适用于本文件。

ISO 836:2001 耐火材料术语 (Terminology for refractories)

ISO 2477 耐火材料 加热永久线变化试验方法 (Shaped insulating refractory products—Determination of permanent change in dimensions on heating)

ISO 5016 定形隔热耐火制品体积密度和真气孔率试验方法 (Shaped insulating refractory products—Determination of bulk density and true porosity)

3 术语和定义

ISO 836:2001 界定的以及下列术语和定义适用于本文件。

3.1

定形隔热耐火制品 shaped insulating refractory product, shaped insulating refractory

真气孔率不小于 45%的定形耐火材料。

注 1：抄录自 ISO 836:2001。

注 2：真气孔率按 ISO 5016 测定。

注 3：这些制品具有低导热和低热容量的特性。

4 分类

定形隔热耐火制品按以下原则分类：

a) 按 ISO 2477 中比较计法所测定的制品加热永久线变化不大于 2%时的温度进行分级，见表 1；

b) 按制品的体积密度分类，根据 ISO 5016 测定制品的体积密度并修约至 2 位小数，将按 a)分级的同级别中具有更高气孔率的制品定为 L 类，平均体积密度小于或等于表 2 给定值的制品应加 L 标记。

按 ISO 5016 测定制品的体积密度，但尺寸测量应精确至±0.1 mm。为获得体积密度的准确结果，应采用足够大的试样。

表 1 按温度分级

级 别	(12 h)加热永久线变化≤2%时的试验温度/℃
75	750
80	800
85	850
90	900
95	950
100	1 000
105	1 050
110	1 100
115	1 150
120	1 200
125	1 250
130	1 300
135	1 350
140	1 400
150	1 500
160	1 600
170	1 700
180	1 800

注：表中给出的温度是根据加热永久线变化分级的温度界限，而不是使用温度极限。因为制品的使用性能不仅取决于温度，还与使用条件有关。

表 2 按体积密度分类

级 别	L 类制品的最大平均体积密度[a]/(g/cm^3)[b]
75	0.40
80	0.50
85	0.55
90	0.60
95	0.65
100	0.65
105	0.65
110	0.70
115	0.70
120	0.70
125	0.75

表 2（续）

级 别	L 类制品的最大平均体积密度[a]/(g/cm³)[b]
130	0.80
135	0.85
140	0.90
150	0.95
160	1.15
170	1.35
180	1.60
[a] 在每级的 L 类中，仅以体积密度作为分类指标并以 2 位小数表示。 [b] $1\ g/cm^3 = 10^3\ kg/m^3$。	

5 标记方法

定形隔热制品按下列方式进行标记：

a) 标明本标准号；

b) 制品的级别；

c) 制品的体积密度；

d) 属于 L 类时要标记 L。

示例 1：

根据 GB/T 16763 属于 120 级，体积密度为 0.8：

GB/T 16763-120-0.8

示例 2：

根据 GB/T 16763 属于 140 级，体积密度为 1.2：

GB/T 16763-140-1.2

示例 3：

根据 GB/T 16763 属于 80 级，体积密度为 0.50[1)]，属于 L 类：

GB/T 16763-80-0.50-L

示例 4：

根据 GB/T 16763 属于 140 级，体积密度为 0.80，属于 L 类：

GB/T 16763-140-0.80-L

---

1) ISO 原文此处有误。经与 ISO/TC 33 原标准工作组召集人沟通，确认应该为 0.50。凡是 L 类制品体积密度为表 2 该级最大平均体积密度时，必须按规定的 2 位小数标示，小于该级最大平均体积密度时，可以按 1 位小数表示，如示例 1、示例 2。示例 4 也可以按 1 位小数标示。

ICS 23.020
B 90

中华人民共和国国家标准

GB/T 16774—2012
代替 GB 16774—1997

自增压式液氮容器

Autoboosting caliber liquid nitrogen container

2012-12-31 发布　　2013-07-01 实施

中华人民共和国国家质量监督检验检疫总局
中国国家标准化管理委员会　发布

前　言

本标准依据 GB/T 1.1—2009 给出的规则起草。

本标准代替 GB 16774—1997，与 GB 16774—1997 相比较，主要有下列变化：

——适用范围增加了工作压力和容积范围的要求；

——增加了不适用范围；

——增加了第 3 章“术语和定义”；

——原“图 1 立式自增压式液氮容器外形示意图”和“图 2 卧式自增压式液氮容器外形示意图”改为“图 1 立式自增压容器结构示意图”和“图 2 卧式自增压容器结构示意图”；

——原第 3 章“型号和规格”改为第 4 章“分类”，且将原表 1 调整为附录 A（资料性）“自增压容器的主要型号和规格”；

——增加了 5.3“设计”要求；

——取消了原 4.4“工艺要求”和 4.5“外观要求”的要求；

——增加了 5.4“制造”要求；

——取消了原 5.4“运输试验”的要求。

本标准由全国锅炉压力容器标准化技术委员会（SAC/TC 262）提出并归口。

本标准主要起草单位：乐山市东亚机电工贸有限公司、上海市气体工业协会、上海交通大学、沈阳新光低温容器有限公司、成都金凤液氮容器有限公司、中国特种设备检测研究院、上海华谊装备工程有限公司、国家低温容器质量监督检验中心、上海市特种设备监督检验技术研究院。

本标准主要起草人：刘元明、于彤、鲁雪生、周伟明、陈朝晖、魏勇彪、范焱、黎宗稷、滕俊华、曹志明、温永刚。

本标准所代替标准的历次版本发布情况为：

——GB 16774—1997。

自增压式液氮容器

1 范围

1.1 本标准规定了奥氏体不锈钢制自增压式液氮容器(以下简称自增压容器)的产品分类、技术要求、试验方法、检验规则、标志、包装及储运等要求。

1.2 本标准适用于储运介质为液氮,工作压力小于 0.1 MPa,有效容积为 50 L～800 L,且采用高真空多层绝热的自增压容器的设计、制造。

1.3 本标准不适用于下列范围的自增压容器:

——带压贮存液氮;

——贮存液氧等其他低温液体。

2 规范性引用文件

下列文件对于本文件的应用是必不可少的。凡是注日期的引用文件,仅注日期的版本适用于本文件。凡是不注日期的引用文件,其最新版本(包括所有的修改单)适用于本文件。

GB 150.1 压力容器 第 1 部分:通用要求

GB 150.2 压力容器 第 2 部分:材料

GB 150.3 压力容器 第 3 部分:设计

GB/T 191—2008 包装储运图示标志

GB 567.1 爆破片安全装置 第 1 部分:基本要求

GB 567.2 爆破片安全装置 第 2 部分:应用、选择与安装

GB 567.3 爆破片安全装置 第 3 部分:分类及安装尺寸

GB/T 1226—2010 一般压力表

GB/T 3198—2010 铝及铝合金箔

GB/T 3280—2007 不锈钢冷轧钢板和钢带

GB/T 12241—2005 安全阀 一般要求

GB/T 13550—1992 5A 分子筛及其试验方法

GB/T 14976—2012 流体输送用不锈钢无缝钢管

GB/T 16958—2008 包装用双向拉伸聚酯薄膜

GB/T 18442.3 固定式真空绝热深冷压力容器 第 3 部分:设计

GB/T 18443.2 真空绝热深冷设备性能试验方法 第 2 部分:真空度测量

GB/T 18443.3 真空绝热深冷设备性能试验方法 第 3 部分:漏率测量

GB/T 18443.5 真空绝热深冷设备性能试验方法 第 5 部分:静态蒸发率测量

GB/T 18443.8 真空绝热深冷设备性能试验方法 第 8 部分:容积测量

GB 24511—2009 承压设备用不锈钢钢板及钢带

HG/T 2690—1995 13X 分子筛

NB/T 47014 承压设备焊接工艺评定

3 术语和定义

GB 150.1～150.3 和 GB/T 18442.3 中界定的以及下列术语和定义适用于本文件。

3.1

几何容积 geometric volume

按设计的几何尺寸确定的内胆内部体积(扣除内件的体积)。

3.2

有效容积 effective volume

在使用状态下,内胆允许盛装液体的最大体积。

3.3

真空设计寿命 vacuum designed life

设计时确定的容器夹层真空的正常使用年限,其值为从容器出厂使用至静态蒸发率高于标准指标上限值 60%的时间间隔。

4 分类

4.1 容器分为立式和卧式。

4.2 容器的型号应符合下列规定:

```
YDZ - × W
 |    |  |
 |    |  └——“卧式”汉语拼音第一个字母,立式不注
 |    └———容器有效容积,单位为升(L)
 └————————“液氮自增压容器”字汉语拼音缩写
```

示例 1:YDZ-50 表示有效容积 50 L 的立式自增压容器。

示例 2:YDZ-200W 表示有效容积 200 L 的卧式自增压容器。

4.3 容器的型号、规格可参见附录 A。

4.4 容器的结构示意见图 1 和图 2。

5 技术要求

5.1 一般要求

5.1.1 容器的环境使用温度为－20 ℃～50 ℃。

5.1.2 可能与液氮相接触的材料应与液氮相容。

5.1.3 容器用材料、外购件应有质量证明书或合格证。

5.2 材料

5.2.1 钢板

外壳和内胆用奥氏体不锈钢板应符合 GB/T 3280 或 GB 24511 的规定。

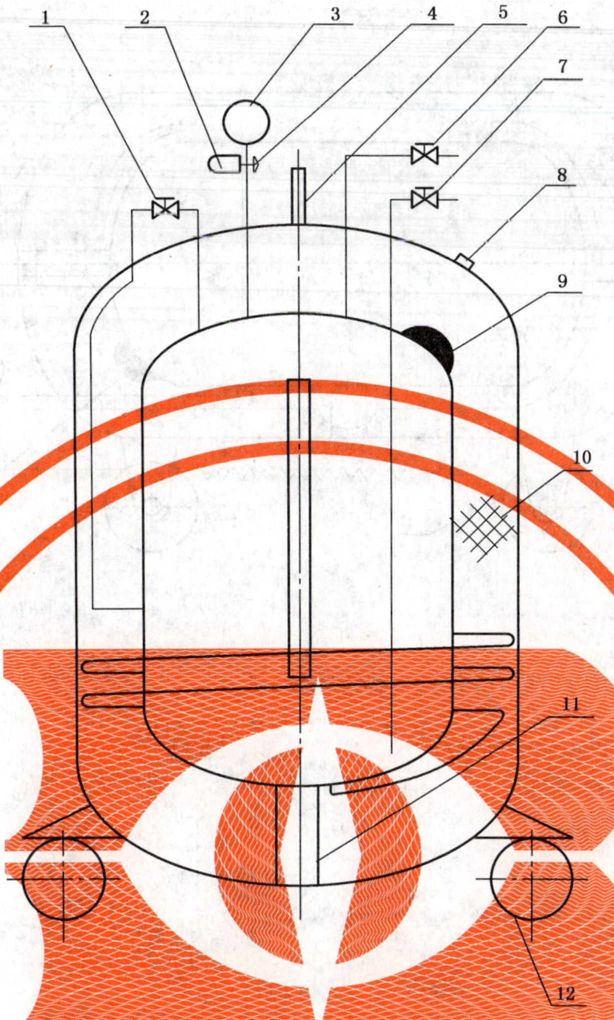

说明：
1 ——增压阀；
2 ——安全阀；
3 ——压力表；
4 ——爆破片；
5 ——液位计；
6 ——排气阀；
7 ——进排液阀；
8 ——抽气口；
9 ——吸附剂；
10——绝热层；
11——内支撑；
12——脚轮。

图 1　立式自增压容器结构示意图

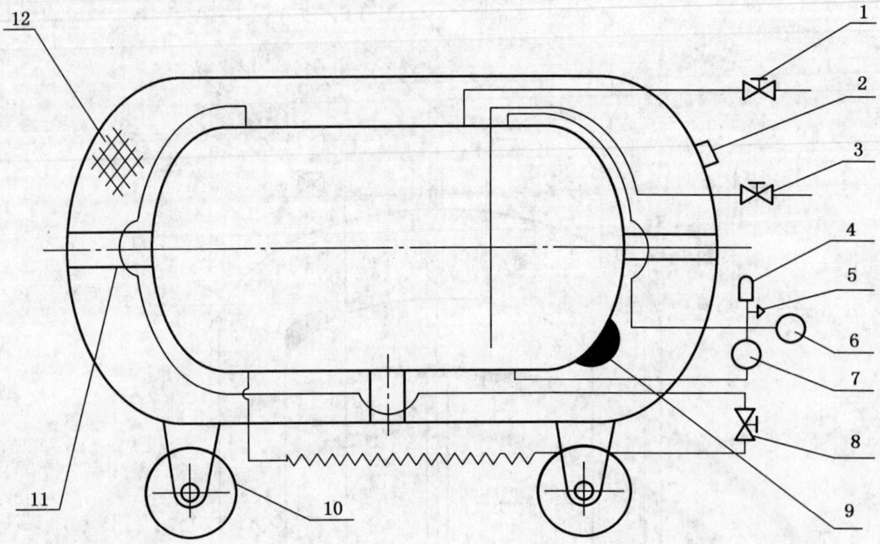

说明：

1 ——放气阀；
2 ——抽气口；
3 ——进排液阀；
4 ——安全阀；
5 ——爆破片；
6 ——压力表；
7 ——液位计；
8 ——增压阀；
9 ——吸附剂；
10——脚轮；
11——内支撑；
12——绝热层。

图 2　卧式自增压容器结构示意图

5.2.2　绝热层

5.2.2.1　绝热层用反射材料应选用铝箔或双面镀铝聚酯薄膜。铝箔应符合 GB/T 3198 的规定，双面镀铝聚酯薄膜基材应符合 GB/T 16958 的规定。

5.2.2.2　绝热层用玻璃纤维布、纤维纸应采用导热系数小、放气率低的材料，且玻璃纤维的可燃物含量应不大于 0.20%(质量比)。

5.2.3　吸附剂

5.2.3.1　吸附剂应采用在使用状态下吸附性能好的活性炭或分子筛等材料。

5.2.3.2　分子筛应符合 GB/T 13350 或 HG/T 2690 的规定。

5.2.4　焊接材料

5.2.4.1　采用的不锈钢焊接材料焊成的焊缝，其熔敷金属的化学成分应与母材相同或相近，且规定非比例延伸强度不应低于母材规定的下限值。

5.2.4.2 焊接材料应符合相应标准的规定，且有清晰、牢固的标志。

5.2.5 安全附件

5.2.5.1 安全阀应符合 GB/T 12241 的规定。

5.2.5.2 爆破片安全装置应符合 GB 567.1～GB 567.3 的规定。

5.2.5.3 压力表应符合 GB/T 1226 的规定。

5.2.5.4 液位计应符合相应标准的规定。

5.2.6 其他材料

5.2.6.1 脚轮应采用耐磨、强度高的材料。

5.2.6.2 不锈钢钢管应符合 GB/T 14976 的规定。

5.3 设计

5.3.1 设计时应考虑内压、外压、液柱、自重、温差、运输及振动等载荷。

5.3.2 内胆的设计压力应不低于工作压力，其外压取 0.1 MPa。

5.3.3 内胆的计算压力至少应是下列压力之和：

a) 设计压力；

b) 0.1 MPa；

c) 液柱静压力，当其值低于设计压力的 5%时，可以忽略不计。

5.3.4 内胆及与液氮接触的组件的设计温度取－196 ℃，外壳及外部元件的设计温度取常温。

5.3.5 内胆、外壳一般不考虑腐蚀裕量。

5.3.6 内胆和外壳材料的许用应力按 GB 150.2 的规定选取。当设计温度低于 20 ℃时，取 20 ℃时的许用应力。

5.3.7 内胆、外壳的焊接接头系数应取 1。

5.3.8 内胆、外壳的强度和稳定性计算应符合 GB 150.3 的规定。

5.3.9 卧式容器内胆支撑部位和外壳支座部位应考虑局部应力。

5.3.10 板材或管材的厚度负偏差按材料标准的规定。

5.3.11 内胆加工成形后的最小厚度应不小于 2 mm。

5.3.12 容器的内支撑应进行强度计算，且满足材料强度要求。

5.3.13 容器应进行绝热性能的计算，且满足设计要求。

5.3.14 容器的额定充满率应不大于 95%。

5.3.15 静态蒸发率应符合表 1 的规定。

5.3.16 真空夹层漏气速率应符合表 2 的规定。

5.3.17 容器充入液氮预冷并达到热平衡后，夹层真空度应不大于 2×10^{-2} Pa。

5.3.18 容器真空设计寿命应不小于 5 年。

5.3.19 真空封口塞应符合下列规定：

a) 采用可重复开启的结构；

b) 通径应满足真空夹层的安全泄放要求；

c) 泄放压力应不大于 0.07 MPa，其排放能力足以使夹层的压力限制在不超过 0.1 MPa。

5.3.20 自增压装置能力应能满足设计要求。

5.3.21 容器应设置安全阀、爆破片、压力表、液位计等安全附件，且其应与内胆直接连通。

5.3.22 设置的安全阀、爆破片应符合下列要求：

a) 安全阀、爆破片应并联安装(见图 3)；

b) 安全阀的整定压力应不大于内胆的设计压力,其泄压能力应能限制内胆的压力不超过其设计压力的 1.1 倍;

c) 爆破片装置的泄压能力应能限制内胆的压力不超过其设计压力的 1.16 倍。

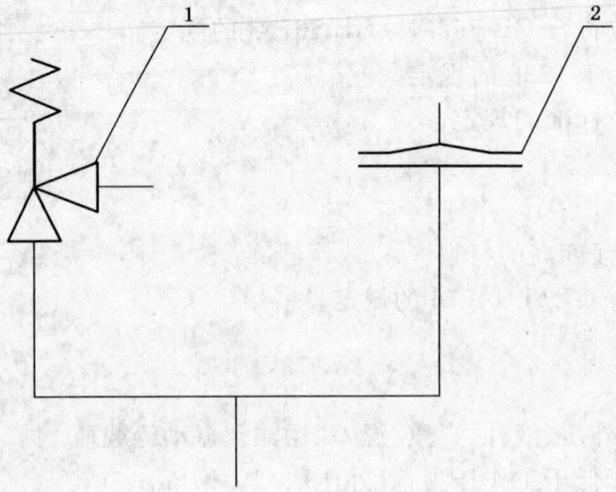

说明:

1——安全阀;

2——爆破片安全装置。

图 3 安全阀、爆破片安全装置设置示意图

5.3.23 内胆的安全泄放量的设计计算应符合 GB 150.1 中附录 B 的规定。

5.3.24 压力表的量程为工作压力的 1.5 倍~3 倍,精度不低于 2.5 级。

5.3.25 液位计可按用户的要求进行安装,用称重法充装液氮的容器可不设液位计。液位计应根据工作介质、工作温度正确选用,且应灵活准确、结构牢固。

5.3.26 容器的阀门、管路和安全附件等的结构设计和布置应便于操作及焊缝的检查。

5.4 制造

5.4.1 一般要求

容器的制造除应符合本标准外,还应符合设计图样的规定。

5.4.2 成形

5.4.2.1 成形后的内胆和外壳的壁厚、形状及尺寸应符合设计图样的规定。

5.4.2.2 容器的几何容积允许偏差应不超过±5%。

表 1 静态蒸发率

产品型号	有效容积 L	静态蒸发率 %/d
YDZ-50	50	≤2.2
YDZ-100	100	≤1.4
YDZ -200	200	≤1.2
YDZ-200W		≤1.8

表 1（续）

产品型号	有效容积 L	静态蒸发率 %/d
YDZ-320	320	≤1.0
YDZ-320W		≤1.5
YDZ-500W	500	≤1.4
YDZ-800W	800	≤1.3

表 2 真空夹层漏气速率

几何容积 V L	漏气速率 Pa·m³/s
$30 \leqslant V \leqslant 50$	$\leqslant 5.0 \times 10^{-9}$
$50 < V \leqslant 100$	$\leqslant 1.0 \times 10^{-8}$
$100 < V \leqslant 160$	$\leqslant 2.0 \times 10^{-8}$
$160 < V \leqslant 200$	$\leqslant 2.5 \times 10^{-8}$
$200 < V \leqslant 320$	$\leqslant 4.0 \times 10^{-8}$
$320 < V \leqslant 500$	$\leqslant 6.0 \times 10^{-8}$
$500 < V \leqslant 800$	$\leqslant 1.0 \times 10^{-7}$

5.4.2.3 内胆、外壳表面应无划痕、机械损伤和磕碰撞伤等缺陷。

5.4.3 焊接

5.4.3.1 容器的焊接工艺应按 NB/T 47014 的规定进行焊接工艺评定。

5.4.3.2 施焊人员应经考核合格后方可施焊。

5.4.3.3 焊接接头应为全焊透结构，且应圆滑过渡，不应有咬边、裂纹、未焊透、弧坑、气孔等缺陷。

5.4.3.4 内胆的对接焊接接头的余高为 0～1.5 mm，同一焊缝的宽度应符合设计图样的规定。

5.4.3.5 内胆焊缝同一部位的返修次数不宜超过两次。

5.4.4 绝热层缠绕

5.4.4.1 缠绕前，绝热体材料和内胆应清洁和干燥。

5.4.4.2 吸附剂使用前应进行活化处理。

5.4.4.3 缠绕场地应干燥和清洁。

5.4.4.4 绝热层数、层密度应符合设计图样的规定，且应有防松散、脱落的措施。

5.4.5 组装

5.4.5.1 组装前，多层绝热体应保持清洁，与真空获得有关的零部件表面，应严格清洗、烘干，且无油污。

5.4.5.2 装配时，零部件应保持清洁，且无水、油的污染。

5.4.5.3 装配时不应强力组装。

5.4.6 氦质谱检漏

5.4.6.1 内胆经氦质谱检漏合格后方可组装,其漏气速率应符合设计图样的规定。

5.4.6.2 容器组装后的真空夹层的漏气速率应符合表2的规定。

5.4.7 清洁度和外观质量

5.4.7.1 容器的表面应无损伤,且无油污、灰尘及水的污染。

5.4.7.2 容器内胆应清洁,且无异物、异味。

6 试验方法

6.1 容积

容积的测量应符合 GB/T 18443.8 的规定。

6.2 夹层真空度

夹层真空度的测量应符合 GB/T 18443.2 的规定。

6.3 真空夹层漏气速率

真空夹层漏气速率测量应符合 GB/T 18443.3 的规定。

6.4 静态蒸发率

静态蒸发率的测量应符合 GB/T 18443.5 的规定。

6.5 清洁度和外观质量

6.5.1 清洁度采用白色、清洁、干燥的,且经脱脂处理的白纸擦抹产品和附件的表面进行检验。

6.6.2 用目视方法检查容器的外观质量。

7 检验规则

7.1 检验分类

容器检验分为出厂检验和型式试验。

7.2 出厂检验

7.2.1 逐只检验

容器应逐只按表3规定的项目进行。

7.2.2 批量检验

7.2.2.1 以不多于200只容器为一批,从每批中抽取不少于3只进行检验。

7.2.2.2 容器批量检验项目按表3的规定。

7.2.2.3 当批量检验有不合格项目,应对不合格项目进行加倍复验。复验应在同批容器中进行,抽取数量不少于6只。当复验项目仍不合格,则该批容器应进行逐只检验。

7.3 型式试验

7.3.1 有下列情况之一时，应进行型式试验：

a) 容器设计定型时；

b) 改变容器设计参数、结构、主体材料和关键制造工艺，可能影响容器性能时；

c) 停产2年或2年以上，恢复生产时；

d) 国家质量监督部门提出型式试验要求时；

e) 当用户提出型式试验要求时。

7.3.2 型式试验的产品应在出厂检验合格产品中随机抽样，型式试验的产品应不少于2只。

7.3.3 型式试验项目应符合表3的规定。

7.3.4 当型式试验项目有不合格项时，允许在型式试验的产品中再抽取1只产品对不合格项目进行复验。当复验合格，则型式试验判为合格；当复验不合格，则型式试验判为不合格。

表3 检验项目

检验项目		出厂检验	批量检验	型式试验
外观质量		√	—	√
外形尺寸		—	√	√
几何容积		—	—	√
焊缝余高		√	—	√
焊缝外观		√	—	√
清洁度		√	—	√
壁厚	内胆	—	—	√
	外壳	—	—	√
真空度(使用状态下)		—	—	√
真空夹层漏气速率		—	—	√
静态蒸发率		—	√	√

8 标志、包装与储运

8.1 标志

每台自增压容器应进行标志，且至少应包括下列内容：

a) 制造单位名称；

b) 名称和型号；

c) 制造日期和产品编号；

d) 工作压力和工作温度；

e) 有效容积；

f) 额定充满率；

g) 静态蒸发率；

h) 容器注册商标。

8.2 包装

8.2.1 产品包装前,其内胆和管路应用 0.03 MPa～0.05 MPa 的干燥氮气密封,且关闭阀门和密封管口。

8.2.2 包装箱外表面的明显部位应有“向上”、“防湿”、“小心轻放”等标识。

8.2.3 包装储运标志应符合 GB/T 191 的规定。

8.2.4 产品包装箱应至少有产品合格证、使用说明书及装箱清单等出厂文件。

8.3 储运

8.3.1 容器应储存在阴凉干燥的库房内。

8.3.2 容器在运输过程中应轻装轻卸,不应侧放和倒置。

附 录 A
（资料性附录）
自增压容器的主要型号和规格

自增压容器的主要型号和规格如表 A.1 所示。

表 A.1 主要型号和规格

<table>
<tr><th rowspan="2">型　号</th><th rowspan="2">几何容积
L</th><th rowspan="2">有效容积
L</th><th colspan="3">外形尺寸
mm</th></tr>
<tr><th>长</th><th>宽</th><th>高</th></tr>
<tr><td>YDZ-50</td><td>53</td><td>50</td><td colspan="2">≤630</td><td>≤1 000</td></tr>
<tr><td>YDZ-100</td><td>106</td><td>100</td><td colspan="2">≤750</td><td>≤1 250</td></tr>
<tr><td>YDZ-200</td><td rowspan="2">211</td><td rowspan="2">200</td><td colspan="2">≤850</td><td>≤1 500</td></tr>
<tr><td>YDZ-200W</td><td>≤1 600</td><td>≤810</td><td>≤1 000</td></tr>
<tr><td>YDZ-320</td><td rowspan="2">337</td><td rowspan="2">320</td><td colspan="2">≤950</td><td>≤1 600</td></tr>
<tr><td>YDZ-320W</td><td>≤1 800</td><td>≤910</td><td>≤1 120</td></tr>
<tr><td>YDZ-500W</td><td>527</td><td>500</td><td>≤2 000</td><td>≤1 010</td><td>≤1 250</td></tr>
<tr><td>YDZ-800W</td><td>843</td><td>800</td><td>≤2 200</td><td>≤1 110</td><td>≤1 400</td></tr>
</table>

ICS 27.010
F 01

中华人民共和国国家标准

GB 16780—2012
代替 GB 16780—2007

水泥单位产品能源消耗限额

The norm of energy consumption per unit products of cement

2012-12-31 发布　　2013-10-01 实施

中华人民共和国国家质量监督检验检疫总局
中国国家标准化管理委员会 发布

前言

本标准的4.1、4.2为强制性的，其余为推荐性的。

本标准按照GB/T 1.1—2009给出的规则起草。

本标准代替GB 16780—2007《水泥单位产品能源消耗限额》。与GB 16780—2007相比，主要变化如下：

——现有水泥企业水泥单位产品能耗限定值按照熟料和水泥分类，并重新确定现有水泥单位产品限定值指标(2007年版的4.1，本版的4.1)；

——新建水泥企业水泥单位产品能耗准入值指标按照熟料和水泥分类，并重新确定新建水泥企业水泥单位产品能耗准入值指标(2007年版的4.2，本版的4.2)；

——水泥企业水泥单位产品能耗先进值指标按照熟料和水泥分类，并重新确定水泥企业水泥单位产品能耗先进值指标(2007年版的4.3，本版的4.3)；

——对可比熟料综合煤耗的计算进行修改(2007年版的5.3.1，本版的5.3.1)；

——将余热发电折算标准煤量计算中的电力折标准煤系数由0.404 kgce/(kW·h)修改为0.122 9 kgce/(kW·h)(2007年版的5.3.1.1.1，本版的5.3.1.2)；

——在可比水泥综合电耗计算中取消混合材掺量修正，同时增加海拔高度修正(2007年版的5.3.4.4，本版的5.3.4.3)；

——取消附录B　各种能源折标准煤参考系数和能耗工质平均折算热量；

——增加水泥企业水泥单位产品分步能耗限额资料性附录。

本标准由国家发展和改革委员会资源节约与环境保护司、工业和信息化部节能与综合利用司提出。

本标准由全国能源基础与管理标准化技术委员会(SAC/TC 20)、中国建筑材料联合会归口。

本标准起草单位：天津水泥工业设计研究院有限公司、中材装备集团有限公司、中国建筑材料科学研究总院、合肥水泥研究设计院、北京工业大学、中建材(合肥)装备科技有限公司。

本标准主要起草人：刘继开、狄东仁、陶从喜、肖秋菊、丁奇生、王学敏、兰明章、包玮、萧瑛。

本标准所代替标准的历次版本发布情况：

——GB/T 16780—1997；

——GB 16780—2007。

水泥单位产品能源消耗限额

1 范围

本标准规定了通用硅酸盐水泥单位产品能源消耗(简称能耗)限额的术语和定义、技术要求、能耗统计及计算方法。

本标准适用于通用硅酸盐水泥生产企业能耗的计算、考核,以及对新建项目的能耗控制。

2 规范性引用文件

下列文件对于本文件的应用是必不可少的。凡是注日期的引用文件,仅注日期的版本适用于本文件。凡是不注日期的引用文件,其最新版本(包括所有的修改单)适用于本文件。

GB 175—2007 通用硅酸盐水泥
GB/T 213 煤的发热量测定方法
GB/T 384 石油产品热值测定法
GB/T 2589 综合能耗计算通则
GB/T 12497 三相异步电动机经济运行
GB/T 13462 电力变压器经济运行
GB/T 13469 离心泵、混流泵、轴流泵和旋涡泵系统经济运行
GB/T 13470 通风机系统经济运行
GB/T 17954 工业锅炉经济运行
GB 18613 中小型三相异步电动机能效限定值及能效等级
GB/T 19065 电加热锅炉系统经济运行
GB 19153 容积式空气压缩机能效限定值及能效等级
GB 19761 通风机能效限定值及能效等级
GB 19762 清水离心泵能效限定值及节能评价值
GB 20052 三相配电变压器能效限定值及节能评价值
GB/T 21372 硅酸盐水泥熟料
GB/T 23331 能源管理体系 要求
GB/T 24851—2010 建筑材料行业能源计量器具配备和管理要求
GB/T 26281 水泥回转窑热平衡、热效率、综合能耗计算方法
GB/T 26282 水泥回转窑热平衡测定方法
GB/T 27977—2011 水泥生产电能能效测试及计算方法

3 术语和定义

下列术语和定义适用于本文件。

3.1

熟料综合煤耗 the comprehensive standard coal consumption of clinker

在统计期内生产每吨熟料的燃料消耗折算成标准煤,包括烘干原燃材料和烧成熟料消耗的燃料。

3.2

可比熟料综合煤耗　the comparable comprehensive standard coal consumption of clinker

熟料综合标准煤耗按熟料 28 d 抗压强度等级修正到 52.5 等级及海拔高度统一修正后所得的标准煤耗。

3.3

熟料综合电耗　the comprehensive electricity consumption of clinker

在统计期内生产每吨熟料,包括熟料生产各过程的电耗和生产熟料辅助过程的电耗。

3.4

可比熟料综合电耗　the comparable comprehensive electricity consumption of clinker

熟料综合电耗按熟料 28 d 抗压强度等级修正到 52.5 等级及海拔高度统一修正后所得的综合电耗。

3.5

可比熟料综合能耗　comparable comprehensive energy consumption of clinker

在统计期内生产每吨熟料消耗的各种能源按熟料 28 d 抗压强度等级修正到 52.5 等级及海拔高度统一修正后并折算成标准煤所得的综合能耗。

3.6

水泥综合电耗　the comprehensive electricity consumption of cement

在统计期内生产每吨水泥的综合电力消耗,包括水泥生产各过程的电耗和生产水泥的辅助过程电耗(包括厂内线路损失以及车间办公室、仓库的照明等消耗)。

3.7

可比水泥综合电耗　the comparable comprehensive electricity consumption of cement

水泥综合电耗按水泥 28 d 抗压强度等级修正到出厂为 42.5 等级及海拔高度统一修正后所得的综合电耗。

3.8

可比水泥综合能耗　the comparable comprehensive energy consumption of cement

在统计期内生产每吨水泥消耗的各种能源,按熟料 28 d 抗压强度等级修正到 52.5 等级、海拔高度、水泥 28 d 抗压强度等级修正到出厂为 42.5 等级统一修正后并折算成标准煤所得的综合能耗。

4　技术要求

4.1　现有水泥企业水泥单位产品能耗限定值

现有水泥熟料和水泥生产企业的单位产品能耗限定值指标包括综合能耗、综合电耗等 5 项,其值应符合表 1 的规定。

表 1　现有水泥企业水泥单位产品能耗限定值

项目		可比熟料综合煤耗限定值 kgce/t	可比熟料综合电耗限定值 kW·h/t	可比水泥综合电耗限定值 kW·h/t	可比熟料综合能耗限定值 kgce/t	可比水泥综合能耗限定值 kgce/t
熟料		≤112	≤64	—	≤120	—
水泥	无外购熟料	—	—	≤90	—	≤98[a]
	外购熟料	—	—	≤40	—	≤8

[a] 如果水泥中熟料占比超过或低于 75%,每增减 1%,可比水泥综合能耗限定值应增减 1.20 kgce/t。

4.2 新建水泥企业水泥单位产品能耗准入值

新建水泥生产企业的单位产品能耗准入值指标包括综合能耗和综合电耗等5项,其值应符合表2的规定。

表2 新建水泥企业水泥单位产品能耗准入值

项目		可比熟料综合煤耗准入值 kgce/t	可比熟料综合电耗准入值 kW·h/t	可比水泥综合电耗准入值 kW·h/t	可比熟料综合能耗准入值 kgce/t	可比水泥综合能耗准入值 kgce/t
熟料		≤108	≤60	—	≤115	—
水泥	无外购熟料	—	—	≤88	—	≤93[a]
	外购熟料	—	—	≤36	—	≤7.5
[a] 如果水泥中熟料占比超过或低于75%,每增减1%,可比水泥综合能耗准入值应增减1.15 kgce/t。						

4.3 水泥企业水泥单位产品能耗先进值

水泥生产企业应通过节能技术改造和加强节能管理来达到表3中的能耗先进值。

表3 水泥企业水泥单位产品能耗先进值

项目		可比熟料综合标准煤耗先进值 kgce/t	可比熟料综合电耗先进值 kW·h/t	可比水泥综合电耗先进值 kW·h/t	可比熟料综合能耗先进值 kgce/t	可比水泥综合能耗先进值 kgce/t
熟料		≤103	≤56	—	≤110	—
水泥	无外购熟料	—	—	≤85	—	≤88[a]
	外购熟料	—	—	≤32	—	≤7
[a] 如果水泥中熟料占比超过或低于75%,每增减1%,可比水泥综合能耗先进值应增减1.10 kgce/t。						

4.4 水泥企业水泥单位产品分步能耗限额参见附录B。

5 能耗统计及计算方法

5.1 统计范围

5.1.1 燃料的统计范围

5.1.1.1 熟料综合煤耗统计范围

从原燃材料进入生产厂区开始,到水泥熟料出厂的整个熟料生产过程消耗的燃料量,包括烘干原燃材料和烧成熟料消耗的燃料。如果水泥企业采用替代燃料,应单独统计替代燃料消耗量,但替代燃料不包含在熟料综合煤耗范围内。

注:废弃物种类见财税[2008]156号财政部、国家税务总局《关于资源综合利用及其他产品增值税政策的通知》中附件2的规定和财税[2009]163号《关于资源综合利用及其他产品增值税政策的补充的通知》中的规定。

5.1.1.2 水泥综合能耗中标准煤耗统计范围

从原燃材料进入生产厂区开始，到水泥出厂的整个水泥生产过程消耗的燃料量，包括烘干原燃材料和水泥混合材以及烧成熟料消耗的燃料。如果水泥企业采用替代燃料，应单独统计替代燃料消耗量，但替代燃料不包含在水泥综合能耗范围内。

5.1.2 电耗的统计范围

5.1.2.1 熟料综合电耗统计范围

从原燃材料进入生产厂区开始，到水泥熟料出厂的整个熟料生产过程消耗的电量，不包括用于基建、技改等项目建设消耗的电量。采用废弃物作为替代燃料和替代原料时，处理废弃物消耗的电量应单独统计，并且不包含在熟料综合电耗范围内。

5.1.2.2 水泥综合电耗统计范围

从原燃材料进入生产厂区开始，到水泥出厂的整个水泥生产过程消耗的电量，不包括用于基建、技改等项目建设消耗的电量。采用废弃物作为替代原料、替代燃料和水泥混合材时，处理废弃物消耗的电量应单独统计，并且不包含在水泥综合电耗范围内。

5.1.2.3 水泥粉磨企业综合电耗统计范围

从水泥熟料、石膏和混合材等进入生产厂区到水泥出厂的整个水泥生产过程消耗的电量。

5.2 统计方法

5.2.1 燃料统计方法

在统计期内水泥企业定期统计用于烘干原燃材料、水泥混合材和烧成熟料的原煤用量，以及点火用油或用气量。采用废弃物作为替代原料时，烘干废弃物消耗的燃料用量单独统计。采用废弃物作为水泥混合材时，其烘干所消耗的燃料量也应单独统计。同时统计所消耗燃料对应的收到基低位发热量。

烧成系统废气用于余热电站发电时，应统计余热电站发电量及余热电站自用电量。采用烧成系统废气进行原、燃料烘干以外的其他余热利用时，应对余热利用进口和出口热量及余热利用系统的散热损失进行定期检测。检测和计算参考 GB/T 26282 和 GB/T 26281 的规定进行。

5.2.2 电耗统计方法

水泥生产企业定期根据生料制备、燃料制备、熟料烧成和水泥粉磨等过程各电表记录的电量进行统计。采用废弃物作为替代原料、替代燃料和水泥混合材时，处理废弃物消耗的电量单独统计。电耗的测试可以按 GB/T 27977—2011 中规定的方法进行。

5.3 计算方法

5.3.1 可比熟料综合煤耗

5.3.1.1 熟料综合煤耗

熟料综合煤耗按式(1)计算：

$$e_{cl}=\frac{P_C Q_{net,ar}}{Q_{BM} P_{CL}} \qquad \cdots\cdots(1)$$

式中：

e_{cl} ——熟料综合煤耗，单位为千克标准煤每吨(kgce/t)；

P_C ——统计期内用于烘干原燃材料和烧成熟料的入窑与入分解炉的实物煤总量，单位为千克(kg)；

$Q_{net,ar}$——统计期内实物煤的加权平均低位发热量，单位为千焦每千克(kJ/kg)；

Q_{BM} ——每千克标准煤发热量，见 GB/T 2589，单位为千焦每千克(kJ/kg)；

P_{CL} ——统计期内的熟料总产量，单位为吨(t)。

燃料发热量：固体燃料发热量按 GB/T 213 的规定测定，液体燃料发热量按 GB/T 384 的规定测定；企业无法直接测定燃料发热量时，按 GB/T 26282 的规定计算。

5.3.1.2 余热发电折算标准煤量

余热发电折算标准煤量按式(2)计算：

$$e_{he}=\frac{0.1229\times(q_{he}-q_0)}{P_{CL}} \quad\cdots\cdots(2)$$

式中：

e_{he} ——统计期内余热发电折算的单位熟料标准煤量，单位为千克标准煤每吨(kgce/t)；

0.122 9——每千瓦时电力折合的标准煤量，单位为千克标准煤每千瓦时[kgce/(kW·h)]；

q_{he} ——统计期内余热电站总发电量，单位为千瓦时(kW·h)；

q_0 ——统计期内余热电站自用电量，单位为千瓦时(kW·h)。

5.3.1.3 余热利用热量折算标准煤量

余热利用热量折算标准煤量按式(3)计算：

$$e_{hu}=\frac{H_{HI}-(H_{HE}+H_{HD})}{Q_{BM}P_{CL}} \quad\cdots\cdots(3)$$

式中：

e_{hu} ——统计期内余热利用的热量折算的单位熟料标准煤量，单位为千克标准煤每吨(kgce/t)。

H_{HI} ——统计期内余热利用进口总热量，单位为千焦(kJ)；

H_{HE} ——统计期内余热利用出口热量，单位为千焦(kJ)；

H_{HD} ——统计期内余热利用系统的散热损失总量，单位为千焦(kJ)。

5.3.1.4 熟料强度等级修正系数

熟料强度等级修正系数按式(4)计算：

$$a=\sqrt[4]{\frac{52.5}{A}} \quad\cdots\cdots(4)$$

式中：

a ——熟料强度等级修正系数；

A ——统计期内熟料平均 28 d 抗压强度，按附录 A 的规定计算，单位为兆帕(MPa)；

52.5——统计期内熟料平均抗压强度修正到 52.5 MPa。

5.3.1.5 海拔修正系数

水泥企业所在地海拔高度超过 1 000 m 时进行海拔修正，海拔修正系数按式(5)计算：

$$K=\sqrt{\frac{P_H}{P_0}} \quad\cdots\cdots(5)$$

式中：

K ——海拔修正系数；

P_0 ——海平面环境大气压，101 325 帕(Pa)；

P_H ——当地环境大气压，单位为帕(Pa)。

5.3.1.6 可比熟料综合煤耗

可比熟料综合煤耗按式(6)计算：

$$e_{kcl} = aK(e_{cl} - e_{he} - e_{hu} - e_{fc}) \quad \cdots\cdots (6)$$

式中：

e_{kcl}——可比熟料综合煤耗，单位为千克每吨(kg/t)；

e_{fc}——处理废弃物消耗的燃料折算到每吨熟料的标准煤耗，单位为千克标准煤每吨(kgce/t)，如果没有处理废弃物，按0考虑。

5.3.2 可比熟料综合电耗

可比熟料综合电耗按式(7)计算：

$$Q_{KCL} = aKQ_{CL} \quad \cdots\cdots (7)$$

式中：

Q_{KCL}——可比熟料综合电耗，单位为千瓦时每吨(kW·h/t)；

Q_{CL}——统计期内熟料综合电耗，单位为千瓦时每吨(kW·h/t)。

5.3.3 可比熟料综合能耗

可比熟料综合能耗按式(8)计算：

$$E_{CL} = e_{kcl} + 0.122\,9 \times Q_{KCL} \quad \cdots\cdots (8)$$

式中：

E_{CL}——可比熟料综合能耗，单位为千克标准煤每吨(kgce/t)。

5.3.4 可比水泥综合电耗

5.3.4.1 水泥综合电耗

水泥综合电耗按式(9)计算：

$$Q_S = \frac{q_{fm} + Q_{CL}p_{cl} + q_m p_m + q_g p_g + q_{fz}}{P_C} \quad \cdots\cdots (9)$$

式中：

Q_S——水泥综合电耗，单位为千瓦时每吨(kW·h/t)；

q_{fm}——统计期内水泥粉磨及包装过程耗电量，单位为千瓦时(kW·h)；

p_{cl}——统计期内熟料消耗量，单位为吨(t)；

q_m——统计期内每吨混合材预处理平均耗电量，单位为千瓦时每吨(kW·h/t)；

p_m——统计期内混合材消耗量，单位为吨(t)；

q_g——统计期内每吨石膏平均耗电量，单位为千瓦时每吨(kW·h/t)；

p_g——统计期内石膏消耗量，单位为吨(t)；

q_{fz}——统计期内应分摊的辅助用电量，单位为千瓦时(kW·h)；

P_C——统计期内水泥总产量，单位为吨(t)。

当企业全部采用外购熟料生产水泥时，式(9)中外购熟料的 Q_{CL} 按零计算；当企业外购部分熟料生产水泥时，式(9)中外购熟料的 Q_{CL} 按65 kW·h/t统一计算。

当企业部分熟料外卖时，在计算水泥综合电耗时式(9)中 p_{cl} 不包括外卖的熟料量。

5.3.4.2 水泥强度等级修正系数

水泥强度等级修正系数按式(10)计算：

$$d = \sqrt[4]{\frac{42.5}{B}} \quad \cdots\cdots (10)$$

式中：

d ——水泥强度等级修正系数；

B ——统计期内水泥加权平均强度，单位为兆帕(MPa)；

42.5——统计期内水泥平均强度修正到42.5 MPa。

5.3.4.3 可比水泥综合电耗

可比水泥综合电耗按式(11)计算：

$$Q_{KS} = dKQ_S \quad \cdots\cdots(11)$$

式中：

Q_{KS}——可比水泥综合电耗，单位为千瓦时每吨(kW·h/t)。

5.3.5 可比水泥综合能耗

可比水泥综合能耗按式(12)计算：

$$E_{KS} = e_{kcl} \times g + e_h + 0.1229 \times Q_{KS} \quad \cdots\cdots(12)$$

式中：

E_{KS}——可比水泥综合能耗，单位为千克每吨(kg/t)；

g ——统计期内水泥企业水泥中熟料平均配比，%；

e_h ——统计期内烘干水泥混合材所消耗燃料折算的单位水泥标准煤量，单位为千克每吨(kg/t)。

当企业全部采用外购熟料生产水泥时，式(12)中外购熟料的 e_{kcl} 按零计算。

当企业外购部分熟料生产水泥时，式(12)中 e_{kcl} 可采用本企业可比熟料综合电耗数据。

5.3.6 统计期内企业生产两种以上不同强度等级的水泥时，应根据不同强度等级的可比水泥综合电耗和水泥产量采用加权平均的方法计算可比水泥综合电耗和可比水泥综合能耗。

5.3.7 企业有多条生产线时，按生产线分别计算能耗，公用部分的电耗按产能分摊到各条生产线。

6 节能管理与措施

6.1 节能基础管理

6.1.1 企业应按照 GB/T 23331 规定的要求建立能源管理体系。

6.1.2 企业应定期对生产中单位产品消耗的燃料量和用电量进行考核，并把考核指标分解落实到各基层部门，建立用能责任制度。

6.1.3 企业应按要求建立能耗统计体系，建立能耗测试数据、能耗计算和考核结果的文件档案，并对文件进行受控管理。

6.1.4 企业应根据 GB/T 24851—2010 的要求配备能源计量器具并建立能源计量管理制度。

6.1.5 企业应根据生产线运行情况定期按照 GB/T 26282 和 GB/T 26281 规定的方法对水泥回转窑系统的热平衡和热效率进行测试和计算，并按照 GB/T 27977—2011 规定的方法对水泥和熟料生产过程中的电能能效进行测试和计算。

6.2 节能技术管理

6.2.1 耗能设备

6.2.1.1 企业应使电动机系统、泵系统、通风机系统、电力变压器、工业锅炉、电加热锅炉等通用耗能设备符合 GB/T 12497、GB/T 13469、GB/T 13470、GB/T 13462、GB/T 17954 和 GB/T 19065 等相关的用能产品经济运行标准要求。

6.2.1.2 新建及改扩建企业所用的中小型三相异步电动机、容积式空气压缩机、通风机、清水离心泵、三相配电变压器等通用耗能设备应达到 GB 18613、GB 19153、GB 19761、GB 19762、GB 20052 等相应耗能设备能效标准中节能评价值的要求。

6.2.2 生产过程

6.2.2.1 水泥企业在水泥熟料或水泥各生产过程中，应采取有效措施，保证生产系统正常、连续和稳定运行，提高系统运转率，实现优质、低耗和清洁生产。

6.2.2.2 企业在生产过程中，应加强设备的日常维护工作。

附　录　A
（规范性附录）
熟料平均 28 d 抗压强度计算方法

A.1　范围

本附录适用于水泥熟料平均 28 d 抗压强度的计算。

A.2　方法原理

根据 GB/T 21372 所得的熟料 28 d 抗压强度数值和对应的熟料产量计算，按 GB 175—2007 中表 3 规定的硅酸盐水泥 28 d 抗压强度指标作为对应强度等级的水泥熟料 28 d 抗压强度。

A.3　日、旬、月、季、年度熟料平均 28 d 抗压强度计算

A.3.1　日熟料平均 28 d 强度的计算

熟料日平均 28 d 强度可采用加权平均方法计算，即将熟料的 28 d 抗压强度分别乘以日产量，分别相加后除以窑的总产量，即得日熟料平均 28 d 抗压强度。

A.3.2　旬熟料实际平均强度等级

将旬中每日熟料 28 d 抗压强度分别乘以日产量，分别相加后除以该旬窑的总产量，即得旬熟料平均 28 d 抗压强度。

A.3.3　月熟料实际平均强度等级

将月中每日熟料 28 d 抗压强度分别乘以日产量，分别相加后除以该月窑的总产量，即得月熟料平均 28 d 抗压强度。

A.3.4　季度熟料实际平均相当等级

将季度中分月的熟料平均 28 d 强度等级分别乘以每月熟料产量，并相加后除以该季度熟料总产量，即得季度熟料实际平均强度等级。

A.3.5　年度熟料实际平均强度等级

将年度中分月的熟料平均强度等级分别乘以每月熟料产量，并相加后除以当年的熟料总产量，即得年度熟料实际平均强度等级。

附 录 B
（资料性附录）
水泥企业水泥单位产品分步能耗限额

B.1 范围

本附录给出了通用硅酸盐水泥单位产品能源消耗限额的分布能耗限额指标。

B.2 水泥企业分布能耗

B.2.1 现有水泥企业分步能耗

现有水泥企业的分步能耗指标包括生料制备工段、熟料烧成工段和水泥制备工段的电耗以及熟料烧成工段煤耗等 4 项，其值见表 B.1。

现有水泥企业的分步能耗指标没有经过海拔高度和强度等级修正，为水泥企业实际能源消耗，供现有水泥企业生产控制指标作为参考。

表 B.1 现有水泥企业分步能耗

项目	生料制备工段电耗[a] kW·h/t	熟料烧成工段煤耗 kgce/t	熟料烧成工段电耗 kW·h/t	水泥制备工段电耗 kW·h/t
熟料	≤22	≤115	≤33	—
水泥	≤22	≤115	≤33	≤38
[a] 生料制备工段的电耗为原料中等易磨性的电耗，应折算至每吨生料基准。				

B.2.2 新建水泥企业分步能耗

新建水泥生产企业的分步能耗指标包括生料制备工段、熟料烧成工段和水泥制备工段的电耗以及熟料烧成工段煤耗等 4 项，其值见表 B.2。

新建水泥企业的分步能耗指标没有经过海拔高度和强度等级修正，为水泥企业实际能源消耗，供新建水泥企业生产控制指标作为参考。

表 B.2 新建水泥企业分步能耗

项目	生料制备工段电耗[a] kW·h/t	熟料烧成工段煤耗 kgce/t	熟料烧成工段电耗 kW·h/t	水泥制备工段电耗 kW·h/t
熟料	≤18.5	≤108	≤33	—
水泥	≤18.5	≤108	≤33	≤34
[a] 生料制备工段的电耗为原料中等易磨性的电耗，应折算至每吨生料基准。				

B.2.3 水泥企业分步能耗先进值

水泥生产企业应通过节能技术改造和加强节能管理来达到表 B.3 中的分步能耗先进值。

表 B.3 水泥企业分步能耗先进值

项目	生料制备工段电耗[a] kW·h/t	熟料烧成工段煤耗 kgce/t	熟料烧成工段电耗 kW·h/t	水泥制备工段电耗 kW·h/t
熟料	≤16	≤105	≤32	—
水泥	≤16	≤105	≤32	≤32
[a] 生料制备工段的电耗为原料中等易磨性的电耗，应折算至每吨生料基准。				

B.3 电耗的统计范围

B.3.1 水泥粉磨企业综合电耗统计范围

从水泥熟料、石膏和混合材等进入生产厂区到水泥出厂的整个水泥生产过程消耗的电量。

B.3.2 生料制备工段电耗统计范围

从原材料进入生产厂区开始，到生料出生料库和废气出高温风机到窑尾烟囱的整个生料制备和废气处理过程消耗的电量，包括原料破碎、原料预均化、生料粉磨、生料均化消耗的电量。

B.3.3 熟料烧成工段电耗统计范围

从生料出生料库到熟料入熟料库，原煤入煤磨到煤粉入煤粉仓的整个熟料烧成过程消耗的电量，包括燃料制备及生料预热分解、熟料煅烧及熟料冷却和废气处理消耗的电量。

B.3.4 水泥制备工段电耗统计范围

从水泥熟料、石膏及混合材出调配库到水泥出厂的整个水泥制备工段消耗的电量，包括水泥粉磨、水泥包装及散装消耗的电量。

参 考 文 献

[1] 财税[2008]156号 财政部、国家税务总局《关于资源综合利用及其他产品增值税政策的通知》中附件2

[2] 财税[2009]163号 《关于资源综合利用及其他产品增值税政策的补充的通知》

ICS 75.020
E 13

中华人民共和国国家标准

GB/T 16783.2—2012
代替 GB/T 16782—1997

石油天然气工业　钻井液现场测试
第2部分：油基钻井液

Petroleum and natural gas industries—
Field testing of drilling fluids—
Part 2:Oil-based fluids

(ISO 10414-2:2002,MOD)

2012-12-31 发布　　2013-07-01 实施

中华人民共和国国家质量监督检验检疫总局
中国国家标准化管理委员会　发布

前言

GB/T 16783《石油天然气工业　钻井液现场测试》分为两个部分：

第1部分：水基钻井液；

第2部分：油基钻井液。

本部分是GB/T 16783的第2部分。

本部分按照GB/T 1.1—2009给出的规则起草。

本部分代替GB/T 16782—1997《油基钻井液现场测试程序》。与GB/T 16782—1997相比主要技术变化如下：

——增加了第1章“范围”、第2章“术语和定义”和第3章“缩略语”；

——增加了第5章“钻井液密度测定替代方法”；

——删除了原标准中的附录F“试验前从钻井液中除去空气或天然气的步骤”和附录G“SI单位换算表”；

——增加了附录G“用Chenevert法测定钻屑的活度”、附录H“用加勒特气体分离法分析活性硫化物”、附录I“玻璃量具、温度计、黏度计、蒸馏器杯和钻井液密度计的检验和校正”和附录J“非水基钻井液含砂量测定程序”；

——删除了所有测试仪器的照片。

本部分使用重新起草法，修改采用ISO 10414-2：2002《石油天然气工业　钻井液现场测试　第2部分：油基钻井液》。

本部分与ISO 10414-2：2002相比在结构上的差别参见附录A。

本部分与ISO 10414-2：2002的技术性差异及原因为：在第1章“范围”中增加了“本部分适用于油基钻井液的现场测试和分析”，适应我国标准编写要求。

本部分做了下列编辑性修改：

——删除了ISO 10414-2：2002的附录F、附录G(均为资料性附录)；

——增加了附录J(资料性附录)。

本部分由中国石油天然气集团公司提出。

本部分由全国石油天然气标准化技术委员会(SAC/TC 355)归口。

本部分起草单位：石油工业标准化研究所。

本部分主要起草人：杜德林、王欣、高圣平。

本部分于1997年5月首次发布，本次为第一次修订。

石油天然气工业　钻井液现场测试
第2部分：油基钻井液

1　范围

GB/T 16783的本部分提供了油基钻井液下列性能的标准测试程序：

a）钻井液密度；

b）黏度和切力；

c）滤失量；

d）油、水和固相含量；

e）碱度、氯根和钙含量；

f）电稳定性；

g）石灰、氯化钙和氯化纳含量；

h）低密度固相和加重材料含量。

附录B、C、D、E、G、H、J给出了附加的试验方法，可以选择使用，以测试下列性能：

a）静切力；

b）钻屑上的油和水含量；

c）钻井液活度；

d）苯胺点；

e）钻屑活度；

f）活性硫化物；

g）非水基钻井液含砂量。

附录I给出了供选择使用的程序，可用于：

——玻璃量具、温度计、黏度计、蒸馏器杯和钻井液密度计的检验和校正。

附录F给出了下述计算的示例：

——石灰、矿化度和固相含量。

本部分适用于油基钻井液的现场测试和分析。

2　术语和定义

下列术语和定义适用于本文件。

2.1

ACS试剂级　ACS reagent grade

符合美国化学协会（ACS）规定的纯度标准的化学试剂级别。

3　缩略语

下列缩略语适用于本文件。

AC——交流电

ACS——美国化学协会

CAS——化学文摘社

CGS——厘米克秒制

EDTA——乙二胺四乙酸

ES——电稳定性

HTHP——高温高压

OCMA——油公司材料协会

PNP——丙二醇正丙基醚

PTFE——聚四氟乙烯

SI——国际单位制

TC——盛液用

TD——移液用

USC——美国传统单位制

4 钻井液密度测定

4.1 概述

本测定程序是一种测定给定体积流体质量(即密度)的方法。钻井液密度的单位为 g/cm^3 或 kg/m^3。

4.2 仪器

4.2.1 密度计:准确度可达±0.01 g/cm^3(或±10 kg/m^3)的任何一种仪器均可使用。

通常用钻井液密度计来测定钻井液的密度。钻井液杯位于臂梁的一端,由臂梁另一端的一个固定平衡重物和一个可沿刻度梁自由移动的游码来平衡。臂梁上装有一水准气泡以保证准确的平衡,必要时可使用扩大量程的附件。

应使用淡水对仪器进行常规性校正。在 21 ℃时,用淡水获得的读值应为 1.00 g/cm^3(或 1 000 kg/m^3)。否则,应根据需要调节刻度梁末端的平衡螺丝或增减刻度梁末端小孔内的铅粒数。

4.2.2 温度计:量程为 0 ℃～105 ℃。

4.3 测定程序

4.3.1 将仪器底座放置在一个水平的平面上。

4.3.2 测量并记录钻井液的温度。

4.3.3 将搅拌均匀的待测钻井液注入清洁、干燥的钻井液杯中。将杯盖放在注满钻井液的杯上,旋转杯盖至压紧。确保有一些钻井液从小孔挤出,以排出钻井液中夹带的空气或其他气体。

4.3.4 将杯盖握紧在钻井液杯上(同时用一手指堵住杯盖的小孔),将杯子外部冲洗干净并擦干,或直接擦干净。

4.3.5 将仪器臂梁放在底座上,沿刻度梁移动游码使之平衡。当水准泡位于两条刻度线中间时即达到了平衡。

4.3.6 从游码朝向钻井液杯的一侧读取钻井液密度值。当使用扩大量程的附件时应进行适当的校正。

4.4 单位换算

4.4.1 记录钻井液密度值 ρ,精确到±0.01 g/cm^3。

4.4.2 使用式(1)～式(3)可将密度转换为其他单位:

$$1\ g/cm^3 = 1\ 000\ kg/m^3 \qquad (1)$$

$$1\ g/cm^3 = 62.3\ lb/ft^3 \qquad (2)$$

$$1\ g/cm^3 = 8.345\ lb/gal \qquad (3)$$

表1中给出了SI制与USC制之间密度单位换算。

压力梯度的单位换算如式(4)、式(5)所示：

$$\Delta\rho_s = 9.81 \times g/cm^3 \qquad (4)$$

$$\Delta\rho_s = 0.022\ 6 \times psi/1\ 000\ ft \qquad (5)$$

式中：

$\Delta\rho_s$——钻井液，单位为kPa/m。

5 钻井液密度测定的替代方法

5.1 概述

对于夹带空气或其他气体的钻井液来说，加压密度计可以给出较常规密度计更为准确的测定结果。加压密度计的操作与常规密度计相似，所不同的是在加压下将钻井液样品注入到固定体积的样品杯中。

在加压下注入样品的目的是把夹带的空气或其他气体对密度测量的影响降到最低程度。对样品杯加压后，可将任何夹带气体的体积压缩到可以忽略不计的程度，这样测得的密度更接近于井底条件下的数值。

5.2 仪器

5.2.1 密度计：准确度可达±0.01 g/cm³(或±10 kg/m³)的任何一种仪器均可使用。

通常用加压钻井液密度计来测定含气钻井液的密度。钻井液杯位于臂梁的一端，由臂梁另一端的一个固定平衡重物和一个可沿刻度梁自由移动的游码来平衡。臂梁上装有一水准气泡以保证准确的平衡。

表1 SI制与USC单位制密度换算

g/cm^3 [a]	kg/m^3	lb/gal	lb/ft^3
0.70	700	5.8	43.6
0.80	800	6.7	49.8
0.90	900	7.5	56.1
1.00	1 000	8.345[b]	62.3
1.10	1 100	9.2	68.5
1.20	1 200	10.0	74.8
1.30	1 300	10.9	81.0
1.40	1 400	11.7	87.2
1.50	1 500	12.5	93.5
1.60	1 600	13.4	99.7
1.70	1 700	14.2	105.9
1.80	1 800	15.0	112.1
1.90	1 900	15.9	118.4

表 1 (续)

g/cm³ ᵃ	kg/m³	lb/gal	lb/ft³
2.00	2 000	16.7	124.6
2.10	2 100	17.5	130.8
2.20	2 200	18.4	137.1
2.30	2 300	19.2	143.3
2.40	2 400	20.0	149.5
2.50	2 500	20.9	155.8
2.60	2 600	21.7	162.0
2.70	2 700	22.5	168.2
2.80	2 800	23.4	174.4
2.90	2 900	24.2	180.7

[a] 与相对密度的值相同。

[b] 精确的换算系数。

使用淡水对仪器进行常规性校正。在 21 ℃时,用淡水获得的读值应为 1.00 g/cm³(或 1 000 kg/m³)。否则,应根据需要调节刻度梁末端的平衡螺丝或增减刻度梁末端小孔内的铅粒数。

5.2.2 温度计:量程为 0 ℃～105 ℃。

5.3 测定程序

5.3.1 测量并记录钻井液的温度。

5.3.2 将搅拌均匀的样品注入样品杯中至液面略低于杯的上缘(约差 6 mm)。

5.3.3 盖上杯盖,同时将盖上的单向阀置于下位(开启位)。向下压紧杯盖直至杯盖外缘与样品杯上的缘面接触。过量的钻井液会通过单向阀排出。将单向阀上提至关闭位置。用基油洗净样品杯和螺纹,然后拧紧带螺纹的样品杯盖。

5.3.4 加压器的操作与注射器相似。使活塞杆位于完全向内的位置,将加压器的下端浸入钻井液中。上拉活塞杆将钻井液吸入加压器缸筒内。为保证钻井液样品不被上次清洗加压器时残留的液体所稀释,应将第一次吸入的钻井液排掉,再另抽一次新鲜钻井液。

5.3.5 将加压器喷嘴套入带有 O 形圈的杯盖加压阀上。下压加压器缸筒迫使单向阀处于下位(开启位),同时内推活塞杆,以便对样品杯加压,活塞杆上的压力应维持在大约 225 N 或更大一些。

5.3.6 杯盖上的单向阀是由压力驱动的;当样品杯内有压力时,单向阀就会被上推至关闭位置。为使阀逐渐关闭,在保持活塞杆压力的情况下,减缓缸筒的下压力,单向阀关闭后,先释放活塞杆的压力再取下加压器。

5.3.7 加压后的钻井液样品即可用来测定密度。将样品杯外部洗净并擦干,并将仪器臂梁放在底座上,左右移动游码使臂梁达到平衡。当水准泡位于两条黑色标线的正中间时,臂梁即达到了平衡。从游码箭头记号一侧读取密度值。

5.3.8 为放掉样品杯内的压力,再次连接上空的加压器,将其缸筒下压。

5.3.9 用基油彻底清洗样品杯。

5.4 计算

5.4.1 记录钻井液密度值,精确到±0.01 g/cm³。

5.4.2 使用4.4.2中的式(1)～式(3)可将密度转换为其他单位。

6 黏度和切力测定

6.1 概述

黏度和切力是和钻井液流变性相关的参数。用下列仪器来测定钻井液的黏度和/或切力：

a) 马氏漏斗——一种用于日常测定黏度的简单设备；

b) 直读式黏度计——一种用于在不同剪切速率下测量黏度的机械设备。

注：API RP 13D中对流变性进行了深入的论述。

6.2 使用马氏漏斗测定黏度

6.2.1 仪器

6.2.1.1 马氏漏斗：在21 ℃±3 ℃下，流出946 mL淡水的时间为26 s±0.5 s，用一个标有刻度的杯子作为接收器。

马氏漏斗应具有如下特征：

a) 漏斗锥体：长度305 mm，直径152 mm，至筛网底部以下容积1 500 mL。

b) 孔颈：长度50.8 mm，内径4.7 mm。

c) 筛网：孔眼尺寸1.68 mm(12目)，固定在距漏斗上缘19 mm的位置上。

6.2.1.2 刻度杯：容量至少946 mL。

6.2.1.3 秒表：精度±1 s/h。

6.2.1.4 温度计：量程为0 ℃～105 ℃。

6.2.2 测定程序

6.2.2.1 用手指堵住漏斗流出口，将新取的钻井液样品通过筛网倒入干净并直立的漏斗内，直到样品液面达到筛网底部为止。

6.2.2.2 移开手指同时启动秒表，测量钻井液流至杯内946 mL刻度线所需要的时间。

6.2.2.3 测量钻井液的温度(℃)。

6.2.2.4 以s为单位记录6.2.2.2中测得的钻井液的流出时间，作为钻井液的漏斗黏度，并以℃为单位记录6.2.2.3中测得的钻井液温度。

6.3 使用直读式黏度计测定黏度和/或切力

6.3.1 仪器

6.3.1.1 直读式黏度计：由电机或手动曲柄提供动力。

钻井液处于两个同心圆筒间的环形间隙内。外筒或称转筒以一定的转速旋转。浸在钻井液中的外筒或称转筒的转动对内筒或称吊锤施加一个扭矩。有一扭力弹簧限制了吊锤的转动，与吊锤相连的表盘指示出吊锤的偏转量。仪器常数已调好，因此利用外筒在300 r/min和600 r/min下转动时的读值可得到表观黏度、塑性黏度和屈服值。

黏度计的各个部件应满足下列规格：

a) 转筒：

内径：36.83 mm；

总长度：87.0 mm；

刻度线：位于转筒底沿之上58.4 mm处，恰在刻度线之下有两排相间120°(2.09弧度)、直径3.18 mm的小孔。

b) 吊锤(密闭,平底锥顶):

直径: 34.49 mm;

柱体长度: 38.00 mm。

c) 扭力弹簧常数:386 dyn·cm/度。

d) 转筒速度:

高速: 600 r/min;

低速: 300 r/min。

注:不同厂商生产的黏度计还有其他转速。

6.3.1.2 秒表:精度±1 s/h。

6.3.1.3 黏度计恒温杯。

6.3.1.4 温度计:量程为 0 ℃~150 ℃。

6.3.2 测定程序

6.3.2.1 将钻井液样品倒入恒温杯中,留出足以容纳吊锤和转筒将占用的空间(100 mL)。使样品液面恰好没至转筒的刻度线处。现场测量时应在取样之后尽快进行。测量应在 50 ℃±1 ℃、65 ℃±1 ℃或出口温度下进行。取样地点及测试温度应在报表上指出。

最高推荐测试温度为 90 ℃。如果需要测量温度高于 90 ℃的钻井液,应使用实心金属吊锤或内部完全干燥的空心金属吊锤。

警告:当浸入高温流体中时,空心吊锤中残留的液体可能会蒸发而导致吊锤爆裂。

6.3.2.2 将样品加热或冷却至所选择的温度。在加热或冷却的同时,应以 600 r/min 的转速间歇地或连续地搅拌样品,以获得均匀的样品温度。在样品杯达到所选择的温度后,将温度计插到样品中,继续搅拌,直到样品也达到所选择的温度。记录样品温度。

6.3.2.3 当转筒在 600 r/min 旋转时,等待转盘读值稳定(其时间取决于钻井液的特性)。记录下 600 r/min 时刻度盘读值。

6.3.2.4 将转速转换到 300 r/min,等待转盘读值稳定。记录下 300 r/ min 时刻度盘读值。

6.3.2.5 将钻井液样品在 600 r/min 下搅拌 10 s。

6.3.2.6 将样品静置 10 s。在 3 r/min 转速下启动黏度计,将获得的最大读值作为初切力。记录初切力(10 s 切力),单位为 $lb/100\ ft^2$。

注:单位换算系数:$1\ lb/100\ ft^2 = 0.479\ 0\ Pa$。

6.3.2.7 将钻井液样品在 600 r/min 下重新搅拌 10 s,并使之静置 10 min。重复 6.3.2.6 中的测定,此时的最大读值为 10 min 切力,单位为 $lb/100\ ft^2$。

6.3.3 计算

按式(6)、式(7)和式(8)分别计算塑性黏度、屈服值和表观黏度。

$$PV = \Phi_{600} - \Phi_{300} \qquad (6)$$

$$YP = 0.48 \times (\Phi_{300} - PV) \qquad (7)$$

$$AV = \Phi_{600}/2 \qquad (8)$$

式中:

PV——塑性黏度,单位为毫帕秒(mPa·s);

YP——动切力,单位为帕(Pa);

AV——表观黏度,单位为毫帕秒(mPa·s);

Φ_{600}——黏度计在 600 r/min 时的读值;

Φ_{300}——黏度计在 300 r/min 时的读值。

注 1:可将黏度换算成 CGS 单位制:1 mPa·s = 1 cP。

注 2:当使用 USC 单位制时,YP 的单位为 $lb/100\ ft^2$,此时计算如下:$YP = \Phi_{300} - PV$。

7 滤失量测定

7.1 概述

7.1.1 油基钻井液滤失行为及滤饼特性的测定，与滤液本身(如油、水相或乳状液含量)的特性一样，均为钻井液控制和处理的基础。

7.1.2 油基钻井液的滤失行为受其固相及乳化水的含量、类型和颗粒尺寸的影响，也受液相性质的影响。这些不同组分间的相互作用还可能受温度和压力的影响。

7.1.3 为了提供数据以供比较，滤失试验通常在室温和高温下进行。本部分中给出了两种高温试验程序：一种是175 ℃以下试验，另一种是175 ℃～230 ℃试验。根据所需试验温度使用所规定的试验设备和步骤。

注：这里未述及油基钻井液的室温滤失试验，但可按GB/T 16783.1给出的水基钻井液的试验程序进行。

7.1.4 对于175 ℃以下试验，可以使用175 mL、250 mL或500 mL的试验设备；对于175 ℃以上试验，只能使用500 mL的试验设备。500 mL设备应配有热电偶，以便测量钻井液杯中的钻井液温度，而且应使用多孔性过滤介质。

7.2 高温高压试验(175 ℃以下)

7.2.1 仪器

7.2.1.1 高温高压滤失仪，由下列部件组成：

a) 钻井液杯，在高温下能承受9 000 kPa的压力；

b) 压力气源，氮气或二氧化碳，带有调压器；

注：最好用氮气。

c) 加热系统，可升温至175 ℃；

d) 带压滤液接受器，可维持适当回压(见表2)，以避免滤液的闪蒸或汽化；

表2 推荐的最低回压

温度 ℃	水的蒸汽压 kPa	最低回压 kPa
100	101	690
120	207	690
150	462	690
“正常”现场试验的上限		
175	932	1 104
200	1 704	1 898
230	2 912	3 105

e) 钻井液杯，筒壁上有一温度计插孔，配有一个可移开的端盖，且带有过滤介质支撑网和耐油密封圈。

注：钻井液杯两端均带有阀杆，在试验过程中，可根据需要开启和关闭。

警告：并非所有制造商的设备都能达到同样的温度和压力。关于样品体积、试验温度、试验压力等参数，应严格遵守设备制造商的说明，这点是至关重要的。否则可能会造成严重的人身伤害。

一氧化二氮气弹不可用作高温高压滤失试验的压力源。在高温高压下,一氧化二氮在油脂、油或含碳物质存在的情况下会发生爆炸。一氧化二氮气弹只能用于加勒特气体分析器的碳酸根分析(见附录H)。

7.2.1.2 过滤介质:200 ℃以下试验,用 Whatman No. 50、S&S 576[1]或等效滤纸;

7.2.1.3 计时器:机械或电子式,至少能定时 30 min。

7.2.1.4 温度计:量程 260 ℃,长度 12.5 cm 以上。

7.2.1.5 刻度量筒(TC):细长型,容量 10 mL 或 20 mL。

7.2.1.6 刻度量筒(TC):容量 25 mL(任选)。

7.2.1.7 现场用搅拌器:转速 10 r/min、1 000 r/min、15 000 r/min。

7.2.1.8 尺子:毫米刻度,用来测量滤饼厚度。

7.2.2 测定程序

7.2.2.1 将温度计插入加热套上的测温孔内,将加热套预热到比所要求的试验温度高大约 6 ℃,将恒温器调节至所需要的试验温度。

如果滤失仪装有热电偶来测定钻井液杯内钻井液的温度(即试验温度),那么在试验期间应监测并维持该温度。用这种温度测定法所获得的试验结果,可能与基于筒壁温度测定所获得的滤失量有所不同。应注明监测的是钻井液温度还是筒壁温度。

7.2.2.2 用现场搅拌器将钻井液样品搅拌 10 min,将样品倒入钻井液杯,留出至少 2.5 cm 的空间,作为钻井液膨胀的预留容积,装好滤纸。

7.2.2.3 组装好钻井液杯,在顶、底阀杆关闭的情况下,把钻井液杯放入加热套中。将温度计从加热套移至钻井液杯测温孔中。

7.2.2.4 将高压滤液接收器与底阀杆相接并锁定之。应确保接收器内没有残留水或油。

7.2.2.5 将压力气源分别与顶阀杆及下部的滤液接收器连接并锁定。

7.2.2.6 保持两个阀杆关闭的情况下,将顶压调节器调至较表 2 中所示的最低回压高 690 kPa。开启顶阀杆,必要时重新调节顶压至较表 2 中所示的最低回压高 690 kPa。之后调节回压调节器至表 2 中所示的在该温度下的最低回压。维持这个压力直到升温至所需温度。

注:如果达到试验温度所需时间超过 1 h,则加热器可能有故障,因而试验结果的可靠性值得怀疑。

7.2.2.7 样品达到所选定的试验温度后,开启底阀杆,立即将顶压增加至较回压高 3 450 kPa(此时即是滤失试验开始),同时启动计时器。试验期间温度波动应维持在±3 ℃之内。如果在试验期间回压升至设定的回压值以上,就小心地从接收器中放出部分滤液以降低回压,同时将滤液收集。

7.2.2.8 将滤液收集在细长型刻度量筒中(或任选刻度量筒中),记录 30 min 时所收集的滤液总体积(水和油)。如果有固相出现,也应记录其体积。

注:使用细长型量筒可以更准确地检测出滤液中水或固相的存在,也可以更精确地测出其体积。对量筒中的乳化界面处加热可促进滤液中水、固相和油的分离。

7.2.2.9 收集滤液 30 min 后,立即断开加热套的电源。先关闭顶阀杆,再关闭底阀杆。按照制造商的详细操作说明,泄掉调节器和管线中的压力,然后拆下加压装置。将钻井液杯从加热套中取出,使之冷却至 50 ℃以下。在冷却、泄压和拆卸钻井液杯期间应保持钻井液杯垂直向上。

警告:即使在冷却之后,钻井液杯内的压力仍可能很高,具有一定的危险性。在释放掉钻井液杯内的压力之前就拆卸钻井液杯,可能会造成人身伤害。

7.2.2.10 缓慢开启顶阀杆,从钻井液杯顶部放掉压力,应避免钻井液随气体一起喷出。确保钻井液杯中的压力完全被释放,然后小心拆卸钻井液杯。

---

1) Whatman No. 50 和 S&S 576 滤纸是适合的市售产品的两个实例。给出这一信息是为了方便本标准的使用者,并不表示对这些产品的认可。

7.2.2.11 倒出钻井液杯中的钻井液。

7.2.2.12 在滤饼中心处测量其厚度，并记录，精确至 0.5 mm。

7.2.2.13 在试验过程中可能会发生固相沉降。观察是否有这种迹象，例如滤饼异常厚或质地疏松。记录滤饼的这些特性。为减少沉降，试验中加热和冷却的时间应尽可能短，且应及时取下滤饼进行检测。

7.2.3 计算

7.2.3.1 应将测得的滤液体积校正到过滤面积为 4 580 mm^2 时的体积。高温高压钻井液杯的过滤面积通常是标准面积的一半，若如此，应将所测得的滤液体积乘以 2。

7.2.3.2 记录滤饼厚度，精确至 0.5 mm。

7.3 高温高压试验(175 ℃～230 ℃)

7.3.1 仪器

7.3.1.1 高温高压滤失仪，由下列部件组成：

a) 钻井液杯，在 230 ℃下能承受 14 500 kPa 的压力；

b) 压力气源，氮气或二氧化碳，带有调压器；

c) 加热系统，可升温至 230 ℃；

d) 带压滤液接受器，可维持适当回压(见表 2)，以避免滤液的闪蒸或汽化；

e) 钻井液杯，配有内部热电偶，以便在钻井液杯中心附近检测钻井液样品的温度，还配有耐油密封圈。

注：钻井液杯两端均带有阀杆，在试验过程中，可根据需要开启和关闭。

警告：并非所有滤失试验设备都能在本程序所规定的温度和压力下安全操作。十分重要的是应遵守制造商关于最高操作温度、压力、样品体积的建议，否则可能会造成严重的人身伤害。在这样高的温度压力下不推荐使用 175 mL 和 250 mL 钻井液杯。

一氧化二氮气弹不可用作高温高压滤失试验的压力源。在高温高压下，一氧化二氮在油脂、油或含碳物质存在的情况下会发生爆炸。一氧化二氮气弹只能用于加勒特气体分析器的碳酸根分析(见附录 H)。

7.3.1.2 过滤介质：试验温度在 200 ℃以上时使用 Dynalloy X-5[2)] 多孔性过滤盘或等效过滤介质。每次试验需要使用一个新盘片。

7.3.1.3 计时器：机械或电子式，至少能定时 30 min。

7.3.1.4 温度计：量程 260 ℃，长度 20 cm 以上。

7.3.1.5 刻度量筒(TC)：细长型，容量 10 mL 或 20 mL。

7.3.1.6 刻度量筒(TC)：容量 25 mL(任选)。

7.3.1.7 现场用搅拌器：转速 10 r/min，1 000 r/min，15 000 r/min。

7.3.1.8 尺子：毫米刻度，用来测量滤饼厚度。

7.3.2 测定程序

7.3.2.1 将温度计插入加热套上的测温孔内，将加热套预热到比所要求的试验温度高大约 6 ℃，将恒温器调节至所需要的试验温度。

7.3.2.2 用现场搅拌器将钻井液样品搅拌 10 min，将样品倒入钻井液杯，留出至少 2.5 cm 的空间，作为钻井液膨胀的预留容积，装好过滤介质。

2) Dynalloy X-5 过滤盘是适合的市售产品的实例。给出这一信息是为了方便本标准的使用者，并不表示对这一产品的认可。

7.3.2.3 组装好钻井液杯,将热电偶安装到钻井液杯内,以便在钻井液杯中心附近检测钻井液样品的温度。在顶、底阀杆关闭的情况下,把钻井液杯放入加热套中。将热电偶与显示器相连接,确认能够正常显示。

7.3.2.4 将高压滤液接收器与底阀杆相接并锁定之。应确保接收器内没有残留水或油。

7.3.2.5 将压力气源分别与顶阀杆及下部的滤液接收器连接并锁定。

7.3.2.6 保持两个阀杆关闭的情况下,将顶压调节器调至较表 2 中所示的最低回压高 690 kPa。开启顶阀杆,必要时重新调节顶压至较表 2 中所示的最低回压高 690 kPa。之后调节回压调节器至表 2 中所示的在该温度下的最低回压。维持这个压力直到升温至所需温度。

7.3.2.7 样品达到所选定的试验温度后,开启底阀杆,立即将顶压增加至较回压高 3 450 kPa(此时即是滤失试验开始),同时启动计时器。试验期间温度波动应维持在±3 ℃之内。如果在试验期间回压升至设定的回压值以上,就小心地从接收器中放出部分滤液以降低回压,同时将滤液收集。

7.3.2.8 将滤液收集在细长型刻度量筒中(或任选刻度量筒中),记录 30 min 时所收集的滤液总体积(水和油)。如果有固相出现,也应记录其体积。

7.3.2.9 收集滤液 30 min 后,立即断开加热套的电源。先关闭顶阀杆,再关闭底阀杆。按照制造商的详细操作说明,泄掉调节器和管线中的压力,然后拆下加压装置。将钻井液杯从加热套中取出,使之冷却至 50 ℃以下。在冷却、泄压和拆卸钻井液杯期间应保持钻井液杯垂直向上。

警告:即使在冷却之后,钻井液杯内的压力仍可能很高,具有一定的危险性。在释放掉钻井液杯内的压力之前就拆卸钻井液杯,可能会造成人身伤害。

7.3.2.10 缓慢开启顶阀杆,从钻井液杯顶部放掉压力,应避免钻井液随气体一起喷出。确保钻井液杯中的压力完全被释放,然后小心拆卸钻井液杯。

7.3.2.11 倒出钻井液杯中的钻井液。

7.3.2.12 在滤饼中心处测量其厚度,并记录,精确至 0.5 mm。

7.3.2.13 在试验过程中可能会发生固相沉降。观察是否有这种迹象,例如滤饼异常厚或质地疏松。记录滤饼的这些特性。为减少沉降,试验中加热和冷却的时间应尽可能短,且应及时取下滤饼进行检测。

7.3.3 计算

7.3.3.1 应将测得的滤液体积校正到过滤面积为 4 580 mm^2 时的体积。高温高压钻井液杯的过滤面积通常是标准面积的一半,若如此,应将所测得的滤液体积乘以 2。

7.3.3.2 记录滤饼厚度,精确至 0.5 mm。

8 用蒸馏法测定油、水和固相含量

8.1 概述

用蒸馏试验测定从油基钻井液样品中释放出来的水和油的量,方法是在一校正好的且工作正常的“蒸馏器”中加热样品。了解水、油和固相含量,是合适控制钻井液性能的前提和基础,这些性能包括油/水比、流变性、密度、滤失及水相的矿化度。了解油基钻井液中固相的相关信息对评价固控设备的性能是至关重要的。在蒸馏试验中,将已知体积的油基钻井液样品在一蒸馏器中加热,使其中的液相成分挥发。然后让蒸气冷凝,并收集在一精确的带有刻度的接收器中。从所用钻井液样品的体积中减去收集到的总液体体积,再除以样品的体积,即可得到蒸馏固相的体积分数。

8.2 仪器

8.2.1 蒸馏器：由以下部件组成。

8.2.1.1 蒸馏装置：包括蒸馏器主体、样品杯和盖子，由303不锈钢制成，或等效物。

标准样品杯的尺寸为10 mL(±0.05 mL)，20 mL(±0.1 mL)和50 mL(±0.25 mL)。应使用重量分析法对带盖样品杯的容积进行校准，校准步骤和计算方法见附录I。

注：从设备制造商处可以获取其他的样品杯尺寸。

8.2.1.2 冷凝器：能够将油和水的蒸气冷却至它们的汽化温度以下。

8.2.1.3 加热套：额定功率350 W。

8.2.1.4 温度控制器：能够把蒸馏器的温度限制在500 ℃±40 ℃。

8.2.2 液体接收器：是一种专门设计的量筒形玻璃器皿，底部为半圆形，以便于清洗，顶部为漏斗状，可以接收落下的液滴。规格如下：

总容量	10 mL	20 mL	50 mL
精度(0～100%容量)	±0.05 mL	±0.05 mL	±0.05 mL
刻度值(0～100%容量)	0.10 mL	0.10 mL	0.50 mL

校准：在20 ℃时校准。

刻度：mL或体积百分数。

材料：透明，在32 ℃以下对油、水和盐溶液均呈惰性。

应使用重量分析法对接收器的容积进行校准，校准步骤和计算方法见附录I。

8.2.3 细钢毛：没有油污染。

不宜使用"液体钢毛"或带有涂层的钢毛。

8.2.4 耐温硅脂：用作螺纹密封剂和润滑剂。

8.2.5 清管器。

8.2.6 刮刀：叶片形，能够伸入蒸馏器样品杯的内部。

8.2.7 软木塞起子。

8.2.8 注射器：容量10 mL，20 mL或50 mL，用于向样品杯中注入样品。

8.2.9 马氏漏斗。

8.3 测定程序

8.3.1 确保蒸馏器样品杯、冷凝通道及液体接收器都是洁净而干燥的，并冷却至室温。在每次试验之前，使用刮刀彻底清洗样品杯的内部和盖子，并应定期使用钢毛轻轻擦洗样品杯内部。每次试验前还应使用清管器清洗冷凝通道并使之干燥。冷凝通道内的沉积物会影响冷凝效率，造成收集到的液体量发生偏差。

8.3.2 采集有代表性的油基钻井液样品，使之冷却至大约26 ℃。用马氏漏斗上的1.68 mm(12目)筛网将样品过滤，除去堵漏材料、大颗粒钻屑和其他碎屑物。

8.3.3 彻底搅拌钻井液样品，以保证其完全均一。注意不得混入空气，而且不得有固相停留在容器底部。

注：如果在蒸馏器中的样品内混有空气，实际上所用的样品体积变小，这样就会得出异常高的蒸馏固相。

8.3.4 缓慢地向样品杯注满钻井液样品，避免混入空气，轻轻叩击样品杯的一侧以排除空气。盖上样品杯的盖子并旋转之，使杯与盖恰好吻合。要保证有少许过量的钻井液从盖上的小孔溢出。将过量的钻井液擦去，同时要避免将杯内样品吸出。

8.3.5 向蒸馏器主体内填入钢毛。

8.3.6 在样品杯的螺纹上涂敷润滑油/密封剂。保持小盖在样品杯上，用手将蒸馏器主体与样品杯旋紧在一起。

8.3.7 在蒸馏器出口的螺纹上涂敷润滑油/密封剂，并连接好冷凝器。将蒸馏装置放到加热套内，关闭隔热门。

8.3.8 将洁净而干燥的液体接收器置于冷凝器出口下方。

注：可能会因接收器过长而需倾斜放置，这种情况下或许可利用试验台的边缘支撑住接收器。

8.3.9 接通加热套的电源，让其加热至少 45 min。

如果钻井液沸腾而直接进入接收器，向蒸馏器主体中填入更多的钢毛，重复试验。

8.3.10 移开液体接收器，使之冷却。记录接收器中收集到的总液体体积、油的体积、水的体积。

注：如果在油相与水相之间存在一个乳化界面，将界面加热有可能破乳。本程序建议，用手握住冷凝器将蒸馏装置从加热套中取出，然后小心地加热乳化界面，加热方法是让接收器与热的蒸馏器装置轻轻接触片刻。应避免使液体沸腾。当界面破乳后，使接收器冷却。在弯月面的最低点读取水的体积。

8.3.11 断开加热套的电源，待蒸馏装置冷却之后再清洗。

8.4 计算

8.4.1 利用测得的油和水的体积，以及原始钻井液样品的体积(10 mL、20 mL 或 50 mL)，可以计算油、水和总固相的体积百分数。

8.4.2 按式(9)计算样品中油的体积百分数：

$$\varphi_o = 100 \times \frac{V_o}{V_s} \qquad \cdots\cdots (9)$$

式中：

φ_o ——油占样品总体积的百分数，%；

V_o ——油的体积，单位为毫升(mL)；

V_s ——钻井液样品的体积，单位为毫升(mL)。

8.4.3 按式(10)计算样品中水的体积百分数：

$$\varphi_w = 100 \times \frac{V_w}{V_s} \qquad \cdots\cdots (10)$$

式中：

φ_w ——水占样品总体积的百分数，%；

V_w ——水的体积，单位为毫升(mL)；

V_s ——钻井液样品的体积，单位为毫升(mL)。

8.4.4 按式(11)计算蒸馏固相的体积百分数：

$$\varphi_{sol} = 100 - (\varphi_w + \varphi_o) \qquad \cdots\cdots (11)$$

式中：

φ_{sol} ——蒸馏固相占样品总体积的百分数，%；

φ_w ——水的体积百分数，%；

φ_o ——油的体积百分数，%。

注：因为有溶解盐存在，这样计算得到的固相含量高于钻井液中的悬浮固相。利用已知的盐溶液体积系数可以进行矿化度体积校正(见第 11 章)。

9 油基钻井液化学分析

9.1 概述

9.1.1 钻井液碱度试验程序是一种滴定法，该法测定的是中和油基钻井液样品中的碱性物质所需要的标准酸的体积。这个碱度值用于计算油基钻井液中未反应的过量石灰含量。过量的碱性物质，比如石灰，有助于稳定乳状液体系，也可以中和二氧化碳或硫化氢等酸性气体。

9.1.2 钻井液氯根含量试验程序是一种滴定法，该法测定与氯根（或其他卤素离子）反应生成氯化银（或卤化银）沉淀所需要的标准硝酸银溶液的体积。如果样品为酸性（pH 低于 7.0），氯根测定可以使用与碱度测定同样的样品。钻井液的氯根含量，直到饱和为止都可认为是存在于水相中。水相中的溶解盐浓度，通过“水相活度”机理，与油基钻井液抑制页岩的效力相关联。另外也需要水相的矿化度值，来校正蒸馏所得到的含水量，以便获得油基钻井液的正确的固相含量值。

9.1.3 钻井液钙含量试验程序是一种滴定法，该法测定与油基钻井液所释放出的钙离子（以及其他水溶性碱土金属离子）反应所需要的标准钙螯合剂（EDTA）溶液的体积，试验时用一种混合溶剂对油基钻井液进行萃取。本试验中所测出的钙可能来源于配制钻井液时所加入的氯化钙（$CaCl_2$）和石灰[CaO 或 $Ca(OH)_2$]，但也有可能来源于所钻出的石膏或硬石膏（$CaSO_4$）。与氯根分析和水含量试验结果一起，钙分析结果可以用来计算钻井液水相中的 $CaCl_2$ 矿化度和 NaC1 矿化度。

这种钙分析方法排除了镁离子（Mg^{2+}）。如果估计有镁离子存在，钙和镁的滴定法及计算步骤应由钻井液工程师和/或油公司专门指定。

9.1.4 第 11 章中给出了基与这些化学分析的计算程序。

9.2 仪器和材料

9.2.1 仪器

a) 一次性注射器：5 mL；

b) 量筒（TC）：25 mL；

c) 刻度移液管（TD）：2 只 1 mL，2 只 10 mL；

注：一对移液管用于硫酸溶液，另一对用于硝酸银溶液。

d) 吸耳球；

e) 磁力搅拌器：配有 4 cm 搅拌子（带镀层）。

9.2.2 材料

a) 溶剂：丙二醇正丙基醚（PNP）（CAS 号：1569-01-3）；

b) 滴定容器：400 mL 烧杯，带盖；

c) 酚酞（CAS 号：77-09-8）指示剂溶液：1 g 酚酞/100 mL 50%的异丙醇水溶液；

d) 硫酸（CAS 号：7664-93-9）标准溶液：0.05 mol/L；

e) 铬酸钾（CAS 号：7789-00-6）指示剂溶液：5 g/100 mL 水；

f) 硝酸银（CAS 号：7761-88-8）标准溶液：$C_{AgNO_3}=47.91$ g/L（$C_{Cl^-}=0.01$ g/mL 或 0.282 mol/L），贮存于棕色或不透明的瓶子中；

g) 蒸馏水或去离子水；

h) 钙缓冲溶液：1 mol/L NaOH（CAS 号：1310-73-2），用分析纯氢氧化钠配制；

注：钙缓冲溶液应贮存在密闭的瓶子中，以尽可能减少对空气中 CO_2 的吸收。

i) 钙指示剂：Calver® Ⅱ[3] 或羟基萘酚蓝（CAS 号：63451-35-4）；

j) EDTA（CAS 号：139-33-3）标准溶液：0.1 mol/L EDTA，即二水合乙二胺四乙酸二钠盐的标准溶液（1 mL=10 000 mg/L $CaCO_3$，1 mL=4 000 mg/L Ca^{2+}）；

注：这种 EDTA 溶液的浓度是水基钻井液试验中所用溶液浓度的 10 倍。

k) 氢氧化钠（CAS 号：1310-73-2）溶液：1 mol/L。

---

3) Calver® Ⅱ是适合的市售产品的实例。给出这一信息是为了方便本标准的使用者，并不表示对这一产品的认可。

9.3 钻井液碱度

9.3.1 测定程序

9.3.1.1 向滴定容器中加入 100 mL PNP 溶剂。

9.3.1.2 用一只 5 mL 注射器,吸入 3 mL 以上的钻井液样品。

9.3.1.3 将其中的 2.0 mL 钻井液转移到滴定容器中。

9.3.1.4 搅拌油基钻井液样品和溶剂,直至混合均匀。

9.3.1.5 加入 200 mL 蒸馏水(或去离子水)。

9.3.1.6 加入 15 滴酚酞指示剂溶液[9.2.2 c)]。

9.3.1.7 在用磁力搅拌器搅拌下,用 0.05 mol/L 硫酸溶液[9.2.2 d)]滴定至粉红色恰好消失。继续搅拌 1 min,如果粉红色不再出现,停止搅拌。

注:可能需要停止搅拌,以便让油水两相发生分层,这样可以更清晰地观测到水相中的颜色变化。

9.3.1.8 让样品静止 5 min,如果粉红色不再出现,则表明已达终点。若粉红色复现,使用硫酸进行二次滴定。若粉红色仍旧复现,进行三次滴定。三次滴定之后即使粉红色再次复现,也视为终点。将消耗的 0.05 mol/L 硫酸溶液体积记作 $V_{H_2SO_4}$,单位为 mL。

9.3.1.9 使用 9.3.1.8 中滴定至终点所消耗的 0.05 mol/L 硫酸溶液的体积,计算钻井液的碱度 Alk_{TOT}。

9.3.2 计算

如式(12)所示:

$$Alk_{TOT} = V_{H_2SO_4}/V_s \qquad \cdots\cdots (12)$$

式中:

Alk_{TOT}——钻井液碱度;

$V_{H_2SO_4}$——消耗的 0.05 mol/L 硫酸溶液体积,单位为毫升(mL);

V_s ——钻井液样品体积,单位为毫升(mL)。

9.4 钻井液氯根含量

9.4.1 测定程序

9.4.1.1 执行 9.3.1.1～9.3.1.8 中的碱度测定程序。

向待滴定氯根的混合溶液中加入 10～20 滴或更多的 0.05 mol/L 硫酸,以保证混合液呈酸性(pH 低于 7.0)。

9.4.1.2 加入 10～15 滴铬酸钾指示液[9.2.2 e)]。

9.4.1.3 在用磁力搅拌器快速搅拌的同时,用 0.282 mol/L 硝酸银溶液[9.2.2 f)]慢慢滴定,直至出现橙红色并稳定至少 1 min 不退色。可能需要停止搅拌,以便让油水两相发生分层,这样可以更清晰地观测到水相中的颜色变化。

注:在滴定过程中可能还需要补加几滴铬酸钾指示液。

9.4.1.4 用 9.4.1.3 中滴定至终点所需要的 0.282 mol/L 硝酸银溶液的体积(mL)来计算钻井液的氯根含量[$c(Cl^-)_{TOT}$]。

9.4.2 计算

如式(13)所示:

$$c(Cl^-)_{TOT} = (10\,000 \times V_{AgNO_3})/V_s \qquad \cdots\cdots (13)$$

式中:

$c(Cl^-)_{TOT}$——钻井液中氯根含量,单位为毫克每升(mg/L);

V_{AgNO_3} ——消耗的 0.282 mol/L 硝酸银的体积,单位为毫升(mL);

V_s ——钻井液样品体积,单位为毫升(mL)。

9.5 钻井液钙含量

9.5.1 测定程序

9.5.1.1 向一带盖的滴定容器中加入 100 mL PNP 溶剂。

9.5.1.2 用一支 5 mL 注射器,吸入 3 mL 以上的钻井液样品。

9.5.1.3 将其中的 2.0 mL 钻井液转移到滴定容器中。

9.5.1.4 盖紧滴定容器的盖子,用手剧烈摇动 1 min。

9.5.1.5 向滴定容器中加入 200 mL 蒸馏水或去离子水。

9.5.1.6 加入 3.0 mL 钙缓冲溶液。

9.5.1.7 加入 0.1 g ~ 0.25 g 粉状钙指示剂。

9.5.1.8 重新盖紧滴定容器的盖子,再次剧烈摇动 2 min。静置几秒钟以便上、下两相分离。如果水相(下层)出现淡红色,则表明有钙离子存在。

9.5.1.9 将滴定容器放到磁力搅拌器上,并放入一个搅拌子。

9.5.1.10 开动搅拌器,使之刚好能搅动水相(下层)而又不致使上、下两层混合,同时用 0.1 mol/L EDTA 溶液非常缓慢地、逐滴地滴定。在终点时会有一个明显的颜色变化,即从淡红色变为蓝绿色。记录所加入的 EDTA 溶液体积(V_{EDTA}),单位为 mL。

9.5.1.11 用 9.5.1.10 中滴定至终点时所需要的 0.1 mol/L EDTA 溶液体积(V_{EDTA})计算钻井液的钙含量 $c(Ca^{2+})_{TOT}$。

9.5.2 计算

如式(14)所示:

$$c(Ca^{2+})_{TOT} = (4\,000 \times V_{EDTA})/V_s \qquad \cdots\cdots(14)$$

式中:

$c(Ca^{2+})_{TOT}$——钻井液中的钙含量,单位为毫克每升(mg/L);

V_{EDTA} ——消耗的 0.1 mol/L EDTA 溶液的体积,单位为毫升(mL);

V_s ——钻井液样品体积,单位为毫升(mL)。

10 电稳定性测定

10.1 概述

10.1.1 油基钻井液的电稳定性(ES)是与其乳状液稳定性及油润湿性相关联的一个参数。ES 的测定,是向浸入在钻井液中的一对平行板电极,施加一个电压逐渐上升的正弦电信号。所产生的电流一直很微弱,直至到达一个临界电压,此后电流强度急剧上升。这个临界电压称为油基钻井液的 ES 值,定义为在电流强度达到 61 μA 时所测得的峰值电压,单位为伏特。

10.1.2 钻井液的化学成分和剪切历史对 ES 绝对数值的影响甚为复杂。因此,根据 ES 的单次测量对钻井液的油润湿状态进行解释是不可取的。在决定钻井液的处理方案时,只能基于 ES 的变化趋势。

10.2 仪器

10.2.1 电稳定性测定仪,性能参数如下:

a) 波形: 正弦波,总谐波失真率<5%;

b) AC 频率： 340 Hz±10 Hz；

c) 输出单位： 峰值电压，伏特；

d) 升压速度： 150 V/s±10 V/s，自动升压；

e) 量程： 3 V～2 000 V（峰值）；

f) 击穿电流： 61 μA±5 μA（峰值）。

10.2.2 电极，性能参数如下：

a) 外壳： 其制造材料至 105 ℃，均可承受油基钻井液中的各种组分；

b) 材料： 防腐金属；

c) 直径： 3.18 mm±0.03 mm；

d) 电极间距 在 22 ℃时为 1.55 mm±0.03 mm。

10.2.3 校正用电阻/二极管，性能参数如下：

a) 数量： 两只（一只低压，一只高压）；

b) 类型： 标准电阻或齐纳二极管；

c) 量程： 可给出如下电压（ES）读值：

低压：500 V～1 000 V；

高压：>1 900 V；

d) 准确度： 预期电压的±2%，可用制造商的表格进行温度校准（如果需要且制造商提供了这种表格的话）。

注：用标准电阻检查电压读值与击穿电流之比。齐纳二极管可直接检查电压读值。同时使用电阻和二极管进行试验，可以获得 ES 测定仪性能的最佳置信度。

10.2.4 温度计：量程 0 ℃～105 ℃。

10.2.5 马氏漏斗。

10.2.6 黏度计恒温杯。

10.2.5 异丙醇（CAS 号 67-63-0）。

10.3 仪器校正/性能检验

10.3.1 检查电极和电缆线，看是否有损伤的迹象。

10.3.2 保证整个电极间距内没有沉积物，电极与主机的接头清洁而干燥。

10.3.3 将电极的探头取下（如果可能的话），按照 ES 测定仪使用说明书，进行一次升压试验。如果仪器工作正常，ES 读值应该达到仪器所允许的最高电压。

10.3.4 将电极探头重新接到 ES 测定仪上，在空气中重复上述升压试验。同样，ES 读值应该达到所允许的高电压。否则，电极探头和接头就可能需要清洗或替换。

10.3.5 在自来水中重复上述升压试验，ES 读值不应超过 3 V。如果超过了 3 V，重新清洗电极或替换之。

10.3.6 用标准电阻和/或齐纳二极管（见 10.2.3 的“注”）检查 ES 测定仪的准确度。ES 读值与预期值相差应在 2.5%以内（测定仪和电阻/二极管的不确定性均包括在内）。如果 ES 读值超出了这个范围，应把仪器退还给供应商以便进行调整和维修。

这些步骤（10.3）不检验波形、AC 频率和升压速率。所以，要请合格的技师定期对 ES 测定仪和电极探头进行检查，以保证二者均符合所有规范。

10.4 电稳定性测定步骤

10.4.1 对仪器进行校正/性能检验（见 10.3）。

10.4.2 用马氏漏斗将油基钻井液样品过滤。

10.4.3 将钻井液样品倒入恒温在 50 ℃±2 ℃的黏度计恒温杯中，记录下样品温度。

10.4.4 用一洁净的纸巾，将电极探头彻底擦干净，使纸巾反复若干次穿过电极的间距。将电极在用来配制钻井液的基油中搅动。如果无法获得基油，也可以用其他油或温和的溶剂（如异丙醇）代替。按照前述同样方法清洗和擦干电极探头。

不得使用清洁液或芳烃溶剂，比如二甲苯，来清洗电极探头和电缆线。

10.4.5 手持电极探头将 50 ℃的样品搅拌大约 10 s，以保证钻井液的成分和温度均一。将电极放在合适的位置，使它不得接触容器的底和壁，并且保证电极的表面完全被样品覆盖。

10.4.6 按照 ES 测定仪使用说明书中介绍的步骤开始升压操作。在升压过程中不要移动电极。

10.4.7 升压结束后，记录显示屏上的 ES 读值。

10.4.8 用同样的钻井液样品重复上述步骤。两次 ES 读值之差不得超过 5%。否则，检查 ES 测定仪和电极探头，看是否有故障。

10.4.9 记录两次 ES 测量的平均值。

11 石灰、固相和矿化度计算

11.1 概述

11.1.1 本程序中的公式可用来计算油基钻井液的下列参数：

a) 钻井液中以 $Ca(OH)_2$ 计的石灰含量；

b) 钻井液中 $CaCl_2$ 和/或 NaCl 含量；

c) 溶于水相中的 $CaCl_2$ 和/或 NaCl 含量；

d) 低密度固相含量（NaCl 和/或钻屑）；

e) 加重材料含量。

11.1.2 公式中所需要的数据如下，这些数据来源于第 4、第 8 和第 9 章中的油基钻井液试验。

a) 钻井液密度（见第 4 章）；

b) 钻井液碱度 Alk_{TOT}（见 9.3）；

c) 钻井液钙含量 $c(Ca^{2+})_{TOT}$（见 9.5）；

d) 钻井液氯根含量 $c(Cl^{-})_{TOT}$（见 9.4）；

e) 蒸馏所得油的体积 V_o 和水的体积 V_w（见第 8 章）。

11.1.3 已知或假定的数据如下：

a) 加重材料的密度 ρ_{wm}（g/cm^3）；

b) 低密度固相的密度 ρ_{lg}（g/cm^3）；

c) 基油的密度 ρ_o（g/cm^3）。

11.1.4 在本计算程序中没有使用“石灰校正法”来校正用 EDTA 滴定法所测出的钻井液钙含量。

11.1.5 一定要使用公式中所要求的单位。每个公式都标明了输入数据和计算结果的单位；尽管美国传统单位也允许使用，但最好还是使用 SI 制单位进行计算。

11.1.6 计算示例见附录 F。

11.2 设备

建议使用计算器，以便快速而准确地进行本程序中所介绍的数学运算。

11.3 钻井液计算

11.3.1 钻井液石灰含量

总石灰含量[$Ca(OH)_2$]为：

$$c[Ca(OH)_2]_{TOT}=3.691\times Alk_{TOT}(kg/m^3) \quad \cdots\cdots(15)$$

$$c[Ca(OH)_2]_{TOT}=1.295\times Alk_{TOT}(lb/bbl) \quad \cdots\cdots(16)$$

式中：

$c[Ca(OH)_2]_{TOT}$——钻井液中的总石灰含量；

Alk_{TOT}——钻井液的碱度。

注：通常把 $c[Ca(OH)_2]_{TOT}$ 称作“过量石灰”。

11.3.2 钻井液氯化钙和氯化钠含量

11.3.2.1 油基钻井液很可能至少含有氯化钙($CaCl_2$)和氯化钠(NaCl)两种盐的一种，或许同时含有两种。利用滴定结果按照下述步骤进行计算，以确定 $CaCl_2$ 和 NaCl 是否同时存在。

11.3.2.2 基于钙含量分析的 $CaCl_2$ 含量可以如式(17)～式(19)所示计算：

$$c(CaCl_2)_{TOT}=2.774\times c(Ca^{2+})_{TOT}(mg/L) \quad \cdots\cdots(17)$$

$$c(CaCl_2)_{TOT}=0.002\,774\times c(Ca^{2+})_{TOT}(kg/m^3) \quad \cdots\cdots(18)$$

$$c(CaCl_2)_{TOT}=0.000\,971\times c(Ca^{2+})_{TOT}(lb/bbl) \quad \cdots\cdots(19)$$

式中：

$c(Ca^{2+})_{TOT}$——钻井液中的钙含量，单位为毫克每升(mg/L)。

11.3.2.3 基于钙含量分析的、与 $CaCl_2$ 相关联的氯离子含量可以如式(20)所示计算：

$$c(Cl^-_{CaCl_2})_{TOT}=1.77\times c(Ca^{2+})_{TOT} \quad \cdots\cdots(20)$$

式中：

$c(Cl^-_{CaCl_2})_{TOT}$——与 $CaCl_2$ 相关联的钻井液中的氯离子含量，单位为毫克每升(mg/L)；

$c(Ca^{2+})_{TOT}$——钻井液中的钙含量，单位为毫克每升(mg/L)。

11.3.2.4 比较两个数值，看哪个较大：

a) 如果 $c(Cl^-_{CaCl_2})_{TOT}\geqslant c(Cl^-)_{TOT}$，则假定钻井液中只有 $CaCl_2$ 存在而没有 NaCl 存在，按 11.3.2.5 中的式(21)计算；

b) 如果 $c(Cl^-)_{TOT}>c(Cl^-_{CaCl_2})_{TOT}$，则假定钻井液中 $CaCl_2$ 和 NaCl 都存在；按 11.3.2.7 进行计算。

11.3.2.5 基于氯根含量分析的氯化钙含量为：

$$c(CaCl_2)_{TOT}=1.57\times c(Cl^-)_{TOT} \quad \cdots\cdots(21)$$

式中：

$c(CaCl_2)_{TOT}$——钻井液中的 $CaCl_2$ 含量，单位为毫克每升(mg/L)。

当没有 NaCl 存在时，使用本计算结果代替按式(17)所得的计算值。

11.3.2.6 可以用式(22)和式(23)将 $CaCl_2$ 含量换算为其他单位：

$$[CaCl_2]=0.001\times c(CaCl_2)_{TOT}(kg/m^3) \quad \cdots\cdots(22)$$

$$[CaCl_2]=0.000\,35\times c(CaCl_2)_{TOT}(lb/bbl) \quad \cdots\cdots(23)$$

当没有 NaCl 存在时，使用本计算结果代替按式(18)、式(19)所得的计算值。并从此点直接跳转到 11.4。

11.3.2.7 在式(17)、式(18)或式(19)中已经计算出了 $CaCl_2$ 含量。与 NaCl 相关联的氯根含量如式(24)所示：

$$c(Cl^-_{NaCl})_{TOT}=c(Cl^-)_{TOT}-c(Cl^-_{CaCl_2})_{TOT} \quad \cdots\cdots(24)$$

式中：

$c(Cl^-_{NaCl})_{TOT}$——钻井液中来自于 NaCl 的氯根含量，单位为毫克每升(mg/L)。

11.3.2.8 NaCl 含量如式(25)所示：

$$c(NaCl)_{TOT}=1.65\times c(Cl^-_{NaCl})_{TOT} \quad \cdots\cdots(25)$$

式中：

$c(NaCl)_{TOT}$——钻井液中的 NaCl 含量，单位为毫克每升(mg/L)。

11.3.2.9　可以用式(26)和式(27)将氯化钠含量换算为其他单位：

$$[NaCl]=0.001\times c(NaCl)_{TOT}(kg/m^3) \quad \cdots\cdots(26)$$

$$[NaCl]=0.000\ 35\times c(NaCl)_{TOT}(lb/bbl) \quad \cdots\cdots(27)$$

11.4　水相计算

11.4.1　以上计算中只涉及了钻井液的盐含量。为了确定钻井液中水相的盐浓度，在下述计算中必须把滴定数据与第 8 章中介绍的蒸馏数据结合起来考虑。

11.4.2　式(28)和式(29)分别计算油基钻井液水相中的 NaCl 和 $CaCl_2$ 含量。$CaCl_2$ 的质量百分数如式(28)所示：

$$w_{NaCl_2}=\frac{100\times c(CaCl_2)_{TOT}}{c(CaCl_2)_{TOT}+c(NaCl)_{TOT}+10\ 000\varphi_w} \quad \cdots\cdots(28)$$

式中：

w_{CaCl_2}——水相中 $CaCl_2$ 的质量百分数，%；

$c(CaCl_2)_{TOT}$——钻井液中的 $CaCl_2$ 含量，单位为毫克每升(mg/L)；

$c(NaCl)_{TOT}$——钻井液中的 NaCl 含量，单位为毫克每升(mg/L)；

φ_w——蒸馏所得到的水的体积百分数，%。

11.4.3　NaCl 的质量百分数如式(29)所示：

$$w_{NaCl}=\frac{100\times c(NaCl)_{TOT}}{c(CaCl_2)_{TOT}+c(NaCl)_{TOT}+10\ 000\varphi_w} \quad \cdots\cdots(29)$$

式中：

w_{NaCl}——水相中 NaCl 的质量百分数，%；

$c(CaCl_2)_{TOT}$——钻井液中的 $CaCl_2$ 含量，单位为毫克每升(mg/L)；

$c(NaCl)_{TOT}$——钻井液中的 NaCl 含量，单位为毫克每升(mg/L)；

φ_w——蒸馏所得到的水的体积百分数，%。

11.4.4　根据图 1 中 $NaCl/CaCl_2$ 盐水在 25 ℃时的互溶性曲线，确定 NaCl 的质量百分数 w_{NaCl} 是否落在互溶范围之外。如果是这样，则油基钻井液中存在未溶解的 NaCl，按照式(28)和式(29)计算出的矿化度是不正确的，因为并非全部 NaCl 都存在于溶液中。

为得到正确的 $c(NaCl)_{TOT}$ 值，使用一种比率法使该值逐次减小，直到所计算出的 w_{NaCl} 和 w_{CaCl_2} 落在图 1 所示的互溶范围内，该方法也涉及式(28)和式(29)。11.4.4.1～11.4.4.6 中所介绍的步骤，采用迭代法逐渐逼近 $c(NaCl)_{TOT}$ 及 w_{NaCl} 和 w_{CaCl_2} 的正确值。附录 F 中给出了这种计算的示例。

11.4.4.1　计算式(30)比率的值。当钻井液中存在大量未溶解的 NaCl 时，这个比率会远小于 1.00。最多需要 3 次"试算"。

$$\frac{w_{n\ Fig\ 1}}{w_{NaCl}} \quad \cdots\cdots(30)$$

式中：

$w_{n\ Fig\ 1}$——从图 1 得到的水相中 NaCl 的质量百分数，%；

w_{NaCl}——水相中 NaCl 的质量百分数，%。

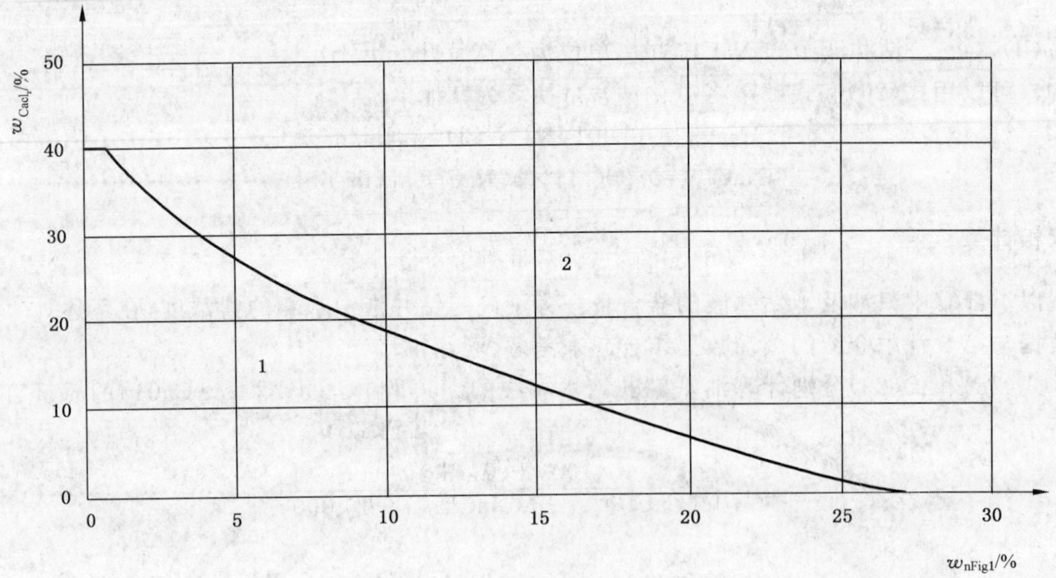

说明：

1——NaCl 可溶；

2——NaCl 不可溶。

图 1　在 25 ℃ 时 NaCl 在 $CaCl_2$ 盐水中的最高浓度

11.4.4.2　用式(30)所得比率去乘式(28)和式(29)中所用的 $c(NaCl)_{TOT}$ 值，得到 $c(NaCl)_{TOT}$ 一个新的试算值，见式(31)。

$$c(NaCl)_{TOT新} = 比率 \times c(NaCl)_{TOT} \quad \cdots\cdots(31)$$

11.4.4.3　将式(31)所得的 $c(NaCl)_{TOT}$ 试算值代入式(28)的分母中，计算出一个新的 w_{CaCl_2} 值，再将之代入式(29)的分母和分子中，计算出一个新的 w_{NaCl} 值。

11.4.4.4　使用 11.4.4.3 中计算出的新的 w_{CaCl_2} 值，从图 1 的曲线上读出一个新的 $c(NaCl)_{TOT}$ 值。

11.4.4.5　使用 11.4.4.4 中从图 1 得出的 $c(NaCl)_{TOT}$ 值以及 11.4.4.3 中得出的 w_{NaCl} 值，计算出第二个比率。

11.4.4.6　按照 11.4.4.3 计算第二个 w_{CaCl_2} 和 w_{NaCl}。当比率达到 0.95 或更高时，记录下这些值。

注 1：当比率达到 0.95 或更高时，就不再需要 $c(NaCl)_{TOT}$ 及 w_{NaCl} 和 w_{CaCl_2} 新值的计算了。通常情况下最多需要 3 轮这样的计算。

注 2：未溶解氯化钠的密度比大多数钻屑都低。如果它存在于油基钻井液中，就会给固相计算带来误差。本程序中没有提供补偿这种误差的方法。

11.4.5　盐水的密度 ρ_B 如式(32)所示：

$$\rho_B = 0.997\ 07 + 0.006\ 504 w_{NaCl} + 0.007\ 923 w_{CaCl_2} + 0.000\ 083\ 34 w_{NaCl} \times w_{CaCl_2} + 0.000\ 043\ 95 w_{NaCl}{}^2 + 0.000\ 049\ 64 w_{CaCl_2}{}^2 \quad \cdots\cdots(32)$$

式中：

ρ_B——盐水密度，单位为克每立方米(g/cm^3)。

注：当溶液中只含一种盐时，对于 $CaCl_2$ 其密度见表 3，对于 NaCl 其密度见表 4。

11.4.6　以 mg/L 为单位的校正后的 $CaCl_2$ 浓度如式(33)所示：

$$c(CaCl_2) = 10\ 000 \times w_{CaCl_2} \times \rho_B \quad \cdots\cdots(33)$$

11.4.7　以 mg/L 为单位的校正后的 NaCl 浓度如式(34)所示：

$$c(NaCl) = 10\ 000 \times w_{NaCl} \times \rho_B \quad \cdots\cdots(34)$$

11.5 固相计算

11.5.1 校正后的固相含量

水和溶解盐的复合物称为盐水。

确定钻井液中校正后的固相含量的方法如式(35)所示，盐水的体积百分数是：

$$\varphi_B=\frac{100\times\varphi_w}{\rho_B\times[100-(w_{NaCl}+w_{CaCl_2})]} \qquad \cdots\cdots(35)$$

式中：

φ_B——盐水占钻井液的体积百分数，%。

校正后的固相体积百分数如式(36)所示：

$$\varphi_{sol}=100-(V_o+\varphi_B) \qquad \cdots\cdots(36)$$

氯化钙盐水性能见表3，氯化钠盐水性能表见表4。

表3 氯化钙盐水性能表

质量分数($CaCl_2$) %	$CaCl_2$ 含量 mg/L	氯根含量 mg/L	最终体积 L	水活度[a]	密度 g/cm³	密度 lb/gal
0	0	0	1.000	1.000	0.998 0	8.330
2	20 330	12 990	1.004	0.996	1.016 6	8.484
4	41 340	26 410	1.008	0.989	1.033 4	8.624
6	63 030	40 280	1.013	0.979	1.050 5	8.766
8	85 420	54 590	1.018	0.967	1.067 8	8.911
10	108 540	69 360	1.024	0.951	1.085 4	9.058
12	132 400	84 600	1.030	0.933	1.103 3	9.207
14	157 050	100 360	1.037	0.912	1.121 8	9.361
16	182 510	116 630	1.044	0.888	1.140 7	9.519
18	208 780	133 410	1.051	0.862	1.159 9	9.679
20	235 920	150 750	1.060	0.832	1.179 6	9.844
22	263 930	168 650	1.069	0.800	1.199 7	10.011
24	292 820	187 100	1.078	0.765	1.220 1	10.182
26	322 660	206 170	1.089	0.727	1.241 0	10.356
28	353 420	225 820	1.100	0.686	1.262 2	10.533
30	385 140	246 090	1.113	0.643	1.283 8	10.713
32	417 890	267 020	1.126	0.597	1.305 9	10.898
34	451 620	288 570	1.141	0.548	1.328 3	11.047
36	486 430	310 780	1.156	0.496	1.351 2	11.276
38	522 310	333 740	1.173	0.441	1.374 5	11.470
40	559 280	357 370	1.192	0.384	1.398 2	11.668

注1：从 $CaCl_2$ 含量中减去氯根含量，就可计算出钙离子的浓度。

注2：水活度为25 ℃数据，其余为20 ℃数据。

[a] 见参考文献6。

表 4 氯化钠盐水性能表

质量分数 (NaCl) %	NaCl 含量 mg/L	氯根含量 mg/L	最终体积 L	水活度[a]	密度 g/cm³	密度 lb/gal
0	0	0	1.000	1.000	0.998 0	8.330
2	20 250	12 310	1.006	0.989	1.014 3	8.464
4	41 140	24 960	1.013	0.976	1.028 6	8.584
6	62 590	37 980	1.020	0.964	1.043 1	8.705
8	84 620	51 350	1.028	0.950	1.065 8	8.827
10	107 260	60 680	1.036	0.935	1.072 6	8.951
12	130 510	79 200	1.045	0.919	1.087 6	9.076
14	154 390	93 680	1.054	0.901	1.102 8	9.203
16	178 910	108 570	1.065	0.882	1.118 2	9.331
18	204 100	123 840	1.076	0.861	1.133 9	9.462
20	229 960	139 540	1.087	0.839	1.149 8	9.595
22	265 520	155 660	1.099	0.815	1.166 0	9.730
24	283 800	172 210	1.113	0.788	1.182 5	9.868
26	311 820	189 210	1.127	0.759	1.199 3	10.008

注 1：从 NaCl 含量中减去氯根含量，就可计算出钠离子的浓度。

注 2：水活度为 25 ℃数据，其余为 20 ℃数据。

[a] 见参考文献 7。

11.5.2 油/水比计算

油/水比(φ_o/φ_w)计算方法如式(37)、式(38)所示：

$$\varphi_o=\frac{100\times V_o}{V_o+V_w} \qquad \cdots\cdots(37)$$

式中：

φ_o——油的体积百分数，%。

$$\varphi_w=\frac{100\times V_w}{V_o+V_w} \qquad \cdots\cdots(38)$$

式中：

φ_w——水的体积百分数，%。

11.5.3 油/盐水比计算

油/盐水比(φ_o/φ_B)计算方法如式(39)、式(40)所示：

$$\varphi_o=\frac{100\times V_o}{V_o+V_B} \qquad \cdots\cdots(39)$$

式中：

φ_o——油的体积百分数，%。

$$\varphi_B = \frac{100 \times V_B}{V_o + V_B} \quad \cdots\cdots(40)$$

式中：

φ_B——盐水的体积百分数，%。

11.5.4 固相浓度和密度

油基钻井液中的固相由低密度固相(如钻屑)和加重材料(如重晶石或赤铁矿)组成。油基钻井液中常见的各种材料的密度见表5。

表5 常用的密度值

钻井液成分	密度 g/cm³	密度 kg/cm³	密度 lb/gal
淡水	1.00	1 000	8.345
常用柴油	0.84	840	7.00
常用低黏度油	0.80	800	6.70
低密度固相	2.65	2 650	22.10
加重材料			
重晶石	4.20	4 200	35.00
赤铁矿	5.05	5 050	42.10

悬浮固相的平均密度如式(41)所示：

$$\rho_{sol} = \frac{100 \times \rho_s - (\varphi_o \times \rho_o) - (\varphi_B \times \rho_B)}{\varphi_{sol}} \quad \cdots\cdots(41)$$

式中：

ρ_{sol}——悬浮固相的平均密度，单位为克每立方厘米(g/cm³)；

ρ_s——钻井液密度，单位为克每立方厘米(g/cm³)；

φ_o——蒸馏所得油的体积百分数，%；

ρ_o——油的密度，单位为克每立方厘米(g/cm³)；

φ_B——盐水占钻井液的体积百分数，%；

ρ_B——盐水的密度，单位为克每立方厘米(g/cm³)；

φ_{sol}——校正后的固相体积百分数，%。

式(41)的计算也可使用美国传统单位制，此时钻井液密度(ρ_s)、油的密度(ρ_o)和盐水的密度(ρ_B)均应使用lb/bbl。

11.5.5 加重材料和低密度固相的体积百分数和浓度

11.5.5.1 加重材料的体积百分数如式(42)所示：

$$\varphi_{wm} = \frac{\rho_{sol} - \rho_{lg}}{\rho_{wm} - \rho_{lg}} \times \varphi_{sol} \quad \cdots\cdots(42)$$

式中：

φ_{wm}——加重材料占总悬浮固相的体积百分数，%；

ρ_{wm}——加重材料的密度，单位为克每立方厘米(g/cm³)；

ρ_{lg} ——低密度固相的密度，单位为克每立方厘米（g/cm^3）。

11.5.5.2 低密度固相的体积百分数如式(43)所示：

$$\varphi_{lg} = \varphi_{sol} - \varphi_{wm} \qquad (43)$$

式中：

φ_{lg}——低密度固相占总悬浮固相的体积百分数，%。

11.5.5.3 可以用式(44)和式(45)将加重材料的含量换算为其他单位：

$$c(wm) = 10 \times \rho_{wm} \times \varphi_{wm} (kg/m^3) \qquad (44)$$

$$c(wm) = 3.5 \times \rho_{wm} \times \varphi_{wm} (lb/bbl) \qquad (45)$$

式中：

$c(wm)$——加重材料的含量。

11.5.5.4 可以用式(46)和式(47)将低密度固相的含量换算为其他单位：

$$c(lg) = 10 \times \rho_{lg} \times \varphi_{lg} (kg/m^3) \qquad (46)$$

$$c(lg) = 3.5 \times \rho_{lg} \times \varphi_{lg} (lb/bbl) \qquad (47)$$

式中：

$c(lg)$——低密度固相的含量。

附 录 A
(资料性附录)
本部分与 ISO 10414-2:2002 相比的结构变化情况

本部分与 ISO 10414-2:2002 相比在结构上有少量调整,具体章条编号对照情况见表 A.1。

表 A.1 本部分与 ISO 10414-2:2002 的章条编号对照情况

本部分章条编号	对应的 ISO 标准章条编号
附录 A	—
附录 B	附录 A
附录 C	附录 B
附录 D	附录 C
附录 E	附录 D
附录 F	附录 E
—	附录 F
—	附录 G
附录 G	附录 H
附录 H	附录 I
附录 I	附录 J
附录 J	—

附 录 B
（资料性附录）
使用切力计筒测定静切力

B.1 概述

B.1.1 经验表明，有些钻井液静止后，特别是在高温下，其切力将大大增加。过高的切力将会在开泵循环时提高泵压，也可导致井漏。过高的切力还可能给测井、射孔及其他井下作业带来麻烦。

B.1.2 本试验程序可用于测定钻井液切力变化的趋势，并估算出其极限切力值的范围。测定静切力时通常采用经高温老化后、静止的钻井液样品，而老化温度一般选择与估算的井底温度相近。老化罐应能承受试验时所要求的压力和温度。

B.2 仪器

a） 不锈钢切力计筒，参数如下：
长度： 89 mm；
外径： 36 mm；
壁厚： 0.2 mm。

注：经验表明切力计筒下部略呈锥状可以改善试验结果的再现性。

b） 用于放置砝码的平板。

c） 一套克级砝码。

d） 刻度尺：刻度为 mm。

B.3 测定程序

B.3.1 将切力计筒及平板小心放置在高温老化后并冷却至室温的钻井液样品表面上，并使其平衡。有可能需要将平板上的砝码左右移动以确保切力计筒开始沉入钻井液中时呈垂直状态。如果老化后的样品表面上生成了一层表皮，则在放置切力计筒前应先将其轻轻挑破。

B.3.2 在平板上小心地加上足量的砝码使切力计筒开始缓慢向下移动。如果砝码的加量并未过量的话，那么切力计筒下沉至某一位置时则不再下沉。此时老化后的钻井液作用在筒表面上的力恰好与所加砝码平衡。一般要求下沉的距离至少为筒身的一半。

B.3.3 以 g 为单位记录平板和砝码的总质量。然后以 cm 为单位记录浸入在样品内的那部分筒长。可以在筒达到下沉平衡时测量其未浸入的那部分长度而准确地确定浸入部分长度。可用一小尺抵在钻井液表面和切力计筒的外缘，测出未浸入部分的长度。从筒的总长度减去此值后即为浸入部分长度。

B.4 计算

如式(B.1)所示计算钻井液的切力：

$$\gamma=\frac{4.40\times(m_{st}+m_{tot})}{l}-1.02\rho_s \qquad \cdots\cdots(B.1)$$

式中：

γ ——钻井液的切力，单位为帕(Pa)；

m_{st} ——切力计筒的质量，单位为克(g)；

m_{tot}——砝码和平板的总质量，单位为克(g)；

l ——浸入在钻井液中的切力计筒长，单位为厘米(cm)；

ρ_s ——钻井液密度，单位为克每立米厘米(g/cm^3)。

可以用式(B.2)将切力换算成美国传统单位：

$$\gamma(lb/100\ ft^2)=2.083\times\gamma(Pa) \quad\cdots\cdots\cdots\cdots(B.2)$$

附　录　C
（资料性附录）
钻屑中油和水含量的测定

C.1　概述

本程序用于测定钻井作业中所产生的钻屑中的油含量。这是一个蒸馏试验，其方法是在一个校准后且工作正常的蒸馏器中加热钻屑样品，测量释放出来的油和水的量。

在该蒸馏试验中，将已知质量的钻屑放入蒸馏器内进行加热，将与样品共存的液体蒸发。然后将油和水的蒸气冷凝，用一精确的带刻度的接收器收集并测量。

注：欲获得一份具有代表性的样品，需要特别注意取样的细节（地点、方法、频度）。地方当局或政府部门可对给定地区的取样步骤作出具体规定。

C.2　仪器

C.2.1　蒸馏器：由以下部件组成。

C.2.1.1　蒸馏装置：包括蒸馏器主体、样品杯和盖子（容量 50 mL，精度±0.25 mL），由 303 不锈钢或其等效物制成。

应使用重量分析法对带盖样品杯的容积进行校准，校准步骤和计算方法见附录 I。

C.2.1.2　冷凝器：能够将油和水的蒸气冷却至它们的汽化温度以下。

C.2.1.3　加热套：额定功率 350 W。

C.2.1.4　温度控制器：能够把蒸馏器的温度限制在 500 ℃±40 ℃。

C.2.2　液体接收器：是一种专门设计的量筒形玻璃器皿，底部为半圆形，以便于清洗，顶部为漏斗状，可以接收落下的液滴。规格如下：

总容量	10 mL	20 mL	50 mL
精度（0～100％容量）	±0.05 mL	±0.05 mL	±0.05 mL
刻度值（0～100％容量）	0.10 mL	0.10 mL	0.50 mL

校准：在 20 ℃时校准。

刻度：mL 或体积百分数。

材料：透明，在 32 ℃以下对油、水和盐溶液均呈惰性。

应使用重量分析法对接收器的容积进行校准，校准步骤和计算方法见附录 I。

C.2.3　电子天平：量程 2 000 g，准确度±0.1 g。

C.2.4　细钢毛：没有油污染。

不宜使用“液体钢毛”或带有涂层的钢毛。

C.2.5　耐温硅脂：用作螺纹密封剂和润滑剂。

C.2.6　清管器。

C.2.7　毛刷。

C.2.8　刮刀：叶片形，能够伸入蒸馏器样品杯的内部。

C.2.9　软木塞起子。

C.3 测定程序

C.3.1 洗净并干燥蒸馏装置及冷凝器。

C.3.2 向蒸馏器主体中填入钢毛。

C.3.3 向样品杯及蒸馏器出口的螺纹上涂敷润滑油/密封剂。

C.3.4 称量并记录样品杯、盖子及蒸馏器主体(带有钢毛)的总质量,记作 m_1,单位为 g。

C.3.5 采集一份具有代表性的钻屑样品。

C.3.6 向样品杯中填充钻屑,并将盖子盖在样品杯上。将样品杯(带盖)与蒸馏器主体旋紧在一起,称量并记录总质量,记作 m_2,单位为 g。

C.3.7 连接好冷凝器,将蒸馏装置放到加热套内。

C.3.8 称量并记录洁净而干燥的液体接收器的质量,记作 m_3,单位为 g。将接收器放到冷凝器出口的下方。

C.3.9 接通蒸馏器电源,使之加热至少 1 h。

注:如因沸腾而有固相进入接收器,则应向蒸馏器主体内填入更多的钢毛,重新进行试验。

C.3.10 移开液体接收器使之冷却。将所回收的水的体积记作 V_w,单位为 mL,可以换算为 g(见 C.4 中的“注”)

注:如果在油相和水相之间存在一个乳化界面,将界面加热有可能破乳。本程序建议,用手握住冷凝器将蒸馏装置从加热套中取出,然后小心地加热乳化界面,加热的方法是让接收器与热的蒸馏器轻轻接触片刻。要避免使液体沸腾。当界面破乳后,使接收器冷却,在弯月面最低点处读取水的体积。

C.3.11 称量并记录接收器及所含液体(油和水)的质量,记作 m_4,单位为 g。

C.3.12 断开蒸馏器的电源。从加热套中取出蒸馏器和冷凝器,使之冷却,取下冷凝器。

C.3.13 称量并记录冷却后的蒸馏器(不带冷凝器),记作 m_5,单位为 g。

C.3.14 清洗蒸馏器装置和冷凝器。

C.4 计算

按如下步骤[见式(C.1)～式(C.6)]计算钻屑中所含油的质量:

a) $$m_w = m_2 - m_1 \quad \cdots\cdots\cdots\cdots (C.1)$$

式中:

m_w ——湿钻屑的质量,单位为克(g);

m_2 ——盛有钻屑的蒸馏装置的质量,单位为克(g);

m_1 ——空蒸馏装置的质量,单位为克(g)。

b) $$m_d = m_5 - m_1 \quad \cdots\cdots\cdots\cdots (C.2)$$

式中:

m_d ——蒸干后的钻屑的质量,单位为克(g);

m_5 ——冷却后的蒸馏装置的质量,单位为克(g);

m_1 ——空蒸馏装置的质量,单位为克(g)。

c) $$m_o = m_4 - (m_3 + V_w) \quad \cdots\cdots\cdots\cdots (C.3)$$

式中:

m_o ——油的质量,单位为克(g);

m_4 ——接收器及所含液体(油和水)的质量,单位为克(g);

m_3 ——干燥的接收器的质量,单位为克(g);

V_w——水的体积，单位为 mL（将 1 mL 视作 1 g）。

注：假定水的密度是 1 g/cm³，水的体积（mL）在数值上与其质量（g）相等。

质量平衡要求：m_d、m_o 与 V_w 之和与湿样品质量之差应在 5%以内，即：

$$0.95 \leqslant \frac{m_d + m_o + V_w}{m_w} \leqslant 1.05 \qquad \text{(C.4)}$$

如果此项要求得不到满足，试验应当重作。

钻屑中油的百分含量的计算：

d) 每 kg 湿钻屑所含油质量（g）：

$$(m_o/m_w) \times 1\ 000 \qquad \text{(C.5)}$$

e) 每 kg 干钻屑所含油质量（g）：

$$(m_o/m_d) \times 1\ 000 \qquad \text{(C.6)}$$

注：当以干钻屑为基准报告油含量时，由于在蒸馏过程中间隙水被提取出来，油含量可能会比从湿钻屑样品计算出的值要高。另外，与含有较少水分的钻屑相比，含有较多水分的钻屑似乎会给出较高的油含量值，原因也是如此。钻屑水含量是按照每 kg 湿钻屑样品所含的水量（g）报告的（见 C.3.10）。

附录 D
（资料性附录）
用电子湿度计测定乳化水相活度

D.1 概述

D.1.1 本附录介绍密闭空间中相对湿度的测定方法，这个密闭空间是在乳化钻井液的上方，测定中使用一支电子湿度计。本程序还将相对湿度与乳化水相的活度关联起来。活度是一种化学物质的化学位或反应活性的量度，在本程序中，这种化学物质是指水。在存在水敏性页岩的情况下，井眼稳定状况可与油基钻井液中水相活度的变化对应起来考虑。

D.1.2 页岩中带电颗粒很多，表面积大，且富含化学离子，这些会降低水的活度，而增强页岩吸收水的趋势。水会从一个低矿化度（高活度）区域通过半透膜而运移到一个高矿化度（低活度）区域。油基钻井液中包围乳化水滴的油膜构成了半透膜，水分子可通过渗透作用而穿过之。

D.1.3 在乳化的水相中溶入盐类，可以防止水从油基钻井液向地层的转移。盐类可以降低水相活度，于是就会减轻水被页岩吸收的趋势。当乳化水相的活度降至等于或低于暴露的页岩的活度时，水的运移就会被消除。井眼状况及钻屑的质地可以指导我们进行合适的活度调整。

D.1.4 用于降低油基钻井液水相活度的常见而最有效的盐是氯化钙。具有给定活度的盐水，当乳化在油相中时，仍然保持其活度不变。油基钻井液的水相活度，会因水的蒸发或加入，或因溶解其他的水溶性盐类而发生变化。

注：实践中用来对付页岩水化的一种常见办法是以油基钻井液水相中的离子分析为根据的。这种方法容易产生误差，因为它依赖于大量的水稀释，以及若干次滴定，而且每次试验中都需要蒸馏分析。况且，有关混合盐体系的活度数据尚不充分，当混合盐存在时无法将离子分析与水相活度精确地联系起来。这里介绍的电子湿度计的应用，无论水相的成分如何，都可测定其活度。

D.2 仪器和试剂

D.2.1 标准饱和盐水：标准饱和盐水的具体参数见表 D.1。

表 D.1 标准饱和盐水

盐	CAS 号	a_w (25 ℃)	盐的加量 g/100 cm^3 水
氯化钙	10043-52-4	0.295	100
硝酸钙	10124-37-5	0.505	200
氯化钠	7647-14-5	0.753	200
硝酸钾	7757-79-1	0.938	200

每一种盐溶液的配制，都应向 100 mL 蒸馏水或去离子水中，加入表 D.1 中所示的盐量，在 65 ℃～90 ℃下搅拌 30 min，然后冷却至 25 ℃～27 ℃，达到平衡后在溶液中应有可见的固体盐存在。

如果没有晶体存在，宜另外加入一些同一种盐的晶体或颗粒，以便诱发沉淀。对于氯化钙来说经常需要这种操作。推荐使用分析纯的盐，但在必要时现场用的 NaCl 或 $CaCl_2$ 也可以使用。

D.2.2 干燥剂：无水氯化钙（CAS号：10043-52-4）。

D.2.3 电子湿度计：由一个便携式相对湿度探头和显示屏构成，规格如下。该仪器也可能配有一个温度探头，在这种情况下就不需要另外的温度计了。

——相对湿度探头要适合于插入盛有样品的广口瓶的上部空间，如图D.1所示。

——湿度计应具有线性响应，文献发表的标准盐水活度值与用仪器在每种盐水上方测得的相对湿度值，二者之间的相关系数应大于0.95。

——当测定D.2.1中给出的标准溶液的活度时，湿度计应能在30 min内指示出其真实活度值±10%。

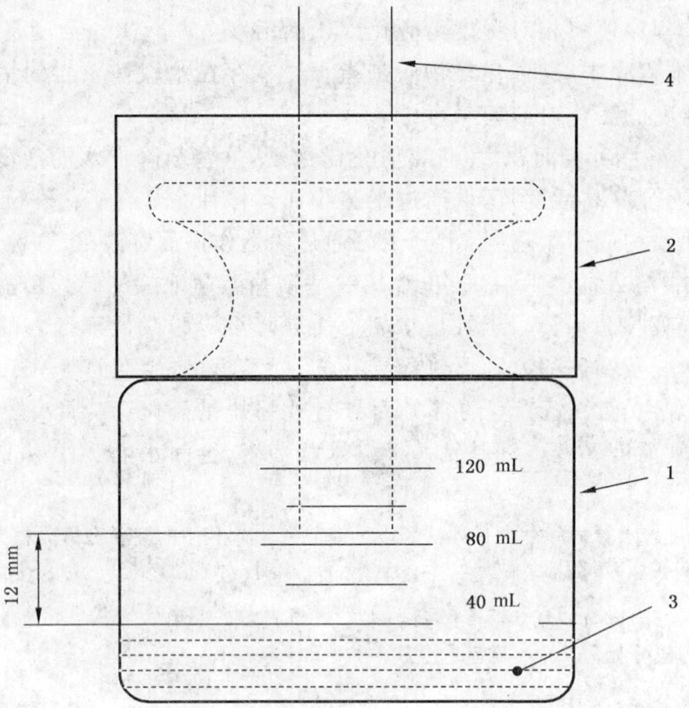

说明：

1——广口瓶，容量150 mL；

2——密封盖；

3——样品，40 mL；

4——相对湿度探头。

图D.1 装有相对湿度探头的广口瓶

D.2.4 温度计：量程0 ℃～105 ℃。

D.2.5 广口瓶：容量大约150 mL，可以给出大约38 cm^2 的液体表面积。该容器应配有一弹性密封盖，当把探头插入时，应能产生密封而不透空气。

D.2.6 绝热罩：用合成泡沫制成，用于广口瓶绝热。该罩应合适地套在广口瓶上，将其侧面与底部隔绝起来以免温度波动。作为替代方法，也可把广口瓶放在恒温水浴中。

D.2.7 直角坐标纸。

D.3 测定程序

D.3.1 湿度计校正

D.3.1.1 根据表D.1配制各种已知相对湿度的标准溶液。在每一个样品容器中加入40 mL的样品就足够了。这些溶液必须密封好，以防溅出、蒸发或污染。

D.3.1.2 在一个样品容器中，用无水氯化钙将探头干燥(也可使用其他干燥剂)。将湿度计的探头(已插入弹性密封盖)放到盐上方的空间内，等待 10 min～15 min。相对湿度的读值为 24%或更低时，就表明探头是干的。在探头和干燥剂之间，保持 12 mm 的距离，对于盐溶液和钻井液样品也要维持同样的距离。绝对不得使探头直接接触任何样品或溶液。

D.3.1.3 将探头和密封盖转移至第一个(最低 a_w)标准溶液，等待 30 min 以达平衡。标准溶液的温度应维持在 24 ℃～25 ℃。

D.3.1.4 从第一个标准溶液取出探头，装在盛有第二个标准溶液的容器中。

D.3.1.5 按照 D.3.1.3 进行，测量每个溶液的相对湿度，从最低活度至最高活度。

D.3.1.6 让每个标准溶液平衡相同的时间。记录下温度和相对湿度(%RH)。

D.3.1.7 当获得全部数据之后，在直角坐标纸上以%RH 对 a_w 作图。

D.3.2 油基钻井液活度 a_{df} 的测定

D.3.2.1 按 D.3.1.2 将探头干燥 10 min～15 min。

D.3.2.2 将室温下的钻井液样品(40 mL)倒入样品容器中。

D.3.2.3 将探头插到液面上方的空间中，距液面 12 mm。样品温度应在 24 ℃～25 ℃之间。

D.3.2.4 接通湿度计电源，等待 30 min(与用标准溶液校正时的时间相同)，记录相对湿度和温度。

检查一下钻井液样品，保证没有油水分层发生。如果分离出一层油膜，就会导致错误的读值。

在将每一个新样品倒入容器之前，要保证容器和密封盖均清洁，且不得沾有固体盐。

D.4 计算钻井液活度 a_{df}

使用 D.3.1.7 中绘制的曲线，根据 D.3.2.4 中得到的%RH，读出钻井液的活度(a_{df})并记录之。

附　录　E
（资料性附录）
苯胺点的测定

E.1　概述

E.1.1　苯胺点是等体积的苯胺和烃类样品能够完全混溶的最低温度。本方法包括了石油产品和烃类溶剂的苯胺点的测定，比如配制油基钻井液时所使用的柴油和低黏度矿物油。本方法适用于透明的液体样品，而且其初始沸点要高于室温，苯胺点要低于泡点而高于苯胺和样品混合物的固化点。

注：欲了解更多信息请参阅 ISO 2977［8］。

E.1.2　苯胺点在表征纯的碳氢化合物时是很有用的。例如，芳烃的苯胺点最低，石蜡烃的苯胺点最高，而环烷烃和烯烃的苯胺点介于上述二者之间。在同族系列中，苯胺点随分子量的增加而上升。烃类混合物的苯胺点，比如柴油和低粘度矿物油，可以作为判断油类中芳烃含量以及油品之间相互比较的一个指标。

E.1.3　当测试用于油基钻井液的基础油品时，低的苯胺点（假定与高的芳烃含量相关）警告我们可能会对与钻井液接触的橡胶件造成损害，例如钻井泵活塞、钻杆橡胶护箍、防喷器橡胶件以及水龙带。高的苯胺点（假定表示低芳烃含量）表明对橡胶件的损害轻，但同时也可能表明油品的溶解能力差，对油基钻井液中的沥青类材料的分散能力也差。

E.2　仪器和试剂

E.2.1　苯胺（CAS 号 62-53-3）：纯，不含水，颜色不得过深，贮存在暗而凉爽的地方。

警告：苯胺毒性很强，不得用嘴吸移液管。通过皮肤吸入体内时，苯胺也会造成中毒。试验操作时要小心谨慎，并戴上合适的手套。要根据环保与健康法规，以安全而正确的方式，处置废旧的苯胺及其混合物。

E.2.2　硫酸钙（CAS 号 7778-18-9）或硫酸钠（CAS 号 7757-82-6）：无水，用作干燥剂。

E.2.3　试管：直径 25 mm，长度 150 mm，由耐热玻璃制成。

E.2.4　外套：直径约为 37 mm～42 mm，长度 150 mm，由耐热玻璃制成。

E.2.5　温度计：量程 25 ℃～105 ℃。

E.2.6　软木塞：两只，一只塞入试管中以支撑温度计；另一只塞入外套中以支撑试管。不要使用橡胶塞。

E.2.7　金属丝搅拌棒：1.5 mm～1.7 mm（14 号）金属丝，弯成直径 19 mm 的圆环，用来搅拌试管中的混合物。

E.2.8　加热浴：可用热空气浴、非挥发性而且透明的液体浴（用油或硅油，不能用水）、或红外加热灯泡（250 W～375 W），以便对试管和和样品进行加热。

水不能用作加热介质，因为苯胺具有吸水性。含水的苯胺会使苯胺点测定结果严重偏高。

E.2.9　冷却浴：可用冷空气浴或透明的液体浴（不能用水），以便将试管和样品冷却至室温以下。

水不能用作冷却介质，因为苯胺具有吸水性。含水的苯胺会使苯胺点测定结果严重偏高。

E.2.10　移液管（TD）：10 mL。

E.2.11　洗耳球。

E.2.12　护目镜。

E.2.13　手套：由不透苯胺的塑料制成。

E.3　测定程序

E.3.1　向油样品中加入约10%体积的干燥剂，以使样品干燥。剧烈摇动3 min～5 min，过滤或者离心，以除去干燥剂。

E.3.2　清洗并干燥试管、外套、温度计和金属丝搅拌棒。

E.3.3　用移液管吸取10 mL苯胺(使用吸耳球)放入试管中。同样，吸取10 mL样品放入试管中。

E.3.4　安装好温度计和搅拌棒。温度计在试管中的放入位置，应使浸入刻度线处于液体的顶部。温度计的玻璃球不能接触试管壁。将试管在外套中居中。

E.3.5　在室温下，快速上下移动搅棒，以搅拌混合物，要避免形成气泡。观察混合物是混溶(清彻)还是不混溶(浑浊)。如果是清彻的，按E.3.12中的步骤进行冷却。

注：对大多数基油来说，苯胺/油样的混合物在室温下都是不混溶(浑浊)的。

E.3.6　如果混合物浑浊，则对外套加热，使试管中混合物的温度以每1 ℃/min～3 ℃/min的速率上升。

E.3.7　在搅拌下继续加热，直到混合物完全混溶(清彻)。将混合物从加热源中移开。

注：不要把苯胺/油样混合物加热到93 ℃以上，这样做是不安全的。

E.3.8　在清彻的混合物以每0.5 ℃/min～1.0 ℃/min的速率冷却时，继续搅拌之。观察何时开始出现浑浊。记录混合物全部变浑浊的温度作为"苯胺点"。

注：真实苯胺点是以浊度表征的，该浊度在反射光中，恰好可以遮蔽温度计的玻璃球。

E.3.9　在搅拌下继续冷却混合物至浑浊首次出现的温度以下1 ℃～2 ℃(在E.3.8中已观测到浑浊初现的温度)。

E.3.10　再次加热混合物(按E.3.7)至重新混溶。移开热源，让其冷却直到再次出现浑浊，以获得苯胺点的另一个观测值。

E.3.11　重复观测苯胺点若干次，直到测定误差在±0.5 ℃以内。

E.3.12　如果苯胺/油样混合物在室温下完全混溶(见E.3.5)，就用一个冷却浴取代加热浴。在快速搅拌下，让混合物以E.3.8中规定的速率慢慢冷却。按E.3.8～E.3.11测定苯胺点。

附 录 F
（资料性附录）
石灰、固相和矿化度计算示例

F.1 概述

下述计算示例用于说明如何使用第11章中的公式确定以重晶石为加重剂的油基钻井液中的盐和固相含量。这里讨论了四种情况：

——钻井液A：钻井液中只含有$CaCl_2$；

——钻井液B：钻井液中只含有NaCl；

——钻井液C：钻井液中同时含有$CaCl_2$和NaCl；

——钻井液D：钻井液中同时含有$CaCl_2$和过量的NaCl。

本附录计算中使用了最常见的单位制。

注1：在所有现场计算中，精确到小数点后第一位即可。在本附录的计算中，对悬浮固相的平均密度、加重材料、低密度固相以及盐水密度，均保留了两位小数。

注2：本附录在算式之后的括号中给出了相关的公式序号（见正文第9～11章）。

F.2 示例中所用的试验数据

各钻井液的物理和化学性质见表F.1。

表F.1 示例中钻井液的物理和化学性质

性 质	钻井液A 只含$CaCl_2$	钻井液B 只含NaCl	钻井液C 含$CaCl_2$和NaCl	钻井液D 含$CaCl_2$和过量NaCl
1）钻井液密度/(g/cm³)	1.32	1.32	1.32	1.32
2）油体积含量(φ_o)/%	59.5	59.5	59.5	59.5
3）水体积含量(φ_w)/%	25.0	25.0	25.0	25.0
4）V_{EDTA}/(mL/mL)	10.0	0.0	8.4	8.4
5）V_{AgNO_3}/(mL/mL)	5.8	4.4	7.0	10.0
6）$V_{H_2SO_4}$/(mL/mL)	2.6	2.0	2.6	3.0
7）油密度/(g/cm³)	0.84	0.84	0.84	0.84
8）低密度固相密度/(g/cm³)	2.65	2.65	2.65	2.65
9）加重材料密度/(g/cm³)	4.20	4.20	4.20	4.20

F.3 钻井液中只含有$CaCl_2$（钻井液A）

F.3.1 总石灰含量：

$$c[Ca(OH)_2]_{TOT}=3.691\times2.6=9.6\ kg/m^3 \cdots\cdots (15)$$

$$c[Ca(OH)_2]_{TOT}=1.295\times2.6=3.4\ lb/bbl \quad (16)$$

F.3.2 总钙含量：

$$c(Ca^{2+})_{TOT}=4\ 000\times10.0=40\ 000\ mg/L \quad (14)$$

F.3.3 总氯根含量：

$$c(Cl^{-})_{TOT}=10\ 000\times5.8=58\ 000\ mg/L \quad (13)$$

F.3.4 总氯化钙含量：

$$c(CaCl_2)_{TOT}=2.774\times40\ 000=110\ 960\ mg/L \quad (17)$$

换算成其他单位：

$$c(CaCl_2)_{TOT}=0.002\ 774\times40\ 000=111.0\ kg/m^3 \quad (18)$$

$$c(CaCl_2)_{TOT}=0.000\ 971\times40\ 000=38.8\ lb/bbl \quad (19)$$

F.3.5 与 $CaCl_2$ 相关联的氯根含量：

$$c(Cl^{-}{}_{CaCl_2})_{TOT}=1.77\times40\ 000=70\ 800\ mg/L \quad (20)$$

F.3.6 氯化钠含量核查：

$$c(Cl^{-}{}_{NaCl})_{TOT}=58\ 000-70\ 800=-12\ 800\ mg/L \quad (24)$$

所得到的负值表明在本钻井液样品中没有 NaCl 存在，因此必须重新计算 $CaCl_2$ 含量。

F.3.7 重新计算氯化钙总含量：

$$c(CaCl_2)_{TOT}=1.57\times58\ 000=91\ 060\ mg/L \quad (21)$$

换算成其他单位：

$$[CaCl_2]=0.001\times91\ 060=91.06\ kg/m^3 \quad (22)$$

$$[CaCl_2]=0.000\ 35\times91\ 060=31.9\ lb/bbl \quad (23)$$

F.3.8 氯化钙质量百分数：

$$w_{CaCl_2}=\frac{100\times91\ 060}{91\ 060+0+(10\ 000\times25.0)}=26.7\% \quad (28)$$

F.3.9 根据 $CaCl_2$ 含量计算氯化钙盐水的密度：

$$\rho_B=0.997\ 07+0.007\ 923\times26.7+0.000\ 049\ 64\times26.7^2=1.24\ g/cm^3 \quad (32)$$

F.3.10 盐水中的氯化钙含量：

$$C(CaCl_2)=10\ 000\times26.7\times1.24=331\ 808\ mg/L \quad (33)$$

F.3.11 盐水体积百分数：

$$\varphi_B=\frac{100\times25.0}{1.24\times(100-26.7)}=27.5\% \quad (35)$$

F.3.12 校正后的固相体积百分数：

$$\varphi_{sol}=100-(59.5+27.5)=13.0 \quad (36)$$

F.3.13 计算油/水比：

$$\varphi_o=\frac{100\times59.5}{59.5+25.0}=70.4\% \quad (37)$$

$$\varphi_w=\frac{100\times25.0}{59.5+25.0}=29.6\% \quad (38)$$

$$OWR=70.4/29.6$$

F.3.14 油/盐水比：

$$\varphi_o=\frac{100\times59.5}{59.5+27.5}=68.4\% \quad (39)$$

$$\varphi_B = \frac{100 \times 27.5}{59.5 + 27.5} = 31.6\% \quad \cdots\cdots(40)$$

$$OBR = 68.4/31.6$$

F.3.15 悬浮固相的平均密度：

$$\rho_{sol} = \frac{100 \times 1.32 - 59.5 \times 0.84 - 27.5 \times 1.24}{13.0} = 3.68\ g/cm^3 \quad \cdots\cdots(41)$$

F.3.16 加重材料体积百分数：

$$\varphi_{wm} = \frac{3.68 - 2.65}{4.2 - 2.65} \times 13.0 = 8.6\% \quad \cdots\cdots(42)$$

F.3.17 低密度固相体积百分数：

$$\varphi_{lg} = 13.0 - 8.6 = 4.4\% \quad \cdots\cdots(43)$$

F.3.18 加重材料浓度：

$$c(wm) = 10 \times 4.20 \times 8.6 = 361.2\ kg/m^3 \quad \cdots\cdots(44)$$

$$c(wm) = 3.5 \times 4.20 \times 8.6 = 126.4\ lb/bbl \quad \cdots\cdots(45)$$

F.3.19 低密度固相浓度：

$$c(lg) = 10 \times 2.65 \times 4.4 = 116.6\ kg/m^3 \quad \cdots\cdots(46)$$

$$c(lg) = 3.5 \times 2.65 \times 4.4 = 40.8\ lb/bbl \quad \cdots\cdots(47)$$

F.4 钻井液中只含有 NaCl(钻井液 B)

F.4.1 总石灰含量：

$$c[Ca(OH)_2]_{TOT} = 3.691 \times 2.0 = 7.38\ kg/m^3 \quad \cdots\cdots(15)$$

$$c[Ca(OH)_2]_{TOT} = 1.295 \times 2.0 = 2.6\ lb/bbl \quad \cdots\cdots(16)$$

F.4.2 总钙含量：

$$c(Ca^{2+})_{TOT} = 4\,000 \times 0 = 0\ mg/L \quad \cdots\cdots(14)$$

F.4.3 总氯根含量：

$$c(Cl^-)_{TOT} = 10\,000 \times 4.4 = 44\,000\ mg/L \quad \cdots\cdots(13)$$

F.4.4 总氯化钙含量：

$$c(CaCl_2)_{TOT} = 2.774 \times 0 = 0\ mg/L \quad \cdots\cdots(17)$$

F.4.5 与 $CaCl_2$ 相关联的氯根含量：

$$c(Cl^-_{CaCl_2})_{TOT} = 1.77 \times 0 = 0\ mg/L \quad \cdots\cdots(20)$$

F.4.6 氯化钠含量核查：

$$c(Cl^-_{NaCl})_{TOT} = 44\,000 - 0 = 44\,000\ mg/L \quad \cdots\cdots(24)$$

所得到的正值表明在本钻井液样品中有 NaCl 存在，因此必须计算 NaCl 含量。

F.4.7 氯化钠总含量：

$$c(NaCl)_{TOT} = 1.65 \times 44\,000 = 72\,600\ mg/L \quad \cdots\cdots(25)$$

换算成其他单位：

$$[NaCl] = 0.001 \times 72\,600 = 72.6\ kg/m^3 \quad \cdots\cdots(26)$$

$$[NaCl] = 0.000\,35 \times 72\,600 = 25.4\ lb/bbl \quad \cdots\cdots(27)$$

F.4.8 氯化钠质量百分数：

$$w_{NaCl} = \frac{100 \times 72\,600}{0 + 72\,600 + (10\,000 \times 25.0)} = 22.5\% \quad \cdots\cdots(29)$$

F.4.9 根据 NaCl 含量计算氯化钠盐水的密度：

$$\rho_B = 0.997\,07 + 0.006\,504 \times 22.5 + 0.000\,043\,95 \times 22.5^2 = 1.17\ g/cm^3 \quad \cdots\cdots(32)$$

F.4.10　盐水中的氯化钠含量：

$$C(NaCl)=10\,000\times 22.5\times 1.17=263\,250\ mg/L \quad \cdots\cdots(34)$$

F.4.11　盐水体积百分数：

$$\varphi_B=\frac{100\times 25.0}{1.17\times(100-22.5)}=27.6\% \quad \cdots\cdots(35)$$

F.4.12　校正后的固相体积百分数：

$$\varphi_{sol}=100-(59.5+27.6)=12.9\% \quad \cdots\cdots(36)$$

F.4.13　计算油/水比：

$$\varphi_o=\frac{100\times 59.5}{59.5+25.0}=70.4\% \quad \cdots\cdots(37)$$

$$\varphi_w=\frac{100\times 25.0}{59.5+25.0}=29.6\% \quad \cdots\cdots(38)$$

$$OWR=70.4/29.6$$

F.4.14　计算油/盐水比：

$$\varphi_o=\frac{100\times 59.5}{59.5+27.6}=68.3\% \quad \cdots\cdots(39)$$

$$\varphi_B=\frac{100\times 27.6}{59.5+27.6}=31.7\% \quad \cdots\cdots(40)$$

$$OBR=68.3/31.7$$

F.4.15　悬浮固相的平均密度：

$$\rho_{sol}=\frac{100\times 1.32-59.5\times 0.84-27.6\times 1.17}{12.9}=3.85\ g/cm^3 \quad \cdots\cdots(41)$$

F.4.16　加重材料体积百分数：

$$\varphi_{wm}=\frac{3.85-2.65}{4.2-2.65}\times 12.9=10.0\% \quad \cdots\cdots(42)$$

F.4.17　低密度固相体积百分数：

$$\varphi_{lg}=12.9-10.0=2.9\% \quad \cdots\cdots(43)$$

F.4.18　加重材料浓度：

$$c(wm)=10\times 4.20\times 10.0=420.0\ kg/m^3 \quad \cdots\cdots(44)$$

F.4.19　低密度固相浓度：

$$c(lg)=10\times 2.65\times 2.9=76.9\ kg/m^3 \quad \cdots\cdots(46)$$

F.5　钻井液中同时含有 $CaCl_2$ 和 NaCl(钻井液 C)

F.5.1　总石灰含量：

$$c[Ca(OH)_2]_{TOT}=3.691\times 2.6=9.6\ kg/m^3 \quad \cdots\cdots(15)$$

F.5.2　总钙含量：

$$c(Ca^{2+})_{TOT}=4\,000\times 8.4=33\,600\ mg/L \quad \cdots\cdots(14)$$

F.5.3　总氯根含量：

$$c(Cl^-)_{TOT}=10\,000\times 7.0=70\,000\ mg/L \quad \cdots\cdots(13)$$

F.5.4　总氯化钙含量：

$$c(CaCl_2)_{TOT}=2.774\times 33\,600=93\,206\ mg/L \quad \cdots\cdots(17)$$

换算成其他单位：

$$c(CaCl_2)_{TOT}=0.000\,971\times 33\,600=32.6\ lb/bbl \quad \cdots\cdots(19)$$

F.5.5 与 $CaCl_2$ 相关联的氯根含量：

$$c(Cl^-{}_{CaCl_2})_{TOT}=1.77\times 33\ 600=59\ 472\ \text{mg/L} \quad\cdots\cdots(20)$$

F.5.6 氯化钠含量核查：

$$c(Cl^-{}_{NaCl})_{TOT}=70\ 000-59\ 472=10\ 528\ \text{mg/L} \quad\cdots\cdots(24)$$

所得到的正值表明在本钻井液样品中有 NaCl 存在，因此应计算 NaCl 含量。

F.5.7 重新计算氯化钙总含量：

$$c(CaCl_2)_{TOT}=1.57\times 59\ 472=93\ 371\ \text{mg/L} \quad\cdots\cdots(21)$$

换算成其他单位：

$$[CaCl_2]=0.001\times 93\ 371=93.4\ \text{kg/m}^3 \quad\cdots\cdots(22)$$

$$[CaCl_2]=0.000\ 35\times 93\ 371=32.7\ \text{lb/bbl} \quad\cdots\cdots(23)$$

F.5.8 氯化钠总含量：

$$c(NaCl)_{TOT}=1.65\times 10\ 528=17\ 371\ \text{mg/L} \quad\cdots\cdots(25)$$

换算成其他单位：

$$[NaCl]=0.001\times 17\ 371=17.4\ \text{kg/m}^3 \quad\cdots\cdots(26)$$

$$[NaCl]=0.000\ 35\times 17\ 371=6.1\ \text{lb/bbl} \quad\cdots\cdots(27)$$

F.5.9 氯化钙质量百分数：

$$w_{CaCl_2}=\frac{100\times 93\ 371}{93\ 371+17\ 371+(10\ 000\times 25.0)}=25.9\% \quad\cdots\cdots(28)$$

F.5.10 氯化钠质量百分数：

$$w_{NaCl}=\frac{100\times 17\ 371}{93\ 371+17\ 371+(10\ 000\times 25.0)}=4.8\% \quad\cdots\cdots(29)$$

注：根据图 1 可以确认全部氯化钠都处于溶解状态。

F.5.11 根据 $CaCl_2$、NaCl 含量计算混合盐水的密度：

$$\rho_B=0.997\ 07+0.006\ 504\times 4.8+0.007\ 923\times 25.9+0.000\ 083\ 34\times 4.8\times 25.9+0.000\ 043\ 95\times 4.8^2+0.000\ 049\ 64\times 25.9^2=1.28\ \text{g/cm}^3 \quad\cdots\cdots(32)$$

F.5.12 盐水中的氯化钙含量：

$$C(CaCl_2)=10\ 000\times 25.9\times 1.28=331\ 520\ \text{mg/L} \quad\cdots\cdots(33)$$

F.5.13 盐水中的氯化钠含量：

$$C(NaCl)=10\ 000\times 4.8\times 1.28=61\ 440\ \text{mg/L} \quad\cdots\cdots(34)$$

F.5.14 盐水体积百分数：

$$\varphi_B=\frac{100\times 25.0}{1.28\times[100-(25.9+4.8)]}=28.2\% \quad\cdots\cdots(35)$$

F.5.15 校正后的固相体积百分数：

$$\varphi_{sol}=100-(59.5+28.2)=12.3\% \quad\cdots\cdots(36)$$

F.5.16 计算油/水比：

$$\varphi_o=\frac{100\times 59.5}{59.5+25.0}=70.4\% \quad\cdots\cdots(37)$$

$$\varphi_w=\frac{100\times 25.0}{59.5+25.0}=29.6\% \quad\cdots\cdots(38)$$

$$OWR=70.4/29.6$$

F.5.17 计算油/盐水比：

$$\varphi_o=\frac{100\times 59.5}{59.5+28.2}=67.8\% \quad\cdots\cdots(39)$$

$$\varphi_B=\frac{100\times 28.2}{59.5+28.2}=32.2\% \quad\cdots\cdots(40)$$

$$OBR = 67.8/32.2$$

F.5.18 悬浮固相的平均密度：

$$\rho_{sol} = \frac{100 \times 1.32 - 59.5 \times 0.84 - 28.2 \times 1.28}{12.3} = 3.75\ g/cm^3 \quad \cdots\cdots (41)$$

F.5.19 加重材料体积百分数：

$$\varphi_{wm} = \frac{3.75 - 2.65}{4.2 - 2.65} \times 12.3 - 8.5\% \quad \cdots\cdots (42)$$

F.5.20 低密度固相体积百分数：

$$\varphi_{lg} = 12.3 - 8.5 = 3.8\% \quad \cdots\cdots (43)$$

F.5.21 加重材料浓度：

$$c(wm) = 10 \times 4.20 \times 8.5 = 357.0\ kg/m^3 \quad \cdots\cdots (44)$$

$$c(wm) = 3.5 \times 4.20 \times 8.5 = 125.0\ lb/bbl \quad \cdots\cdots (45)$$

F.5.22 低密度固相浓度：

$$c(lg) = 10 \times 2.65 \times 3.8 = 100.7\ kg/m^3 \quad \cdots\cdots (46)$$

$$c(lg) = 3.5 \times 2.65 \times 3.8 = 35.3\ lb/bbl \quad \cdots\cdots (47)$$

F.6 钻井液中同时含有 $CaCl_2$ 和过量 NaCl(钻井液 D)

F.6.1 总石灰含量：

$$c[Ca(OH)_2]_{TOT} = 3.691 \times 3.0 = 11.1\ kg/m^3 \quad \cdots\cdots (15)$$

F.6.2 总钙含量：

$$c(Ca^{2+})_{TOT} = 4\ 000 \times 8.4 = 33\ 600\ mg/L \quad \cdots\cdots (14)$$

F.6.3 总氯根含量：

$$c(Cl^-)_{TOT} = 10\ 000 \times 10.0 = 100\ 000\ mg/L \quad \cdots\cdots (13)$$

F.6.4 总氯化钙含量：

$$c(CaCl_2)_{TOT} = 2.774 \times 33\ 600 = 93\ 206\ mg/L \quad \cdots\cdots (17)$$

换算成其他单位：

$$c(CaCl_2)_{TOT} = 0.000\ 971 \times 33\ 600 = 32.6\ lb/bbl \quad \cdots\cdots (19)$$

F.6.5 与 $CaCl_2$ 相关联的氯根含量：

$$c(Cl^-{}_{CaCl_2})_{TOT} = 1.77 \times 33\ 600 = 59\ 472\ mg/L \quad \cdots\cdots (20)$$

F.6.6 氯化钠含量核查：

$$c(Cl^-{}_{NaCl})_{TOT} = 100\ 000 - 59\ 472 = 40\ 528\ mg/L \quad \cdots\cdots (24)$$

所得到的正值表明在本钻井液样品中同时有 $CaCl_2$ 和 NaCl 存在，因此应根据 $c(Cl^-{}_{CaCl_2})_{TOT}$ 重新计算 $CaCl_2$ 含量。

F.6.7 重新计算氯化钙总含量：

$$c(CaCl_2)_{TOT} = 1.57 \times 59\ 472 = 93\ 371\ mg/L \quad \cdots\cdots (21)$$

换算成其他单位：

$$[CaCl_2] = 0.001 \times 93\ 371 = 93.4\ kg/m^3 \quad \cdots\cdots (22)$$

$$[CaCl_2] = 0.000\ 35 \times 93\ 371 = 32.7\ lb/bbl \quad \cdots\cdots (23)$$

F.6.8 氯化钠总含量：

$$c(NaCl)_{TOT} = 1.65 \times 40\ 528 = 66\ 871\ mg/L \quad \cdots\cdots (25)$$

换算成其他单位：

$$[NaCl] = 0.001 \times 66\ 871 = 66.9\ kg/m^3 \quad \cdots\cdots (26)$$

$$[NaCl]=0.000\ 35\times 66\ 871=23.4\ lb/bbl \quad \cdots\cdots(27)$$

F.6.9 氯化钙质量百分数：

$$w_{CaCl_2}=\frac{100\times 93\ 371}{93\ 371+66\ 871+(10\ 000\times 25.0)}=22.8\% \quad \cdots\cdots(28)$$

F.6.10 氯化钠质量百分数：

$$w_{NaCl}=\frac{100\times 66\ 871}{93\ 371+66\ 871+(10\ 000\times 25.0)}=16.3\% \quad \cdots\cdots(29)$$

注1：对于本例，根据图1，在盐水中有如此多的 $CaCl_2$ 存在下，溶解态的氯化钠不会超过7.0%。欲求出真正存在于溶液中的氯化钠 w_{NaCl}，必须按照下述程序进行计算，以得到与图1互溶性一致的 w_{CaCl_2} 和 w_{NaCl}。在本例中，必须进行一次、二次、三次叠代，计算"比率"和 w_{CaCl_2}、w_{NaCl} 值，以获得95%以上的精度。

$$第一次试算比率=\frac{7.0\%(见图1)}{16.3\%(见 F.6.10)}=0.429 \quad \cdots\cdots(30)$$

$$第一次试算\ c(NaCl)_{TOT新}=0.429\times 66\ 871=28\ 687\ mg/L \quad \cdots\cdots(31)$$

$$第一次试算\ w_{CaCl_2}=\frac{100\times 93\ 371}{93\ 371+28\ 687+(10\ 000\times 25.0)}=25.1\% \quad \cdots\cdots(28)$$

$$第一次试算\ w_{NaCl}=\frac{100\times 28\ 687}{93\ 371+28\ 687+(10\ 000\times 25.0)}=7.7\% \quad \cdots\cdots(29)$$

从图1可读出，NaCl 质量百分数为6.0%。

$$第二次试算比率=\frac{6.0\%}{7.7\%}=0.779 \quad \cdots\cdots(30)$$

$$第二次试算\ c(NaCl)_{TOT新}=0.779\times 28\ 687=22\ 347\ mg/L \quad \cdots\cdots(31)$$

$$第二次试算\ w_{CaCl_2}=\frac{100\times 93\ 371}{93\ 371+22\ 347+(10\ 000\times 25.0)}=25.5\% \quad \cdots\cdots(28)$$

$$第二次试算\ w_{NaCl}=\frac{100\times 22\ 347}{93\ 371+22\ 347+(10\ 000\times 25.0)}=6.1\% \quad \cdots\cdots(29)$$

从图1可读出，NaCl 质量百分数为6.0%。

$$第三次试算比率=\frac{6.0\%}{6.1\%}=0.984(见注2) \quad \cdots\cdots(30)$$

$$第三次试算\ c(NaCl)_{TOT新}=0.984\times 22\ 347=21\ 981\ mg/L \quad \cdots\cdots(31)$$

$$第三次试算\ w_{CaCl_2}=\frac{100\times 93\ 371}{93\ 371+21\ 981+(10\ 000\times 25.0)}=25.5\% \quad \cdots\cdots(28)$$

$$第三次试算\ w_{NaCl}=\frac{100\times 21\ 981}{93\ 371+21\ 981+(10\ 000\times 25.0)}=6.0\% \quad \cdots\cdots(29)$$

注2：当比率接近1.00时，就没有必要进一步试算了(在实际工作中，比率值大于0.95即可)。在本例中，第三次试算中所用的比率值是0.984，表明在第二次试算之后 w_{CaCl_2} 和 w_{NaCl} 值就足够准确了。

F.6.11 根据 $CaCl_2$、NaCl 含量计算混合盐水的密度：

$$\rho_B=0.997\ 07+0.006\ 504\times 6.0+0.007\ 923\times 25.5+0.000\ 083\ 34\times 6.0\times 25.5+0.000\ 043\ 95\times 6.0^2+0.000\ 049\ 64\times 25.5^2=1.28\ g/cm^3 \quad \cdots\cdots(32)$$

F.6.12 盐水中的氯化钙含量：

$$C(CaCl_2)=10\ 000\times 25.5\times 1.28=326\ 400\ mg/L \quad \cdots\cdots(33)$$

F.6.13 盐水中的氯化钠含量：

$$C(NaCl)=10\ 000\times 6.0\times 1.28=76\ 800\ mg/L \quad \cdots\cdots(34)$$

F.6.14 盐水体积百分数：

$$\varphi_B=\frac{100\times 25.0}{1.28\times[100-(25.5+6.0)]}=28.5\% \quad \cdots\cdots(35)$$

F.6.15 校正后的固相体积百分数：

$$\varphi_{sol}=100-(59.5+28.5)=12.0\% \quad \cdots\cdots(36)$$

F.6.16 计算油/水比：

$$\varphi_{o}=\frac{100\times 59.5}{59.5+25.0}=70.4\% \quad \cdots\cdots(37)$$

$$\varphi_{w}=\frac{100\times 25.0}{59.5+25.0}=29.6\% \quad \cdots\cdots(38)$$

$$OWR=70.4/29.6$$

F.6.17 计算油/盐水比：

$$\varphi_{o}=\frac{100\times 59.5}{59.5+28.5}=67.6\% \quad \cdots\cdots(39)$$

$$\varphi_{B}=\frac{100\times 28.5}{59.5+28.5}=32.4\% \quad \cdots\cdots(40)$$

$$OBR=67.6/32.4$$

F.6.18 悬浮固相的平均密度：

$$\rho_{sol}=\frac{100\times 1.32-59.5\times 0.84-28.5\times 1.28}{12.0}=3.79\ g/cm^3 \quad \cdots\cdots(41)$$

F.6.19 加重材料体积百分数：

$$\varphi_{wm}=\frac{3.79-2.65}{4.2-2.65}\times 12.0=8.8\% \quad \cdots\cdots(42)$$

F.6.20 低密度固相体积百分数：

$$\varphi_{lg}=12.0-8.8=3.2\% \quad \cdots\cdots(43)$$

F.6.21 加重材料浓度：

$$c(wm)=10\times 4.20\times 8.8=369.6\ kg/m^3 \quad \cdots\cdots(44)$$

F.6.22 低密度固相浓度：

$$c(lg)=10\times 2.65\times 3.2=84.8\ kg/m^3 \quad \cdots\cdots(46)$$

附　录　G
（资料性附录）
用 Chenevert 法测定钻屑的水活度

G.1　概述

G.1.1　本程序介绍密闭空间中相对湿度的测定方法，这个密闭空间与新近从井眼取出的、洁净的钻屑（页岩）样品处于平衡状态，测定中使用一支电子湿度计。测得的活度值 a_w 的变化范围为 0～1，该值与水蒸气从页岩样品逃逸的趋势（逸度）成正比，且与水的反应活性相关。用这种方法测得的钻屑含水量主要与页岩中的黏土和其他水化材料相关联。

G.1.2　本程序提供了样品采集、处理和清洗的专用指南，以及使用电子湿度计测试钻屑活度的指南。该程序可与附录 D 中油基钻井液水相活度测定程序并行使用，进而可以对同一口井的钻井液活度数据和钻屑活度数据进行可靠的比较。

G.1.3　用本程序在地面上测得的钻屑活度可能并不代表同一页岩在井下的活度。当钻屑从井眼中运移到地面之后，由于温度、压力和应力状态的改变，其性质也会发生变化。另外，钻井液与钻屑之间的活度反差较大时，钻屑的活度会逐渐接近钻井液的活度。在大多数情况下，测定出同一口井的钻井液和钻屑活度的变化趋势，就能够判断出二者中哪个活度较高。

G.2　仪器和试剂

G.2.1　标准饱和盐水：标准饱和盐水的具体参数见表 G.1。

表 G.1　标准饱和盐水

盐	CAS 号	a_w (25 ℃)	盐的加量 g/100 cm³ 水
氯化钙	10043-52-4	0.295	100
硝酸钙	10124-37-5	0.505	200
氯化钠	7647-14-5	0.753	200
硝酸钾	7757-79-1	0.938	200

每一种盐溶液的配制，都应向 100 mL 蒸馏水或去离子水中，加入表 H.1 中所示的盐量，在65 ℃～90 ℃下搅拌 30 min，然后冷却至 25 ℃～27 ℃，达到平衡后在溶液中应有可见的固体盐存在。

如果没有晶体存在，宜另外加入一些同一种盐的晶体或颗粒，以便诱发沉淀。对于氯化钙经常需要这种操作。推荐使用分析纯的盐，但在必要时现场用的 NaCl 或 $CaCl_2$ 也可以使用。

G.2.2　干燥剂：无水氯化钙（CAS 号：10043-52-4）。

G.2.3　电子湿度计：由一个便携式相对湿度探头和显示屏构成，规格如下。该仪器也可能配有一个温度探头，在这种情况下就不需要另外的温度计了。

——相对湿度探头要适合于插入盛有样品的广口瓶的上部空间，如图 D.1 所示。

——湿度计应具有线性响应，文献发表的标准盐水活度值与用仪器在每种盐水上方测得的相对湿度值，二者之间的相关系数应大于 0.95。

——当测定 G.2.1 中给出的标准溶液的活度时，湿度计应能在 30 min 内指示出其真实活度值±10%。

G.2.4　基油：1.0 L～1.5 L，应使用与配制油基钻井液时同样的油品，并保证其中没有自由水存在。

G.2.5　温度计：量程 0 ℃～105 ℃。

G.2.6　广口瓶：容量大约 150 mL，可以给出大约 38 cm^2 的液体表面积。该容器应配有一弹性密封盖，当把探头插入时，应能产生密封而不透空气。

G.2.7　绝热罩：用合成泡沫制成，用于广口瓶绝热。该罩应合适地套在广口瓶上，将其侧面与底部隔绝起来以免温度波动。作为替代方法，也可把广口瓶放在恒温水浴中。

G.2.8　直角坐标纸。

G.2.9　纸巾。

G.2.10　洗瓶：塑料瓶，容量 500 mL，带有丝扣密封盖。

G.2.11　筛网：孔眼 0.589 mm(28 目)。

G.2.12　带刻度烧杯：400 mL。

G.3　测定程序

G.3.1　湿度计校正

G.3.1.1　根据表 G.1 配制各种已知相对湿度的标准溶液。在每一个样品容器中加入 40 mL 的样品就足够了。这些溶液必须密封好，以防溅出、蒸发或污染。

G.3.1.2　在一个样品容器中，用无水氯化钙将探头干燥(也可使用其他干燥剂)。将湿度计的探头(已插入弹性密封盖)放到盐上方的空间内，等待 10 min～15 min。相对湿度的读值为 24%或更低时，就表明探头是干的。在探头和干燥剂之间，保持 12 mm 的距离，对于盐溶液和钻井液样品也要维持同样的距离。绝对不得使探头直接接触任何样品或溶液。

G.3.1.3　将探头和密封盖转移至第一个(最低 a_w)标准溶液，等待 30 min 以达平衡。标准溶液的温度应维持在 24 ℃～25 ℃。

G.3.1.4　从第一个标准溶液取出探头，装在盛有第二个标准溶液的容器中。

G.3.1.5　按照 G.3.1.3 进行，测量每个溶液的相对湿度，从最低活度至最高活度。

G.3.1.6　让每个标准溶液平衡相同的时间。记录下温度和相对湿度(%RH)。

G.3.1.7　当获得全部数据之后，在直角坐标纸上以%RH 对 a_w 作图。

G.3.2　钻屑活度的测定

G.3.2.1　按 G.3.1.2 将探头干燥 10 min～15 min。

G.3.2.2　从振动筛处直接采集一份新鲜的钻屑样品，应小心谨慎，尽量减少样品在空气中的暴露时间，同时尽量除去粘附在钻屑上的油基钻井液。

G.3.2.3　向 500 mL 洗瓶中加入 300 mL 清洁、不含水、处于室温下的基油。

G.3.2.4　量取大约 100 mL 松散的、新鲜的钻屑(G.3.2.2)，盛入 400 mL 带刻度烧杯中，之后转移到盛有基油的洗瓶中，盖紧密封盖。

G.3.2.5　用手轻轻摇动洗瓶 30 s。

G.3.2.6　打开密封盖，将筛网盖在瓶口上，倒出洗涤用油，保留瓶中的钻屑。

G.3.2.7　再次向洗瓶中加入 300 mL 清洁、不含水、处于室温下的基油，重复 G.3.2.5 和 G.3.2.6 中的步骤。

G.3.2.8　洗涤钻屑之后，让粘附的基油尽量淌干。将钻屑倾倒在三至四层具有吸湿性的纸巾上。将纸巾折叠，轻轻将钻屑表面的残余油吸收掉。尽量减少钻屑在空气中的暴露时间。

G.3.2.9　将 35 mL～45 mL 洗净后的钻屑快速转移到与湿度计配套的 150 mL 广口瓶中，将广口瓶放入绝热罩或恒温水浴中。盖好密封盖。

G.3.2.10 用带有已校正湿度计探头的密封盖替换原有密封盖。保证探头插到钻屑上方的空间中，距钻屑 12 mm，不得与钻屑接触。钻屑温度应在 24 ℃～25 ℃之间。

G.3.2.11 接通湿度计电源，等待 30 min（与用标准溶液校正时的时间相同），记录相对湿度和温度。

G.4 钻屑活度 a_{ds} 计算

使用 G.3.1.7 中绘制的曲线，根据 G.3.2.11 中得到的%RH，读出钻屑的活度（a_{df}）并记录之。

附　录　H
（资料性附录）
用加勒特气体分离法分析活性硫化物

H.1　概述

H.1.1　该程序采用加勒特气体分离法测量油基钻井液中的活性硫化物。气体分离器从液体样品中分离出气体，并使这种气体通过硫化氢探测器（即 Dräger 管[4]），以便进行硫化物定量分析。随着 H_2S 与管内试剂发生反应，Dräger 管沿其长度逐渐变暗，以此反映 H_2S 的量。两种 Dräger 管配合使用，可覆盖宽泛的硫化物浓度范围，从大约 1 mg/L～4 000 mg/L。低浓度 Dräger 管为白色，直到 H_2S 将其变成棕黑色；高浓度 Dräger 管为淡蓝色，直到 H_2S 将其变成黑色。尚未发现 H_2S 以外的钻井液常见成分或污染物会在 Dräger 管中引起这种变色反应。

H.1.2　可将醋酸铅纸盘放置在加勒特气体分离器中定性地探测是否存在硫化物。若醋酸铅纸盘变暗表明有硫化物存在，则宜使用一只 Dräger 管进一步做定量分析。

H.1.3　分析时使用全油基钻井液（而不是滤液），以便检测出钻井液中的全部活性硫化物。活性硫化物通常是 H_2S 和石灰的中和产物，以及全部未反应的 H_2S 气体。利用气体分离器中的弱酸可将活性硫化物中的 S^{2-} 释放出来，但不会释放诸如硫化锌、硫化铜或硫化铅这类惰性硫化物中的 S^{2-}。

H.2　试剂和仪器

H.2.1　柠檬酸（CAS 号 77-929）/破乳剂/异丙醇（CAS 号 67-63-0）溶液：将 420 g 分析纯柠檬酸溶解于去离子水中，定容至 1 000 mL，即为 2 mol/L 柠檬酸溶液。向该溶液中混入 200 mL 异丙醇和 25 mL 破乳剂[5]。

H.2.2　消泡剂：正辛醇（CAS 号 111-87-5），盛于滴瓶中。

H.2.3　丙酮（CAS 号 67-64-1）。

H.2.4　载体气：对硫化氢、硫化物盐类、柠檬酸、破乳剂、异丙醇和 Dräger 管内试剂均呈惰性。最好用氮气，但二氧化碳也可使用。避免使用空气或其他含氧的气体。

H.2.5　Dräger H_2S 分析管：

a)　低浓度管：标识 H_2S 100/a（No. CH-291-01）。

b)　高浓度管：标识 H_2S 0.2% A（No. CH-281-01）。

H.2.6　加勒特气体分析仪：包括一个由透明材料或玻璃制成的气体分离器、一个惰性气体源和压力调节器、一个浮球流量计和一个 Dräger 管。这些部件应具有以下特性：

a)　本体：

1)　第 1 室：

——深度　　90 mm；

——直径　　39 mm。

---

4)　Dräger 管是适合的市售产品的实例。给出这一信息是为了方便本标准的使用者，并不表示对这一产品的认可。

5)　Schlumberger Dowell W35 是适合的市售产品的实例。给出这一信息是为了方便本标准的使用者，并不表示对这一产品的认可。

2） 第2室和第3室：

— 深度　90 mm；

——直径　30 mm。

3） 室间通道：直径2.0 mm。

4） 材料：透明材料或玻璃，对酸、硫化物和硫化氢气体均呈惰性。

b） 扩散管：

1） 管体：

——直径　8.0 mm；

——长度　150 mm。

2） 扩散过滤填料（铃形，细颗粒）：直径30 mm。

3） 材料：低膨胀系数、耐热玻璃。

c） 流量计：最好用浮球式，可测量300 mL/min的CO_2或N_2气。

d） 软管：对于硫化氢和载体气呈惰性，最好用胶乳橡胶或等效物。

e） 硬管和接头：对硫化氢和酸呈惰性。

H.2.7 注射器：10 mL，由玻璃或塑料制成，对油基钻井液和硫化物呈惰性。

H.2.8 量筒：25 mL。

H.2.9 磁力搅拌器。

H.2.10 搅拌子：2.5 cm，带有玻璃或PTFE涂层。

H.2.11 样品注入管：带有15 mm针头（由PTFE或等效塑料制成，对油基钻井液和硫化物呈惰性）。

H.2.12 软毛刷。

H.2.13 清管器。

H.3 测定程序

H.3.1 按制造商的说明书组装并操作加勒特气体分析仪。

H.3.2 将样品注入管插入第1室顶部的橡胶隔膜，确保注入管在隔膜中密封。

H.3.3 将卸掉顶部的气体分离器本体放置在磁力搅拌器上，使第1室的中心恰好处于搅拌器中心上方。将搅拌子投入第1室中。卸下气体分离器本体上的橡胶支脚，这样分离器本体就可平放在搅拌器上。

H.3.4 向第1室中加入20 mL柠檬酸/破乳剂/异丙醇溶液（见H.2.1）。

H.3.5 向第1室中加入10滴消泡剂。

H.3.6 针对预计的硫化物含量范围，根据表H.1选择所需的样品体积和Dräger管类型。敲断管两端的尖头。

H.3.7 将Dräger管插入设置好的插孔，使箭头向下。同样，插入流量计管，使“顶部”（TOP）标记向上。确保环绕每只管子的O型圈密封。

H.3.8 将卸掉的气体分离器的顶部重新安放好，并手动拧紧全部螺钉以便使O型圈密封，各个螺钉的紧固程度应均匀。将扩散管放置到第1室中，位置应足够高，在液面以上。

表 H.1　用于各种硫化物浓度范围的 Dräger 管标识、样品体积和管系数

硫化物浓度范围 mg/L	样品体积 mL	Dräger 管标识 （见管体）	管系数[a] （用于计算）
1.2～24	10.0	H_2S 100/a	0.133
2.4～48	5.0	H_2S 100/a	0.133
4.8～96	2.5	H_2S 100/a	0.133
30～1 050	10.0	H_2S 0.2%/A	1 330
60～2 100	5.0	H_2S 0.2%/A	1 330
120～4 200	2.5	H_2S 0.2%/A	1 330

[a] 若用其他管，则第 4 栏中的管系数应按制造商的技术规格变更。

H.3.9　用软管将可调节气源与第 1 室中的扩散管顶端连接起来。

H.3.10　用软管将第 3 室的出口与 Dräger 管连接起来。

警告：不要夹紧软管；一旦发生过压情况，未被夹紧的软管可以安全泄压。

H.3.11　用一个不带针头的注射器抽取钻井液样品，其体积如 H.3.6 中所确定，再附加 0.5 mL 的过量钻井液。

注：过量钻井液用来补偿样品注入管的滞留体积，大约为 0.5 mL。

H.3.12　连接注射器至样品注入管，并用诸如橡胶箍等器具固定住注射器的柱塞，使其不致在压力作用下被顶出。

H.3.13　使载体气流动 15 s，同时保持扩散过滤填料处于第 1 室中的液面以上，以便从气体分离器中清除空气。避免第 1 室中的溶液起泡。在保持载体气流动的情况下，检查气体分离器是否有泄漏，之后停止气流。

H.3.14　接通磁力搅拌器电源，调节其转速至形成旋涡。小心降低扩散管，使之浸入液体至恰在旋转中的搅拌子之上。

H.3.15　降低样品注入管，直到其出口处于扩散管下方少许，这样可使油基钻井液进入旋涡。

H.3.16　非常缓慢地从注射器向第 1 室中注入样品。提高搅拌速度以改善扩散，并避免油基钻井液粘附到第 1 室的壁上。继续搅拌约 1 min。

H.3.17　再次固定住注射器的柱塞，并重新开启载体气流，使流量计浮球保持在两条标志线之间，以便调节流速至 200 mL/min～400 mL/min。

注：在此流速下一个 CO_2 气弹可提供 15 min～20 min 气流。

H.3.18　观察 Dräger 管外观变化。在前锋开始变模糊以前，观测并记录最大变暗长度（管体上标有单位）。继续载气流动，时间共计 15 min，此时前锋可能会出现弥漫状和羽毛状染色，这种现象可以忽略。在高浓度范围管中，若钻井液样品中存在亚硫酸盐，则在黑色前锋之前可能出现橙色（由 SO_2 引起）。记录变暗长度时，宜忽略橙色 SO_2 段。

为使 Dräger 管准确度最高，“变暗长度”宜占管长的一半以上，因此应仔细选择样品体积。

H.3.19　每次使用后立即清洗气体分析仪，以尽可能减轻塑料制品的老化。用温水和温和的清洁剂冲洗各室和通道，可使用软毛刷和清管器。清洗扩散过滤填料和样品注入管时，先用丙酮等有机溶剂，然后再用水冲洗。之后用气体吹扫过滤填料。偶尔可能需要将扩散管浸泡在强酸中以除去碳酸钙沉积物。用去离子水冲洗整个气体分离装置，并使残留的水淌干。

H.4 计算

根据钻井液样品体积(V_s,单位为 mL)、Dräger 管最大变暗长度(l,管上标记的单位)和表 H.1 中的管系数(f),计算钻井液样品中活性硫化物的质量浓度,见式(H.1):

$$活性硫化物(mg/L)=\frac{l\times f}{V_s} \qquad (H.1)$$

附 录 I
（资料性附录）
玻璃量具、温度计、黏度计、蒸馏器杯和钻井液密度计的检验和校正

I.1 概述

本附录为钻井液现场测试所用仪器提供了校正方法，在本部分的测试程序中未包含这些方法。

I.2 仪器的校正

I.2.1 玻璃器具

玻璃器具的供应商通常都会对移液管、量筒和类似的器具进行校正，这可以作为采购要求的一部分。如果认为器具校正十分重要，用户宜从供应商处获取玻璃器具校正的证明文件。可用重量分析法对仪器的校正进行核准，不需要定期地重新校正。量筒的校正程序见I.3。

I.2.2 温度计

用一支标准温度计来校正现场测试用温度计，尤其是常用的刻度盘式金属温度计。温度计在投入使用之前应进行校正，此后应定期校正，其频度取决于测试的重要性和温度计的稳定性。温度计的校正程序见I.4。

I.2.3 黏度计

用可追溯的标准黏度流体来校正现场测试用的黏度计。黏度计在投入使用之前应进行校正，此后应定期校正，其频度取决于测试的重要性和黏度计的稳定性。使用中的黏度计，每个月至少校正一次，如果黏度计表现出不稳定迹象，校正频度应更高。黏度计的校正程序见I.5。

I.2.4 钻井液密度计

按5.2.1中给出的测试程序，用去离子水校正钻井液密度计。推荐的校正频度是在每一系列测试之前，或由作业者、钻井液公司或利益相关方指定。

I.2.5 蒸馏器杯

按I.6中给出的测试程序，用去离子水校正蒸馏器杯。推荐的校正频度是在每一系列测试之前，或由作业者、钻井液公司或利益相关方指定。

I.3 量筒的校正程序

I.3.1 使量筒和蒸馏水达到室温，记录温度，精确至0.5 ℃。

I.3.2 把洁净、干燥的量筒放到天平上，之后使天平归零。

I.3.3 保持量筒在天平上，加入蒸馏水至不同的刻度线，对10 mL量筒，每次增量为2 mL，即加入量依此为：2 mL，4 mL，6 mL，8 mL，10 mL；对20 mL量筒，每次增量为4 mL，即加入量依此为：4 mL，8 mL，12 mL，16 mL，20 mL。用移液管或注射器，小心地将水注入到所期望的刻度，不要让水滴留在

量筒壁上。

I.3.4 记录各刻度下每一体积所对应的质量 m_{iv}，精确至0.01g。

I.3.5 计算量筒在每一刻度的体积 V_{mark}，见式(I.1)。

$$V_{mark}=m_{iv}/\rho_w \quad \cdots\cdots(I.1)$$

式中：

V_{mark}——量筒在指定刻度的体积，单位为毫升(mL)；

m_{iv} ——水的质量，单位为克(g)；

ρ_w ——水在测试温度下的密度，单位为克每立方厘米(g/cm^3)(见表I.1)。

I.4 温度计的校正程序

I.4.1 把待校正的温度计与一支标准温度计并排放入恒温水浴(或容积4 L以上的合适容器，容器内盛有水，放置在温度相对恒定的房间内)，使之平衡30 min。

I.4.2 读取并记录两支温度计的读值。

I.4.3 每隔5 min读值一次，至少读取4组数据。

I.4.4 计算每一支温度计的平均读值。

I.4.5 对可调式温度计，调节待校正的温度计使之与标准温度计读值一致。对其他温度计，执行I.4.6中的步骤。

I.4.6 用式(I.2)计算温度计的校正值：

$$C=R_1-R_2 \quad \cdots\cdots(I.2)$$

式中：

C——需加到温度计读值上的校正值，单位为摄氏度(℃)；

R_1——标准温度计的平均读值，单位为摄氏度(℃)；

R_2——待校正温度计的平均读值，单位为摄氏度(℃)。

表I.1 不同温度下水的密度

温度/℃	温度/℉	密度/(g/cm^3)
15.0	59.0	0.999 1
15.5	59.9	0.999 1
16.0	60.8	0.999 0
16.5	61.7	0.998 9
17.0	62.6	0.998 8
17.5	63.5	0.998 7
18.0	64.4	0.998 6
18.5	65.3	0.998 5
19.0	66.2	0.998 4
19.5	67.1	0.998 3
20.0	68.0	0.998 2
20.5	68.9	0.998 1
21.0	69.8	0.998 0

表 I.1（续）

温度/℃	温度/℉	密度/(g/cm³)
21.5	70.7	0.997 9
22.0	71.6	0.997 7
22.5	72.5	0.997 6
23.0	73.4	0.997 5
23.5	74.3	0.997 4
24.0	75.2	0.997 3
24.5	76.1	0.997 1
25.0	77.0	0.997 0
25.5	77.9	0.996 9
26.0	78.8	0.996 8
26.5	79.7	0.996 6
27.0	80.6	0.996 5
27.5	81.5	0.996 4
28.0	82.4	0.996 2
28.5	83.3	0.996 1
29.0	84.2	0.995 9
29.5	85.1	0.995 8
30.0	86.0	0.995 6
30.5	86.9	0.995 5
31.0	87.8	0.995 3
31.5	88.7	0.995 2
32.0	89.6	0.995 0
32.5	90.5	0.994 9
33.0	91.4	0.994 7
33.5	92.3	0.994 5
34.0	93.2	0.994 4
34.5	94.1	0.994 2
35.0	95.0	0.994 0

示例 1：温度计的校正

R_1=23.9 ℃

R_2=24.2 ℃

C=23.9 ℃－24.2 ℃＝－0.3 ℃

示例 2：温度计校正值的应用

C=－0.3 ℃

R=25.0 ℃

R_C(校正后)＝25.0 ℃＋(－0.3 ℃)＝24.7 ℃

I.4.7 在温度计上标明校正值和校正日期。

不宜使用其校正值超出测量允许误差的两倍的温度计。

I.5 黏度计的校正程序

I.5.1 获取经认证的校正用标准流体，以及附带的黏温曲线，其黏度应覆盖实际测试范围，例如50 mPa·s、100 mPa·s等。应确定曲线图上的批号与流体包装上的批号一致。每一批次的标准流体都应经过单独认证，因为各批次流体的黏度通常会有微小的差别。

I.5.2 洗净并擦干黏度计吊锤、转筒和样品杯。把黏度计和校正液并排放在温度相对恒定的房间内的工作台上（每小时温度变化<3 ℃），至少要放置2 h以达到平衡。

注：水会对校正液造成污染。

I.5.3 开启黏度计电源，在空气中运转2 min～4 min，以松弛轴承和齿轮。

如果转筒转动时抖动严重，应调整或替换转筒。

I.5.4 向样品杯中注入校正液至刻度线处，并把样品杯放到黏度计支撑台上。移动支撑台直到液面恰好与转筒上的刻度线重合。

I.5.5 将一支温度计（可读准至±0.1 ℃）放到校正液中，为防止打碎温度计，握住或用胶带黏住温度计。在低速下运转黏度计，直到温度计读数在30 s内变化不超过0.1 ℃，记录温度计读值。

I.5.6 运转黏度计，读取600 r/min和300 r/min读数，精确到0.5格，必要时使用放大镜。

I.5.7 用校正液所附带的黏温曲线确定校正液在该温度下的黏度，精确到0.5 mPa·s。比较300 r/min的读值与标准黏度，记录偏差（正或负）。将600 r/min读数除以1.98，再与标准黏度相比较，记录偏差。

I.5.8 偏差超过1.5格即为不可接受，如果偏差超过这个极限值，应调整黏度计。

I.5.9 记录黏度计的序列号、日期和偏差。在黏度计上标明校正日期和校正状态。

I.6 蒸馏器杯的校正程序

I.6.1 使蒸馏器杯、盖子和蒸馏水达到室温，记录温度，精确至0.5 ℃。

I.6.2 把洁净、干燥的蒸馏器杯和盖子放到天平上，之后使天平归零。

I.6.3 向蒸馏器杯中注满蒸馏水，盖上样品杯的盖子并旋转之，使杯与盖恰好吻合。要保证有少许过量的水从盖子上的小孔溢出。将过量的水擦去，同时要避免将杯内的水吸出。

I.6.4 把注满水的蒸馏器杯和盖子放到先前已归零的天平上，记录水的质量，精确到0.01 g。

I.6.5 根据水在室温下的密度（见表I.1）计算蒸馏器杯的容积V_{RC}，见式（I.3）：

$$V_{RC} = m_w / \rho_w \qquad \text{(I.3)}$$

式中：

V_{RC}——蒸馏器杯的容积，单位为毫升（mL）；

m_w——水的质量，单位为克（g）；

ρ_w——水在测试温度下的密度，单位为克每立方厘米（g/cm^3）（见表I.1）。

I.7 滤失仪用垫圈和O形圈的校正

I.7.1 用于低温低压滤失量测定的垫圈或O型圈的内径应在75.8 mm～76.9 mm之间。

I.7.2 用直径在75.8 mm～76.9 mm之间的量规检查垫圈或O形圈。

I.7.3 不应使用直径超出此范围的垫圈或O形圈进行滤失量测试。

附 录 J
（资料性附录）
非水基钻井液含砂量测定

J.1 概述

钻井液的含砂量是指直径大于 74 μm 的颗粒在钻井液中所占的体积百分数，用一套筛砂装置测定。在该测试中，正如按照颗粒尺寸所下的定义，滞留在筛网上的任何物料均被视为砂子，但从化学成分上看，这里所说的砂子不一定是真正意义上的砂子。

J.2 仪器

J.2.1 筛网：直径 63.5 mm，孔径 0.074 mm(200 目)。

J.2.2 漏斗：与筛网配套。

J.2.3 玻璃测量管：标有钻井液样品体积刻度线，为了直接读出含砂量，还标有 0% ～ 20%的百分数刻度线。

J.3 测定程序

J.3.1 将钻井液注入玻璃测量管至“钻井液”标记处，加入相应的非水基液(柴油、低黏度矿物油或合成基油)至下一标记处，堵住管口并剧烈振荡。

J.3.2 向筛网中倾倒少量上述基液，使之通过筛网，以便将整个筛面润湿。

J.3.3 将玻璃测量管中的混合物倒入湿润的筛网上，收集通过筛网的液体以便适当地处置。在玻璃管中再加些基液，振荡并倒入筛网上。重复此操作直到玻璃管洁净。用基液冲洗筛网上的砂子以除去残留的钻井液。

注：不要手动搅拌或强行使混合物通过筛网。倒入钻井液的同时轻轻叩击筛框可能有助于混合物通过筛网。如果筛网上出现水润湿固相，加入几滴该钻井液配方中所用的油润湿剂可以改善水润湿固相的相互黏结。

J.3.4 将漏斗上口朝下套在筛框上，缓慢倒置，并把漏斗尖端插入到测量管口中。加入一定量的基液将砂子冲入测量管内，或用盛有基液的洗瓶冲刷。静止一段时间使砂子沉降到测量管底部，从测量管上的刻度读出砂子的体积百分数。

J.4 计算

以体积百分数记录钻井液的含砂量。同时记录钻井液取样位置，如振动筛上方、吸入罐等。并非砂子的其他粗粒固相(如加重材料、堵漏材料、碳酸钙、页岩颗粒等)也会留在筛网上，这些颗粒也将作为含砂量报告。

参 考 文 献

[1] ISO 2977 Petroleum products and hydrocarbon solvents—Determination of aniline point and mixed aniline point.

[2] ISO 10414-1 Petroleum and natural gas industries—Field testing of drilling fluids—Part 1:Water-based fluids.

[3] ISO 13500 Petroleum and natural gas industries—Drilling fluid materials—Specifications and test.

[4] API RP13B-2 February 1998,Standard procedure for field testing oil-based drilling fluids (third edition).

[5] API RP13D Rheology and hydraulics of oil-well drilling fluids.

[6] API RP13I Standard procedure for laboratory testing drilling fluids.

[7] B. R. Staples and R. L. Nuttall,J. Phys. Chem. Ref. Data,6(2),1985,pp. 385-407.

[8] E. C. W. Clarke and D. N. Grew,J. Phys. Chem. Ref. Data,14(2),1985,pp. 489-610.

ICS 01.020
A 22

中华人民共和国国家标准

GB/T 16785—2012
代替 GB/T 16785—1997

术语工作　概念和术语的协调

Terminology work—Harmonization of concepts and terms

(ISO 860:2007,MOD)

2012-12-31 发布　　　　2013-06-01 实施

中华人民共和国国家质量监督检验检疫总局
中国国家标准化管理委员会　发布

前　言

本标准按照 GB/T 1.1—2009 给出的规则起草。

本标准代替 GB/T 16785—1997《术语工作　概念和术语的协调》。

本标准对原 GB/T 16785—1997 内容所做的主要变动有：

1）　重点突出了不同语言之间的相关概念体系的协调和术语的协调；

2）　增加了相应的术语条目 3.4、3.5；

3）　更换了大量的示例，以体现本标准突出多语种概念协调的特点；

4）　删除了原有的资料性附录，将原来作为标准正文的“概念协调过程”工作基本流程图作为新的资料性附录。

本标准修改采用国际标准 ISO 860:2007《术语工作　概念和术语的协调》。

本标准由全国术语与语言内容资源标准化技术委员会(SAC/TC 62)提出并归口。

本标准起草单位：中国标准化研究院、中国人民解放军军事科学院、北京大学、北京语言大学、中国大百科全书出版社、商务印书馆。

本标准主要起草人：程永红、周长青、于欣丽、肖玉敬、王海涛、刘智洋、赵建国、王厚峰、荀恩东、王渝丽、王金鑫。

本标准所代替标准的历次版本发布情况为：

——GB/T 16785—1997。

术语工作　概念和术语的协调

1　范围

本标准从方法论角度描述了一种对概念、概念体系、定义和术语进行协调的方案。

本标准适用于国家或国际层面上开展的单语或多语语境中概念和术语的协调工作。

2　规范性引用文件

下列文件对于本文件的应用是必不可少的。凡是注日期的引用文件，仅注日期的版本适用于本文件。凡是不注日期的引用文件，其最新版本(包括所有的修改单)适用于本文件。

GB/T 10112—1999　术语工作　原则和方法(neq ISO/DIS 704:1997)

GB/T 15237.1—2000　术语工作　词汇　第1部分:理论与应用(eqv ISO 1087-1:2000)

GB/T 20001.1—2001　标准编写规则　第1部分:术语(neq ISO 10241:1992)

3　术语和定义

GB/T 15237.1—2000界定的以及下列术语和定义适用于本文件。

3.1

概念协调　concept harmonization

在专业、技术、科学、社会、经济、语言、文化或其他方面存在差异，但密切相关或相互重叠的两个或多个概念之间，最终能够建立起对应关系的活动。其目的是消除或减少这些概念之间的差异。

注：概念协调的目的是改善交流。

3.2

概念体系协调　concept system harmonization

在专业、技术、科学、社会、经济、语言、文化或其他方面存在差异的，密切相关或相互重叠的两个或多个概念体系之间，最终能够建立起对应关系的活动。其目的是消除或减少这些概念体系之间的差异。

注：概念体系协调的目的是改善交流。

3.3

定义协调　definition harmonization

使用内涵定义对协调后概念进行描述，并反映在协调后概念体系中该概念所处位置的工作。

3.4

术语协调　term harmonization

不论在不同语种间还是在同一语种内，为一个协调一致的概念而进行的旨在选取指称的活动。

注：不同语种间协调一致的术语是对等术语；同一语种内的协调一致的术语是同义词或术语变体。

3.5

对等[关系]　equivalence

在不同语种中，表述同一概念的不同指称之间的关系。

【改自GB/T 15237.1—2000，3.4.21】

4 概念和概念体系的协调

4.1 概念的多样性

由于专业、技术、科学、社会、经济、语言、文化等方面的不同，概念会有一些相应的不同，所以对特定一些概念或概念体系进行协调，将有助于消除或减少信息交流中的歧义和误解。示例1中的几个例子显示了概念的这种多样性。

示例1：由于专业、科技、文化或社会经济环境的不同而造成的概念的多样性

差异种类	举　例
专业方面	英语“Bachelor degree(学士学位)”和“licentiate degree(任职资格)”在不同国家中其含义并不相同，但十分接近，可认为是对等的概念。
科技方面	在语言学领域，根据不同的语言学理论，“词”的意义是不同的。
文化方面	欧洲人认为，“北美”包括美国和加拿大；而美洲人认为，“北美”是包括加拿大、美国和墨西哥在内的一些地区。
社会经济方面	“最低可接受生活标准”在高度发达的工业化国家之间可有不同的外延。

4.2 概念和概念体系协调的可行性研究

4.2.1 初步分析

在进行概念协调之前，必须先了解概念之间和概念体系之间的异同，以确定协调工作的可行性。需要进行分析的问题涉及以下两个方面：

a) 要进行协调的概念体系是否来自同一个学科领域，两者包含相同概念的程度以及内容是否重叠；

b) 协调项目针对的是所重叠的部分，还是体系内所有的概念。

4.2.2 学科领域分析

如果能满足下列条件，协调工作得以开展的可能性就更大：

a) 该学科领域术语的一个子集已完成协调工作；

b) 该学科领域已经很成熟，且相对稳定；

c) 该学科领域已经形成标准化体系。

4.2.3 概念间相似度分析

不论在一种语言内还是在多种语言间，也不论最终是否会对概念或概念体系开展协调，都应就每个概念体系中即将进行协调的一些关键性概念做出简单快速的对比。这种对比应确定：

a) 每个概念体系中的概念具有哪些共同特征：
   1) 一种语言内；
   2) 多种语言间。

b) 概念的哪些特征在各概念体系之间存在差异：
   1) 一种语言内；
   2) 多种语言间。

c) 每一个关键性概念有哪些本质特征。

如能达到下列条件，进行概念协调取得成功的可能性就更大：

——各个概念之间彼此密切有关，且具有共同特征；

——概念的本质特征相同或相似，并且反映了在特定的专业、技术、科学、社会、经济、语言、文化环境内相似的认知角度；

——每个概念体系中的关键性概念之间能建立起对应关系。

4.3 概念和概念体系的协调程序

4.3.1 概念的选择

协调项目所涉及的范围将决定着有哪些概念和概念体系需要进行协调。

4.3.2 概念体系的对比

所有相关的概念体系都应进行对比。理想的结果是能产生出一组新的概念体系，并提供各种需要协调的全部相关材料以及这些材料的来源信息。然而，在概念体系进一步细分的准则问题上可能会存在分歧。这种对概念体系进一步细分需要分别予以描述和表示。在分别进行描述表示的情况下，应能够使存在的分歧点得以体现。

不同概念体系的比较分析应考虑以下几点：

a) 概念数量；

b) 概念间的关系；

c) 结构化层次；

d) 用于建立概念体系的细分准则。

只要可能性存在，就应使用相同的细分原则来构建相互协调的概念体系。

4.3.3 协调一致的概念体系的维护

在为了整体把握需要进行协调内容，而将全部相关信息材料归类整理形成一整套概念体系之后，有必要决定是否继续维持这种整理出来的结果以供随时了解全面内容，或者将该结果进行拆分以满足具体的应用目的。另一种做法是，即使所建立的体系中只有部分内容与特定语境有关，也应以完整的形式给出概念体系，但同时要把相关的概念突出出来，例如用黑体或斜体等方式。

根据协调项目的具体范围，必须确定：

a) 成功进行协调后，是否会产生一个协调一致的概念体系，或者

b) 每一个概念体系是否适合反映协调工作的结果。

4.3.4 单个概念之间的协调

4.3.4.1 总则

应通过对特征进行比较来对概念予以分析，而不是去比较概念的指称。实际工作中，概念的各种特征应从定义中去发现，有时也应从概念体系中为每个概念提供的说明性注释中去寻找。概念定义应从可靠的资料源中去收集，包括专业领域中一切可能获得的专门知识信息。

对一个概念所具有的各种定义作出比较分析之后，应该确定在4.3.4.2～4.3.4.5所描述的条件中，哪些可以适用。

4.3.4.2 相同的概念

不同概念体系中，概念会完全相同并且其特征相互一致。此时，就不必进行概念协调，见示例2。但是，在为每个语种选取指称、在各语种之间确立术语等价关系，以及在一个语言亚种之内确立术语的

同义现象等后续工作阶段中，术语协调应是必要的。

示例 2：相同的概念

单语和多语语境中一个不必进行协调的概念。

一个语种内的协调：

zh 酶原（医学生物化学）

1. 酶的前体，需要进行蛋白质水解作用使其变为活性。
2. 酶的无活性前体，通常在蛋白质水解作用后转变成为具有活性的酶。
3. 无活性酶前体，通过蛋白酶剪切转变为具有活性的酶。

定义此概念所用的特征是：酶的前体(1)/酶的无活性前体(2,3)，需要进行蛋白质水解作用变为活性(1,2)/通过蛋白质剪切后变为活性酶(3)。

分析了“蛋白质水解作用”和“蛋白酶剪切”后，得出的结论是这两者之间不存在差异。这样，定义“酶原”使用的是相同的特征，所以就不需再对这些概念进行协调。

多个语种间的协调：

zh 酶原（医学生物化学）

1. 酶的前体，需要进行蛋白质水解作用使其转变为活性的。
2. 酶的无活性前体，通常在蛋白质水解作用后转变成为具有活性的酶。
3. 无活性酶前体，通过蛋白酶剪切转变为具有活性的。

定义此概念所用的特征是：酶的前体(1)/酶的无活性前体(2,3)，需要进行蛋白质水解作用变为活性(1,2)/通过蛋白质剪切后变为活性酶(3)。

en ‘proenzyme’<medical biochemistry>

1. the precursor of an enzyme requiring proteolysis to render it active (source Stedman’s Medical dictionary)
2. an inactive precursor of an enzyme that can be converted to the active enzyme by proteolysis (source Dorland’s Illustrated M. D.)
3. an inactive enzyme precursor that is converted to the active form of the enzyme by proteolitic cleavage (source Singleton, P. & Sainsbury, D. (1996): Dictionary of microbiology and molecular biology, Chichester / Toronto, Wiley)

定义此概念所用的特征是：

precursor of an enzyme (1) / inactive precursor of an enzyme (2, 3)

requiring proteolysis to render it active (1, 2) / converted to an active enzyme by proteolitic cleavage (3)

fr ‘zymogène’ <biochimie médicale>

1. precurseur inactif d’une enzyme, qui par activation protéolytique génère l’enzyme active. (source Devlin, E. & G. Pham (1993): Vocabulaire du génie enzymatique, Ottawa: Services gouvernementaux Canada.)
2. precurseur d’une enzyme inactive qui par activation protéolytique deviendra active. (source Cours de Biochimie, Université Montpelier 1.)
3. precurseur d’une enzyme non active qui est activée par un process de protéolyse. (source Institute National de la Recherche Agroalimentaire Glossaire d’enzymologie.)

定义此概念所用的特征是：

precurseur inactive d’une enzyme / precurseur d’une enzyme inactive / precurseur d’une enzyme non active (1, 2, 3)

qui par activation protéolique génère l’enzyme active (1, 2) / qui est activée par un process de protéolyse (3)

各语言中，给概念下定义所用到的那些特征都是一样的，所以这些概念彼此对应。因此，不需要跨越上述 3 个语种对这些概念进行协调。

4.3.4.3 部分重叠的概念

如果几个概念间在一些本质特征上出现有差异，则这些概念的内涵和外延就会有差异。这说明这些概念是部分重叠的。学科专家应确定这种差异究竟属于下列哪一种情况，并使用相应的方法予以协调：

a) 差异不显著，应是同一个概念。专业、技术、科学、社会、经济、语言、文化或其他环境的差异往往会造成一些细微的差异。确定概念在协调后概念体系中的位置时特别需要小心；在各语种中应以一致的方式给概念下定义，还会需要对各种本质特征和非本质特征进行调配，或者在对概念定义的注释中写入一些有关用法的解释文字。

b) 差异显著。这时说明正在处理的是若干个不同概念。对于这些概念，必须要确定每个概念所具有的特征，以及它们在相应概念体系中应有的位置。不能对这些彼此不同的概念进行协调。但是，可以去确定这些概念的对应关系。

4.3.4.4 于一个概念体系中存在而在另一个概念体系中不存在的概念

在比较两个不同语种的概念体系时，在其中一种语言中可能会出现这样的概念节点，节点处没有该语种的指称。特别是在某个给定时间点上，根据一个语种的信息资料可以确定某个概念，而在另一语种的信息资料中却没有相应的概念，这种情况便会发生。例如，在寒带国家“雪”是生活的重要组成部分，那里针对不同类型的“雪”形成了专门的术语；但是对没有“雪”的热带国家，“雪”的各种特定类型是无关紧要的，因此可以肯定，热带国家针对“雪”的各种特定类型不会有确定的相应指称。如果可以证明的确属于这种情况，那么可以把这些概念加入到协调后的概念体系中的适当位置，并在以后的阶段为每个概念选派术语以建立术语等价对应关系。

4.3.4.5 在其他概念体系中对应着两个或多个概念的单个概念

在比较两个不同语种的概念体系时，可能会在其中一个概念体系中找到这样的概念节点，对于该节点上的概念，在另一个概念体系中有两个或多个相对应的概念。例如，“街”可以对应于英语的“street”，“road”或“avenue”。这种情况下，是不可能去协调这些概念的，而应提供注释来对这一情况予以说明。在确定每个概念在协调后的概念体系中的位置时，需要特别谨慎。

4.3.5 概念体系的协调

概念体系协调的目的是得到能代替现有几个概念体系的单一概念体系，或者是建立彼此间区别更明确的几个新概念体系。

协调后的概念体系应该含有：

a) 经过协调的概念；

b) 虽不能协调但在概念之间能够建立对应关系的概念；

c) 既不能协调也不能在概念之间能够建立对应关系（但含有说明情况的注释）的概念；

d) 于一个概念体系中存在而在另一个概念体系中不存在，并且决定在协调后概念体系中将其插入到适当的位置的概念。

只有经过协调，逐步确定每个概念在概念体系中的恰当位置，才能逐步地建立起协调一致的概念体系。

5 概念定义的协调

概念协调工作的结果应在对概念所作出的定义之中反映出来。因此，应针对作为概念内涵的必要特征达成共识。概念的必要特征对协调一致的定义也是必不可少的内容。概念定义方面的工作应包括调整本质特征和非本质特征，或者对使用方法加注说明。

经过协调的定义应由单一的短语构成，该短语应清晰地描述概念并体现出该概念在协调后的概念体系中的位置。通过使用内涵定义（见 GB/T 10112—1999、GB/T 15237.1—2000 和 GB/T 20001.1—2001）可以最大程度地满足这些要求。

6 术语的协调

6.1 总则

术语的协调主要是针对术语的选择，确立对等关系、同义关系。只有术语所对应的概念实际上是相同的概念，才可能对术语进行协调。

6.2 术语选择

6.2.1 在有概念协调传统的学科领域中创立术语

如果是在单独一个语种中建立术语，不同学科领域中概念体系的结构应尽可能在术语构成中得到反映。特别是在有长期传统进行系统化构建术语的学科领域中，比如化学、生物学和医学等领域的命名，情况更是如此。

6.2.2 在有着良好国际合作的学科领域中进行术语协调

在有广泛国际合作并建立了良好国际合作关系的专业领域内进行的术语协调，应注重反映相同的概念特征。

示例 3：在有着良好国际合作的学科领域中进行术语协调

国际贸易领域的一则术语：
中文：边境交货(DAF)
英文：delivered at frontier(DAF)
德文：geliefert Grenze(DAF)
法文：rendu frontière(DAF)
西班牙文：entregada en la frontera(DAF)
意大利文：reso frontiera(DAF)

6.2.3 替换已创立的术语

有时经过协调，会建议用新术语取代原先已确立的术语。如术语"污染"的西班牙文为"contaminación"，英文为"pollution"，法文为"pollution"，为了更国际化西班牙文要使用"pollución"，但因为 contaminación 的使用已经广泛确立，所以最终未能引入 pollución。然而，在经过对这种替换的利弊予以慎重考虑之后，一些新的术语还是会被引入的。

示例 4：需要替换已创立的术语

术语：
zh：基因操作 /en：genetic manipulation /es：manipulación genética /fr：manipulation génétique
已变为
zh：基因工程 /en：genetic engineering /es：ingeniería genética /fr：génie génétique
因为原来的这一术语有负面意义。

6.2.4 对外语术语元素的翻译而形成的术语

确立新术语时应使用相同的概念特征，以便尽可能实现国际性术语对应关系。因此，可以通过翻译外语术语或外语术语的一些形态元素，来形成相互协调的术语。

示例5：由翻译术语或术语元构成术语

术语：废燃料处理厂
英文：used fuel reprocessing plant
法文：using de retraitement combustible usé
西班牙文：planta de reprocesamiento de combustible agotado

术语：急性细菌性心肌炎
英文：acute bacterial myocarditis
西班牙文：myocarditis bacteriana aguda

术语：复变函数论
英文：theory of functions of a complex variable
法文：théorie des fonctions de variable complexe
西班牙文：teoría de funciones de variable compleja

6.2.5 各种语言都使用相同或相似形式构成的术语

各语种间可以使用相同或相似的对等术语形式或术语元素形式来构成相互协调的术语。虽然写法、词形、发音或选用字母或文字的方案可能不同，但均视为形式相同或相似。

示例6：基于术语或术语元形式的对应

术语：已认可实验室
英文：accredited laboratory
法文：laboratoire accrédité
西班牙文：laboratorio acreditad
俄文：аккредитированная лаборатория

6.3 对等术语、同义词的建立

6.3.1 总则

不论是在一种语言中或是在多个语言之间开展协调工作，只要有必要，则在术语协调的结果之中都应包括对等关系（多个语言之间）和同义关系以及术语变体的建立。在术语协调的过程中，不要被术语的表面相似性，即所谓的"假一致"所误导，这一点是很重要的。如法文的cave对应的是英文的cellar，而不是cave；汉字"娘"并不等于日文汉字"娘"。

6.3.2 对等关系的确立

在跨越多个语言时已经确立的一些术语指称同一概念的时候，就会出现对等关系。

示例7：指称同一概念的术语间的对等关系

中文：火山气体
英文：volcanic gas
法文：gaz d'origine volcanique

6.3.3 同种语言中同义和准同义关系的确定

在一种语言内，一些已经确立的术语指称的是同一概念，则在这些术语之间便发生了同义和准同义现象。同义词可在任何语境中互换使用；而准同义词在某些语境中可等同使用，但在另外的语境中则不能互换使用。

6.4 术语规划

在某个语言社群中，术语规划或其他类型的语言规划优先原则，可能不同于在国际性术语协调工作中流行的优先原则。跨国性术语的好处是能促进某种语言的各个语言社群之间的交流，但它同时有可能妨碍个别语言社群内部的交流。术语形式的最后决定权应留给每个语言社群自己。

附 录 A
（资料性附录）
概念协调过程（Concept harmonization process）

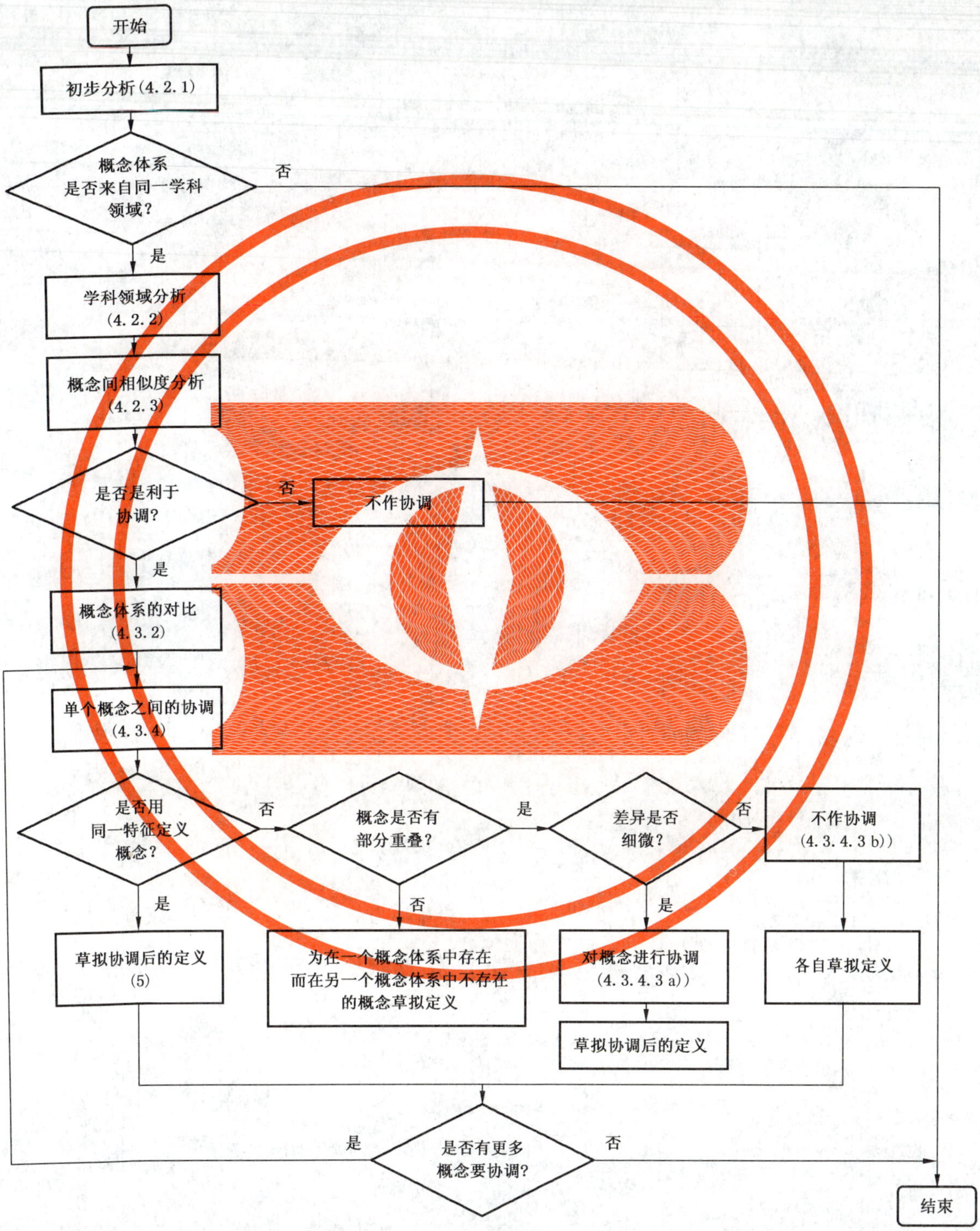

ICS 07.040
A 78

GB

中华人民共和国国家标准

GB/T 16819—2012
代替 GB/T 16819—1997

1：500 1：1 000 1：2 000 地形图平板仪测量规范

Specifications for planetabling of
1：500 1：1 000 1：2 000 topographic maps

2012-06-29 发布　　2012-10-01 实施

中华人民共和国国家质量监督检验检疫总局
中国国家标准化管理委员会　发布

前　言

本标准按照 GB/T 1.1—2009 给出的规则起草。

本标准代替 GB/T 16819—1997《1∶500 1∶1 000 1∶2 000 地形图平板仪测量规范》。

本标准与 GB/T 16819—1997 相比主要变化如下：

——对规范性引用文件进行了修订；

——增加了全球定位系统实时动态测量技术；

——修改了 3.1.1 中平面坐标系和 3.1.3 中分幅和编号；

——修改了原 4.1、4.2、5.1、5.2 下悬置段的问题；

——调整了表 1、表 8 的表头及附录引用的顺序；

——5.1.1 表 13 中增加了导线相对闭合差约束条件；

——对第 6 章地形图测量进行了较大调整修改，并删去了与图式要求完全一致的内容，仅保留图式未说明的综合方法、指标等要求。

本标准由国家测绘地理信息局提出。

本标准由全国地理信息标准化技术委员会(SAC/TC 230)归口。

本标准由国家测绘局测绘标准化研究所负责起草。

本标准主要起草人：段怡红、陈骏、马晓萍、宋英贤、陈继良、左永军。

本标准所代替标准的历次版本发布情况为：

——GB/T 16819—1997。

1∶500 1∶1 000 1∶2 000 地形图平板仪测量规范

1 范围

本标准规定了用平板仪测量方法测绘 1∶500、1∶1 000、1∶2 000 地形图的精度、规格和作业的基本要求。

本标准适用于平板仪测量方法进行 1∶500、1∶1 000、1∶2 000 地形图的通用性测绘工作。

2 规范性引用文件

下列文件对于本文件的应用是必不可少的。凡是注日期的引用文件，仅注日期的版本适用于本文件。凡是不注日期的引用文件，其最新版本(包括所有的修改单)适用于本文件。

GB/T 13989　国家基本比例尺地形图分幅和编号

GB/T 20257.1　国家基本比例尺地图图式　第1部分 1∶500 1∶1 000 1∶2 000 地形图图式

GB/T 24356　测绘成果质量检查与验收

CH/T 2009　全球定位系统实时动态测量(RTK)技术规范

3 总则

3.1 地形图的规格

3.1.1 平面坐标系统

平面坐标系统的选择，应在满足测区内投影长度变形值不大于 2.5 cm/km 的要求下，作下列选择：

a) 采用 2000 国家大地坐标系 3°带平面直角坐标系统；

b) 采用高斯正形投影任意带平面直角坐标系统，投影面可采用 1985 国家高程基准、测区抵偿高程面或测区平均高程面。

面积小于 25 km^2 的测区，可不经投影采用平面直角坐标系统在平面上直接进行计算。

3.1.2 高程系统

宜采用 1985 国家高程基准。当远离国家水准点时也可采用独立高程系统，但应尽量与国家高程基准联测。

3.1.3 分幅和编号

按照 GB/T 13989 执行。

3.1.4 地形类别划分

平地：地面倾斜角在 2°以下的地区；

丘陵地：地面倾斜角在 2°～6°之间的地区；

山地：地面倾斜角在 6°～25°之间的地区；

高山地:地面倾斜角在25°以上的地区。

3.1.5 基本等高距

根据地形类别和用图的需要,按表1规定选用。

表1 基本等高距

单位为米

地形类别	基本等高距		
	1:500	1:1 000	1:2 000
平地	0.5	0.5(1.0)	1.0
丘陵地	1.0(0.5)	1.0	1.0(2.0)
山地	1.0	1.0	2.0(2.5)
高山地	1.0	2.0	2.0(2.5)
注:括号内的等高距依用图需要选用。			

3.1.6 地形图符号及注记

执行GB/T 20257.1的规定。

3.2 地形图的精度

3.2.1 地物点的平面位置中误差

图上地物点相对于邻近图根点的平面位置中误差不应超过表2的规定。

表2 图上地物点平面位置中误差

单位为毫米

地形类别	平地、丘陵地	山地、高山地
中误差	0.6	0.8
注:城镇建筑区或工矿建筑区的中误差按平地要求。		

3.2.2 高程注记点的高程中程差

图上高程注记点相对于邻近图根点的高程中误差不应超过表3的规定。

表3 高程注记点的高程中误差

地形类别	平地	丘陵地	山地	高山地
中误差(等高距)	1/3	1/2	2/3	1
注:城镇建筑区铺装地面高程注记点的中误差不应超过0.15 m。				

3.2.3 等高线的高程中误差

等高线插求点相对于邻近图根点的高程中误差不应超过表4的规定。

表 4 等高线插求点的高程中误差

地形类别	平地	丘陵地	山地	高山地
中误差(等高距)	1/2	2/3	1	1

3.2.4 对隐蔽地区用图的精度要求

隐蔽地区的平面和高程中误差可按 3.2.1～3.2.3 的规定放宽 1/2。精度估算公式见附录 A。

3.2.5 对专用图的精度要求

对于精度要求较低的专用地形图,其平面和高程中误差可按 3.2.1～3.2.3 的规定放宽 1/2,但基本控制的施测精度不变。精度估算公式见附录 A。

3.2.6 最大误差的规定

本标准以中误差作为衡量精度的标准,中误差的两倍值为最大误差。

3.3 平面和高程控制点的精度、密度

3.3.1 基本控制点

基本控制点的平面精度和高程精度应满足测区最大比例尺测图和一般工程施工放样的需要。平面点位中误差(相对于起算点),1∶500 测图区不得超过 5 cm,比例尺小于 1∶500 的测图区不得超过 10 cm。高程中误差相对于邻近水准点(Ⅳ等以上)不得超过 1/20 基本等高距。

基本控制点的密度应保持实地 500 m 左右的间隔有一个点。当测图最大比例尺为 1∶1 000 时,其间隔可放宽至 800 m。

3.3.2 图根控制点

图根点相对于起算点的平面点位中误差不超过图上 0.1 mm,相对于起算点的高程中误差不超过 1/10 基本等高距。

图根点是直接供测图使用的控制点,其密度应以满足测图需要为原则,在一般地区,1∶500 测图每幅图不少于 8 个点;1∶1 000 测图不少于 12 个点;1∶2 000 测图不少于 15 个点。

3.4 埋石

3.4.1 基本控制点均应埋石,也可采用固定的地物凿设标志。标石的埋设规格参见附录 B。

3.4.2 以图根控制点作为埋石点时,应埋设在一级图根点上。标石的规格及埋设以稳固和能长期保存为原则。

3.4.3 每幅图埋石点(含基本控制点和一级图根控制点)的数量不少于二个,且相互通视。

3.5 作业的一般规定

3.5.1 测量工作开始前,应根据任务要求,收集分析有关资料,进行必要的现场踏勘,制定经济合理的技术方案,编写技术设计书。

3.5.2 测量作业过程中,应加强内外业的质量检查。工作结束后应及时组织验收,并编写技术总结和检查验收报告。

3.5.3 作业使用的各种仪器、工具均应进行检查校正。

3.5.4　外业观测应在呈像清晰、大气稳定的情况下进行。观测成果的记录数字力求清晰端正，不得连环涂改。

3.6　对其他作业方法的要求

在满足本标准所规定精度标准的前提下，可采用本标准未列入的新技术和新方法，但应在技术设计书中明确规定。

4　基本控制测量

4.1　基本控制点的平面位置测量

4.1.1　电磁波测距导线

4.1.1.1　导线可布设成附合导线、结点导线或导线网。附合导线宜布设成直伸形状，相邻边长不宜相差过大。仪器应采用每公里测距中误差(标称精度)不大于 10 mm 的Ⅱ级测距仪。

4.1.1.2　导线测量的主要技术要求，应符合表 5 的规定。

表 5　电磁波测距导线的主要技术要求

导线等级	导线全长 km	平均边长 km	测角中误差 (″)	水平角测回数		方位角闭合差 (″)	全长相对 闭合差
				DJ2	DJ6		
一级	4.5	0.5	5	2	4	$10\sqrt{n}$	≤1/15 000
二级	3.0	0.3	8	1	3	$16\sqrt{n}$	≤1/10 000

注 1：表中 n 为转折角个数；

注 2：当测区测图的最大比例尺为 1∶1 000 时，一、二级导线的平均边长及全长可放长 0.5 倍。

4.1.1.3　结点与起始点，结点与结点之间的导线长度，不应超过表 5 中规定的 0.7 倍。

4.1.1.4　测距作业应符合下列要求：

a)　导线边长单程测定二测回，照准一次读两次数为一测回。同一测回读数间较差应小于 10 mm，测回间较差应小于 15 mm；

b)　每边测定一次气象数据，温度读至 0.5 ℃，气压读至 50 Pa(或 1 mmHg)；

c)　测线应避开高压线等强电磁场的干扰。测距边的倾角不宜太大；

d)　一般采用三联脚架法施测。

4.1.1.5　测距边的水平距离计算，应符合下列要求：

a)　气象改正，应按作业使用仪器所给定的图表或公式进行；

b)　加、乘常数的改正，应根据仪器检测结果进行；

c)　经上列改正后的斜距，化算成为水平距离。

4.1.2　小三角

4.1.2.1　测量方法及精度要求

通常采用线形锁、插网、插点等方法布设。小三角点的测量精度应符合表 6 的规定。

表 6　小三角点的测量精度

测角中误差(″)	起始边边长相对中误差	最弱边边长相对中误差	水平角测回数		三角形最大闭合差/(″)	方位角闭合差(″)
			DJ2	DJ6		
5	1/40 000	1/20 000	2	4	15	$10\sqrt{n}$
注：表中 n 为推算方位角的角度个数						

4.1.2.2　线形锁

线形锁宜近于直伸，锁内各三角形力求等边。求距角一般不小于 40°。图形强度系数总和不应大于 85。其测量规格不应超过表 7 的规定。

表 7　线形锁的测量规定

线形锁全长/km	三角形平均边长/km	三角形个数
2.8	0.5	8
注：当测区测图的最大比例尺为 1∶1 000 时，平均边长及全长可放长 0.5 倍		

4.1.2.3　插网

插网力求布点均匀，各三角形内角不小于 30°，在网的中部个别内角可不小于 25°。各边对向观测，困难地区个别边可单向观测。

4.1.2.4　插点

插点的交会角应不小于 30°，交会边长不超过 1.5 km。当测区测图的最大比例尺为 1∶1 000 时，交会边长不超过 2.5 km。

4.1.3　水平角观测

4.1.3.1　水平角观测一般采用方向观测法。方向数多于三个时应归零，多于七个时应分组，并采用同一起始方向。各测回度盘位置变换度数值为 180°/n(n 为测回数)。

4.1.3.2　水平角观测限差，应不超过表 8 的规定。

表 8　水平角观测限差

仪器等级		DJ2/(″)	DJ6/(″)
限差类别	半测回归零差	12	18
	2C 互差	18	—
	各测回同一方向较差	12	24

4.1.3.3　观测结果中 2C 的变动范围或测回差超限时，允许重测超限方向，重测时应联测同一起始方向。归零差、起始方向的 2C 变动范围超限、一测回中重测方向数超过总方向数的 1/3 时，该测回重测。重测测回数超过总测回数 1/3 时，该测站应全部重测。

4.1.3.4　测站点、照准点的偏心距大于测站至最近观测点距离的 1/80 000 时，应在水平方向内进行归心改正。测定归心元素时，偏心距应量至 1 mm，偏心角量至 15′。三个方向投影的示误三角形边长应不大于 5 mm。

4.1.4 全球定位系统实时动态测量

全球定位系统实时动态平面控制测量按 CH/T 2009 规定执行。

4.1.5 外业观测成果的检验

4.1.5.1 小三角测量的测角中误差 m_β 按式(1)计算：

$$m_\beta = \pm\sqrt{[WW]/3n} \quad \cdots\cdots (1)$$

式中：

W ——三角形闭合差，单位为秒(″)；

n ——三角形个数。

4.1.5.2 导线测量的测角中误差 m_β 按式(2)计算：

$$m_\beta = \pm\sqrt{\frac{1}{N}\left(\frac{f_\beta \cdot f_\beta}{n}\right)} \quad \cdots\cdots (2)$$

式中：

f_β ——附合导线或闭合环的方位角闭合差，单位为秒(″)；

n ——计算 f_β 时的测站数；

N ——附合导线或闭合环的个数。

4.1.5.3 方位角条件闭合差 $W_{方}$ 和极条件闭合差 $W_{极}$ 的限差按式(3)、式(4)计算：

$$W_{方} \leqslant 10'' \sqrt{n} \quad \cdots\cdots (3)$$

$$W_{极} \leqslant 10'' \sqrt{\delta\delta} \quad \cdots\cdots (4)$$

式中：

n ——传递方位角个数；

δ ——求距角正弦对数秒差(以对数第 6 位为单位)。

4.1.6 平面坐标计算

4.1.6.1 小三角测量的平差计算，可采用简化的平差方法进行，方向改化值大于 1″时应进行方向改化。

4.1.6.2 线形锁(网)和三角锁的平差可不包括坐标条件，但应包括极条件和圆周条件，在两端有起始边的三角锁中应包括边条件或方位角条件。

4.1.6.3 插点可采用各种典型图形平差计算，插网应尽量采用严密平差。

4.1.6.4 导线点的平差按路线或组成有结点的导线网，采用简化方法进行。导线边长应进行化算至平均海水面和高斯投影面上的长度改正。

4.1.6.5 平差计算取位按表 9 的规定。

表 9 计算取位的规定

观测方向值 (″)	各项改正数 (″)	函数位	边长 m	坐标计算 m	最后坐标 m	坐标方位角 (″)
1	1	7	0.001	0.001	0.01	1

4.2 基本控制点的高程测量

4.2.1 等外水准

4.2.1.1 等外水准测量适用于平坦地区，起闭点应是国家等级水准点。使用仪器不低于 DS3 水准仪。等外水准路线全长和闭合差不超过表 10 的规定。

表 10 等外水准路线全长和闭合差

附合路线全长 km	支线全长 km	单结点长度 km	高程闭合差、往返测高差较差 mm
10	2.5	7	$30\sqrt{L}$
注：表中 L 为路线全长，单位为 km。小于 1 km 按 1 km 计。			

4.2.1.2 等外水准附合路线采用单程测定，支线采用往返观测或单程双测。

4.2.1.3 仪器至标尺距离不超过 100 m，前后尺距不等差不超过 20 m，前后尺距不等差累积不超过 100 m。观测使用黑红面标尺读数，读至毫米，同一标尺黑红面读数差不大于 4 mm，前后尺黑红面高差之差不大于 6 mm。

4.2.2 电磁波测距高程导线

导线一般与平面控制同时测定。一级导线的起闭点，当测图等高距为 0.5 m 时，应是国家等级水准点；测图等高距为 1 m 或 2 m 时，可为等外水准点。

导线分为二级，每一级的边长均不应超过 1 km，边数不超过 10 条。当导线单纯作为高程控制时，边数可增加 1 倍。当测区测图的最大比例尺为 1∶1 000 时，每一级的全长可放长 0.5 倍。

导线每边的垂直角应往返观测。仪器高、觇标高量记至毫米。边长的测定应采用不低于Ⅱ级精度的测距仪。其主要技术要求应符合表 11 的规定。

表 11 电磁波测距高程导线的主要技术要求

仪器	测回数		指标差较差 (″)	垂直角较差 (″)	往返观测高差较差 mm	全长高程闭合差 mm
	中丝法	三丝法				
DJ2	2	1	15	15	$60\sqrt{s}$	$30\sqrt{\Sigma s}$
注：s 为边长，单位为 km。						

4.2.3 经纬仪三角高程导线

导线适用于丘陵地及山地，一般与平面控制同时测定。当测图等高距为 1 m 或 2 m 时，高程导线的起闭点可为等外水准点。

导线每边的垂直角应往返观测。其主要技术要求应符合表 12 的规定。

表 12 经纬仪三角高程导线的主要技术要求

平均边长 km	导线边数 条	往返观测高差较差 mm	全长高程闭合差 mm	仪器	测回数		指标差较差 (″)	垂直角较差 (″)
					中丝法	三丝法		
0.5	10	$60\sqrt{s}$	$30\sqrt{\Sigma s}$	DJ2	2	1	15	15
1.0	10							
1.5	7							
2.0	4			DJ6	4	2	25	25
2.5	3							
注：s 为边长，单位为 km。								

4.2.4 全球定位系统实时动态测量

全球定位系统实时动态高程测量按 CH/T 2009 规定执行。

5 图根控制测量

5.1 图根点的平面位置测量

5.1.1 电磁波测距导线

一级导线的起闭点应是基本控制点、GPS 网点或国家等级三角点，导线不应超过二次附合，技术要求不超过表 13 的规定。

表 13 图根电磁波测距附合导线的技术要求

成图比例尺	平均边长 m	边数 条	导线全长 m	导线闭合差 m	导线相对闭合差	方位角闭合差 (″)	测角中误差 (″)	水平角测回数 DJ6
1∶500	100	10	1 000	0.2	1/5 000	$40\sqrt{n}$	20	1
1∶1 000	140	13	1 800	0.4	1/4 500			
1∶2 000	200	15	3 000	0.8	1/3 750			
注：表中 n 为转折角的个数。								

导线边长可用Ⅲ级测距仪施测，单程测定二测回，照准一次读两次数为一测回。同一测回两次读数之差应小于 20 mm，测回间较差应小于 30 mm。

每边测定一次气象数据，温度读至 1 ℃，气压读至 100 Pa(或 1 mmHg)。

5.1.2 电磁波测距支导线

支导线可从图根一级附合导线点上发展。支导线不得再发展，支导线的边长单程测定二测回。水平角施测左、右角各一测回，其测站圆周角闭合差不超过±40″。起始点上应观测二个连接角。

支导线的技术要求不应超过表 14 的规定。

表 14　图根支导线的技术要求

成图比例尺	平均边长 m	边数 条	支导线全长 m
1∶500	100	2	200
1∶1 000	140	3	400
1∶2 000	200	3	600

5.1.3　线形锁

一级线形锁的起闭点应是基本控制点、GPS 网点或国家等级三角点。线形锁不应超过二次附合。其技术要求不应超过表 15 的规定。

表 15　图根线形锁的技术要求

成图比例尺	平均边长 m	全长 m	三角形个数	三角形闭合差 (″)	方位角闭合差 (″)	测角中误差 (″)	水平角测回数 DJ6
1∶500	100	600					
1∶1 000	200	1 000	10	60	$40\sqrt{n}$	20	1
1∶2 000	300	1 800					
注：表中 n 为推算方位角的角度个数。							

5.1.4　测角交会

测角交会一般应用于图根解析补点，可从图根一级附合导线点上发展。测角交会不得再发展。交会角应在 30°～150°之间。后方交会($\alpha+\beta+c$)不应在 160°～200°之间，折叠图形($\gamma-\delta$)不应小于 20°。前方、侧方、后方交会应采用二组图形计算。两组坐标较差分别不应大于图上 0.2 mm。其他技术要求不应超过表 16 的规定。

表 16　测角交会的技术要求

成图比例尺	交会边长 m	水平角测回数 DJ6
1∶500	600	
1∶1 000	1 000	1
1∶2 000	1 800	

5.1.5　电磁波测距极坐标法

极坐标法可从图根一级附合导线或线形锁点上发展。极坐标法不得再发展。极坐标法应在本点上观测两个连接角，边长单程测定二测回。其技术要求不应超过表 17 的规定。

表 17　电磁波测距极坐标法的技术要求

成图比例尺	边长 m	方位角较差 (″)	水平角测回数 DJ6
1∶500	200	30	1
1∶1 000	400		
1∶2 000	500		

5.1.6　水平角观测限差

水平角观测限差不超过表 18 的规定。

表 18　水平角观测限差

仪器类型	测回数	半测回归零差/(″)	两个半测回同一方向较差 (归零后)/(″)	三角形闭合差/(″)
DJ6	1	24	36	60

5.1.7　全球定位系统实时动态测量

全球定位系统实时动态图根点平面控制测量按 CH/T 2009 规定执行。

5.2　图根点的高程测量

5.2.1　图根水准

图根水准主要在平坦地区使用,不应超过二次附合。一级图根水准应起闭于基本高程控制点。支线水准点不得再发展。使用不低于 DS10 的水准仪,单程观测(支线应往返测),估读至毫米,视线长不大于 100 m,且前后视距离应大致相等。路线全长和高程闭合差不应超过表 19 的规定。

表 19　图根水准路线全长和闭合差

等高距 m	附合路线全长 km	支线全长 km	单结点全长 km	高程闭合差或往返测高差较差 mm
0.5	5	2	4	$60\sqrt{L}$
1.0	8	3	6	
注:表中 L 为路线全长,单位为 km。小于 1 km 按 1 km 计。				

5.2.2　电磁波测距高程导线

导线包括附合高程导线、高程支导线和引点高程(与平面极坐标相配套)。导线的边长不应超过 500 m,每边的高差应往返测定(引点高程也可变动仪器高或觇标高作二次测定)。使用 DJ6 型经纬仪垂直角观测一测回。附合高程导线不应超过二次附合,一级附合导线应起闭于基本高程控制点。高程支导线及引点高程不得再发展。导线的技术要求不应超过表 20 的规定。

表 20　图根电磁波测距高程导线的技术要求

<table>
<tr><td rowspan="2">等高距
m</td><td colspan="3">高程导线全长 km</td><td rowspan="2">往返测高差较差
m</td><td rowspan="2">高程闭合差
m</td></tr>
<tr><td>附合高程导线</td><td>高程支导线</td><td>引点高程</td></tr>
<tr><td>0.5</td><td>5</td><td rowspan="3">1</td><td rowspan="3">0.5</td><td rowspan="3">0.02 · s</td><td>0.2</td></tr>
<tr><td>1.0</td><td>8</td><td>0.4</td></tr>
<tr><td>2.0</td><td>10</td><td>0.7</td></tr>
<tr><td colspan="6">注：表中 s 为边长，单位为 km；300 m 以内按 0.3 km 计算。</td></tr>
</table>

5.2.3　经纬仪三角高程导线

导线不应超过二次附合，一级导线应起闭于基本高程控制点。导线每边的高差应往返观测。使用 DJ6 经纬仪垂直角观测一测回。导线的技术要求不应超过表 21 的规定。

表 21　图根经纬仪三角高程导线的技术要求

<table>
<tr><td>等高距
m</td><td>高程导线全长
km</td><td>往返测高差较差
m</td><td>高程闭合差
m</td></tr>
<tr><td>1.0</td><td>8</td><td rowspan="2">0.04 · s</td><td>0.4</td></tr>
<tr><td>2.0</td><td>10</td><td>0.7</td></tr>
<tr><td colspan="4">注：表中 s 为边长，单位为 km；300 m 以内按 0.3 km 计算。</td></tr>
</table>

5.2.4　独立交会高程

独立交会高程点可从一级图根高程点上发展。交会高程点不得再发展。使用 DJ6 经纬仪垂直角观测一测回。高程应采用三个单觇或一个双觇、一个单觇高程的平均值。

独立交会高程的最大交会边长不超过 1 km，交会点由三个方向推算的高程较差不超过 0.2 H（H 为等高距），同一边往返测高差较差不超过 0.04 s（s 为边长，以百米为单位）。

5.2.5　垂直角观测较差

同一测站垂直角指标差较差不应大于 25″。仪器高、觇标高量记至厘米。高差及高程取至厘米。

5.2.6　全球定位系统实时动态测量

全球定位系统实时动态图根点高程测量按 CH/T 2009 规定执行。

6　地形图测量

6.1　一般规定

6.1.1　地形图测量应充分利用图内已有的控制点如三角点、卫星定位等级点、导线点等作为图根控制点，当其密度仍不能满足测图要求时，可按需要补测少量的测站点。测站点相对于邻近图根点的点位中误差不应大于图上 0.3 mm，高程中误差不应大于 1/6 基本等高距。

6.1.2 测图使用的仪器应符合下列要求：

a) 视距乘常数应在100±0.1以内；

b) 垂直度盘指标差不应大于±1′内；

c) 比例尺长度误差不应大于0.2 mm；

d) 平行尺在移动过程中平行度不应大于3′，平行尺工作边直线度不应大于0.1 mm。

6.1.3 地形图测量图纸宜选用0.07 mm～0.1 mm厚度的、经处理后不规则变形小于万分之三的聚脂薄膜，亦可将绘图纸裱糊在五合板或锌铝板上作为原图纸。在原图纸上展绘图廓点、线、坐标格网点以及所有控制点。各类点、线的展绘误差应符合表22的规定。

表22 展点误差

单位为毫米

项目	限差	
	用坐标展点仪	用格网尺
刺点	0.1	0.1
图廓对角线长度与理论长度之差	0.2	0.3
图廓边长、格网长度与理论长度之差	0.15	0.2
控制点	0.1	0.15

6.1.4 平板仪测板应整置水平，测板范围内任何部位放置圆水准器，气泡都应在圆圈内。仪器对中偏差不应大于图上0.05 mm。用已知点标定图板方向后，用另一已知点检核其方向偏差不应大于图上0.3 mm，每站测图过程中和结束之前都应检查图板方向，其方向偏差不应大于0.3 mm。

6.1.5 测绘地形点最大视距长度不应大于表23的规定。

表23 地形点的最大视距长度

单位为米

比例尺	最大视距
1∶500	70
1∶1 000	120
1∶2 000	200

注1：主要地物点最大视距不应大于表18中2/3；

注2：1∶500测图时，城镇建筑区测量地物点的距离，用卷尺实地丈量。

6.1.6 地形图应测出图廓线外5 mm，以便于图幅间接边使用。

6.2 测站点平面位置、高程的测定

6.2.1 图解交会法

采用平板仪图解交会法，前、侧方交会均不应少于三个方向，交会角应在30°～150°之间，交会方向线应交会于一点，若交会出现示误三角形其内切圆的直径应小于0.4 mm，然后按交会边长成比例的配赋误差，刺出点位；1∶2 000测图可采用后方交会法，但不少于四个方向，交会角在30°～150°之间，利用三个方向交会出点位，第四个方向检查其误差不应大于0.3 mm。

交会点的高程采用三角高程测量方法测定，垂直角观测一测回，由两方向或直返觇测得的高程较差，平地、丘陵地不应大于1/5等高距；山地、高山地不应大于1/3等高距。

6.2.2 支导线法

采用平板仪支导线法，一般地区允许布设一条边的支导线；1∶1 000、1∶2 000 测图时山地、高山地可允许使用两条边的支导线。

1∶500 测图时导线边长采用钢卷尺实地量测，最长距离不大于 50 m；1∶1 000、1∶2 000 测图时，采用视距法测量边长，最大视距不应大于测绘地形点视距长度的 2/3，视距往返测较差不应大于边长的 1/150。

导线点的高程采用三角高程测量法测定，垂直角观测一测回，往返测高程较差按 6.2.1 的规定。

6.2.3 电磁波测距支导线法

采用电磁波测距支导线法，以图根点（或基本控制点）为起始点，观测二个连接角，水平角观测一测回，距离单程测定二测回。1∶500 测图支导线允许 6 条边，1∶1 000、1∶2 000 测图允许 8 条边。

高程采用三角高程测量法，垂直角观测一测回，直返觇高差较差不大于 0.06 m。

6.2.4 电磁波测距支点法

采用电磁波测距支点法，以图根点为起始点，观测一个连接角，水平角观测一测回，距离单程测定二测回。垂直角观测一测回，改变仪器或棱镜高度，二次测定高差，其较差不应大于 1/5 等高距。

6.2.5 全球定位系统实时动态测量法

全球定位系统实时动态测站点平面、高程测量按 CH/T 2009 规定执行。

6.3 地形图各要素的测绘

6.3.1 按 GB/T 20257.1 规定实测测量控制点、居民地及设施、交通、管线、水系、境界、地貌、植被和土质等地形要素。对 GB/T 20257.1 没有规定的地形要素符号，可在技术设计书里作补充规定，并在地形图图廓外的图例中说明。

6.3.2 应正确表示各地形要素的类别、等级和图形特征，处理好要素间的相互关系。

6.3.3 房屋建筑物以墙基为准正确测绘出轮廓线，依据房屋结构、层数等情况进行分割表示。1∶500、1∶1 000 图上房屋建筑物一般不综合，临时性建筑物可舍去；1∶2 000 图上可适当综合取舍。天井、庭院在图上小于 6 mm^2 以下的可综合。建筑物轮廓凸凹在图上小于 0.4 mm 时可用直线连接。

6.3.4 街道以路沿线测出街道边缘线，无路沿线的按自然形成的边线表示。街道中的安全岛、绿化带及街心花园应绘出。街道口的信号灯根据图面情况选取表示。

6.3.5 道路通过散列式居民地不宜中断，按真实位置绘出。道路稠密地区，小路可以适当取舍。

6.3.6 等高距为 0.5 m 时，其高程注记至 0.01 m，等高距为 1 m、2 m 时注记至 0.1 m。

6.3.7 高程注记个数在地貌形态比较破碎复杂的地区应较多，比较完整简单的地区可较少。一般图上每 100 cm^2 范围内选取 8 个～20 个。高程点应优先测注在具有判定方位、确定位置、指示目标等有特征意义的地物或地点上，如线状地物的端点、转折处或交叉处，地面起伏变化处，面状地物转折处，地下建筑物出入口处，桥面，隧道、涵洞底部，路堑、路堤顶部以及独立地物如井口、水塔、烟囱、打谷场、纪念碑、钟楼、庙宇、水文站、科学实验站、岗亭等。

6.3.8 利用等高线表示地貌形态。当基本等高线不能正确显示地貌形态时应加绘间曲线。不能用等高线表示的地貌形态，应配置地貌符号及注记。街区或居民地中可不绘等高线。

6.3.9 图内使用的地方字、生僻字应在图外注明其汉语拼音和读音。

6.4 接边

6.4.1 地形图的接边只限于同比例尺同期测绘的地形图。

6.4.2 接边限差不应大于表 2、表 3、表 4 中规定的平面和高程中误差的 $2\sqrt{2}$倍。接边时线状地物的拼接不应改变其真实形状及相关位置,地貌的拼接不应产生变形。

7 检查验收及成果上交

7.1 成果成图的检查验收按 GB/T 24356 规定执行。

7.2 测图生产完成后应形成如下成果:

a) 控制测量:控制点展点略图,观测手簿,计算手簿及成果表等;

b) 地形测图:原图,地形测量手簿等;

c) 其他:图历簿,图幅接合表、测区技术设计书,技术总结及检查验收报告等。

附 录 A
（规范性附录）
规范引用的主要公式

A.1 电磁波测距附合导线

$$M_K=\pm\sqrt{\frac{1}{4}m_s^2\cdot n+\left(\frac{L\cdot m_\beta}{\rho}\right)^2\frac{n+6}{192}} \qquad \cdots\cdots\cdots\cdots\cdots\cdots(A.1)$$

式中：

M_K ——导线最弱点的点位中误差，单位为厘米(cm)；

n ——导线的边数；

L ——导线的全长，单位为米(m)；

m_s ——测边的中误差，单位为毫米每千米(mm/km)；

m_β ——测角的中误差，单位为秒(″)。

A.2 电磁波测距支导线

$$M_P=\pm\sqrt{m_{s中}^2\cdot n+\left(\frac{L\cdot m_\beta}{\rho}\right)^2\frac{n+1.5}{3}} \qquad \cdots\cdots\cdots\cdots\cdots\cdots(A.2)$$

式中：

M_P ——支导线终点的点位中误差，单位为厘米(cm)；

n ——支导线的边数；

L ——支导线的全长，单位为米(m)；

$m_{s中}$ ——往返测边的中误差，单位为毫米每千米(mm/km)；

m_β ——测角的中误差，单位为秒(″)。

A.3 线形锁

$$M=\pm\frac{L\cdot m_\beta}{\mu\cdot 10^6}\sqrt{\frac{(n+1)^2+20}{72(n+1)}(4.43+R_{平})} \qquad \cdots\cdots\cdots\cdots\cdots\cdots(A.3)$$

式中：

M ——锁中最弱点的点位中误差，单位为厘米(cm)；

L ——线形锁两端点的距离，单位为米(m)；

n ——三角形的个数；

m_β——测角的中误差，单位为秒(″)；

$R_{平}$——图形强度系数 R 的平均值，$R_{平}=\sum R/n$；

μ——对数率，0.434 29。

A.4 附合水准路线

a) 一级水准路线（不计起算点误差）

$$m_{弱}=\frac{1}{2}\mu\sqrt{L} \qquad \text{(A.4)}$$

b) 二级水准路线(计起算点误差)

$$m_{弱}=\frac{\sqrt{6}}{4}\mu\sqrt{L} \qquad \text{(A.5)}$$

式中:

$m_{弱}$——路线最弱点的高程中误差,单位为毫米(mm);

L ——路线全长,单位为千米(km);

μ ——每公里单程测定高差的中误差,单位为毫米每千米(mm/km)。

A.5 电磁波测距高程导线、经纬仪三角高程导线

a) 一级高程导线(不计起算点误差)

$$m_{弱}=\frac{1}{2}\mu\cdot s\cdot\sqrt{n} \qquad \text{(A.6)}$$

b) 二级高程导线(计起算点误差)

$$m_{弱}=\frac{1}{2}\mu\cdot s\cdot\sqrt{1.5n} \qquad \text{(A.7)}$$

式中:

$m_{弱}$——高程导线最弱点的高程中误差,单位为毫米(mm);

s ——高程导线的平均边长,单位为千米(km);

n ——导线的边数;

μ ——每公里往返测定高差的中误差,单位为毫米每千米(mm/km)。

A.6 参数

各参数见表 A.1～表 A.6。

表 A.1 电磁波测距附合导线的参数

参数	基本控制	图根控制
M_K	5 cm	图上 0.1 mm
m_s	5 mm+5 mm/km · D	10 mm+10 mm/km · D
m_β	5″,8″	20″
注:D 为测距公里数。		

表 A.2 电磁波测距支导线的参数

参数	基本控制	图根控制
M_P		图上 0.1 mm
m_s		10 mm+10 mm/km · D
m_β		20″

表 A.3 线形锁的参数

参数	基本控制	图根控制
M	5 cm	图上 0.1 mm
m_β	5″	20″
$R_{平}$	10.6	15

表 A.4 附合水准路线的参数

参数	基本控制	图根控制
$m_{弱}$	25 mm	1/10 等高距
μ	15 mm/km	30 mm/km

表 A.5 电磁波测距高程导线的参数

参数	基本控制	图根控制
$m_{弱}$	25 mm	1/10 等高距
μ	15 mm/km	30 mm/km

表 A.6 经纬仪三角高程导线的参数

参数	基本控制	图根控制
$m_{弱}$	50 mm	1/10 等高距
μ	25 mm/km	50 mm/km

附　录　B
（资料性附录）
基本控制点标石规格及埋设图

单位为毫米

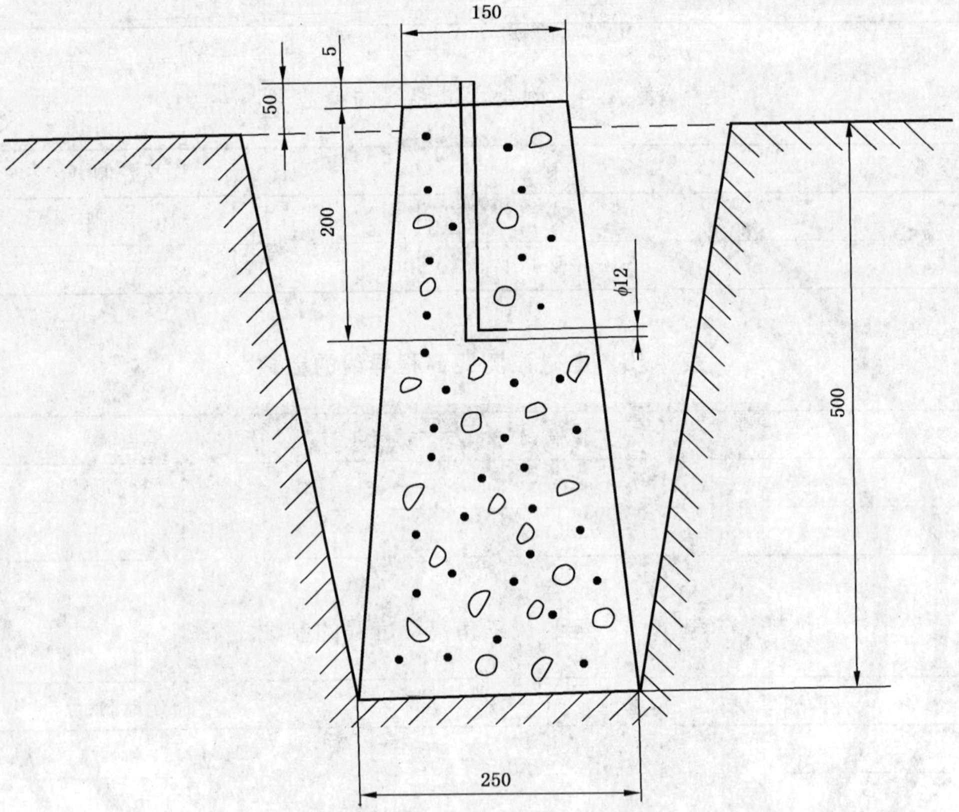